统 计 学 经 典 译 丛

律师统计学

(第2版)

Statistics for Lawyers

Second Edition

迈克尔·O·芬克尔斯坦(Michael O. Finkelstein) 布鲁斯·莱文(Bruce Levin) 著

钟卫 译 袁卫 校

中国人民大学出版社

·北京·

译者前言

几年前在查阅 Springer 的统计学出版物时，我们发现并买了一本《律师统计学》(*Statistics for Lawyers*)，看后觉得其中的案例很生动，就将这本书的部分案例应用于中国人民大学等学校的 MBA 和 EMBA 的教学中。学生们对于这样的案例很感兴趣，对统计方法也有了更深刻的理解。随后，应中国人民大学法学院的邀请，我们又专门给法学院的学生作了“统计方法在法律和法庭审判中的应用”的报告，受到了老师和学生的普遍欢迎。同时他们也提出了当下适合法律应用的统计学参考资料很少的问题。

在国外，将统计学应用于法律诉讼已有

几十年的历史，统计方法在法律领域日益成为重要的工具。这一方面是由于法律越来越重视对数据的分析，强调定性与定量的统一；另一方面是由于统计方法的体系也在不断完善、创新，使统计方法的应用和服务能力不断加强，在法律诉讼中起着越来越重要的作用。在国内，虽然统计方法在经济学、管理学、社会学、遗传学、流行病学等领域发挥着越来越重要的作用，但是把统计应用于法庭审判还是比较新的课题。

近年来，中国的司法改革和发展步伐不断加快，在司法实践中对证据不仅要进行认真的定性分析，也要进行数量的分析。将定量分析技术应用于法律领域已成为国内外法律工作者的共识。但是目前国内相关的书籍和参考文献还比较少，于是我们萌生了将这本书译成中文介绍给国内读者的想法。中国人民大学出版社贺耀敏社长非常支持这项工作，迅速和Springer联系版权等事宜，使得这本书最终能够顺利地出版并和读者见面。

《律师统计学》按照统计方法的体系，精选了大量法律诉讼中的实际案例，对统计方法的应用进行了深入浅出的介绍。本书的最大特点就是应用性强。它通过大量实际审判案例介绍统计方法，更有利于读者对方法的理解。本书的第二个特点是通俗易懂，案例生动。作者回避了烦琐的数学推导，采用深入浅出、循序渐进的案例分析介绍统计方法，即使没有概率和统计学基础的读者也能够看懂。

本书不仅可以作为高等院校应用统计学和法学相关专业的教材和参考文献，也可供统计和司法实际工作者参考。需要特别指出的是，用统计的方法、数量分析的方法在法庭作证时，必须十分严谨、慎重，统计与数据分析仅提供证据，无法代替法官或陪审团的裁决。

原书附录2中含有部分统计学常用的表，读者可以登录中国人民大学出版社工商管理分社网站 www.rdjg.com.cn 免费下载。

感谢中国人民大学出版社的编辑，他们的工作效率和认真的工作态度值得我们学习。在本书的翻译过程中，赵建斌、张俊岭、麻丽珍、王孟欣、吕忠伟、陈晓亮、张加刘等同学都付出了辛勤的劳动，在此一并表示感谢。

本书由钟卫翻译，袁卫负责组织并做全书的校稿。由于我们的专业水平和能力有限，书中的不妥及错误之处，敬请读者批评指正。

袁卫　钟卫

于中国人民大学

第二版序言

本书第一版出版后的10年中，法律领域对统计学证据的关注程度已经超过了法律的起源——民事权利法。第二版融入了该领域中许多新的方法，如DNA证据（2.1.1，3.1.2和3.2.2），有毒物诉讼案件的流行病学研究（第10章），校正人口普查的统计模型（9.2.1），以及样本投票案例（13.2.3）。在一宗涉及有毒物质索赔的诉讼案——Daubert案中，最高法院开创性地运用统计证据，其中流行病学的研究发挥了关键的作用，这标志着统计证据在科学证据的神圣殿堂中已占有十分重要的位置。本案中，最高法院不再以原来学术界普遍认可的Frye检验作为通过资格审查的基础，而是明确地给陪审团一个全新的任务：他们必须评估提供的证据是否可靠相关。新的体系使法官处于一个十分尴尬的境地，不仅要懂得科学知识的前沿，还要站在证人的立场上去体会和判断一个专家所说的话的科学依据。幸运的是，大概在 Daubert 案一年后，即 1994 年，联邦司法中心出版并赠予所有法官一本《科学证据参考手册》，这本手册大概是统计方法运用的启蒙读物。2000 年，该书的新版本出人意料地成为畅销书。觉得本书很难懂的读者可以翻阅该书以获得有用的指导，至少在部分章节上如此。

但是新的、以案例为中心的统计学应用只是其发展中的一部分。从长远来看，更重要的在于司法体系自身对于统计研究的不断深入。这种研究能提供人们以洞察力，使他们有时甚至敢于怀疑平时看来非常神圣的司法机构。5.6.3 节给出了这样一个例子——对预期陪审员的绝对挑战，而作者通过分析数据发现其中绝大部分“绝对挑战”实际上仅为“猜测”而已。另外一个例子就是在本书写作之时，新闻媒介正热衷于报道由哥伦比亚大学法学院承担的一项涉及面甚广的课题——死刑的统计研究。该项研究为人们展示了一个令人震惊的现状——在一些能导致死刑判决的犯罪审判中，普遍存在一些严重失误。该研究几乎可以影响即将进行的立法工作，并有可能为时下关于罚金的辩论提供重要资料。读者应当注意到，在这两个研究中，正是在各案例细节分析中使用了统计分析方法才得出引人注目的结论。

和第一版一样，本版新增部分的很多素材来源于这些案例涉及的一些律师、统计学家以及经济学家，我们对他们给予我们工作的慷慨支持表示感谢。在这里，我们需要特别感谢 Orley Ashenfelter，David Baldus，William Fairley，David Freedman 以及 Sol Schreiber，他们提供了相关材料并对相关工作给予了指导。

迈克·O·芬克尔斯坦

布鲁斯·莱文

第一版序言

就法律的理性研究而言，刻板的教条主义者可能是对现在的人而言，而未来的人们将是精通统计学和经济学的大师。

——O. W. 福尔摩斯

法律之道（1897）

本书的目的是给律师和未来的律师们介绍一些在法律纠纷中的统计分析方法。全书在各章节中穿插着法律诉讼案例研究及数学说明。所研究内容包括概述一些真实案例（但不全是），这些概述以问题的形式提出，以期引起讨论。它们被用来阐明法律领域，而在这其中统计已经发挥了一定作用（至少

已经有此发展前景）；同时，它们也用来说明一系列进行量化推理的方法。另外，本书涉及的内容还包括对一些法律系统以及法律法规的影响的统计研究。我们尽可能都给出了数据摘录，以使读者能够清楚地以第一手资料进行统计计算和统计推断。本文没有给出司法观点，因为它们与本书主要关注的统计问题无关。另一方面，我们给出了一些司法上的失策，以使读者能够监督司法工作者，同时作为新生专家通过修正法律中的不足，来提高自身水平。

案例研究中的大部分数据的计算不需要读者有概率或统计知识。对于那些没有详细介绍的案例，在统计注释中提供了技术工具。统计注释部分用于说明基本文献中的问题（以相当精练的方式）；而其余部分超越了这个目标。对于更为随意的、详尽的，或者更为宽泛的讨论，读者可能想参看一些统计教程，本书部分章节以及参考文献给出了一些参考材料。关于案例研究中的一些数学计算问题我们在附录1中给出。其他不涉及计算的法律问题和统计问题大部分留给读者来讨论。

除去其中一些需用脑力研究的话题外，律师及未来的律师们可能会问，他们是否必须掌握这本书所教的这么多的统计学知识。当然，没必要全部知道。但对越来越多的法律学者、律师、法官甚至立法人员而言，熟悉统计思想能解释福尔摩斯的判断艺术，这不是一种义务（责任）而是一种需要。在多种研究领域，我们的知识需要用统计角度评价出来的数据来表示。那些在一般社会（大众）上普遍适用的准则已被法庭采用。各个研究领域的经济学家、社会学家、遗传学家、流行病学家和其他学者，都在各自精通的领域不断进行验证，并利用统计手段进行描述和推断。尤其是在经济学以及涉及经济的问题中，大量的数据、计算机的存在和当前的流行趋势已经推动了复杂经济计量模型的产生，而这些模型都发表在一些著名的期刊杂志上。但即使那些最完美、最经典的模型，也要依赖一些不可靠的假设，一旦进行检验，势必影响整个模型的有效性。

通常，诉讼中的统计问题不是由统计学家来阐述，而是由其他学科的专家、仅知道一些统计学知识的律师或法庭来阐述。这种实现方法的随意性使统计学与从法庭上所获得的其他专门知识产生了差别，同时也必然增加模型不当假设或其他简单错误的可能性。相对于对统计知之甚少、全靠咨询他人来做决策的人来说，那些对统计了解较多的律师们能更有效地提出有价值的研究，更好地避免一些复杂模型中的严重错误，而且能把结论浅显易懂地告知决策者。尽管这些律师通常无须进行数学计算，但他们对于统计基本原则的领悟（这是必需的）的最佳来源就是深刻分析研究数据。

统计确实很重要吗？这个问题有时会惹恼统计学家。在法律背景下，问题在于在研究过程中是否给予统计模型客观的评价，以及在决策时是否给予统计结论足够的重视。遗憾的是，从现有记录来看，情况很不好，甚至相反。部分案件中法庭比较认同统计证据；但在一些很重要的公众诉讼案件中，一些很好的统计模型却往往不被法官接受（或非常差的模型反而被接受了）。90 年前福尔摩斯预计的未来律师的情况，如今还未实现。

尽管在一些颇受关注的诉讼案中发生了一些无视统计证据的事件，但不可避免的是，基于数据的研究分析将继续被大多数学术机构所推崇，被越来越多的公众诉讼案所采纳。法庭对数据分析、统计推断的准则理解越透彻，对证据的研究就越精确、越具有分辨性。而且，人们希望统计工作的现状适时地影响人们对公正的理解，即使在法庭上也是如此。尽管一个有深厚统计学识的律师不会因为统计而舍弃法律基本准则，但对于研究对象的更多了解势必有助于理性、有学识等因素的积累，继而能认识事物的本质、不断获取知识。无论如何，这就是本书的最大目的。

本书的很多素材来源于一些相应的案例涉及的律师和统计学家。我们感谢他们慷慨大方地将自己的论文提供给我们。其中尤其要感谢 David Baldus，Jack Boger，Will Fairley，David Freedman，Elizabeth Holtzman，Jay Kadane 和 Jack Weinstein。同时也要感谢 Joseph Fleiss，Mervyn Susser，Zena Stein，以及他们各自所在研究所——生物统计处、哥伦比亚大学医药系 Sergievsk 中心、纽约州心理研究所。

我们还要特别感谢 Margaret Murphy，她快速录入手稿并不断修改；感谢 Marcia Schoen，她对计算部分进行了录入；还要感谢 Stephen Sullivan，Lynn Cushman 和 Matthew Herenstein，他们核对了引文部分；以及 Ann Kinney，她修改了案例研究部分并核对了计算部分。

衷心感激我们的家人——Claire，Katie，Matthew，Betty，Joby，Laura和Julie，感谢他们在本书的长期写作期间的耐心、鼓励与支持。

迈克尔·O·芬克尔斯坦
布鲁斯·莱文

目　　录

第1章 描述统计

1.1 描述统计导论

总体参数

统计学是描述数据并根据数据进行推断的科学和艺术。为了统计目的而概述数据时，我们的注意力通常集中在总体的变化特性。我们称这样的特性为变量。例如，在人口总体中，身高和体重都是变量。这些变量通常用特定的参数来概括。测度数据中心位置的方法主要有均值、中位数和众数，它们从不同角度描述了数据的中心，这些将在 1.2 节进行讨论。测度数据变异性或离散度的最常用的方法是方差和标准差，它们用来描述数据围绕其中心值变化的幅度，这些将在 1.3 节进行讨论。测度相关性的方法，特别是皮尔逊乘积矩相关系数，用来描述总体中两个特性（如身高和体重）的相关程度，这个系数将在 1.4 节进行讨论。1.5 节讨论描述二进制数据（即只能取两个值的数据，如 0 和 1）中的关联的方法。

显然，对总体而言这些参数的取值是未知的，必须通过从总体中随机抽取样本进行估计。中心位置、变异性和相关性的测度方法既有理论或总体形式，也有样本形式。样本形式用观测值来计算，且当总体形式未知时用于估计总体形式。在常规符号中，总体参数用希腊字母表示：均值用 μ 表示；方差和标准差分别用 σ^2 和 σ 表示；相关系数用 ρ 表示。相应的样本形式是：$\bar{x}$ 表示样本数据的均值；s^2 和 s 或 sd 分别表示方差和标准差；r 表示相关系数。

随机变量

总体参数的样本估计随样本不同而变化。这种变化的程度可以用一个说明其本质的概念——随机变量，从概率角度来描述。例如，假设从一个人口总体中“随机”挑选一个人，这意味着总体中的所有人被挑选出来的可能性都是相同的，然后，测量他的身高，这种测量的可能值定义了一个随机变量。如果从一个人口总体中随机挑选 n 个人，测量出他们的身高并取其平均值，在从总体得到的所有大小为 n 的可能的样本中，样本均值的取值也定义了一个随机变量。

随机变量，比如个体身高和样本平均身高，并不像其名称所表明的那样难以捉摸和不可预测。通常，至少在理论上，变量的任一值或一组值的观测概率是可知的。因而，当不能预测一个人的精确身高时，我们可以说，这个人的身高以概率 P 介于 $5'6''$～$5'9''$之间，且样本平均身高变量以概率 P'落在这两个极限之间。因此，变量的任一观测值和一组值的概率是可以得到的。

样本观测值

样本数据可以被认为是随机变量的具体观测值，正如数学函数求得的一组数值。因此，在提到"美国的个人收入"这个随机变量时，会将其与从总体中抽取的任何人的观测值相对照。为了区分随机变量和他们的观测值，人们使用大写字母表示变量，小写字母表示变量的观测值，例如，我们用 $P[X=x]$ 表示随机变量 X 取值为 x 的概率。为了区分样本均值这个随机变量和它的任一具体观测值，用 $\overline{X}$ 表示样本均值随机变量，$\overline{x}$ 表示它的取值。

在本章，不做关于随机变量的概率陈述。我们的目的仅限于描述在样本中什么是实际观测到的。对于上面提到的测度中心位置、变异性和相关性的方法，我们给出了理论上的总体公式及其样本形式，有些情况下，样本形式对总体形式上做了轻微修改。这里介绍了随机变量的概念，因为它不仅为公式提供了简洁方便的符号，还是第 4 章概率描述的基础。概率描述会使我们对问题有更深刻的认识。在 4.1 节，将对随机变量进行一般讨论。

1.2　中心位置的测度

均值

到目前为止，最常用的测量样本数据中心位置的方法是众所周知的平均数，或算术平均数。在容量为 N 的总体中，某一特征 X 的算术平均数 μ 是这样计算的：将总体中这一特征的所有观察值求和后除以总体容量，表示为：

$$\mu = \frac{1}{N}\sum_{i=1}^{N} X_i$$

式中，$\sum$ 表示求和运算。

请注意均值具有下列特性：

- 所有观测值与均值的差的代数和等于 0，所以，均值是唯一的。

- 如果用均值替换总体中的每一个观测值，总和是不变的。
- 在观测值与任一数值之差的平均平方和中，观察值与均值之差的平均平方和最小。

如上所述，总体均值是一个中心值，但不一定是一个“有代表性的”或“典型的”数值。它是代数运算的结果，可能不与总体中的任何数据相对应，没有人有 2.4（平均数）个孩子。如果数据的变异性很重要，均值也不一定是描述数据最有用的数字。一个人可能在平均 6 英寸深的小河中溺水，也可能在 1998 年 7 月，此时地球的平均温度为 61.7 华氏度，感觉非常温暖。女性的平均寿命超过男性，但不是所有的女性都比男性寿命长，因此美国最高法院裁决曾判决女性支付更多的养老金是歧视性的（*City of Los Angeles Dep't of Water and Power v. Manhart*，435 U. S. 702，708，1978）。（即使对于总体的正确概括也不能作为剥夺个体权利的充分依据，因为这种概括对这个个体并不适用。）

样本均值的计算方法与总体均值相同，即样本观测值之和除以样本容量。在随机样本中，样本均值是总体均值的有用的估计量，因为它既是无偏的又是一致的。无偏估计量是指所有可能的随机样本的估计量的平均数与总体参数值相等，无论总体参数值是多少。一致估计量是指随着样本容量的增加，样本均值与总体均值之差的绝对值大于任意给定正数的概率趋近于零。[①] 由于在多数情况下，样本均值具有较高的精度，也就是说，随着样本不同，它的变化幅度很小，因此样本均值也是令人满意的。

中位数和众数

一个总体的中位数是这样的数值，即至少有一半数值大于等于它，至少有一半数值小于等于它。[②] 如果样本量 n 为奇数，那么样本的中位数就是位于数列中间位置的观测值。如果 n 是偶数，习惯上，取位于数列中间位置的两个观察值的平均数作为样本中位数。例如，收入分布经

---

① 这个叙述就是著名的大数定律，具体推导参见 1.3 节。

② 定义中的“至少”是为了包括数据是离散的且有奇数个数据点的情况。例如，如果有 5 个点，第 3 个点是中位数：至少一半的点大于等于它，且至少一半的点小于等于它。

常用中位数来描述，因为中位数不会受到少数亿万富翁的过分影响。样本中位数是一个中心值，它使样本观测值与其中位数之间的平均绝对离差最小。

一个总体的众数是总体中出现频率相对最高并常用来表示最可能出现的数值。例如家庭中儿童的众数反映了最常见的家庭规模，这里，众数可能是比均值更有用的统计量。

在图 1.2a 所示的对称分布中，中心位置的概念是明确的：均值、中位数和（单峰分布中的）众数刚好重合。然而，在偏态分布中，如图 1.2b 所示，均值、中位数和众数（以及各种其他测度）分开了，分别反映了该分布的不同方面。在右偏分布如收入分布中，均值大于中位数，而中位数又大于众数。

均值的变形

有时，使用加权均值是更合适的。例如，如果：(1) 均值是由来自大小不同的层的数据得到的，那么权数与层的大小成比例；(2) 数据中的变异程度随观测值的不同而不同时，那么由权数与变异性成反比得到的总体均值的估计值，该估计值与其他加权或非加权平均数相比，随样本不同而产生的变化较小。

样本均值的主要缺点是其对由“厚尾”分布引起的异常值或离群值非常敏感。在这些情况下，样本均值就会丧失一部分上面提到过的有用性质，而且可能无法可靠地代表数据的中心。人们提出了各种各样的方法来处理这种敏感性。典型的方法是使用中位数，它甚至不会受几个高度异常的数值的影响。另一种方法是使用截尾均值，它是首尾各去掉 $p\%$个数据后计算得到的。

n 个正数的几何，是它们乘积的 n 次方根。因此，1 和 100 的几何平均数是 $(100\times1)^{1/2}=10$，算术平均数是 $(1+100)/2=50.5$。通过比较，几何平均数实际上是赋予大数较小的权重，因而，在所有数字均为正数的情况下，几何平均数总是小于算术平均数。对数据取对数后得到的算术平均数等于数据的几何平均数的对数。因此，特别是当数据以对数形式表示时，几何均值会增大。

当数据取值范围的一端被限定为 0 而另一端没有限制时，几何平均

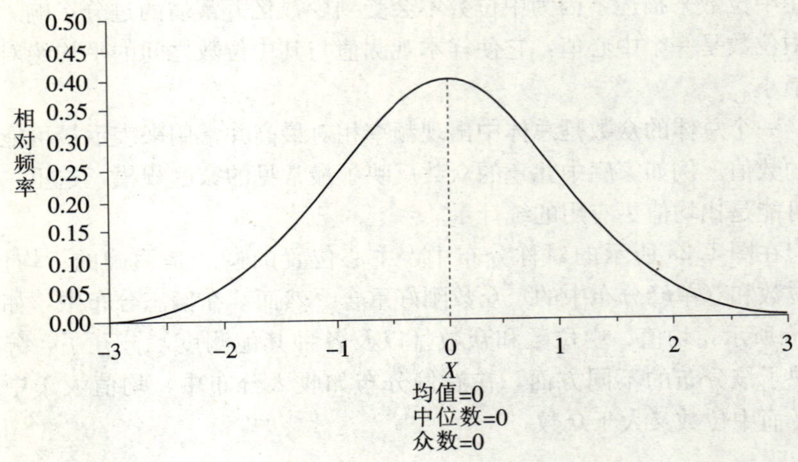

图 1.2a　具有对称概率分布的随机变量 X

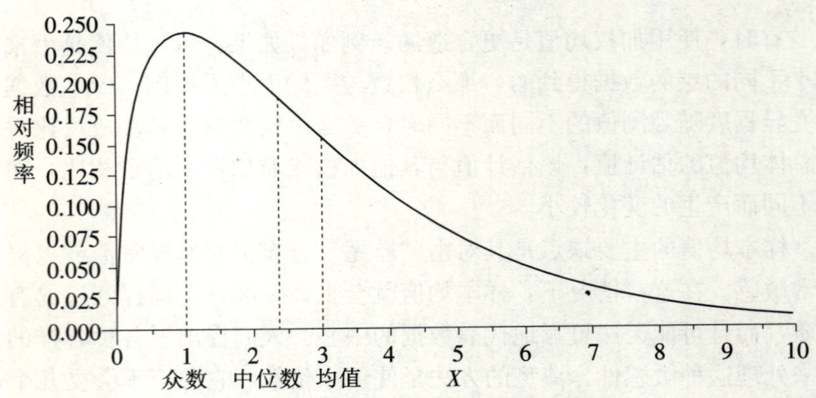

图 1.2b　具有右偏概率分布的随机变量 X

数遇到包含某个平均数的规则，所以很可能得出偏态分布的结果。例如，住院天数的几何平均长度被用于医疗保险制度住院赔付（62 Fed. Reg，45966 at 45983，1997）。在爱达荷州的一项水资源质量标准中，基于在 30 天之内抽取的 5 个样本的最小值，得出粪便大肠杆菌的含量可能不超过几何平均数 50/100 毫升（40 C. F. R. Part 131，1997）；在一项空气质量标准中，基于每日 24 小时的几何平均数，二氧化硫排放量（按体积计算）被限定在每百万 29 个单位（40 C. F. R. Part 60，1997）。

N 个正数的调和均值的定义是 N 个数值的倒数的算术均值的倒数。与几何平均数相比，相对于小数之间的相等差异，这类平均数在更大程度上忽视了大数之间的差异。当差异在相对较短的等待时期中比在较长的等待时期中更重要时，调和平均数经常被用于事件的等待时期。

为了进一步说明这三类平均数，考虑 10 和 1 000 两个数。它们的算术均值是（10＋1 000）/2＝505；几何均值是（10×1 000）$^{1/2}$＝100；调和均值是 1/［（1/2）（1/10＋1/1 000）］＝19.8。

数学期望

算术平均数是更为一般的概念——数学期望的特例。在总体中，特征 X 的期望值（记为 EX）是 X 所有可能取值的加权和，权数是它们出现的概率。用公式表示为：

$$EX = \sum x \cdot P[X = x]$$

如果所有结果出现的可能性相同，则期望值是我们所熟悉的平均数或均值。

例子。掷两颗骰子 X 和 Y，其点数的期望值等于所有可能结果与它们的概率的乘积之和。该期望值是：

$$\begin{aligned} E(X+Y) &= 2\left(\frac{1}{36}\right)+3\left(\frac{2}{36}\right)+4\left(\frac{3}{36}\right)+5\left(\frac{4}{36}\right)+6\left(\frac{5}{36}\right)+7\left(\frac{6}{36}\right) \\ &\quad +8\left(\frac{5}{36}\right)+9\left(\frac{4}{36}\right)+10\left(\frac{3}{36}\right)+11\left(\frac{2}{36}\right)+12\left(\frac{1}{36}\right) \\ &= 7 \end{aligned}$$

请注意数学期望的两个性质：

● X 常数倍的期望值等于该常数乘以 X 的期望值。将身高单位从英尺改变为厘米，等于用厘米/英尺（约 2.54）乘以期望身高。

● 无论两个随机变量是否相关，它们和的期望值等于它们各自期望值的和。在掷骰子的例子中，掷一次骰子，可能出现的点数的期望值是 3.5，掷两个骰子，可能出现的点数的期望值便是 7（即 3.5＋3.5）。有两部分收入（不同性别的）的家庭的平均收入是总体中男性劳动者和女性劳动者平均收入的和，这里忽略夫妻收入通常是相关的这一事实。

如以下问题所示，测度中心位置的方法常被用于消除数列中的随机

变动，以揭示出数据的基本形式。

1.2.1 停车计时收费表回收款盗窃案

20 世纪 70 年代后期，纽约市大约有 70 000 台停车计时收费表投入使用。平均每天收回的款项约为 50 000 美元。从 1978 年 5 月开始，Brink's 公司（布林克公司）得到一份从停车计时收费表里回收硬币并上交到市财政局的合同。在此之前，负责回收硬币的公司是 Wells Fargo。

硬币的回收是由 Brink's 公司的 10 个三人小组完成的，他们按照城市规定的时间每人负责一台计时收费表。收集员推着一只带轮子的大金属罐，从一个计时收费表走向另一个计时收费表，用一把金属钥匙打开计时收费表的顶部，取下密封的投币盒，将投币盒倒过来放在金属罐凸出的鹅颈管上，通过转动投币盒，开启金属罐，使硬币直接从投币盒落入金属罐，收集员接触不到硬币。然后将空的硬币盒放回原处，计时收费表被重新锁住。最后，金属罐被放在一辆有篷货车里运送到回收中心，移交给市政职员。Brink's 公司负责监督它的回收人员。

由于一个匿名举报，市政府开始着手调查停车计时收费表的硬币回收工作。通过对 Brink's 公司的收款监视，发现了一些可疑的痕迹。于是调查人员对选定的计时收费表进行了特殊处理，向其中投放了涂有荧光物质的硬币。调查人员检查了大多数（不是所有的）经过特殊处理的计时收费表，以确保它们已被 Brink's 公司的雇员倒空，然后仔细检查从计时收费表中回收的硬币，看看经特殊处理的硬币是否缺失。结果表明，由 Brink's 公司雇员回收的一些硬币并没有被送到市政府。对一个硬币回收点的监督显示，有好几次，Brink's 公司的雇员从硬币回收车上搬下沉重的大包，放到他们的私人汽车上，然后运回住所。

1980 年 4 月 9 日，5 名 Brink's 公司的收集员被捕，被控严重盗窃罪并非法占有赃款——涉嫌从停车计时收费表回收款中盗窃价值4 500 美元的硬币。他们被认定有罪并判处不同期限的徒刑。

4 月 9 日，市政府中止了与 Brink's 公司的合同，雇用了另一家公司（CDC），并采取了严厉的措施以保证新公司的雇员没有偷窃行为。

1979 年 5—12 月，纽约市出现了汽油短缺，1979 年 6—9 月，采取了汽油定量配给。1980 年 6—8 月，往返于郊区与城市的铁路工人罢工。

市政府控告 Brink's 公司疏于监督其雇员，并试图查明被窃硬币的数额。没有人知道究竟有多少硬币被偷，但市政府打算由表 1.2.1 所示的回收款数据进行估计。在这些数据中，“1-A”代表市政厅附近的一小部分计时收费表（47 台），这里的回收工作一直由市政府雇员进行，“#Cols”代表回收天数。没有迹象显示 CDC 公司或市政府的雇员有不诚实的行为。

法官告诫陪审团，由于盗窃事实已经证实并造成了损失，赔偿数目不需要十分精确，但需要进行一个公正的、合理的推断，他警告陪审员“不要猜测或推测”。

表 1.2.1 **停车计时收费表回收款数据** 单位：美元

			回收天数 INCL 1-A	回收款总额 INCL 1-A	每天的回收额 INCL 1-A	回收款总额 1-A	每天的回收额 1-A	回收天数 1-A
W	1	5/77	21	2 231 006	106 238	6 729	747	9
E	2	6/77	22	1 898 423	86 291	5 751	821	7
L	3	7/77	20	1 474 785	73 739	6 711	745	9
L	4	8/77	23	1 626 035	70 697	7 069	783	9
S	5	9/77	21	1 516 329	72 206	7 134	792	9
	6	10/77	20	1 516 968	75 848	5 954	744	8
F	7	11/77	19	1 512 424	79 601	5 447	680	8
A	8	12/77	21	1 527 011	72 714	6 558	728	9
R	9	1/78	20	1 076 158	53 807	5 222	746	7
G	10	2/78	14	798 341	57 024	4 150	681	6
O	11	3/78	23	1 609 606	69 982	6 765	731	9
	12	4/78	24	1 253 164	52 215	6 681	835	8
	合计		248	18 040 250	72 743	74 171	757	98
	13	5/78	22	1 337 159	60 779	7 016	779	9
	14	6/78	22	1 532 310	69 673	7 440	826	9
	15	7/78	20	1 318 521	65 926	6 264	783	8
	16	8/78	23	1 502 054	65 306	7 337	815	9
	17	9/78	20	1 393 093	69 654	7 271	807	9
	18	10/78	21	1 564 212	74 486	6 694	743	9
	19	11/78	19	1 474 861	77 624	5 795	724	8

续前表

			回收天数 INCL 1-A	回收款总额 INCL 1-A	每天的回收额 INCL 1-A	回收款总额 1-A	每天的回收额 1-A	回收天数 1-A
	20	12/78	20	1 554 116	77 705	7 105	789	9
	21	1/79	22	1 572 284	71 467	6 613	734	9
	22	2/79	16	1 129 834	70 614	5 258	657	8
B	23	3/79	22	1 781 470	80 975	7 664	851	9
R	24	4/79	21	1 639 206	79 009	6 716	839	8
I	25	5/79	22	1 732 172	79 644	7 614	846	9
N	26	6/79	21	1 685 938	80 282	7 652	850	9
K	27	7/79	21	1 644 110	78 290	7 513	834	9
S	28	8/79	23	1 746 709	75 943	7 862	873	9
	29	9/79	19	1 582 926	83 311	6 543	817	8
	30	10/79	22	1 853 363	84 243	6 855	761	9
	31	11/79	19	1 754 081	92 320	7 182	798	9
	32	12/79	20	1 692 441	84 622	6 830	758	9
	33	1/80	22	1 801 019	81 864	6 552	819	8
	34	2/80	19	1 702 335	89 596	7 318	813	9
	35	3/80	21	1 678 305	79 919	6 679	834	8
	36	4/80	22	1 527 744	69 442	6 637	737	9
	合计		499	38 240 763	76 635	166 410	796	209
	37	5/80	21	1 980 876	94 327	7 912	879	9
	38	6/80	21	1 941 688	92 461	7 314	914	8
	39	7/80	22	1 889 106	85 868	7 803	867	9
	40	8/80	21	1 741 465	82 926	8 126	902	9
C	41	9/80	21	1 832 510	87 262	7 489	832	9
D	42	10/80	22	1 926 233	87 556	7 986	887	9
C	43	11/80	17	1 670 136	98 243	6 020	860	7
	44	12/80	22	1 948 290	88 558	6 442	920	7
	45	1/81	21	1 627 594	77 504	7 937	881	9
	46	2/81	18	1 655 290	91 960	6 685	835	8
	47	3/81	22	1 844 604	83 845	7 470	830	9
	合计		228	20 057 792	87 973	81 199	873	93

问题

1. 假设市政府仅为了查明发生在 1980 年 4 月以前的 Brink's 公司

合同期的最后 10 个月内的盗窃损失，作为市政府的辩护律师，你将如何利用这些数据计算赔偿额？你的预期目标是什么？你将怎样解决？

2. 作为 Brink's 公司的律师，你将怎样反驳市政府用以估计赔偿额的方法？利用数据 1-A 来进行另一种计算。

3. 图 1.2.1a 的数据是由市政府提供的。图 1.2.1b 从 Brink's 公司的角度显示数据。你将如何利用这两个图为每一方辩护？

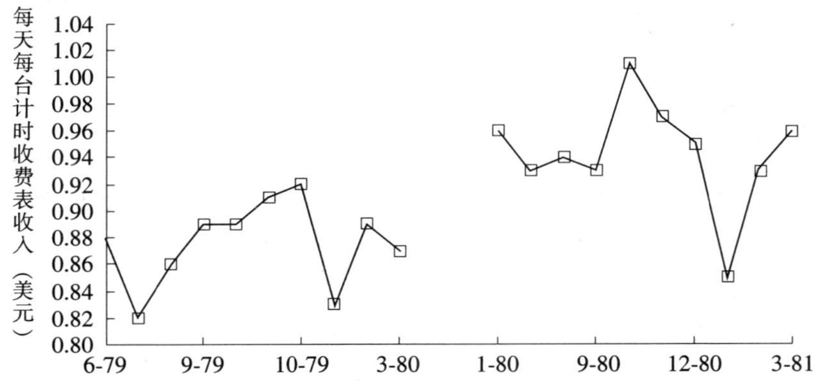

图 1.2.1a　两个 10 个月内每天每台计时收费表的收入

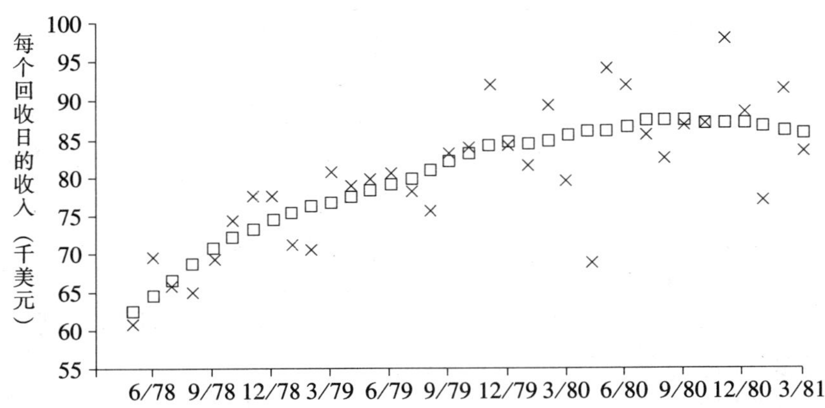

图 1.2.1b　1978 年 5 月—1981 年 3 月，每个回收日的收入

方框代表由局部加权散点平滑得到的趋势（参见 14.4 节）

资料来源

Brink's Inc. v. City of New York, 717 F. 2d 700 (2d Cir. 1983). For a debate on the validity of the statistical inference, see W. Fairley and J. Glen, "A Question of Theft," in *Statistics and the Law* 221 (M. DeGroot, S. Fienberg, and J. Kadane, eds., 1986) (with comment by B. Levin and rejoinder by Fairley and Glen).

[注释]

停车计时收费表回收款盗窃已经成为纽约市一个持续了很久的问题。当专门的市政单位成员监守自盗时，这种盗窃或许已经达到了谷底。See Selwyn Raab, *20 In Meter Anti-Theft Unit Accused of Stealing*, N. Y. Times December 10, 1993, Sec. A, at 2. *Sed quis custodiet ipsos Custodes?*

1.2.2 铁路财产征税案

财产税以评估价值为基础征收，但是对于不同种类的财产和不同的纳税人，评估价值与市场价值之间的关系是不同的。铁路方面认为，与其他纳税人的财产相比，州政府和地方政府对他们的财产估价过高，因此对他们采取了歧视政策。为了保护铁路，议会通过了铁路复兴和制度改革法案 306 条款（即 4-R 法案），意欲停止对铁路某些形式财产税的歧视。这项条款（49 U. S. C. §11501，1994）规定，在相同的评估权限内，对铁路运输财产的评估价格与其真实市场价值的比率不能高于其他工商业财产评估价值与其真实市场价值的比率。

在该法案下，如果对铁路征税的比率比其他财产的征税比率高 5%或更多，那么铁路方面可获得免税权。

该法案生效后，财产评估价值由税率决定，真实市场价值以近期销售额的样本为基础决定。

直方图 1.2.2 显示的是洛杉矶县估价与销售额的比率的样本分布。

立法历史表明，在征税区，对铁路征收的财产税比率与对平均或加权平均的工商业企业征收的财产税的比率相当。"平均数"一词没有用

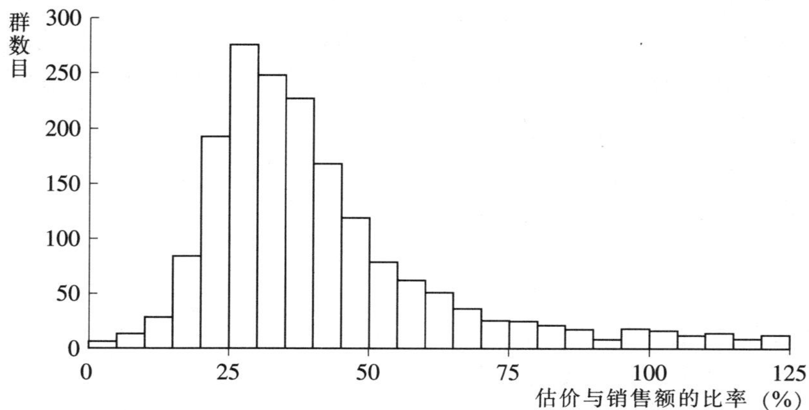

图 1.2.2 估价与销售额比率分布的直方图

百分比表示洛杉矶县以 1975 年为基年的 1981—1982 年的销售额

于法规是因为，根据法案听证会上铁路发言人所说的，平均数“有精确的数学内涵，在法律中并不适用”。

在依据该法案的诉讼中，被告方律师和州税收专家认为：应该使用加权均值。

若从每一类（层）财产（商业、工业或公用事业）的近期销售额中抽样，加权均值按如下方法得到：(1) 在每一层中，求样本总销售额与总评估价值的比率，这给出了样本中平均每 1 美元评估价值的销售额；(2) 将平均每 1 美元评估价值的销售价值乘以层中全部财产的总评估价值，从而估计每层中全部财产的总销售（市场）价值；(3) 对所有层的评估价值求和，然后除以由步骤 (2) 得到的所有层全部财产的总销售价值，这就是总体中全部财产的评估价值与销售额比率的加权均值。

而铁路方面认为，应该用群—加权中位数来表示其他工商业财产的价值。

群—加权中位数按如下计算方法得到：(1) 对样本中的每一个群，计算其评估价值与销售价格的比率；(2) 按照此比率依次增加的顺序由左至右排列这些群；(3) 给每一个群赋权，权数是用总体相应层中群的数目与样本的该层中群的数目之商；(4) 在序列中找出这样的比率：这个比率左右两边的比率的权数和均为 50%，这个比率就是群—加权中位数。

通常，铁路和公用事业的财产主要由州政府评估，而其他工商业财产由县级机构评估。与由地方评定的财产相比，公用事业财产一般要负担较高的税率。例如，在加利福尼亚州，区区几百家公用事业机构就占据了“其他工商业财产”评估价值约14%的份额。在诉讼中，假定公用事业的评估价值与市场价值相同。

问题

1. 在给定法令的术语及历史背景下，哪种方法——均值、加权均值或加权中位数——最适合？

2. 铁路和其他财产的评估价值与市场价值的比率间的绝对差之和或者代数差之和哪种更适合用来测度对铁路的歧视呢？你建议选择哪种方法？

3. 如果应用于所有财产，哪种方法对总收入没有影响？

4. 在 Clinchfield 和 CSX Transp. 公司的案件中（参见下面的注释），你同意第四回审判对为什么采取中位数所做的解释吗？

5. 评估/销售比率的加权均值是一种对样本每一层中评估/销售比率的加权调和均值。你知道为什么吗？

资料来源

David Freedman，*The Mean Versus the Median*：*A Case Study in 4-R Act Litigation*，3 J. Bus. & Econ. Stat. 1（1985）.

［注释］

在依据4-R法案的诉讼中，有些法院赞成使用均值，有些法院则赞成使用中位数。举例来说，参见 *Southern Pacific v. California State Board of Equalization*，(unpublished; discussed in Freedman, *supra*)（mean）；*ACF Industries, Inc. v. Arizona*，714 F. 2d 93（9th Cir. 1983）(median in *de facto* discrimination cases; mean in *de jure* cases)；*Clinchfield R. R. Company v. Lynch*，527 F. Supp. 784 (E. D. N. C. 1981)，*aff'd*，700 F. 2d 126（4th Cir. 1983）(median)；*CSX Transp. Inc. v. Bd. of Pub. Works of West Virginia*，95 F. 3d 318（4th Cir. 1996）(median)。通常，方法的选择不会引起太多争论。然而，在 *Clinchfield R. R. co v. Lynch*，*supra* 案中，法院认为应该使用中位数。他们认为，由于公用事业公司拥有大量财

产，而在估价时公用事业财产和铁路财产一样被以较高价值估价，加权均值就会偏大。法院认为不能简单地把铁路和公用事业相比，而应在更加广泛的基础上，把铁路和其他工商业财产相比。在 *CSX Transp.* 公司的案件中之所以使用中位数，是因为是否包含少数数额很大的财产会对均值产生很大影响。

1.2.3 确定对境况不佳银行注入资金的数额

1986 年，联邦国内贷款银行理事会采取了一项计划，以增加被保险的储蓄机构的调整资金，目标是将资金从资产的 3%增加到 6%。每个机构每年需要增加的资金数额由整个行业的平均资产收益率（ROA）的百分比计算得到。这个百分比取决于该机构是属于基准比率至少为 3%的标准组，还是属于基准比率低于 3%的级别较低的组。理论上，贷款银行应该能够保留收入的这些百分比以支持资金；那些没有足够收入的机构将不得不筹集外部资金。然而，该行业中一部分陷于财务困境的机构，其资产收益率为负值，这使得整个行业的平均资产收益率仅为 0.09%。这意味着大约需要 40 年的时间才能将整个行业的资金从平均 3%提升到平均 6%。为了早日实现目标，理事会宣布改用中位数资产收益率，该值约为 0.33%。这将在大约 12 年后改变资金不足的状况。为了确定这个中位数，每个机构被当作一个单独的数据点。对此，理事会做出了如下解释：

> 做出这个决定的主要原因是均值对极高或极低的资产收益率太敏感。当行业中处境不佳的机构发生严重损失时，这种敏感性会变得异常严重……使用［中位数］资产收益率的原因是它更注重第 50 分位数机构的概率，以及产生第 50 分位数的机构的顺序……［中位数］更准确地反映了大多数受保机构提高必需资金最低水平的能力。

问题

1. 在资产收益率的分布中，怎样的不对称因素引起了资产收益率均值与资产收益率中位数间的差异？

2. 在测度整个行业将收入的一部分用于充实资金的能力时，采用

资产收益率的中位数均值更好吗?

3. 理事会还可以采用哪种测度中心位置的方法?

资料来源

Federal Home Loan Bank Board, *Regulatory Capital of Insured Institutions*, 53 Fed. Reg. 11243 (March 30, 1988).

1.2.4 水力发电导致鱼类死亡

康斯坦丁电厂是一个位于密歇根州康斯坦丁市圣约瑟夫河畔的拥有94年历史的水力发电厂，它的所有者是印第安纳密歇根电力公司。在联邦能源立法委员会（FERC）发放许可证之前，密歇根州自然资源部试图说服FERC强制采取一定措施，以减少被涡轮机卷走的鱼的数目。FERC拒绝了这个要求，但同意电力公司应该对由于鱼的死亡给密歇根州造成的损失进行补偿。每年死亡的鱼的数目由随机日抽取的样本来估计。电力公司主张使用几何平均数来推断鱼的年死亡率，因为按日抽取的样本具有波动性，在某些天取得的样本量通常偏高。通过计算样本数据的几何平均数，电力公司估计出鱼的年死亡率为每年7 750条。密歇根州政府反对这种计算方法，认为数据太少以致不能确定偏度，并建议使用算术均值来替代几何均值。对基本相同的样本数据计算其算术均值，密歇根州政府估计得到鱼的年死亡率为每年14 866条。

问题

1. 哪种方法能更好地估计鱼类的年死亡数，是几何均值还是算术均值?

资料来源

Kelley v. Federal Energy Regulatory Com'n, 96 F. 3d 1482 (D. C. Cir. 1996).

［注释］

根据 1986 年的国会法案，密歇根州向 FERC 提出建议，要求 FERC 在重新颁发水坝许可证的时候留意联邦及州政府鱼类和野生动物管理机构关于环境保护的建议（16 U. S. C. A. § 803（j）（West Supp. 1988））。然而，直到 1997 年，当 FERC 拒绝重新审核缅因州肯纳贝克河上一家小型、老化的水电大坝并且命令将它迁走时，它才开始使用这项授权。大坝的搬迁保护了包括大马哈鱼和鲟鱼在内的九种大西洋鱼类，恢复了它们传统的上游产卵地。Weighing the Needs of Nature，N. Y. Times，November 27，1997 at A 38。

1.2.5 莴苣价格变化影响消费者价格指数

假设长叶莴苣和冰山莴苣的价格都是 1 美元/磅，并且消费者每种购买 1 磅。如果长叶莴苣的价格上涨为 1.50 美元/磅，劳动统计局在计算它的消费者价格指数（CPI）时，就假设两类莴苣的数量的比例保持不变，并且用算术平均数计算莴苣价格增加的百分比。在该假设下，用算术平均数计算的百分比的增加被称为拉氏指数。① 由于拉氏指数不考虑替代现象，即如果一种商品的价格上升，消费者会转而购买价格较低的类似商品，因此，它被看作生活消费支出增加的上限。在这个例子中，如果购买长叶莴苣的损失可以通过购买更多的冰山莴苣来弥补，则假设消费者的满意度没有降低。这看上去似乎不可能，但却是一个理论。所需要的额外的冰山莴苣的数量还受另一现象的影响，即报酬递减规律，相对于用 1 美元购买较便宜的商品获得的满意度而言，每多花 1 美元购买一种较贵的商品所获得的满意度是不断下降的。

尽管消费者价格指数不是生活费指数，但它被频繁地应用于私人合同及法规（特别是用于社会保险收益）中，以调整由于生活消费支出增加所支付的费用。1998 年 4 月，劳动统计局对有关部门指责 CPI 夸大生活费用这一问题做出反应，声明从 1999 年开始，对处于最低水平的某些类别的商品，将通过以下方式考虑使用其他指标：（1）假设价格上涨后，每一种商品的美元份额保持不变（在该例中，每种莴苣的美元份额为 50%）；（2）使用几何均值进行平均。劳动统计局估计这些变动将使消费者价格指数的年增长率下降 0.2 个百分点。

---

① 如果利用价格变化后的购买数量比例，那么该指数称为帕氏指数。

问题

1. 用固定美元份额作权数，计算新莴苣价格与旧莴苣价格的加权算术平均数的比率。这样计算平均数时所暗含的每种莴苣的数量是多少？比较长叶莴苣减少的数量和冰山莴苣增加的数量，看一看满意度与莴苣价格和数量之间的假设关系是什么？这一假设关系是否合理？

2. 计算新、旧莴苣价格的加权几何平均数的比率，回答问题 1 中的问题。[提示：加权几何平均数的比率是对比率取对数后的加权算术平均数的反对数。]

3. 现在假设长叶莴苣的价格在其原始价格 1 美元/磅的基础上下降了 0.5 美元。用算术平均数和几何平均数分别比较价格上升和下降时比率的变化。哪个结果更好？

资料来源

Bureau of Labor Statistics, *Planned Changes in the Consumer Price Index Formula* (April 16, 1998); *id.*, *The Experimental CPI Using Geometric Means*; avail. at 〈www. stats. bls. gov/cpigmrp. htm〉.

1.2.6 超级安眠药功效失真案

Able 公司在电视广告中宣称，服用其产品——超级安眠药（其活性成分为抗组胺剂）——会使入睡时间缩短 46%，这项声明基于一项睡眠研究。在此之后，Able 公司被 Baker 公司收购，开始进行一项新的研究。

联邦贸易委员会（FTC）声称研究结果没有证实广告所宣称的功效，所以行政起诉 Baker 公司。

在睡眠研究中，研究人员要求试验对象记录其入睡所需的时间（睡眠潜伏期），然后计算一周的平均值。在 Able 公司的研究中，统计人员将试验对象入睡时间少于 30 分钟的夜晚排除在外，其依据是试验对象在那些晚上没有失眠。在 Baker 公司的研究中，只包括那些在试验的第

1 周 7 天中至少有 4 个夜晚入睡时间超过 30 分钟的试验对象，但按 7 个夜晚计算平均入睡时间。在试验的第 2 周，试验对象服用超级安眠药并记录入睡时间（仅当他们愿意服用药片时才服用）。Baker 公司的专家计算了他们选中的试验对象第 1 周和第 2 周的平均入睡时间，并进行比较。(用 15 分钟时间间隔的中点来计算入睡时间，再根据入睡时间就可以获得平均数。）第 1 周平均入睡时间为 53.8 分钟，第 2 周为 28.8 分钟；入睡时间减少了 46.5%。

联邦贸易委员会的专家分别计算了每一个试验对象的入睡时间减少的百分比，并对这些百分比进行平均，得到的结果是 40.9%。

数据见表 1.2.6，依据数据绘制的散点图如图 1.2.6 所示。

表 1.2.6 **睡眠研究的数据**

以分钟计的平均入睡时间								
周			周			周		
#	1	2	#	1	2	#	1	2
1	61.07	20.36	26	16.07	7.50	51	41.79	11.79
2	46.07	37.50	27	33.21	26.79	52	22.50	22.50
3	84.64	61.07	28	51.43	20.36	53	39.64	18.21
4	31.07	9.64	29	28.93	18.21	54	78.21	26.79
5	54.64	28.93	30	139.29	37.50	55	46.07	16.07
6	26.79	11.79	31	78.21	39.64	56	46.07	28.93
7	58.93	31.07	32	43.93	35.36	57	61.07	33.21
8	13.93	9.64	33	111.43	7.50	58	39.64	28.93
9	71.79	35.36	34	56.79	31.07	59	56.79	18.21
10	82.50	33.21	35	106.07	43.93	60	34.29	32.14
11	37.50	24.64	36	98.57	77.14	61	43.93	24.64
12	35.36	46.07	37	43.93	70.00	62	31.07	24.64
13	37.50	9.64	38	114.64	26.79	63	46.07	24.64
14	114.64	16.07	39	39.64	33.21	64	22.50	9.64
15	35.36	9.64	40	91.07	31.07	65	50.36	41.79
16	73.93	35.36	41	18.21	20.36	66	41.79	18.21
17	17.50	11.79	42	63.21	18.21	67	35.36	18.21
18	94.29	20.36	43	37.50	20.36	68	65.36	78.21
19	22.50	9.64	44	41.79	22.50	69	37.50	31.50
20	58.93	30.00	45	40.00	43.93	70	48.21	9.64

续前表

以分钟计的平均入睡时间								
	周			周			周	
#	1	2	#	1	2	#	1	2
21	46.07	100.71	46	50.36	41.79	71	102.86	43.93
22	31.07	9.64	47	48.21	60.00	72	86.79	43.93
23	62.14	20.36	48	63.21	50.36	73	31.07	9.64
24	20.36	13.93	49	54.64	20.36			
25	56.79	32.14	50	73.93	13.93			

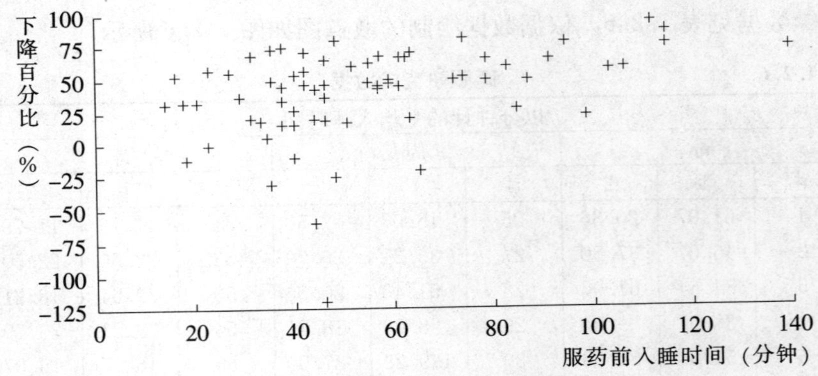

图 1.2.6　与服药前相比入睡时间下降的百分比

问题

1. Baker 公司与 FTC 专家计算的平均数存在差别的原因是什么?

2. 假设只有一个下降百分比的数值是合适的，那么哪种方法计算出的平均数更合适?

3. 用于解决 Baker 公司和 FTC 之间争端的方法还有哪些?

1.3　离散度的测度

除了对中心位置的测度外，离散度（变异性或分散性）的测度也是重要的数据描述方法，因为它们反映了数据与其中心值之间可能的偏差程度。与中心位置的测度方法类似，针对数据不同方面的特点，离散度的测度也有不同的方法。

方差和标准差

到目前为止，测度离散度最重要的方法是方差，用符号 σ^2 或 Var 表示。方差的正平方根是标准差，用符号 σ 表示。方差是数据对其均值的离差的平方的均值，标准差是离差平方的均值的平方根。因而，在容量为 N、均值为 μ 的总体中，用 X_1，…，X_N 表示该总体的某种属性的取值，则

$$\sigma^2 = \text{Var}X = \frac{1}{N}\sum_{i=1}^{N}(X_i - \mu)^2$$

更普遍地，如果 X 是随机变量，$\text{Var}X=E(X-\mu)^2$，方差的另一种便于计算的表达式是：

$$\sigma^2 = \text{Var}X = EX^2 - \mu^2$$

式中，EX^2 是 X^2 的均值或期望值；μ 是 X 的均值或期望值。方差和标准差能用来测度数据的离散度，是因为变量 X 和其均值的离差越大，离差的平方就越大；离差平方的均值及其平方根也越大。根据定义可知，方差和标准差具有如下性质：

- 方差永远不会为负，仅当数据不存在变异时，方差为 0。
- 将数据加上常数，其方差不变。
- 将数据乘以任意常数 c，其方差变为原方差的 c^2 倍，标准差则变为原标准差的 c（如果 c 为负数，则取绝对值）倍。
- 标准差与数据具有相同的单位。

当从一个均值与方差均未知的总体中抽样时，我们通常用样本均值 $\overline{X}$（基于容量为 n 的样本）来估计总体均值，用样本方差 $s^2=[(X_1-\overline{X})^2+\cdots+(X_n-\overline{X})^2]/(n-1)$ 来估计总体方差。

样本标准差是 s^2 的正平方根，通常用 s 或 sd 表示。这里的分母是 $n-1$ 而不是 n，是为了使估计量 s^2 成为无偏估计量。存在偏倚的原因是在计算离差平方的过程中，样本均值使平方和最小，这使得平方和的期望值略小于总体均值已知时的平方和。分母用 $n-1$ 消除了这个问

题，得到的估计量 s^2 的期望值正好等于 σ^2。注意，如果用加权均值作为中心值，则需要使用加权离差平方和来估计总体方差。

样本和与样本均值的方差

样本均值的方差在统计学中是非常重要的。为了说明它的推导过程，下面考虑一个由男性组成的大的总体，我们关注的特征是他们的身高。

● 如果 X_1 和 X_2 分别是从总体中独立抽取的两个男人的身高，那么 X_1+X_2 的方差等于 X_1 和 X_2 的方差之和。因此，如果身高的总体方差是 σ^2，则从总体中独立抽取的两个男人身高之和的方差是 $2\sigma^2$。这个原理概括为：如果从一个大的总体中独立抽取 n 个男人，他们身高之和的方差为 $n\sigma^2$。

● 两个男人的身高之差 X_1-X_2 的方差仍然等于 X_1 和 X_2 的方差之和。这看上去似乎与直觉相违背，但事实是，在身高 X_2 前面加一个负号不会改变它的方差。因此，X_1-X_2 的方差与 $X_1+(-X_2)$ 的方差相等，都等于 X_1 和 X_2 的方差之和。

● 如果变量 X 和 Y 之间不独立，而是存在正相关关系（例如，一个男人的身高和他已成年的儿子的身高），那么 $X+Y$ 的方差将大于 X 和 Y 的方差之和，而 $X-Y$ 的方差将小于 X 和 Y 的方差之和。为什么呢？如果 X 和 Y 存在负相关关系，那么 $X+Y$ 的方差将小于 X 和 Y 的方差之和，而 $X-Y$ 的方差将大于 X 和 Y 的方差之和。

这些简单的结论同样适用于样本均值的方差和标准差。回忆一个事实，从总体中抽取一个由 n 个男性组成的样本，身高的样本均值等于将样本中的所有人的身高求和后除以样本容量。如果样本的抽取是随机的和独立的，[①] 且每个身高的方差为 σ^2，那么 n 个身高之和的方差为 $n\sigma^2$。由于身高之和要乘以 $1/n$，所以和的方差要乘以 $1/n^2$。因此样本均值的方差是 $(1/n^2)\cdot n\sigma^2=\sigma^2/n$，标准差是 $\sigma/\sqrt{n}$。为了区分总体与样本的变

① 除非在抽样时使用的是放回抽样，否则无法满足完美的独立的要求，这是因为在无放回抽样时，前一次的抽取会影响下一次抽取，但是放回抽样并不常用。然而，如果抽取的样本只是总体的一小部分（如小于 10%），那么它和完美独立的差别是不大的，通常会忽略这种不完美。当差别很大时，必须对公式进行修正。参见 4.5 节。

异性，样本均值的标准差通常被称为均值的标准误。由于通常 σ 是未知的，均值的标准误必须通过样本来估计。如果从一个方差 σ^2 未知的总体中抽取一个容量为 n 的样本，则均值的标准误为 $s/\sqrt{n}$，其中 s^2 是 σ^2 的估计。

关于均值的标准误的基本结论表明：一个样本的均值更稳定，也就是说，样本均值的变化小于总体每个元素的变化。样本均值的稳定性是大量现象统计规律性的基础。保险业的生存依赖于这样一个事实：尽管个体会遭受不可预知的损失，但总的赔偿额则是相对稳定的，将保险风险放在一起的经济优势正在于此。该公式还表明，尽管均值的样本估计的精度随样本容量的增加而增加，但增加的幅度很小，因为增加量是样本容量平方根的函数，精度增加 1 倍要求样本量增加 3 倍。

切比雪夫不等式

标准差是测度变异性的有效工具，可以用标准差来描述许多数据或随机变量的分布。粗略地说就是，一个给定值与均值之间的标准差越大，一个数据点或一个随机变量超过这个给定值的可能性就越小。俄罗斯著名数学家切比雪夫（Chebyshev，1824—1894）[①] 用一个定理给出了更为精确的描述，这就是“切比雪夫不等式”。切比雪夫不等式的内容是：

对于任意随机变量或任意数据集（总体或样本），随机变量或随机选取的数据点落在其均值两侧 k 个标准差外的概率小于 $1/k^2$。

因此，切比雪夫不等式告诉我们，在任何分布中，只有不到 1/4 的数据落在均值两边两个标准差的范围之外。[②] 当我们更准确地了解分布的性质后，通常可以做出更有力的描述。例如，在正态分布中，大约有 5%的数据落在均值两侧 1.96 倍标准差的范围之外（参见 4.3 节）。

---

① 菲利普·戴维斯在《思路：一个数学故事》（1983）一文中对他在一部学术著作中将切比雪夫的名字翻译成“Tschebycheff”所遭到的广泛的反对做出了非常古怪的解释。

② 这个定理的证明并不难。参见 J. Freund and E. Walpole，*Mathematical Statistics* 96 (4th ed. 1987)。

随机变量与数据的标准化

标准差的一个重要应用是对随机变量和数据进行标准化。对一个随机变量进行标准化，是用该随机变量减去其均值或期望值然后除以标准差。第一步是将变量或数据“中心化”，即使其均值为零；第二步是从均值的角度用标准差的数目来表示变量或数据。这样，标准化后的变量或数据的均值为 0，标准差为 1。标准化是很重要的，因为通常能通过标准化的数量计算概率。切比雪夫定理就是这种计算的一个例子。标准化过程用符号表示为：

$$Y^{*}=\frac{Y-\mu}{\sigma}$$

式中，Y 是原始随机变量或数据点；Y^{*} 是其标准化形式。

大数定律

切比雪夫不等式证明了弱大数定律，该定律说明，随着样本量的增加，样本均值和总体均值之差的绝对值大于任意给定的正数的概率趋于零。样本均值和总体均值之差的绝对值大于一个给定正数 d 或更大的数的概率是多少？我们用标准差来表示 d，即 $k=d/(\sigma/\sqrt{n})$ 个标准差，则切比雪夫不等式表明，大于 d 的概率将小于 $1/k^2=\sigma^2/(nd^2)$，该数值会随着 n 的增加趋于零。

变异系数

由于标准误的大小取决于数据的单位，所以，在对两个估计量的标准误进行比较之前，必须统一单位。当全部为正数时，将标准误与均值进行比较是非常有用的。常用的方法就是变异系数，它是标准误与均值之商。这个无量纲的统计量可以用来比较两个估计量的相对精度。

其他方法

尽管统计学家会像条件反射一样习惯性地使用方差和标准差，但在有些情况下，使用其他方法测度变异性可能更合适。

和均值的情况类似，当存在显著的离群值（远离中心的数据点）时就会出现问题。由于在计算方差时用的是离差的平方，它赋给大的离差的权数较大，这可能会严重扭曲离散度的测度。此外，除了离群值的影响外，用离差的平方来处理某些问题可能也是不合适的。

最简单的测度方法是上百分位数与下百分位数之差。例如，一组数据的极差是最大值与最小值之差，极差对离群值非常敏感。四分间距（内距）就没有极差那么敏感，它是第 75 百分位数与第 25 百分位数之差，这就给出了一个包含中间 50%数据的区间。[①] 离散度的另一种测度方法是平均绝对离差，是数据与其均值离差的绝对值的平均。由于没有对离差进行平方，这就减少了离群值的影响。

1.3.1 得克萨斯州选区重划计划

美国联邦最高法院确立的一人一票的传统，是以美国联邦宪法第 2 款第 1 条为基础的。在国会管辖区，仅允许“不可避免的有限的人数变动，尽管善意地努力达到绝对平等，这样做或者为了体现公正性”（*Kirkpatrick v. Preisler*，394U. S. 526，531，1969）。该州立法机关的连任遵循宪法第 14 条修正案中不太严格的标准，就像该修正案曾用于 *Reynolds v. Sims* 一案，377U. S. 533（1964）那样。在该案中，在严格的人口平等中允许存在小的离散度，但仅是“基于实行合理的国家政策时必要的立法考虑”（Id.，at 579）。

得克萨斯州众议院的一份选区重划计划规定了来自 90 个只有一个代表的选区和 11 个有多个代表的选区的 150 名议员。在表 1.3.1 中给出了选区的有关数据。

由这些数据可得，选区的平均人口数为 74 645（准确地说是 74 644.78），而选区人口平方的均值为 5 573 945 867。

① 计算内距的步骤如下：在有 n 个观测值的样本中，取 $n/4$，如果 $n/4$ 是小数，则取和它相邻的下一个整数 m。找出第 m 个最大的观测值和第 m 个最小的观测值，求二者的差。如果 $n/4=m$ 是整数，则从数据两侧分别取第 m 和第 $m+1$ 个值进行平均，然后求这两个平均数之差。

表 1.3.1　　得克萨斯州众议院的选区重划计划

地区#	议员	总人口数或平均每个议员的人口数	（低于）高于	%	地区#	议员	总人口数或平均每个议员的人口数	（低于）高于	%
3		78 943	4 298	5.8	42		74 706	61	0.1
38		78 897	4 252	5.7	21		74 651	6	0.0
45		78 090	3 445	4.6	36		74 633	(12)	(0.0)
70		77 827	3 182	4.3	64		74 546	(99)	(0.1)
27		77 788	3 143	4.2	53		74 499	(146)	(0.2)
77		77 704	3 059	4.1	68		74 524	(121)	(0.2)
54		77 505	2 860	3.8	74	(4)	74 442	(203)	(0.3)
39		77 363	2 718	3.6	90		74 377	(268)	(0.4)
18		77 159	2 514	3.4	8		74 303	(342)	(0.5)
57		77 211	2 566	3.4	50		74 268	(377)	(0.5)
2		77 102	2 457	3.3	73		74 309	(336)	(0.5)
30		77 008	2 363	3.2	16		74 218	(427)	(0.6)
55		76 947	2 302	3.1	43		74 160	(485)	(0.6)
9		76 813	2 168	2.9	89		74 206	(439)	(0.6)
15		76 701	2 056	2.8	97		74 202	(443)	(0.6)
14		76 597	1 952	2.6	99		74 123	(522)	(0.7)
52		76 601	1 956	2.6	56		74 070	(575)	(0.8)
29		76 505	1 860	2.5	24		73 966	(679)	(0.9)
1		76 285	1 640	2.2	37	(4)	73 879	(766)	(1.0)
47		76 319	1 674	2.2	75	(2)	73 861	(784)	(1.1)
49		76 254	1 609	2.2	95		73 825	(820)	(1.1)
6		76 051	1 406	1.9	7	(3)	73 771	(874)	(1.2)
34		76 071	1 426	1.9	26	(18)	73 740	(905)	(1.2)
76		76 083	1 438	1.9	35	(2)	73 776	(868)	(1.2)
82		76 006	1 361	1.8	74		73 743	(902)	(1.2)
13		75 929	1 284	1.7	41		73 678	(967)	(1.3)
23		75 777	1 132	1.5	71		73 711	(934)	(1.3)
51		75 800	1 155	1.5	48	(3)	73 352	(1 293)	(1.7)
83		75 752	1 107	1.5	6		73 356	(1 289)	(1.7)
65		75 720	1 075	1.4	91		73 381	(1 264)	(1.7)
81		75 674	1 029	1.4	22		73 311	(1 334)	(1.8)
100		75 682	1 037	1.4	94		73 328	(1 317)	(1.8)
20		75 592	947	1.3	11		73 136	(1 509)	(2.0)

续前表

地区#	议员	总人口数或平均每个议员的人口数	(低于)高于	%	地区#	议员	总人口数或平均每个议员的人口数	(低于)高于	%
25		75 633	988	1.3	86		73 157	(1 488)	(2.0)
84		75 634	989	1.3	33		73 071	(1 574)	(2.1)
44		75 278	633	0.8	87		73 045	(1 600)	(2.1)
46	(11)	75 154	509	0.7	17		72 941	(1 704)	(2.3)
63		75 191	546	0.7	93		72 761	(1 884)	(2.5)
79		75 164	519	0.7	59	(2)	72 498	(2 148)	(2.9)
101		75 204	559	0.7	96		72 505	(2 140)	(2.9)
19	(2)	75 104	459	0.6	10		72 410	(2 235)	(3.0)
58		75 120	475	0.6	98		72 380	(2 265)	(3.0)
80		75 111	466	0.6	28		72 367	(2 278)	(3.1)
88		75 076	431	0.6	66		72 310	(2 335)	(3.1)
5		75 014	369	0.5	62		72 240	(2 405)	(3.2)
31		75 025	280	0.5	4		71 928	(2 717)	(3.6)
32	(9)	75 055	410	0.5	78		71 900	(2 745)	(3.7)
60		75 054	409	0.5	92		71 908	(2 737)	(3.7)
67		75 034	389	0.5	40		71 597	(3 048)	(4.1)
69		74 765	120	0.2	85		71 564	(3 081)	(4.1)
12		74 704	59	0.1					

问题

1. 把有多个代表的地区看成只有一个代表的单独的平等地区，应该用什么样的统计量来描述地区大小的变异？

2. 从法律角度来看，采取哪种最合适？

资料来源

White v. Regester，412 U. S. 755 (1973).

1.3.2 痛苦抚慰金的判定

Patricia Geressy 在 20 世纪 60 年代做了 5 年秘书，此后，1984—1997 年间，她也从事秘书工作。她使用的是由数字电气公司（Digital Equipment Corporation）生产的键盘。后来，她的双手出现麻木、疼痛，并蔓延到手腕，不得不多次做手术（不成功），最终双手残废。在对数字电气公司提起的诉讼中，她的律师认为，被告的键盘所产生的重复性压力伤害（RSI）是罪魁祸首，被告方律师对这一结论提出质疑。陪审团做出了如下裁决：被告方赔偿受害者可计量损失1 855 000 美元和痛苦抚慰金 3 490 000 美元。

在做出这个裁决后，地区法院运用了纽约州规则。该规则规定，如果裁决“严重偏离了合理的赔偿”，除非有一项条款载有不同的判决，否则，法院必须驳回判决，重新开庭。这一标准取代了旧的“摸摸良心”标准，为的是从立法层面约束个人伤害案件中痛苦抚慰金判定的任意性。

在考虑痛苦抚慰金是否合理时，法院遵循一个两步程序。首先，确定一组标准的案件，这些案件中的赔偿额是已被承认的。它们是关于“反应交感神经营养不良”——即在持续性外伤后，四肢的某些部分持续疼痛的综合症——的案件。共有 27 个案件被确认属于标准组。在这个组中，痛苦抚慰金的变动范围很大。对与工作有关的手和手腕损伤必须进行手术的，需要支付 37 000 美元；而对工作中发生车祸而导致脱肠，需要做脊椎手术和三次膝盖手术的，则需支付 2 000 000 美元。对于变动的允许范围，法院考虑了单倍标准差和 2 倍标准差规则，最终决定使用 2 倍标准差：“针对当前目标，假定没有特别的因素能把法院的案件与标准组的其他案件区分开来，而且痛苦抚慰金应落在 2 倍标准差以内。”用来比较的 27 个案件中的痛苦抚慰金数据在表 1.3.2 中给出。

在这些数据中，平均赔偿金是 913 241 千美元，平均赔偿金的平方是 558 562 千美元（以千美元为单位）。

表 1.3.2　　标准案件的赔偿额　　单位：千美元

案件	赔偿额	案件	赔偿额	案件	赔偿额
1	37	10	290	19	1 139
2	60	11	340	20	1 150
3	75	12	410	21	1 200
4	115	13	600	22	1 200
5	135	14	750	23	1250
6	140	15	750	24	1 576
7	149	16	750	25	1 700
8	150	17	1 050	26	1 825
9	238	18	1 100	27	2 000

问题

1. 在法院的 2 倍标准差规则下，本案损害赔偿判决的最高限额是多少？

2. 法院根据标准案件所确定的 2 倍标准差的区间，用来判定 Geressy 案中的痛苦抚慰金有没有超过合理界限是否合适？

资料来源

Geressy v. Digital Equipment Corp., 950 F. Supp. 519 (E. D. N. Y. 1997) (Weinstein, J.).

1.3.3 古老的圣体容器检验

圣体容器检验是英国皇家造币厂的古老仪式，它也是金银铸币抽样检测程序的最后一环。长久以来，都是从每天生产的硬币中取出一枚，放在装有三道锁的叫作圣体容器（在希腊语里是盒子的意思；在早期的教会文学中，圣体容器就是圣餐中装面包的容器）的盒子里。圣体容器检验的间隔时间不等，通常是 3～4 年，届时，召集金匠管理者组成陪审团，并当着造币厂官员的面公开进行。这时，圣体容器将被打开、清点其中的硬币、称重、分析其成分、并将结果与国王和造币厂签订的合同中规定的标准进行比较。这种仪式到 1279 年被完全确立下来，当时爱德华一世宣布将此程序延续下去。

早期，在硬币的重量和纯度方面，是允许存在一定的公差的，若超过了该公差，造币厂的管理者将被起诉。18 世纪末，公差是每磅黄金 1/6 克拉或 40 喱；到了 19 世纪中叶，由于造币技术的改良，公差减少到每磅黄金 1/20 克拉或 12 喱。① 由于一枚硬币的标准重量是 123 喱，同时每磅黄金是 5 760 喱，因此一枚硬币的公差就应该是 0.854 17 喱。(对于以后的硬币的研究表明，单个硬币的公差约是此类硬币标准差的 2 倍)。

检验是这样进行的：将圣体容器中的硬币称重，并将其总重量与合同标准规定的同样数量和面值的硬币的总重量比较。例如，在 1799 年进行的检验中，圣体容器保存了 4 年后被打开，里面有三种面值的金币共 10 748 枚，总重量是 190 磅 9 盎司 8 本尼威特。根据当时施行的标准，总重量应该是 190 磅 9 盎司 9 本尼威特 15 喱；因此，比标准少了 1 本尼威特 15 喱，或 39 喱。然而，由于公差是 40 喱/磅，这个重量的总公差是 1 磅 3 盎司 18 本尼威特，因此不足量正好在此范围之内。事实上，若干世纪以来，几乎没有超出公差的范围。

造币厂最出色的管理者是爱萨克·牛顿先生，从 1696 年起，他在这个岗位上工作了许多年。他没有受到圣体容器检验的反复折磨，并成功地阻止了 Goldsmiths 公司在造币厂官员不在场的情况下进行检验，从而保护了他们的利益。

问题

1. 假定硬币的重量的标准差是 0.854 17/2＝0.427 08 喱，且圣体容器中有 8 935 个硬币（而且只有这么多硬币）。同时假定硬币重量的变异是由硬币制造过程中的随机的独立因素造成的，用切比雪夫不等式计算本文中 1799 年的检验超出公差的概率。

2. 以上题的结论为前提，如果把公差限制在，比如说 $3\sigma\sqrt{n}$，是否

① 在金衡制换算中，24 喱＝1 本尼威特，20 本尼威特＝1 盎司，12 盎司＝1 磅；因此，5 760 喱＝1 磅。

合适？其中 σ 是一枚硬币的标准离差，而 n 是这种硬币的数量。

3. 检验时，牛顿会在意圣体容器里有多少枚硬币吗？

4. 在抽样检验中，为什么不分别将每一枚硬币称重呢？

资料来源

Stigler，*Eight Centuries of Sampling Inspection*：*The Trial of the Pyx*，72 J. Am. Stat. Assoc. 493（1997）；R. Westfall，*Never at Rest*：*A Biography of Isaac Newton* 607-10（1980）.

1.4　相关性的测度

假设 X 是一个人的身高，Y 是他的体重，那么在人口总体中，身高和体重的关联程度有多大呢？用来测度关联性的一个有效方法就是计算 X 与 Y 的协方差，即每个变量与其均值之差的乘积的均值。其计算公式表示为：

$$\mathrm{Cov}(X,Y)=E[(X-EX)(Y-EY)]$$

一般情况下，个子高的人体重在均值之上，个子矮的人体重在均值之下，所以协方差是正的。但情况如果相反，也就是说，个子矮的人偏胖，个子高的人偏瘦，那么协方差就是负的。如果身高和体重间不存在关联性，那么协方差为零。

当变量 X 和 Y 都加上一个常数时，协方差不变，也就是说，当变量的均值改变时协方差保持不变。举例来说，如果将每个人的体重都增加 5 磅，身高都少测量了同样的高度，体重和身高的协方差不变。然而，协方差的大小依赖于变量的单位大小，因此，如果用一个常数乘以变量 X，那么协方差也要乘以该常数，对于变量 Y 也是如此。例如身高的单位由英寸变为厘米，那么身高与体重的协方差将会改变。为了得到一个不受量纲影响的测度方法，我们将用变量 X 和 Y 的标准化形式，即 $x^*=(X-EX)/sd(X)$，$y^*=(Y-EY)/sd(Y)$ 来表示协方差。由此得到皮尔逊乘积矩相关系数，用符号 ρ 表示。公式为：

$$\rho = \mathrm{Cov}(X^*, Y^*) = E[X^* \cdot Y^*] = \frac{\mathrm{Cov}(X,Y)}{sd(X) \cdot sd(Y)}$$

总体相关系数用 ρ 表示，样本相关系数用 r 表示，其计算方法与 ρ 一样，用数据的协方差作分子，样本标准差作分母，即得到 r。用样本相关系数来估计总体相关系数。注意，这里不再需要对样本标准差进行调整，因为在计算 r 时，它的分子分母时都作了同样的调整，因此相互抵消了。

当变量 Y 是 X 的线性函数时，相关系数取到最大值 1 或最小值 -1，取 1 时称为完全正相关，取 -1 时称为完全负相关。r 的绝对值越大，说明变量 Y 和 X 的线性相关关系越强，而且 r 的绝对值越大，用 X 对 Y 进行预测就越合适。当 $r=0$ 时，Y 和 X 之间不存在线性关系，这时，基于 X 来预测 Y 还不如 X 未知时预测 Y 准确。图 1.4a 至图 1.4c 显示了来自具有 3 种不同正相关程度的总体的样本数据分布。

到目前为止，相关系数是最常用的测度数据关联性的方法。当没有统一的标准来衡量相关性强弱时，在社会科学中，相关系数大于等于 0.50 就认为存在较强的相关性。比如，LSAT 分数被认为是可以很好地预测法学院学生成绩等级的指标，所以法学院基于这个分数进行录取。但法学院学生第一年的平均成绩和 LAST 分数的相关系数通常小于 0.6（有时候远小于 0.6）。

r（或它的总体形式 ρ）的一个有助于解释相关系数的重要性质是，r^2 度量了 Y 的总变异中能被 X 的变异所解释的比例，而 $1-r^2$ 则度量了 Y 的总变异中不能被 X 的变异解释的比例。“解释”并不意味 Y 一定由 X 引起的，而只是因为它们之间的关联性使得 Y 的某些变异可以由 X 来预测。在 13.3 节中将更精确地叙述这个概念。

基于下列原因，在利用相关系数来解释关联性时必须小心：

● 即使数据中只存在微弱的线性关系或根本不存在线性关系，由于极端值（离群值）的影响，相关系数的值可能会非常高。例子如图 13.3c（最上面的图）所示。

● 相反地，数据中的强线性相关性可能被离群值削弱。

● 即使 X 和 Y 之间存在强的（虽然不是完全的）线性相关关系，随着 X 的观测范围的缩小，Y 的变异性中由能被 X 的变异性所解释的比例将减小。参见图 1.4d，在 X 的整个观测范围内，X 和 Y 存在相关

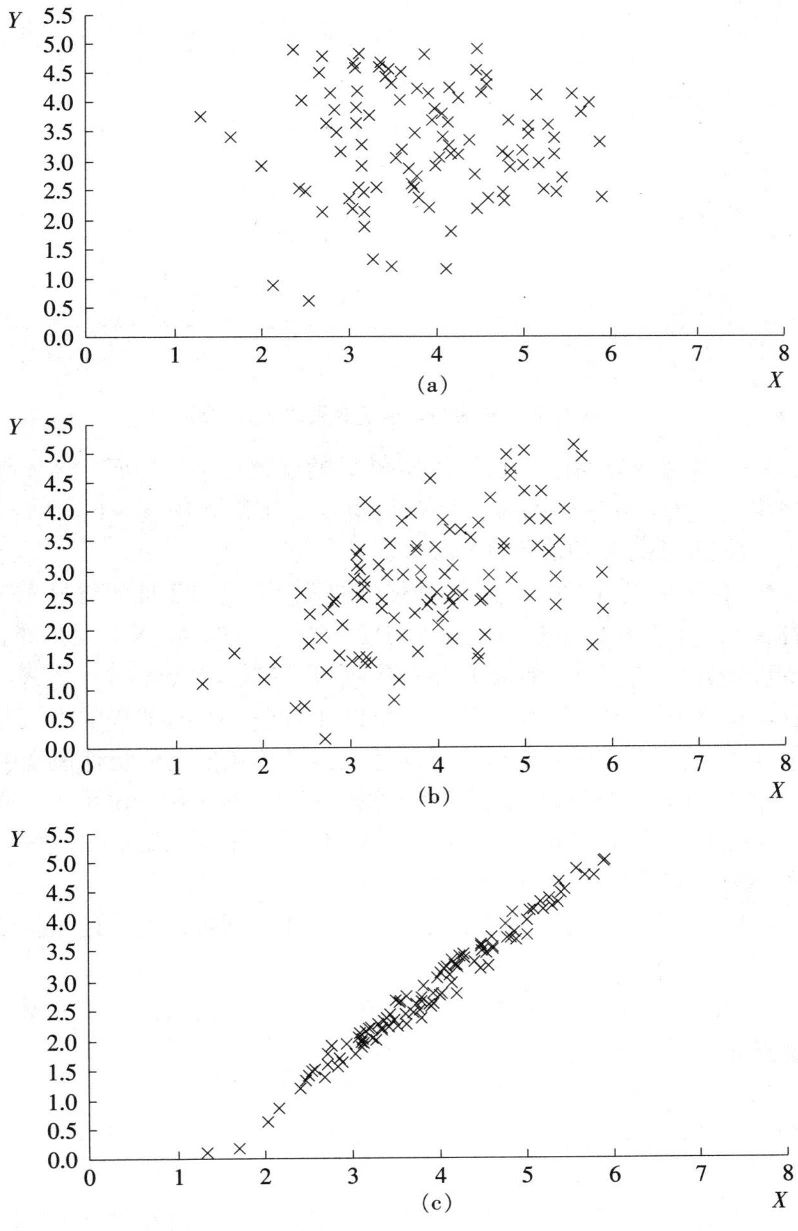

图 1.4　(a) 相关系数=0；(b) 相关系数=0.5；(c) 相关系数=1

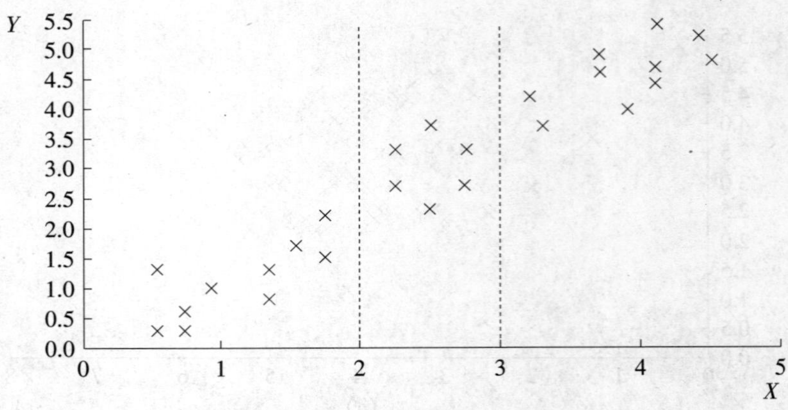

图 1.4d　相关性依赖于变量的取值范围

性，和 Y 的总变异相比，由 X 来预测 Y 的误差很小。然而在虚线标出的较窄范围内，观察到的相关性就很弱，并且和 Y 中减少的变异性相比，由 X 来预测 Y 的误差将会很大。

● ρ 测度的是 X 和 Y 之间线性依赖的强度，但对于即使是很强的非线性关系，它也可能不是一个好的测度方法。比如，若 X 均匀分布在 0 点周围，并且 $Y=X^2$，那么 Y 完全依赖（虽然是非线性的）于 X，并且在给定 X 时 Y 能被准确预测，但可以证明 $\rho=0$。虽然现实中，变量 X 和 $Y=X^2$ 不经常成对出现，但统计学家经常在他们的统计模型中加上一个变量的平方来检验是否存在非线性关系。这个例子说明，一般而言，虽然若 X 和 Y 相互独立，则 $\rho=0$，但反过来不一定成立。另一个例子如图 13.3c（最下面的图）所示。

● 相关性并不一定意味着因果关系。关于这两者区别的讨论参见第 10.3 节。

关于二元变量相关性的测度方法将在 1.5 节讨论，其他用来测度离散变量相关性的方法将在 6.3 节讨论。

1.4.1　危险的鸡蛋

一个鸡蛋生产全国贸易协会资助的广告宣称，没有充分且可靠的科学证据表明，吃鸡蛋甚至是大量地吃，会增加患心脏病的风险。联邦贸易委员会（FTC）提起了诉讼，认为这个广告是错误的且具有欺骗性，要求禁止该广告。在审判中，委员会成员引用由世界卫生组织提供的数据，来显示40个国家的胆固醇摄入量和缺血性心脏疾病（IHD）的死亡率。为FTC作证的专家收集了40个国家的鸡蛋消费量和IHD死亡率的数据，这些数据在表1.4.1和图1.4.1中给出。作为参考，一个中等大小的鸡蛋重约60克。

在这些数据中，IHD死亡率的和是15 870，IHD死亡率的平方和是8 355 365；鸡蛋消费率的和是1 130.5，平方和是37 011.87；IHD死亡率和鸡蛋消费率的乘积之和是490 772.4。

问题

1. 通过比较图1.4.1和图1.4a至图1.4c，估计数据的皮尔逊相关系数。计算相关系数来检查你的估计值，并解释你的结果。[提示：Cov(X,Y)可以用$\left(\sum X_iY_i - n\bar{X}\cdot\bar{Y}\right)/(n-1)$来估计]

2. 作为FTC的顾问，根据美国鸡蛋消费量和IHD死亡率的有关结论，你将作出怎样的推断？作为鸡蛋贸易协会的顾问，你将怎样回答？

3. 数据中的错误将对相关系数产生怎样的影响？

表1.4.1 40个国家和地区55～64岁男性中缺血性心脏疾病死亡率和鸡蛋消费量

	国家和地区	(1) 55～64岁的人中每100 000个人的缺血性心脏病死亡率	(2) 每天每人鸡蛋消费量（单位：克）	(3) 每天的卡路里	(4) 列排序 (1)	(5) 列排序 (2)
1.	阿根廷	411.5	20.2	3 188	23	10
2.	澳大利亚	730.9	27.3	3 121	37	17
3.	奥地利	442.0	37.3	3 532	26	33
4.	比利时	435.7	30.8	3 617	25	23
5.	保加利亚	375.5	22.8	3 658	22	14
6.	加拿大	689.7	35.2	3 245	34	30
7.	智利	202.0	13.7	2 589	10	5
8.	哥斯达黎加	219.8	20.6	2 567	12	11
9.	古巴	371.3	22.8	2 527	21	31
10.	丹麦	578.2	28.3	3 354	33	19

续前表

	国家和地区	(1) 55～64 岁的人中 每 100 000 个人的 缺血性心脏病死亡率	(2) 每天每人 鸡蛋消费量 (单位：克)	(3) 每天的 卡路里	(4) 列排序 (1)	(5) (2)
11.	多米尼加共和国	129.3	10.2	2 429	4	3
12.	厄瓜多尔	91.4	8.6	2 206	2	2
13.	埃及	134.7	4.8	3 087	5	1
14.	芬兰	1 030.8	28.4	3 098	40	20
15.	法国	198.3	35.5	3 626	9	31
16.	希腊	290.2	30.9	3 783	16	24
17.	香港	151.0	32.3	2 464	7	27
18.	匈牙利	508.1	43.5	3 168	28	38
19.	爱尔兰	763.6	33.8	3 430	38	29
20.	以色列	513.0	57.9	3 386	29	40
21.	意大利	350.8	29.7	3 648	20	22
22.	日本	94.8	42.5	3 091	3	36
23.	墨西哥	140.9	17.6	2 724	6	8
24.	荷兰	519.8	30.9	3 302	30	25
25.	新西兰	801.9	41.9	3 120	39	35
26.	尼加拉瓜	44.5	28.9	2 568	1	21
27.	挪威	570.5	25.0	3 052	32	15
28.	巴拉圭	163.0	16.8	3 084	8	7
29.	波兰	346.7	32.5	3 618	19	28
30.	葡萄牙	239.1	12.6	2 740	13	4
31.	罗马尼亚	246.8	28.2	3 422	14	18
32.	西班牙	216.5	41.6	3 356	11	34
33.	瑞典	563.6	31.2	3 087	31	26
34.	瑞士	321.2	25.9	3 225	17	16
35.	英国	710.8	35.6	3 182	35	32
36.	美国	721.5	43.4	3 414	36	37
37.	乌拉圭	433.9	13.9	2 714	24	6
38.	委内瑞拉	339.2	18.9	2 435	18	9
39.	联邦德国	462.5	46.3	3 318	27	39
40.	南斯拉夫	251.5	22.2	3 612	15	12

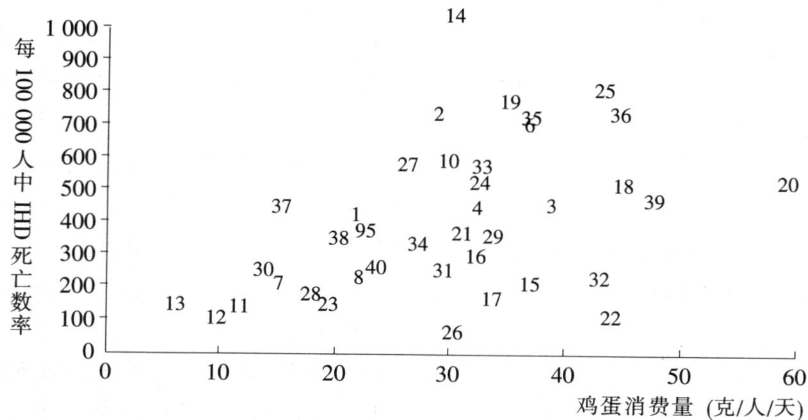

图 1.4.1 每 100 000 人中缺血性心脏病的死亡率和鸡蛋消费量

资料来源

In re National Comm'n on Egg Nutrition, 88 F. T. C. 89（1976），*modified*, 570 F. 2d 157（7th Cir. 1977），*cert. denied*, 439 U. S. 821（1978）.

[注释]

一项大的国际研究表明，男性冠状动脉疾病（CAD）死亡率的变异也可用肝中的铁含量的变异来解释。R. B. Laufer，铁含量和冠状动脉疾病死亡率的国际性变异，35 医学假设 96（1990）。例如，在可获得数据的 19 个国家中，CAD 死亡率和铁含量相关（$r=0.55$），并且和一个由铁含量与胆固醇含量的乘积组成的变量密切相关（$r=0.74$）。最近的研究表明，虽然鸡蛋黄含有大量的胆固醇（如，213 毫克），但每天在低脂肪食物中加入两个鸡蛋对血浆中胆固醇的含量影响很小。参见 Henry Ginsberg, et al., *A dose response study of the effects of dietary cholesterol on fasting and postprandial lipid and lipoprotein metabolism in healthy young men*, 1.4 Arteroscler. Thrombosis 576-586（1994）。

1.4.2 得州公立学校筹资案

20 世纪 70 年代，在很多州，由于学校经费的地区间的不平衡（主要原因是由地方财产税筹集的资金数量不同）而导致了对当地教育筹资的广泛攻击。其中重要的案件是 *Serrano v. Priest*（5 Cal. 3d 584，487P. 2d 1241，1941），该案件认为，依赖当地的财产税收资助公共教育“纯粹是对穷人的歧视，因为这相当于，孩子所能接受的教育质量取决于他们的父母及邻居所拥有的财富”（5. Cal. 3d 584，487P. 2d at 1244）。

在 Serrano 案之后的 Rodriguez 案中，原告指责得克萨斯州的双重筹资系统，该系统部分地依赖当地的财产税收。原告试图证明，在得克萨斯州“每个地区内家庭的财富和当地的教育经费直接相关”。因此，原告指控该州的教育筹资系统设计有损于穷人的利益。

最高法院否定了当地法院的判决有误，因而重新进行调查。最高法院了解到，支持筹资系统存在相对歧视这一说法的主要证据是 Berke 教授的研究结果。Berke 教授认为每个学生的教育经费和学校所在地区的财富状况（用每个学生的应税财产来衡量）之间存在正相关关系，而当地的财富状况和居民个人财富（用家庭收入的中位数来衡量）之间也存在正相关关系（见表 1.4.2）。他没有给出样本抽取方法。最高法院认为，如果这种相关关系是持续存在的，那么可以说教育经费取决于个人财富。然而，最高法院发现当地法院的判决证据不足。

Berke 教授的取证是依据对得克萨斯州约 10％地区的学校进行调查。他先前的发现（在表 1.4.2 边栏）只表明，在样本中最富裕的少数几个地区中的家庭收入的中位数最高，且在教育方面的开支也是最多的；而最贫穷的几个地区的家庭收入最低，在教育方面的开支也最少。但是在占样本容量 90％的其他 96 个地区中，相关性恰恰与之相反，也就是说，教育支出仅次于最高支出的地区主要由收入接近最低家庭收入中位数的家庭构成，而教育支出最少的地区却拥有最高的家庭收入中位数。很明显，即使在思想观念上人们都支持原告，实际中也并没有证据支持在教育筹资中存在歧视这一说法。

表 1.4.2　　得克萨斯州学校筹资样本数据

从 1 200 个地区中的抽取 110 个地区			
每个学生应税财产的市场价值	1960 年家庭收入的中位数（美元）	少数学生的百分比（％）	每个学生的州和当地政府收入（美元）
100 000 美元以上（10 个地区）	5 900	8	815

续前表

从 1 200 个地区中的抽取 110 个地区			
每个学生应税财产的市场价值	1960 年家庭收入的中位数（美元）	少数学生的百分比（%）	每个学生的州和当地政府收入（美元）
100 000～50 000 美元（26 个地区）	4 425	32	544
50 000～30 000 美元（30 个地区）	4 900	23	483
30 000～10 000 美元（40 个地区）	5 050	31	462
10 000 美元以下（4 个地区）	3 325	79	305

问题

最高法院的结论有两种解释：(1) 地区每个学生的教育支出和家庭收入的中位数之间不存在整体上的正相关关系，是因为数据的中心部分存在逆关系。(2) 存在这样一种相关关系，但这个结论是基于少数极端地区得出的，所以这一结论不足以推广至整体。

1. 通过计算并解释表 1.4.2 中数据的相关系数来检验观点 (1)，相关系数的大小是否能说明数据的中心存在逆关系？

2. 对观点 (2) 你有什么不同意见？

资料来源

San Antonio Independent School District v. Rodriguez, 411 U. S. 1 (1973).

[注释]

要查找更多的在联邦宪法和州宪法下用地方财产税收资助公立学校的合法性的诉讼案例，请参看 Jonathan M. Purver, *Annotation: Validity of Basing Public School Financing System on Local Property Taxes* ，41 A. L. R. 3d 1220 (1996)。在许多案例中使用了教育产出模型，并用统计数据对其进行了估计。参见 13. 6. 2

节和 13.6.3 节的两个案例。

1.5 两个比例差异程度的测度

很显然，许多重要的法律问题都涉及两个比例的比较。为了让讨论更具体，来看这样一个例子：在女性和男性共同参加的一项测试中，男性的通过率高于女性。这里用三种方法（将会有更多）来描述通过率（或失败率）的差异程度。

通过率（或失败率）之差

这种方法有两个令人满意的特征：(1) 通过率之差和失败率之差是一样的（只是符号不同）；(2) 可以计算出受到低通过率的不利影响的女性的数量。第一个特征可以这样来解释，如果男性通过率是 72%，女性通过率仅是 65%，则差 7 个百分点；同样，可以由男性失败率 28%、女性失败率 35%来得到这个差的绝对值。第二个特征也就是说，根据 7 个百分点的差可以计算出受到比例不等的不利影响的女性的数量（用 7%乘以已经或将要参加这一测试的女性人数）。然而，对比例之差的解释或多或少依赖于两个比例的大小，正如一法庭所声称的，"97%和 90%的差 7%不能等同于，比如说，14%和 7%的差 7%，因为后者不等的程度比前者更大。"①

通过率（或失败率）之比

这种方法考虑了比例的大小，有时被称作相对风险。97%与 90%的相对风险是 1.08，14%与 7%的相对风险是 2.0。然而，一般情况下，失败率和通过率的相对风险是不一样的。如果用失败率求相对风险，则通过率 97%和 90%的不等程度（相对风险是 3.33）要大于通过率为 14%和 7%的不等程度（相对风险是 1.08），这与用通过率求相对风险

① *Davis v. City of Dallas*, 478 F. Supp. 389, 393 (N. D. Tex. 1980).

的情况恰恰相反。当通过率很高时（例如大于 50%），存在“天花板效应”，也就是两个比例之比最大为 2.0。同时，失败率之间很小的差别会造成很高的不等程度。如果没有明显的理由说明采用哪一种比例（通过率和失败率）更好，这种矛盾会产生很大的麻烦。

相对风险常被用在生物统计和传染病学（参见第 10 章）中，用来描述对人身体健康的危害。尽管把通过一项测试表述成一种风险有些不太合适，但我们对于通过率和失败率仍使用这一术语。

优势比

一个事件的优势被定义为事件发生的概率除以事件不发生的概率，即如果一个事件发生的概率是 p，则该事件的优势是 $p/(1-p)$。

两个优势之比称为优势比（odds ratio），是另一个在统计学和传染病学中经常用到的统计量。在男女通过率的测试中，优势比就是男性的通过优势和女性的通过优势之比。当男女通过率分别为 97%和 90%时，男性通过优势是 0.97/0.03=32.3，女性通过优势是 0.90/0.10=9，倾向于男性的优势比是 32.3/9=3.6；相反，当男女通过率分别为 14%和 7%时，倾向于男性的优势比为（0.14/0.86）/（0.07/0.93）=2.16。因此，优势比表明第一种情况下的不等程度大于第二种情况，这和两种情况的相对风险（分别为 1.08 和 2.0）正好相反。

优势比的一个重要特征是不变性：当后果和前因都被颠倒时，优势比保持不变。例如，男性通过优势和女性通过优势之比等于女性失败优势和男性失败优势之比。在男女通过率分别为 97%和 90%的情况下，女性失败优势是 1/9，男性失败优势是 3/97，则优势比是（1/9）/（3/97）=3.6，和前面计算的一样。如果仅仅一个变量和原来相反，则优势比是原来优势比的倒数。当用失败率来代替通过率时，则男女优势比是原优势比的倒数（男女通过率分别为 97%和 90%的情况下，优势比为 1/3.6=0.278）。

一般情况下，当相对风险大于 1 时，优势比大于相对风险；当相对风险小于 1 时，优势比小于相对风险。最重要的是，当结果比例较小时，优势比近似等于相对风险。例如，在通过率分别为 97%和 90%的情况下，比较女性对男性失败的相对风险和优势比，以失败率计算的相对风险是 3.33，优势比是 3.6。

优势比的另一个重要特征是不论哪个因素被看作前因，哪个因素被看作结果，优势比保持不变。因此，男性通过优势和女性通过优势之比等于通过者中的男性优势和失败者中的男性优势之比。当需要利用前瞻信息证明某一结果出现的概率如何依赖于一个前因因素时，这种可逆性非常重要。所谓的队列研究——即根据一个前因因素划分小组，追踪一段时间，然后观察结果——直接提供了这种信息。但使用这种研究方法非常困难甚至是不可能的，结果可能非常罕见。例如，环境毒素引发癌症，要得出可靠的结论就需要一个大样本和一段相当长的追踪期。另一种研究方法叫“回溯”法，研究者根据结果选择两个总体，然后比较两个组内前因的发生率，所谓的病例对照研究就属于这种类型。

在统计上，在两个组中选择同样数量结果的回溯研究比前瞻性研究更加有效，特别是对于非常罕见的结果。回溯研究的一个缺陷是，它得到的单个比率的估计往往并不是我们所感兴趣的。例如，从通过测试和没有通过测试的人中分别抽取样本，来研究各自的性别比，可以估计出通过测试的人是男性的概率是多少，但是，这并不等于一名男性能通过测试的概率。你知道为什么吗？

由于优势比具有可逆性，因此，由历史数据估计得到的优势比可以用来预测。如果回溯研究表明，通过测验者中的男性优势是失败者中男性优势的 3 倍，那么男性的通过优势也同样是女性通过优势的 3 倍。当通过结果出现的比率很低时，假设优势比和相对风险大致相等，那么优势比可以替代相对风险，否则，相对风险不能用历史数据来估计。①

优势比（和相对风险）的一个缺陷是：由于它们是计算比例的比率，所以不考虑所涉及的绝对数。假设要比较两组通过率 97%，90% 和 14%，5%的不等程度，第一组的优势比（3.6）比第二组的优势比（3.1）显示了更大的不等程度。假设有 1 000 名男性和1 000 名女性参加了这两次测试，在第一次测试中，失败的女性比男性多 70 人，在第

① 虽然病例对照（回溯）研究与队列（前瞻）研究相比具有效率优势，但他们不易被构造成没有偏差的形式。特别是确保对照组与具有混杂因素的病例组相似的是非常困难的，许多流行病学研究由于在设计或分析中没对这种因素进行调整而导致具有致命缺陷。由于这个原因，与观测研究不同，实验研究结合随机化将可能减少混杂因素是偏差重要来源的可能性。

二次测试中，失败的女性比男性多 90 人。所以，当对受到不利影响的人数有疑义时，比例差或可归因风险（参见 10.2 节）是比优势比更直接的测度方法。例如，在美国，吸烟引起肺癌的优势比大约是吸烟引起心脏病的优势比的 5 倍，由于心脏病的发病率远远高于肺癌，所以，一项禁烟政策将会使更多的人免患心脏病而不是肺癌。对因果关系研究而言，优势比可能是最好的方法，但在为了达到公共政策目的而分配资源时，它可能没有可归因风险那么有用。

对这一问题的详细讨论请参见第 10 章。

1.5.1 具有差异性的熟练度测试案

一名非裔美国妇女在圣诞节期间被一家百货商场雇为装配工，所有应聘者都必须参加一项关于工作熟练程度的测试，包括面试。由于圣诞节期间劳动力比较紧张，这名妇女通过了面试，并且在两周后参加了测试，结果因没有通过而被解雇。她向法院提起诉讼，声称大量的非裔美国人未能通过这次测试，数据如表 1.5.1 所示。

表 1.5.1　　百货商场的熟练度测试：不同种族人的表现

	通过人数	失败人数	总数
黑人	448	322	770
白人	240	101	341
总数	688	423	1 111

根据美国就业机会平等委员会（EEOC）的五分之四法则（29C. F. R. 1607.4（D），1998），该委员会通过计算每个种族、性别或民族的雇佣比例来检验是否对少数派群体存在不利影响，如果发现少数派群体的雇佣比例还不到最高雇佣比例群体的 80%，就说明存在不利影响。这一程序必须和工作有关，规则如下。

如果对任一种族、性别或民族的雇佣比例不足最高雇佣比例的 4/5（或 80%），联邦执行机构就认为是存在不利影响的证据，否则不能成为不利影响的证据。当两个比例的差异在统计上和实际中都很显著，或者雇佣者的行为使不同种族、性别或民族的人的应聘比例与各群体的人数不成正比时，即使差异很小，依然可能成为存在不利影响的证据；而当样本量很小且差异在统计上不显著，或由于特殊的招募或其他程序引起少数民族或女性的应聘比例和该群体中正常的应聘比例不同时，较大的雇佣比例差异也可能无法证明存在不利影响。当有证据表明雇员选择程序存在不利影响，但依据的样本容量太小而不可信时，在判断是否存在不利影响时会考虑以下证据：考虑这一程序的长期影响，和（或）考虑当在其他相似情况下以同样方式进行选择时这个程序的影响。

问题

1. 根据这些数据计算比例之差、比例之比和优势比。先将通过作为结果进行计算，再将失败作为结果进行计算。

2. 根据五分之四法则或其他反映这一规则的政策，能否说熟练度测试对非裔美国妇女存在差异性？

3. 假设这一测试并不能说明通过者有多么熟练，而失败者的确很不熟练（即类似于最低质量测试），这会影响你对第 2 个问题的回答吗？

资料来源

Adapted from J. Van Ryzin, *Statistical Report in the Case of Johnson v. Alexander's* (1987). For other cases on the subject of the four-fifths rule see Sections 5. 5. 1 and 6. 2. 1.

1.5.2 保释和法庭传票

Elizabeth Holtzman 是布鲁克林地区的律师，他让一名调查员调查哪些因素对被告在已获保释的情况下是否出席法庭审判有影响。调查员认为其中一个原因是发放法庭传票前允许提前保释。为了研究这些因素之间的关系，调查员选择了 293 名被告作为样本：其中大约一半（147 件）案件现在没有发放法庭传票，另一半（146 件）现在发放了法庭传票。然后，调查员调查每一组曾发放了多少法庭传票，结果如表 1.5.2 所示。

表 1.5.2　　　　保释委任状的授予：以前授予对现在授予的影响

	以前授予的保释委任状	现在授予的保释委任状	总数
现在授予的保释委任状	54	92	146
以前授予的保释委任状	23	124	147
总数	77	216	293

问题

1. 现在有假释委任状和现在没有假释委任状的案件当中，曾经有过假释委任状的比例是多少？这个比例是否依赖于样本容量的大小？

2. 曾经有过假释委任状和曾经没有过假释委任状的案件当中，现在有假释委任状的案件比例是多少？这个比例是否依赖于样本容量的大小？

3. 你认为曾经使用假释委任状有什么价值？

4. 如果以前使用假释委任状必然导致拒绝第二次保释的请求，你认为有多少不出席法庭审判的现象将会避免？

[注释]

对影响已经获得保释的人重新回到法庭接受审判的可能因素做过一些重要的统计分析。其中，最著名的是由 Vera 基金早在 20 世纪 60 年代进行的曼哈顿保释项目，该项目试图研究如果罪犯和社区有密切关系，那么他是否会回到法庭接受审判，实验结果表明真的是这样：由 Vera 基金推荐假释并且批准请求的人员当中，只有 1%（3/250）的人没有返回法庭。Ares，Rankin and Sturz，*The Manhattan Bail Project*：*An Interim Report on the Use of Pre-Trial Parole*，38 N. Y. U. L. Rev. 67（1963）。这一试验的成功使得保释在全国迅速知名并且成为一种制度。参见 B. Botein，*The Manhattan Bail Project*：*Its Impact on Criminology and the Criminal Law Processes*，43 Texas L. Rev. 319（1964-65）。

曼哈顿保释项目研究的一个重大的、出人意料的发现是，相当一部分（60%）推荐保释的人被宣判无罪或者其案件不被受理，而在对照组，该比例是 25%。由法律援助团体进行的多元回归统计分析（参见第 13 章）表明，除其他相关因素外，审判前监禁增加了被判有罪的可能性。然而，纽约法院否决了一项基于该研究所得的对保释的质疑。正如受理上诉的部门所说（显然他们并没有理解这一统计发现），

"被告不是因为要求保释才被判刑，而是因为他有可能被判刑所以才要求保释"（*Bellamy v. The Judges*，41 A. D. 2d 196，202，342 N. Y. S. 2d 137，144（1st Dept.），*aff'd without opinion*，32. N. Y. 2d886，346N. Y. S. 2d 812，1973）。

相关问题的案例参见 6.3.1 节。

1.5.3 喝不醉的啤酒

俄克拉何马州在 1958 年通过了一项法令，禁止向 21 岁以下的男性及 18 岁以下的女性出售"不会使人喝醉的"酒精度为 3.2%的啤酒。在 *Ccaig v. Boren*，429US190（1976）一案中，法官 Brennan 对这一法令提出质疑，他向法庭递交书面报告，认为性别的区别对待使得 18～20 岁之间的男性没有得到法律的公平保护，Brenna 的文章大意如下。

> 对 18～20 岁之间的青年因酒后驾车而被拘留进行的统计调查表明，这种作为证据的记录是没有说服力的。对性别和酒后驾车行为——正是俄克拉何马州想进行管制的——之间的相关关系进行研究，结果表明，在这一年龄段，0.18%的女性和 2%的男性因违反这一规定而被拘留。尽管在统计上这一差别并不算小，但是不能成为区别对待男女青年的依据。即使男性成为酒后驾车的典型代表，2%的相关性也缺乏说服力。

这种观点是基于一项研究得出的，该研究表明，在 1973 年的 4 个月当中，俄克拉何马州因酒后驾车而被拘留的人中，年龄在 18～20 岁之间的男性有 427 名，女性有 24 名。很显然（不可避免地），法院把在同一时期因酒后驾车而被拘留的其他年龄段的男性人数（966 名）和女性人数（102 名）与上述数字相加，再分别与该州男女总人口相除（来自于人口普查，男性 69 688 名，女性 68 507 名），得到男女因酒后驾车而被判刑的人数比例（分别为 2%和 0.18%）。

问题

1. 作为对这项法令的辩护，用 Brenna 的百分比，计算（1）该州男女酒后驾车被逮捕的相对风险；（2）如果男性的逮捕率能降低到和女性的比率一样，计算所有酒后驾车的人中能免于被捕的人数（这就是归因于男性的可归因风险——参见 10.2 节）。

2. 考虑到 Brenna 所用的统计量存在缺陷，为了测量在青年人当中酒精度为 3.2%的啤酒对酒后驾车问题的影响程度，Brenna 的主张合理吗？

第2章 计数问题

2.1 排列与组合

基础概率计算的关键是掌握如何计算在给定概率集合（称为样本空间）中我们感兴趣的一些结果的能力。详尽地列举每个事件通常是不现实的，值得庆幸的是一些系统的计数方法并不需要真的一一列举，本章我们将介绍这些方法，并对一些具有相当大的挑战性的概率问题给出了一些应用，下一章再讨论概率的基本理论。

基本公式

计数问题的基本原则是：如果 A 有 m 种不同的发生方式，B 有 n 种，那么不考虑对 A，B 的任何限制，它们同时发生的方式将有 $m\times n$ 种。例如，某一政党内有 3 名总统候选人和 4 名副总统候选人，那么在没有任何禁忌搭配时，对这两个职位的投票将有 12 种可能的结果。

排列

排列就是不同物品在不同位置的排放次序安排。如果位置 1 可以放 n 种物品，那么将有剩余的 $n-1$ 物品放置在位置 2，因而对两个位置共有 $n(n-1)$ 种排放方法。依此类推，放置 $r\leqslant n$ 个位置的方法共有 $n\cdot(n+1)\cdot\cdots\cdot(n-r+1)$ 种，这个排列数记作${}_nP_r$。特别地，排列所有 n 件物品的方法共有${}_nP_n=n\cdot(n+1)\cdot\cdots\cdot2\cdot1$ 种，且将这个排列数用专门的符号 $n!$ 来表示，读作"n 的阶乘"。阶乘符号完全适用于正整数，而对于 $n=0$ 的情形，由于将一个空集的物品放到 0 个位置的确有一种方法（排列为空，但它仍是一种排法），因而定义 $0!=1$ 是为保持一致性及实用性。注意，我们可以将排列数${}_nP_r$ 用阶乘符号表示为 $n!/(n-r)!$ 。

组合

假设从 n 件物品中选取 r 件，我们唯一感兴趣的是最终选得的物品集，而非排列的数目，那么在对这 r 件物品的${}_nP_r$ 种可能排列方式中，每一种集合或组合都重复了 $r!$ 次（每次都是对相同的 r 件物品进行重新排列），因而从 n 件物品中选取 r 件的组合数是${}_nP_r/r!$。这个组合数常记为${}_nC_r$，通常用二项系数$\binom{n}{r}$表示，读作"从 n 中选取 r"。因此，有

$$\binom{n}{r}={}_nC_r=\frac{{}_nP_r}{r!}=\frac{n!}{r!\cdot(n-r)!}=\frac{n\cdot(n-1)\cdot\cdots\cdot(n-r+1)}{r\cdot(r-1)\cdot\cdots\cdot2\cdot1}$$

注意，在最终的表达式中，分子分母均含有 r 个因子，同时也要注意 $\binom{n}{r}=\binom{n}{n-r}$。例如，从一个 5 人的小组中挑选 2 人组成委员会，共有 $\binom{5}{2}=5!/(2!\cdot3!)=(5\cdot4)/(2\cdot1)=10$ 种方式，而从中挑选 3 人组成委员会，也同样有 $\binom{5}{3}=10$ 种方式（即挑选 2 人后小组中剩下的那些人）。

对于分别属于两种类型的 n 件物品（即类型 1 有 r 件，类型 0 有 $n-r$ 件）来说，当同一种类的物品之间不可辨别时，二项系数也可以计算这 n 件物品的不同组合的数目。在 $n!$ 种可能的排列方法中，由于组内物品的不可辨别性，导致对类型 1 物品进行了 $r!$ 次重复排列，而对类型 2 物品进行了 $(n-r)!$ 次重复排列。因此，除去这 $r!\cdot(n-r)!$ 后，只剩下 $n!/[r!\cdot(n-r)!]$ 种有差别的形式。例如，掷一枚硬币 n 次，将有 $\binom{n}{r}$ 种不同组合结果，r 次正面，$n-r$ 次反面。更普遍的是，如果 n 件物品中有 k 种类型，即第 1 种 r_1 个，…，第 k 种 r_k 个，同种类间物品不可辨别，那么不同组合形式有 $n!/(r_1!\cdots r_k!)$ 种，这就是所谓的多项式系数。例如，从基因组 $\{a, a, b, b, c, c, d, d\}$ 中可选出2 520 种长度为 8 的不同基因序列，你知道这是为什么吗?

斯特林公式

当 n 较大时，有一个被称为斯特林（Stirling）的公式可以用来巧妙地近似计算 $n!$：

$$n!\approx\sqrt{2\pi n}\cdot n^{n}\cdot \mathrm{e}^{-n}=\sqrt{2\pi}\cdot n^{n+1/2}\cdot \mathrm{e}^{-n}$$

式中，e 是欧拉（Euler）常数≈2.718。斯特林公式的一个更为精确的形式如下：

$$n!\approx\sqrt{2\pi}\cdot\left(n+\frac{1}{2}\right)^{n+1/2}\cdot \mathrm{e}^{-(n+1/2)}$$

例如，当 $n=10$ 时，$n!=10\cdot9\cdot8\cdot\cdots\cdot3\cdot2\cdot1=3\ 628\ 800$，斯特林公式的计算结果为 3 598 696（精确度 99.2%），而第二个公式的计算

结果是 3 643 221（精确度 99.6%）。对于较大的 n 和 r，斯特林公式可用来计算二项系数的阶乘。

$$\binom{n}{r} \approx \frac{1}{\sqrt{2\pi}} \cdot \frac{n^{n+1/2}}{r^{r+1/2} \cdot (n-r)^{n-r+1/2}}$$

例如，当 $n = 2r$，二项系数 $\binom{n}{r}$ 接近于 $2^n/\sqrt{\pi \cdot r}$，这个结果将在 2.1.2 节及 2.2 节中使用。

占位问题

一些概率问题与随机向盒子中放置小球的问题类似。每个盒子里的小球数目被称为该盒子的占有数，或单位频数，为计算形成一个占有数集合的方法数（不考虑盒子或小球的顺序），可以将（1）小球分配到特定的单位频数序列的方法数乘以（2）在给定占有数集合下，单位频数不同序列的数目。为计算形成某一特定占有数集合的概率，假设各种结果以等概率出现，可以将形成该占有数集合的总分配数除以把小球放进盒子的方法总数。如果将 n 个小球分配到 k 个盒子中，则可能的分配方法有 k^n 种。

生日问题是一个占位问题的例子。假定在一个有 N 个人的房间里，两个人或两个人以上同一天过生日的概率是多少？N 多大时才能使此概率至少为 1/2？这个问题就相当于有 $k=365$ 个盒子，N 个小球。无巧合性意味着本问题的占有数集合都是 0 或 1。假设在所有过生日时间概率相等，那么单位频数序列（1，1，…，1，0，0，…，0）出现的概率为 $[N!/(1!\cdots0!)]/k^N = N!/k^N$，且共有 $\binom{k}{N} = k!/[N!(k-N)!]$ 个这样的序列，因而获得一个占有数都为 0 或 1 集合的概率为 $(N!/k^N)k!/[N!(k-N)!] = k(k-1)\cdots(k-N+1)/k^N$，或 $\left(\frac{365}{365}\right)\left(\frac{364}{365}\right)\cdots\left(\frac{365-N+1}{365}\right)$。当 $N=24$ 时，此概率结果小于 0.50，因此至少有一例巧合的概率刚好超过 0.50。

2.1.1 DNA 鉴定

DNA 鉴定已成为罪犯诉讼程序中被告身份鉴定的标准。我们简单描述一下有关基因（gene）的背景知识以及介绍这种方法所涉及的统计内容，在 3.1.2 及 3.2.2 节再做深入的讨论。

人体的每个细胞均含有 23 对染色体（精子细胞和卵子细胞除外，它们只含 23 个单染色体），每个染色体都是细长的 DNA（脱氧核糖核酸）链，这种链由包含 4 种化学基的两条长链相互缠绕形成的双螺旋结构组成。这四种碱基缩写为 A，T，G 和 C（依次代表腺嘌呤、胸腺嘧啶、鸟嘌呤和胞嘧啶）。在双螺旋的 DNA 内部，这些碱基成对排列，A 对应 T，G 对应 C，因此，如果已知一条链上的序列，那么另一条链也就确定了。在细胞分裂前，这两条链被分成单链，每条链就吸收该细胞中一些自由漂移的碱基以达到 A-T 及 G-C 的配对，因此在每个细胞中形成两个完全相同的双螺旋 DNA。当被复制的成对染色体分裂为子细胞时，此过程结束。这个过程通过体细胞的复制保证了 DNA 的一致性。

基因就是 DNA 上的小链，长度为几千到几万个碱基对不等，它生成特定物质，通常是蛋白质。基因在 DNA 链上的位置称为其位点（locus），它散布在 DNA 链上，通常只占据整个分子的一小部分，而 DNA 剩余的大部分还不知道其功能。

处于同一轨道的基因变体（比如那些能同时生成正常血细胞和镰状细胞贫血症的）称为等位基因（allele）。每个人在同一 DNA 轨道上有两个基因，它们分别为来自父系和母系的染色体，这两个基因一起被称为人在此轨道的基因型。如果两个染色体上的一对等位基因相同，则称该基因型为纯合基因型，反之，称为异合基因型。一个由来自母系染色体的等位基因 A 和来自父系染色体的等位基因 B 构成的异合基因型，与一个由来自父系染色体的等位基因 A 和来自母系染色体的等位基因 B 构成的异合基因型是无法区分开的。然而，Y 染色体只能来自父系，这使得备受关注的血统追踪问题得以解决，例如 Thomas Jefferson 确是他的奴隶 Sally Hemings 的小儿子 Eston Hemings Jefferson 的生身父亲。《纽约时报》1998 年 11 月 1 日在 A1 版的第 5 栏发表了关于“DNA 检测找到了 Jefferson 和奴隶的儿子的证据”这一报道。母系后代的追踪可以使用 DNA 线粒体上的基因，线粒体是细胞内负责能量储存和释放的纤维组织，但位于细胞核外，因而不与染色体相互连结。线粒体是通过母亲遗传给后代的，因为在精子内除染色体外几乎不含其他物质。一个妇女的所有孩子都含有相同的 DNA 线粒体，通过女方遗传给后代。

VNTR 分析

在法医鉴定分析中被广泛使用的 DNA 轨道组，就是那些含有“可变数目串联重复序列”（VNTR）的 DNA。从技术来说，这些并非基因，因为它们对人体没有明确的影响。这个特点对法医工作非常重要，因为它说明了自然选择或配偶选择几乎不可能影响 VNTR，而正是这些导致了不同类种群的频率不同。

一个典型的 VNTR 区由 500～10 000 个碱基对组成，包含许多每个约长 15～35 的碱基对的衔接重复单元。衔接单元的重复数，也就是 VNTR 区域的长度，随不同区域而长短变化，因而通过这些区域的长度来区分。VNTR 区域的长度的变化是长度多态性的一种表现。术语“限制性片断长度多态性”（RFLP）是指使用生物化学方法（限制酶）分离两条染色体上相同的 DNA 层，而得到的片断的长度的多态性。术语“等位体”常用来指基因的另一种表现方式，在此将这个概念引申，使它包括 DNA 的非基因区域（如 VNTR）。每个 VNTR 等位体由放射自显影图像呈现的特征带来识别，在这个放射自显影图像上，带的分子重量反映了在该 VNTR 中的重复次数，并决定了它的位置。如果是纯合基因，则只显示单一带，而如果是异合基因将显示两个带。为了考虑与片断长度成比例变化的测量误差，常常对每个自动带预先设置“匹配窗口”（match windows）（比如±2.5%），当且仅当两个匹配窗口重叠时，这两个带才认为是匹配的。

一个很典型的情形是在 VNTR 区域有众多的等位体（通常有 15～25 个可被识别），而它们没有共同之处。基因型（等位体对）的数目与之相比大得多，当不同轨道的概率相加时，等位基因联合体的数目很快就成了天文数字。一个自动射线照相术的实际案例如图 2.1.1 所示。

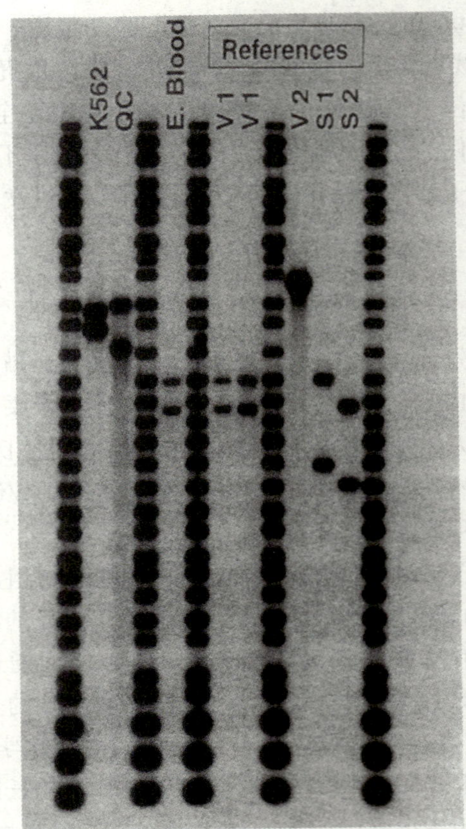

图 2.1.1　一个实例中的放射自显影图像显示了在轨道 D1S7 的 RFLP。在本例中，嫌疑犯（S—1 和 S—2）被指控打死两名受害者（V—1 和 V—2）。在其中一名嫌疑犯的衣服上发现血迹。图上标注 E Blood 的线条就是从血迹中提取出的 DNA，线条上标注 V—1 和 V—2 的分别是第一、二个受害者的 DNA，而标注 S—1 和 S—2 则分别是第一、二个嫌疑犯的 DNA，其余线条是为了反映分子大小以及控制质量。注意到 E Blood 与第一个受害者的血迹相匹配，因为在本例中有 10 个轨道相匹配，所以可以确认得出这一结果。

基于 PCR 的方法

聚合酶链式反应（PCR）是上百万次复制选定的一小段 DNA 的实验室过程。这个过程类似于 DNA 正常自我复制的机制，除了在使用酶的情况下，只有一小段 DNA 能被自我复制。目前，这种方法被用来复制相对短一些的 DNA 片段，最多 1 000 个核苷酸长度，这相比大多数 VNTR 要短得多。

这种过程与 VNTR 过程相比有明显的优势。首先，使得处理较少量的 DNA 成为可能，这是很有意义的，因为在做法医鉴定时通常只能获得微量的 DNA；其次，使扩大退化的 DNA 样本成为可能，这样就可以分析古老、衰减的样本；第三，它可以对每个复制的等位体做确切的身份鉴定，以达到大大消除与通过分子量进行 VNTR 鉴定相关的测量不确定性的目的。

这种过程也有一些缺点。首先，这种扩大过程过于有效，以至于少量受污染的 DNA 的分子可以被扩展成目标 DNA；其次，大多数基于 PCR 方法做的标记所含的等位体都比 VNTR 方法中的少，而且这些等位体频数的分布是不均匀的，所以，需要更多的轨道生成反映两个人具有相同模板概率的等量信息。而且，部分轨道是功能性的（它们是基因，而非标记），因此，更可能受制于自然和交配选择，而且这与用于评估配对重要性的群体遗传学的假设不相符。（在 3.1.2 节将看到有关这些假设的讨论。）

总的来看，聚合酶链式反应（PCR）方法明显优于 VNTR 方法，而且在法医鉴定分析领域广泛地取代了后者。

问题

1. 如果在一个轨道上有 20 个可能的等位体，那么在该轨道上有多少能区分的纯合基因和异合基因？

2. 在 4 个相似的轨道上，有多少可以区分的基因型？

资料来源

National Research Council, *The Evaluation of Forensic DNA Evidence* (1996).

[注释]

关于 DNA 鉴定的文献很多，除了上面提到的国家研究委员会的报告之外，还可参见 David H. Kaye & George F. Sensabaugh, Jr.，*Reference Guide on DNA Evidence*，in Federal Judicial Center，*Reference Manual on Scientific Evidence*，（2d ed. 200）。

2.1.2 加权投票

一个 9 人的监督委员会分别由 9 个城镇的代表组成，其中 8 个城镇人口数大致相同，而另外一个较大城镇的人口数是其他城镇的 3 倍。为了遵守联邦法律一人一票的原则，给予较大城镇监督人 3 张选票，所以总选票数为 11 张。

在 *Iannucci v. Board of Supervisors*，20 N. Y. 2d 244，282 N. Y. S. 2d 502（1967）中，纽约诉讼院宣称，"尽管违背了一人一票的原则，但当一个代表的权利是通过本人的选票而不是拉拢同行来影响立法的通过时，与他所在选区的人口比重也不是完全相符的……在理想状态下，任何加权投票决计划中，立法机构中每一成员获得与他所在选区人口占总人口比重相符的立法决定权在数学上可能的"（Id.，20 N. Y. 2d at 252，282 N. Y. S. 2d at 508）。

通过计算监督人为了允许较大或较小城镇都具有投决定性票的权力所需的投票方法数，来衡量一个加权投票方案是否符合艾纳希（Iannucci）标准。一个决定性选票可以定义为，当把它加到计数器上时，就能改变结果。尽管最终的决策由多数人给出，但联合众人所构建的联盟可以影响并最终决定所做的抉择。请注意当其他 8 个城镇的投票结果达成 4∶4 平，甚至 5∶3 时，不论是赞成还是反对该决策，那个较大的城镇的投票都是具有决定性的。而对于一个小城镇来说，不论是赞成还是反对该决策，只有当那个较大城镇和两个小城镇观点一致时，它的投票才具有决定性。

问题

1. 8 个小城镇监督人有多少种投票方式可以使大城镇监督人拥有决定性票？

2. 1 个大城镇与 7 个小城镇关于某一举措已经进行投票表决，共有多少种投票方式使第8个小城镇能投决定性票?

3. 上面两种结果的比率是否意味着根据艾纳希标准，大城镇完全获得了与其人口相符的地位?

4. 使用前面在投票者层次上应用的班扎弗（Banzhaf）理论及斯特林公式，说明大城镇的一个投票者只拥有小城镇上选民 $1/\sqrt{3}$ 的投票权。

[注释]

本题涉及的投票权的测算，最初是在约翰·班扎弗（John F. Banzhaf Ⅲ）1995年发表在19 Rutgers. Rev. 上的文章“加权投票无效：基于数学的分析”中提出的。艾纳希案件最先应用了班扎弗理论。

在投票者层面上，班扎弗理论实际上是一个均方根规则：根据斯特林公式（参见2.1节），打破一个拥有 N 张选票的区域联盟的概率约为 $[2/(\pi N)]^{1/2}$。在这一层面上，这一概率小得难以影响一个投票者。因此，美国最高法院予以支持。有关内容参看 *Whitcomb v. Chavis*，403 U.S. 124（1971）以及 *Board of Estimate v. Morris*，489 U.S. 688（1989）。

然而，投票者可能会受预期多数的大小的影响，并且觉得在预期的多数比较小时，个体的投票者的投票就非常重要。在普遍情况下——尤其是内部选举——多数近似正态分布，在某一给定大小的选区（每人都参加选举），以确定的概率 P 超过一个给定值 d 。如果第二选区比第一选区大 K 倍，那么由正态性假设，在这个大选区里以同样概率 P 发生的事件数为 $d\sqrt{k}$ 而非 dk 。因此，根据班扎弗理论而言，在联盟关系被打破的情况下，均方根关系更具公正性。

2.1.3 竞标被操纵了吗

每隔6个月，美国海洋管理局就对那些废弃的船只进行密封投标拍卖。七个从事拆船生意的公司表面上为这些船互相竞争，在最后的九个投标申请中，五个公司每个以最低价竞得一个标，另外两个公司也以最低价各竞得两个标。这些公司否认相互勾结，声称竞标的过程合乎标准，而且投标者也有相同的成本结构。

问题

1. 假设每个公司对每一个投标有相同的中标概率，获胜投保之间

相互独立。使用简单概率模型就可表明上面的中标者之间存在相互勾结。

2. 观察到的中标概率分布是最可能发生的吗?

3. 模型的假设合理吗?

2.1.4 一个白血病群

1969—1979年间，在美国马萨诸塞州的沃本（Woburn Massachusetts），有12例儿童白血病患者，而根据全国的比率来推算，应该只有5.3例。在沃本大约有6个同类的普查区，在第3334普查区中，共出现6例患者。有人认为白血病是由于受污染的井水而造成的，尽管第3334普查区中并没有太多的这种井水（见图2.1.4）。更多的事实将在11.2.2节阐述。

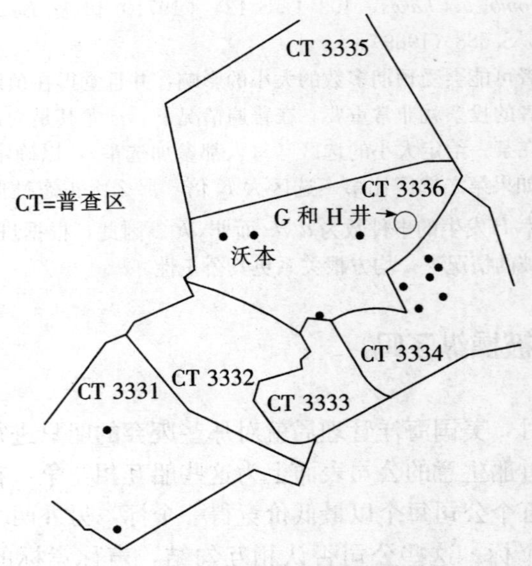

图2.1.4 1969—1979年间，马萨诸塞州的沃本被诊断为白血病儿童患者的居住地

问题

假设在所有地区发生白血病的概率相同且出现了 12 个病例，原则上来说，你如何计算一个地区发生 6 例或更多例白血病的概率？

资料来源

See Section 11. 2. 2.

2. 1. 5 市场集中度的测算

美国司法部关于企业横向合并的指导思想是将政策执行与一种被称为赫芬达尔指数（HHI）的测算市场集中度的方法相关联。HHI 是用来计算市场集中度的指数，它是先将每个公司在市场上所占的市场份额求平方然后加总而得到的。如果每个公司的市场份额都相同，那么这个指数除以100^2（或10 000），就是这些公司的数量。因此，当这些公司所占市场份额不等时，将 HHI 除以 10 000，将得到在一个均匀份额的市场中相同公司的数目。这个指数除以10 000 还有另外一种解释：它给出了有放回地随机选择的两个消费者是同一家公司顾客的概率。这个概率也称为“重复率”。

HHI 的使用依赖于市场的集中程度以及企业合并的效果，以下是该指导思想下的两个应用实例。

- 并购后的市场是“非集中的”（HHI 低于 1 000）的情形。在这样“非集中的”市场上，司法部不大可能动摇任何合并情况。HHI 值为1 000说明存在集中度的水平，比如一个市场被 10 家公司均分的情形。

- 并购后的市场是“适度集中的”（指 HHI 在 1 000～1 800 之间）的情形。只要并购使 HHI 增长低于 100 点，那么司法部动摇市场还是不大可能。如果并购能使 HHI 增长超过 100 点，那将“可能引起显著的竞争关注”，这取决于在指导思想中有具体规定的其他相关要素是否出现。

问题

1. 如果一个市场中有 N 个相同的顾客，第 i 个公司有 a_i 个顾客，写出在不改变市场份额前提下，这些顾客分布于各公司的不同方式数目的表达式。

2. 根据市场份额写出上述表达式，第 i 个公司拥有市场份额 $1/n_i$，使得 $1/n_i = a_i/N$ 。

3. 使用逼近式[①] $n! \approx n^n/e^n$ 消除客户数，只留市场份额，然后开 N 次方，使得在各公司占有相等的百分比市场份额的情况下，该值等于市场上的公司数量。此时，用“熵”指数来测定市场集中程度合理吗?

4. 在某一市场上，四个大公司均分 80%的市场份额，剩余的 20%先是由 10 个然后由 20 个公司均分。比较在这种情况下的“熵”指数与 HHI。随着小公司数量的增加，哪个指数测算显示出从等量相同公司来说市场更集中?

资料来源

Merger Guidelines of Department of Justice，Trade Reg. Rep. (CCH) ¶ 13，104 (1997)；Michael O. Finkelstein and Richard Friedberg, *The Application of an Entropy Theory of Concentration to the Clayton Act*，76 Yale L. J. 677，696-97 (1967)，reprinted in Michael O. Finkelstein, *Quantitative Methods in Law*，ch. 5 (1978) (hereinafter *Quantitative Methods in Law*).

2.2 波动理论

可将在一个账户中不断进行存、取相同款额所形成的序列看作连续掷硬币——存款对应于硬币正面，取款对应于硬币背面。任一时刻存款

① 这是斯特林公式的原始形式（参见 2.1 节）。

的金额可相应由正面超过背面的次数来表示。这个过程可以用一条从原点出发的折线表示，该折线上横坐标 0，1，2，…代表投掷硬币的总次数，纵坐标上的点代表正面超过背面（或背面超过正面）的次数。这些折线走向就是研究诸如掷币次数差、随机游走等问题的波动理论的研究对象。这个理论的研究结果通常不容易直观理解，因为人们都倾向于认为，一个在概率上平衡的随机过程在通过游走序列后，仍然会保持相近的平衡。综合多种理论得出的更加正确的观点是：即使经历一个漫长的过程，一面倒的局面也极有可能出现。这种观点被掷一枚均匀硬币 1 000 次的实验结果所证实，见图 2. 2a。结果显示，在这种抛掷硬币的实验中，两面的出现次数有较大的差异（掷币总次数的平方根），总是一面对另一面有较大的显现优势，而这种优势出现的可能性是超过人们想象的。W. Feller 给出了下面的例子，如果每秒钟抛掷一次均匀的硬币，抛掷整整一年 365 天，“那么在每 20 例中将有 1 例，较幸运的选手抛掷出同一面的时间会超过抛掷硬币 364 天零 10 小时的选手。很少有人相信抛掷一枚非常均匀的硬币，其正背面显现序列会如此荒谬，以至于连续做几百万次实验，都是其中一面的显现次数领先于另一面，然而这正是频繁发生在一枚完好硬币上的事”（W. Feller，1968）。

关于表示波动的路径有两个基本要点要注意。首先，抛掷硬币 n 次出现 a 次正面 b 次背面的可能路径数是 $\binom{n}{a}=\binom{n}{b}$。其次，从纵坐标 A 出发，经过纵坐标 B 对应的线，到达纵坐标 C（B 位于 A 和 C 的下方）的路径数，等于从 A 出发到达 C' 点（C' 位于 B 下方，且与 B 的距离等于 B 和 C 的距离）的路径数。这是安德努（D. Andre）反射定律。见图 2. 2b。

假设 n 是存取款的总次数（存取款的次数不必相等，但每一笔交易额要相等），w 是单次存取款量，aw 是期末结余少于期初结余的部分（当期末结余超过期初结余时，a 为负整数）。在某时点，期初结余减少 kw 或更多的概率 P：$P=\exp[-2k(k-a)]$，适用于所有 $k\geqslant a$。（术语 $\exp[x]$ 是指数函数 e^x 的另一写法。）在期初结余与期末结余相等，$w=1$ 的特殊情况下，最大散度的期望值是 $0.627\sqrt{n}$，而最大散度的中位数是 $0.589\sqrt{n}$。

如果存款量不相等，那么对该账户的任一给定散度的概率，迄今还没有完整的近似表达式，这种情况下，需要用计算机进行模拟。相关例子可以参看下文的 Finkelstein 和 Richard。

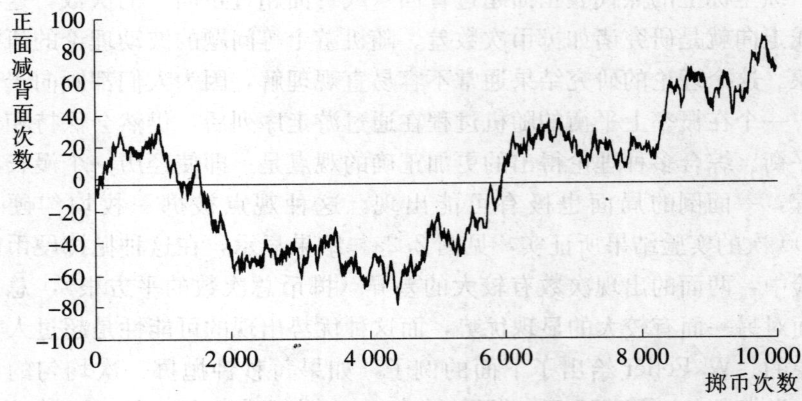

图 2.2a　抛掷一枚完好硬币 10 000 次的记录

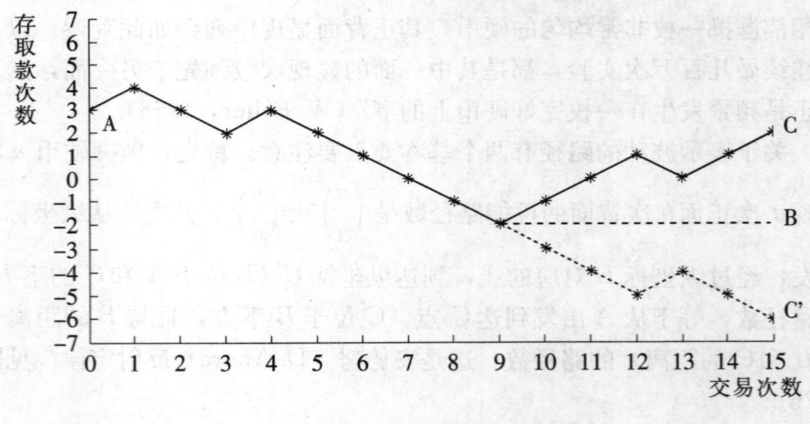

图 2.2b　Andre 反射定律

补充读物

W. Feller, *An Introduction to Probability Theory and Its Applications*, ch. 14 (3d ed. 1968).

2.2.1 追踪法定信托基金

只要被骗基金可以追回，诈骗方对于被骗方就被认为是法定信托人。追踪法定信托基金的方法很多。如果这笔基金是被存在银行账户，一般认为是先支取就并非信托基金（如果将它们转移到新资产中也就无法追踪），一直取到该账户大大减少，以至于减少到新追加一大笔存款也无法复原账户的金额。那么存款、取款的过程记录就相当重要。假如有一个 10 美元的信托基金账户，一天内分别有每次 1 元的存款及每次 1 元的取款各 50 次。在这种情况下，一天内这些存取款的次序，大多数银行都会搞不清楚。

问题

1. 在一天的某个时刻，信托基金减为 0 的概率是多少？

2. 信托交易中，最大的期望损失是多少？

3. 如果这种情况持续 10 天（即允许每天——即使是在一天结束的时候——也能有 50 笔重复存取交易），那么在这段时间的某时刻基金减为 0 的假设合理吗？

补充读物

Michael O. Finkelstein and Herbert Robbins，*A Probabilistic Approach to Tracing Presumptions in the Law of Restitution*，24 Jurimetrics 65（1983）.

第3章 概率论基础

3.1 概率计算的基本原理

如果了解一些计算的基本规则及方法，许多概率的难题就会迎刃而解。在这一节里，我们会总结出一些最实用的方法。

概率

在古典公式中，概率被看作赋予样本空间中元素的数值。样本空间包括了理性实验的一切可能结果，例如掷硬币或骰子。经过计算，概率值被赋予样本空间的“基本”（不可再分）元素或事件。基本事件的子集叫“复合”事件，其概率是它所包含的所有基本事件概率的总和。例如，掷硬币 4 次，构成样本空间的基本事件就是 4 次抛掷中可能出现的正反面的序列，有 16 个这样的序列，正-反-正-反（H-T-H-T）就是其中之一，复合事件是这 16 个序列的子集，例如正面出现两次就是一个复合事件，它包括基本事件 HHTT，HTHT，HTTH，HHTT，THHT 和 TTHH。本节中所讨论的概率计算规则给出了计算复合事件概率的简便方法。一些关于概率的故事都取决于对样本空间的恰当定义，请看下例。

例子。假设生男孩和生女孩的频率是相等的。阿贝尔先生说：“我有两个孩子，其中至少有一个是男孩。”那么另一个孩子也是男孩的概率是多少？贝克先生说：“我去一个有两个孩子的家庭，一个男孩来给我开门。”那么另一个孩子也是男孩的概率是多少？

第一个问题的答案是 1/3，而第二个问题的答案却是 1/2。存在这种矛盾的原因是，阿贝尔先生定义的样本空间是由“男-女，女-男，和男-男”这三个出生序列的家庭组成的，因为每一个序列出现的概率相同，当且仅当“男-男”这个序列出现时，另一个孩子也是男孩，故其概率是 1/3。而在贝克先生的例子中，由于指定了其中一个是男孩（开门的那个），因而家庭类型的样本空间只包含两个基本事件：“开门的是男孩，另一个是女孩”，或者“开门的是男孩，另一个也是男孩”。因为只有两个可能的家庭类型，所以出现“男-男”序列的概率是1/2，也就是说另一个孩子是男孩的概率是 1/2。

基本事件的概率可以是 0～1 之间的任意数。为便于应用，概率代表事件在长期的频率，例如 1/2 表示掷硬币时出现正面的概率。然而，除了规定肯定不发生的事件的概率为 0 外，在数学理论中，不会对基本事件冠以特定的概率，但是一个样本空间内包含的基本事件的概率和必须为。①

概率的概念也被运用到对过去或未来未知事件可信度的研究上。这

① 在无限样本空间中，如果无限的概率是不可数的，一个概率为零的事件仍然可能发生。例如，向靶上投飞镖，击中任何特定一点的概率都是零，因为点的宽度是零，但飞镖仍是击中靶上某一点的。

一节介绍的关于概率计算的方法，也可用文字阐述，因而，解释概率到底是什么时，并不一定需要使用数学理论。参见 3.6 节。

互补事件

一个给定事件的补事件的概率等于 1 减去该事件的概率，用符号表示为：

$$P[\overline{B}]=1-P[B]$$

例子

● 如果从陪审员中选择一个黑人陪审员的概率是 1/5，那么，选择一个非黑人陪审员的概率就是 4/5。

● 一个游戏节目主持人把一个竞猜者领到三扇关闭的门（A，B 和 C）前，三扇门后面有奖品的可能性相同，而只有其中一扇门后有奖品。竞猜者选择一扇门，比如选择了 A，在打开 A 以前，主持人先打开另外两扇门中的一扇，比如 B，主持人和竞猜者都看到这扇门后面是空的。然后主持人给竞猜者一个选择的机会：坚持选 A，或是转而选 C? 问："是坚持好，还是改变主意好，或两者没有差异?"

答：竞猜者选择 A 门后有奖的概率是 1/3，B 或 C 门后有奖的概率是 1－1/3＝2/3。主持人打开 B 门并没有改变奖品在 A 门后的概率，因为这并没有为竞猜者提供任何关于其选择是否正确的信息。但排除 B 后，C 门后有奖的概率变为 2/3。简而言之，最好的方法就是改变主意选 C。

不相容的并

● 两个事件 A 和 B 的并，就是 A 或 B 发生（或两者都发生）。因此两个事件的并包括其中一个发生，另一个不发生（排他性逻辑"或"），或者它们同时发生（它们完全相同）。

● 如果 A，B 完全互斥（即它们不可能同时发生或其逻辑交集是不存在的），那么称 A，B 不相容。

● 不相容事件 A，B 的并的概率是 A 与 B 各自概率之和。用符号表示为：

$$P[A+B]=P[A]+P[B]$$

例子

- 假设：

A= ［F 先生是一女孩的父亲，且和她血型相同］，且 P ［A］ =0.5。

B= ［F 先生不是这个女孩的父亲，但和她血型相同］，且 P ［B］ =0.2。

那么 P ［A 或 B］ =P ［F 先生和这个女孩血型相同］ =0.7。

一般的并

对于事件 A 和 B（不一定是不相容的），它们的并的概率等于其各自概率之和减去它们的交集 AB 的概率。用符号表示为：

$$P[A+B]=P[A]+P[B]-P[AB]$$

之所以要减去交集的概率 P ［AB］，是因为 A 和 B 的概率之和通常将 P ［AB］ 计算了两次：一次是在单独计算 A 的概率时，另外一次是单独计算 B 的概率时。图 3.1 中上面那个文氏图显示了这种重复计算，在这个图里，圆圈的面积分别与事件 A 和 B 的概率成正比。事件 A 和 B 的并由 A 和 B 所覆盖的全部面积表示，标有 AB 的部分表示它们的相交（交集）。

这意味着 A 和 B 的并的概率不大于它们各自概率之和。用符号表示为：

$$P[A+B]\leqslant P[A]+P[B]$$

同理可得一般情形下的不等式：

$$P(A+B+C+\cdots)\leqslant P(A)+P(B)+P(C)+\cdots$$

虽然邦弗朗尼（Bonferroni）还推导出了其他的不等式，但只把这个不等式称为邦弗朗尼不等式，因为它在实际中应用最多。[①] 参见 6.2 节，可了解这个不等式在多重比较检验时设定统计显著性水平的应用。

---

① 这是邦弗朗尼第一不等式。更普遍地，如果有 n 个事件 A_1，…，A_n，那么 A_1，…，A_n 的并的概率的计算如下：首先，对每一个事件的概率求和，$\sum_{i\neq j}P[A_i\cap A_j]$；然后，由于前面的和高估了并的概率 $\sum_{i\neq j\neq k}P[A_i\cap A_j\cap A_k]$，所以减去两两相交的概率；接下来，加上所有三个事件相交的概率，这是因为上一步的修正稍微过度。然后按照这种方式交替地加减交集的概率，直至加或减最后一项 $P[A_1\cap\cdots\cap A_n]$。每一步，并的概率都由前面的项来近似，它所引起的误差不大于第一个遗漏项的值。

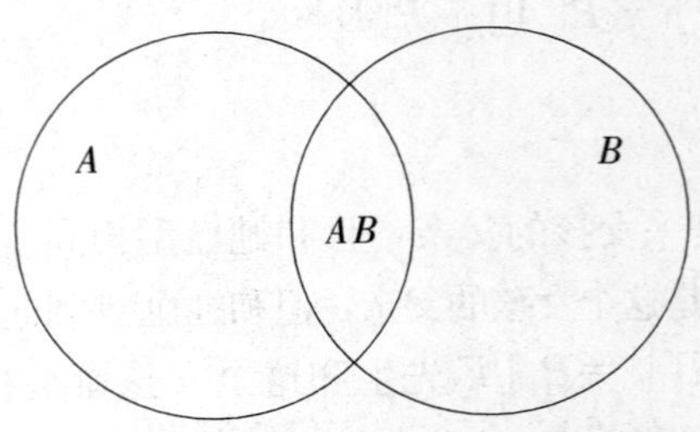

$P(A+B)=P(A)+P(B)-P(AB)$

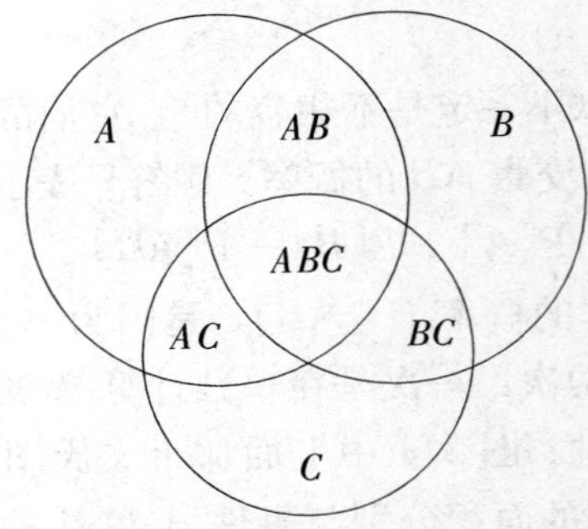

$P(A+B+C)=P(A)+P(B)+P(C)-P(AB)-P(AC)-P(BC)+P(ABC)$

图 3.1　用文氏图说明“且”和“且/或”

例子。参考 2.1.4 节，假设任何一个普查区中发现 6 例或 6 例以上白血病的概率是 0.007 925。记 $P[A_i]$ 为在 i 地区发现 6 例或 6 例以上白血病的概率，那么六个地区中至少有一个地区发现 6 例或 6 例以上白血病的概率不大于

$$P[A_1]+P[A_2]+\cdots+P[A_6]=6\times 0.007\,925=0.047\,55$$

在 2.1.4 节里，总共只有 12 个病例，在两个地区发现 6 个病例的联合概率是一个非常小的数 0.000 006，在 3 或 4 个地区出现这种情况的概率为 0。在此情形下，邦弗朗尼的第一逼近式非常准确。

例子。假设一个人被病毒感染，现有两种诊断测试方法。记 $A=$［诊断测试 1 为阳性］，且 $P[A]=0.95$，记 $B=$［诊断测试 2 为阳性］，且 $P[B]=0.99$。

那么其中至少有一种方法检测该病人为阳性的概率为多少？由邦弗朗尼不等式 $P[A+B]\leqslant 0.95+0.99=1.94$。显然，这个结果毫无意

义。如果两种测试方法均测得该病人为阳性的概率为 0.95×0.99=0.940 5（独立测试），那么它们的并的概率为 0.95+0.99−0.940 5=0.999 5。在这种情况下，邦弗朗尼不等式失效，其原因是交事件的概率不可忽略。事实上，邦弗朗尼不等式表明 $P[AB]$ 是很大的，如下所示。由邦弗朗尼不等式可知，其中一种或另外一种方法测试为阴性的概率 $P[\bar{A}+\bar{B}]$，不大于 $P[\bar{A}]+P[\bar{B}]=0.05+0.01=0.06$。在这种情况下，计算结果就非常准确，因为两个测试结果都为阴性的概率很小（独立测试时，为 0.01×0.05=0.000 5）。利用补运算，则有 $P[AB]=P$ [非 $\bar{A}+\bar{B}$] $1-P[\bar{A}+\bar{B}]\geqslant 1-0.06=0.94$。

交

- 两个事件 A 和 B 的交 AB，是它们的交集。
- AB 的概率不大于它们各自的概率。这是遵循互斥事件的原则，因为

$$P[A]=P[AB]+P[A\bar{B}]\geqslant P[AB]$$

- 如果事件 B 包含于事件 A，那么 $P[B]=P[AB]$，从而 $P[B]\leqslant P[A]$。简而言之，一个事件被另一事件所包含，那么它发生，则另一事件也发生；一个事件包含另一事件，如果该事件发生，被包含的事件不一定发生。

条件概率

给定事件 B 且 $P[B]>0$ 时，事件 A 发生的条件概率定义为 $P[A|B]=P[AB]/P[B]$。给定事件 B 时事件 A 发生的条件概率就是，当事件 B 发生时，事件 A 发生的相对可能性。

例子。参照前面所述男孩—女孩家庭的例子，男孩—男孩家庭（A 事件）的无条件概率是 $P[A]=1/4$，家庭中至少有一个男孩（事件 B）的无条件概率是 $P[B]=3/4$。在至少有一个男孩子的条件下，出现男孩—男孩家庭的概率是 $P[AB]/P[B]=(1/4)\div(3/4)=1/3$。在贝克先生的例子里，开门的小孩是男孩（$C$）的概率为 $P[C]=1/2$。因此，给定开门的小孩为男孩的条件下，出现男孩—男孩家庭的概率就

是 $P[AC]/P[C]=(1/4)\div(1/2)=1/2$。

虽然一般情况下，$P[A\mid B]\neq P[B\mid A]$，由上面的例子可以看到，$P[A\mid B]=1/3$，$P[B\mid A]=1$，但是对非空事件来说，$A$，$B$ 的交事件的概率却总可表示为：

$$P[AB]=P[A\mid B]P[B]=P[B\mid A]P[A]$$

独立事件

当 $P[A\mid B]=P[A]=P[A\mid \bar{B}]$ 时，称事件 A 和 B 独立。简而言之，如果事件 B 发生与否并不影响事件 A 发生的可能性，那么 A、B 独立。因此对于独立事件，有乘法公式

$$P[AB]=P[A\mid B]\cdot P[B]=P[A]\cdot P[B]$$

平均条件概率

事件的全概率等于条件概率的加权平均，用符号表示为：

$$P[A]=P[A\mid B]\cdot P[B]+P[A\mid \bar{B}]\cdot P[\bar{B}]$$

式中，权数即 $P[B]$ 和其补事件的概率，由此得到 $P[A]=P[(AB)+(A\bar{B})]=P[AB]+P[A\bar{B}]$。条件概率常被理解为特定比率。

例子。用一个公司中黑人和非黑人所占的比例 $P[B]$ 和 $P[\bar{B}]$ 作为权数，对黑人和非黑人员工的晋升率（分别是 $P[A\mid B]$ 和 $P[A\mid \bar{B}]$）加权，就可得到该公司的总体晋升率 $P[A]$。

3.1.1 黄色轿车内种族不同的夫妻抢劫案

在 *people v. Collins*，68cal. 2d 319，438 P. 2d 33（1968）中，一位年老的妇人走在洛杉矶圣彼得地区的一个小巷时，突然被身后的歹徒抢劫。这位受害人说，她看到一个金发女郎从现场逃走。另一个目击者说，一个头发呈深金色、扎着马尾辫的高加索女人从小巷里跑出来，并钻进了一辆由一个满脸胡须的黑人男子开的黄色小车中。

几天后，负责调查此案的警官根据这些描述逮捕了一对夫妇，并指

控他们犯了抢劫罪。[1] 我们并不清楚警察是如何得知柯林斯夫妇是凶手的。负责此案的一个警官来到他们的家，把他们带到了警察局。在警察局，他们被审问和拍照，然后获释。当警察第二次来到柯林斯夫妇家时，这次显然是要逮捕他们，却发现马尔科姆从后门逃走，躲在邻居家的储藏室里。警官在马尔科姆的衣袋里发现了两张收据，表明他刚支付的两项交通罚款的总额等于其抢劫的总金额。当被问及这笔钱来自何处时，马尔科姆和珍妮特的回答相矛盾。最后，先是珍妮特自己，后是两人一起与警察展开了一场关于驳回对他们指控的辩论，尤其是马尔科姆，因为他有过犯罪记录。虽然没有成功，但谈话的口吻，如法庭所言："证明这两个被告有强烈的犯罪感，他们似乎在寻求开脱的最好办法。"

在审判中，原告及其律师请了一位数学讲师来确认，假设抢劫案是一个金发、扎着马尾辫的高加索女人所为，在抢劫后，她坐着一辆由一个满脸胡须的黑人男子开的黄色小车离开现场，由于被告对一些不同寻常的问题的反应，所以他们就是罪犯的概率很大。数学家已经证明了"乘积"规则这一基本的概率理论，这一理论说，相互独立的若干事件的交事件的概率，等于各个事件概率之积。原告要求目击者对于相关特点分别做出了如下概率估计：

(a) 黄色小车	1/10
(b) 留大胡须的男子	1/4
(c) 扎马尾辫的女子	1/10
(d) 金色头发的女子	1/3
(e) 留小胡子的黑人男子	1/10
(f) 小车里的种族不同的夫妻	1/1 000

将乘积法则应用于这些假设值，原告得出结论：随机选取一对夫妇，则这对夫妇符合这些控告特征的概率仅有 1/1 200 万。原告毫无理由地估计"除了这对被告夫妇外，其他任何人出现在现场……特征都很相近……的概率是 10 亿分之一"，由此法官认定被告有罪。加州最高法院接到上诉后否认了下级法院的判决，认为法庭审讯不应该采用基于概

① 当被告被捕时，这个女人的头发是浅金色而不是深金色的，且这个男的没有胡子。有一些证据表明在犯罪那天后该男子改变了他的形象。汽车只有部分是黄色的。

率的证据。

在这一做法的附录里，法庭设计了一个数学模型来证明，即使像原告所假设的那样：任选取一对夫妇，这对夫妇符合柯林斯夫妇（记为“C夫妇”）特征的概率仅为1/1 200万，那么，如果选取1 200万对夫妇，则至少再出现一对C夫妇的概率为41%。为了描述法庭所给的模型，可以设想在小车里有很多对夫妇，这构成一个很大的总体，其中C夫妇出现的概率为1/1 200万。从这个总体中随机抽取一对夫妇看其是否为C夫妇，然后放回，再抽取一对。假设取了1 200万次，用以模拟总体的结构，并记录下选取到C夫妇的数目。多次重复这一过程，就会发现，在这些至少有一对C夫妇的假设的总体中，大约41%的总体中C夫妇的数目多于一对。附录总结说：

> 因此，即使我们不加鉴别地接受原告的数据，也可以得到，目击者看到的那对夫妻可能是这一地区至少另外一对具有相似特征的种族不同的夫妻——即黑人男子留胡须开着一辆部分为黄色的小车，坐在车内的是一位头发金黄扎着辫子的高加索女人——的概率超过40%。因此，原告的计算，远不是建立在柯林斯夫妇就是原告证人所描述的那一对夫妇的合理推测上的。这意味着，这个地区很可能有不止一对具有这一特征的夫妇，且在抢劫现场被看见的夫妇是另外一对。
>
> (Id. 438 P. 2d at 42)

问题

1. 上面所列示的各项辨认特征在统计上是相互独立的吗?

2. 假设辨认特征发生的频率是利用如下方法确定的：对汽车内的夫妇做了一次调查，他们中的1/1 000是不同种族的。在这些不同种族的夫妻中，有1/10的丈夫是留有胡须的黑人；在丈夫是留有胡须的黑人的夫妇中，有1/3的妻子头发是金色的；同样得到其他特征的频率。则在这种情况下，将这些数据相乘的做法正确吗?

3. 假设随机抽取到符合特征的夫妇的概率是1/1 200万是正确的，你对原告的观点有何反驳意见?

4. 就像附录中所给的法庭的做法那样，假设犯罪现场所见的夫妇是从一个较大的总体中抽出来的，在这个总体中C夫妇出现的概率是1/1 200万。这是否说明附录中所计算的41%的概率与所要确认的事件有关?

5. 由前面的数学证明过程是否能够说明法庭附录的结论，即原告的计算意味着，在犯罪现场见到的不是柯林斯夫妇而是另外一对夫妇的可能性非常大?

资料来源

Michael O. Finkelstein and William Fairley, *A Bayesian Approach to Identification Evidence*, 83 Harv. L. Rev. 489 (1970), reprinted in *Quantitative Methods In Law*, ch. 3 (1978); see also, William Fairley and Frederick Mosteller, *A Conversation About Collins*, 41 U. Chi. L. Rev. 242 (1974).

[注释]

在柯林斯夫妇案的前后，很多案件中都运用了乘积法则。

在 *People v. Risley*, 214 N. Y. 75. 108N. E. 200 (1915) 中，问题是被告是否通过打印"相同"的字样更改了法庭文件。被告是个律师，这种更改有助于他的案子。法庭文件的打印字体中有11处错误均与那些由被告的机器打印出的文件类似。原告请了一个数学教授，来测定随机选择一个打字机产生文件中任一错误的可能性。证人将这些组合的概率相乘，得到犯这些错误的交的概率为四十亿分之一。法庭驳回了申诉，认为证据"并不是基于实际获得的数据得到的，而只是推测的数据，只是想从与此事不相干的理论中做出推论"(Id at 85. 108 N. E. at 203)。

在 *Miller v. State*, 240 Ark. 340, 399 S. W. 2d 286 (1966) 中，专家证实在原告衣服上找到的残留物与盗窃现场的残留物在颜色、质地和密度方面都匹配。颜色匹配的概率是1/10，质地匹配的概率是1/100，密度匹配的概率是1/1 000。把这些乘起来，专家得出的结论是残留物完全匹配的概率是1/1 000 000。然而，在上诉时认为罪名不成立。专家关于概率的证据不被承认，因为在他得出概率的过程中，既没有做过这方面的实验，也不是基于其他人的实验。

另一方面，在 *Coolidge v. State*, 109 N. H. 403, 260 A. 2d 547 (1969) 中，新汉普郡最高法院引证柯林斯案的思路，却得出不同结论。在该案中，一名专家用吸尘器从受害人和被告的衣服以及被认为是犯罪现场的汽车得到了一些残留物。在显微镜下，根据可视的相似性，专家共提取40组残留物，其中一组来自受害者，其余均来自被告。在进一步的测试中，40组残留物中有27组无法辨别。该专家以前的研究表明，“通过彻底搜查犯罪现场的相关车辆提取到相同残留物的概率仅为1/10”；继而他得出结论，从独立的来源提取27组相同残留物的概率大概只有$1/10^{27}$。在对这些残留物进行交叉检验时，他承认这27组之间可能并非完全独立。但法院认为这个很重要，坚持被告有罪的原判。

3.1.2 DNA鉴定中的独立性假设

我们继续讨论在2.1.1节引入的DNA鉴定问题。

法医学应用中常通过对比犯罪现场提取的DNA样本与嫌疑犯的DNA来侦破案件。例如，在一起强奸案中，一般提取受害者精液中的DNA与嫌疑犯的DNA进行对比，据此控告嫌疑犯或者作为无罪证明。如果两种匹配，而该嫌疑犯又确实是无辜的话，那么法院裁决结果将取决于对随机选取的一个人出现这种巧合的概率，而这又取决于总人口中有多少人可能在现场留下这种匹配痕迹的频率。

为估计这种频率，DNA实验室从鉴定中包含的每个位次上的观测等位基因数入手。每个异合基因型的频数等于组成该基因型的父母等位基因数的乘积的2倍，而对于纯合基因型，其数量应等于观测到的等位基因数的平方。根据人们是随机交配的想法，这种乘法所蕴含的独立性假设是合理的，至少对VNTR等位基因是如此，它和任何观察到的特性都不一样。然而，对于“聚合酶链式反应”也有同样的假设，而它可能包括观察到的特性。一个基因型数量符合这种比例的群体被称为处于哈地—温伯格（Hardy-Weinberg，HW）平衡。

在同一个染色体上的基因是连接的，即它们是被共同遗传的。然而，在精子或卵细胞形成过程中，并排排列的一个染色体对的两条染色体能够随机发生部分交换，这个过程就是交换或重组。在同一个染色体上距离很近的基因可以在很多代仍然保持联系，而在同一个染色体上距离较远或在不同染色体上的基因则会很快地随机排列。

为了得到多座位基因型的总频率，通常将在不同位次的基因型的频率的乘积作为结果。这就证明了不同位次的基因型是独立的这一假设。

处在这种状态下的人被称作处于连锁平衡（linkage equilibrium，LE）之中。LE 状态，就像 HW 状态一样是随机交配的结果，但一个种群往往在几代后才能达到 LE，而 HW 在一代就能达到。由于重组，在同一个染色体对距离很近的位次，比在同一染色体对上距离很远或在不同染色体对上的位次达到 LE 的速度更慢。违反 LE 称为连锁不平衡，它是使标记基因接近于真正病毒基因的一个重要定位工具。

在下面两种情况下，显性纯合子的频率在 HW 状态下会比预期高的说法不正确，一是有在种群内部的趋于内部繁殖并且有较高比例的作为纯合子特别等位基因的亚种群；二是由于携带另一等位基因的一条带被错误地遗漏，在一个位次仅发现一条带。为了避免这两种可能，一些实验室保守地估计纯合子的频率是所观察到的等位基因频率的 2 倍，而不是它的平方。这种变化一般会通过增加种群中相匹配的纯合基因型的估计频率来支持被告。

为了检验 HW 假设，表 3.1.2 显示了在来自四个白人种群：加拿大、瑞士、法国、西班牙的容量不同的样本中，在位次 D2A44 上从 28 个不同等位基因中选取的三个等位基因的频率。假设这些种群之间不存在广泛的随机交配，所以假定的混合种群（如美国白人）易于偏离 HW。

表 3.1.2　　四个种群的样本在 D2A44 位次上的三个等位基因的数目

等位基因类型	加拿大人	瑞士人	法国人	西班牙人	各类型的所有等位基因
⋮					
9	130	100	68	52	350
10	78	73	67	43	261
11	72	67	35	48	222
⋮					
合计 等位基因/样本	916	804	616	508	2 844

问题

1. 为了得到由四个子种群组成的总种群的平均数，计算含有等位基因 9 的纯合基因型（对于丢失一条带的风险不需要调整）和在四个子

种群之间含有等位基因 9，10 的异合基因型的加权平均频数。其权重与子种群的样本容量成正比。（这些计算假设在各种群内是随机交配的，而在各种群间不需要满足这个条件。）

2. 利用总种群数据计算相同等位基因的频率。（这个计算假设在各种群内和各种群间都是随机交配。）

3. 比较结果，HW 是否合理？

4. 由于事实上在这些种群间不存在随机交配，在给定每一个种群 HW 的情况下，在总种群中，HW 的充分条件是什么？

5. 考虑一个由相同数量的加拿大人和非加拿大人组成的种群。如表 3.1.2 所示，加拿大人具有等位基因 9 的频率为 130/916，而非加拿大人具有等位基因的频率为 786/916。假设加拿大人和非加拿大人有各自的 HW，彼此分离，并且他们不通婚，那么这个混合种群是否仍能保持 HW?

资料来源

Federal Bureau of Investigatio, *VNTR population dada : a world-wide survey*, at 461, 464-468, *reprinted in* National Research Council, *The Evaluation of Forensic DNA Evidence*, Table 4.5 at 101 (1996).

[注释]

DNA 鉴定虽遭到一些专业机构或法庭的批评，但其价值已被确认。国家研究委员会报告就是对这一主题的讨论之一。例如，参见 Faigman. 等，*Modern Scientific Evidence*, ch. 47 (1997)。

3.1.3 泄密的纤维

被告 Wayne Williams 被指控在佐治亚州的亚特兰大谋杀了两个黑人男性青年。另外还发生了十起类似的谋杀案。对 Williams 不利的证据是，在尸体上发现的大量纤维与从他周围取到的很相似，尤其是染英国橄榄色的不常见的三叶形的威尔曼 181-b 型地毯纤维。原告的一名专家证明这种类型的纤维已经停止生产，根据保守推测，这种纤维制成的地毯在 10 个州的销售量仅够铺 820 间屋子。假设其销售量在这 10 个州中都相等，所有佐治亚州的地毯都卖到了亚特兰大，而且每家只有一间屋子铺上了地毯，那么有 81 个亚特兰大人家的屋子铺上了含有这种纤维的地毯。根据专家所说，亚特兰大共有 638 992 座住宅，那么随机选择一个屋子，它铺有这种地毯的概率要小于 81/638 992 或 1/7 792。Williams 的卧室就有这种地毯（虽然被告后来予以否认）。

根据这个证据，原告坚持认为，"在亚特兰大有与 Williams 卧室相同类型地毯的家庭的可能性仅为 1/8 000"。Williams 被判有罪。在上诉中，佐治亚上诉法院认为这个州的专家有权讨论小概率，允许用从证据经过推理所得的观点进行辩护，而这种推理就包括小概率。

问题

1. 原告的观点是否正确？

2. 是否 1/7 792 就意味这种纤维不是来自于 Williams 的屋子的可能性为 1/7 792?

3. 由于这个证据（不考虑其他证据）表明犯罪的概率没有超过 1/81，那么这个证据是否应该被排除？

资料来源

Williams v. State，251Ga. 749. 312S. E. 2d40（1983）.

3.1.4 泄密的毛发

State v. Carlson. 267N. W. 2d 170（Minn. 1978）.

被告 Carlson 被控告谋杀了一名 12 岁的女孩，最后见到这个女孩是在他的公司。负责调查的警官在她的腹股沟处发现了两根不是她本人的阴毛，在她手里发现了一些头发。毛发对比专家高德特通过显微观察证实，这些在受害人身上发现的阴毛和头发与被告相符。根据他几年前做的一个关于阴毛的研究（下面会讲述他的后续研究），"这些阴毛不是来自 David Carlson 的概率对于每一根来说是 1/800"，而对于头发来说是1/4 500。因此，Carlson 被判有罪。在上诉过程中，明尼苏达的最高法院发现，采用高德特基于小概率的证据是不合适的，“因为它对审判员有潜在夸大的影响”，但同时又由于证据只不过是“积累的且对案件的事实没有偏见”，法院确认其有罪。

State v. Massey. 594F. 2d676，(8th Cir. 1979)

被告梅西（Massey）被控告抢劫银行。强盗戴着蓝色的滑雪面具，从梅西同伴的房子里找到了一个相似的面具。在对他的审讯中，FBI 专家通过显微观察，证明从面具里找到的 3/5 的头发，与从他头上取的 1/9 甚至更多的相互不同的头发相似。① 在法官的提问下，专家证实自己已经调查了 2 000 多个案例，“仅有两三次”没有将两个不同人的毛发鉴别出来。专家还参考了高德特的后续研究，就像他所说，“这些毛发来自其他人的可能性为 1/4 500”。在最后总结中，原告认为，假设这些来自不同人的毛发有 5/2 000 不能被鉴别出来，这个精确度超过了 99.44%，因此不必怀疑定罪的证据，梅西被判有罪。上诉法院驳回了有罪的判决，认为原告“混淆了鉴定标记出现的概率和错误鉴别银行强盗的概率”，而且和卡尔逊案一样，因为“其对审判员有潜在夸大的影响”，所以反对使用这个证据。

高德特后续研究

法院不愿意接受在 Carlson 和梅西案件中的总体频率证据的原因，在某种程度上或至少是据此进行判断的，即该估计所依据的基础研究存在缺点。专家所参考的高德特后续研究几年前就已经做过，并且用了以下方法。将从 100 个试验者头皮的不同部分“随机选择”80～100 根头发所构成的样本，减少到从每一个试验者头上选取 6～11 根头发的子样本（总共 861 根），调查人员利用肉眼和显微观察检测了每两个人的毛发，仅有 9 对毛发不能鉴别出来。然而这些调查人员知道，来自不同人的毛发是绞在一起的。据高德特说，对于毛发的比较多少都带有主观性，并且当调查人员面对一些没有特点的毛发实验时，他们能分辨出的比例并不比在最初研究中高很多。然而，高德特在 Carlson 案的证词中

① 不清楚一个头发如何与大于 1/9 互不相同的头发类似。

断定，“如果 9 根不相似的毛发被独立选中来代表个体 B 的毛发，那么将一根来自 A 的头发从 B 所有 9 根头发中区分出来的概率可能是（1—(1/40 737))^9，接近 1—(1/4 500)”。

问题

1. 你是否明白高德特后续研究是如何将 1/4 500 作为不能将一根随机选取的头发与从另一个对象选取的 9 根中的任何一根区分开的概率的估计？这种计算方法包含的基本假设是什么？

2. 假设这个研究结果精确且有代表性，那么专家结论的两种可能的含义是什么？若没有其他的假设，哪一种是正确的？

3. 你对关于研究的有效性的交叉检查或反驳证词有什么看法？

资料来源

Gaudette's studies were reported in B. D. Gaudette and E. S. Keeping, *An Attempt at Determining Probabilities in Human Scalp Comparison*, 19 J. Forensic Sci. 599 (1974); *Probabilities and Human Pubic Hair Comparisons*, 21 *id.* 514 (1976); *Some Further Thoughts on Probabilities and Human Hair Comparisons*, 23 *id.* 758 (1978). Gaudette's work was criticized by P. D. Barnett and R. R. Ogle in *Probabilities and Human Hair Comparison*, 27 id. 272 (1982). Despite the weaknesses of the underlying studies, forensic hair analysis has rarely been rejected by the courts. For a discussion of the cases and the studies, see Clive A. Stafford Smith & Patrick Goodman, *Forensic Hair Comparison Analysis: Nineteenth Century Science or Twentieth Century Sham?*, 27 Colum. Hum. Rts. L. Rev. 227 (1996).

[注释]

在明尼苏达州，Carlson 案并不是偶然的。在 *State v. Boyd*，331 N. W. 2d 480 (1983) 中，明尼苏达最高法院效仿了 Carlson 案，但给出了拒绝使用总体频率统计量的新原因。认为小于 1/1 000 的总体频率统计不允许作为证据，这是因为“存在一个真正的危险，即陪审团会将这个证据作为判断被告有罪还是无罪的概率的方法，并且这个证据会因此而破坏无罪的假设，削弱合理怀疑标准的评价，使我们的评判系统失去人性化。" Ld. at 483. 在 *State v. Kim* 中接下来的是 Boyd398 N. W. 2d 544（1987）（总体频率小于 3.6%），参照在 *State v. Schwartz*，447 N. W. 2d 422（1989）中的 DNA 鉴定。

明尼苏达立法机关通过一个法令，来对这三个以 Kim 案作为结束的相关案件做出反应："在民事或刑事审讯或听证中，允许用基于遗传或血液检验结果的统计总体频率证据，来解释具有和在特殊人类生物样本中发现的基因标记组合相同的部分种群"（Minn. Stat. 634. 26，1992）。在接下来的强奸案中，明尼苏达最高法院忽视了这个法则而选择了暗箱操作方法：对于 DNA 库的随机匹配概率的量化不会提交给陪审团，虽然专家可能以合理的科学确定性把它们作为验证被告是（或不是）在犯罪现场发现的肉体证据来源的基础。例子参阅 *State v. Bloom*，516 N. W. 2d 159（1994）。对于明尼苏达最高法院提出的误解的问题是否有一个合理的解决方法?

在 Boyd 案中清楚表现出来的明尼苏达最高法院的立场是，反对在证据中使用贝叶斯法则的 Laurence Tribe 教授有关总体频率统计量讨论的延伸。参见 3. 3. 2 节。在文章中，他反对犯罪的量化，在这种量化中，有时可以应用一些贝叶斯 定理，但不提倡排除总体频率统计量。① 大多数法庭没有效仿明尼苏达最高法院在这件事上的做法。Easterbrook 法官关于 *Branion v. Gramly*，855F. 2d 1256（7rd Cir. 1988）的观点好像更加合理且可能代表了主要观点。

统计学方法如果应用恰当就具有重要的价值，许多我们认为非常可靠的证据仅仅是统计推论的概要，以取指纹为例。弗朗西斯·高尔顿爵士第一次对指纹进行了认真分析，作为统计学的开拓者之一，他用统计学方法证明了指纹的唯一性。基于遗传标记的证据（特别是在强奸和父子关系的诉讼中）虽然完全来源于统计学，但非常有用。因此，例如被告的毛发与在犯罪现场发现的毛发相符也可作为证据。这些技术没有导致错误的判决或对陪审团独立做决定的能力产生影响。不论所提供的信息中是否含有数字，在一般诉讼性质或特殊刑事过程中都不排斥附加信息。毕竟，甚至目击者也在为这个概率作证（虽然他们不清楚得到这些概率的方法）——这个概率常常比统计工作得到的概率低很多。

Id. at 1263-1264（省略引证）。

---

① 不包含贝叶斯定理的总体频数统计量，不要求陪审团提供一个用数字表示的犯罪的概率，但明尼苏达最高法院通过把陪审团会错误解读总体统计的风险作为定量化数据，将贝叶斯和非贝叶斯情形相提并论。

3.2 选择效应

假设在 3.1.3 节的 *Williams v. State* 中，从其中一个尸体上发现的一根纤维与从被告公寓中发现的纤维进行对比，如果被告没有留下纤维，那么与先前选择的纤维相匹配的几率为 1/100。但如果在被告的公寓里有 50 种不同的纤维（每一种有 1/100 的匹配概率），并且每一种都与尸体上发现的纤维进行比较，一种或几种能够匹配的概率是 $1-0.99^{50}=0.395$。在 *Coolidge v. State*，由于 40 对颗粒明显地是基于可见的（显微镜下的）相似性从一个大组中选出来的，这些数据中，一组随机配对的概率可能远远高于没有用可见相似性筛选标准的研究中所报道的 10%的概率，因此，能否匹配很多时候依赖于试图匹配特性的方法，这种现象有时被称为“选择效应”。

3.2.1 德雷福斯案

1899 年对阿尔弗雷德·德雷福斯（Alfred Dreyfus）1894 的秘密法院材料的复审中，作为原告的法国参谋部的队长，负责证明德雷福斯是手写清单（备忘录）的人，他试图将 5 个含有军事机密的备忘录传递给在巴黎的德国大使。一个被法国情报人员收买，把用纸包着的备忘录交给雇主的女清洁工，声称她发现备忘录被撕成了碎片，扔在大使馆的废纸篓里。著名的犯罪学家 Alphonse Bertillon 证明，在备忘录中，13 个多音节词里的 4 个起始和结尾的字母存在可疑的巧合。正常的写作中，在一个单词中出现这种巧合的概率为 0.2，Bertillon 坚持认为，这 4 种巧合同时出现的概率是 $0.2^4=0.0016$，这就意味着这个文件的写法有问题，于是可以联系到原告的推测：德雷福斯掩饰了他的笔迹以隐藏他的作者身份。一个军事法院的分院再一次发现了德雷福斯的叛国罪，但这次可使罪行减轻。

问题

1. 假定出现在一个单词中的巧合概率为 0.2，专家能精确地计算出什么概率？

2. 如果在这13个多音节词中，大量的巧合以某种方式说明了存在不正常的笔迹，计算假设没有不正常的笔迹条件下的相关概率。

资料来源

Laurence H. Tribe, *Trial by Mathematics*: *Precision and Ritual in the Legal Process*, 84 Harv. L. Rev. 1329, 1333-34 (1971); Rapport de MM. Darboux, Appell et Poincaré, in *L'affaire Dreyfus*: *La Révision du Procés de Rennes*, *Enquête* 3 at 501 (1909).

［注释］

1899年的判决被广泛认为是明显不公平的。由于国际上的呼吁，德雷福斯因健康原因而被立即免罪，德雷福斯家庭最终获得了民事上诉法院对法庭材料的再审机会。作为调查的一部分，法院要求法国皇家科学院任命一个专家陪审团检查并报告专业的证据。这个陪审团——包括巴黎大学概率微积分方面的著名教授Henri Poincare——宣称它没有价值。他们补充说："它对于批判的辩护是不清楚的，乌贼在其所吐的墨汁中隐藏自己也是为了逃避敌人。"1906年，法庭证明德雷福斯无罪并宣判1899年的裁决无效。最后，已在Devil岛上忍受了5年的德雷福斯被重新招入部队，提为少校，并被授予骑士勋章。

3.2.2 搜索DNA数据库

根据国家研究委员会DNA委员会1996年的报道，在犯罪调查中，通过对不同的州提供的DNA数据库进行计算机搜索，发现了20多个嫌疑犯。随着这个数据库数量和规模的增加，以此为基础的初步鉴定会更加频繁。在这个报告中，国家研究委员会的法学DNA科学委员会声明，在这个数据库中，一般匹配概率的计算必须经过修正。它建议，作为两种概率之一，计算的匹配概率应该乘以所搜索的数据库的规模。

问题

1. 参考邦弗朗尼不等式（参见3.1节）解释这个计算理论。

2. 计算经过修正的概率是多少？这是否与鉴定问题相关？

3. 这个案件与3.2节的纤维匹配问题之间有什么不同？

4. 在阅读3.3节的贝叶斯定理后，考虑以下问题：假设经过计算机搜索的初步鉴定后，发现了特定的证据，如果此证据被先发现就足够用于嫌疑犯DNA的检测。在发现特定证据之前或之后使用统计证据对统计证据的力度有何影响？假设此特定的证据没有说服力甚至辩明无罪的，那么根据它并不能对嫌疑犯的DNA进行检测。那将对统计证据的证明力产生怎样的影响？

5. 是否应该按委员会所推荐的方法进行修正？

资料来源

National Research Council，*The Evaluation of Forensic DNA Evidence* 32（1996）. For criticisms of the Committee's position see Peter Donnelly and Richard D. Freedman，*DNA Database Searches and the Legal Consumption of Scientific Evidence*，97 Mich. L. Rev. 931（1999）.

3.3 贝叶斯定理

贝叶斯定理是归纳推理的基础工具。就像在法律界一样，科学界也有关于真实但未知的特征状态的竞争假设，和或多或少依赖这些被采纳的假设的证据。贝叶斯定理提供了一种方法，可以把我们对各种特征可能状态的概率的初始观点和证据的概率结合起来，从而得到特征状态的后验概率。因此这是一种从结果追溯到原因的方法。

在数学符号中，贝叶斯定理显示了如何将一组形如$P(B_j \mid A_i)$的条件概率和初始概率或先验概率$P(A_i)$结合起来，得到形如$P(A_i \mid B_j)$的最终概率或后验概率，其中条件事件和结果事件的角色被互换。[①] 在离

① 这两种事件的区别可以用Keynes这个例子来解释清楚。如果坎特伯雷的大主教玩一种牌，那么，给定他很诚实的条件下他有同花顺的概率和给定他有同花顺的条件下他是诚实的概率是不一样的。前者是36：2 598 960，很多人认为后者会大一些，可能接近于1。对红衣主教瑞艾奥以诈术赌纸牌的人会有相同的结论吗？

散事件中，贝叶斯定理很容易被导出。公式是 $P(A_i \mid B_j) = P(A_i \cdot B_j)/P(B_j)$ 。交的概率 $P(A_i \cdot B_j)$ ，可以写成 $P(B_j \mid A_i)P(A_i)$，类似地，边际概率 $P(B_j)$ 可以写成 $P(B_j) = \sum_i P(B_j/A_i)P(A_i)$ ，这个和考虑了特征 A_i 的所有可能状态（见 3.1 节）。因此有

$$P(A_i \mid B_j) = \frac{P(B_j \mid A_i)P(A_i)}{\sum_i P(B_j \mid A_i)P(A_i)}$$

在仅有两个特征状态的情况下，即 A 和非 A （$\overline{A}$），结果是：

$$P(A \mid B) = \frac{P(B \mid A)P(A)}{P(B \mid A)P(A) + P(B \mid \overline{A})P(\overline{A})}$$

根据优势概念，一个更明白的公式是：

$$\frac{P(A \mid B)}{P(\overline{A} \mid B)} = \frac{P(A)}{P(\overline{A})} \times \frac{P(B \mid A)}{P(B \mid \overline{A})}$$

(1)　　　(2)　　　(3)

简而言之，就是说，(1) 给定证据 B 时，状态 A 为真与非 A 时的后验优势等于 (2) A 的先验优势乘以 B 的似然比，即给定 A 和非 A 下 B 的概率的比率，因此，证据的证明力是先验优势和似然比的增函数。

为了纪念托马斯·贝叶斯（1702—1761），将这一理论称为贝叶斯定理，他的成果在其死后被 Richard Price 发表在 1762 年的哲学学报上。在贝叶斯的论文中，先验概率的分布与一个球随机扔在台球桌上服从的分布是一致的。而贝叶斯原始的例子是利用物理的先验概率分布，贝叶斯定理更具争议的一些应用涉及了主观先验概率分布。参见 3.3.2 节。

虽然先验优势通常是主观的，但有时它们也是客观的且可从数据中估计出来。有一个关于客观计算先验概率的例子，是 Hugo Steinhaus 计算父系血缘的案例。参见 Steinhaus，*The Establishment of Paternity*，Prace Wroclawskiego Towarzystwa Naukowego，ser. A.，No，32，at 5（1954）。

Steinhaus 计算的背景或先验概率就是在经过交流后，但在血清检验结果出来前被告是父亲的概率。后验概率就是给出检验结果后父亲血缘的概率。Steinhaus 检验程序的一个重要方面就是利用人口统计来估计被检测父亲中犯罪父亲的比率，即使没有人（除了那些最终经检测无罪的）能被确定有罪或清白。为了阐明这个理论，我们把它稍加简化。

人的不同的血型出现的频率不同。将被怀疑的类型称为 A，其频率

为 f；那么，不具有该血型的人的频率为 $1-f$。考虑进行血清检测的被告父亲组，因为孩子的血型是 A，这是不能够从母体获得的。如果母亲的指控总是正确的，那么，血清检测就会显示这组每一个被检测者都是 A 型血（当然，反过来并不正确）。如果母亲的指控总是错的，这组人就构成一个关于血型的随机样本，不具有 A 血型的人的期望频率为 $1-f$。被告组中血型为 A 的真实比率与总体比率的差异衡量了指控的总体精确性。具有 A 血型的男性比例越高，指控的正确率就越高。

用 p 代表被告组中父亲的比例。那么 $1-p$ 为不应被告的男性比例，$(1-p)(1-f)$ 是检测将证明其无罪的不应被告的人的期望比例。证明无罪的人的期望比例和不是 A 血型的普通人的比例之比是 $(1-p)(1-f)/(1-f)$，或简写成 $1-p$，即错误指控的先验概率。这个比率的重要性在于，它的分子和分母可以通过客观样本和人口统计来估计。

利用进行了血清检测的 1 515 个波兰父亲血缘案例的结果，Steinhaus 得出结论——真实指控的先验概率大约是 70%（由于不是完全公平，这个系数被称为“女性诚实尺度”），这个数字可以看作父亲血缘案例的背景概率。然而，它是根据父亲血缘案例的一个小群体计算得到的，仅包括那些和母亲没有共同血型的需要血清检测来确定父子关系的孩子。但由于可能是一个关于父子关系真相的随机样本，这个小群体检测不同决策规则的特性看起来是公平的，至少在这个小群体中，被告中是父亲身份的不比大的群体中多。

3.3.1 凶猛的巴士

在一个雨夜，一辆正在转弯的公交车没有刹住车，与一辆停放的小汽车相撞。有两条公交线路穿过街道：80%的公交车属于 A 公司，20%属于 B 公司。它们的时间表没有表明哪一个是违法的公司。一个目击者说是 B 公司的车，但因为是在雨夜且车速很快，目击者不是在最佳状况下得到的证据，因此有很高的错误率。

问题

1. 在受伤司机起诉 A 公司的民事诉讼中，有 80%的公交车属于 A

公司的统计证据是否能通过这个占优势的证据，充分证明原告“是A公司的车”的说法？在下面引用的史密斯案件中，法庭认为（quoting *Sargent v. Massachusetts Accident Co.*，307 Mass. 246，250，29 N. E. 2d 825，827，1940）在事件中证据必须被陪审团认为真实可信，而统计证据仅能产生概率，并非真实可信。你是否认为这是统计证据本身不充分的正确理由？

2. 如果对B公司也提出诉讼，目击者的证词是否能充分证明原告“是B公司公交车”的说法？

3. 如果统计证据不足，但目击者证词充足，你如何使结果相一致。

4. 假设目击者的证词有30%的错误率。将统计证据看作提供了先验概率，而目击者的证词提供了似然比，用贝叶斯定理将统计证据和目击者证据结合起来，确定肇事者是B公司公交车的概率。

资料来源

Cf. Smith v. Rapid Transit, Inc.，317 Mass. 469，58 N. E. 2d 754 (1945). For a discussion of some other early cases on this subject，see *Quantitative Methods in Law* 60-69.

[注释]

“无保证”的统计证据（即不具备案例特有的事实的统计证据）能否在一个民事或刑事案件中作为原因的充分证据已引起了广泛的学术讨论，教授们的结论通常是否定的，至少在刑事案件中是否定的。在Daniel Shaviro的《统计概率证据和法官的表现》（103 Harv. L. Rev. 530（1989））中，这种观点受到批评。对于刑事案件，这种讨论在法学院假设的水平上进行，因为在真实的案件中，总有案件特有的证据对统计进行补充。对于民事案件，经过必要的适当处理，统计可以作为引起结果的充分证据。著名的例子就是DES诉讼，原告的母亲在怀孕期间服了DES，即使没有案件特有证据证明她服用了那个公司的DES，根据它们的市场份额，DES厂商也对原告负有相应的责任。*Subdekk v. Abbott Labs*，Inc，26 cal. 3d 588. 607 p. 2d924（1980），cert. dnied，449U. S. 912（1980）：*HYmowitz v. Liuy& CO.*，，73N. Y. 2d 487（1989）。

3.3.2 父子关系的贝叶斯证据

当被告依靠其"合法的、专业的或职业身份"具有监督或执行法律的权利，而受害人"在医院、监狱或其他机构中处于缓刑、假释或被拘留"时，新泽西的法令规定被告对受害人的性侵犯有罪。被告是塞伦县监狱的一名黑人男性教官，来自移民与入籍服务部的女性受害人被监禁在这个监狱中。受害人在监禁过程中生了一个孩子。如果被告是孩子的父亲，不管受害人是否同意，他都有罪。

在有争议的父子关系审理中，在 DNA 检测前，为了鉴定在血液中由基因控制的抗体，当事人被频繁地进行了 HLA 检测。进行了 HLA 检测后，一个专家证实这个孩子有一组被告拥有而孩子母亲没有的独特基因。后来证明，这组独特基因在北美黑人男性中出现的频率为 1%。不用 HLA 检测，专家假定被告是父亲的优势为 50-50，在此假设的基础上结合这种基因型 1%的频率，得出结论："这个女人与这个男人生的具有所有的基因组成的孩子和这个女人同黑人中一随机男性发生关系的可能性……（导致了）96.55%的父子关系概率"。

问题

1. 专家对于父子关系概率的证词是完全被承认的吗？

2. 对黑人群体单模样本比率的限制有正当理由吗？

3. 如果专家给陪审员先验概率和后验概率的假设范围，她的证词应该被承认吗？

资料来源

State v. Spann，130 N. J. 484，617A. 2d 247（Sup. Ct. N. J. 1993).

[注释]

贝叶斯定理是否能按问题 3 的建议被正确应用，已经成为许多学术和司法争论的主题。在学术方面，最初的文章是 Micheal O Finkel Stein 和 William Fairly 的

《鉴定证据的贝叶斯方法》(83 Harv. L. Rev489 (1970) (提出贝叶斯定理的使用). Laurence H. Tribe.)

数学方法下的审判:“法律过程中的精确与习惯” 84 Harv. L. Rev. 1329 (1921) (批判了这一建议); Finkelstein 和 Fairley. “关于数学方法下的审判的评论” 84 Harv. L. Rev. 1801 (回应了 Tribe); Tribe, “对数学证据的进一步评论” 84 Harv. L. Rev. 1801 (1971) (反驳)。进一步的评论见 L. Brilmayer 和 L. Kornhauser 的“综述:定量方法和法律决策” 46 U. Chi. L. Rev. 116 (1978)。参见两个专题论文集:“证据法中的概率和推断”, 66B. U. L. Rev. 377-952 (1986) 和“诉讼中的决策和推断” 13Cardozo L. Rev. 253-1079 (1991)。在裁决方面,将前文的 *Plenmet v. Walter*, 303 Ore. 262, 735P. 2d 1209 (1987), *State v. Spann*, (都赞成直接应用) 和 *Connecticut v. Skipper*, 228 Conn. 610, 637 A. 2d 1104 (1994) (不赞成直接应用) 进行比较。

那些赞成在刑事案件中明确使用统计的人坚持认为,陪审员低估了背景统计证据的证明力。这种对于结果的先验概率的不敏感性是主观概率估计中的普遍现象。参见 *Judgement Under Uncetainty: Heuristics and Biases*, at 4-5 (Daniel Kahneman, Paul Slovic & Amos Tversky, eds. 1982)。以模拟跟踪为基础的经验性研究倾向于支持这种说法。参见 Jan. Goodman. *Jurors' Comprehension and Assessment of Probabilistic Evidence*, 16 Am. J. Trial Advocacy 361 (1992)。他们也指出所谓的原告谬论,那就是:陪审团会将血型的低总体频率曲解为无罪概率的风险。那些反对明确使用统计的人提出以下观点作为反对理由:在听取所有的证据前,陪审员就被邀请进行犯罪概率的估计,他们认为这与无罪的假定不一致,并且要求陪审员保留判决直到听取了所有的证据。另一方面,在估计他们的先前概率之前,如果陪审员等着直到听取了所有的证据,统计就可能会影响估计。一些学者进一步反对任何陪审员对犯罪概率的量化,这与作为刑事案件的标准的“超过合理怀疑”不一致。由于判决是正确的,尽管存在一些疑问,为什么陪审员进行的怀疑量化自身会引起反对还不清楚。有证据表明,在适当的指导下,证据责任的量化影响了裁决。Dorothy K. Kagehiro & W. Clark Stanton, *Legal vs. Quantified Definitions of Standards of Proof*, 9 L. & Hum. Behav. 159 (1985).

如果辩方坚持认为跟踪证据仅将被告置于由在源群体中受怀疑的被跟踪的人组成的集合中,那么原告明确使用统计的最有力的案件就出现了。作为辩方谬论,这个观点假定,若没有追踪,被告与源群体中的任何其他人相比,没有更高的犯罪可能性。(这种情况不太可能出现,因为几乎总有其他的证据牵涉到被告。)如果陪审员至少相信一些其他证据,那么原告通过用贝叶斯定理计算有罪的概率会得到辩护。相反,原告谬论(总体中的追踪频率为无罪概率)假定被告有罪的先验概率为50%。如果原告也持这样的观点,辩方应该用贝叶斯定理来论证一些或所有的其他证据被否认时的概率，从而得到辩护。

如果鉴定追踪源不是一定意味着有罪，那么可以提出另一组观点。一把用作谋杀凶器的厨房刀具上的指纹，可能并不是凶手留下的。其复杂性在于，被用来计算指纹所有者的先验概率表明犯罪的事实，同样也会被用来做从指纹所有者到犯罪的推理。如果不允许使用两次，那将很难或不可能在所用的证据中区分非统计证据。

对于在法庭上是否允许贝叶斯定理的明确使用，所激起的法学研究者的反应比陪审员的反应更强。在一个经验研究中，陪审员简单地忽略了专家对统计数字的贝叶斯解释。参见 *Bayes' Theorem in the Trial Process*：*Instructing Jurors on the Value of Statistical Evidence*，12 Law & Hum. Behav. 1（1988）。更重要（且常被忽视）的贝叶斯定理的教训是，在嫌疑犯群体中，一方不必坚持匹配追踪是唯一的或几乎唯一的，据此来证明将它作为犯罪证据的合理性。

3.4 甄别机制和诊断检验

甄别机制和诊断检验是利用一些可观察到的特征或特征组将个体划分到两个或更多组的程序。最熟悉的例子是对被某些疾病“感染”或“没有感染”的患者的医学诊断。为了便于讨论，我们采用门诊部的范例，但中心思想并不限制在此背景中。

假阳性和阴性

没有完美的诊断检验或甄别机制。由于会发生疏忽和委托的误差，因此需要把真实情况（即 A＝感染或 U＝未感染）同基于检验的表面情况区分开（＋＝检验呈阳性或 －＝检验呈阴性）。假阳性诊断是指未被感染的人（U）检验呈阳性结果（＋），用（＋，U）来表示；假阴性是指被感染的人（A）检验呈阴性结果（－），用（－，A）表示。这种情况可以概括在四重表中，如下所示。

真实情况		检验结果 ＋	检验结果 －
	A	（＋，A）正确	（－，A）假阴性
	U	（＋，U）假阳性	（－，U）正确

灵敏度和特异性

虽然当涉及可能的甄别误差时，假阳性和假阴性这两个术语很明确，但对准确率的定义有不同的说法，且在日常交流中常被混淆。检验的灵敏度是指所有受感染的人中被正确检验为阳性的比例$P[+|A]$。检验的特异性是指所有未受感染的人中被正确检验为阴性的比例$P[-|U]$。

假阳性率通常（不总是）是指特异性的补集，即

$$假阳性比率 = 1 - 特异性 = P[+|U]$$

因为它度量了假阳性结果出现的比率（在事实上未受感染的群体中）。

假阴性率通常指的是灵敏度的补集，即

$$假阴性比率 = 1 - 灵敏度 = P[-|A]$$

因为它度量了假阴性结果出现的比率（在事实上受感染的群体中）。在遇到这些术语时必须仔细研究其含义，因为有些作者用它们来表示具有不同分母的另一套误差率。

阳性和阴性的预测值

阳性预测值（PPV）是所有检验为阳性的人中的确被感染的人的比例，即

$$PPV = P[A|+] = \frac{P[+,A]}{P[+]}$$

阴性预测值（NPV）是所有检验为阴性的人中的确未被感染的人的比例，即

$$NPV = P[U|-] = \frac{P[-,U]}{P[-]}$$

甄别机制由它的灵敏度和特异性来表示其特征。这些是它的运算特征，是不依靠疾病的流行程度$P[A]$的准确性的客观量化。然而，甄别机制的接受者（或者是案件的受害者）通常更关心检验的结果是阳性或阴性的预测值，因为有了这个结果，所关心的问题就成了相似分类的人中真正受感染或未受感染的人的比例。

一个重要的事实是，预测值依靠疾病的总的流行比率。实际上，对于一个给定灵敏度和特异性的检验来说，检验结果为阳性的人被感染的优势是：

$$\frac{PPV}{1-PPV}=\frac{P[A\mid+]}{P[U\mid+]}=\frac{P[+\mid A]P[A]}{P[+\mid U]P[U]}$$

$$=\frac{\text{敏感度}}{1-\text{特异性}}\times\text{流行优势}$$

与贝叶斯定理进行比较，随着疾病的流行程度变得很小（$P[A]$ 接近零），PPV 也降低，且有时低得令人惊讶。例如，相对于大多数的诊断程序而言，灵敏度和特异性都等于 99%的检验通常被认为是非常精确的。然而，对于每 100 个人里有 1 个这样不很罕见流行的疾病来说，在阳性检验结果的情况下，确实被感染的优势为（0.99/0.01）×（0.01/0.99）=1，即在所有检验为阳性结果的人中，事实上只有 50%真正被感染。对于 1%的疾病流行比率来说，PPV 大约仅为 10%。这些低的数字引出了关于在阳性检验结果之后该采取什么行动的严肃的道德和法律问题。

在任何时候，用来提高甄别的 PPV 的可行途径就是重复检验，它更适于独立的程序。即使是同一甄别，重复甄别的准确度比单次甄别高得多。① 另一种方法是使检验有独立基础，即将一些因素与增加的疾病流行优势相结合。

ROC 曲线

虽然在讨论中已经假设了一种自然二分法——感染和未感染——但应该提防潜在连续区间被随意或被迫对分。为了方便和简单，疾病（例如，能力）潜在的传播范围被分为两类（快或慢），除标记和错误分类的危险之外，检验突破点选择不当也会降低准确度。这里存在一个内在权衡，即对于检验为阳性的结果来说，降低截止标准会使灵敏度增加，但降低了特异性，允许更多的假阳性错误出现；相反，提高截止标准，特异性增加而灵敏度降低。总之，如果二分法是必要的，则应该对每一

① 假设具有随机错误分类误差且对两个或更多个呈阳性的个体定义“阳性”结果。

种错误或正确决定的分离成本及收益进行权衡。

为了比较在潜在连续区间的情况下，两个相互竞争的甄别程序，应该仔细观察随着截止标准的改变，每一对灵敏度和特异性的取值。“相对工作特征（ROC）曲线”描述了在由灵敏度—特异性构成的坐标平面中，灵敏度和特异性的数值对所形成的轨迹。如果对于任何分类标准，一个程序的ROC曲线比另一个占优势，那么就可直截了当地优先选择这个程序。如果ROC曲线是交叉的，那么仅在一定的灵敏度值范围内，一种甄别优于另一种。ROC曲线下的面积通常用来作为潜在连续区间分类准确性的衡量尺度。（这些概念是从无线电技术中发展而来的，ROC本来是代表“接收器工作特征”。）图3.4显示的是ROC曲线的例子。

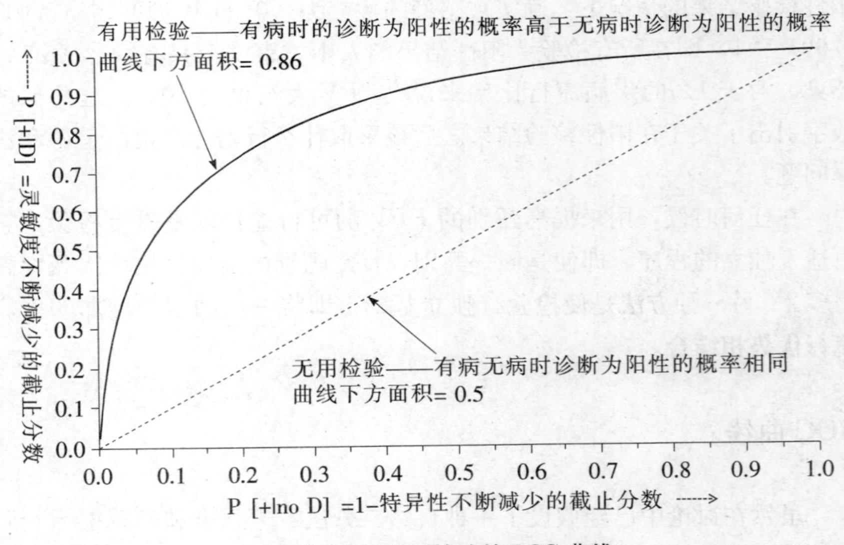

图3.4　好坏甄别检验的ROC曲线

3.4.1　机场甄别机制

从1980年开始，FAA重新开始用建立在统计学基础上的劫机犯特征程序（中止于1973年），来帮助鉴别可能试图利用非金属武器劫持飞机的人。假设大约在25 000人中有一个携带这种武器，且检验的灵敏度和特异性分别为90%和99.95%，Lopez和他的同伴被发现有问题，警方搜查后发现了海洛因，他们被捕了。

问题

在随后的诉讼隐瞒证据的请求中，检验是为证明逮捕的正当性提供了可能原因，还是为短暂的调查拘留的合理性提供了合理怀疑？

资料来源

United States v. Lopez，328 F. Supp. 1077（E. D. N. Y. 1971）；J. Monahan and L. Walker，*Social Science in Law*，211-12（1985).

[注释]

甄别机制被用于多种情况之中，包括教育许可、信用风险评估、药效检验以及潜在犯罪行为。对于甄别有三种可选择的方法：（1）鉴别高风险个体并且检验他们；（2）随机选择个体进行检验；（3）检验每一个体。这里的每一种方法都曾引起了诉讼。在*United States v. Mendenhall*，446U. S. 544（1980）中，三名法官发现，用心理特征来鉴别海洛因携带者足够对其产生合理怀疑而进行调查拘留，但是有四个法官发现这些特征不充足。在*Florida v. Royer*，460 U. S. 491（1983）中，大多数法庭拒绝这些特征，认为它们不是可能原因的充分理由，但允许将它们作为合理怀疑的基础。在*United States v. Lopez*，328 F. Suoo. 1077（E. D. N. Y. 1971）中，劫机甄别机制被认为足够作为可能原因的基础，尽管存在"令人担忧的可能性"。

如果心理特征处于可接受的边缘，那么纯粹的巧合就不足以作为调查的基础。最高法院在第四和十四修正案中规定，交通警察随机（完全偶然）地拦截汽车，公开要求检查驾照和登记证的行为是不合法的。*Delavare v. Prouse*. 440U. S. 648（1979）。法庭发现，这种抽查不足以和在观察到违规的基础上采取的行动相比较，并且指出警官的自行决定权有可能导致滥用职权，这在许多系统方法中并没有表现出来（Id. at 659-663.）。怀疑基于扣留法的检查是否能满足宪法的要求。

一些通用的检验程序认为合理而继续存在，而其他因有强迫性被否决。1986年，里根政府按行政命令宣布药品使用与联邦职业相矛盾，并且赋予代理商对所有新的申请者和对药品使用产生怀疑的现有雇员进行尿检的权利。此行政命令声称，这个程序的建立不是为犯罪起诉收集证据。Executive Order No. 12564，3 C. F. R. 224（1986），*reprinted in* 5 U. S. C. §7301，note at 909-911（1998). The program as implemented by the Customs Service was upheld in *National Treasury Employees Union v. Von Raab*, 489 U. S. 656 (1989).

许多州提出了各种议案来管理工厂中的药检。1987 年，纽约参议院提出议案，规定任何甄别检验“必须达到至少 95%的准确度”，并且“阳性检验结果必须由用完全不同的方法且准确度为 98%的独立检验所证明”。假设有 0.1%的成年工作人群服了药，并且精确度是指灵敏度和特异性，那么符合议案要求的检验程序的阳性预测值是什么？

3.4.2 测谎仪证据

Edward Scheffer 是加利福尼亚长征空军基地的一名飞行员，他自愿作为空军特别调查办公室（OSI）药物调查的被检验者。他被告知将时常要求做药检和测谎检验。在开始秘密工作后不久，要求他进行尿检。在提供样本后，结果出来之前，他同意进行由 OSI 测试员执行的测谎检验。在测试员看来，当 Scheffer 否认在参加空军后服药时，此检验表明他没有撒谎。然而检验后，Scheffer 莫名其妙地从基地消失，13 天后在爱荷华州被捕。OSI 事务官后来得知，尿检显示在其尿液中有甲基苯丙胺。

在军事法庭对他的审判中，Scheffer 试图用测谎的证据来为其无辜做辩护，即他不是有意服药。军事法官依照军事证据法规 707 号规定——在军事法庭上测谎证据不被承认——否决了他的请求。Scheffer 被宣告有罪。在上诉过程中，他争辩说，法规 707 违反了宪法，因为一系列禁令剥夺了为他提供完整辩护的有意义的机会。

当这个案子移交到最高法院，它支持法规 707（*United States v. Scheffer*. 118S. Ct. 1261（1998））。法官 Thomas 观察到，科学界对测谎技术的可靠性具有截然不同的观点，从实验研究得到的总体准确率范围从 87%到比投掷硬币多一点。科学缺乏一致性反映在联邦和州法院对于这种证据可接受性的意见不合上，大多数州法规排除或大大限制测谎证据。因此法令 707 的一系列限制在排除不可靠证据推动政府合法利益中被证明是合理的（Id. at 1265-1266）。

根据他的观点，法官托马斯不得不应对这样的事实，即政府尤其是国防部例行公事地在甄别职员安全问题时用测谎器检验，并且有受高度重视的训练测试员的测谎机构。法官 Stevens 提出不同意见，“在 1981—1997 年间，国防部进行了超过 400 000 次的测谎检验，以解决反间谍活动、安全及犯罪调查中出现的问题”(Id. at 1272, n. 7)。法官 Thomas 回应说“在法庭外测谎技术的有限使用在特征上和作为犯罪审讯证据的测谎技术有明显不同，并且承担的后果不太严重”(Id. at 1266, n. 8)。国防部提供了一些有说服力的证据。例如，在 1997 财年，在国防部反间谍计划下有 7 616 人被检验，其中，有 176 人被评估为“有显著的心理反应，或被评估为缺乏说服力和（或）提供真实的信息。”报告的同时，在这个小群体之外，6 人收到了否认或阻止有权使用分类信息的不利诉讼，2 人尚未作出判决，14 人等待调查。

问题

[在回答下列问题的过程中，画一个两行两列的表格对你回答问题是有帮助的，行为有罪和无罪，列为测谎检验的结果（发现欺骗和未发现欺骗）。很明显，表中仅有部分空格能用国防部的数据填写。]

1. 法官 Stevens 的不同意见引用了大量研究，报道测谎检验的准确率为 80%～95%。假设用国防部提供的 1997 年反间谍活动的数据作为测谎检验准确性的代表，该检验中阳性预测值（*PPV*）的上限是什么（即假设所有的未决问题的解决都对个人不利）?

2. 在 Scheffer 案件中，为评价证明无罪的测谎检验的准确性，你会计算哪个统计量?

3. 假设在国防部的程序中，测谎检验 $PPV \geq 1-NPV$，这种假设是否合理? 如果合理，当被用作证明无罪的证据时，说明检验的准确性如何。

4. 在被用在受犯罪程序和人员甄别的不同特征影响的案例中（如 Scheffer 案件）时，检验的准确性如何? 由于 *NPV* 被认为明显足够用于反间谍甄别目的，法院拒绝推断它也应该足够用于犯罪审讯，法院的这种做法是否正确?

资料来源

United States v. Scheffer, 118 S. Ct. 1261 (1998); Department of

Defense, *Annual Polygraph Report to Congress* (Fiscal Year 1997).

3.5 蒙特卡洛方法

蒙特卡洛方法（或称模拟方法）构成了使用随机数字进行实验的实证数学——与演绎数学相反——的分支。这个方法产生的随机结果序列，就像在赌场中产生的序列那样，是方法的核心。随着计算机的出现，蒙特卡洛技术已经被广泛地应用在统计学中，就像它已经普遍应用于数学的所有领域一样。

蒙特卡洛方法着手解决的基本问题是要估计一些较复杂的统计量的分布或平均值。在计算机出现之前的时期，这类问题要用数学分析和数值近似来解决，得出依靠分析的复杂性和近似的精确性的一系列结果。当进行模拟时，计算机根据具体分布（如正态分布）生成数据；计算出每一次模拟数据集的统计量；最后根据模拟值的样本均值估计均值。因此我们用大数定律代替复杂分析，以保证样本估计以高概率接近真实值。一些数学家抱怨数学洞察力被不动脑子的计算所代替。我们不必解决这个争论，毫无疑问的是，蒙特卡洛方法在统计学中非常有用。

例如，假设要计算某个检验统计量拒绝零假设的概率，但是检验统计量的数学分布未知。应用蒙特卡洛方法，我们让计算机生成许多个数据集，每一次都计算检验统计量，且计算检验统计量拒绝零假设次数的样本比例，尾概率或 P-值常通过这种方法产生。当尾概率非常小时，由于事件发生一次所需进行模拟的次数可能很大，所以不能简单地用它们出现次数的比例来估计，这种情况下，需用重要抽样这一更复杂的技术来代替，这个技术能对任一给定数量的模式值以较高的相对精确度估计出非常小的 P 值。

模拟方法常被用于检验大样本技术的精确性，例如近似 95%的置信区间。在这里，计算机生成许多具有已知参数值的数据集，用这种方法得到的置信区间包含的这些数的比例估计了真实的覆盖率。

最近发展起来的、有趣的自助法（bootstrap）中，在没有假设任何特定分布的情况下，计算机用蒙特卡洛方法生成数据。相反，它用观察数据集的经验分布和有放回样本来生成被称作自助法样本的多重数据。

根据每一个自助法样本计算统计估计量，然后对它们在总体中的分布进行稳健推断，其原始样本就是从这个总体中抽取的。例如，一个著名的数据集由大学生平均 GPA 和 15 个美国法律学校一年级学生的成绩组成。调查者试图计算相关系数的置信区间，但面临样本量小和系数非正态分布的问题。利用自助法，他有放回地随机抽取了容量为 15 的重复样本。做了 200 次，产生了一个具有 200 个相关系数的蒙特卡洛样本，下限为 2.5%，上限为 97.5%，这是理想的 95%的置信区间。

3.5.1 海洛因携带者审判案

Charles Shonubi 在肯尼迪机场被抓，他从尼日利亚来，消化道中有 103 个避孕套，而避孕套中携带了 427.4 克白粉。四个避孕套构成的随机样本分析表明它们含有海洛因。Shonubi 因输入和拥有且企图传播受禁物品而被宣判有罪。Shonubi 在 1990 年 1 月至 1991 年 12 月之间，至少到尼日利亚旅行 8 次，没有原因或明显意图这么做（他作为乔治华盛顿桥牌所的兼职收费员每年挣 12 000 美元），地方法官推断 Shonubi 先前做了七次以走私为目的的旅行。

根据联邦判决的指导方针，量刑的长短取决于在同一行为时期内所携带的数量，但没有关于 Shonubi 在他的前 7 次旅行中携带数量的信息。初次判决时，法院用 427.4 克乘以 8 得到 3 419.2 克，宣判对 Shonubi 进行 151 个月的处罚，这是对 3 000 克判决的底线。上诉过程中，第二次开庭认为，地方法庭没有被允许就进行了猜测和推测，假设在先前的旅行中携带的数量相同。判决被驳回，要求原告提供明确的证据，“例如 Shonubi 在前七次旅行中携带数量的毒品记录、许可或实况证词”。

在进一步审理过程中，原告提供了一个专家——David Boyum 博士——对毒品政策的研究，他得到了美国海关从 1990 年 1 月到 1991 年 12 月在肯尼迪机场被捕的所有 117 个尼日利亚海洛因吸食者的数据（第一次和最后一次旅行的数据显示在 Shonubi 的护照上）。每个吸毒者的数据包括被查获的海洛因的总重（即海洛因加避孕套或气球），扣除估计的避孕套重量，Boyum 博士得到了 117 个净重，平均重量是 432.1 克，中位数是 414.5 克，标准差为 172.6 克。将这些值分配在 100 克范围或区域中，如表 3.5.1 和图 3.5.1 所示，Boyum 博士得到了它的分布。

表 3.5.1　　1990 年 9 月 1 日至 1991 年 12 月 10 日
肯尼迪机场查获的每次走私毒品的净重

净重（克）	发生次数
0～100	1
100～200	7
200～300	13
300～400	32
400～500	31
500～600	21
600～700	6
700～800	1
800～900	2
900～1 000	2
1 000～1 100	0
1 100～1 200	0
1 200～1 300	1

通过计算机模拟，Boyum 博士从 117 个净重中随机选择 7 次进行蒙特卡洛研究（每一次都包含以前选择的质量），并且计算它们的总和。Boyum 博士用计算机将此程序重复 100 000 次，得到了全体的累积频率分布，如图 3.5.1（续）所示。

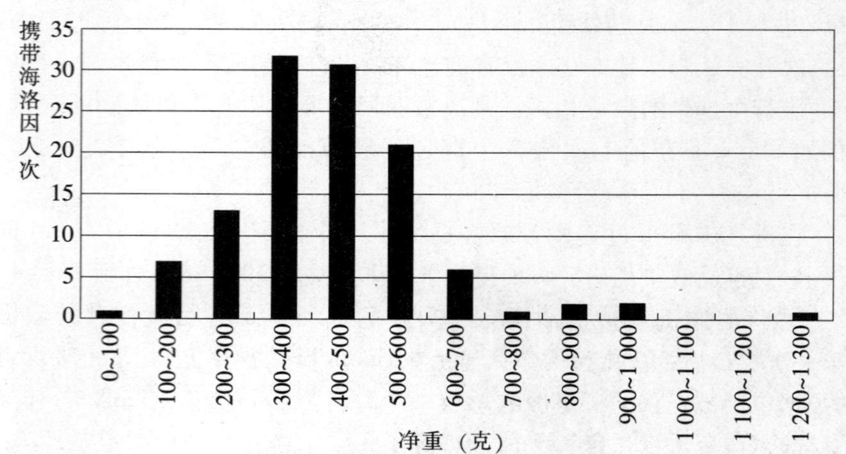

图 3.5.1　走私海洛因的累积频率分布

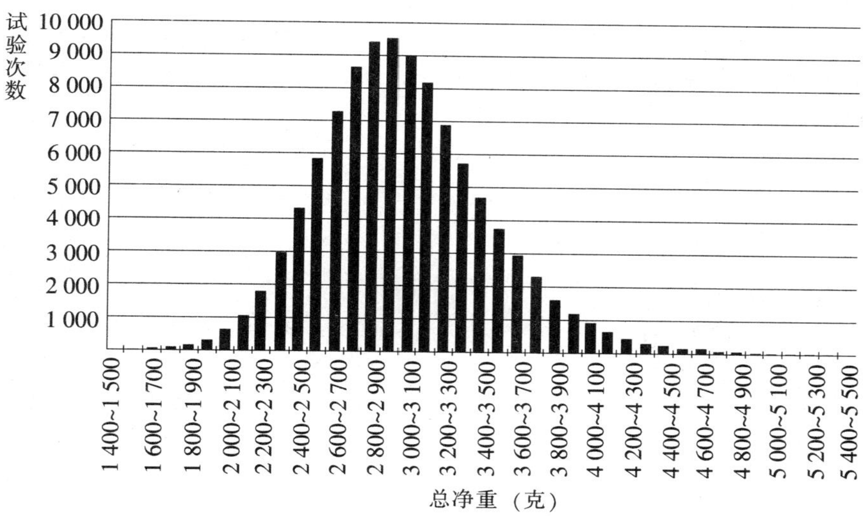

图 3.5.1　走私海洛因的累积频率分布（续）

根据由蒙特卡洛研究得到的累积频率分布，政府认为 Shonubi 有 99%的概率在 7 次旅行中总共携带了至少 2 090.2 克海洛因；有 95%的概率携带超过 2 341.4 克海洛因；有 75%的概率携带超过 2 712.6 克海洛因；有 55%的概率携带超过 3 039.3 克海洛因。保守地看，政府认为这些结果与他携带至少 2 500 克海洛因所承担的责任相符。

问题

1. 你认为政府的数据是否恰当？

2. 搜集什么样的附加信息会对估计过程有帮助？

3. 地方法院最初认为，由于 103 个避孕套中的白粉仅仅通过 4 个避孕套就正确地被推断为海洛因，那应该允许通过第八次旅行携带的海洛因数量来推断前七次的携带量。这个观点的缺点是什么？

资料来源

United States v. Shonubi, 895 F. Supp. 460 (E. D. N. Y. 1995) (a wide-ranging, 66-page opinion by District Judge Jack B. Weinstein that is a small treatise on statistical evidence), *vacated and remanded*, 103 F. 3d 1085 (2d Cir. 1997), *on remand*, 962 F. Supp. 370 (E. D. N. Y. 1997).

3.5.2 在多选题测试中作弊

1993 年 10 月，纽约市 12 000 名警员为了晋升警官而参加了多选题测试。有四组应试者，总共 13 名警员，被怀疑在答题过程中互相抄袭，被怀疑的警员包括两个 2 人组、一个 3 人组和一个 6 人组。怀疑是基于用一些匿名的“tip”字母来称呼一些警员，且两对兄弟对随机安排的座位置之不理而坐得很近。为这个部门出庭的统计学家提供了这些被怀疑的警员的答题卡，要求他对答案的风格进行分析，以此决定是否存在作弊。

考试包括上午和下午两场。在每一场考试中，警员改变了错误答案数（相同的问题回答错误）并且错误答案相匹配（对相同问题有同样的错误答案）。按照由 William Angoff 首次提出的设计，统计学家 Bruce Levin 计算了被怀疑群体中的匹配错误答案的数目，并和从与可疑答题卡具有相同数目错误答案的所有答题卡中随机抽取的样本中的匹配错误答案数目进行比较。例如，2 人组 2 的一个成员有 7 个错误答案，另一个有 6 个，有 6 个相匹配的错误答案。然后与 10 000 个 2 人组样本的匹配率相比较，这些 2 人组中的一个答题卡是从其他所有具有 7 个错误答案的答题卡中随机抽取的，另一个是从其他所有具有 6 个错误答案的答题卡中随机抽取的。如果一组的两个答题卡具有相同的错误答案数，则从所有具有与之相同错误答案数的答题卡中无放回地抽取。也可能，在每一组被选之后，那一组的答题卡被放回。除了将计算相匹配的错误答案数作为这些组中所有可能 2 人组的相匹配错误答案的总数，以上相同的程序被用于 3 人组和 6 人组中。Levin 博士称此初步分析为“修正 Angoff 程序”，因为他对 Angoff 的程序进行了小改动。（Angoff 的原始程序仅仅固定了每一个 2 人组错误答案数；Levin 固定了每人的数目。）

为了检验分析结果，Levin 博士做了一个新的“特定项目”分析，在该分析中，他将比较被限制组和被怀疑组的组员对相同的特定问题回答错误的人；当这些数字足够小时，用完整的列表取代蒙特卡洛样本。表3.5.2显示了对于两个2人组从两个程序中得到的数据。

现在考虑2人组2在下午场。两名警员分别有7个和6个错误答案，且有6个（最大可能）相匹配，即错误方式相同。对比组从10 000次重复中产生，其中一个答题卡从所有有7个错误答案的答题卡中随机抽取，另一个是从其他所有有6个错误答案的答题卡中抽取（两种情况都包括可疑的警员），每一组被选出后，答题卡被放回。在重复中，相匹配的错误答案的平均数为1.08（第三列），没有一组具有6个匹配的错误答案（第四列）。在特定项目程序中，有283名应试者答错了相同的6个问题（第六列）。对于从这个组中抽取的所有可能的2人组来说，相匹配的错误答案的平均数为3.47（第七列），有6个（最大值）相匹配的错误答案的组的比率为0.039 6（第八列）。

表3.5.2　　　　晋升考试中错误的答案和相匹配的错误答案

		修正的Angoff程序			特定项目程序		
Ⅰ	Ⅱ	Ⅲ	Ⅳ	Ⅴ	Ⅵ	Ⅶ	Ⅷ
		10 000次重复				10 000次重复	
组名	＃WA：＃MWA	每组的＃MWA均值	≥＃MWA的组	＃JWA＃MWA	＃具有相同错误项的应试者	每组＃MWA的均值	≥＃MWA的组的比例
2人组1							
上午	8，8：8	1.30	0	8，8：8	28	3.852	0.0005
下午	4，4：3	0.488	37	4，4：3	203	2.126	0.354
2人组2							
上午	1，1：1	0.0487	487	1，1：1	7 182	0.491	0.491
下午	7，6：6	1.08	0	6，6：6	283	3.470	0.0396

注：＃WA＝在本组中每一警员的错误答案；＃MWA＝相匹配的错误答案对的总和。＃JWA＝对于特定项目共同错误的答案。

问题

1.（1）假设这些匹配的错误答案是由于巧合，估计在下午的考试中，2人组1被观察到有3个匹配错误答案的概率；这叫在巧合假设下数据的似然。（2）假设2人组1作弊，你认为观察数据的似然是多少？（2）与（1）的比率是这些数据的似然比，用来描述此证据支持作弊反

对是巧合的说服力。这个比率足够说明存在抄袭现象吗?

2. 为何将对比组限制为具有相同的错误答案数?

3. 为何使用特定项目程序? 如果特定项目程序不支持修正的 Angoff 程序的结果，将得到什么样的结论?

4. 为何不将相匹配的正确答案作为无罪的证据?

5. 不将非匹配的错误答案作为无罪证据公平吗?

6. 这种结果能否解释为这些警员可能在一起学习，或学习了相同的材料?

7. 由于不能确定谁抄了谁的，原告的证据是否不够充分?

资料来源

Stephen P. Klein, *Statistical evidence of cheating on multiple-choice tests*, 5 Chance 23 (1992); William H. Angoff, *The development of statistical indices for detecting cheaters*, 69 J. Am. Stat. Assoc. 44 (1947). See Section 6. 2. 3 for further questions on these data.

3.6 概率基础

统计推断建立在概率和随机这两个概念的基础上。准确定义这些深奥的概念不是件小事。事实上，寻找准确的定义是存在激烈争论的根源，也是概率基础和统计推断中的数学和哲学研究的根源。

最新的物理学的观点是，在足够小的观测尺度下，自然规律必须用或然论表达。事实上，在一般尺度下观察到的任何自然界的规律和法则都是统计定理的推论，这些统计定理描述了研究对象的大样本的放大行为。这种思想为生物学家、心理学家、社会科学家及其他在其各自学科的高度复杂的系统中寻找规则的人所熟知。具讽刺意义的是，当经验主义科学家为“概率”的准确定义而求助于数学家和哲学家时，得到的回答是有不同类型的概率（有 5 个之多），但对于哪一个或哪些定义应作为基本定理，甚至对于是否还存在其他类型的概率都存在争论。

客观概率是与一些物理系统的状态有关的量，如掷硬币时，其电子的能量水平、分子的状态和电压等。客观概率被认为是所考虑系统的特有的性质，并且没有观察者个人的观点存在其中。客观概率开始时不为人所知，但可被归结为某种事例，就像轮盘上的数字或骰子上的点数，物理对称暗示等可能的结果，这些有时被称为逻辑概率。更多时候，当结果的相关频率与在逐渐增加的同源检验序列中给定的事件累积一致时，客观概率必须通过直接观察来发现，因此与量子力学Schrödinger波动方程联系在一起的概率常常被认为是客观概率，因为这个方程被认为描述了物理系统的特有性质（虽然观察的行为方式可能会改变波动方程）。这些概率给了频率论者以解释，重复的实验表明，在给定的状态下，发现粒子的相对频率与波动方程的预测相符。

那些反对概率的客观或频率解释的人主要认为物理概率存在的假设太受限制，而不能用于处理一些感兴趣的事件，例如那些不能被重复甚至不能观察的事件。我们需要一些概率的概念来评价当真实性不确定时，它处于1（真）和0（假）之间的确定或信任程度。然而，这种划分对于客观概率来说多少有些人为因素，因为通常没有天然存在的频率的解释来表述信任的程度，特别是涉及唯一事件时。

一种人为因素较少的方法是认识到概率也有主观解释：主观概率，就是一个事件发生的确定程度或信任程度的数字表达。理性的观察者用概率估计进行公平赌注或做其他决定；事实上，主观概率常常可以从一个人愿意对每一单位回报的出现所付出的钱的数量中得到。（报酬应该从效用方面考虑而不一定是钱，因为对于不同的人来说，钱有不同的价值。）主观概率不是事件的特有性质，但反映了观察者的想法和可得证据的数量，当然，随着观察者的不同会有差别。主观概率也被称为认知的，因为它们需要人的知识。在打赌时，当事件的概率分配避免了必然的损失，我们说主观概率是一致的。这种一致性足够保证概率运算的所有通常的规则是令人满意的。

事实上，应用于唯一事件的主观概率的定义，和基于相对频率的经典概率定义之间可能没有显著的差异。在分子水平上，硬币的两次投掷是不同事件，然而，由于我们主观认为两次正面朝上的概率相同，所以它们在概率意义上是类似的。表面上唯一的事件根据它们的信任度被归为一组，并且在每一种情况下，不确定事件的概率由在该类中所有情况的事件的相对频率来表达。这可能是直观概念——在特殊情况下的证据符合概率或说服力的特定标准——更为准确的表述。因此，“X 比非 X 更可能”意味着，当我们有相似的信任度时，如果确认一个命题（任何命题），那么大多时候是正确的。

最终，公理化或形式主义的方法放弃了对概率的概念进行解释的企图，而将注意力转移到对事件进行赋值和满足一些基础公理要求的数学表述上。这些公理正好定义了概率。公理化方法没有规定如何将概率分配给事件，仅假设符合公理的分配存在。每一个体必须决定分配从哪里来，并且如何解释。

是什么构成了所有这些？幸运的是，由于所有的公式都遵循相同的计算规则，解释的多样性在实际应用中通常都不太重要。差异主要在对于统计推断方法的选择上。客观解释强调具有好的频率论特性即长期平均数的方法；主观解释强调贝叶斯方法，即将主观先验概率和证据结合，来得到后验估计。在两种解释中，似然比是共同的线索思路。

当观测数据很丰富时，频率论和贝叶斯推断通常一致。当可用的数据很少，一个个体的先验概率估计可能有所差异，正如先前的问题显示的那样。在这些情况下，主观评价应该被公开，且其优点应被争论。这样做的一个原因就是，研究表明，在估计后验概率时，无知的决策者可能会误解与证据相关的先验概率的效力，进行预先的解释能够纠正这种偏差。

补充读物

D. Kahneman，P. Slovic & A. Tversky（eds.），*Judgment Under Uncertainty*：*Heuristics and Biases*（1982）.

L. Savage，*The Foundations of Probability*（1954）.

3.6.1 关联证据的定义

联邦证据法规第 401 条将“关联证据”定义为“有倾向证明这样的事实的存在，该事实对决定比没有此证据时有更多或更少的可能性的行动非常重要”。

问题

1. 这个定义引入了贝叶斯概率还是经典概率？

2. 如果是贝叶斯概率，重新描述此定义使其经典化；如果是经典概率，重新描述此定义使其贝叶斯化。

3. Gary Wells 教授认为人们不愿意在“无保证的统计证据”基础上进行裁决（见 3.3.1 节），可能是由于事实“对于证据来说，为了影响人们的裁决，一个人对最终事实的假设信任必定会影响其对证据的信任”。由于对于案件没有特定性的统计证据不受案件个人观点的影响，它被看作是不充分的。Gory L. Wells 责任的无保证统计证据：主观概率充分吗？（62 J. Personality & Soc. Psych. 739 746-747，1992）（建议用假设并用一些经验结果来支持它）。但是如果案件中没有特异性的统计证据生成 50＋％的先验概率支持某一建议，但并不充分，为什么较弱的案件特异性证据（如在似然比中的反映）能使所有复合证据充分？例如，如果统计证据产生同意某一建议先验概率是 80％，当有案件特异性证据时的后验概率是 81％，为什么在民事案件中，后者而不是前者被认为是充分的？

第4章 一些概率分布

4.1 概率分布简介

我们继续讨论 1.1 节提到的随机变量。

离散型随机变量

离散型随机变量是只能取有限个（或最多可列个）数值的变量。例如一个样本家庭，其成员的数量 X 可以被看作取值为 1，2，3 和 4＋的离散型随机变量。如果知道不同规模家庭的相应频率，我们就可以得到随机变量 X 的取值和相应频率的分布律，如表 4.1 所示。

表 4.1

x	1	2	3	4+
$P[X=x]$	0.1	0.2	0.5	0.2

离散变量 X 的取值以概率 0.1 为 1，以概率 0.2 为 2，一般而言，以概率 $P[X=x]$ 取值 x。这个表定义了随机变量的分布，除了要求概率值取 0～1 之间的非负数，且随机变量所有可能取值的概率之和为 1 外，数学理论没有对随机变量的概率值附加其他任何特殊要求。

随机变量各种可能取值所对应的概率可由公式给定，公式用理想化的方法体现了随机变量取值产生的过程。二项分布（4.2 节）给定了掷 n 次硬币出现 x 次正面的概率，正面出现的次数就是由掷硬币产生的随机变量 x。超几何分布（4.3 节）定义了从装有 M 件有标记的筹码和 $T-M$ 件没标记的筹码的容器中进行 N 次抽取（无重置），抽出 x 件有标记的筹码的概率，抽出的筹码中，有标记筹码的数量就是由不放回抽样产生的随机变量 X。泊松分布（4.7 节）给定的是较罕见事件——例如事故，在一个时间段发生 x 次的概率，这里，随机变量 X 是这段时间内该事件发生的次数。以上这些分布都是针对离散型随机变量，因为它们都与离散事件的次数有关——硬币出现正面的次数，有标记的筹码数，事故发生次数。对于离散型随机变量，分布 $P[X=x]$ 也称作点概率函数，因为它给定了随机变量每个离散值的概率。

离散型随机变量的概率分布经常用直方图表示，长方形的单位宽度的中心位置对应着随机变量的每个值，长方形的面积代表这个值对应的概率，所有长方形面积之和是 1。在 1.2 节中，掷一对骰子的概率分布的直方图如图 4.1a 所示。

连续型随机变量

一个连续型随机变量是由一个随机变量数学外推到可能值的闭联

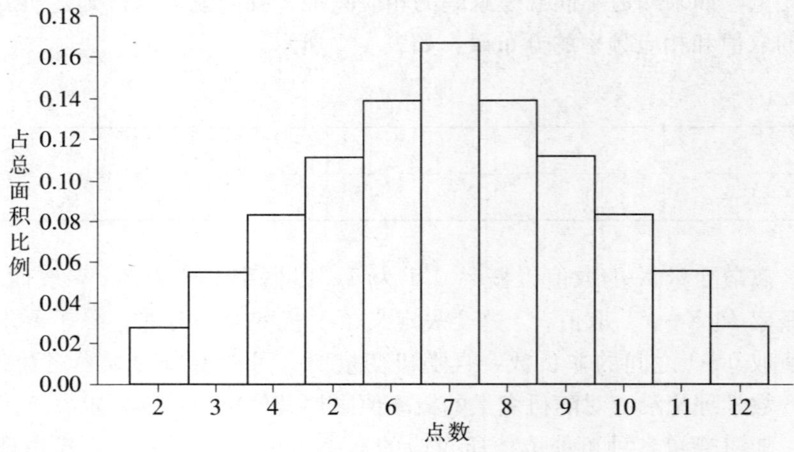

图 4.1a 骰子点数 2，…，12 的概率

集，通常是为了数学上的方便。例如，人的身高体重、某事件的时间都可被看作连续型随机变量。

对于连续型随机变量，用概率密度函数来描述概率分布。概率密度函数可看作当离散型随机变量的可能取值变得越来越连续时，一个点概率函数的极限形式。① 在一个密度函数中，两个纵坐标的比率提供了观察一个相对于另一个水平而在一个水平附近的值的相对可能性，正因为如此，密度被称作相对频率函数。正态或高斯钟形曲线（见 4.3 节）是一个概率密度函数，这个函数给定了相对频率，结合此频率，用 x 标准差把样本均值和真实的总体均值分离开，它也常被用来近似上面提到的离散型随机变量的概率分布，这使得连续型随机变量在统计推断中有着重要的作用。指数分布（见 4.8 节）是另一个重要的概率分布，它是用来说明当事件发生的概率不随时间改变时，该事件等待时间的概率，尤其不受过去事件发生的模式的影响。

---

① 更精确地，如果我们将离散概率 $P[X=x]$ 用几何图形表示为 x 点为中心且水平向 x 两相邻值延伸一半对应的一个窄的矩形面积，那么概率密度函数就是当 x 的两相邻值接近且 $P[X=x]$ 接近于 0 时该矩形极限的高度。

累积分布

概率分布的许多应用都涉及群组事件发生的概率，即累积概率。累积概率把能够组成一组的基本事件的概率累加起来。例如，抛掷 n 次硬币，正面不超过 x 次的概率，记作 $P[X\leqslant x]$，是一个累积概率，它是出现 0，1，2，…，x 次正面的概率的和。类似地，至少出现 x 次正面的累积概率记作 $P[X\geqslant x]$，是出现 x，$x+1$，$x+2$，…，n 次正面的概率的和。

连续型随机变量的累积概率可以用描述密度曲线下的面积的相对频率函数来表示，相对频率函数是非负的且曲线下面的总面积为 1。这样，$P[X\geqslant x]$ 是相对频率曲线下面 x 右边区域的面积。如果 X 是一个服从标准正态分布的随机变量，$X>1.96$ 的概率记作 $P[X>1.96]$，是 $x=1.96$ 右边曲线下面总面积的比例，对应于图 4.1b 中阴影部分的面积。图中数字表明，$x=0$ 时，是 $x=1.96$ 可能出现概率的 6.9 倍（0.399/0.058），该图也可看出 $P[X>1.96]$ 的值为 0.025。

形如 $P[X\leqslant x]$ 的概率可以记作 $F(x)$，函数 $F(x)$ 称作随机变量 X 的累积分布函数（cdf）。累积分布函数的图形是尖顶拱形的，随着 x 无限制地增加，$X=x$ 累积分布函数显示了总体概率不可避免地增加，如图 4.1c 所示。请注意，在图中，$F(1.96)$ 的值为 0.975，对应着图 4.1b 中的补充概率。

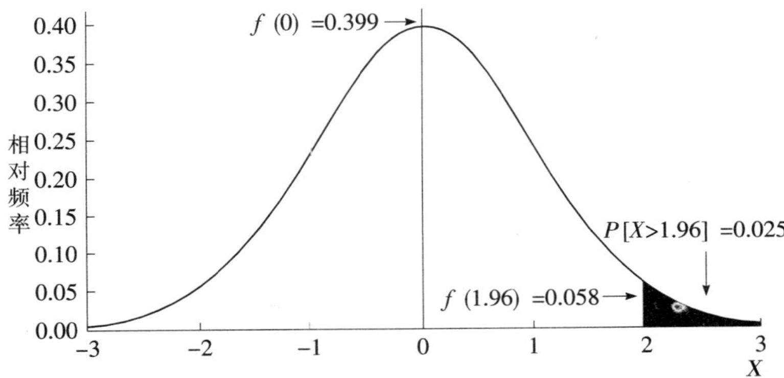

图 4.1b　概率等于标准正态相对频率曲线下的面积，$f(x)=(2\pi)^{-0.5}\exp(-x^2/2)$

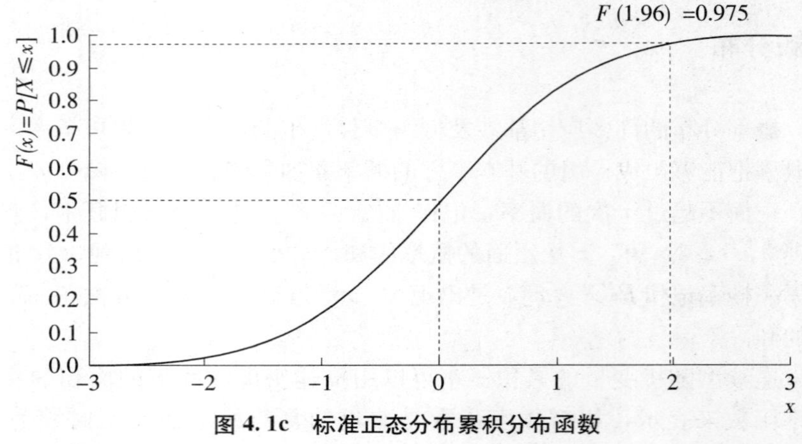

图 4.1c　标准正态分布累积分布函数

补充读物

F. Mosteller, R. Rourke, and G. Thomas, *Probability with Statistical Applications*, ch. 5 (2d ed. 1970).

2 *Int'l Encyclopedia of Statistics* 1101-9 (1978) (W. Kruskal and J. Tanur, eds.).

4.2　二项分布

假设在一个容器中有一定数量的筹码，其中标有“1”的筹码占筹码总数的比例为 p，其余的筹码则标有“0”。从容器中随机抽取筹码并在每次抽取后放回，容器中筹码的数量保持不变，经过 n 次抽取，抽到标号为“1”的筹码的次数刚好为 r 次的概率为多少？同样的问题，掷一枚硬币，掷一次硬币出现正面的概率是 p，掷该硬币 n 次后刚好出现 r 次正面的概率是多少？这两个问题都涉及 n 个二元随机变量的序列，这些随机变量服从相同的分布，而且取得的连续性的结果是独立的。①

① 为纪念 Jakob Bernoulli (1654—1705)，这种序列的实验称为“贝努里实验”。他的 *Ars Conjectandi* 是最早处理数学概率的方法之一。

“独立”的含义是指以前的结果不影响下一个结果的概率。“同分布”是指各次观察中概率 p 值不变。在这些例子中，n 次试验中出现“1”（正面，“成功”类）的次数是一个随机变量 X，服从次数为 n，参数为 p 的二项分布，记作 $X \sim \text{Bin}(n, p)$。

基本公式

对于任何一个 $0 \sim n$ 之间的整数 r，当二项分布变量 X 取值 r 时，有如下的概率公式：

$$P[X = r] = \binom{n}{r} p^r (1-p)^{n-r}$$

为了推导这个公式，请注意根据独立事件概率的乘法规则，任何 1 和 0 的序列都包括 r 次“1”和 $n-r$ 次“0”的概率为 $p^r(1-p)^{n-r}$，总共有 $\binom{n}{r}$ 种 r 次“1”和 $n-r$ 次“0”的组合（见 2.1 节），由于每一个组合都以相同的可能性出现，所以出现 r 次“1”的概率如上。

二项分布的应用举例如下：将一个质地均匀的骰子掷 24 次，出现 3 次幺点的概率是多少？该问题的答案由点概率的二项分布公式给出，其中 $n=24$，$p=1/6$。

$$P[X = 3] = \binom{24}{3} \times \left(\frac{1}{6}\right)^3 \times \left(\frac{5}{6}\right)^{21} = 0.204$$

累积二项分布

单个变量的二项分布公式可以累加起来计算类似“成功次数为 r 或小于 r”或“成功次数大于 r ”的事件的精确“尾部面积”概率。这种概率称为累积二项概率，由包含在内的所有事件的单个点概率累加得到。继续前面的例子，掷骰子出现 3 次或小于 3 次幺点的概率是出现 0，1，2，3 次幺点的概率之和，用符号标记如下：

$$P[X \leqslant 3] = \sum_{i=0}^{3} \binom{24}{i} \left(\frac{1}{6}\right)^i \left(\frac{5}{6}\right)^{24-i} = 0.416$$

二项分布的均值和方差

如果没有计算机的话，计算累积二项概率就变成了一项体力劳动，尤其是当 n 很大，r 不接近 0 或者 n 时。在这种情况下，利用二项变量可以看作独立同分布随机变量的和的特点，使得计算这些概率的近似值更加容易（见 4.3 节）。这些近似值需要知道二项分布的均值和方差，可以从以下内容获得。

取一个简单的二项元变量 Y，可以将它看成掷一硬币。正面用 1 表示，背面用 0 表示，正面和反面相应的概率分别为 p 和 $1-p$。在该实验中，出现正面次数的期望是 $EY=1\cdot p+0\cdot(1-p)=p$，方差为 $\text{Var}Y=E(Y-p)^2=(1-p)^2\cdot p+(0-p)^2\cdot(1-p)=p(1-p)$。现在取二项变量 X，它是 Y 的 n 次实现的和，期望是 $EX=nEY=np$。由于这些实现在统计上相互独立，所以方差为 $\text{Var}X=n\text{Var}Y=np(1-p)$。回到掷骰子实验，在掷骰子 24 次后出现幺点的期望是 $24\times(1/6)=4$，方差为 $24\times(1/6)\times(5/6)=10/3$；标准差为 $\sqrt{3.33}=1.82$，这些结果使我们把二项分布的结果表示为标准化的变量，例如，掷 24 次骰子出现 0 次幺点，这个结果将低于均值 $(0-4)/1.82=-2.2$ 个标准差。在估计累积二项分布的概率时，该表达方式被反复使用。

二项分布的样本比例

二项变量在样本比例问题中经常表示为 $\hat{p}=X/n$，用成功次数 X 除以样本容量 n。$\hat{p}$ 的期望为 $E(\hat{p})=\frac{1}{n}\cdot np=p$，也就是 $\hat{p}$ 是 p 的无偏估计，$\hat{p}$ 的方差为 $\text{Var}\hat{p}=\frac{1}{n^2}np(1-p)=p(1-p)/n$（见 1.2 节）。这样，$\hat{p}$ 的标准差为 $\sqrt{p(1-p)/n}$（普遍称作样本比例的标准误）。

二项分布表

附录 2 中的表 B 列出了较小的实验次数（$n\leqslant 25$，$n=30$，35，…，

50）和从 0.05 的倍数直到 0.5 的 p 值对应的累积二项分布。对于 $p>0.50$ 的 p 值，至少成功 X 次的概率可用 $1-p$ 作为失败概率，计算至多失败 $n-x$ 次的概率。$n-x$ 或更少次失败的概率是 $n-x+1$ 或更多次失败的概率的补，因此，至少成功 X 次的概率等于 1－（至少失败 $n-x+1$ 次的概率），此时，$1-p$ 是失败的概率。

多项分布

当一个实验有多于两个可能结果时，二项分布就推广为多项分布，在 $n=n_1+\cdots+n_k$ 次独立地掷一个具有 k 面的骰子时，每面的概率为 p_1，…，p_k，获得单位频率 n_1，…，n_k 的概率为：

$$\binom{n}{n_1,\cdots,n_k}\cdot p_1^{n_1}\cdots p_k^{n_k}$$

这里

$$\binom{n}{n_1,\cdots,n_k}=n!\Big/\prod_{i}^{k}n_i!$$

是多项式的系数。例如掷一对普通的骰子六次，得到三次 7，两次 11，一次 12 的概率是多少？掷一对骰子相当于一个有 11 面的骰子得到结果为 2，…，12 的概率分别为 1/36，2/36，3/36，4/36，5/36，6/36，5/36，4/36，3/36，2/36，1/36。我们得到 7，11，12 的组合相应的概率为 $6!/(3!\cdot 2!\cdot 1!)\cdot(6/36)^3\cdot(2/36)^2\cdot(1/36)^1=60\cdot 0.004\,629\,6\cdot 0.003\,086\,4\cdot 0.027\,778=2.381\,5\times10^{-5}$。

4.2.1 陪审团选择中是否存在歧视

1953 年，美国佐治亚州的 Avery，一个黑人被告被陪审团裁定有罪，该陪审团是从全体 60 个陪审员中选出来的。他们的名字是从装有陪审团名册的选票盒子中抽取出来的，黄色的选票是黑人的，白色的选票是白人的。5%的选票是黄色的，然而，一张黄色的选票也没有被抽中。大法官 Frankfuter 写给美国最高法院的信中认为，“司法审判是用司法的头脑而不仅仅是眼睛，把事情归因于偶然是非常盲目的”。

法院第一次在陪审团歧视问题中计算二项分布的概率是在 1967 年

的美国佐治亚·维特斯案。在该案中，黑人占可成为陪审团成员的纳税人的27%。由此，陪审团专员挑选了一个“修订”的陪审团人员名单，其中大约有600个名字是基于私下熟人的关系。从中“随机”抽取一个90名的陪审团，这个陪审团有7名黑人。为被告定罪的低一级的陪审团是从这个陪审团中选取出来的：如果在陪审团中没有黑人，修订的陪审团名单中的种族瓦解不会发生。然而，一个陪审团专员证明，他的最好估计是名单中25%～30%的成员是黑人。不考虑法律评论文章等外在现实条件约束，法院计算出“假设名单中有27%由有资格的黑人组成，那么在一个90人的陪审团中出现7名黑人的概率为0.000 006”（Id. at 552. n. 2）。

问题

1. 通过使用二项模型，你同意艾弗里的大法官Frankfurter的观点吗？

2. 维特斯法院有没有计算出一个合适的概率，用来进行关于种族的抽样是否随机的假设检验？

3. 假设在维特斯一案中，陪审团由25名成员组成，其中2名是黑人，并且修订了的陪审团名册中有25%是黑人，用附录Ⅱ中的表B你能拒绝从这个名册中抽样是随机的假设吗？

［注释］

对于该主题的讨论见 Michael O. Finkelstein，*The Application of Statistical Decision Theory to the jury Discrimination Cases*，80 Harv. L. Rev. 338（1966），reprinted in revised form in *Quantitative Methods in Law*，ch. 2（1978）。

4.2.2 教育任命陪审团

按照1965年建立的体系，费城市长在学校董事会中任命9名成员，但要在教育任命陪审团的协助下完成。陪审团的功能就是选出合格的申请人，然后将候选人名单提交市长。陪审团的13名成员都由市长任命，其中4名必须来自平民阶层，另外9名必须来自全市性的组织和机构，如工会、商务机构、公立学校家长教师联合会、高等教育学位授予机构等的高级官员。陪审团任期两年，1965—1971 年的陪审团（都是由市长任命的）的组成见表 4.2.2。

表 4.2.2 **教育任命陪审员（1965—1971），费城**

	白人	黑人
1965	10	3
1967	11	2
1969	12	1
1971	11	2

在这一时期，费城的居民中，黑人的比例大概是 1/3，学龄居民中有 60%是黑人。

一个市民组织向法院起诉，声称：(1) 市长无视宪法，把具有资格的黑人排除在 1971 年教育任命小组的人选外，因此违反了第十四修正案和该市宪章；(2) 该市宪章的制定者意图是，当预留给组织的 9 个名额和给普通市民的 4 个名额结合起来时，就会反映出社会的横断面。地区法院驳回了这两个观点，法院认为，黑人在居民中和在任命小组中所占的比例没有显著差别，主要是因为小组的人数太少，不足以构成一个可信的样本，在其中增加或减少一个黑人，就意味着种族人选组成的 8%的变动。

法院的声明是颠倒的，人们发现，“根据公立学校的种族组成，陪审团中黑人所占的这一小部分比例是很重要的。因为成为陪审团成员的一个条件就是要对公立学校系统有兴趣，而且正因为学生家长有兴趣，因而不考虑肤色的选举办法才有可能期望产生更多的黑人陪审团成员”。(*Educational Equality League v. Tate*, 472 F.2d 612, 618, 3d Cur, 1973)。经过调查，最高法院认为，一个合理的对照是任命小组中那些高级官员的人数，而非普通市民，而且用 13 个人中的少数来做比较，就得不到可信的结论。正是因为这些和其他的原因，它驳回了此诉案。(*Philadelphia v. Educational Equality League*, 415 U.S. 605, 1974)。

记录并没说明在任命小组中高级官员的种族组成，正如我们所意料的那样，法院的意见也没有表明，所任命的黑人是来自任命组织还是来自普通市民。

问题

1. 假设任命组织中至少 1/3 是黑人，这 13 个人的小组中的少数人的构成是否妨碍了基于二项分布模型给出的可靠结论？

2. 因为从小组里选取人不是随机的，在此案例中二项分布模型有用吗？

4.2.3 犯罪案件中意见不一的小陪审团

在路易斯安那州，12 个陪审员意见一致方可定罪的传统法律已被一种三位体系所替代：判重罪时，要 12 个陪审员一致同意方可定罪；判次重罪时，12 个人里面，只要 9∶3 的通过率即可；在定轻罪时，只需 5 人意见一致即可。

假定路易斯安那州的陪审员是从占人口总数 20%的少数民族中随机选取的，另外，我们来考虑下面这些关于首轮投票和最后定罪的数据，这些数据是由 Kalven 和 Zeisel 从 225 份芝加哥地区案件收集的(芝加哥定罪时要求一致同意)。加总起来，2 700 个陪审员中有 1 828 个在首轮就投了定罪票，如表 4.2.3 所示。

表 4.2.3　　陪审团投票

	首轮投票和最后判决首轮投票中有罪投票的数量				
最后判决	0	1～5	6	7～11	12
无罪	100%	91%	50%	5%	0%
弃权	0	7	0	9	0
有罪	0	2	50	86	100
案件编号	26	41	10	105	43

资料来源：H. Kalven and H. Zeisel，*The American Jury*，488 Table 139 (1966)．

问题

1. 假设一个律师在为一个判中等程度重罪的少数民族被告辩护，应用二项分布说明，如果 12 个陪审员一致同意时方可定罪的做法被

9∶3 的陪审员同意率的做法代替，在定罪中，陪审员中有少数民族陪审员的概率是多少?

2. 用二项分布模型证明，陪审员在首轮投票时达到9∶3的同意率比在定轻罪时只需要5个陪审员一致同意的情况更容易实现。

3. 假设你是起诉人，用Kalven和Zeisel的数据批驳二项分布模型。

资料来源

Johnson v. Louisiana，406 U. S. 356（1972）；see also *Apodaca v. Oregon*，406 U. S. 404（1972）.

[注释]

20世纪70年代，最高法院出台了6项关于限制决定的少于12人和非一致裁定的陪审员制度的决定，其中5项是关于“小陪审团”的问题。

在*Williams v. Florida*，399 U. S. 78（1970）中，法院通过了六名陪审员意见相同即可定罪的做法，并声称“就在全民范围的几次试验来看，没有迹象表明不同人数的陪审团会得到显著不同的结论”。

在*Colgrove v. Battin*. 413 U. S. 149（1973）里，法院认为在全民范围内由6人组成的陪审团符合第七修正案中关于由陪审员定罪所必需的要求。法院在坚持其一贯主张的同时，声称“最近所做的四项研究从实证上提供了令人信服的证据，证明威廉姆斯认为的由6个成员组成的陪审团和由12个成员组成的陪审团之间没有显著差别”的结论是正确的（Id. at 159，n. 15）。

在*Ballew v. Georgia*，435 U. S. 223（1978），法院划出了底线，并认为审判犯罪案例时，5人陪审团的制度违反了第六和第十四修正案。这样一来，Blackmun法官及其5个支持者提供给法院的意见能否被采纳，很大程度上取决于他们构造的概率模型能否否定法院先前声称的6人与12人陪审团制度没有显著差别的结论。

基于一系列研究，Blackmun法官发现这种前卫的更小规模的陪审团制度（1）不利于进行充分的小组讨论（Id. at 232）；（2）结论不能做到很准确（Id. at 234）；（3）容易产生大的矛盾（Id. at 234-235）；（4）减少了休庭更易于定罪（Id. at 235）；（5）不能让少数民族充分表达自己的意见（Id. at 236-237）。

关于结论的准确性问题，Blackmun法官引用Nagel和Neef的模型来说明，这个模型旨在证明将发生错误的概率减到最小时陪审团规模的理想人数是6～8人（Id. at 234）。（1）“为便于计算，模型做了一个暂时的假定”，即陪审员各自独立投票（“抛硬币”模型）；（2）“为便于讨论”，假定40%的清白被告和70%的有罪被

告被判有罪；(3) 假定所有被告中有 95%是有罪的；(4) 价值判断。按 Blackstone 的说法，将无辜的人判为有罪（第Ⅰ类错误）比将有罪的人判为无罪（第Ⅱ类错误）糟糕 10 倍（因而第Ⅰ类错误的权重应该是第Ⅱ类错误的权重的 10 倍）。应用抛硬币模型，在假定 (2) 下，Nagel 和 Neef 计算出陪审员给无辜的人投有罪票的概率是 0.926，给有罪的人投有罪票的概率是 0.971；那么陪审员给有罪的人投无罪票的概率是 0.029，给无辜的人投无罪票的概率是 0.074。显然，这些结论使人难以置信。应用这些概率、抛硬币模型、95%的被告有罪的假定、Blacksotne 的权重方案，Nagel 和 Neef 计算出不同人数的陪审团的总加权错误。他们发现加权错误最小的陪审团规模是 7 人（7 人时错误率是 468/1 000，12 人时错误率是481/1 000，5 人时错误率是 470/1 000）Nagel and Neef，*Deductive Modeling to Determine an Optimum Jury Size and Fraction Required to Convict*，1975 Wash. U. L. Q. 933，940-48.

法院证明 Blackstone 第Ⅰ类错误和第Ⅱ类错误权重之比为 10∶1 的结论是“不合理的”，并且引用 Nagel 和 Neef 的结论，“理想的陪审团规模应该是 6～8 人。随着陪审团的规模减小到 5 人及 5 人以下，由于对清白被告判定有罪的概率在增加，因而加权的犯错误的和也在增加”。

对于一致性问题，法院再次引用了 Nagel 和 Neef 的理论。基于 Kalven 和 Zeisel 关于 67.7%的陪审员在首轮投有罪票的材料，Nagel 和 Neef 计算出首轮投票就定罪的比例的标准误是 $[0.677\cdot(1-0.677)/(n-1)]^{1/2}$ 。应用显著性水平为 0.5，自由度为 11 的双边 t 检验，他们计算出 50%的“定罪倾向”置信区间，这一区间对于 12 人陪审团内是从 0.579～0.775，对于 6 人陪审团是从 0.530～0.830（关于 t 检验和置信区间的讨论，请参考 7.1 节）。法院引用这些数据作为在规模急剧减小时一致性的证据（Id. at 235，n. 20），“他们（Nagel 和 Neef）发现 12 个人里有一半的人有投定罪票的倾向，这一现象变化不会超过 20 点。相反，在陪审团有 6 个人时，一半的人投定罪票的倾向变化为 30 点，他们发现，无论用实际人数来算还是用百分数来算，区别都是显著的”（Id. at 235）。

虽然存在假设的任意性、二项模型的不适当和概率计算过程不能用常规方法的问题，但是很明显，而且很遗憾的是最高法院肯定了 Nagel 和 Neef 模型的结论，认为它能实事求是地反映出陪审团规模对审判过程中正确性和一致性的影响。

Ballew 案之后是 *Burch v. Louisianna*. 441U. S. 130（1979），在此案中，法院认为在州审判罪犯时，陪审团以 5∶1 的比率来定罪的做法是违反宪法的。Rehnquist 法官没有用社会科学研究成果来支持自己的观点，他只是简单地基于以下几点：(1) 采用小规模陪审团的许多州并不允许非一致裁定的做法；(2) 如果某州把陪审团减小到宪法允许的最小规模，那么由此而产生的非一致裁定的制度又会与宪法准则相冲突，而正是这一准则规定了陪审团的最小规模。

对概率理论而言，陪审团行为模型并不是个新事物。早在18世纪早期，Nicolas Bernoulli就曾研究过这个问题；Condorcet 和 Laplace 也曾分别为之探索过；Poisson 在其1837年出版的《概率判断问题的研究》一书中才详尽论述了这个问题。

现代由 Gelfand 和 Solomon 所做的调查使用稍做改变的 Poisson 模型和 Kalven 和 Zeisel 关于首末轮投票的数据进行研究，他们证明 2/3 的案子最后做出了有罪判决，陪审员在首轮投票（投票是陪审员正确与否的度量）中不犯错误的概率是 90%。有趣的是，从这个模型计算发现，6人和12人的陪审团做出有罪判决的概率没有实质差别，前者是0.696 2，后者是0.700 4。请参阅 Gelfand and Solomon, *Modeling Jury Verdicts in the American Legal System*, 69 J. Am Stat. A. 32 (1974). For a commentary on this work, see David H. Kaye, *Mathematical Models and Legal Realities: Some Comments on the Poisson Model of Jury Behavior*, 13 Conn, L. Rev. 1 (1980); see also Michael J. Saks & Mollie Weighner Marti, *A Meta-Analysis of the Effects of Jury Size*, 21 Law & Hum. Behav. 451 (1997)。

4.2.4 对于联邦陪审员名单的代表要求

美国宪法第六修正案规定，陪审团的人员必须是处理此案的法庭所在社区的人，这些人必须从能代表社会各个阶层的名单中选取。公平地代表各个阶层这个原则，只适用于由其产生陪审员的人员名单，而不适用于陪审员本身。要证实一个乍看起来违反第六修正案的案子，被告必须证明：(1) 所选定的一组人的代表，根据本社区这种人的数量来看并不公平公正；(2) 不完全代表性问题的产生是由于在选举陪审员的过程中排斥某一类人造成的。被告无须证明在建立和管理陪审员选举过程中存在歧视。

哈特福德地区康涅狄格联邦法庭陪审员的选举是从"Master 轮"开始的，这个"Master 轮"包含了选民登记表里10%左右大约68 000人。法院办事员（重大案子时有司法公正）从中选取1 500个有资格的人进入资格轮，再从中随机选择一些名单进入"司法办事员的名单"。当有法院传唤令时，办事员向存有名单的电脑中输入一些选项（比如除去前几个月已经当过陪审员的人），然后得到一个"传唤名单"以供法院传唤，行使法定义务。

然而由于耶鲁大学的一个程序错误（电脑将哈特福德（Hartford）

中的“d”当作去世的人），哈特福德地区所有的人都没能进入资格轮。还有其他一些不可解释的做法和错误排除了从新不列颠来的人们。在达到法定年龄的选民中，黑人和西班牙人占的比例分别是 6.34%和 5.07%，由于 2/3 的黑人和西班牙人居住在哈特福德和新不列颠，他们被排除在外，从而使资格轮没有充分的代表性。

为了解决这个问题，采用了一种新的资格轮。但是当用它来为 Jakeman 案选取陪审团名单时，法院办事员出于不使旧资格轮选举的工作作废的考虑，使用了旧资格轮剩下的 78 人，另外补充了从新资格轮里抽出来的 22 人。

被告驳斥以这种方式招集起来的陪审团违反第六修正案的代表性要求。为分析黑人和西班牙人未被充分代表的问题，被告通过计算这两种方法（新旧两种资格轮）召集来的人中黑人和西班牙人在名单中（即分别 78%和 22%）占的比例，创造了一个“功能轮”。通过这种方法，得到黑人在功能轮中占 3.8%，西班牙人占 1.72%。

问题

1. 通过计算在随机选取的 100 人的传唤名单中黑人总数不多于一个的概率，估计黑人和西班牙人在功能轮中的的代表性。分别用功能轮和新资格轮进行以上计算，再以同样的方法计算西班牙人的代表性。结果是否表明功能轮并不是一个公正的样本？

2. 如果要使其具有充分的代表性，平均每个陪审团要增加多少个黑人和西班牙人？增加人数的做法是否意味着功能轮对于每组人来讲并不是一个公正的样本？

3. 概率与绝对数，哪种方法更适合计算代表的充分性？

资料来源

United States. Jackman 46 F. 3d 1240（2d Cir. 1995）（finding the functional wheel unacceptable）. See Peter A. Detre，A *Proposal for Measuring Underrepresentation in the Composition of the Jury Wheel*，103 Yale L. J. 1913（1994）.

[注释]

在很多地方法院，Master 轮主要是从选民登记表中选取的，如果这种选取不是排他性的，它并不能充分代表黑人和西班牙人，并且选取出来的黑人和西班牙人（DNY988）所占的比例也不能代表他们在总人口中的比例。在 *United States v. Biaggi* 680F. Supp641. 647. 655. aff 1d. 909F. 2d. 622 2d Cir 1990），地方法院引用下面的数据来证明 1984 年纽约南部地区 Master 轮的不充分代表现象。

少数群体	有资格人数	Master 轮	百分数之差
西班牙人	15.70%	11.00%	4.7
黑人	19.90%	16.30%	3.6

表中，Biaggi 地区法院认为，在每个 50～60 人的陪审团名单中，平均只需要增加1～2 个黑人及 1～4 个西班牙人，使其具有充分代表性，因而陪审团能足以代表社会各个阶层，它可以通过第六修正案。第二个证明这是对的，但是又认为这个例子把绝对数量测试的人数推到上限（909F. 2d at 678）。应用概率分析，你能把 Biaggi 与 Jackman 区分开来吗？

4.3 正态分布和中心极限定理

正态分布

正态分布是具有“钟形”相对频率曲线的连续型随机变量的概率法则。正态分布是一个分布族，其成员的区别只在于均值和方差。“正态分布”是指其中均值为 0、标准差为 1 的分布，具有这种分布的随机变量称为标准正态随机变量。在正态分布族里，任何正态变量都可通过标准正态变量乘以合适的标准差再加上合适的均值而获得。这个重要的特性意味着正态分布族的密度函数形状相近，因而只需要研究标准正态分布即可。

标准正态分布的钟形密度函数曲线由公式 $\phi(x)=\frac{1}{\sqrt{2\pi}}\cdot e^{(-x^2/2)}$ 给出。如图 4.1b 所示，正态分布尾部面积的概率可通过此公式的数字积分或特殊的近似公式得到。在 M. Abramowitz 和 I. Stegun 所著《数学

功能手册》第 26 章第 2 节中列出了很多这样的公式。为研究方便，人们绘出了正态分布表，也可以通过一些计算器和计算机统计软件得到。累积正态概率列于附录 2 的表 A1。下表摘自表 A2，它表明了正态分布中，随着数据偏离均值，偏差变得越来越不可能。

与均值偏离距离（以标准差为单位）	偏差为该极端值或更多的概率
1.64	0.1
1.96	0.05
2.58	0.01
3.29	0.001
3.90	0.000 1

我们所熟知的用语“均值加上或减去两个标准差”，是基于正态随机变量在均值上下两个标准差范围内变动的概率可达到通常的 95%。

正态分布关于均值对称，因而高于均值 z 个单位的偏差就和低于均值 z 个单位的偏差是一样的。例如，正态随机变量与均值的偏差大于等于 1.64 个标准差的概率是 5%，小于等于 1.64 个标准差的概率也是 5%，那么偏差的绝对值大于等于 1.64 个标准差的概率就是 10%。

中心极限定理

各种中心极限定理的广泛应用加强了标准正态分布在数理统计学中的重要性。实际上，这些理论描述了对整个过程只有微小影响的大量独立随机因素综合作用过程的结果。这些因素的累积结果是 $S_n = X_1 + X_2 + \cdots + X_n$，其中，$X_i$ 是独立因素。问题在于，如果不知道关于因素 X_i 分布的信息，如何确定 S_n 的概率分布。这看起来好像不可能，但是在把这些本来杂乱无章的因素加总的过程中会突然出现有序的状态，而这正是无所不能的统计法则的精髓所在。特别是，可以证明 S_n（经过适当的变换）近似服从正态分布。通常所做的变换是，用 S_n 减去 X_i 之和的期望，再除以 X_i 方差之和的平方根，结果是一个标准随机变量，其均值是零，方差是 1，而且当 n 增大时，其分布接近标准正态分布。如果各变量的方差不是相差太大（某种程度上可以是非常准确的），即使它们有不同分布，也可以应用中心极限定理。由于许多其他分布的标准化和的极限分布是正态分布，这是正态分布的重要作用，因而赋予了极限定理的名称及其重要性。

一个等价的公式是，随着样本容量的增加，样本均值和其期望值间的标准误服从标准正态分布。均值的标准误定义为随机变量样本均值的标准差，如果各变量有相同的标准差 σ，其标准误就是 σ 除以 n 的平方根；如果各变量的标准差不相同，则其标准误就是均方标准差的平方根 $\sqrt{\sum \sigma_i^2/n}$ 除以 n 的平方根。

就像二元随机变量和的极限，中心极限定理的数学基础要追溯到 Abraham De Moivre（1667—1754），Pierre Simon，和 Marquis de Laplace（1749—1827）等人。19 世纪早期又在这一理论中加入了一个经验基础，那时由于宇宙测量的变差而引起了对误差的自然规律的研究兴趣。Carl Friedrich Gauss（1777—1855）对用正态分布描述测量误差的问题进行了系统的研究，正因为如此，为了记念他的杰出贡献，正态分布渐渐地被人们叫作高斯分布。高斯用这一分布证明其最小二乘估计法，1801 年，他用这种方法成功地预测了两颗新发现彗星 Ceres 和 Pallas 的轨道。同时，误差法则的概念开始从测量误差这个狭隘的领域延伸到其他存在自然误差的领域。Adolphe Quetelet（1796—1874）在将正态分布引入生物学和社会学研究方面做出了突出的贡献。见 4.6.1 节。

累积二项分布的正态近似

虽然中心极限定理只有当 n 趋向于无穷时才能给出极限形式的精确结论，但是结论却是一个渐近式（也就是大样本），它暗含样本空间是无穷大的。下面我们以 n 次伯努利实验为例，在这个例子中，每次实验代表一个独立随机变量，其值取 1 或 0（分别表示“成功”和“失败”），记成功的概率为常数 p。正如第 4.1 节所表示的那样，一次实验的期望值是 p，和的期望值是 np，一次实验的标准差是 $\sqrt{p(1-p)}$，而和的标准差是 $\sqrt{np(1-p)}$。因为成功的样本比例等于实验的样本均值，因而样本比例的标准差就是 $\sqrt{p(1-p)/n}$。正态近似的应用如下。

假设 n 次实验中成功的次数比期望的少，现在要估计这个现象的概率。如果 n 足够大，那么成功次数小于等于给定值的概率就可由某个标

准正态随机变量小于等于 z 的概率来近似得到，这里

$$z=\frac{\text{观察到的成功次数}-\text{期望成功次数}}{\text{成功次数的标准差}}$$

由于标准正态分布是对称的，这个概率又等于该标准正态随机变量大于等于 z 的绝对值（即数量值）的概率。

假设掷 100 次骰子，问得到 10 次或少于 10 次幺点的概率。因此 $n=100$，$p=1/6$，$q=5/6$，幺点次数的期望值是 $(1/6)\times100=16.67$，标准差是 $\sqrt{100\times(1/6)\times(5/6)}=3.727$，因此 $|z|=|10-16.67|/3.727=1.79$。根据附录 2 的表 A1 进行插值计算，$z$ 小于均值至少 1.79 个标准差的概率是 $1-(0.9625+0.9641)/2=0.0367$。

样本容量要多大，才能使得正态近似达到合理精度要求呢？一般说来，各个组成因素的分布越对称，它们的和就越接近标准正态分布。一个经验准则是，无论从随机变量变化范围哪端算起，和的均值必须至少是 3 倍标准差。例如，在二项分布的情况下，p 越接近 0.5，二元变量的分布和它们的和的二项分布就越对称。如果总共进行了 10 次实验且 $p=0.5$，那么，$np=10\times0.5=5$，$\sqrt{np\ (1-p)}=\sqrt{10\cdot0.5\cdot0.5}=\sqrt{2.5}=1.58$。由于均值距 0 和 10 都是 3.16 倍（5/1.58）标准差，因而正态近似是合适的。如果 $p=0.1$，那么 $np=1$，标准差是 $\sqrt{10\times0.1\times0.9}=0.949$，在此情况下，从均值距分布的 0 端 $1/0.949=1.054$ 倍标准差，这个二项分布太偏，不能用正态近似。另外还有一个不严格的规则，即，要使正态近似具有合理的精确性，np 和 $n\ (1-p)$ 都必须至少等于 5。

在一些研究（参见 4.7.5 节）中，有人得到一个分位点外的其他所有数值都被截去了的数据，如果截去的数量很大，剩下的数据就变得太偏，使得正态分布的精确度大为降低。

有时，人们需要标准正态分布尾部面积的概率来估计极限偏差，比如求比均值大 5 或更多个标准差的概率。这里有一个有用的近似计算方法，对于较大的 x，x 右边的尾部面积约为 $\Phi(x)\ /x$，式中，$\Phi(x)$ 是标准正态密度函数。例如，如果 $x=5$，其右尾面积就是 2.86×10^{-7}；而用近似方法计算得到的结果是 2.97×10^{-7}。如果要计算非常小的尾部面积，对一些离散分布，如累积二项分布和超几何分布（见 5.4 节）而言，正态分布就不再是一种精确的近似计算方法了，这时虽然绝对误

差很小，但相对误差却变得很大。

连续性修正

由于正态分布描述的是连续型随机变量，而二项分布描述的是离散型随机变量，如果样本容量很小，就可以用“连续性修正”来提高近似的精确度。具体操作是，在计算 z 时，使观察值和期望值的绝对差减少 1/2 个单位，从而使它们之间的差距更接近零。[①] 如图 4.3 所示。对于比例问题，修正是使绝对差减少 $1/2n$。在掷骰子的例子中，Z 重新计算为，$z=（|10-16.67|-0.5）/3.727=1.655$，比这个 z 值小的那部分在均值以下的概率约为 0.05，以至于连续性修正对这些数字影响不大，即使 n 有 100 那么大，结果也变化不大。

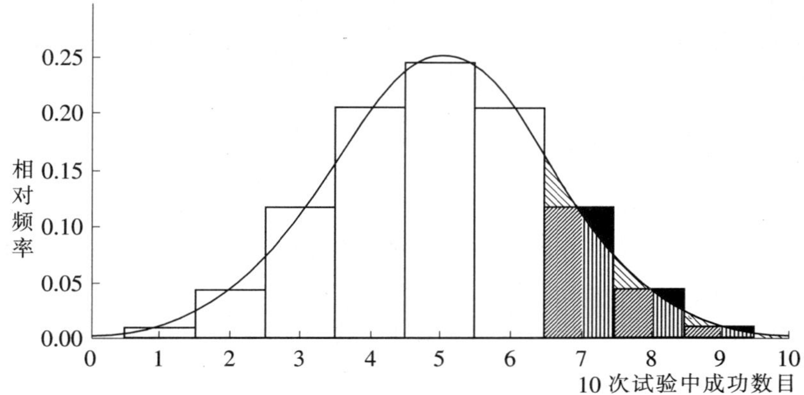

阴影 ▧ 和 ◥ 区域的误差有相互抵消的倾向，使得用 6.5 右侧正态概率来近似概率 $P[S\geqslant 7]$ 比用 7 右侧正态概率更准确。

图 4.3 在 $S\sim$Bin（10. 0. 5）时，用 1/2 连续性修正求近似概率 $P[S\geqslant 7]$

补充读物

S. Stigler，*The History of Statistics：The Measurement of Uncertainty Before 1900*（1986）.

① 如果观测值与期望值之差小于 1/2 就不用修正。

4.3.1 亚历山大：精选陪审员

在 Whitus（见 4.2.1 节）案之后，最高法院记录在案的关于陪审员问题的数学概率的计算就是 *Alexander v. Louisiana*，405 U.S. 625 (1972)，法院是这样总结这件事的："三刺光鲳教区，21 岁及以上的黑人占总人口的 21%，因而他们理应可以作为备选陪审员。陪审委员利用调查问卷，建立了一个备选的主陪审员库，其中 14%是黑人，这就将黑人主陪审员的比率降低了 1/3（在回收的 7 374 份问卷中，1 015 份是黑人填写的）。陪审委员从中精选了两次，建立了一个 400 人的备选陪审员名单，其中 7%为黑人（总数为 27 人），这又将黑人所占的比率降低了一半。"（Id. at 629）

法院在一处脚注中写到："利用一种计算概率的统计方法，如果 7 374 份问卷中有 1 015 份是黑人填写的，那么从中随机选出 27 人进入 400 人的备选陪审员名单的概率只有 1/20 000。"（Id. at 630，n. 9）

问题

1. 利用累积二项分布的正态近似，检验在亚历山大案中计算的概率是否正确。

2. 假设亚历山大案的精选过程中，陪审委员证实具有资格的人员名单是从这 400 人名单中随机选出来的。利用正态近似来估计黑人在合格组中的最大比例（5%的水平）与名单中 7%黑人代表比例将是一致的，假定这个名单列标只是合格组中的很小部分，利用这个比例来计算白人的合格比例和黑人的合格比例的最小比率。

4.3.2 Castaneda 案：计量差异

在 *Castaneda v. Partida*，430 U.S. 432（1997），高等法院选陪审团时，要考虑刑事被告是否歧视美籍墨西哥人。尽管 Hidalgo 镇 79.1%的人口是美籍墨西哥人，但被告提供的证据表明，在过去的 11 年里，被召集进入陪审团的 870 人中，只有 339 人，即总数的 39%是美籍墨西哥人。在写给众多人的信中，Blackman 把这个差异与其他 3 个同样被发现有歧视现象的案例里的差异进行比较，并且在没有给出解释的情况下，得出这样一个结论：Castaneda 一案的差异对于足以构成事实的案件是足够的。在这个结论所附加的冗长的脚注（显然是为了支持这个结论）里，Blackman 认可这样一个观点：无歧视竞选的陪审团的种族结果应该服从二项分布。利用二项分布的正态近似，他计算出，在大众中进行大陪审团随机竞选时，如此之少的美籍墨西哥人进入大陪审团的概率。大致上，这个观点认同使用常规水平的统计显著性："作为大样本的普遍使用规则，如果期望值和观察值（美籍墨西哥人）的差超出 2 或 3 个标准差，社会科学家就会对陪审团竞选是随机的假设提出怀疑。"（Id. at 497，n. 7）（样本统计量如样本均值的标准差，经常被看作统计量的标准误，从而可以把抽样变异和总体中的样本特性的变异区别开来。与标准差相比，标准误更好地反映了法院的社会科学标准。参见 1.3 节）。

Castaneda 一案的事实使得观察到的差异超出了 2～3 个标准误。法院算出美籍墨西哥人的期望值是 688 人，观察值与期望值之差的标准误等于 12。由于观察值只是 339，短缺值便是 349（即 688－339），这是 29 个标准差（349/12）。法院报告说，这个差异的概率是 $1/10^{140}$。法院也为那个主持 Castaneda 案审判的法官在主管竞选进程的两年半时间里做了同样的计算。那段时间里，在被传唤的 220 人当中，只有 100 人是美籍墨西哥人；差异是 12 个标准误，相关的概率是 $1/10^{25}$。这些概率是比任何科学计算中遇到的都要小的数量级。

Castaneda 案受到异议的审判，并不认为美籍墨西哥人的代表名额不足是偶然的。相反，他们争辩说，由于没有把到底多少美籍墨西哥人不是市民，多少人是移民工人而不是居民，多少人没有文化，多少人没有良好的思维和道德品质，多少人犯有重罪以及多少人由于犯有偷窃及重罪而被起诉（这些都不具有加入陪审团服务的资格）考虑在内，对美籍墨西哥人的人口调查得出的 79.1%的比例是具有误导性的。

Blackman 法官没有采纳这些观点。他指出，没有证据可以支持这些观点，并且，如果对这些调查数据做更细致的分解，那些明显的差异仍然会存在。举个例子来说，在受教育问题上，Blackman 算出，在 25 岁以上或多或少受过教育的人中，西班牙人占到 65%。他发现这一数据和39%的比例的差异很显著，并认为“这种差异可能发生的概率小于$1/10^{50}$”(Id. at 489，n. 8)。

问题

1. 法院认为在一些具有歧视的初步证据的案件里，差异必定是为时甚久且错误是明显的。法官Blackman计算了P值来支持他的结论，即出现在Castaneda案中的差异满足该标准。那个方法的优缺点是什么？

2. 控诉不认为美籍墨西哥人的代表名额不足是偶然的。如果控诉是以观察到的差异不是偶然造成的为前提的，那么统计计算会不会变得不恰当？

[注释]

在Castaneda案之后，联邦法院经过研究把“2～3个标准差”的社会科学标准作为法律准则，并且经常要依赖它们，尤其是那些就业歧视案件。例子参见4.4.1节。

Castaneda案的另一个问题就是所谓的统治大众理论。作为一件歧视案件，Castaneda案是独一无二的，因为美籍墨西哥人控制了这个镇的政治；特别是挑选审判官的陪审团委员会的5个人中有3个美籍墨西哥人。Blackman发现这个不足以支持被告的初步证据因为这个不能被事先假设，正如他说的：“人类不会敌视自己”(Id. at 500)。

4.4 统计假设检验

验证一假设（称为零假设，以H_0表示）与一个备择假设（以H_1表示），可能发生两类错误：当零假设是正确的但却被拒绝的错误（第Ⅰ类错误），和当零假设是错误的但没能拒绝的错误（第Ⅱ类错误）。

第Ⅰ类错误的可允许最大概率叫作假设检验的统计显著性水平，或叫做α水平。第Ⅱ类错误的概率以β表示。第Ⅱ类错误的概率的补即$1-\beta$称为检验的功效，这个功效是正确地拒绝零假设的概率。

统计的显著性水平是调查者根据人们可以接受的第Ⅰ类错误来设定的检验要求。经常使用的显著性水平是0.05或0.01。使用0.05，调查者错误地拒绝零假设的概率小于 1/20。使用 0.01 把这个错误的概率减少到 1/100。

为什么不主张用更小的犯第Ⅰ类错误的概率？下面的折中便是答案：犯第Ⅰ类错误概率越小，对零假设的拒绝就越少，犯第Ⅱ类错误的概率就越大。由此，在样本容量一定的情况下，加大假设检验的统计显著性水平减少了检验的功效。

关于 Avery 案件的事实（参见 4.1.1 节），使用单侧检验，调查者只考虑在随机抽样中如此之少（在这个案件里，而非任何案件里）的黄票被选中的概率来决定是否拒绝零假设，这一概率被称为观察到或已取得的显著性水平，或者称为 P 值。因为在随机抽取的假设下，没有选中黄票的概率是 0.046（小于 0.05），所以调查者使用单侧检验和 0.05 的显著性水平就会拒绝零假设。①

另一方面，利用双侧检验，调查者通过计算在给定显著性水平下，从左侧或右侧观察值的期望偏离平均值的概率来决定是否拒绝零假设。既然在样本里，黄票的期望值是 3，那么左侧的相关偏离值包含 0，右侧的相关偏离值是 6 或更大，P 值几乎翻倍（准确值从 0.046～0.05，当 $n=60$，$p=0.05$ 时，由于二项分布的偏斜，这个数值比原来的 2 倍还要大；但是见下）。根据这些数据，主张使用 0.05 的显著性水平的调查者将不拒绝零假设。这个检验将过低或过高于零假设的第Ⅰ类错误几率的偏离值包括在内，是为了计算两侧面积的概率，因此被称为双侧检验。

当正态分布用于近似累积二项分布时，犯第Ⅰ类错误的概率是 0.05 的单侧检验就会拒绝零假设，因为在假设方向偏离期望值 1.645 或更大个标准差。犯第Ⅰ类错误的概率是 0.05 的双侧检验仅对于任何方向上偏离均值至少是 1.96 倍标准差，拒绝零假设。

如果随机变量服从正态分布或者是其他的对称分布，双侧检验的 P 值是单侧检验的 2 倍。如果分布是不对称的，就像 np 接近 0 或者 n 的二项分布，不再能很明确地界定双侧。只有当最关心的事是去均衡第Ⅰ类错误的时候（这并不是一般目标），将 P 值翻倍才是合适的。一种普遍使用的方法（我们称为点概率方法）是：在零假设下得到观察数据的点概率，然后把这个点概率加上两侧有着同样或更小的概率的任何结果

① 当 P 值小于 0.05 时，拒绝零假设可以保证犯第Ⅰ类错误的最大概率不超过 0.05。

的概率，最后的数值便是双侧检验的 P 值。举个例子，请回忆一下，在 Avery 案件里，零假设是黑人被选为陪审员的概率是 0.05。由于总共有 60 次竞选，那么被选中的黑人的期望值是 $60\times0.05=3$。黑人都没有被选中的概率是 0.046。这是左尾，为了得到右尾，按顺序设定黑人被选中 4 人、5 人等的概率。如果概率等于或小于 0.046，就将这些概率相加，当 $X=6$，$P=0.049$；当 $X=7$，$P=0.020$。因此，必须有 7 个或者 7 个以上的黑人的概率相加才能达到 0.046。此时双侧显著性水平是 0.076，这仍然不够显著，尽管这个水平小于 0.046 的 2 倍，也小于原先在期望值的任一侧经过同样的距离计算出来的 0.125。① 在不对称的情况下，双侧检验中计算 P 值的方法非点概率莫属。

尽管有很多充分的理由应用单侧检验，很多科学研究人员还是推崇双侧检验。从某种意义上说，使用单侧检验的研究人员是通过忽略实验性观察与先前的观点不一致的可能性来预先判定结果的。保守的研究人员会在报告可能出现差错的概率时把这个可能性包括在里面。因此，对显著水平的例行计算，尤其是要报告很多内容时，通常是在双侧检验里进行的，大的随机临床试验都是用双侧检验进行的。

但是大多数的诉讼纷争对不拒绝零假设都没有区别，个中原因可以举个例子说明，作为代表的黑人人数并没有明显比期望数少，或者是因为他们实际上过分代表了期望数。无论在哪个案件里，声称代表名额不够的理由都会站不住脚。如果白人没有提出诉讼，那么在那些代表名额不够但实际上没有歧视的时候，唯一可能的第Ⅰ类型便是拒绝零假设。正如一位统计学者所说的，“当调查者对偏离设定方向不感兴趣时”，单尾检验才是合适的（Joseph Fleiss，*Statistical Methods for Rates and Proportions* 21，2d ed. 1981）。

请注意，双侧检验的要求比单侧检验要苛刻得多，因为当基于数据给出假设是错误时，双侧检验比单侧检验更少拒绝零假设。它要求更加严格，对于一个既定的统计显著水平，它要求偏离期望值更大。这表明在同一个显著水平下，双侧检验比单侧检验犯第Ⅱ类错误的概率更高并且功效更低。由于功效和统计显著水平是必要特性，尤其是当功效很关

① 利用广义似然比模型可以得到一个较小的 P 值，且双侧检验仍是统计显著的。参见 5.6 节。

键，可以用单侧检验时，就不应该使用双侧检验。在假设检验中，关于第Ⅱ类错误和统计功效的讨论，请参见 5.4 节。

4.4.1 教师雇用中是否存在歧视

Hazelwood School District v. United States, 433 U.S. 299 (1977) ——一桩在 Castaneda 案不久之后被认定为就业歧视的案件，数据表明，被告学校所在地区所雇用的 405 位教员里只有 15 位是黑人。美国政府作为原告，声称必须跟圣路易斯镇包括圣路易斯城的教工人数进行比较，它们的黑人教员占总数的 15.4%。被起诉的地区争辩说不能把城市人口包括进去，这样在教员总数中黑人的比例是 5.7%。

作为给法庭的意见，法官 Stewart 使用教员总数并把圣路易斯城剔除，他计算出这个差异小于 2 倍的标准差，但如果包括圣路易斯城，差异就大于 5 倍的标准差（Id. at 311，n17)。由于此以及其他原因，法院把对美国在劳工联营的立场是否正确的问题遣返到下一级法院。但是法官 Stevens 抱有反对意见，他表示，他的法律书记在他的意见起草之后向他建议，尽管是在仅占教员总数的 5.7%的黑人教员中进行的随机抽选，产生足够大差异的可能性也有 5%（Id. at 318)。他根据这些数据以及其他的原因得出的结论是，既然两个教员联营都被证实存在歧视，就没有必要撤回命令。

问题

1. 计算对每个集合的随机抽样产生如此大的差异的概率。

2. 大多数人和持反对意见的人所得结论存在差异的原因是什么？你同意谁的观点？

3. 你对 2 倍还是 3 倍标准差规则有何异议？

补充读物

Paul Meier & Sandy Zabell, *What Happened in Hazelwood: Statistics, Employment Discrimination, and the 80% Rule*, Am. Bar

Foundation Res. J. 139. (1984), reprinted in *Statistics and the Law* 1 (M. DeGroot, S. Fienberg, and J. Kadane, eds., 1986).

4.5 超几何分布

假设容器中有 T 个筹码，以特定的方式对其中的 M 个筹码做记号，其余 $T-M$ 个没有做记号。从中不重复随机抽取容量为 N 的样本，也就是说，每一次抽取时，从容器中剩下的筹码中抽取一个筹码的可能性是相等的。这里用 X 表示样本中做记号的筹码数量，随机变量 X 就是以 T，M，N 为参数的服从超几何分布的随机变量。

超几何分布的基本公式

通过下面的方法可以获得 X 的概率函数。随机抽样表明，每次从容器中抽取大小为 N 的样本的概率 $\binom{T}{N}$ 是一样的（请参见 2.1 节）。对于特定的整数 x，从 M 个做记号的筹码中抽取 x 个筹码有 $\binom{M}{x}$ 种方法，从 $T-M$ 个未做记号的筹码中抽取 $N-x$ 个筹码有 $\binom{T-M}{N-x}$ 种方法。因此，容量为 N 的样本中有 x 个带有记号的筹码总共有 $\binom{M}{x}\binom{T-M}{N-x}$ 种方法。因此

$$P[X=x]=\binom{M}{x}\binom{T-M}{N-x}\Big/\binom{T}{N}$$

是超几何分布所要求的概率函数。很明显，X 不能超过样本量或者总共拥有的做记号的筹码的总数 M。同样，X 也不能小于 0，或者小于 $N-(T-M)=M+N-T$，否则，样本中将有比可得到的未做记号的筹码的数量（$T-M$）还要多的未做记号的筹码。这样，X 的可能取值是 $\max(0, M+N-T)\leqslant x\leqslant\min(M, N)$。

用四格表将符号形象化是很有帮助的，下面便是对事件 $[X=x]$

的描述：

	做记号的	未做记号的	总计
样本中的	x	$N-x$	N
不在样本中的	$M-x$	$x-(M+N-T)$	$T-N$
总计	M	$T-M$	T

利用二项式系数的定义，可以用多种方式重新表达超几何分布公式：

$$P[X=x]=\binom{M}{x}\binom{T-M}{N-x}\Big/\binom{T}{N}$$
$$=\frac{M!(T-M)!N!(T-N)!}{x!(M-x)!(N-x)!(x-M-N+T)!\cdot T!}$$
$$=\binom{N}{x}\binom{T-N}{M-x}\Big/\binom{T}{M}$$

当对四格表的横列和纵列进行转置后，超几何分布公式得出的结果仍是一样的，这意味着，在应用时，行列中谁被当作“在样本中的”和谁被当作“做记号的”并不重要。比如说，在一个关于种族对假释影响的研究中，我们把黑人狱犯作为一个抽样组来计算他们得到假释的概率 X。另一种方法是，可以把得到假释的狱犯作为一个抽样组来计算他们中间是黑人的概率 X。在种族和假释没有任何联系的假设基础上，任何案件里，超几何分布公式都适用并且得出的结果是一样的。

均值和方差

为了得到二项式分布的均值和方差，把二项随机变量看作独立同分布的二元变量的和是很有用的（参见 4.1 节）。超几何分布的随机变量 X 也是二元结果的总和（1＝做记号的，0＝未做记号的），但是随着抽样的进行，连续性结果既不统计独立，也不是同分布了。为什么呢？这是在有限总体中进行抽样的典型情况。统计独立性对 X 的方差有影响，但是对均值却没有影响：X 的期望值为单次抽样期望值的 N 倍，单次抽样期望值是 M/T，那么 $EX=MN/T$。X 的方差为单次抽样的方差的 N 倍乘以有限总体校正系数 $(T-N)/(T-1)$（参见 9.1 节）。单次

抽样的方差为（M/T）×（$1-M/T$），因此

$$\mathrm{Var}X=\frac{M\cdot N(T-M)(T-N)}{T^2\cdot(T-1)}$$

尾面积的概率

如果超几何分布公式的项不多，可以分别计算各项再加总来计算尾部面积的概率。另外，对有限总体的无重复抽样的中心极限定理也可适用。当 M 和 N 都逐渐增大，M/T 接近极限值 p（$0<p<1$），N/T 接近极限值 f（抽样比，$0<f<1$）时，标准化变量 $Z=(X-EX)/\sqrt{\mathrm{Var}X}$ 在分布上接近标准正态随机变量。因此，对于大 M，N，T，X 的分布，可由均值为 Tfp 且方差为 $T\cdot p(1-p)\cdot f(1-f)$ 的正态分布近似。如果样本量固定为 N，T 的值够大，超几何分布接近样本容量为 N，参数为 p 的二项分布，这是因为，当 N 等于 T 的一小部分时，无重复抽样与重复抽样的区别可以忽略不计。

例子。考虑下列的数据资料：

	做记号的	未做记号的	总计
样本中的	2	8	10
非样本中的	38	52	90
总计	40	60	100

做记号的筹码的个数 X 为 $x=2$ 的准确概率可以通过超几何公式得到

$$P[X=x]=\binom{M}{x}\binom{T-M}{N-x}\bigg/\binom{T}{N}=\binom{40}{2}\cdot\binom{60}{8}\bigg/\binom{100}{10}$$

$$=\frac{40\cdot 39}{2}\cdot\frac{60\cdot 59\cdots 53}{8\cdot 7\cdots 2\cdot 1}\bigg/\frac{100\cdot 99\cdots 91}{10\cdot 9\cdots 2\cdot 1}=0.115$$

同样地，我们发现 $P[X=1]=\binom{40}{1}\cdot\binom{60}{9}\bigg/\binom{100}{10}=0.034$，$P[X=0]=\binom{40}{0}\cdot\binom{60}{9}\bigg/\binom{100}{10}=0.004$，因此，$P[X\leqslant 2]=0.154$。利用 1/2 连续性修正的正态近似值，可以得到

$$P[X\leqslant 2]=P[X\leqslant 2.5]$$

$$= P\left[Z \leqslant \frac{2.5 - 40 \times 10/100}{[(40 \times 60 \times 10 \times 90/(100^2 \times 99)]^{1/2}} = -1.016\right]$$

它大约等于标准正态变量小于等于－1.016 的概率，也就是 0.156。

非中心超几何分布

二项分布的一个有趣特性也可以导出超几何分布。假设 X 服从样本容量为 N，参数为 P 的二项分布，Y 服从样本容量为 $T-N$，参数同样为 P 的二项分布，且 X 和 Y 相互独立。如果已知两者的和是 $X+Y=M$，那么 X 的条件分布是什么呢？答案是以 T，M 和 N 为参数的超几何分布。在 5.1 节中，这个性质用来导出 Fisher 精确检验。

如果两个参数不一样，即 X，Y 的参数分别为 P_1，P_2，会发生什么情况呢？给定 $X+Y=M$，则 X 的条件分布将会是参数为 T，M 和 N，参数 $\Omega=(P_1/Q_1)/(P_2/Q_2)$ 的非中心超几何分布，Ω 是两个 P 值的优势比。请注意，分布只依赖于 Ω 而非单个参数 P_1，P_2。给定 $X+Y=M$，X 的概率分布的表达式有些烦琐。

$$P[X = x \mid X + Y = M] = \frac{\binom{N}{x}\binom{T-N}{M-x}\Omega^x}{\sum_i \binom{N}{i}\binom{T-N}{M-i}\Omega^i}$$

其中的和式覆盖了 x 的所有可能值（即最小为 0 和 $M+N-T$ 的较大者，最大为 M 和 N 的较小值）。该分布可以用来确定优势比的准确置信区间（参见 5.3 节），及在生存分析中对相对风险函数进行点估计（参见 11.1 节）。

术语

名词“超几何分布”是英国数学家 John Wallis 在 1655 年根据序列 a，$a(a+b)$，$a(a+b)(a+2b)$，…，第 n 项为 $a(a+b)\cdots(a+(n-1)b)$ 给出的。这就推广了当 $b=0$ 时，各项为 a，a^2，a^3 的几何序列。当 $b=1$时，超几何序列的第 n 项是 $a^{[n]}=a(a+1)\cdots(a+n-1)$。超几何概率函数 $P[X=x]$ 可以用下面的超几何项的比率来表达。

$$\frac{(M-x+1)^{[x]}\cdot(T-M-N+x+1)^{[N-x]}\cdot 1^{[N]}}{(T-N+1)^{[N]}\cdot 1^{[x]}\cdot 1^{[N-x]}}$$

4.5.1 会计师是否疏忽了

进行审计时，会计师通过随机抽样检查发票来进行监查。有个例子，会计师在他们所抽选的 100 张发票中，没有包含 17 张假发票中的任何一张。会计师鉴定了公司的财务报告之后，企业破产了。一个一直依赖公司发布的报表的债权者声称，是会计师疏忽大意。

问题

1. 如果总共只有 1 000 张发票，其中假发票 17 张，在抽取的 100 张中没有假发票的概率是多少?

2. 假设样本是原来的 2 倍，结果又如何呢?

3. 差异是否足够大，从而证实会计师应该对没有能够抽取一个更大的样本负责呢?

4. 如果发票的数额不一样，会计师应该如果处理这种问题?

资料来源

Ultramares Corp. v. Touche，255 N. Y. 170 (1931).

[注释]

目前在审计中，会计师广泛运用统计抽样。请参见美国公认会计师协会，审计标准报告，No. 39，*Audit Sampling* (1981)（修订）。

也请参见 Donald H. Taylor & G. William Glezen，*Auditing: An Assertions Approach*，ch. 14 (Tth ed. 1997)。

4.5.2 受挑战的竞选

依照纽约的法律，正如纽约上诉法院的解释，如果不适当的投票

（不知道投给谁）在数量上多到足以致使选票结果变化或无效时，在首轮失败的候选人被允许重新加入竞选。在一次选举中，胜利者多赢得 17 票，在 2 827 张选票中 101 张是无效的。

问题

1. 如果 X 是错误地投给胜利者的票，那么如果把不适当的票从总数中剔除，致使结果改变的 X 的最小值应该是多少？

2. 如果不适当的选票是从总票中随机抽取的，X 的期望值是多少？

3. 利用累积超几何分布的正态近似，计算 X 远大于可使选举结果发生改变的期望值的概率。

4. 计算概率所使用的假设是否合理？

5. 从模型的适当性的观点来看，胜利者是在职者还是挑战者有关系吗？

资料来源

Ippolito. v. Power，22 N. Y. 2d 594，294 N. Y. S. 2d 209（1968）. See Michael O. Finkelstein and Herbert Robbins，*Mathematical Probability in Election Challenges*，73 Colum. L. Rev. 241（1973），reprinted in *Quantitative Methods in Law*，120-30（1978）. A criticism of the random selection model appears in Dennis Gilliland and Paul Meier，*The Probability of Reversal in Contested Elections*，in *Statistics and the Law*，391（M. DeGroot，S. Fienberg，and J. Kadane，eds.，1986，with comment by H. Robbins）.

4.5.3　2000 年竞选：谁赢得了佛罗里达州

2000 年的总统竞选是历史上势均力敌的一次竞选，佛罗里达州的结果改变了最终的结局。2000 年 11 月 26 日，在民主党进行抗议以后，佛州的选举官员宣布，布什/切尼共和党在 580 万选票中，以高出对方 537 票赢得竞选。民主党对四个民主党集中的地区穿孔卡片登记为非投

票的选票，通过人工检查重新计算。其中，两个地方在佛州官员允许的时间内完成了重新计算选票的工作，并且这个结果被包括在许可的总数中。但是两个大区——迈阿密-戴得和棕榈海滩，由于没有赶上最后期限，导致重算的选票未能计入总数。棕榈海滩在最后期限后的很短时间里就完成了重新计算，迈阿密只完成一部分就停止了，致使9 000 张登记选票未能进行重新计算。

民主党又到法院进行抗议。佛州法律为抗议一次拒绝充足的合法选票来改变选举结果的选举提供了证据。民主党声称，穿孔机没能计算那些选票，通过人工检查可以发现这些选民会选谁，因此很多合法的选票被机器拒绝了。

民主党提供证据，意在证明，只要在这些地区的不足选票进行人工计算，戈尔/雷伯曼在迈阿密-戴德和棕榈海滩就能获得足够的选票(共和党攻击这个证据具有偏见)。民主党并没有提供如果在全州范围进行重新计算，结果改变的概率的证据，共和党也没有。尽管观点并不清晰，但法院似乎需要这样的证据。法官 Sander Sauls 认为“并没有什么可信的统计证据或者其他实质性的证据来通过具有绝大优势的概率，来使在佛州范围竞选与经全国竞选选票委员会认可的结果不同”。

12 月 8 日，佛州最高法院推翻原判，认为，根据全州范围的计算来证明并不是必要的。抗议者通过表示“在考虑成千上万张‘未登记选票’来满足最低的要求，因此合法的选票数足以质疑选举的结果”。法院命令到时的人工计算结果必须算进去，并且不只是迈阿密-戴德的未计算进去的 9 000 张，作为一种大概的修正，其他地方的未计算的选票也必须包括进去，“如果能够通过选票看到选民的意图”，每张选票都应作为合法的选票被包括进去，没有其他进一步的规定。

从未登记选票能够看出，选民意图的比例很明显依赖于适用的标准和选票机器的类型。在那些已经重新进行计算的地方，包括穿孔投票机器，未登记比例的范围从棕榈海滩的 8%到迈阿密-戴德的 22%，再到布朗沃得的 26%。至少在使用穿卡的地方，更多的书面标准倾向于支持戈尔。受重新计算的影响，布什高出戈尔的票数减少到 154 票。在佛州最高法院做出决定之后不久，全州开始了狂热的重新计算。两个利用光学扫描的地方，Escambia 和 Manatee 立刻完成他们的重计，总的未登记率是 5%。

第二天，在一个 5∶4 的决定中，美国最高法院仍进行重新计算并认可了诉讼文件移送的命令。12 月 12 日深夜，美国最高法院推翻了佛州最高法院的判决，认为（7∶2）佛州的观点由于没有辨别清楚和要求接收或拒绝选票的标准，而违背了第十四修正案的同等保护条款。同时，法院认为（5∶4）由于佛州最高法院声称佛州立法是为了使佛州的竞选人获得安全庇护的好处，那么任何重新计算都必须在安全庇护日期也就是 12 月 12 日完成。这明显是不可能的，事情只能就此结束。布什宣布赢得佛罗里达州并赢得竞选。

如果美国最高法院没有停止重新计算，布什会赢得胜利吗？表 4.5.3 列出了受到佛州最高法院决定的日期里重新计算的票数的影响，佛州的 67 个地区报告的选票的总数。

问题

1. 假定在每个县，对于穿孔地区，未计算选票中的合法选票的未登记率是 26%；对于光扫描地区，是 5%。未登记的选票按照与计算的选票相同的比例在两个竞选人中分配。那么，如果重计选票被允许可以进行下去，谁会赢得竞选呢？

2. 假定机器计算的选票是从所有已证实的选票中随机抽取的（比如说，通过人工计算，已计入的选票和不计选票是可确定的），通过计算（1）中高出票数的统计显著水平，检验零假设即戈尔在可确定的选票中赢得佛罗里达州。

3. 如果法官 Sauls 允许民主党关于在四个地区的人工计算的请求，只有迈阿密仍需完成重新计算，表 4.5.3 的 195 张高出的票数就是适当的。如果那样，结果改变的概率是多少？

资料来源

Bush v. Gore，121 S. Ct. 525（2000）.

Gore v. Harris，2000 Fla. Lexis 2373（2000）.

表 4.5.3　　2000 年总统选举佛罗里达州县级计数投票和未登记投票

光扫描投票地区	(1) 布什	(2) 戈尔	(3) 其他	(4) 戈尔的净票	(5) 未登记投票[a]	(6) 在未登记投票中戈尔的期望净票数[b]	(7) 戈尔的期望总净票数[c]	(8) 方差[d]
Alachua	34 135	47 380	4 240	13 245	225	1.7	13 246.7	10.7
Bay	38 682	18 873	1 318	−19 809	529	−8.9	−19 817.9	25.7
Bradford	5 416	3 075	184	−2 341	40	−0.5	−2 341.5	2.0
Brevard	115 253	97 341	5 892	−17 912	277	−1.1	−17 913.1	13.5
Calhoun	2 873	2 156	146	−717	78	−0.5	−717.5	3.8
Charlotte	35 428	29 646	1 825	−5 782	168	−0.7	5 782.7	8.2
Citrus	29 801	25 531	1 912	−4 270	163	−0.6	−4 270.6	7.9
Clay	41 903	14 668	985	−27 235	100	−2.4	−27 237.4	4.9
Columbia	10 968	7 049	497	−3 919	617	−6.5	−3 925.5	30.0
Flagler	12 618	13 897	601	1 279	55	0.1	1 279.1	2.7
Franklin	2 454	2 047	144	−407	70	−0.3	−407.3	3.4
Gadsden	4 770	9 736	225	4 966	122	2.1	4 968.1	6.0
Gulf	3 553	2 398	197	−1 155	48	−0.5	−1 155.5	2.3
Hamilton	2 147	1 723	96	−424	0	0.0	−424.0	0.0
Hendry	4 747	3 240	152	−1 507	39	−0.4	−1 507.4	1.9
Hernando	30 658	32 648	1 929	1 990	101	0.2	1 990.7	4.9
Jackson	9 139	6 870	294	−2 269	94	−0.7	−2 269.7	4.6
Lafayette	1 670	789	46	−881	0	0.0	−881.0	0.0

续前表

光扫描投票地区	(1) 布什	(2) 戈尔	(3) 其他	(4) 戈尔的净票	(5) 未登记投票[a]	(6) 在未登记投票中戈尔的期望净票数[b]	(7) 戈尔的期望总净票数[c]	(8) 方差[d]
Lake	50 010	36 571	2 030	−13 439	245	−1.9	−13 440.9	12.0
Levy	6 863	5 398	468	−1 465	52	−0.3	−1 465.3	2.5
Liberty	1 317	1 017	76	−300	29	−0.2	−300.2	1.4
Manatee	58 023	49 226	3 092	−8 797	111	−0.4	−8 797.4	5.4
Monroe	16 063	16 487	1 345	424	83	0.1	424.1	4.0
Okaloosa	52 186	16 989	1 639	−35 197	85	−2.1	−35 199.1	4.1
Okeechobee	5 057	4 589	208	−468	84	−0.2	−468.2	4.1
Orange	134 531	140 236	5 388	5 705	966	1.0	5 706.0	47.4
Polk	90 310	75 207	3 112	−15 103	228	−1.0	−15 104.0	11.2
Putnam	13 457	12 107	673	−1 350	83	−0.2	−1 350.2	4.0
Seminole	75 790	59 227	2 783	−16 563	219	−1.3	−16 564.3	10.7
St. Johns	39 564	19 509	1 698	−20 055	426	−7.0	−20 062.0	20.6
St. Lucie	34 705	41 560	1 725	6 855	537	2.4	6 857.4	26.2
Suwannee	8 009	4 076	376	−3 933	42	−0.7	−3 933.7	2.0
Taylor	4 058	2 649	103	−1 409	82	−0.8	−1 409.8	4.0
Volusia	82 368	97 313	3 992	14 945	0	0.0	14 945.0	0.0
Walton	12 186	5 643	494	−6 543	133	−2.4	−6 545.4	6.4
Washington	4 995	2 798	233	−2 197	292	−4.0	−2 201.0	14.1
总　计	1 075 707	909 669	50 118	−166 038	6 423	−38.2	−166 076.2	312.5

续前表

穿孔投票地区	(1) 布什	(2) 戈尔	(3) 其他	(4) 戈尔的净票	(5) 未登记投票[a]	(6) 在未登记投票中戈尔的期望净票数[b]	(7) 戈尔的期望总净票数[c]	(8) 方差[d]
Baker	5 611	2 392	152	−3 219	94	−9.6	−3 228.6	23.0
Broward	177 939	38 7760	9 538	209 821	0	0.0	209 821.0	0.0
Collier	60 467	29 939	1 791	−30 528	2 082	−179.2	−30 707.2	515.4
Duval	152 460	108 039	4 674	−44 421	4 967	−216.3	−44 637.3	1 259.2
Hardee	3 765	2 342	129	−1 423	85	−5.0	−1 428.0	21.3
Highlands	20 207	14 169	776	−6 038	489	−21.8	−6 059.8	123.4
Hillsborough	180 794	169 576	9 978	−11 218	5 531	−44.8	−11 262.8	1 397.9
Indian River	28 639	19 769	1 219	−8 870	1 058	−49.2	−8 919.2	266.0
Lee	106 151	73 571	4 676	−32 580	2 017	−92.7	−32 672.7	506.9
Marion	55 146	44 674	3 150	−10 472	2 445	−64.7	−10 536.7	614.5
Miami-Dade	289 708	329 169	7 108	39 461	8 845	145.0	39 606.0	2 271.2
Nassau	16 408	6 955	424	−9 453	195	−20.1	−9 473.1	47.7
Osceola	26 237	28 187	1 265	1 950	642	5.8	1 955.8	163.1
Palm Beach	153 300	270 264	10 503	116 964	0	0.0	116 964.0	0.0
Pasco	68 607	69 576	4 585	969	1 776	3.1	972.1	446.9
Pinellas	184 849	200 657	13 017	15 808	4 226	43.6	15 851.6	1 062.4
Sarasota	83 117	72 869	4 989	−10 248	1 809	−29.9	−10 227.9	455.3
Sumter	12 127	9 637	497	−2 490	593	−17.2	−2 507.2	150.2
总　计	1 625 532	1 839 545	78 471	214 013	36 854	−553.1	213 459.9	9 324.5

续前表

没有区分投票和非投票地区		(1) 布什	(2) 戈尔	(3) 其他	(4) 戈尔的净票	(5) 未登记投票[a]	(6) 在未登记投票中戈尔的期望净票数[b]	(7) 戈尔的期望总净票数[c]	(8) 方差[d]
Desoto	P	4 256	3 321	235	−935	80	−2.5	−937.5	20.1
Dixie	P	2 697	1 827	143	−870	14	−0.7	−870.7	3.5
Escambia	O	73 171	40 990	2 688	−32 181	665	−9.2	−32 190.2	32.4
Gilchrist	P	3 300	1 910	185	−1 390	47	−3.1	−1 393.1	11.6
Glades	P	1 841	1 442	82	−399	62	−1.9	−400.9	15.7
Holmes	O	5 012	2 177	207	−2 835	97	−1.9	−2 836.9	4.7
Jefferson	P	2 478	3 041	124	563	29	0.8	563.8	7.4
Leon	O	39 073	61 444	2 630	22 371	175	1.9	22 372.9	8.5
Madison	P	3 038	3 015	110	−23	27	0.0	−23.0	6.9
Martin	P	33 972	26 621	1 420	−7 351	133	−4.1	−7 355.1	33.7
Santa Rosa	O	36 339	12 818	1 245	−23 521	153	−3.6	−23 524.6	7.4
Union	O	2 332	1 407	87	−925	25	−0.3	−925.3	1.2
Wakulla	P	4 512	3 838	237	−674	49	−1.0	−675.0	12.4
其他总计		212 021	163 851	9 393	−48 170	1 556	−25.6	−48 195.6	165.3
穿孔总计		1 681 626	1 884 560	81 007	202 934	37 295	−565.8	202 368.2	9 435.6
光扫描总计		1 231 634	1 028 505	56 975	−203 129	7 538	−51.2	−203 180.2	366.6
总计		2 913 260	2 913 065	137 982	−195	44 833	−616.9	−811.9	9 802.2

a. 数据来源于选举之夜报导。对于没有区分投票和非投票的地区，数据来源于 BDO Seidman 报导。

b. 假设在确定的未登记投票地区，穿孔投票地区戈尔的期望净票数回收率是 26%，其他地区是 5%。

c. 戈尔在各地区期望的净票数总计。

d. 戈尔在各地区期望的净票数方差总计。

(6)＝{(4)/[(1)+(2)+(3)]}×(5)×回收率

(7)＝(4)+(6)

(8)＝MR{P[B]+P[G]−R(P[G]−P[B]2)}，其中 M＝未登记投票地区＝(5)，R＝回收率，P[B]＝观察到的布什比例＝(1)/[(1)+(2)+(3)]，P[G]＝观察到的戈尔比例＝(2)/[(1)+(2)+(3)]。

［注释］

蒙特卡洛研究表明，这里给出的结论关于不同县不同机器的未登记率的差异是不敏感的。与当时的普遍观点相反，在实行打卡机器的县中的较高未登记率只会提高布什的领先优势。

然而，请注意，这里的结论是建立在县级数据的基础之上的。更多详细的选区数据可能显示一个不同的结果。比如说，在布什的县中，有些区域有着很高的不计的投票数最终转向了戈尔。更重要的是，在多计数上没有统计数据，即投票数中包括由于选举人选了两个候选人而导致的选票失效未被登记。这种投票（即以无记名投票票面而不是以人口统计因素为标准）的未登记率很可能会大大低于不计的选票数。

4.6 正态性检验

一般说来，有许多概括性指标可以用来评价分布的形状，特别是考察其对正态分布的偏离。

偏度

偏度测度分布关于中值的不对称性。它定义为变量与其均值偏差的立方的平均，通常除以标准差的立方表示为标准化的形式。对一个对称分布而言，偏度为 0。你知道为什么吗?

认识偏度很重要，因为许多的概率计算都假设正态分布，其分布是对称的，但是高度非对称性的随机变量的总和在它们的个数增大时慢慢趋于正态，从而使得正态近似不够准确。同时，在偏度分布中，关于中心趋势的许多测度（参见 1.2 节）会产生不同的值。在单峰分布（即只有一个峰）中，正偏表示峰在左侧，右侧拖着一条长尾巴。负偏情况正好相反。例如，均值为 $1/c$ 的指数分布，$x>0$ 时相对频率函数为 $f(x)=ce^{-cx}$，就是正偏的，标准化的三阶矩即偏度等于 2。[①]

峰度

峰度是用来测度分布中心相对于尾部厚度的尖峰程度。峰度系数

① 指数分布通常是等待时间分布。参见 4.8 节。

定义为变量与其均值偏差的四次方的平均，标准化形式是其除以方差的平方再减去 3。对于正态分布，峰度系数为 0。对于一个给定的变量，高而尖的峰和厚尾的分布峰度为正；低而宽的峰和薄尾的分布峰度为负。例如，一个指数分布比相对频率函数与 $\exp(-cx)$ 成比例[与正常情况的 $\exp(-cx^2)$ 不同]的正态分布有更厚的尾部。指数分布的峰度为 6，而另一方面，均匀分布没有尾部，且它的峰度系数是−1.2。[①]

K-S 检验

仅仅靠偏度系数和峰度系数不能可靠地检验正态性，因为它们对于野值太过敏感（由于高次方所产生的偏差）。更好的，且可以应用于正态和其他连续分布的检验，就是 Kolmogorov-Smirnov 检验，即 K-S 检验。在这个检验中，统计量是经验和理论累积分布函数（cdf）之差的绝对值的最大值。一组数据的经验 cdf 是等于或小于任何给定值的数据点的比例（理论 cdf 的定义参见 4.1 节）。这个最大差本身有一个可以列成表的概率分布。参见附录 2 的表 G1。K-S 检验也可以用来检验两种经验分布是否来自相同的分布。参见附录 2 的表 G2。

在白银蝶式跨期交易数据上（参见 4.6.2 节），图 4.6 的“D Normal=0.295 232”就是在 K-S 检验中使用的最大离差的绝对值。对于与概率相关的，在正态情况下样本容量超过 50 的一个足够大的值，表 G1 显示了什么？

正态概率纸

正态概率纸也是利用累积分布函数检验正态性的简便工具。以图 4.6 为例。在这张纸上，正态分布的 cdf 是一条直线。纵坐标为经验 cdf，横坐标为观察值。对直线的偏离显示了非正态。

学习者可以将表 4.6.2 下部的白银蝶式交易的数据画在正态概率纸

① 均匀分布是指给定区间内的所有点概率密度相同。区间 [0, 1] 的均匀分布对于 $x\in[0,1]$，频率函数是 $f(x)=1$，对于其他值 $f(x)=0$。服从均匀分布的随机变量 X 的均值是 1/2，方差是 1/12。对于任一介于 0～1 之间的 x，$X\leqslant x$ 的概率是 x。由于对称，其偏度为 0。

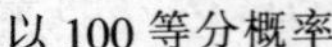

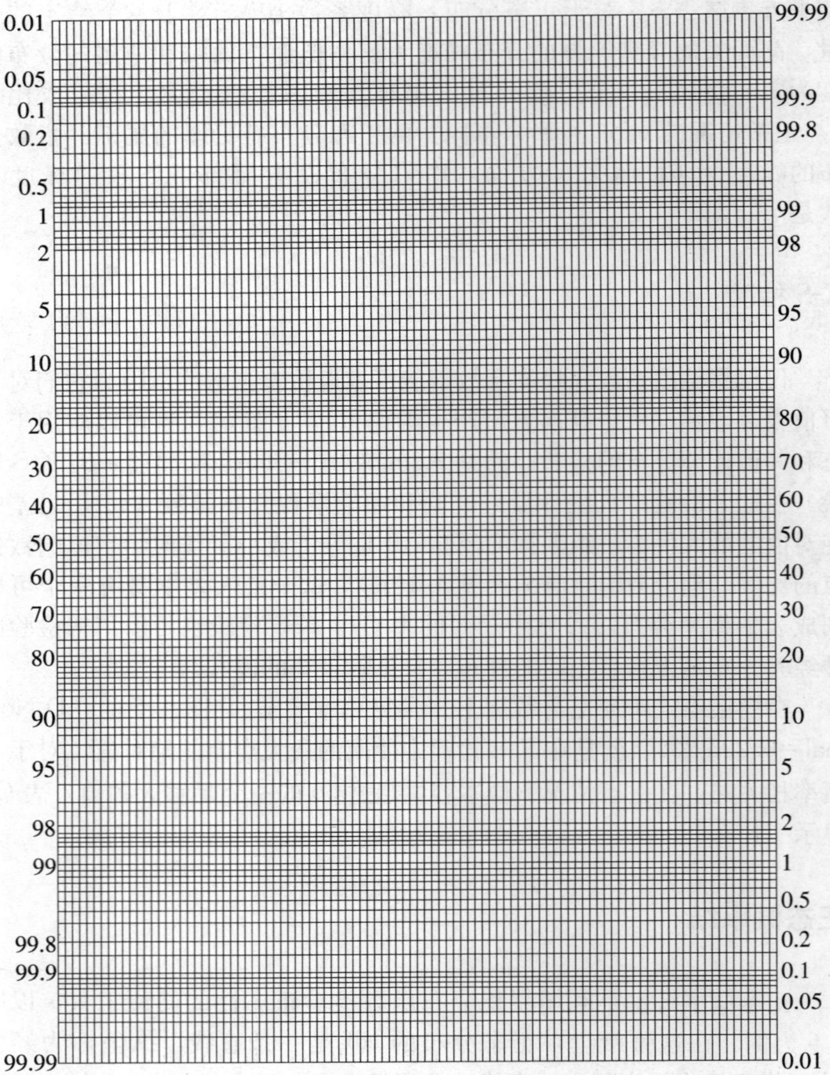

图 4.6　正态概率纸

上，用已有的刻度在横坐标表示数据，并在纵坐标上描述 cdf 的值。需要用 10 个点来画出曲线。把该曲线与数据表中有着相同均值（−0.119 25）和标准差为（18.157 1）正态分布的直线对比。该直线只能用两点画出，例如，50%分位数的均值和95%分位数的1.645倍标准差。经验cdf和正态cdf直线的差异是否与正偏一致？

卡方检验

关于运用卡方检验来检验正态性，参见6.1节。

4.6.1 法国士兵的身高是否具有正态性

19世纪初叶，对把正态分布作为误差法则的兴趣，促使一位比利时宇航员和诗人Adolphe Quetelet，在进行社会科学分析的时候，运用正态曲线来检验与人口相关的数据与来自同一原始资料的加总数据是否充分吻合。在许多数据集中寻找正态，让Quetelet得出结论——特性中的偏差是由在正常或理想模式下（即L'homme模式）偶然因素（每个人）导致的。Quetelet因这个概念而闻名。起初，他只是将该观点视为剔除随机变异以及揭示社会行为中的数学规律的工具，后来，受变异显示了偶然的非理想性这一结论的影响，他赋予常人以优秀的道德品质来作为民主优势的象征。Quetelet过高估计正态分布的普遍性被人取笑为“Quetelet主义”。

在一次研究中，Quetelet在研究5 732名苏格兰民兵的胸围和100 000名法国士兵的身高数据时，将之与正态分布对比，胸围数据与正态相吻合，身高数据在表4.6.1中列出，身高在1.57米（5′1.8″）下的数据被剔除。

表4.6.1　法国士兵身高数据（1817年）

Ⅰ	Ⅱ	Ⅲ	Ⅳ	Ⅴ
身高（米）	观察到的数量	累积观察到的数量	期望的数量	累积期望数量
小于1.570	28 620	28 620	26 345	26 345
1.570～1.597	11 580	40 200	13 182	39 527
1.597～1.624	13 990	54 190	14 502	54 029
1.624～1.651	14 410	68 600	13 982	68 011
1.651～1.678	11 410	80 010	11 803	79 814

续前表

Ⅰ	Ⅱ	Ⅲ	Ⅳ	Ⅴ
身高（米）	观察到的数量	累积观察到的数量	期望的数量	累积期望数量
1.678～1.705	8 780	88 790	8 725	88 538
1.705～1.752	5 530	94 320	5 627	94 166
1.732～1.759	3 190	97 510	3 189	97 355
大于 1.759	2 490	100 000	2 645	100 000
合计	100 000		100 000	

问题

1. 用正态概率纸、Kolmogorov-Smirnov 检验和卡方检验来检验数据的正态性。

2. 你发现了何种对正态性的偏离？可能的原因是什么？

3. Quetelet 发现除了前两行数据，通过合并前两行数据重新检验后数据具有正态分布，你会得到什么结论？

资料来源

Adolphe Quetelet，*Letters Addressed to H. R. H. The Grand Duke of Saxe Coburg and Gotha*，*on the Theory of Probabilities as Applied to the Moral and Political Sciences* 277-278(Downes，tr.，1849)，*discussed in* Stephen Stigler，*Measurement of Uncertainty before 1900*，at 215-216（1986）；see also，lan Hacking，*The Taming of Chance*，ch. 13（1990）.

4.6.2　蝶式跨期白银交易

从 19 世纪 60 年代末开始，投资者以一种被称为“蝶式跨期”的特定方式购买白银期货。蝶式跨期包括一系列长短期期货合同（每份合同 10 000 盎司），这些长短期期货合同以各自的有效期来匹配，它们的总价值的波动比其中部分价值的波动要平缓得多。如果适当清算，该交易在一年内会造成短期的资金损失，但会在未来带来长期的资金收益。这种税收效应吸引了很多投资者，尤其是那些短期资金收益的投资者，可以通过蝶式交易抵消这种短期收益。

美国国税局向出于该目的的投资者提起了诉讼。国税局称，由于这种交易的主要（如果并不是纯粹的）动机是逃税，所以应该剥夺由这种业务带来的税收收益。作为这个案件的一部分，美国国税局提出了一个统计模型，这个统计模型用来表明收益是不可能的，因为蝶式交易在交纳手续费后，只留下很少一部分作为收益结算。国税局专家使用的数据包括几个特定时期不同蝶式组合的收盘价。在给定的一年内，可能会有 3 个或 4 个不同交易月的蝶式交易。如，1973—1979 年，有 4 个 2—2 蝶式交易，它们的成交月如下：1 月—3 月—5 月，3 月—5 月—7 月，5 月—7 月—9 月，以及 7 月—9 月—11 月。一个 2—2 蝶式跨期包括，比如，1 月份 5 个合同的短期所有，3 月份 10 个合同的长期所有，以及 5 月份 5 个合同的短期所有。对于一个给定的如 4 周持有期的蝶式交易，周价格的变动为第 1 周的星期三和第 4 周的星期三的收盘价之间的差价，第 2 周和第 5 周之间的差价，等等。因此每 4 周的价格变化是一个数据点。对于每日的 4 周的价格变化，相继的时期点是第 1 周和第 4 周的星期一的收盘价，第 1 周和第 4 周的星期二的收盘价的差价，等等。尽管大部分合同的持有期不超过一年，而且最长的只有 17 个月，但是从 1973—1979 年每日和每周的价格变化的标准差还是被计算出来了，数据的样本参见表 4.6.2。

表 4.6.2　　白银蝶式交易分析：1973 年 8 月—1979 年 7 月

		跨度					
持有期		1 天～2 个月		2 天～2 个月		2 天～3 个月	
		每周	每天	每周	每天	每周	每天
1 周	m	3.42	2.05	0.08	0.04	0.63	−0.30
	sd	36.36	34.91	27.40	23.30	50.78	30.09
	n	181	1 150	652	3 350	207	1 066
4 周	m	13.48	8.92	1.46	0.78	0.44	−1.82
	sd	55.32	46.02	32.68	28.10	58.08	41.54
	n	178	1 135	643	3 505	207	1 051
8 周	m	29.60	18.34	−2.62	−1.57	−1.64	−4.25
	sd	63.30	58.02	30.36	28.08	54.86	47.84

续前表

持有期		跨度					
		1天～2个月		2天～2个月		2天～3个月	
		每周	每天	每周	每天	每周	每天
	n	129	899	473	2700	158	787
24周	m	77.56	70.32	−5.86	−2.92	2.67	0.64
	sd	103.92	101.92	42.56	39.53	80.00	78.52
	n	70	616	271	1665	131	654

说明：m代表均值（美元）；sd代表标准差（美元）；n代表观察的次数。

美国国税局的专家指出，由于与大部分情况下购买和结算期货权（大约126美元）有关的委托超过2个标准差，而且价格变化呈正态分布，所以一方面要使价格充分波动以弥补这些成本，另一方面又容许有利润是不大可能的，即使价格按期望的方向波动也不能做到。为了支持这个推论，专家还对蝶式交易样本数据进行了计算机分析。图4.6.2正是其中的一页。

问题

1. 专家指出，以计算机输出的Kolmogorov-Smirnov统计量为基础[D：正态0.295 232；概率$>D<0.01$]，“数据只有1/100的可能性不服从正态分布”。正确的说法是什么？

2. 专家指出，如果由于正峰度而使得数据不是呈正态分布，那么比起在正态假设即存在盈利机会的假设下，薄尾会使其看起来更不像是正态分布的。正确的说法是什么？

3. 如果一个2—2蝶式交易的日价格变化是独立的（即1～2日的价格变化不能告诉我们任何有关2～3日的价格变化的信息），这会支持专家的论断即4周价格变动是服从正态分布的吗？

4. 4周持有期和8周持有期的价格变动的标准差是否与日价格变动相互独立这一说法是一致的？

5. 利用切比雪夫定理（参见1.3节）来证明美国国税局的说法。

6. 专家的持有期统计量是否反映了蝶式交易在结算时有盈利的可能？

7. 专家还可以使用其他什么分析方法证明蝶式交易在结算时盈利的可能性很小？

MOMENTS				QUANTILES (DEF=4)				EXTREMES	
								LOWEST	HIGHEST
N	587	SUM WGTS	587	100% MAX	170	99%	56.1987	−170	65
MEAN	−0.11925	SUM	−70	75% Q3	5	95%	15	−170	65
STD DEV	18.1571	VARIANCE	329.679	50% MED	0	90%	5	−65	70
SKEWNESS	−0.0427321	KURTOSIS	51.0753	25% QI	−5	10%	−6.00014	−60	165
USS	193200	CSS	193192	0% MIN	−170	5%	−15	−55	170
CV	−15226	STD MEAN	0.749422			1%	−55		
T:MEAN=0	−0.159123	PROB> [T]	0.073627	RANGE	340				
D:NORMAL	0.295232	PROB>D	<0.01	Q3−Q1	10				
				MODE	0				

```
BAR CHART                                              BOX PLOT        NORMAL PROBABILITY PLOT
170.x                                              2      x  170|                                         x
 .                                                              |
 .                                                              |
 .                                                              |
 .                                                              |
 .x                                                3      x     |                                       xx
 .x                                                6      x     |                                     xxxx
 .xx                                              15      0     |                              xxxxxxxx
 .xxxxxxxxxxxxxxxx                               135      -     |                  xxxxxxxxxxxxxxxxx
 .xxxxxxxxxxxxxxxxxxxxxxxxxxxxxxxxxxxxxxxxxxxxx  402     |_|    |   xxxxxxxxxxxxxxxxxxxxx
 .xx                                              15      0     | xxxxxxxxxxxxx
 .x                                                5      x     |xxxx
 .x                                                2      x     |x
 .                                                              |
 .                                                              |
 .                                                              |
 .                                                              |
170.x                                              2      x -170|x
 ---+---+---+---+---+---+---+---+---+                            ---+----+----+----+----+----+----+----+
                                                                   -2        -1        0         1         2
  x may represent up to 9 counts
```

FREQUENCY TABLE

		PERCENTS				PERCENTS				PERCENTS				PERCENTS	
VALUE	COUNT	CELL	CUM	VALUE	COUNT	CELL	CUM	VALUE	COUNT	CELL	CUM	VALUE	COUNT	CELL	CUM
−170	2	0.3	0.3	−30	1	0.2	2.6	5	105	17.9	90.5	50	1	0.2	99.0
−65	1	0.2	0.5	−25	4	0.7	3.2	10	21	3.6	94.0	55	1	0.2	99.2
−60	1	0.2	0.7	−20	5	0.9	4.1	15	9	1.5	95.6	65	2	0.3	99.5
−55	2	0.3	1.0	−15	14	2.4	6.5	20	9	1.5	97.1	70	1	0.2	99.7
−50	1	0.2	1.2	−10	20	3.4	9.9	25	3	0.5	97.6	165	1	0.2	99.8
−40	2	0.3	1.5	−5	113	19.3	29.1	30	3	0.5	98.1	170	1	0.2	100.0
−35	5	0.9	2.4	0	255	43.4	72.6	40	4	0.7	98.8				

图 4.6.2　蝶式跨期白银交易计算机输出结果

资料来源

Smith v. Commissioner, 78 T.C. 350 (1982), *aff'd*, 820 F. 2d 1220 (4th Citr. 1987) (Report of Roger W. Gray).

4.7 泊松分布

设每次试验成功的概率是常数 p，令 X 表示 n 次独立试验中成功的次数，则 X 服从均值为 np 的二项分布。令 n 趋于无穷大，p 趋于 0，这样，np 趋于一个常数 μ。当考虑在一段时期内事件（如事故）发生的概率时会出现上述情况。当将时间区间划分为越来越多的小区间时，每个小区间内事件发生的概率 p 越来越小，但是由于小区间的个数在不断增加，所以它们的乘积保持不变。对于这种情况，法国数学家丹尼斯·泊松（Denis Poisson，1791—1840）给出一个结论：X 的极限分布是泊松分布。由于它描述了在大量试验中独立的小概率事件发生的次数的分布，人们发现许多自然现象都服从此分布。例如，在单位时间内，一克放射性物质镭中发生分裂的原子的个数是随机变量，它服从泊松分布，这是由于任何一个特定原子的分裂是小概率事件，而在一克镭中有数目庞大的原子；在一个繁忙的十字路口，每月交通事故发生的次数；受到侵袭的每亩森林中吉普赛飞蛾的数量；每年的自杀人数，这些随机变量都可能服从泊松分布（或者是复合泊松分布，允许 μ 有所不同）。

基本公式

均值为 μ 的泊松分布的概率函数为：

$$P[X=x]=\mathrm{e}^{-\mu}\cdot\mu^{x}/x!,\ x=0,1,2,\cdots$$

均值为 μ，方差也等于 μ，这是因为泊松分布的极限性质：当 np 趋于 μ，p 趋于 0 时，二项分布的方差 $np(1-p)$ 趋于 μ。泊松分布中最有可能的结果（众数）是小于等于均值 μ 的最大整数。对于小的 μ，分布是正偏的，而对于大的 μ，正偏程度小一些。当 μ 趋于无穷大时，标准化的泊松随机变量（$X-\mu$）$/\sqrt{\mu}$ 趋于服从标准正态分布。这是由于泊松分布的另一重要性质：若 X_1 和 X_2 是独立的泊松变量，均值分别为 μ_1 和 μ_2，则变量 X_1+X_2 仍是泊松变量，其均值为 $\mu_1+\mu_2$。因此，具有较大均值的泊松变量可以视为一些独立的具有单位均值的泊松变量的和，这样就可以应用中心极限定理。

举例来说，假设你每天开车往返于工作地和住处，单程车胎漏气的概率是 0.001。一年当中，车胎可能漏气 500 次。那么，一年当中车胎漏气次数大于等于 1 的概率是多少，大于等于 2 的概率呢？这些概率都由均值为 $\mu=500\times0.001=0.5$ 的泊松分布给出：

$$P[X>0]=1-P[X=0]=1-\mathrm{e}^{-0.5}=0.39$$

$$P[X>1]=1-P[X=0]-P[X=1]$$
$$=1-\mathrm{e}^{-0.5}(1+0.5)=0.09$$

条件性质

我们给出泊松分布的另外两个常用的性质。第一个是条件性质：设 X_1 和 X_2 是独立的泊松变量，均值分别为 μ_1 和 μ_2，则在 $X_1+X_2=N$ 固定的条件下，X_1 的条件分布是样本容量为 N，参数为 $p=\mu_1/(\mu_1+\mu_2)$ 的二项分布。下面是该性质的一个应用。在一个年龄歧视案中，打字员 A 称他被一个打字更熟练的年轻打字员 B 代替。对两个打字员进行一次打字测试，A 的错误次数为变量 X_1，B 的错误次数为变量 X_2，怎样比较谁的正确率更高呢？假设 X_1 和 X_2 均服从泊松分布，均值分别为 μ_1 和 μ_2。零假设 H_0 为两者具有相同的正确率，在总的错误次数为 $N=X_1+X_2$ 的条件下，X_1 的条件分布为 $\mathrm{Bin}(N, 1/2)$，接下来就可以按照通常的方法来检验零假设 H_0。

泊松过程

第二个性质把给定时间区间内事件的发生次数与事件发生之间的等待时间联系起来。如果它满足以下三个条件，在一段时间内反复发生的事件称为服从泊松过程：(1) 在互不相交的时间区间事件的发生在统计上相互独立；(2) 在长度为 h 的较短的时间段内，事件发生一次的概率为 μh；(3) 在同样一段很短的时间内事件发生两次或两次以上的概率可以忽略。根据这些条件有：(1) 在给定长为 T 的时间段内事件发生的次数服从均值为 μT 的泊松分布；(2) 相继发生的事件之间的间隔时间是相互独立的随机变量，服从均值为 $1/\mu$ 的指数分布。等待时间服从指数分布是掷骰子过程的特征，在掷骰子过程中，事件发生的可能性与

此前事件的发生模式是独立的。泊松过程被用在生存研究中分析人群中风险因素对死亡率的作用，特别是在较短的时期内。参见 11.1 节和 11.2 节。

复合泊松分布

前面关于泊松分布的讨论中都假设 μ 是一个常数。当将其视为一个随机变量时就产生了复合泊松分布。不同的复合泊松分布取决于随机泊松均值 μ 的总体分布的不同。比如说，由 n 个司机组成的随机样本给出了理论值的 n 个实现，如 $\mu_j(j=1,\cdots,n)$，代表司机 j 的"事故倾向"。对任一个司机来说，参数 μ_j 都是不可直接观测的，而发生事故的次数 X_j，即司机 j 在单位时间内可能发生事故的次数是可以观察到的。如果 X_j 服从均值为 μ_j 的泊松分布，那么 $X_1,\cdots,X_n$ 就构成一个来自复合泊松分布的容量为 n 的样本。

希尔伯特·罗宾的理论为估计复合泊松分布中指定的一个子集的不可观察的 μ 的均值提供了一个方法。用上面的司机例子，该理论表明，事故发生次数为 i 的所有司机的 μ 的均值等于 $i+1$ 乘以事故发生次数为 $i+1$ 的边缘概率再除以事故发生次数为 i 的边缘概率，用符号表示为：

$$E[\mu \mid X=i]=(i+1)\cdot P[X=i+1]/P[X=i]$$

这里，$P[X=i]$ 是事故发生次数为 i 的总概率，它是泊松概率的平均 $e^{-\mu}\cdot\mu^i/i!$。

这个理论是有用的，他能告诉我们有关司机的子集的信息。比如说，因为所有的司机都有可能发生事故，在给定的一年内没有发生一次事故的司机仍然有发生事故的可能性（μ 非零），他们的好成绩一部分归功于驾驶水平，还有一部分归功于好运气。在下一年，这个子集的司机可能会发生一些事故，但是次数要比全体司机的平均次数低。我们称这种零事故群体的好于平均记录远离全体司机的均值。罗宾的理论给出了任一个子集的这种回归的估计，与直觉不同的是，这不仅以子集中司机的表现为基础，而且以其他司机的表现为基础。这个理论的意义在于它的成立与随机泊松均值 μ 的分布无关，而且用 $P[X=i]$ 和 $P[X=i+1]$ 的估计值来得到一个不可观测到的数值 $E[\mu \mid X=i]$。比如说，这个理论告诉我们，对于一群每年只发生 0 次，1 次，2 次，…事故的司机来说，如果他们发生事故的倾向是不变的，那么第一年发生 0 次事故的司机在第二年发生事故的次数与第一年发生 1 次事故的司机（即这类司机的人数）在那一年发生的事故的次数相同。你明白这是为什么吗？

4.7.1 空气中的硫

1983 年 1 月，美国环保署批准通过了亚利桑那州提交的关于控制该州炼铜厂的二氧化硫排放量的议案。按照法律，该议案必须“确保达到和保持”国家环境空气质量标准（NAAQS）。在这些标准下，一年内排放量超过允许的排放量的天数不能超过一天。而亚利桑那州提交的议案在 10 年内允许超过标准 10 倍的排放量，即平均每年超出 1 倍的排放量。炼铜厂排放量具有很大的变异性，它取决于气象条件及其他因素。

居住在炼铜厂附近的居民提出诉讼，他们主张一年内有两天或更多天超出标准是很有可能的事情。

问题

1. 利用泊松分布求出一年内有两天或两天以上（不一定连续）超出标准的可能性，假设超出排放量的发生是一个简单泊松过程。

2. 上述假设合理吗？

资料来源

Kamp v. Hernandez，752 F. 2d 1444（9th Cir. 1985），*modified*，*Kamp v. Environmental Defense Fund*，778 F. 2d 527（9th Cir. 1985）.

4.7.2 接种疫苗

在以色列，一些儿童接种了牛痘疫苗后出现了不可恢复的机能损害，为此，有人起诉以色列卫生部。接种疫苗后出现机能损害是一种概率极小的副作用。在以色列早期的研究中，平均 310 000 个接种牛痘疫苗者当中发生机能损害的只有 1 例。起诉者被告知这一事实后接受了它。而给这些儿童注射的牛痘疫苗与另外 300 533 个被接种者使用的是同一批疫苗，这些人当中有 4 例发生机能损害。

问题

数据是否表明使用这批疫苗接种发生机能损害的概率要高于起诉者已经接受的概率?

资料来源

Murray Aitkin, *Evidence and the Posterior Bayes Factor*, 17 Math. Scientist 15 (1992).

[注释]

在美国，大部分情况下，被接种者因接种疫苗而受到损伤的赔偿是由国家儿童接种损害法案确保的（42U. S. C. 300aa-1et seq.）。法案批准对特定损伤的赔偿，这些损伤由接种疫苗产生，接种损伤法案给出一个接种损伤表，当接种时间与第一次出现症状的时间之间的相隔时间段与表中给出的一致时，就认为是接种疫苗导致了被接种者的伤害。如果不一致的话，若要确认是疫苗导致损伤就必须利用所有的证据。10.3.4 节给出了一个关于猪流感疫苗接种的案例。

4.7.3 宗教是危险的吗

一名公诉人正在考虑以“不负责任地使其信徒陷入危境”的罪名起诉一个宗教团体。当信徒对该宗教教义有所怀疑时，这个宗教团体的头目就向其宣扬自我毁灭，或者是睡眠很少的驾车远行。在 5 年之间，4 000 名信徒中有 10 名死于自杀或交通事故，然而同年龄段的人群由于以上原因造成的死亡率是每年每 100 000 人中死亡 13.2 人。

问题

1. 作为这名公诉人的统计顾问，利用泊松分布分析这些数据。

4.7.4 对事故率低的司机的激励

加利福尼亚州提出了一项议案，要对 3 年内不出交通事故的司机给予奖励。从理论上说，对这样的司机进行激励时要考虑到优秀的司机在驾车时也可能会疏忽而表现不好。在 2～3 年的时间内（在这段时间内已知的影响事故发生率的总体条件不发生变化）对一组司机的观察研究的数据见表 4.7.4。

表 4.7.4 **这组司机事故的分布**

第一个时期的事故数	0	1	2+
第一个时期发生此事故数的司机	6 305	1 231	306
第一个时期这些司机发生的事故数	0	1 231	680
第二个时期这些司机发生的事故数	1 420	421	157

问题

1. 假定每个司机的事故发生数都服从泊松分布并且司机发生事故的倾向不会在这两个时间段改变，计算第一阶段 0 事故发生的司机在第二阶段事故发生数的期望。(提示：这是一个讨论过的关于泊松分布的条件性质的例子。写出一个表达式，关于在两阶段总共发生 n 次事故的司机在第二阶段发生的事故占此阶段事故总数的期望比重，注意司机在第一阶段超过 0 的事故数对总数没有影响，表明这和司机在第一阶段出一次事故及在第二阶段出 $n-1$ 次事故的部分一样。通过罗宾定理核对你的结果，计算需要的边际概率。)

2. 假设统计显著，你能得到什么结论？

资料来源

Ferreia, *Quantitative Models for Automobile Accidents and Insurance*, 152-55 (U. S. Dep't of Trans. 1970).

4.7.5　心脏病的流行

1981 年 4 月到 1982 年 6 月，位于得克萨斯州圣安东尼奥市的一个大型医疗机构中，每个房间八个床位的儿科重症病房出现了心脏收缩系统骤停和死亡率上升的异常情况。和 4 年前的 106 例中只有 36 例死亡相比，发生在晚班（下午 3：00 到晚上 11：00）的 42 例中就有 34 例死亡，死亡率大大上升。有资深顾问认为这种情况说明，至少一些病例发生与药物中毒有关。表 4.7.5 给出了死亡数以及 8 个护士的晚间换班数目，其中每个护士都见证了至少 5 例死亡情况。

表 4.7.5　　被选取的护理人员换班期间儿科重症病房死亡情况

护士代号	晚间死亡数目（n=34）	换班数量（n=454）
13	14	171
22	8	161
31	5	42
32	27	201
43	6	96
47	18	246
56	17	229
60	22	212

其他的数据显示：（1）与心脏病流行之前患者死亡时相比（39 例中的 4 例），只有 32 号护士被分配在心脏病流行期，患者死亡时明显护理了更多的病人（42 例中的 21 例）；（2）与心脏病流行之前夜班中 8 例死亡中有 1 例由 32 号护士护理相比，心脏病流行期夜班死亡的 34 个儿童中有 20 个由 32 号护士护理；（3）16 名心脏骤停的孩子中有 10 名是发生在不同日子但相同时间段上的，而其中 9 例是由 32 号护士负责值班的；（4）除了 32 号护士外，其他护士或非护士人员的危险率都没有明显上升。

问题

1. 在死亡时间和夜班护士相互独立的零假设下，假设：（1）对于

32号护士没有更多详细资料；(2) 32号护士以前的护理状况就值得怀疑（忽略数据被截短至5个或更多死亡的事实）。找出超出所观察所有护士预测的大量死亡的概率。

2. 32号护士值班和不值班的死亡相对风险是多少?

3. 仅靠充分的统计证据能对32号护士以谋杀为罪名提起诉讼吗?

4. 在基于非统计证据的某个病例死亡的诉讼中，统计证据是否会被接受?

资料来源

Istre, et al., *A Mysterious Cluster of Deaths and Cardiopulmonary Arrests in a Pediatric Intensive Care Unit*, 313 New Eng. J. Med. 205 (1985).

[注释]

32号护士离开这家医院后去了一家较小的医院，在那里，她的一次致命的注射害死了一名病人，她由此被捕并判了99年的刑期。随后她被检举在先前那家医院伤害儿童，一名病不致死的病人却在她上晚班时复发心脏病。这是过量注射或注射次数过多引起的。这些证据是旁证而非统计证据，但统计数据能从事实中体现出来。

在另外一起相似的案件中，52名护士同时看护72名心脏病患者，其中的一名（第14号护士）同时看护57名这样的病人。而接下来，每名护士最多看护5名这样的病人。另一些统计证据也是针对第14号护士的。在一场法庭审讯后，对于第14号护士犯有谋杀和试图谋杀的起诉被驳回了。法庭认为，这些统计数值仅仅体现了治疗心脏病时的表现，与玩忽职守或工作失职不同，并不是犯罪证据。

The Washington Post, June 8, 1988 at B1; Sacks, et al., *A Nurse-Associated Epidemic of Cardiac Arrests in an Intensive Care Unit*, 259 J. Am. Med. Assoc. 689 (1988). See also Buehler, et al., *Unexplained Deaths in a Children's Hospital*, 313 New Eng. J. Med. 211 (1985); Stephen Fienberg and David H. Kaye, *Legal and Statistical Aspects of some Mysterious Clusters*, 154 J. Roy. Stat. Soc. A, Part 1, p. 61 (1991).

4.8 几何分布和指数分布

几何分布和指数分布都与泊松分布紧密相关。在一个泊松过程中

（参见4.7节），连续事件之间的间隔时间是服从指数分布的相互独立的随机变量。等待时间的指数分布具有常见的“危险”过程的特性。在这一过程中，一个新事件的可能性独立于过去发生的事件。泊松过程应用于生存研究中分析人群中风险因素对死亡率的影响。

几何分布

最容易的是以指数分布的离散形式开始，也就是几何分布。当有一系列独立的试验，其中，常数 p 代表成功的概率，q 表示失败的概率，进行 n 次试验直到出现第一次成功为止，服从几何分布，当 $n \geqslant 1$ 时，概率可用如下公式表示：

$$P\,[X=n]\;=pq^{n-1}$$

容易证明，试验次数的均值是 $1/p$，方差是 q/p^2。试验次数大于 n 的概率是 q^n。令其等于 $1/2$，解 n，试验次数的中位数约为 $-\ln(2)/\ln(q)$。注意，p 是离散风险常数，即以前没有成功的情况下，下一次试验成功的条件概率。

指数分布

在连续的指数分布中，与 p 相类似的是风险常数 β。β 是在一个短暂的时间段里，当时间段趋于零时（在这个时间段里没有任何已知事件发生）发生某一事件的条件概率的极限值，是用区间长度来划分的。在一个短暂的区间 dt，从任意时间 t（已知直到时间 t 没有失败）失败的条件概率近似于 $\beta \cdot dt$。对于某一事件的等待时间 x 的概率密度函数是 $\beta e^{-\beta x}$。平均等待时间是 $1/\beta$，等待时间的方差是 $1/\beta^2$，标准差是 $1/\beta$。因此平均等待时间仅仅是当密度分布图的右侧尾部扩大到无穷大时，距其左端（零等待时间）一个标准差。偏度可以通过中位数与均值的关系反映。等待时间超过 t 的概率是 $e^{-\beta x}$，令其等于 $1/2$ 并对 t 求解，我们发现失败时间的中位数是 $\ln(2)/\beta$，因为 $\ln 2$ 约为 0.69 且 $1/\beta$ 是等待时间的均值，它表明等待时间的中位数约是均值的 69%。这一结果告诉我们，等待时间比均值小的情况比那些比均值大的情况有更大的可能，如图4.8所示，其曲线为均值和标准差同为1的标准指数分布。

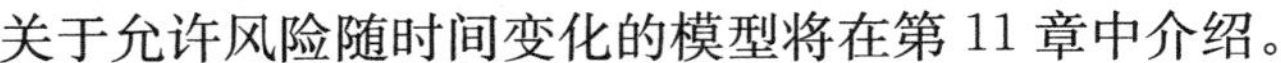

关于允许风险随时间变化的模型将在第 11 章中介绍。

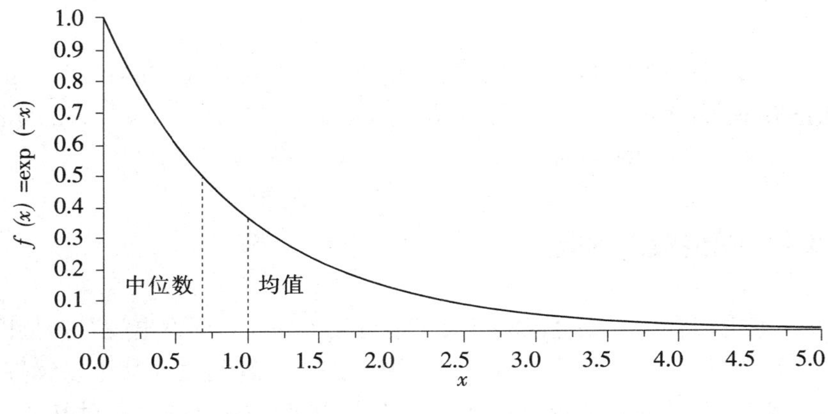

图 4.8 标准指数分布的概率密度函数

4.8.1 液化天然气的海上运输

Distrigas 公司向联邦能源委员会提交申请，请求允许其进口 Algerian 液化天然气，通过集装箱运输到纽约的 Stater Island 的特殊建造的建筑物中。由于大量的液化天然气停靠码头可能会引起灾难性的火灾，委员会要专门针对此事进行风险评估。部分提交的报告宣称事故发生的概率为 7 000 年一遇。假设这种说法是正确的。

问题

1. 什么概率模型适用于这个例子呢?

2. 假设应用你推荐的模型来计算，第一次事故可能发生于哪一年?

3. 头 10 年至少发生一次事故的概率是多少?

4. 7 000 年的时候会否一股脑地连续发生事故? 第一次事故的时间的标准差是多少?

资料来源

W. Fairley, "Evaluating the 'Small' Probability of a Catastrophic Accident from the Marine Transportation of Liquefied Natural Gas," *Statistics and Public Policy* 331 (W. Fairly and F. Mosteller, eds., 1977).

4.8.2 网络接入合同

一家电视台和一家电视网络公司签订接入协议，同意电视台转播网络节目。协议是一年期的，但是在其中一方确认解约之前都可以续签。假设合同价款很高，电视台的买家是否会为了税收的目的而对其摊销呢？国内税收法规规定无形资产只有在其寿命可以被合理准确估计的情况下才能摊销。表 4.8.2 列出了 250CBS 与 NBC 与至少 3 家 VHF 电视台接入的终止合作的数据。

表 4.8.2　　250CBS 与 NBC 接入终止情况表

合作敲定年份	开始合作时的接入数	终止数
1957	944	64
1958	1 110	70
1959	1 274	77
⋮	⋮	⋮
1962	1 767	88

问题

1. 用几何分布和这些数据估计在 1963 年纳税申报单的合同期限。
2. 对于该模型你有何异议？

资料来源

W. E. Deming and G. Glasser, *Statistical Analysis of the Termination of Contracts of Television Network Affiliations* (report to the

Tax Court in *Commissioner of Internal Revenue v. Indiana Broadcasting Corporation*, 41 T. C. 793, *rev'd* 350 F. 2d 580 (7th Cir. 1965)).

[注释]

税收折旧问题已经在其他环境出现了，例如新闻报纸定金折旧。参见 Deming and Glasser, *A Markovian Analysis of the Life of Newspaper Subscriptions*, 14 Management Science B-283 (1968)。又见 Section 11. 1. 3。

4. 8. 3　Branion 案

John Branion 医生被指控用铁链绞杀然后射杀他的妻子。由于 Branion 和他的妻子都出身名门望族，所以这个案件在他们居住的芝加哥引起了广泛的社会关注。判刑许多年后，Branion 申请人身保护权。他声称，凶杀案发生当日他没有作案时间，上午 11：30 前他一直在芝加哥海德公园的医院接待病人，然后开车中途两次停留，回到家发现妻子被杀死，最后于上午 11：57 打电话到警察局报案。

统计上的争论集中在两个部分：驾驶时间和勒死时间。警察在同一路线上不超速重复驾驶 6 次，时间为 6～12 分钟不等，平均为 9 分钟。而从绞杀的时间看，Branion 向检控方的法医解释，到要形成可观察到的淤青，必须向他妻子的脖子施力 15～30 分钟。简而言之，Branion 强调：(1) 驾驶时间和绞杀时间都服从正态分布；(2) 一段 6 分钟的驾驶时间会偏离 9 分钟的均值 3 个标准差，即 1 分钟；(3) 一段 15 分钟的绞杀时间同样会偏离 22. 5 分钟的均值 3 个标准差，即 2. 5 分钟。Branion 认为每一个事件中的 P 值（少于 6 分钟的驾驶时间和少于 15 分钟的绞杀时间）是小于 0. 01 的，而且联合事件的 P 值小于 0. 000 1（即 0. 01×0. 01）。Branion 根据驾驶时间和绞杀得出结论，他有罪的概率小于 1/9 000。

问题

1. 这些假定的标准差正确吗？

2. 文中两个事件（驾驶和绞杀）的时间有可能独立吗？如果它们是独立的，那么将它们各自的 P 值相乘得到它们和的 P 值合适吗？

3. 关于驾驶时间，法院观察到“没有证据表明它们呈高斯分布或分布是无偏的”。如果驾驶时间分布是偏斜的，对谁有利，Branion 还是这个州？指数分布在这里合适吗？

4. 假设驾驶和绞杀时间是独立的，如果标准差正像 Branion 所说的那样，它们的和小于 27 分钟（11：30～11：57）的概率的上限是什么？

资料来源

Branion v. Gramly，855 F. 2d 1256（7th Cir. 1988），*cert. denied*，490U. S. 1008（1989）.

［注释］

根据案例中归档的一个书面陈述，审判中主持会议的法官 Reginald Holzer，随后被证明在其他案件中接受贿赂，在本案中向 Branion 的朋友收取了 10 000 美元的贿赂，并且为了另一笔 10 000 美元而同意准许一个辩护的行为（尽管判决是不可上诉的）。然而，几天之后，法官对此否认，因为检察官得到风声，有一个在法官和 Branion 的朋友之间的会面，而且在一个与法官的私人会面上，检查官威胁说，如果法官推翻陪审团的裁定将逮捕每一个牵涉其中的人。收到钱后，Holzer 法官同意保释尚未决定是否上诉的 Branion。Branion 随即逃到非洲，先去了苏丹，之后又去了乌干达；有消息说他成了 Idi Amin 的私人内科医师。Amin 下台后，新的政权非正式地将他送回美国，他开始了终身监禁（Id. at 1266-1267.）。

陈述这些事实上诉意见的法庭因 Branion 的人身保护权代理人的错误受到尖刻的批评。参见 Anthony D'Amato，*The Ultimate Injustice*：*When a Court Misstates the Facts*，11 Cardozo L. Rev. 1313（1990）。

第5章 两个比例的统计推断

5.1 两个比例相等的 Fisher 精确检验

当对两个比例进行比较时，引用能体现它们之间差异的数字——如它们之间的差额或比例——是常见的做法。一些衡量这些关联的方法已经在 1.5 节中介绍过了，其他的方法将在 6.3 节进行讨论。这些方法的特点和“最佳”选择是描述统计学和测量理论的主题。这里有一些有趣的问题，但赋予主题深度的是：在描述时，概述的数据汇总通常被视为潜在总体（即真正感兴趣的主题）的信息。在这样的情况下，数据被用于检验总体的某些假设或估计总体的某些特性。在假设检验中，统计学家计算观测到的样本比例的统计显著性来检验零假设 H_0——在总体中，它们的比例为 1。在参数估计时，统计学家计算样本比例的置信区间以得出与数据具有一致性的潜在总体参数的可能范围。构造置信区间的方法将在 5.3 节进行讨论。现在开始讨论假设检验。

独立性与同一性

常用一张四重表或 2×2 表来概括计算两个比例的数据。在四重表中最常见的零假设是：反映在四重表一边际的属性 A 独立于反映在四重表另一边际的属性 B。当在给定 B 条件下 A 的条件概率不依赖于 B 时，属性 A 和 B 是独立的，这时，有 $P[A \mid B] = P[A] = P[A \mid \bar{B}]$，因此，独立性意味着条件比例的同一性。例如，在 5.1.1 节的护理考试中，假设是护士能否通过考试（属性 A）独立于他们的种族（属性 B）。相反地，如果这两个条件概率相等，则在组合情况下，通过率也等于 $P[A]$。因此，同一性意味着独立性。当 A 和 B 独立时，联合概率是边际概率的乘积，因为 $P[AB] = P[A \mid B] \cdot P[B] = P[A] \cdot P[B]$。

在进行截面研究时，通常根据独立性构造假设，其中 A 和 B 被视为抽样的随机结果。当抽样设计已经确定了一个属性的每个水平的数量时，通常会根据同一性原则，即条件比例相等构造假设。独立性假设与同一性假设是等效的，无论构造哪一种假设，零假设的检验方法都是相同的。

两个比例相等的精确检验

Fisher 精确检验是检验零假设的一个基本方法。这种检验视 2×2 表所有边际和为确定的。举例来说，在 5.1.1 节中，我们考虑基于如下假设的可能结果：黑人护士与白人护士的数量是确定的，并且那些通过考试的护士与未通过考试的护士的数量也是确定的。特别是，计算出的

黑人护士考试通过人数低于实际观测到的人数。用计算出的人数除以总人数（不考虑考试参与者的种族时，所有通过与未通过的结果将分布在总的参加考试人数中）。如果这个概率很小，拒绝零假设。检验中用到的超几何分布公式，参见 4.5 节。

Fisher 精确检验将四重表中的边际视为确定的，这看上去似乎不够真实客观，在大多数情况下，四重表中至少有两个边际在抽样方案中是循环变动的。如果男人和女人反复参加一项测试，在每一组中，通过的人数不是确定的。事实上，如果目标是模拟一个过程的预期结果——比如说，设计一项样本容量足够大的实验以确保具有一定水平的统计功效——那么假设四重表中各栏是确定的就不合适。然而，假设检验绝不是要求考虑所有的可能结果，因为在所有可能发生的事件的相关子集中，数据与零假设很可能已经不一致了。这是认为所有边际都是固定的背后所隐含的最为关键的思想：当边际假设特定观测值时，如果观测到的两个比例之间的不等在零假设不可能发生，那么这就是拒绝零假设的依据。①

概括一下这里采用的思想：当对假设进行检验时，我们试图将观测到的数据嵌入到其他可能发生的事件的概率空间中。如果能够通过几种方法做到，则一般更倾向于最小的相对空间，这个空间趋向于推测与事实比较接近的“事物应该发生的方法”。在四重表的案例中，可取的概率空间是由与所观察到各边际一致的四重表内所有单元频率组成的。

从条件法中我们得到了重要的技术支持。首先，四重表中各单元格的分布依赖于较少的未知参数。例如，在同一性零假设下，总体比例的公共值是一个未知的“多余”参数，该参数能够通过某种方式估计得出。而一旦以四重表中的各栏为条件，将得到一个与未知参量无关的简单分布（超几何的），这是一个极为有效的简化。

① 尤其，对观测边际条件检验的最大 5%的第Ⅰ类错误率意味着在边际不固定的非条件检验中最大误差率是 5%。检验必然会产生一些边际，且对任何边际的固定设置，检验构建时错误率最大为 5%：由于非条件检验的误差率是对每一可能边际结果误差率的加权平均，平均或非条件比例也是最大为 5%。一些作者认为，检验时平均误差率小于 5%的保守做法是条件检验的缺陷，但如果一个人决定将在所有边际结果下的条件错误概率都限定在 5%，这将是一个必然结果。

其次，在 α 水平下的所有检验中，条件检验是一致最大功效无偏检验。[①] 就是说，当零假设错误时，条件检验是最可能导致拒绝零假设的无偏检验。Occam's razor 在这里似乎是正确的，因为对所有边际的限定产生了这些好的检验。[②]

5.1.1 护理考试

26 名白人护士和 9 名黑人护士参加了一门考试。所有的白人考生和 4 名黑人考生通过了考试。

问题

使用 Fisher 精确检验计算通过率差异的显著性概率。

资料来源

Dendy v. Washington Hospital Ctr.，431 F. Supp. 873 (D. D. C. 1997).

---

① 检验的功效是指当零假设错误时拒绝 H_0 的概率（参见 5.4 节）。无偏检验是指当零假设错误时拒绝 H_0 的概率不小于当它正确时拒绝它的概率。对备择假设中参数的每个值来说，如果一个检验比其他具有相同显著性水平的无偏检验都更有效，那么该检验就是一致最大功效无偏检验。这里，显著性水平是指满足零假设的所有可能参数值中的最大第Ⅰ类错误比例。由于计数数据是离散的，检验的显著性水平可能会比决策者所设定的名义 α 水平稍微小些，严格地说，该检验不是充分无偏或一致最大功效，只是近似而已。文中所说的定理对于数学意义上的对离散进行平滑的条件检验的形式是完全正确的。

② 另一个对边际限定的动因是“随机化模型”。对给定的参加测验的人的组，通过一个测验的能力就像一个人的性别一样是参加测验的人的固有的特性。通过测验的数目，就像参加测验的男性和女性人数一样，可以看作组中预先限定的。在这种意义上边际是确定的。不考虑通过的总数，或者有多少男性和女性进行了测验，感兴趣的唯一的随机因素是男性和女性间数量的分布。在零假设 H_0 下，通过测验和失败的观测的组合只是所有可能结果（且都是等可能的）的一种，这就形成了条件检验的偏差。

5.2 两个比例相等的卡方检验和 z 分数检验

卡方

在大样本条件下，常用皮尔逊卡方检验来近似 Fisher 精确检验。在应用这个检验时，我们计算一个名称容易使人混淆的统计量——“卡方”。在零假设下，该统计量近似服从一个自由度为 1 的卡方概率分布。卡方统计量是根据 2×2 表中的观测值和期望值计算得到的。在独立性假设下计算的 2×2 表中，每个单元的期望值等于相应边际比例与总样本容量的乘积。将每个单元观测频数与期望频数之差的平方，然后除以期望频数；对四个单元的数值求和后得到该 2×2 表的卡方值。简言之，卡方等于观测值与期望值差的平方除以期望值的和。

直观上，卡方统计量是一个用来解释 2×2 表中观测频数与期望频数之间差异的合理的检验统计量。差异越大，卡方统计量的值越大。将差异平方能保证对总差异的所有贡献都为正；一个简单的没有平方的差异可能导致正负值之和为零的结果。对每个单元除以期望值可以校正以期望值为基础的偏差：观察值 52 与期望观察值 50 间的差异，没有观察值 3 与期望观察值 1 间的差异大（即用以拒绝 H_0 的证据比较少）。同样，观察值 30 与期望观察值 10 的差异对卡方统计量的贡献是观察值 3 与预期观察值 1 差异的 10 倍，这反映了随着样本容量的增加，来自预期值成比例的偏差将更不可能低于 H_0。

卡方统计量对于 2×2 表中因素的独立性是一个很有效的检验，并且它对其他很多情况的检验也是有效的。因为若不考虑期望值，每个单元的分布是近似相同的。这意味着在零假设下，卡方统计量的理论分布能被一个简单的表格所表示，如附录 2 中的表 C。如果卡方统计量的值超过了表中给定的临界值，则拒绝独立性假设。

在上面，我们曾涉及一个卡方分布，这是因为，事实上存在一个因“自由度”不同而有所差异的卡方分布族（参见图 5.2）。为了正确理解自由度的含义，了解卡方分布与正态分布之间的关系是很有帮助的。如果将一个服从标准正态分布的随机变量平方，则根据定义，这个平方值服从一个自由度为 1 的卡方分布。如果变量间相互独立，则两个这样变量的平方和服从一个自由度为 2 的卡方分布，依此类推。当自由度大于 30 时，则卡方分布近似于正态分布。（你知道为什么吗?）因此经常用正态分布来代替卡方分布。①

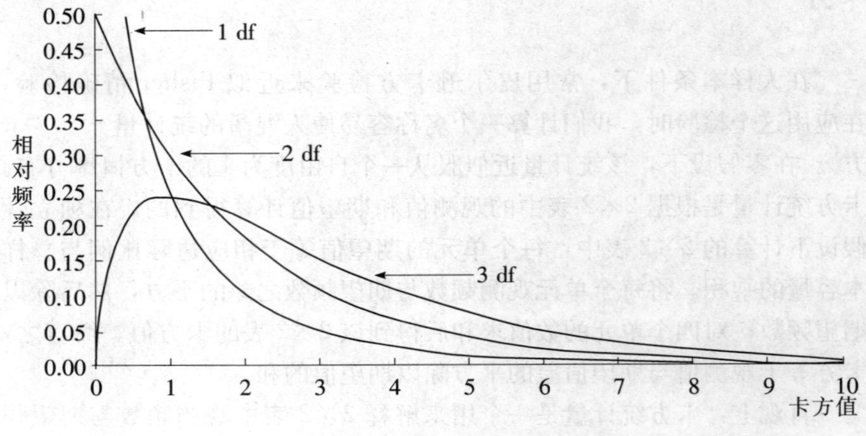

图 5.2　卡方分布族中的一些成员

当计算 2×2 表的卡方统计量时，每个单元中期望值和实际值之间的绝对差异是相同的。因此，尽管四个单元格都是卡方和的构成因素，这个卡方和仍能用代数方法表示为简单的近似正态变量的平方，所以只有一个真正独立的项，因此，卡方只有一个自由度。②

连续的卡方分布表仅仅是离散的卡方统计量的抽样分布的近似。为了改进具有固定边际的 2×2 表的近似值，各单元中实际值与期望值之间的绝对差异在进行平方之前减去了 0.5。这个过程是保守地支持零假设，因为它降低了卡方统计量的值。尽管对于这种修正值存在争议，但它仍然被广泛地应用，这是因为，它确保了卡方近似值更接近 Fisher

① 服从卡方分布的一个随机变量的期望值等于它的自由度，方差等于自由度的 2 倍。

② 这里假设固定边际。当将边际视为随机时，如果总体单位频数未知且是由上面所描述的边际估计出来时，2×2 表的卡方服从自由度为 1 的卡方分布。如果真实总体单位频数已知并利用该值，则卡方统计量的自由度为 3 而不是 1。早在 20 世纪初期，卡尔·皮尔逊和 R. A. Fisher 曾对这一问题进行过激烈的争论。皮尔逊提出卡方作为一个正式的拟合优度的统计量，他认为 2×2 表的正确自由度应该是 3，即使当期望单位频数是由边际估计出来时也是如此。Fisher 认为每一个边际参数估计将损失一个自由度。他关于自由度为 1 的计算最终被证明是正确的，尽管皮尔逊从来都没同意这一观点。

精确检验的结果。（在大于 2×2 的表中存在过度修正，而且在过程中没有考虑边际的限定，因此它不能用于这些情况。）

关于如何计算卡方，请参考 *Connecticut v. Teal*，457 U. S. 440（1982），在该案例中，检验被用于确定升职资格是否受到了种族歧视的挑战。参加考试的 48 名黑人中，只有 26 人（约 54%）通过了考试，而在参加考试的 259 名白人中，有 206 人（约 80%）通过（Id. at 443, n. 3）。上述两组中的通过率在统计上存在显著差异吗？

表 5.2 在相等的假设下（即通过率与种族无关），列出了观测数据和通过边际频数计算出的期望数据。因此，在左上角的单元格中，通过测试的黑人的期望人数等于样本中黑人的比例（48/307）乘以样本中所有人的通过率（232/307）再乘以样本容量（307），乘积是 36.274。同样可以对其他单元格进行比较计算。

表 5.2　　对于 Teal 数据的卡方计算表

（圆括号内的是预期值）

	通过数	未通过数	总数
黑人	26 (36.274)	22 (11.726)	48
白人	206 (195.726)	53 (63.274)	259
总数	232	75	307

附录 2 中的表 C 列出了自由度为 1 时，卡方值超过 12.78 的零假设概率小于 0.000 5。因此，我们拒绝通过率与种族无关或通过率是同质的这一假设。

在上面的例子中，如果每个单元格中的数据减半，卡方统计量将变为 5.75，其显著水平变为 0.02。0.02 是在这么大的偏差在任一方向都会被观测到的零假设下的概率值。在零假设下，这么少黑人通过测试的概率是它的一半或约为 0.01。这说明了一个事实，对于四重表，卡方自动为双尾检验，因为比例间正或负的差异都会产生显著的结果。[①]由于在许多法律诉讼中，单尾检测比较合适（参见 4.4 节），所以应该用

① 通常被称作“综合性的”检验，因为任何一个期望值权重的偏差模式都是与零假设相悖的。这点对于大于 2×2 的表格尤为重要。

单尾显著水平——是表C给出的双尾显著水平的一半——来替代。

$$\chi^2 = \frac{(|26-36.274|-0.5)^2}{36.274} + \frac{(|22-11.726|-0.5)^2}{11.726} + \frac{(|206-195.726|-0.5)^2}{195.726} + \frac{(|53-63.724|-0.5)^2}{63.274}$$

$$= (9.774)^2 \times (36.274^{-1} + 11.726^{-1} + 195.726^{-1} + 63.274^{-1})$$

$$= 95.531 \times 0.1338 = 12.78$$

下面介绍卡方统计量的一些重要属性。

1. 卡方检验统计量仅有计数数据（当独立观察值归入固定数目的互斥且无遗漏类别时）服从卡方分布。当观测值的单位是可测数据或比例或百分比时，卡方检验不适用。例如，为检验在纽约和波士顿周日与周末相比下雪的模式是否相同，我们将建一个 2×2 表，A 代表城市，B 代表一周中的片断。然而，将下雪的总英寸数填入单元格并计算卡方统计量是无效的（就像一个调查者在关于降雪的研究中所做的——参见 *Snowstorms Hardest on Fridays*，N. Y. Times，Jan. 28，1978）。原因是，雪的深度是一个可以变动的可测变量而不是计数变量，卡方检验不适用。即使允许把英寸作为离散单位来计算，它们也不是独立的：给定在某个周末下的第一场暴风雪的英寸数，下一次暴风雪的英寸数也很可能是如此。另一方面，对暴风雪的分布运用卡方检验是有效的，因为暴风雪（而不是英寸）可被看作独立事件，是可数的，且可被划归入 4 个（城市/周片断）类别中的一类。

2. 卡方统计量不是一种测量 2×2 表中各单元关联强度的好方法。观察表明，如果将 2×2 表格中每个单元中的数目都翻倍，关联度不改变，但是卡方（没有经过连续性校正）是原来的一倍。卡方值是由关联度和总的样本容量一起决定的。用（未校正的）卡方统计量除以样本容量，就得到了一个合理的关联度的测量方法——ϕ 平方，我们将在 6.3 节中对它进行讨论。

3. 卡方统计量的抽样分布的精确近似要求样本容量不能太小。对一个四重表，在下列情况下应该用 Fisher 精确检验来代替卡方：（1）总的样本容量 N 小于 20；（2）N 介于 20～40 之间，且最小期望单位频数小于 5。参见 G. Snedecor and W. Cochran，*Statistical Methods* 221 (Tth ed. 1980)。

4. 计算期望单位频数时，在假设两种属性相互独立的情况下，我们常用边际比例与样本容量的乘积，但很少能知道总体值，通常都需要对其进行估计。即使零假设是真的，总体中的期望值也通常与由观察到的边际比例的乘积所决定的值不同。用这种方式计算的期望单位频数，比如在零假设下总体期望单位频数的极大似然估计的例子①，且由于它具有良好的统计性质经常被使用。关于最大似然估计的讨论参见 5.6 节。

关于独立性的检验，这些估计最符合零假设，因为它们近似最小化卡方统计量，也就是说，在零假设下，选择任何其他期望值都将导致比较大的卡方值。这个性质对于单元中数目比较大的表格并不成立，如果认为最小值是合适的，那么为寻求使卡方统计量最小化的期望值的过程将不同。现代计算机程序在比较复杂的情况下计算卡方统计量，一般都是用极大似然法而不是最小卡方法来估计期望单位频数。

5. 对于一个四重表，计算卡方（进行连续性校正）的简便公式表示如下：

a	b	n_1
c	d	n_2
m_1	m_2	N

$$\chi^2 = \frac{N(|ad-bc|-N/2)^2}{m_1 \cdot m_2 \cdot n_1 \cdot n_2}$$

式中，因子 $N/2$ 是对连续性的校正。这个表达式乘以因子（$N-1$）$/N$ 进行连续性的校正，等于在 Fisher 精确检验的正态近似值中使用的标准化超几何变量的平方。

6. 卡方在其他方面的应用，参见 6.1 节。

两样本 z 分数检验

正如前文所述，Fisher 精确检验和它的卡方近似都基于一个条件模型，其中边际总数是确定的，且对于参加测试的两个组而言，在样本中

① 一个总体参数的极大似然估计是使得观测到的样本数据（看作固定的）的概率最大的参数值。

通过检验的人数在 H_0 条件下是随机分布的。对于同一性检验，假定两个组的样本容量确定，有一个不同的模型——两样本二项模型——该模型不考虑，至少在表面上不考虑两边际集合。相反地，它假设每组中的成员都是从大的或无限的总体中随机抽取出的，其中，在零假设下选择一个通过测试的组员的概率是相同的。这是一个有趣但不够直观和明显的事实，在对独立性的零假设进行检验时，下面将要提出的两样本 z 分数的平方在代数形式上与前面提到的卡方统计量相同。两样本二项模型的一个优势是它容易适应检验零假设，明确说明通过率中的非零差异，并能对观测差异构造置信区间（见 5.6 节）。

使用两样本 z 分数检验时要注意，如果在两个总体中通过率的差异为 D，则在两个大的独立样本中相应的通过率差异将近似地呈正态分布，均值为 D，标准差 σ 为两样本通过率方差之和的平方根。对于组 $i=1$ 或 2 而言，样本通过率的方差是 P_iQ_i/n_i，其中 P_i 是总体中组 i 的通过率，$Q_i=1-P_i$，n_i 是组 i 的样本容量。如果总体通过率已知，则通过从样本通过率的差异中减去 D，然后除以 $\sigma=(P_1Q_1/n_1+P_2Q_2/n_2)^{1/2}$ 就可得到 z 分数。这被称为两样本 z 分数，因为它反映了两个组中样本的二项变异。如果 P_i 的值未知，则要分别通过每个样本进行估计，然后用估计值计算 σ。作为结果的 z 分数常被用于构造 D 的置信区间。当检验零假设 $P_1=P_2$ 时，在 H_0 下 D 等于 0，我们仅需要通过率的公共值，即 $P=P_1=P_2$。从两个组中抽取数据来估计 P 值是更可取的，即 P 的估计值从边际通过率中得到，即 p，被用于计算 σ。因为在 H_0 假设前提下，对每一组而言，成功的概率是相同的，且组合数据为概率提供了最好的估计值，所以这种选择被认为是正确的。因此有

$$z=(p_1-p_2)/[pq(n_1^{-1}+n_2^{-1})]^{1/2}$$

式中，p_i 是组 i 的样本通过率。与本节前述 χ^2 的表达式类似，这个两样本 z 分数检验统计量实际上与 4.5 节描述的标准化超几何变量相同（未做连续性校正），均可用于 Fisher 精确检验；唯一的差别是标准化超几何变量差异小于一定比例的两样本二项模型的标准化差异，这个比例就是可忽略因素 $[(N-1)/N]^{1/2}$。其中 $N=n_1+n_2$，即总样本容量。因此，基本上相同的数字检验过程可能得到不同的结果，或者是没有（卡方），或者是一个（两样本 z 分数），或者是两个（Fisher 精确检验）

被认为是固定的边际集合。

应当注意以下变化：

1. 可以通过从比例较大的分子上减去 0.5，或在比例较小的分子上加上 0.5 来进行连续性校正。这样做降低了它们之间的差异，并保守地支持了零假设。它使得 z 分数分布与 Fisher 检验更一致。在大样本中，对于连续性的校正是可以忽略的。

2. 有时只有一个简单的数据样本与外部或先验基准一起来选择期望的通过率。这时适合使用单样本 z 分数检验，在这种情况下，其期望通过率被认为是确定的，且变异的唯一来源是样本的二项变异。

5.2.1 可疑的专家

期权交易的管理部门发现某些封闭的交易是虚构的。管理部门怀疑某些拥有股票存货的专家为了提高自身的地位而制造虚假的报告。专家们否认这一点，他们声称虚假的交易只是过失而已。当股市处于上升趋势时，封闭交易对于拥有长仓的专家是有利的；相反，当股市处于下降趋势时，封闭交易对于拥有短仓的专家是有利的。在准备强制执行的过程中，交易所的职员比较了同一时期内的虚构交易和无疑问交易，数据见表 5.2.1。

表 5.2.1　期权交易

专家的地位	封闭交易		
	趋势	虚构的	无疑问的
长期	加	29	77
	减	6	67
短期	加	2	56
	减	45	69

问题

1. 运用卡方检验来判断这些数据是否支持专家们的主张。

5.2.2 商品贸易的再分配

拥有账户 F 和账户 G 自由支配权的商品经纪人被账户 F 的所有者控告，称他们将有利可图的贸易抽调给账户 G 的所有者，并从中获利。在他们的收益已知的情况下，贸易抽调的过程通过贸易的重新分配来实现。代理商否认指控并回应说，账户 G 的所有者获得较大比例的有利可图的贸易仅仅是个巧合。在账户 F 中，有利可图的贸易有 607 个，不赚钱的有 165 个；在账户 G 中，有利可图的贸易有 98 个，不赚钱的有 15 个。

问题

这些数据与代理商的辩解一致吗?

5.2.3 警察考试

26 名西班牙籍警员和 64 名其他警员参加了一项考试。3 名西班牙籍警员和 14 名其他警员通过了考试。

问题

1. 使用两样本 z 分数法检验西班牙籍警员和其他警员的通过率没有差别这一零假设。

资料来源

Chicano Police Officer's Assn v. Stover，526 F. 2d 431（10th Cir. 1975），*vacated*，426 U. S. 944（1976）.

5.2.4　银行里的晋升

里士满联邦储备银行被控歧视黑人，原因是该银行未能平等地提升工资处于 4 级和 5 级的雇员。表 5.2.4 显示，在 1974—1977 年的每一年中，(1) 工资等级中，每年年初雇用的雇员人数；(2) 黑人雇员人数；(3) 每年提升的雇员人数；(4) 黑人雇员被提升的人数。

表 5.2.4　　依照种族的晋升：里士满联邦储备银行，1974—1977

等级 4	级内总人数	级内黑人总数	总晋升数	黑人总晋升数
1974	85	52	47	27
1984	51	31	14	8
1976	33	21	9	3
1977	30	20	3	1
总计	199	124	73	39
等级 5	级内总人数	级内黑人总数	总晋升数	黑人总晋升数
1974	90	39	39	14
1984	107	53	28	14
1976	79	41	37	19
1977	45	24	16	5
总计	321	157	120	52

问题

1. 考虑等级 4 的合计数据。用坛子里面的球代表雇员，开始时有 199 个球，其中 124 个是黑的，75 个是白的。从坛子中随机抽取 73 个球，代表获得晋升的人数。球被抽出后不放回。那么，73 个球中黑球不超过 39 个的概率是多少？这个模型是否符合：(1) 单样本二项模型？(2) 两样本二项模型？(3) 超几何模型？如果每次抽取后又将球放回坛中，情况将怎样变化？哪个模型更适合这个问题？

2. 假设有两个坛子，一个放黑球，另一个放白球，每个坛子中都有相当多的球。每个坛子中的球都依照 73/199=0.357 的晋升比例被标上晋升与不晋升的标签。从装有黑球的坛子里抽出 124 个球，其中 39 个被提升；从装有白球的坛子里抽出 75 个球，其中 34 个被提升。提升

比例的差异与观察到的差异一样大的概率是多少？与前面描述的模型相比，这是更合适的模型吗？

3. 在这个例子中，原告的专家使用不同的（并且是错误的）数据并运用超几何检验。上诉法院驳回了这些专家使用的数据（这里给出的数据是法院认为正确的）。同时，法院依据两点理由反对使用超几何检验：（1）一篇统计文章中讲到，当样本大小至少为30，并且每一等级的合计数应大于30，才适合使用二项检验；（2）在这段时期内，假设任何被解雇或提升的雇员均被放回原处，因此，样本中的数量不满足超几何检验所要求的“有限不放回”。你同意这种说法吗？

4. 专家证明单尾检验是合理的，因为歧视不是针对白人的假设是合理的。上诉法院反对这种方法以及单尾检验。你同意吗？

5. 从统计检验的目的来看，有理由反对不同年份的合计数据吗？对不同等级以及不同的年份又将如何呢？

资料来源

EEOC v. Federal Reserve Bank of Richmond，698 F. 2d 633（4th Cir. 1983），*rev'd on other grounds*，*sub nom*，*Cooper v. Federal Reserve Bank of Richmond*，467 U. S. 867（1984）.

5.3 比例的置信区间

基本定义

对于总体比例 P，置信区间是以样本观测比例为中心的一个范围，其特性是根据样本数据，将区间内的任意可能值作为 P 的值都是可接受的。为了更准确地说明这一点，考虑对比例 P，给定样本，比例 p 的95%的双边置信区间。区间包括所有那些在某种意义上与样本数据一致的 P' 值，也就是在选择的显著性水平下，如果 P' 为零假设，那么它就不会因为样本数据而被拒绝。由于我们定义了一个95%的双边置信区间，显著性水平为0.05（双边），或0.025（单边）。95%双边置信区间

的下限是比例 $P_L<p$，在显著性水平 0.025 下，样本数据 p 会使我们拒绝零假设 P_L；95％双边置信区间的上限是比例 $P_U>p$，在显著性水平 0.025 下，样本数据 p 会使我们拒绝零假设 P_U。单边置信区间以相同的方式定义，除了对于 95％单边置信区间（无论上下）零假设的拒绝值是 0.05 而不是 0.025。图 5.3a 和 5.3b 说明了这些定义。

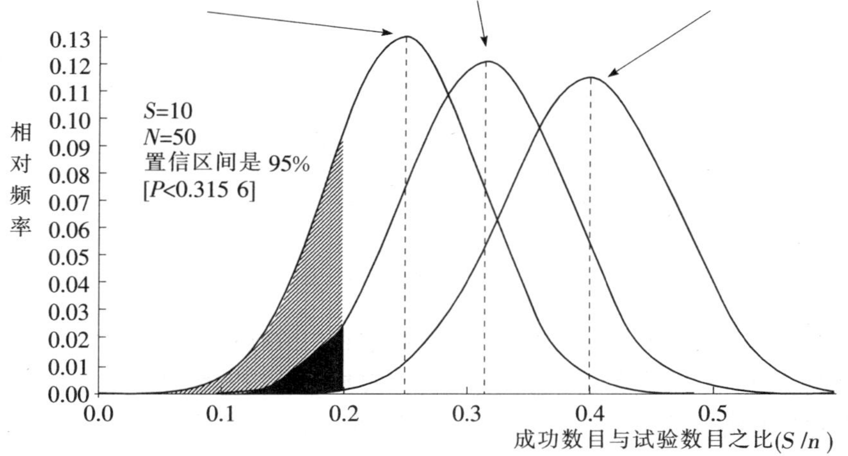

图 5.3a　确定低于或高于单边 95％置信上限的 *P* 值

例子。40 名备选的陪审员从一个大的机构中随机选出，其中有 8 名女性。那么该机构中女性比例的 95％置信区间是什么？得到答案的一种方法是参考累积二项分布表（附录 2，表 B）。假定选取 40 名预期陪审员，且 8 个成功（女陪审员），我们试图找出使两边中任意一边的概率都等于 0.025 的 P' 值。如果 $P'=0.10$，累积二项分布表显示，得到 8 名或更多女陪审员的概率是 0.044 19，因为 0.044 19 略大于 0.025 这个临界值，所以 P_L 略小于 0.10。如果 $P'=0.35$，累积二项分布表则显示，得到 8 名或少于 8 名女陪审员的概率是 0.030 3（即 1－0.969 7）。由于下尾临界值 0.025 略小于 0.030 3，则 P_U 略大于 0.35。因此，基于拥有 40 名成员的样本中有 20％为女性，我们以 95％的概率相信该机构中女陪审员的比例在 10％～35％之间。

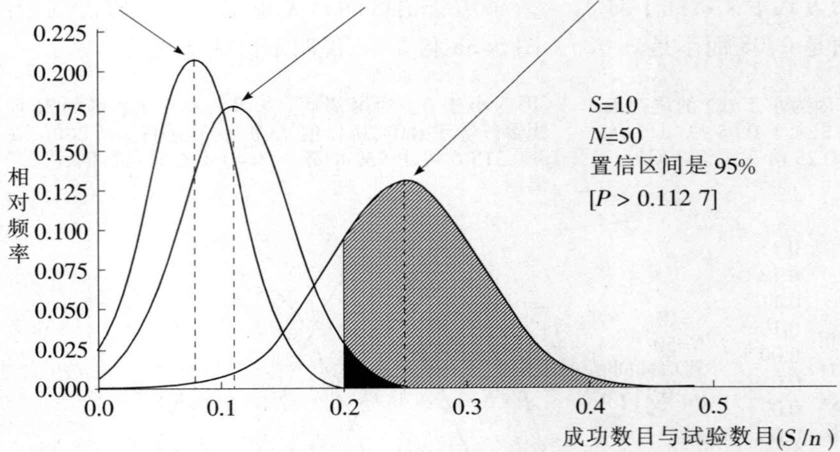

图 5.3b　确定低于或高于单边 95%置信下限的 P 值

例子。在一项毒性实验中，将一种潜在的致癌物质加入到 100 只老鼠（$n=100$）的饮食中，持续 6 个月，造成的肿瘤发生率为 0（$S=0$）。在相同的实验条件下，老鼠患肿瘤的概率 P 的 95%置信区间的上限是多少？答案可以通过解 P_U 得到：

$$(1-P_U)^{100}=0.05$$

或

$$P_U=1-0.05^{0.01}=0.0295$$

已知 100 只老鼠中肿瘤的发病率为 0，因此我们以 95%确信，患肿瘤的比例不超过 2.95%。①

对于二项比例，图 5.3c 和 5.3d 提供了一种图形表达方式以获得 95%和 99%双边（或 97.5%和 99.5%单边）置信区间。使用这些图表，找到样本大小均为 n 的一对曲线，在横轴上找到样本比例，在纵轴上读

① 对介于 $0\sim n$ 间的 S，我们借助 F 分布表（见附录 2，表 F）可以得到 P_U 和 P_L。令 u_α 表示自由度为 $a=2(S+2)$，$b=2(n-S)$ 的上尾截尾概率为 α 的 F 分布的临界值，那么 $P_U=au_\alpha/(au_\alpha+b)$，令 v_α 表示自由度为 $c=2(n-S+1)$，$d=2S$ 的 F 分布的上侧 α 临界值，置信下限是 $P_L=d/(d+cv_\alpha)$。在毒性实验中，如果一个老鼠患了肿瘤，那么 95%置信上限将是多少？

出 P_U 和 P_L 值。使用图 5.3c 为上述挑选陪审团的例子确定 95%的置信区间。

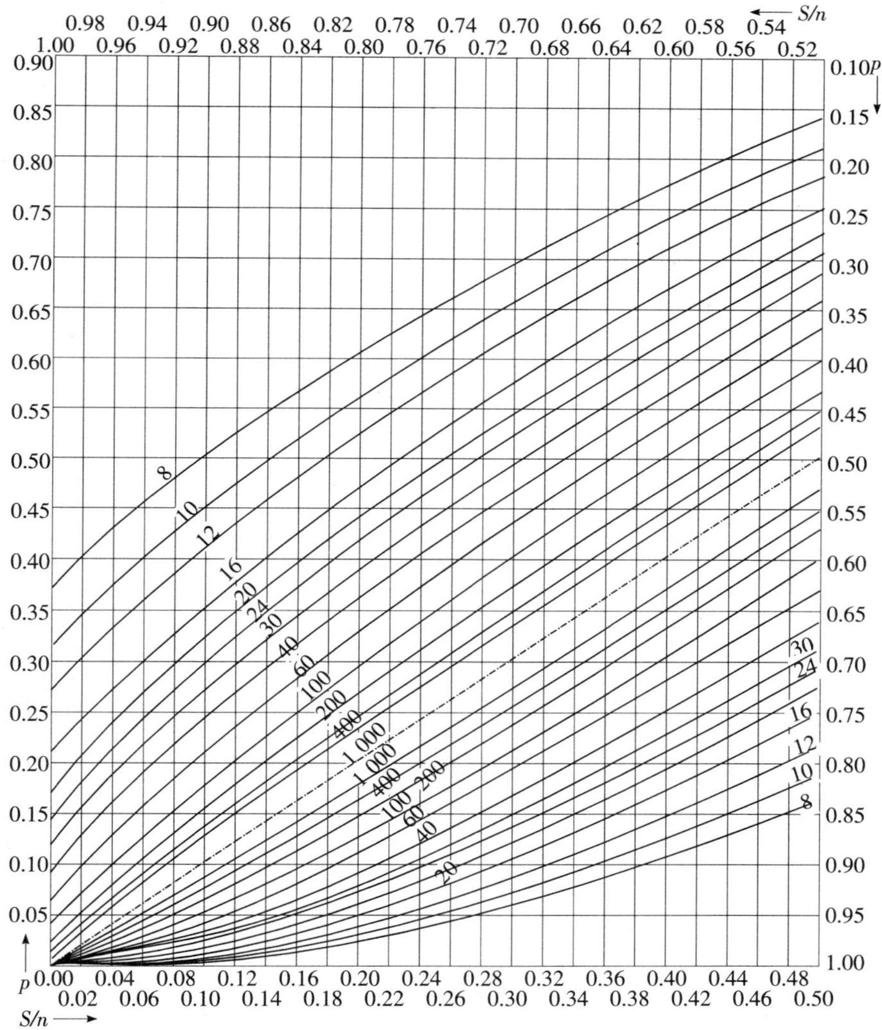

图 5.3c　二项比例的精确 95%双边置信界限（当样本比例 S/n 小于等于 0.5 时，从左侧纵轴读取 95%置信界限；当大于 0.5 时，从右侧读取）

为什么使用“置信”这一术语，而不使用“概率”？为什么不说“$P<0.0295$ 的概率是 95%”？因为 P 是总体参数，而不是服从概率分

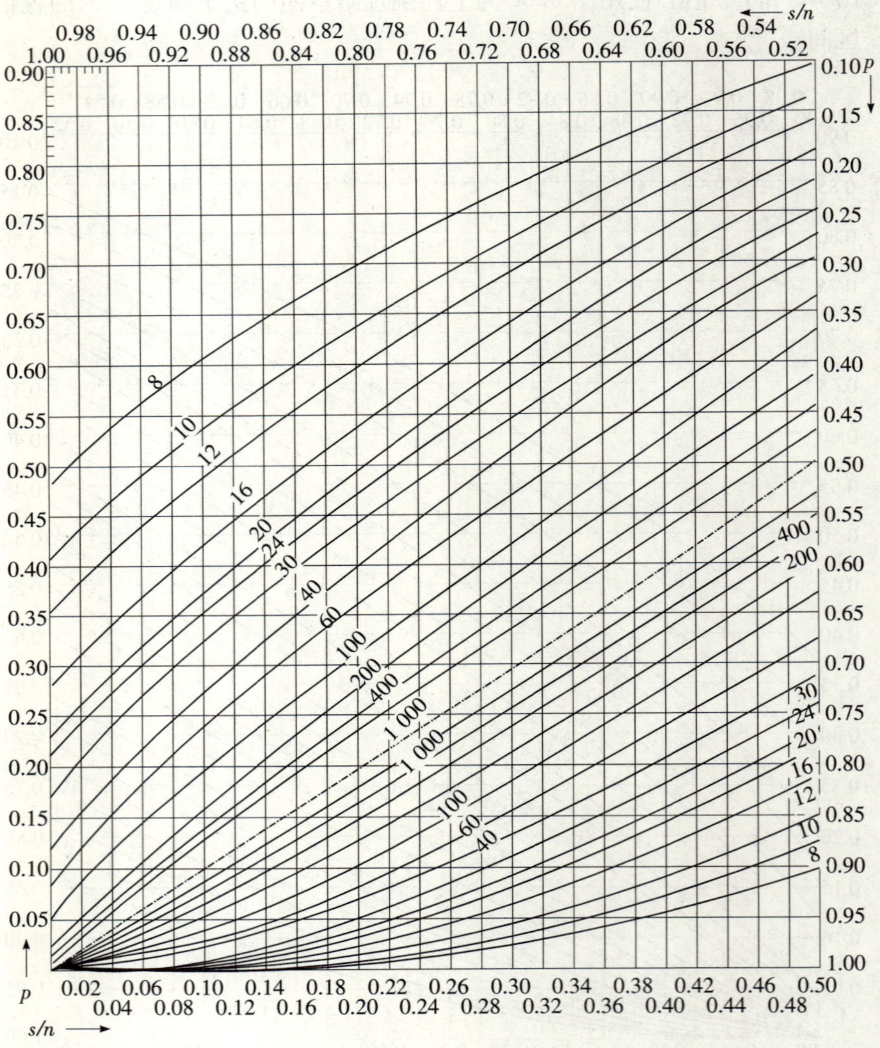

图 5.3d　二项比例的精确 99%双边置信界限（当样本比例 *S/n* 小于 0.5 时，从左侧纵轴读取 99%置信界限；当大于 0.5 时，从右侧读取）

布的随机变量，置信界限 P_L 和 P_U 是基于样本数据的随机变量。因此，置信区间（P_L，P_U）是一个随机区间，它也许包含总体参数 P，也许不包含。“置信”一词源自这样一个基本特性，无论 P 的真实值是什么，95%的置信区间将在它的界限内有 95%次或有 95%的概率包含 P。这种说法仅与置信区间的一般属性有关，而与具有实现值 P_L 和 P_U 的任何特例中真实值的概率估计值无关。基于同一原因，认为 P 在置信区间中心附近的概率大于在边界的概率，或认为 P 低于或超过样本估计的概率相同是不正确的。

涵盖总体参数的置信区间的概率估计要求总体参数具有概率分布。这是贝叶斯法。在贝叶斯公式中，区间被认为是确定的（在数据已经获得的前提下），参数 P 是随机的且具有概率分布。在本书中贝叶斯法很少被使用，因为没有充足的选择 P 概率分布的基础。还可以使用其他公式，例如，基于似然法的区间，包含所有与极大似然有关的、似然比足够高的 P 值。在大样本条件下，基于似然法的区间的结果与我们描述过的众多方法近似，尽管在小的样本中还是有一些差别。

近似区间

当 n 很大且 P 不是太接近于 0 或 1 时，一个近似的 95%置信区间可由样本估计 p 加上或减去 1.96 倍的 p 的标准误差得到。（p 的标准误差是从样本中估计而来的，其值是 $(pq/n)^{1/2}$。）这种近似的基本原理很简单，正态近似被用于累积二项式。它不是精确的置信区间，因为：(1) 使用了正态近似；(2) 在计算方差时，使用单值 p 代替了 P_U 和 P_L。然而，在足够大的样本中（如当 nP 和 nQ 至少都为 5 时；见 5.2 节），这种近似可以得到很好的实际效果。

对于小样本 n，P 接近 0 或 1 时，近似区间与 95%的精确置信区间不一致，如下例所示。

例子。令 $n=20$，$S=1$，则 $p=0.05$。给出近似区间的界限：

$$0.05 \pm 1.96[(0.05)(0.95)/20]^{1/2} = 0.05 \pm 0.0955$$

或　　$(-0.046, 0.146)$

下限显然是不精确的，整个区间与精确区间（0.001 3，0.249）相比，向左移动了。

为了改进近似的精确性，我们对检验统计量使用了 1/2 连续性校正和零假设方差 $P'Q'/n$ 来改善近似区间，结果得到一个二次不等式，其根由下述上限和下限临界值的公式得到（见 J. Fleiss，*Statistical Meth-*

ods for Ratcs and Proportions 14 (12 ded. 1981))。

$$P_L = \frac{(2np + c_{\alpha/2}^2 - 1) - c_{\alpha/2} \cdot [c_{\alpha/2}^2 - (2 + 1/n) + 4p(nq + 1)]^{1/2}}{2(n + c_{\alpha/2}^2)}$$

和

$$P_U = \frac{(2np + c_{\alpha/2}^2 + 1) + c_{\alpha/2} \cdot [c_{\alpha/2}^2 + (2 - 1/n) + 4p(nq - 1)]^{1/2}}{2(n + c_{\alpha/2}^2)}$$

式中，c 是被选出的 p 值的正态离差值，如对于 $1-\alpha=0.95$，$c=1.96$。对于 n 和 p 而言，这些界限总介于 0～1 之间，且显著地接近于精确置信界限。在最后一个例子中，公式求出的区间为（0.003，0.269）。

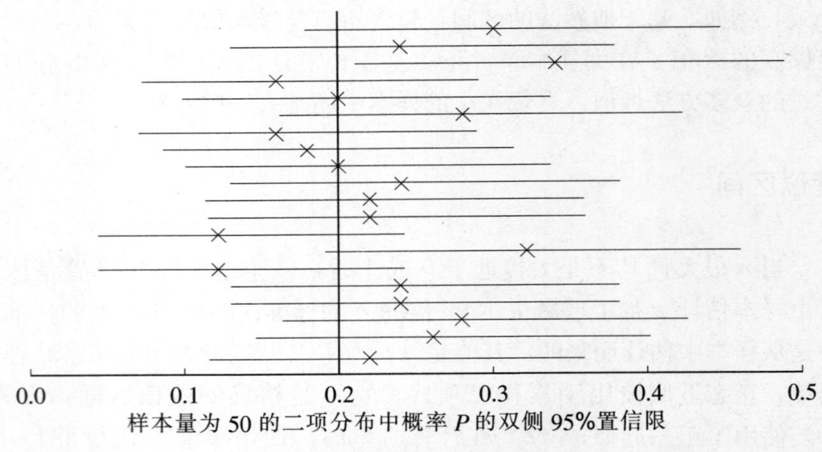

图 5.3e　20 次重复中有 19 次 95%置信区间包含真实的 *p*

两比例之间差异的置信区间

两比例之间差异的近似置信区间仍然是通过样本估计值加上或减去 1.96 倍的标准误差得到的。由于两比例之间差异的方差是每一比例方差的和，则近似置信限为：

$$p_1 - p_2 \pm 1.96[p_1 q_1/n_1 + p_2 q_2/n_2]^{1/2}$$

这个区间近似有 95%包括 $P_1 - P_2$。

率比的区间

对于率比区间，首次将对数转换应用于样本比率以改进正态近似的精确性是可取的，$\ln p$ 的方差可以通过 q/nq 的一致估计得到。由于 $\ln(p_1/p_2)=\ln p_1-\ln p_2$，所以 $\ln(p_1/p_2)$ 的标准误差由 $[q_1/(n_1p_1)+q_2(n_2p_2)]^{1/2}$ 的一致估计得到。因此，95％近似置信区间由下式给出：

$$\ln(p_1/p_2)\pm1.96[q_1/(n_1p_1)+q_2(n_2p_2)]^{1/2}$$

置信区间的宽度随着 p_1 或 p_2 趋于 0 而增加，这与 P_1-P_2 的置信区间随 P_1 或 P_2 趋于 0 变窄形成对比。P_1/P_2 的 95％置信区间是由上述置信限的逆对数获得的，单边界限是类似的方法获得的。

例子。200 名黑人雇员参加了一项职业测试，有 20 人通过（$p_1=0.10$）；100 名白人雇员也参加了相同的测试，有 25 人通过（$p_2=0.25$）。p_1/p_2 的点估计是 0.10/0.25=0.40，计算表明样本对测试造成了真实的、完全不同的影响。但应试者样本差异是总体的真实差异的充足证据吗？或者，更具体地说，p_1/p_2 的一个 95％单边置信区间在其上限有排他性吗？值 4/5 呢？

我们按如下过程进行计算，采用对数方法进行点估计：

$$\ln(p_1/p_2)=\ln(0.40)=-0.9163$$

估计出的标准误差（*s. e.*）值是：

$$[0.90/(200\times0.10)+0.75/(100\times0.25)]^{1/2}=0.2739$$

因此，$\ln(p_1/p_2)$ 的 95％置信上限为：

$$-0.9163+1.645\times0.2739=-0.4657$$

取逆对数，exp(−0.465 7) =0.63。得到的结论是，在 95％单边置信区间的上限，黑人雇员的测试通过率是白人雇员测试通过率的 63％。

优势比区间

类似的分析适用于优势比，$\Omega=P_1Q_2/P_2Q_1$。$\ln\Omega$ 的一致估计是样本对数优势比 $\ln(p_1q_2/p_2q_1)$，标准误一致估计是：

$$s.e.=[(n_1p_1)^{-1}+(n_1q_1)^{-1}+(n_2p_2)^{-1}+(n_2q_2)^{-1}]^{1/2}$$

因此，$\ln\Omega$ 的一个 95％近似置信区间为：

$$\ln(p_1q_2/p_2q_1)\pm 1.96\ s.e.$$

在上例中，优势比的点估计是：

$$(0.10\times 0.75)/(0.25\times 0.90)=0.333$$

也就是说，黑人雇员通过测试的优势比是白人雇员的 1/3。$\ln\Omega$ 的 95% 双边置信区间由下式给出：

$$\ln(0.333)\pm 1.96(1/20+1/180+1/25+1/75)^{1/2}$$
$$=-1.099\pm 1.96\times 0.330$$

即（-1.746，-0.452）。取逆对数，Ω 的置信区间由下式给出：

$$(\exp[-1.746],\exp[-0.452])=(0.17,0.64)$$

因此，在 95%双边置信区间的上限黑人雇员通过测试的优势比大约是白人的 64%。

如果样本容量不够大，可以通过下述类似于计算二项式参数精确置信区间的过程，得到优势比 $\Omega=P_1Q_2/P_2Q_1$ 的精确置信区间。为了说明这个过程，假设 n_1 名黑人雇员和 n_2 名白人雇员参加了测试，其中 m_1 人通过了测试，m_2 人没有通过测试。S_1 名黑人通过了测试，得到一个优势比 $\hat{\Omega}$。把 2×2 表的边际 m_1，m_2，n_1，n_2 看做是固定的，双边 95%置信区间的上限 Ω_u 是 $\Omega_u>\hat{\Omega}$ 的下尾面积概率——即 S_1 或较少黑人通过者的概率——等于 0.025 时的值。对于 $x=0, 1, \cdots, S_1$，下尾面积概率是非中心超几何概率的和（见 4.5 节）。置信区间的下限 Ω_L 是 $\Omega_L<\hat{\Omega}$ 的上尾面积概率——即 S_1 或更多通过的（等于 m_1 与 n_1 中的较小者）的概率——为 0.002 5 时的值。由于没有适当的公式来解决这个方程，所以需要使用计算机迭代的数字方法来计算置信区间的上下限。在最后一个例子中，优势比的精确 95% 双边置信区间为（0.165，0.670），这个结果与大样本近似区间（0.17，0.64）相当接近。通常，精确置信区间比近似区间稍微宽一些。

读者可能已经注意到了，本节讨论的置信区间的端点，对于假设检验设定尾部面积概率为 2.5%，与在非对称分布情况下用单边 P 值的 2 倍得出双边 P 值一样武断。实际上，4.4 节中讨论的关于双边 P 值的任意精确定义都能通过如下方法转化为相应的双边置信区间：95%置信区间是最小区间，它包括所有那些双边 P 值超过 0.05 的参数值 P'。当需要保持 95%的最小覆盖概率时，这样的置信区间通常短于那些尾端概率为 2.5%的区间。在二项式的例子中，测试通过率为 1/20，用 4.4 节中的点概率法，求出的区间上限为 $P_U=0.244$，因为对于不小于 0.05 的双边 P 值（在这里，$P[X\leqslant 1\mid P']+P[X\geqslant 9\mid P']$），这是最大的 P' 值。求出的区间下限为 $P_L=0.002\ 56$，因为对于不小于 0.05 的 P 值（在这里，只有 $P[X\geqslant 1\mid P']$，因为 $P[X=0\mid P']>P[X=1\mid P']$），这是最小的 P' 值。比较区间（0.002 56，0.244）和前面得到的区间（0.001 3，0.249）的长度，用 4.4 节中的广义似然比法求出一个更短的区间（0.002 56，0.227）。

5.3.1 困惑与置信区间

在 *Brock v. Merrell Dow Pharmaceuticals*，874 F.2d 307（5th Cir. 1989），上诉法院重新审阅了一件有关 Bendectin 案子的原告判决书。法院认为缺乏流行病学证据是造成原告败诉的决定性因素。在描述流行病学时，法院写到：

> 毋庸置疑，案件中，最有效且最具结论性的证据是对于流行病学的研究。流行病学试图定义一种疾病与引致这种疾病的可疑因素之间的关系——在这个案例中，怀孕期间摄取 Bendectin……流行病学研究的一个难点是，多种因素都可能导致同一种疾病。众所周知，先天缺陷可由水银、尼古丁、酒精、辐射、病毒及其他各种因素造成。当流行病学家比较在怀孕期间摄入 Bendectin 与没有摄入 Bendectin 的女性所生出的孩子的天生缺陷率时，存在这样一种可能，即：其他因素可能不规则地分布在上述两组之间。通常，样本容量越大，越可能出现随机偶然性导致各因素在两比较组间的均匀分布，除非某些其他因素与被研究因素之间存在依存关系。例如，以下变量间会存在依存关系：怀孕期间摄入 Bendectin 比怀孕期间没有摄入 Bendectin 的女性更可能吸烟。流行病学研究产生误差的另一来源是选择性的回忆——也就是，生出先天缺陷儿童的女性比没有生出先天缺陷儿童的女性更容易想起怀孕期间是否摄入过 Bendectin。幸运的是，我们不必解决上述任何问题，因为通过使用置信区间，研究呈现给我们这些因素的合并概率。提及这些误差来源的目的是为了提供一些关于置信区间重要性的背景。

问题

置信区间是否能反映流行病学研究由于存在困惑或选择性回忆可能会产生偏差的风险？

5.3.2 罕见的名字 Crosset

在 *State v. Sneed*，76 N. M. 349，414 P. 2d 858（1966）中，有证据显示，被告有时使用“Robert Crosset”这个名字，并且在谋杀案发生当天，一个名叫 Robert Crosset 的人购买了一把手枪，而这把枪显然就是谋杀的工具。一位取证专家检查了案发地区的全部电话号码簿，发现在大约 12 900 万个名字中，根本没有叫 Crosset 的人。他猜测 Crosset 的使用频率大约为 1/100 万，而 Robert 的使用频率为 1/30。在假设独立的前提下，他得出结论，Robert Crosset 的使用频率为 1/3 000 万。与宣判被告有罪相反，新墨西哥州最高法院反对使用“正数……当电话号码簿中没有 Robert Crosset 这个名字时，以电话号码簿为基础”。

问题

对于 Robert Crosset 这个名字在大众中的使用频率，专家们怎样才能依据电话号码簿中的资料库计算出一个合理的上限估计值？

5.3.3 窃用通告

金融信息有限公司公布了一项每日通告债券服务，这项服务提供了关于市政公债及公司债券的赎回信息。开始时，信息公布在每日出版并送交订阅者的索引卡片上。卡片上的资料列出了发行者的名称、赎回日期、价格、赎回代理商以及赎回的债券利息数。每年大约发行 2 500 张这样的卡片。

这项服务提供给 500 名订阅者，这些订阅者主要是银行内勤部门和

经纪行，它能使订阅者时刻关注公司债券及市政公债组合的赎回日期。

穆迪投资者服务有限公司发行了一本市政手册以及一本市政新闻报道。这些出版物也提供关于市政公债赎回的信息，与金融服务公司提供的关于那些债券的信息相同。穆迪是金融服务信息的一名订阅者，与金融信息公司相比，它不仅订阅与债券兑现有关的金融信息，还订阅大量与此有关的基础信息：两者都使用大量的国内报纸及地方报纸，但穆迪比金融信息公司使用得更多。

1980 年的某个时期，金融信息公司开始怀疑穆迪公司克隆它们的服务信息。1980 年 12 月，金融信息公司在其索引卡片中暗中设计了一个错误——赎回一些实际上在一年前已经赎回的债券。穆迪公司公布了同样的假信息。进一步调查显示，在 1980 年间，穆迪公司复制了金融信息公司 10 处错误中的 7 处，而在 1981 年，穆迪公司克隆了金融信息公司全部 8 处错误。毫无疑问，穆迪公司抄袭了金融信息公司公告中的重复错误，但该公司的经理主管人员声称一年中只抄过大约 22 次通告。

1981 年，在公布的 1 400 条政府公债兑现公告中，在金融信息公司发布同类通知之前有 358 条首先由穆迪公司发布；有 155 条同时发布或在金融信息公司发布后 5 日内发布；有 97 条金融信息公司没有发布过；穆迪公司还有 179 条额外的信息，涵盖的内容多于金融信息公司。

问题

1. 作为一名金融专家，将注意力集中在这大约 600 条不能排除抄袭嫌疑的信息上，基于 1981 年的出错情况，计算抄袭通告比例的一个 99%单边置信区间的下限。基于 1980 年和 1981 年的出错组合，确定置信区间下限为 0.54。

2. 作为穆迪公司的律师，你准备如何回应？

资料来源

Financial Information, Inc v. Moody's Investors, 751 F. 2d 501 (2d

Cir. 1984)，*aff'd after remand*，808 F. 2d 204 (2d Cir. 1986). 在第二次诉讼中，上诉法院根据通告是不受版权保护的和州不公正竞争法的优先购买权，驳回金融信息公司的控诉。在审理中，法院发现记录将支持穆迪没有大量窃用的结果，其引用这样的事实：(1) 原告专家在统计学上确认穆迪当时只抄袭了 40%～50%；(2) 穆迪的证据证明，在它一年内 1 400 条公债记录中，789 条是不可能从金融信息公司的索引卡片抄袭来的。

5.3.4 商品交易报告

商品期货交易委员会要求每隔 30 分钟保存一次商品交易记录（每个间隔被归为一个数量组），在这 30 分钟内的交易均被记录下来。1979 年 12 月，考虑到记录的精确性，委员会要求每笔交易提交一份关于交易百分比的报告，其中数量组的信息并不准确。委员会建议："合同市场应使用有效随机抽样技术来估计数据的精确程度，假设在 95%的置信水平下，这种估计预期与实际误差百分比的差异不超过 ±2%。"

问题

如果试点研究表明一项交易的误差率约为 5%，样本容量多大时才能满足委员会的要求？

资料来源

CFTC Letter to Commodity Exchanges dated December 7，1979.

5.3.5 因不诚实的行为被解雇

Charles 和 Linda Oliver 在被其雇主西北太平洋贝尔公司（PNB）解雇之后，起诉了该公司。他们声称公司要求雇员服从公司的纪律手

段，如在公司外面犯“不诚实行为”过错即给予解雇的处分，这是一种歧视行为，因为它对黑人雇员有不平等的影响。一位专家检查了一份包含 100 名因不诚实行为而被解雇的雇员的人事资料样本，在这些人中，有 18 人在公司外面犯了不诚实行为的过错，其中 6 人为黑人，Charles 和 Linda 就包括在这 6 人之中。PNB 共有 21 415 名员工，其中黑人雇员 975 人，占总人数的 4.6%。专家比较了“黑人占被开除人数的 33%”与“总职员数中黑人仅占 4.6%”这两个数据，然后提出 PNB 的政策对黑人有完全不同的影响。

上诉法院认为这个样本太小，不足以支撑造成完全不同影响的结论，因为减去一个或两个黑人将会显著地改变这个百分比，引自 *International Bd. of Teamsters v. United States*，431 U.S. 324，339-340 n. 20（1977）；*Morita v. Southern Cal. Permanente Med. Group*，541 F. 2d 217，220，cert. denied，429 U.S. 1050（1977）。（从极小样本中获得统计证据的预测价值较低，不应考虑。）

问题

法院“改变一个或两个”的分析方法是寻找黑人被解雇的其他比例的一种幼稚的方法，从表面上看，由于抽样变异性使它看起来合理。解决样本变异性的问题引出了置信区间分析方法，利用图 5.3c 来确定你是否赞成法院的结论。

资料来源

Oliver v. Pacific Northwest Bell Tel. Co.，106 Wash. 2d. 675，724 P. 2d 1003（1986).

[注释]

在 Oliver 案件中，小样本被拒事件也出现在其他一些案件中。除引用的案件之外，还可参见如 *Wade v. New York Tel. Co.*，500F. Supp. 1170，1180（S. D. N. Y. 1980)（拒绝由比期望人数多解雇一个或两个少数雇员而得出的关于歧视推论）*Bridgeport Guardians Inc. v. Memerber of Bridgeport ciuil Serv. comm'n*，354F. supp 778，795（D. Conn）*modified* 482F. 2d1333 12d cir. 1973)（“当通过单个求职者能够戏剧性改变对比数字的不同结果”时拒绝歧视推论），也要参阅 *Philadelphia v. Education Equality League*，425. U. S. 604（1974），在 4.2.2 节中讨论过。

5.3.6 晋升测试数据的置信区间

针对表 5.2 中的 Teal 数据，计算黑人和白人测试通过率比的 95% 近似置信区间。

问题

1. 解释你的计算结果。

2. EEOC 的五分之四法则（见 1.5.1 节）是否说明了就像在 5.1.1 节和 5.2.3 节计算的那样，更倾向于用真实比率的区间估计的原因。(这个真实比率已经在假设比率是 1 的测试中计算过。)

5.3.7 血管外科手术中的并发症

Z 博士是一名在美国东部医院工作的血管外科医生。行政诉讼剥夺了他在医院的手术权，因为他进行的手术出现并发症的比例太高了。举例来说，在两年的时间里，在某些外周血管手术中，他的切断率为 4/61（或 6.56%）。与同时期进行的东部地区血管外科手术邮件寄送/邮件反馈调查（EVS）得到的结果（切断比例为 65/2 016，或 3.22%）相比，要高出很多。EVS 是通过邮件寄送调查问卷来对血管外科手术进行的调查，反馈率约为 30%～40%。

问题

1. 使用 5.3 节的 Fleiss 二次公式为 Z 医生计算一个近似 95%双边

置信区间。对于 Z 医生将做怎样的辩论或许取决于你的结论。

2. 你将提出什么理由来拒绝将 EVS 作为标准?

3. 为了支持 Z 医生，你将搜集什么额外的资料?

5.3.8 菲律宾国内的折磨、失踪和草率处决

费迪南德·E·马科斯 (Ferdinad E. Marcos) 逃往夏威夷后，在其控制菲律宾政权期间，受其折磨、失踪或草率处决的受害人对他发起了一场集体起诉。在赔偿损失阶段的三叉审讯中，地方法庭要求参加集体起诉的人们提交有关他们所受伤害的细节的声明。在提交的 10 059 份声明中，法庭认为，有 518 份显然是无效和重复的，只剩下 9 541 份有效。为了使诉讼更易于处理，法庭允许使用声明中的统计样本来衡量全体诉讼者所受到的伤害。法庭随机挑出了 137 份声明作为一个随机样本，而且这些声明的提交人也都做了宣誓证词。Sol Schreiber 是一个特定的主管人，法庭指定的专家，他看过这些声明，发现有 6 份是无效的，他建议，将剩下的有效声明的声明者受到的伤害分为三类：折磨、失踪和草率处决。然后对每一样本子集其余成员支付相应子集的平均赔偿额。表 5.3.8a 给出了按照主管人的推荐得到的概括统计量，表 5.3.8b 则给出了草率处决和失踪案件的完全数据。

表 5.3.8a　　主管人对有效声明者所受伤害的分类

	折磨	草率处决	失踪
样本中有效声明数	64	50	17
样本范围	\$20 000～\$100 000	\$75 000～\$220 000	\$50 000～\$216 667
样本均值	\$51.719	\$128 515	\$107 853
样本标准差	\$26.174	\$34.143	\$43.103
四分位范围	\$30 000～\$75 000	\$95 833～\$155 000	\$87 222～\$121 785
各类伤害中剩余的有效声明数	4 869	3 184	880
各类总量	\$251 819 811	\$409 191 760	\$94 910 640

表 5.3.8b　　主管人推荐的伤害数据

草率处决		草率处决		失踪	
1	220 000	26	129 167	1	216 667
2	185 000	27	128 533	2	172 667
3	180 000	28	126 111	3	156 250
4	178 000	29	126 000	4	127 500
5	175 000	30	119 444	5	121 785
6	165 000	31	118 042	6	119 250
7	165 000	32	115 278	7	108 005
8	165 000	33	111 250	8	105 000
9	162 000	34	104 167	9	103 583
10	160 000	35	103 667	10	97 500
11	160 000	36	101 700	11	90 903
12	160 000	37	100 000	12	87 500
13	155 000	38	95 833	13	87 222
14	155 000	39	93 667	14	67 083
15	150 000	40	93 667	15	65 000
16	148 000	41	93 611	16	57 600
17	145 000	42	90 556	17	50 000
18	140 000	43	90 250		
19	140 000	44	90 000		
20	140 000	45	81 944		
21	135 750	46	81 667		
22	135 000	47	79 500		
23	135 000	48	79 042		
24	134 533	49	78 555		
25	130 000	50	75 000		

样本容量 137 是由统计学专家詹姆斯·丹尼·米勒决定的。在假设有效声明的总体比率是 90%的条件下，他从本质上验证了若要得到±5%的一个 95%的置信区间（他所提出的“行业标准”），就需要一个样本容量为 137 的随机样本。鉴于事情结果正当性，他提到了主管人发现 137 份声明中有 6 份（4.38%）是无效的这一事实。

与主管人所推荐的相反的是，陪审团仅发现有两份声明是无效的，所以陪审团修改了 137 个声明者当中 46 人的赔偿金，剩下的人就按照主管人所推荐的方法付给他们赔偿金。按对于起诉集体中的其他人的声

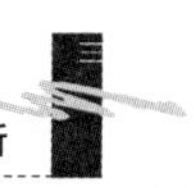

明，陪审团也采取了主管人所推荐的方法付给他们赔偿金。按主管人建议的方法，总共需要 7.675 亿美元的赔偿金，而陪审团裁定返还 7.7 亿美元，法院的判决与陪审团的裁决是相一致的。

问题

1. 专家决定的样本容量是否能够保证无效主张的百分比的 95%置信区间不会超过±5%?

2. 假设数据服从正态分布，通过计算每一子集受害者的平均赔偿金的近似 95%置信区间，判断对于被告和起诉人全体之间的总的公平度。因为样本均值可能低于或高于总体均值，能否说被告没有理由反对利用样本均值是有效的?

3. 通过观察每一子集受害人中的个体所得赔偿金的变化，判断个体原告之间的公平。给定这种变化，对每一子集受害人中的原告使用平均的方法是否公平?

资料来源

Hilao v. Estate of Marcos，103 F. 3d 767 (9th Cir. 1996)；Recommendations of Special Master and Court-Appointed Expert，Sol Schreiber，December 30，1994.

[注释]

如果审讯的案例能够代表集体，那么对于一个大的集体诉讼领头案例的审讯结果就可以在理论上得到认可，从而外推到整个集体中去。在 Inre *Chevron U. S. A*，109F. 3d 1016 (5th Cir. 1997) 中，法院发现由被告选取的 15 个案例以及由原告选取的 15 个案例都没有达到我们所要求的代表性水平，以至于对这 30 个案例（试图将它们视为领头）审讯的结果不能外推到该集体的其他案例当中。法院放弃外推所需要的条件，这包括置信区间分析，如下：

> 审判前，法院可能会利用对领头案例的审讯的结果，为的是将其外推到别的个案，但是在外推之前，必须确定要审讯的案例能够代表一个更大的类，且这些要审讯的案例也是从其中选择而来的。通常来说，这些要建立在充分、科学的统计证据上，这些证据能确保所有的变化都包含在其中，而且这些证据提

供一个足够大容量的样本，以致允许一个——使我们得到的结果反映了全部案例进行审讯所能得到的结果——从而具有充足置信水平的裁决。

5.4 假设检验中的统计功效

假设检验的功效被定义为当零假设是错误时，正确拒绝零假设的概率。功效这一概念是第Ⅱ类错误率的补集——两者之和等于1。大多数备择假设是合成的，即包括很多可能的非零参数值。“硬币是均匀的”这一零假设是一个简单的假设，抛硬币得到正面的概率是1/2。在合成备择假设中，抛硬币得到正面的概率不等于1/2，其概率可能是任意其他值。由于能够根据任意这样的参数值计算出一个给定检验的统计功效，因此通常谈及检验的功效函数。

对备择假设的任意参数值，理想的假设检验应具有功效函数等于1的性质。尽管这个理想假设由于固定样本容量的限制在实践中难以实现，但是可以通过增加样本容量来接近这个理想状态。

“功效”是一个重要的概念，原因是：（1）当设计一个抽样方案或对比实验时，必须提供一个足够大的样本，使任何被发现在统计上显著的值得检验的影响变得合理。一项研究表明，在大的影响面前发现显著性的概率只有25%，这可能不值得花费人力和物力进行研究。（2）检验的功效对于解释不显著的发现是很重要的。通常，结果不显著被认为是支持零假设。如果检验重要结果的功效值高，这就能被保证。因为检验这些结果的失败不能简单地归因于偶然性。但如果功效值低，那么不显著的结果就不能用来支持任一假设，也不会从拒绝零假设的失败中得到任何推论。

例如，在鉴别、分类和潜在职业致癌物校准的最终规则中，只要“在未暴露控制下已检测的癌症发病率增加足以超过50%时”，OSHA决定考虑将非确定性流行病学研究作为职业安全与否的证据（29 C.F.R. §1990.144（a），1997）。虽然OSHA承认“超过50%是不可忽略的”，但它认为，“对灵敏度要求过高将是对流行病学技术提出不合理的要求”（45 Fed. Reg. 5060（Jan. 22，1980））。这种观点基于的证据是：流行病学研究中，最小的超额风险在30%～40%之间，如果风险率增加 5%～10%，流行病学技术是很难发现的。你同意 OSHA 的说法吗?

还有另外一个与上述相关的例子，20 世纪 70 年代后期一项随机门诊试验中，试图检验严格的药理治疗能否与冠状动脉旁路外科手术一样，降低病情稳定的慢性心绞痛患者的死亡率。这项试验主要的发现是：以存活 5 年为期限，两种治疗方案没有显著差异。该项研究得到了大量的公开曝光，并成为支持非手术治疗这一流行趋势的证据。然而，没有受到广泛报道的是：(1) 被观测到的外科手术引起的死亡率比使用药理治疗导致的死亡率低（但是不显著）；(2) 零假设的检验功效低，实际上不超过 30%。因此，这样做可能会对那些被建议推迟冠状动脉旁路外科手术的病人造成重大的伤害。（见 Gerald Weinstein and Bruce Levin，*The Coronary Artery Surgery Study*（CASS）：A Critical Appraisal，90 J. Thoracic & Cardiovascular Surgery 541，1985。）

对于多种不同的参数值和样本容量，标准假设的检验功效已被制成表格。用一个简单的例子来阐述这种基本的思想，不需要特殊的表格。在一个两样本二项式问题中，样本容量为 n_1 和 n_2，水平 $\alpha=0.05$，假设要检验零假设 H_0：$P_1=P_2$，备择假设是单边假设 $P_1-P_2=D>0$。在这个例子中通过两个步骤来计算功效，首先计算如果要拒绝零假设，观测差异 p_1-p_2 的值应是多大。我们称这个值为临界值。然后，假设备择假设 $P_1-P_2=D>0$，计算观测差异 p_1-p_2 的值超过这个临界值的可能性有多大。相对于特定的备择假设，这个概率就是检验功效。详细地说，可以根据如下步骤继续进行。

当样本比例 p_1-p_2 的差异满足不等式 $(p_1-p_2)>1.645\left[pq(n_1^{-1}+n_2^{-1})\right]^{1/2}$ 时，z 分数检验拒绝 H_0，其中，p 和 q 指两个组的集中比例。在备择假设下，真实比例 P_1，P_2 及二者差异等于 $D>0$，通过减去真实均值 D，除以真实标准误差 $\left[(P_1Q_1/n_1)+(P_2Q_2/n_2)\right]^{1/2}$，使样本差异标准化。此外，在大样本情况下，$pq$ 的值将近似等于 PQ，其中，P 是比例 $(n_1P_1+n_2P_2)/(n_1+n_2)$。因此，在 P_1 和 P_2 条件下，检验的功效是近似标准正态随机变量超过 $\{1.645\left[PQ(n_1^{-1}+n_2^{-1})\right]^{1/2}-D\}/\left[(P_1Q_1/n_1)+(P_2Q_2/n_2)\right]^{1/2}$ 的概率。这个概率在正态分布表中可以查到。

例如，当 $P_1=0.6$，$P_2=0.5$，样本容量均为 100 时，零假设 H_0：

$P_1=P_2$ 的检验功效等于近似标准正态随机变量超过 0.22 的概率，其概率为 0.41。综上所述，需要用大样本来检测具有足够功效的相对微小的差异。

5.4.1 对强奸的死刑判决

1961 年 11 月 3 日，在阿肯色州温泉市，William Maxwell，一位黑人男性，因为强奸罪被捕，随后他被宣告有罪并被判处死刑。

Maxwell 犯罪时年仅 21 岁。“受害者是一名白人妇女，35 岁，和她衰弱无力的 90 岁的老父亲住在一起；……清晨，攻击者割破或打碎了一扇窗子，闯入了他们的家；……而后……她遭袭击并被打伤，她的父亲也受了伤，两个人的生命都受到了威胁。”（*Maxwell v. Bishop*, 398 F 2d 138，141，8 th Cir. 1968.）

在联邦人身保护权诉讼程序中，Maxwell 争辩道：在阿肯色州，对强奸判处死刑是种族歧视的表现。为了证明这个论断，Maxwell 依据了 Marvin Wolfgang 博士（宾夕法尼亚大学的一位社会学家）的一项研究。该项研究分析了从 1945 年 1 月 1 日到 1965 年 8 月发生在阿肯色州 19 个县的“有代表性的样本”中的每一个强奸定罪案例。

从阿肯色州的这些数据中 Wolfgang 博士得出，在决定死刑判决时，关键变量是被告人的种族和受害人的种族。他的论断基于这样的事实：其他变量可能能够解释这种差异，但与被告人的种族或判决结果并不显著相关。与被告人种族或判决结果不显著相关的因素包括：进入受害人家的方式、受害人的伤害程度、被告人过去的犯罪记录。与被告人种族不显著相关的因素是：同时期的违法犯罪行为和先前的入狱情况。与判决结果不显著相关的是受害者的年龄。与被告人种族显著相关的因素是被告人的年龄和受害者的年龄。

问题

从资料中摘录的数据列在表 5.4.1a 至表 5.4.1f。先前犯罪记录的数据或闯入的方式能支持 Wolfgang 博士的结论吗？

表 5.4.1a 判决结果与被告人种族的关系

	死刑	无期徒刑	总计
黑人	10	24	34
白人	4	17	21
总计	14	41	55

表 5.4.1b 判决结果与受害人种族的关系

	死刑	无期徒刑	总计
黑人	1	14	15
白人	13	26	39
总计	14	40	54

表 5.4.1c 过去犯罪记录与被告人种族的关系

	无犯罪记录	有犯罪记录	总计
黑人	20	14	34
白人	13	8	21
总计	33	22	55

表 5.4.1d 判决结果与过去犯罪记录的关系

	死刑	无期徒刑	总计
有犯罪记录	12	21	33
无犯罪记录	2	20	22
总计	14	41	55

表 5.4.1e 进入受害人家庭的方式与被告人种族的关系

	强行进入	允许进入	总计
黑人	13	18	31
白人	3	17	20
总计	16	35	51

表 5.4.1f 判决结果与进入被害人家庭的方式的关系

	死刑	无期徒刑	总计
强行进入	6	10	16
允许进入	8	27	35
总计	14	37	51

资料来源

Maxwell v. Bishop，398 F 2d 138，141（8th Cir. 1968），*vacated and remanded*，398 U.S. 262（1970）；see also，*Wolfgang and Riedel*，407 Annals Am. Acad. Pol. Soc. Sci. 119（1973）. 对于种族和死亡判决之间关系的更多详实的研究见 14.7.2 节。

5.4.2 Bendectin 是一种导致畸形胎的制剂吗

Merrell Dow 制药公司 23 年来一直生产一种名为 Bendectin 的药物，用于治疗怀孕期间清晨呕吐症。

Merrell Dow 估计美国大约 25%的孕妇都会服用这种药物；同样，服用该药在其他国家也很盛行。在 20 世纪 80 年代，有人曾怀疑 Bendectin 与某些类型的出生缺陷有关，如肢体畸形、唇裂及豁嘴、先天心脏疾病。

在佛罗里达举办的一次受到公众高度关注的实验之后，那些在怀孕期间母亲曾服用 Bendectin 的原告提起的诉讼超过 500 件。通过预审程序，俄亥俄州南区地方法院将许多案件合并在一起。Merrell Dow 公司收回了已投放市场的药品，并为解决所有诉讼案提供了12 000万美元的基金。这项基金被拒绝了，因而导致了联合陪审团的审讯对于这一案例只有唯一的结果，并没有考虑任何特殊的原告在感情上是被迫的事实。

在审判过程中，Merrell Dow 公司介绍了 10 例群组研究的先天性畸形的结果，这些是当时所有公开发表有关群组研究的文献。（该公司同时也介绍了对于一些个案的控制以及其他研究，但是我们仅关注群组结果。）这些群组研究表明，对于所有的缺陷，有一个对数标准误差为 0.065 的联合相对风险 0.96。对于肢体先天性残缺的分散数据的五项研究得出，一个对数标准误差为 1.22 的联合相对风险是 1.15（所有缺陷研究的结果在表 8.2.1a 中给出，它们结合的方法在 8.2 节中给出）。

原告的专家 Shanna Swan 博士认为，导致畸形胎的制剂通常只与某

些类型的先天性缺陷有关，而群组研究所讨论的包括了所有的缺陷。她声称，Bendectin 的狭义影响在那些研究中被掩盖了。在未曝光人群中，所有的先天缺陷总比率大约为 3%。肢体残缺的比率最高，约为 1/1 000，主体心脏缺陷的占 2/1 000，幽门狭窄的占 3/1 000。如果 Bendectin 使这些缺陷的比率增加 1 倍，但对其他因素没有影响，则总的缺陷比率将从 3%增加到 3.6%，造成的相对风险为 1.2。

问题

被告提出的这些群组研究足够大到能够检测 1.2 的相对风险吗？在回答完这个一般问题之后，尝试解决下列潜在的问题。

1. 假定在未曝光的人群中，先天缺陷率为 3%，在样本容量为 1 000 的人群中，如果已曝光的人群的真实风险率为 3.6%，那么拒绝零假设——已曝光人群与未曝光人群具有相同的风险率——的功效是多少？

2. 如果在曝光人群中，所有先天缺陷组合在一起的实际比率是 3.6%，那么当拒绝在曝光人群中先天缺陷的比率不会超过 3%的总体比率这一假设（在 5%单尾显著水平上）的可能性为 90%时，则研究中需要曝光的人数是多少呢？

3. 如果该项研究只限于先天肢体残缺且使用 Bendectin 使该缺陷率增加一倍，则研究中需要曝光的人数是多少呢？

4. 假设所有先天缺陷数据都是正确的，并且组合恰当，那么它们能够支持专家——不显著的研究结果的功效太小以致无法反对相对风险率为 1.2 的备择假设——的报告吗？

5. 在相对风险率为 2.0 的备择假设条件下，对先天肢体残缺研究的相同问题。

资料来源

In re Bendectin Litig.，857 F. 2d 290（6th Cir. 1988），*cert. denied.*，488 U. S. 1006（1989）.

5.4.3 汽车排放与清新空气法案

联邦清新空气法案，42 U. S. C. § 7521 (Supp. 1998)，是环境保护局（EPA）的官员为遵守排放标准的机动车提供许可证，取消非法使用新燃料或燃料添加剂的机动车的证书的证明。如果 EPA 的官员确定申请者已经保证新燃料或燃料添加剂不会对汽车或其他系统的排放控制造成危害，他们才会进行授权 (Id. , § 7545(f)(4))。

环境保护局承认基于样本研究的关于气体排放影响的证据，并对可能产生即时排放影响的燃料采取了三种不同的统计检验方法：(1) 配对差检验：它测定了在机动车首先使用一种燃料然后再使用另一种时，基准燃料和弃权燃料间排放的平均差异；(2) 差分符号检验：它评估了在展示排放增加或降低的检验中交通工具的数量；(3) 排放的恶化检验：相比车辆行驶 5 000 英里后的标准许可排放水平，由于弃权燃料的使用引起的排放量增加，并把它和交通工具的标准许可排放量进行比较。

这里我们考虑排放的恶化检验。[①] 环境保护局以规则的形式规定了排放的恶化检验，如果有 25%或更多的被检测汽车类型在使用弃权燃料或添加剂后无法达到排放标准，则该检验失败的可能性可达到 90%。在弃权燃料记录中有一款由私人独家占有的燃料名为 Petrocoal（一种含有甲醇添加剂的汽油），16 辆使用该燃料和标准燃料的汽车接受了排放的恶化检验，其中有 2 辆在检验中被发现不符合标准。

问题

1. Petrocoal 通过排放的恶化检验了吗？

2. 环境保护局对于其支持者关于检验的问题还有什么额外的说明吗？

3. 在规则中有相同功效的要求下，假设汽车比例只有 5%，如果测试不合格的概率不超过 0.01，需要检验多少汽车？

---

① 关于配对差的检验的讨论和应用参见 7.1.1 节。差分符号检验是非参数检验，统称为符号检验，在 12.1 节对其进行讨论。

资料来源

Motor Vehicle Mfrs. Ass'n of U. S. v E. P. A., 768 F. 2d 385 (D. C. Cir. 1985).

J. Gastwirth, *Statistical Reasoning in Law and Publicy*, 616-617 (1988).

5.5 法律上的显著性和统计显著性

事实上，一个差异在统计上是显著的，并不意味着在法律上也是显著的。当采取大样本时，即使是很小的差异在统计上也可能是显著的，而在法律意义上并不合适。如果一个雇主平均付给男性雇员的工资高于具有同样资历的女性雇员，这种差异不能作为有意歧视的证据，除非这种差异大到可以暗含这种意图，而且使用非性别的混淆因素来承担是不可能的。有时法律上要求的差异是一个给定的数字。我们来回顾一起关于雇佣测试对少数群体产生的完全不同的不利影响的案例，EEOC 按规定采取了五分之四法则：如果少数群体成员的通过率低于拥有最高通过率的群体的 80%，则假定会产生不利的影响（见 1.5.1 节）。在有毒物质民事侵权行为案件中，有些法院认为，为了从流行病学资料中证实起因，暴露于有毒物质中的致病相对风险必须大于 2①（见 10.2 节）。

人们提出了一个问题，对于法律上认为重要的非零差异，而不是古典统计检验中要求的零差异，是否应进行统计显著性检验？毕竟，如果仅仅是由抽样误差引起的法律意义上的显著差异，可能以相同的理由认为证据是不充分的，这导致我们首先进行统计显著性检验。

为了分析这个问题，现在考虑一组暴露于有毒物质中的原告，他们感染了疾病然后进行控告。定义一种损失，要么基准组中的原告得到赔偿（他在任何情况下都感染疾病），要么其余组的原告被拒绝赔偿（在

---

① 这种要求是基于简单代数。随机选取的一个原告位于基准组（因此没有赔偿）的概率是 $1/RR$，其中 RR 是相对风险。原告位于其余组(因此有赔偿)的概率是 $1-1/RR$。如果 $RR=2$，那么 $1-1/RR=1/2$。如果 $RR>2$，那么它很可能不是一个随机选取的原告而位于其余组。

未暴露的情况下他不会感染疾病）。在决策理论中，调查人员考虑寻求数学上的期望损失，在一系列案件中，这种损失被粗略地转化为平均损失。期望损失是真实相对风险和点估计中止标准的函数。

考虑下列决策规则：如果相对风险的点估计大于 2，则做出对原告有利的判决；否则做出对被告有利的判决。这种规则称为“2-规则”。在“2-规则”下，忽略统计显著性。这种规则的基本论点是“极小极大”解决办法：对任意真实值或长期相对风险值，在“2-规则”下的最大期望误差小于在具有不同中止标准的其他规则下的误差。

为了说明这个规则，考虑一个真实相对风险为 2 的案例。这意味着，将有一半的原告会痊愈。假设抽样是对称的（这种做法在大样本条件下是合理的），利用样本的 1/2，则相对风险的点估计将小于 2，不会进行赔偿。对一半的原告而言，这是一种错误的判决。因此对于 $1/2\times1/2=1/4$ 的群体而言，将会造成原告被拒绝赔偿的错误。同样的计算也适用于在决定进行赔偿时产生的误差，因此总期望误差是每人 1/2。

从基本的微积分学中可以看出，1/2 是在“2-规则”下对任意真实相对风险值的最大期望误差。用除微积分以外的方法来说明这个问题，考虑一个案例，其真实相对风险远大于 2，比如 8。基于抽样的点估计肯定大于 2，在这样的案件中，总会做出进行赔偿的判决，错误赔偿的比例为 1/8，因而错误率远低于 1/2。对于真实相对风险低于 2 的情况，也可以做类似的计算。事实上，误差频率曲线与真实相对风险相反，是钟形曲线，当相对风险为 2 时，该曲线达到最高点 1/2，当相对风险在任一方向上远离 2 时，该曲线逐渐降低为 0。

现在假设，为了替代“2-规则”，在做出进行赔偿的判决之前，我们要求相对风险的点估计至少为 6。如果真实相对风险为 3，则点估计小于 6 的概率将超过 50%。在这种情况下，将不会做出进行赔偿的判决并且误差率为 2/3。点估计大于 6 的概率小于 50%，这时，将做出进行赔偿的判决，误差率为 1/3。总的期望误差是对这两种比率依其概率加权的和，并且由于点估计小于 6 比大于 6 的概率更高，两比率加权的和将大于 1/2。因而，“2-规则”与其他具有较高中止点的方法相比，具有更小的最大期望误差。①

---

① 期望损失的一般公式是真实相对风险（R）和点估计标准（r）的函数：$1/2+(1-2/R)(P(r)-1/2)$，其中 $P(r)$ 是当 $r>R$ 时，在点估计标准下不进行赔偿的概率。该公式表明当 $R>2$ 且 $r>R$ 时期望损失超过 1/2，即 $P(r)>1/2$。

如果采用“2-规则”，但同时要求统计显著性不为 2，事实上我们将在每个案例中采取中止点大于 2 的方法。大于的程度将取决于样本容量和显著性程度的要求。正如我们所指出的，这些规则得出的最大期望误差率都大于“2-规则”计算出的结果。

相同的论点表明，使用“2-规则”并要求不等于 1 的统计显著性，也会使没有显著性要求的“2-规则”的总误差增加。要使点估计为 2，显著性不会不为 1 的那些案例有效，要求中止标准大于 2 且中止标准增加最大期望误差。然而，这只会发生在一小部分当点估计大于 2 时统计显著性不会不为 1 的研究中；反之，要检验显著性不为 2，则需要每个案例中的中止标准都大于 2。因而，当检验显著性不为 1 时的最大期望误差的增加要比检验显著性不为 2 时小得多。注意，如果没有显著性不为 1，被告伤害他人的证据就不足；如果没有显著性不为 2，唯一的问题就是原告是否在那些受伤的人中。因此我们或许可以证明，需要统计显著性不为 1 而为 2 依据的两个理由是：最大期望误差的增加较小和一个更加基本的问题。

5.5.1 港务局的职位晋升

在纽约和新泽西港务局，即将被晋升为警官的黑人警员候选人控告了港务局，声称港务局的升职程序对黑人候选人有着完全不同的影响。港务局的升职程序分为三个步骤：第一步，进行笔试，测量候选人的法律知识、警务监督知识以及在工作中可能遇到的社会、心理方面问题的知识；第二步，通过笔试的候选人要进行口试，测量判断力和个人资格；成功通过第二步测试的候选人进入了最后一轮测试——绩效评估，基于监督绩效的等级以及候选人的出勤记录。完成考试程序后，根据笔试、口试和工作绩效考核三轮考试的加权综合分排序，候选人按照排序结果被列在“合格名单”中。笔试在综合分中的权重为 55%。公布“合格名单”之后，港务局按照从高分到低分的原则开始晋升候选人，根据需要，这份名单将使用 3 年，直到新的名单产生。

总共有 617 名候选人参加了升职考试，其中白人 508 名，黑人 64 名，还有 45 名是其他人种。通过笔试的有 539 人，其中白人 455 名，黑人 50 名。白人的平均分是 79.17%，黑人的平均分是 72.03%，产生

5.0 倍标准差的差异。在口试中，黑人的通过率高于白人。白人和黑人通过工作绩效考核的结果具有大致相同的平均百分比分数，以前名单中的 6 名白人也通过了工作业绩考核。

316 名通过绩效考核测试的候选人按照三轮综和分数由高到低的顺序排列在合格名单中。晋升按照名单从上至下进行，3 年内共有 85 名警员被提升为警官。这 85 人中，有 78 名白人，5 名黑人，还有 2 名其他种族的人。有 8 名白人候选人退休或者退出，或者来自以前合格名单组，因而此次晋升中，实际上只有 70 名白人得到了升职。因此，根据法庭的观点，白人候选人的实际升职比例是 14%(即 70/501)，相比之下，黑人候选人的升职比例是 7.9%(即 5/63)。[①]

造成这种悬殊结果的一个原因是笔试因素。尽管合格分数不高，但候选人只有达到最低分数 76 分，才能在 85 个名额中占据一席之地。在这种情况下，黑人候选人的达到率为 42.2%，而白人候选人的达到率为 78.1%，差异具有高度的统计显著性。

问题

1. 仅考虑未通过笔试的人群，计算黑人通过率与白人通过率的比率，并计算该比率的 P 值。按照 EEOC 的五分之四规则（见 1.5.1 节）以及 Castaneda 最高法院的 2 倍或 3 倍标准差规则（见 4.3.2 节），计算结果能否说明对黑人产生了完全不同的影响？

（信息点：在这个案件中，显著性的计算是用于表示两个通过率间的差异。在这里，根据通过率的比率来计算 P 值，因为这个比率是用五分之四规则来检验的。尽管两个零假设一样，但检验统计量具有略微不同的特性。）

2. 地区法院缓解了 EEOC 和最高法院规则间的紧张局势，宣称笔试并未产生对黑人完全不同的影响，因为如果另外两名黑人通过了考试，差异将失去统计显著性。上诉法院同意了这种观点。现在请你计算一下。根据你的计算，你同意这种观点吗？

---

① 用 501 代替 508－8＝500 个白人候选人，以及用 63 代替 64 个黑人候选人的原因没有说明。

3. 上诉法院考虑了升职程序所有的结果后（14%的白人相比黑人7.9%的晋升），认为确实存在对黑人的不平等，因为违反了五分之四规则。但是这种差异在统计上是不显著的。上诉法院将这种不显著性的原因归结为两点：(1) 统计量基于出现次数相对较少的事件，统计显著性的存在或缺失并不是说明存在对黑人产生完全不同的影响的可靠指标；(2) 这种差异并不是由偶然因素造成的，除了筛选出一些候选人外，原因是由于黑人笔试结果的差异使其在合格名单中的排位低于白人。现在请你计算通过率及其 P 值。你同意法院的理由吗？

资料来源

Waisome v. Port Authority of New York & New Jersey，948 F. 2d 1370 (2d Cir. 1991).

5.6 极大似然估计

在前面已经讨论过了样本均值和方差的两种属性：无偏性和一致性（见 1.2 节和 1.3 节）。尽管统计估计量被证明无偏是令人鼓舞的，但对于给定的参数，并不总是能够很容易地或可以获得无偏估计量的。到目前为止，对于一个估计量来说，更重要的是具有一致性的属性，也就是说，在大样本条件下，估计值将以很高的概率接近真实参数值，即使估计量的期望值并不精确地等于它想要估计的参数。例如，样本方差 s^2 是总体方差 σ^2 的无偏估计量，而样本标准差 s 是总体标准差 σ 轻微的有偏估计量。这通常无关紧要，因为 s 是 σ 的一致估计量，随着样本容量的增加，偏差是可以忽略的。

在比估计均值或方差更为复杂的问题中，如何估计参数或重要参数常常不是显而易见的。相应的问题就产生了，在给定问题中如何寻找参数的估计量？能否找到一致的估计量呢？有什么一般的规则可以使用吗？在各种各样的问题中，问题出现时可以通过极大似然法找到一致估计量，而且这种方法还可以带来额外的收获：极大似然估计（mle）不仅具有一致性，在很多案例中还可以发现它是渐进有效的。这种有效性意味着在大样本条件下，极大似然估计量可能是所有备选估计量中方差最小的。因而，极大似然估计能从数据中“压榨出”有关参数的最大量的信息。[①]

似然函数

极大似然法很容易理解。首先，引入似然函数，$L(\Theta \mid \underline{X})$，其中 Θ 代表参数或待估参数，$\underline{X}$ 代表观测数据。当 Θ 是控制 $\underline{X}$ 分布的真实参数时，似然函数仅仅是观测数据 $\underline{X}$ 的概率，但在这里我们将数据 $\underline{X}$ 看作是不变的，考虑作为 Θ 的一个函数，数据 $\underline{X}$ 的概率是如何变动的。例如，假设用一枚硬币投了 n 次，观测到一组结果 Z_1，…，Z_n，成功得到某一面的概率为 Θ。则似然函数表示为：

$$\begin{aligned} L(\Theta \mid \underline{X}) &= L(\Theta \mid Z_1, \cdots, Z_n) \\ &= \binom{n}{S}\Theta^S \cdot (1-\Theta)^{n-S} \end{aligned}$$

式中，$S=\sum Z_i$，是成功的总的次数。如果只有 S 被记录，而结果的实际次序没有被记录下来，则根据二项概率公式，给出似然函数

$$L(\Theta \mid n, S) = \binom{n}{S}\Theta^S \cdot (1-\Theta)^{n-S}$$

上式可看作 Θ 的一个函数。在本例中，对每一个 Θ 值，$L(\Theta \mid \underline{X})$ 和 $L(\Theta \mid n, S)$ 是成比例的，所以为了比较 Θ 取不同值时的似然函数，这两种形式在本质上是相同的。总而言之，似然函数仅唯一地由常数的比例性被定义，即依赖于（确定）数据的常数而不是参数 Θ 的常数。

极大似然估计

Θ 的最大似然估计表示为 $\hat{\Theta}_n$，就是使似然函数 $L(\Theta \mid \underline{X})$ 最大化时

① 从技术角度，估计量方差与对任意正规估计量的理论最小方差的极限比例随着样本量的增加而接近一致。参见 J. Rice，*Mathematical Statistics and Data Analgses*，ch. 8（2d ed. 1995）。

的 Θ 值。因此，极大似然估计被解释为是使观测结果最可能的参数值，并被直观地看作估计量。在二项式的例子中，为了找到 $\hat{\Theta}_n$，我们提出了使函数 $\Theta^S \cdot (1-\Theta)^{n-S}$ 最大化的 Θ 值是什么的问题，或者说，使对数-似然函数 $\ln L(\Theta \mid \underline{X}) = S \cdot \ln\Theta + (n-S) \cdot \ln(1-\Theta)$ 最大化的 Θ 值是什么。通过微积分计算得到答案，$\hat{\Theta}_n = S/n$ 是最大化值，也就是，样本比例 S/n 是二项参数的极大似然估计。在类似地包含正态、泊松、指数变量的一般问题中，样本均值是极大似然估计量。在更复杂的问题中，必须使用迭代计算的数学运算法则，因为没有与 $\hat{\Theta}_n = S/n$ 相似的封闭形式的结果。由于在统计工作中的重要性，极大似然估计法通常被编写为计算机程序，用来处理大量的数列问题。

极大似然估计量的另外一个重要属性是：如果对参数 Θ 进行所关注的某些一对一的形式变换，即 $\Theta' = f(\Theta)$，则使似然函数 $L(\Theta' \mid X)$ 最大化的 Θ' 值被看作 Θ' 的函数，即 $f(\Theta')$，也就是，形式变换了的参数的极大似然估计仅是原始参数极大似然估计的变换。因此，在一个例子中，p 的对数优势比的极大似然估计等于 p 的极大似然估计的对数优势比。这种不变性属性意味着在给定问题中，可以根据意愿自由地选择感兴趣的参数；只要能够找到一种参数形式的极大似然估计，就可以找到其他所有形式的极大似然估计。

对数似然函数的二次导数为负值被称为观测信息，而且它是对包含在数据样本中统计信息量的一种重要的测量方法。极大似然估计量的标准误差是观测信息的倒数的正平方根，它通常被计算来决定极大似然估计的统计显著性和置信区间。

似然比

非常有用的似然比统计量是通过在备择假设下取似然函数的最大值，与零假设下似然函数的最大值的比率来构造的。似然比统计量被定义为 $L_1(\hat{\Theta}_1 \mid \underline{X}) / L_0(\hat{\Theta}_0 \mid \underline{X})$，其中，$L_1$ 是备择假设 H_1 下的似然函数，L_0 是零假设 H_0 下的似然函数，$\hat{\Theta}_i$ 是任意假设 H_i 下的任意未知参数的极大似然估计。似然比是测量统计论据权重的重要方法；该值较大说明强有力的证据支持 H_1 拒绝 H_0。似然比用于测量我们曾在贝叶斯定理中讨论过的证据的强度（见 3.3 节）、甄别机制（见 3.4 节）以及在选择题测试中作弊（见 3.5.2 节）。

例如，在前述的 Teal 的案件中，计算数据的似然比。黑人和白人警员参加了一项升职测试。黑人警员通过测试的比率是 54%（即 26/48），未通过比率是 46%（即 22/48）；白人警员通过测试的比率是 80%（即 206/259），未通过比率是 20%（即 53/259）。在零假设下，对于两个组别而言，通过率（与未通过率）是相同的，极大似然估计是它们的合并比率，即合并通过率为：

$$(26+206)/(48+259)=232/307=75.57\%$$

合并未通过率是：

$$75/307=24.43\%$$

在零假设下，数据的极大似然值是：

$$\left(\frac{232}{307}\right)^{232}\times\left(\frac{75}{307}\right)^{75}=7.4358\times10^{-75}$$

在备择假设下，对于两个组而言，通过比率（与未通过比率）是不同的。两套比率的似然函数是它们各自似然函数的乘积，对样本数据的比率使用最大似然估计。因此，在备择假设下的极大似然估计值是：

$$\left[\left(\frac{26}{48}\right)^{26}\times\left(\frac{22}{48}\right)^{22}\right]\times\left[\left(\frac{206}{259}\right)^{206}\times\left(\frac{53}{259}\right)^{53}\right]=4.1846\times10^{-72}$$

备择假设下，极大似然估计量与零假设下极大似然估计量的比率是：

$$\frac{4.1846\times10^{-72}}{7.4038\times10^{-75}}=564$$

因此，与零假设相比，在备择假设下，我们有 564 倍的可能看到这些数据，这是接受备择假设而拒绝零假设的强有力的证据。

第二个例子，当检验统计量的概率分布对称时，似然比被用于定义双尾检验中的尾（见 4.4 节，在 *Auerg. v. Georgia* 文章中问题的讨论）。似然比（LR）法定义双尾 P 值为大于或等于所观测 x 的 LR 统计量相对应的所有 x 值的点概率的和。二项参数 p 等于给定值 p_0 的 LR 检验统计量被定义为：

$$LR(x)=\hat{p}^x(1-\hat{p})^{n-x}/p_0^x(1-p_0)^{n-x}$$

式中，x 是 X 的观测值；$\hat{p}=x/n$ 是样本比例和 p 的极大似然估计。

在 Avery 的案例中，$\hat{p}=0$ 并设分子为 1，同时分母为 $0.05^0\times(1-0.05)^{60}=0.046$，所以 $LR(0)=21.71$。对其他 x 值，$x=1, 2, \cdots,$

60，估计 $LR(x)$ 的值，可以发现，对从 $x=9$（$LR(9)=67.69$，$x=8$时，$LR(8)=21.60$）开始的 x 值来说，LR 至少为 21.71。所以，9 个或更多黑人的概率（0.002 8）应增加 0.046，通过 LR 方法得到双尾 P 值为 0.048 8。在本例中，通过 LR 方法得到的 P 值小于通过点概率法得到的 P 值，这不是一种普遍现象。二者的差别仅说明在介乎二者边界的情况下，不同的检验过程可能导致不同的结果。这两种方法都优于简单的方法。通常，分析人员应在估计手头数据之前决定采取什么样的检验过程。

为了简化计算并估计似然比统计量的统计显著性，人们在实践中经常使用对数—似然比统计量 G^2，给定

$$G^2(H_1: H_0)=2\log\{L_1(\hat{\Theta}_1 \mid \underline{X}) / L_0(\hat{\Theta}_0 \mid \underline{X})\}$$

在 Teal 的例子中，对于一个 2×2 表，有

$$G^2=2\times\sum(\text{观测值})\cdot\log[\text{在 } H_0 \text{ 下，观测值/期望值}]$$

式中，和是表中所有单元之和。该统计量渐进等于皮尔逊卡方统计量，也就是，在 H_0 下 G^2 的分布近似服从于 χ_1^2，自由度等于 H_1 和 H_0 下未知参数个数之差。似然比通过 G^2 除以 2 并取幂得到。对于 Teal 案例中的数据，$G^2=12.67$，$\chi^2=12.78$，二者相当一致。使用 G^2，似然比为 $\exp[12.67/2]=564$，与我们前面计算所得结果一致。

拥有卡方分布的 G^2 能被用于估计似然比的统计显著性。因为 $\chi_1^2=12.67$ 具有小于 0.000 5 的零概率，所以 Teal 案例中数据的似然比的统计上显著大于 1。

这些结果可以扩展到更大的表格，其中 G^2 代表了表格中所有单元格之和，并且其卡方分布拥有更多的自由度。所以，对数—似然比统计量可以更广泛地用于多维列联表的分析中。

对数似然比统计量的一个优点是，在一般情况下，它也能被计算出来，比如具有不可数分布特征的皮尔逊拟合优度统计量不适合的情况。此外，依据证据强度的解释方面，对数-似然统计量被认为比 P 值更好。

5.6.1 再论窃用通告

在窃用通告问题中（见 5.3.3 节），穆迪公司的执行人员证实了在一年中出版的大约 600 份通告中，只抄袭了其中的 22 份，或大约 4%。

假设这是零假设，且抄袭大约 50%是备择假设——基于 1980 年和 1981 年 18 个错误之处有 15 个被抄袭这一事实——计算备择假设对零假设的似然比。

5.6.2 微波会致癌吗

现在考虑一下将低水平致电离辐射的影响扩展到低水平微波辐射的影响。二者之间存在着重要的生物学差异。当电离射线的光子束或能量束可以穿过物体时，光子打破化学链并造成中性分子带电；这样的电离能破坏人体组织。相反，10 亿赫兹微波的光子在穿过人体内的分子时，通常仅有 1/6 000 的动能；因此，这样的光子非常弱小以致无法摧毁即使是联系最不紧密的化学链。尽管微弱的微波能量直接改变人体组织分子的可能性仍然存在，但机体将会产生怎样的显著改变仍不明朗。

20 世纪 80 年代进行了一项为期 3 年的动物实验，100 只老鼠被暴露在微波射线之下，对大多数老鼠来说，微波射线吸收率在每克体重 0.2～0.4 瓦特之间。每克体重吸收 0.4 瓦特现在已成为美国国家标准机构关于人体吸收微波辐射的限定标准。受到辐射的老鼠与另外 100 只对比组的老鼠进行比较。调研人员对其身体和行为进行了 155 项检验，在暴露组和对比组之间没太多差别。

一个显著的差异受到了公众的广泛关注：暴露组中患早期恶性肿瘤的老鼠有 18 只，而对比组中只有 4 只。所患肿瘤的类型并不单一。对比组肿瘤的总数目要低于预期数目，而在暴露组中，恶性肿瘤的比率与预期水平相当。

问题

1. 找出在两个组别中肿瘤发生率 p_1 和 p_2 的极大似然估计。相对风险 p_1/p_2 的极大似然估计是多少？

2. 在零假设 $p_1=p_2$ 和不同 p_i 值的假设中，找出这两种情况下的似然比。该似然比显著大吗？

3. 微波对肿瘤发生率的差异负有责任吗？请你来估计一下证据的强度。

资料来源

Foster and Guy, *The Microwave Problem*, 225 Scientific American 32 (September 1986).

5.6.3 不述理由而要求陪审员回避制度

在某些案件中，律师会使用不述理由，因为种族和性别而要求预期陪审员回避，这种情况的出现导致了神圣的法庭诉讼受到质疑。① 对此，人们提出了许多问题，其中之一是律师能在多大程度上确定有偏见的陪审员。为了探究这个问题，一项使用真实法庭数据（而非模拟数据）以及运用数学模型估计律师要求陪审员回避的一致性程度的研究展开了。数学模型将预期陪审员分为两个概念组：其中一组是在给定案件事实的前提下能够清楚地做出决策的人，另一组是习惯于猜测的人。陪审员被定义为对于案件能够做出清楚决策的人，当一个陪审员具有这样的特点时（即使有时不能证明要求回避的原因是正当的），一方律师或另一方律师（但不是双方）一般也会认为陪审员是有偏见的而要求其回避。律师们可能是错误的，但是存在着倾向于允许要求陪审员回避的最强有力案件的专业意见，猜测的范畴包括那些陪审员。他们可能会被两方的律师都要求回避，因为陪审员偏见的矛盾观点或是一些其他的原因，例如感知的不可预测性。不述理由要求回避的这种需求被认为作用在习惯于猜测的陪审员中，比作用在能做出清楚决策的陪审员中更不能让人信服。

为了估计每一类陪审员的比例，研究从一小部分联邦法官中的几个人的法庭上收集了证据，这些法官被双方要求回避应是同时的，而不应像一般案例中是一个接一个的。该项研究的焦点主要集中在被要求回避

① 最高法院宣称使用不述理由因为种族和性别歧视而要求预期陪审员回避是违反宪法的。*Batson v. Kentucky*，476U. S. 79（1986）（种族）；*J. E. B. v. Alabama*，114S. Ct. 1419（1994）（性别）。然而，证明歧视是很难的，因为法官倾向于接受说服力不强的理由执行回避。参见 S. R. Diprima，*Selecting a jurg in federal criminal trials ofter Batson and McCollum*，95 Colum. L. Rev. 888，911（1995）。

的陪审员的数量上——也就是被控辩双方要求回避的陪审员的数量。该项研究遵从的理论是：能清楚地做出决策的陪审员将不会被要求回避，但当控辩双方律师存在与陪审员潜在偏见相冲突的观点或在其他不受欢迎的特点上达成一致，如不可预测性或这些因素结合时，那么习惯依靠猜测进行工作的陪审员将会被要求回避。能做出清楚决策的陪审员数量、习惯依靠猜测进行工作的陪审员数量以及被要求回避的陪审员数量都通过极大似然法进行估计。此法是基于被要求回避陪审员的数据和习惯依靠猜测进行工作的陪审员，与被要求回避陪审员的概率相等的主要假设上的。该项研究收集的数据是通过 20 个选择的观测得到的。① 除非出现特殊情况，一般的陪审团组合中，全体陪审员候选人名单共包含 32 个成员。控辩双方在这份名单中选出各自拒绝的陪审员：控方选择 7 人，辩方选择 11 人（每一方都有候补人选），被双方要求回避的人数从 0～4 人不等，平均每次大于 1 人。

问题

1. 假设全体陪审员候选人名单中包含 32 名预期陪审员，其中控方选择 7 人拒绝，辩方选择 11 人拒绝，还有一人是双方要求回避的。依据假设，习惯依靠猜测进行工作的陪审员是从候选人名单中随机抽出的，那么在下列条件下，请使用超几何分布找出额外选出一人的概率——如果对控辩双方来说，所有能清楚决策的陪审员有一个；(2) 双方都没有能清楚决策的陪审员；(3) 对原告能清楚决策的陪审员有 3 个，对被告能清楚决策的陪审员有 5 个。(提示：在计算超几何概率时，假设原告首先拒绝 7 个，然后被告在不清楚原告的选择下拒绝 11 个。)

2. 你计算的结果能说明与律师们有效使用的拒绝相比他们还可以有更多的拒绝吗？

3. 如果随机假设不成立，则将对能做出清楚决策的陪审员的极大似然估计产生什么样的影响？

① 这里有 16 个案例，20 次选择，因为有 4 个案例是分别轮流选择的。

资料来源

Michael O. Finkelstein and Bruce Levin，*Clear choices and guesswork in peremptory challenges in federal criminal trials*，160 J. Roy. Stat. Soc. A 275（1997）.

[注释]

研究中将陪审员区分为能清楚决策和习惯猜测这两类有些太黑白分明了。在现实世界中存在灰色地带：律师对清楚决策的陪审员意见不同，且不是所有习惯猜测的陪审员要求回避的概率都相同。然而，作者认为，对于陪审员任何范围的一致都将有一个共同回避的期望值，所以可以通过具有近似相同期望回避数的清楚决策/习惯猜测模型来建立模型。因此，在分类模型中，清楚决策的陪审员不能在文字上进行理解，而是一个表示律师随机程度的指标。在研究报告中，将 20 个点的结果合并，极大似然表明约有 20%的陪审员是清楚决策的，80%的陪审员习惯猜测。

法庭数据的结论与对预期陪审团挑战的律师的一致性和精确性的模拟研究是一致的。关于模拟文献的回顾，参见 R. Hastie，*Is attorney-conducted voir dire an effective procedure for the selection of impartial juries?*，40 Am. Univ. L. Rev. 703（1991）。

第6章 多重比例的比较

6.1 用 χ^2 统计量检验拟合优度

对于多项分布的假设检验，χ^2 统计量是一个有用且方便的统计量（参见4.2节）。这非常重要，因为大量的应用问题能够表述为关于“单元格频数”和它们内在期望值的假设。例如在4.6.2节中银色蝶状跨期，问题是价格是否改变服从正态分布的数据。通过把价格变动的范围分成若干子区间并记下

落入每个子区间数据点的个数，该问题可简化为多项分布问题。在零假设条件下，通过正态分布，能够确定数据点落入每一个区间内的概率，这构成了计算期望单元频数的基础。这里的 χ^2 统计量和四重表中的 χ^2 统计量一样，是单元格频数的观测值和期望值之差除以它们各自的期望值之后的平方和。虽然 χ^2 检验比 Kolmogorov-Smirnov 检验略微低效，部分原因是由于将数据分组会丢失一些信息，但是 χ^2 检验使用方便，特别是当数据天然就分布于离散的组中时，而且可以更广泛地用表格来表示。

χ^2 统计量也可以用来检验数据的总体分布未知时，两个不同的样本是否来自服从相同分布的总体。用前面的方法可以得到每个样本的单元格频数，以及期望的单位频率估计边际频率的比例。χ^2 统计量被应用在这样得到的 $2\times k$ 的列联表上，在两个样本来自同一分布的零假设下，统计量服从自由度为 $k-1$ 的 χ^2 分布。

当比较 k 个比例时就引出了 $2\times k$ 列联表的问题。基于样本量分别为 n_1，…，n_k 的样本，检验样本比例 p_1，…，p_k 的齐性。此时，一个方便且等价的 χ^2 统计量计算公式为：

$$\chi^2 = \sum_{i=1}^{k} n_i \frac{(p_i - \bar{p})^2}{\bar{p}\,\bar{q}}$$

式中，$\bar{p}$ 是合并（边际）比例，它由下式决定：

$$\bar{p} = 1 - \bar{q} = \sum_{i=1}^{k} n_i p_i / \sum_{i=1}^{k} n_i$$

在零假设下，它估计了一般真实的比例。一般情况下，只要通过理论或实际情况能够给出期望单元格频率，均可以通过比较数据观测值和期望值，利用 χ^2 统计量进行假设检验。例如，有两个分类变量 A（有 r 个水平）和 B（有 c 个水平），这些交叉分类的数据构成了一个 $r\times c$ 列联表。对于 A 和 B 的统计独立性的假设可以利用 χ^2 统计量进行检验，其中第 i 行和第 j 列交叉处的单元格的期望频率可以用第 i 行和第 j 列的边际频数的乘积除以总频数来估计。在独立性的假设下，χ^2 统计量服从自由度为 $(r-1)(c-1)$ 的 χ^2 分布。χ^2 统计量也可以用来进行多个变量的假设检验，也就是说，χ^2 统计量可以进行高维列联表的多种拟合优度的假设检验。期望单元格频率常常用最大似然方法估计（见 5.6 节）。

在许多 $r\times c$ 列联表中，对于表中得来的 χ^2 分布来说，一个或多个单元格中的频数太小，以至于不能用 χ^2 检验统计量的分布去精确近似。对于维数高于 2×2 的列联表，如果超过 20%的单元格的期望频数小于 5，或者超过 10%的单元格的期望频数小于 1，则不宜使用 χ^2 检验。（在 5.2 节中对于四重表给出了特殊的规则。）这种情况下可采用的一个办法是，合并一些行和/或列来形成一个小点的表。当根据不参考样本数据来确定的期望值或者依据表格的边际频数打破表格时，就不需要任何改变了。

合并表格的另一个原因是做子群体比较，即研究 $r \times c$ 表格的哪一部分对整体 χ^2 值的影响最大。当子群体比较的数目和类型能够事先确定时，只需要做一个简单调整，就可以控制做多重比较时所发生的第Ⅰ类错误。邦弗朗尼的方法（见 6.2 节）可以通过所获得的显著性水平乘以事先确定的被检验表格的数量来应用。

另一方面，通过检查表格的内部结构重新组合时，即当作事后比较时，调整不仅用于多重比较，而且用于用形成这些假设的同一数据来检验假设的选择作用。这里有一个合适的方法来计算用于重组表格（甚至是四重表）的 χ^2 统计量，但要用自由度为 $(r-1)(c-1)$ 的 χ^2 分布来评价结果的显著性。

例如，一个 3×3 表格有 9 个固有的没有进行加总的四重表，和 9 个可以通过行列两两相加而获得的四重表。在邦弗朗尼方法下，用所获得的显著水平乘以 18 来同时分析这 18 个四重表任意几个的显著性。作为一种选择，只有它大于自由度为 $(3-1) \times (3-1) = 4$，χ^2 分布的上 $\alpha=0.05$ 的临界值，被合并表格的 χ^2 统计量才是显著的。在此过程中，一个人会以不大于 α 的概率，错误地拒绝任意表格的独立性假设。

补充读物

J. Fless，*Statistical Methods for Rates and Proportions*，ch. 9（2d ed.，1981.

K. Gabriel，*Simultaneous test procedures for multiple comparisons on categorical data*，61 J. Am. Stat. Assoc. 1081（1966).

R. Miller，*Simultaneous Statistical Inference*，ch. 6，§2（2d ed.，1981）.

6.1.1 死刑陪审员

死刑诉讼程序中通常有两个阶段：确定是有罪或无罪阶段；如果被告人可能被定为死刑，陪审员将决定是无期徒刑还是死刑的惩罚阶段。

在 *Witherspoon v. Illinois*，391 U. S 510（1968）最高法院的判决之前，无论陪审团成员提出什么样的反对死刑的意见，控方都可以提出反对意见。在 Witherspoon 案中，被告宣称：他的陪审团对定罪和死刑存在违反宪法的偏见，因为犹豫地反对死刑诉讼的每个人都被排除在外了。法院认为陪审团对死刑存在偏见，但现有证据并不能证明陪审团对定罪也存在偏见。它限制了陪审团能够依据宪法从以下人群中排除有罪和无罪阶段：（1）在任何案件中均不允许投死刑处罚的票（Witherspoon 排除死亡资格陪审员）；（2）至于死刑被告是有罪还是无罪不能做出公正的决定（取消死刑后）。允许在这种检验下服务的人被称为死刑陪审员。

Witherspoon 案之后的挑战是，与只排除取消死刑者的陪审团对比，死亡资格陪审团对定罪是有偏见的，并要求 Witherspoon 排除的内容应该在确定有罪或无罪阶段被包括在内，如果发现被告有罪，就在处罚阶段选出一个排除他们的新的陪审团。

为了探究这些问题，社会学家研究了 Witherspoon 排除的陪审员是否在确定有罪或无罪阶段与死刑陪审员的投票不同。在一项这样的研究中，Cowan，Thompson 和 Ellsworth 从陪审团召集令名单上、报纸广告和被推荐的人中获得了一个由符合陪审员资格的成年人组成的样本。那些声称不能公平和毫无偏见地决定有罪或无罪的人没有包含在这个样本中。剩余的被分成两组，一组人认为他们不愿意将死刑应用到任何案件中（Witherspoon 的排除死亡资格陪审员），另一组人认为他们在某些案件中会考虑动用死刑（死刑陪审员）。

对一个杀人犯审判的实际案例重新制定的录像带展示了该题目。观看之后，他们被指派到陪审团，死刑陪审员中分了一些人，Witherspoon 的排除死亡陪审员中分有 4 个人。陪审员记录下了一个秘密的前期商议判决以及经过一小时商议之后的第二个判决，结果见表 6.1.1。

表 6.1.1　　对于死亡资格以及排除死亡资格的陪审员的裁决选择

前期商议票数	死亡资格	排除死亡资格
一级谋杀	20	1
二级谋杀	55	7
过失杀人	126	8
无罪	57	14
总人数	258	30
后商议期票数	死亡资格	排除死亡资格
一级谋杀	2	1
二级谋杀	34	4
过失杀人	134	14
无罪	27	10
总人数	197	29

问题

1. 该研究说明了什么？

2. Witherspoon 的排除死亡资格陪审员和死亡资格陪审员在定罪行为上的差异在统计上是否显著？

资料来源

C. Cowan, W. Thompson, and P. Ellsworth, *The Effects of Death Qualification on Jurors' Predisposition to Convict and on the Quality of Deliberation*, 8 Law & Hum. Behav. 53 (1984); see *Hovey* v. *People*, 28 Cal. 3d 1 (1980).

[注释]

对于阿肯色州定罪的一个质疑中，地方法院发现 Cowan，Thompson 和 Ellsworth 三个人的研究以及其他相类似研究的说服力和许可的降低，[①] Eighth Circiut 证明一个鲜明的分歧，但是最高法院持相反态度。在 *Lockhart v. McRee* 476，

① 这六个研究的联合显著性非常高。见 8.1 节。

U. S. 162（1986）案中，审判员 Rehnquist 认为，该研究是有缺陷的，因为在一个实际的案例中，每个人都不可能是真正的陪审员。而且，该研究甚至没有试图去预测，在定罪阶段，一个或多个 Witherspoon 的排除事件死亡资格陪审员出席时，是否会改变定罪阶段决定的结果。

但是即使研究是使人信服的，Rehnquist 认为这和社会科学也是没有关系的。对于陪审团征集名单的第八次修正中，有代表性的要求未被应用到缺乏代表性的次要陪审团。在任何情况下，这个代表性要求仅仅被应用到特定群体中，只反对死刑的个人不能组成该群体。最后 Rehnquist 强调，死亡条件不能剥夺被告人正当审判过程中所需要的公正审判团。因为一个公正的审判团仅仅包括“尽职尽责地应用法律和发现事实的审判员”，并且 McRee 不会认为他的陪审团不是尽职尽责的。法官 Brennan，Marshall，Stevens 提出异议。

6.1.2　Spock 案中陪审员的女性比例问题

一本著名的婴儿护理书的作者 Benjamin Spock 博士和其他一些人被指控越战期间阴谋鼓动年轻人反抗征兵，这些被告引用陪审团的性别组成和其他一些原因上诉。该陪审团没有女性，但是从机会和无因回避角度来讲应该包含女性。虽然被告可能会宣称陪审团名单（陪审员从中产生）应该像一般的人口总体一样包括 55%的女性，但是他们并没有这么做。相反，他们抱怨法院的 6 名法官的陪审团名单中平均有 29%的女性。而在 Spock 被审判之后，第 7 名法官提供的陪审团名单中的女性更少，这不是偶然情况，而是一种系统性情况。在该法官的陪审团名单中，最后 9 个依照时间顺序排列的名单包含的数据见表 6.1.2。Spock 的陪审团从 9 名女性、91 名男性组成的陪审团小组中选出来。

表 6.1.2　　陪审团性别构成

#	女性人数	男性人数	总人数	女性比例
1	8	42	50	0.16
2	9	41	50	0.18
3	7	43	50	0.14
4	3	50	53	0.06
5	9	41	50	0.18
6	19	110	129	0.15

续前表

#	女性人数	男性人数	总人数	女性比例
7	11	59	70	0.16
8	9	91	100	0.09
9	11	34	45	0.24
总数	86	511	597	0.144

问题

1. 用 χ^2 统计量检验在这些陪审团中，女性比例是否与选择女性陪审员的概率恒定的假设相一致。

2. 如果一致，用合并数据计算 p，并为该估计计算一个置信度为95%的置信区间。你的计算结果支持本文中 Spock 的辩护吗？

3. 考虑陪审员的事后分组：女性比例较低的陪审团（4#和8#），女性比例中等的陪审团（1～3#和5～7#），女性比例较高的陪审团(9#)。用这些子小组，对选择女陪审员概率恒定的假设进行检验。

资料来源

H. Zeisel Spock *Dr. Spock and the Case of the Vanishing Women Jurors*, 37 U. Chi. L. Rev. 1 (1960-70); F. Mosteller and K. Rourke, *Sturdy Statistics* 206-7 (1973). The Mosteller-Rourke book misstates the outcome: the court of appeals reversed the conviction on other grounds, without reaching the jury selection issue. *U. S. v. Spock*, 416 F. 2d 165 (1st Cir. 1965).

6.1.3 大陪审团再思考

在路易斯安那州的 Orleans 教区，1958 年 9 月到 1962 年 9 月之间，当一个指控有黑人嫌疑犯的大陪审团被列入陪审团名单时，9 个大陪审团被挑选出来。每一个大陪审团有 12 个成员，其中 8 个陪审团有 2 名黑人，第 9 个陪审团有 1 名黑人。被告认为，在陪审团中，黑人的数量受到设计上的限制。该教区成年人中，黑人占 1/3，但是路易斯安那州最高法院认为，黑人代表的数量低是由于识字率较低以及经济贫困的原因。

问题

1. 通过对每一个陪审团中黑人数量的观察值和期望值齐性的 χ^2 检验（一个 2×9 列联表），检验黑人数量上的不变性与二项选择过程是否一致。该检验的不便之处在于要求把统计量推断到低尾 χ^2 统计量（一个替代检验是用多元超几何模型，总共有 12 列，黑人和白人分别有 17 行和 108 行）。

2. 用二项模型计算陪审团黑人数量的期望值是少于两名，恰好两名还是多于两名，这个合并被用来增加每一个单元格的期望值。用 χ^2 拟合优度统计量，比较每一类陪审团成员数量的观测值和期望值。你能得到什么结论呢？

资料来源

State v. Barksdale，247 La. 198，170 So. 2d 374（1964），*cert. denied*，382 U. S. 921（1965）.

6.1.4　Howland 遗嘱之争

Hetty Howland Robinson 要求继承他 1865 年去世的姨妈 Sylvia Ann Howland 的房产，这是基于姨妈和侄子之间所谓的秘密协议，此协议同意把财产留给侄子。这个协议唯一的书面证据是以前未公开的单独加入遗嘱里的第 2 页。Robinson 声称，按照他姨妈的意思，她写下两份第 2 页的书面证据，1862 年 1 月 11 日早晨在第一份上签了字，那天茶点后又在第 2 份上签了字，那天夜里在遗嘱上签了字。随后的遗嘱是在 1863 年 9 月写的，遗嘱里只给了 Robinson 得自房产的收入。

遗嘱执行者拒绝了 Robinson 的要求，并断言两份第 2 页上的签字是依照遗嘱上的签字伪造的。该案件成为轰动一时的诉讼案例。Oliver

Wendell Holmes，Sr. 是一名支持遗嘱执行者的目击证人，哈佛大学的教授 Benjamin Peirce 也这么做了，他可能是那个时代最著名的数学家。Benjamin Peirce 教授在他儿子的帮助下，采用统计均值来证明这个备受争议的签名是伪造的。他们的方法是数出真实签名和一个有争议签名（其他未引起争议的签名没包括在内）中的一致的下拨数量（总计为30），并比较这些一致性与公认真正的 Sylvia Ann Howland 的签名的一致性。根据 Charles Sanders Peirce 的证词，下拨被认为一致，如果"移动一张照片到一张照片上使得尽可能多的线重合，线条不应有实质性改变。如果有实质性改变，毫无疑问就意味着两个签名有区别"。遗嘱上的无争议的签名和有争议签名中的一个的所有 30 个下拨都重合在一起（见图 6.1.4）。Peirce 教授从其他各种文件中找到了 Sylvia Ann Howland 的 42 个无争议签名，比较了每一对签名的 30 个下拨重合的数量。在审判中他公布了研究得到的数据，如表 6.1.4 所示。（注意只有成对的累积数量和累积重合的笔画数在 13～30 之间。）

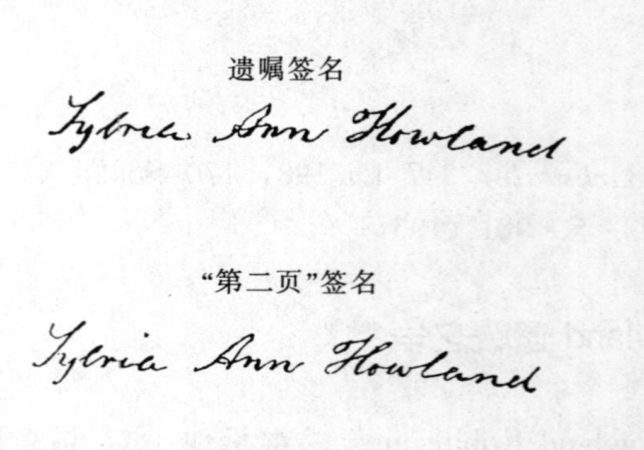

图 6.1.4　未引起争议的和遭到怀疑的 Sylvia Ann Howland 签名

表 6.1.4　　在 861 对签名中 30 个结晶点的一致性

每对的一致性	对　数	笔画一致的数目
0	0	0
1	0	0
2	15	30
3	97	291
4	131	524

续前表

每对的一致性	对　　数	笔画一致的数目
5	147	735
6	143	858
7	99	693
8	88	704
9	55	495
10	34	340
11	17	187
12	15	180
13 ⋮ 30	20	288
	861	5 325

作为可能，假定真实签名和有异议的签名组成的一对签名是唯一一对所有 30 个笔画都一致的。由于每一个中有 861 对和 30 个签名笔画，所以，共有 25 830 对，其中有 5 325 对或稍多于 1/5 一致。在这个基础上，Benjamin Peirce 认为相一致的概率大约是 1/5，并且用二项模型证明，在一对签名中有 30 处一致的概率值是 2 666 百亿亿分之一。（他的结论可能错误，30 个独立配对的概率是：$(5\ 325/25\ 830)^{30}=2.666\times 10^{-21}$，等于 3.75×10^{20}对中出现一对的概率）。

问题

1. 假设 861 对是独立观测值，使用 χ^2 统计量来确定这些数据与 Peirce 的二项模型是否一致？
2. 怀疑独立假设的原因是什么？
3. 怎样分析这些数据才会引起更少的争论？

资料来源

The Howland Will Case，4 Am. L. Rev. 625 （1870），*discussing*

Robinson v. *Mandell*, 20 Fed. Cas. 1027 (No. 11959) (C. C. D. Mass. 1868). This case appears to be the first in which probabilities were computed in a legal proceeding. See P. Meier and S. Zabell, *Benjamin Peirce and the Howland Will*, 75 J. Am. Stat. Assoc. 497 (1980).

[注释]

Howland 遗嘱案在两个方面显示出不同寻常之处：首先，邀请 Peirce 教授证明，有争议的签名和真实签名的差别太小（实际上，根本没有差别），因而这两个遗嘱签名之间的差别不是由立遗嘱人笔迹的自然变化引起的；另外，为了支持他的观点，Peirce 教授采用了一种量化的方法（虽然这种方法有缺陷）来检验这种差异缺乏的概率。在最近的一些普通案件中，一位法庭笔迹鉴定专家应邀来证明，可疑签名和真实签名之间的差异太大，因而不是由笔迹的自然变化引起，并且没有采用任何量化方法。由于笔迹鉴定技术领域缺乏量化方法，在一起著名的案件审判过程中，审判法庭认为法庭文献专家提供的证据缺乏科学性：这样的话，只有拥有专门知识的专家才有资格提供鉴定证据，而且陪审团也这么认为。*United State v. Starecpyzel*. 880F. Supp. 1027 (s. d. n. y. 1995)(在两个可疑签名的斜大写字母“E”在 224 个例子中只发现 5 例)。

6.1.5 Imanishi-Kari 数据造假案

1986 年，麻省理工学院血清研究实验室的主任 Imanishi-Kari 博士，被在该实验室工作的一名研究生指控涉嫌欺诈。这名学生声称 Imanishi-Kari 曾在一篇科学论文中伪造数据，该论文发表在 1986 年 4 月 25 日出版的《细胞》杂志上。这篇论文是 Imanishi-Kari 实验室和位于波士顿的由 David Baltimore 博士领导的分子生物实验室合作研究的成果。David Baltimore 博士是一位杰出的研究人员，曾获得诺贝尔奖，并担任过洛克菲勒大学校长。该研究发现，从一种老鼠身上移植一个基因到另一种老鼠会改变其抗体的功能，新的抗体同时具有捐献者和接受者的部分特征。

国家卫生研究所（NIH）的一个科学小组经调查发现，该论文中存在几处错误，虽然在以后的出版物中对错误进行了纠正，但是没有说明 Imanishi-Kari 科学上的不端行为。然而，当 John Dingell 议员的监督和调查小组委员会查询实验记录，并在 1988—1990 年举行听证会时，这起案件变得臭名昭著。NIH 的诚实研究办公室（ORI）随后重新展开了调查，并在 1994 年公布了一项长达 231 页的调查报告，报告说 Imanishi-Kari 曾伪造论文数据。David Baltimore 博士没有遭到欺诈罪指控，但是因包庇 Imanishi-Kari 而被迫辞去校长职务。

被声称伪造了的数据是由伽马计数器计算的伽马射线的每分钟放射数量（cpm）。为了提供证据，研究廉政办公室（ORI）把可疑的记录数据和确凿无疑的伽马计数磁带记录的不显著数位的分布做对比，看这两者是否一致。理论上，在真实数据中，与实验结果相关的不包含任何信息的数位应该均匀分布在 1～9 之间，然而伪造的数据由于伪造者的个人无意识的数字偏好而显示出非均匀的特性。ORI 获得不显著数位的方法是从每个 cpm 数字的右边开始，然后向左移动直至到达第一个非零数位。如果该数位不是最左边的，则被计算在内，如果是最左边的，则被排除。因此，当 cpm 为 7 000 时，7 将会被认为是显著的而被排除在外；但是当 cpm 为 28 000 时，8 将会被认为是不显著的而计算在内。由于在手写记录数据时，Imanishi-Kari 根据四舍五入的原则，把 cpm 保留到与后一位数接近的 10 位数（例如 cpm 为 10 008 时，记录成 10 010，而不是写成 10 000），因此最右端出现了许多“0”。为了便于将对照组的 cpm 数字与之相比较，ORI 在计算不显著数位之前也要进行四舍五入，但是当 cpm 超过 10 000 时，最小保留到与后 3 位接近的千位数；当 cpm 在 1 000～10 000 之间时，保留到与后 2 位数接近的百位数；当在 100～1 000 之间时，保留到与后一位数接近的十位数；小于 100 时，则不计 cpm 值。

表 6. 1. 5 列出了可疑手写记录的 47 个 cpm 值和对照组 cpm 值的不显著数位的频数。

表 6. 1. 5　　可疑和对照组 cpm 值的不显著数位的频数

数字	可疑 cpm 值的不显著数位的频数	对照组 cpm 值的不显著数位的频数
1	0	7
2	14	6
3	2	3
4	3	10
5	4	3
6	4	2

续前表

数字	可疑 cpm 值的不显著数位的频数	对照组 cpm 值的不显著数位的频数
7	6	7
8	11	7
9	3	2

问题

表中数据支持 ORI 的调查结果吗?

资料来源

Thereza Imanishi-Kari, Docket No. A-95-33, Decision No. 1582 (June 21, 1996), Dep't of Health and Human Services, Departmental Appeals Board, Research Integrity Adjudications Panel. See, in particular, Appendix B of the ORI initial decision at B-22 to B-33. The questioned cpm data are the high counts (cpm of at least 600) from page 1:121 of Imanishi-Kari's laboratory notebook; the control cpm data are the first 47 non-discarded cpms from the high counts on page 1:102-104，关于人们没有办法伪造随机数字并用这一事实来检查是否存在欺诈，见 James Mosimann, Claire Wiseman, and Ruth Edelman, *Data Fabrication: Can people Generate Random Digits?*, 4 Accountability in Research 31 (1995)。

[注释]

诉讼小组发现 ORI 并无有力的证据证明欺诈控告成立，最终不得不驳回对科学研究行为不端的起诉。尤其是诉讼小组发现均匀分布分析存在缺陷：(1) 先前支持均匀分布分析的研究只能表明存在某种人为干涉，而本案中 Imanishi-Kari 对数据进行四舍五入是个不争的事实。(2) 证明数位频数均匀分布的研究是针对最右边的数位（有时被称作“终点”或“错误”数位），但是，ORI 的研究是最右边的非零数位，不是最左边的数位。说这种数位分析是被广泛接受的统计方法没有根据，说这样的数位不带有使它们变得显著的某些信息也没有根据。(3) 对照组的运用值得怀疑，因为手写记录的数据经过了调整，这并不说明 ORI 的对照组数据的调整可以模仿 Imanishi-Kari 的方法。最后，诉讼小组得出结论，即使分析是有效的，并不能只是因为分布不均匀就推断出数据是伪造的（Panel Op. 107-109）。

6.2　邦弗朗尼不等式和多重比较

邦弗朗尼不等式（见 3.1 节）最重要的应用就是在显著性的多重检验或联合检验中纠正名义错误率。如果检验 k 个假设，它们不一定在统计上相互独立。例如，比较三个处理 T_1，T_2 和 T_3，可能需要三对比较：T_1 和 T_2，T_1 和 T_3，T_2 和 T_3。前两次比较都会用到 T_1 的数据，类似地，其他情况也一样。如果每个显著性检验都在名义显著性水平 $\alpha=0.05$ 下进行，因为有三次犯错误的机会，则犯一次或多次第Ⅰ类错误的概率大于 5%。然而，因为检验之间的相关性，很难确切计算总的犯第Ⅰ类错误的概率。邦弗朗尼不等式为控制犯第Ⅰ类错误的概率问题提供了一个简单的解决方法：对于 k 重比较（在本例中 $k=3$），每次检验的显著性水平 $\alpha=0.05/k$。如果 E_i 表示在第 i 次比较中犯第Ⅰ类错误的概率，那么

$$
\begin{aligned}
&P[\text{至少犯一次第Ⅰ类错误}]\\
&\quad = P[E_1+\cdots+E_k]\leqslant P[E_1]+\cdots+P[E_k]\\
&\quad = 0.05/k+\cdots+0.05/k\\
&\quad = 0.05
\end{aligned}
$$

因此，总的犯第Ⅰ类错误的概率小于等于 0.05。这种方法有点保守，因为真正的错误率将会略小于 0.05，但在实际中，可以忽略这种保守计算方法带来的差异。

如果能计算出两两配对比较犯第Ⅰ类错误的概率，那么邦弗朗尼的第 2 个不等式可以计算犯第Ⅰ类错误概率的下界：

$$
\begin{aligned}
&P[E_1+\cdots+E_k]\geqslant P[E_1]+\cdots+P[E_k]-\\
&(P[E_1E_2]+P[E_1E_3]+\cdots+P[E_{k-1}E_k])^{①}
\end{aligned}
$$

实际上，如果 k 不是很大，各检验之间的相关性不是很强，则概率 $P[E_iE_j]$ 与 E_i 和 E_j 相互独立情况下进行检验的概率值不会相差太大，即 $(0.05/k)^2$。由于共有 $\binom{k}{2}=k(k-1)/2$ 个 $P[E_iE_j]$，所以对邦弗

---

① 在三次或多次检验中同样可能发生错误，但这里忽略。

朗尼第一个不等式的修正项大致为 $k(k-1)\times(0.05/k)^2/2=0.00125\times(k-1)/k$，这非常小。因此 $\alpha=0.05/k$ 通常对多重比较提供了方便快捷的控制第Ⅰ类错误的概率。

尤其当把 k 个组中每组的比例和参照组的进行比较时，可能需要两个过程：(1) 用 χ^2 检验（见 6.1 节）对所有的比例（包括参照组）进行齐性检验；(2) 把每一组与参照组比较并且当显著性水平等于或超过 $\alpha=0.05/k$ 时，拒绝任何 z 分数统计量。尤其当 k 很小时，第二个过程往往比 χ^2 检验过程在统计上显著性水平更高。原因是 χ^2 检验是一个“综合性”检验（即对多种选择都有敏感性），而当参照组与至少一个其他组有明显区别时，配对比较则非常有效。另一方面，当几组之间的区别不是很大时，χ^2 检验更有效。因为每一个小组都对 χ^2 总和起了一定作用。

邦弗朗尼不等式是最适合多重比较调整的方法，但是，如果至少对一组比较来说零假设是不成立的，那么其他方法更有效，即更有可能拒绝零假设。所谓的 Holm 递减法就是其中一个。使用这种方法时，比较按照显著性从高到低排列。如果有 k 组比较，则第一组在显著性水平 α/k 下进行检验，就像在邦弗朗尼的方法中一样。如果差别不显著，即不能拒绝零假设，则整个过程停止，任何一组比较都不显著。如果第Ⅰ组比较差别显著，第二组则在显著性水平 $\alpha/(k-1)$ 下进行检验。如果差别不显著，整个过程停止，只有第一组比较是显著的。如果第二组比较的差别显著，则继续在显著性水平 $\alpha/(k-2)$ 下检验下一组，依此类推。最后一组的显著性水平为 α。

Holm 方法中，每一组比较都有一个显著性水平，它与邦弗朗尼方法中所用的 α/k 水平相等或稍大。由于该显著性水平经常拒绝至少和邦弗朗尼法中一样多的比较，因此更加有效。然而，犯第Ⅰ类错误概率的上限仍然是 α。为了说明这一点，考虑所有的比较中零假设均为真的情况。如果采用 Holm 方法，至少有一组比较的零假设被拒绝的概率有多大？在这种情况下，第一组比较必须被拒绝，因为如果不拒绝，整个过程将要停止，所有比较的零假设都不能被拒绝。与第一组比较有关的显著性水平是 α/k。因此，只有当 k 组比较中的一个或多个的 p 值 $\leqslant\alpha/k$ 时，第Ⅰ类错误才会发生。按照定义，在零假设下，这个特定的 p 值 $\leqslant\alpha/k$ 的概率为 α/k。根据邦弗朗尼不等式，这个事件发生一次或多次的概率为 $k\times(\alpha/k)$。因此，

Holm 方法将第Ⅰ类错误限定在$\leqslant\alpha$的范围内。

在保持总的犯第Ⅰ类错误的概率为α的条件下，第i次比较获得的显著性水平或 Holm 方法的P值的计算方法如下：对列表中第i组比较，把每一个名义P值与$k-i+1$相乘。这些值中的最大值或 1，哪一个更小哪一个就是第i组比较的P值。只有在P值$\leqslant\alpha/k$时，Holm 法才拒绝零假设。

补充读物

R. Miller，*Simultaneous Statistical Inference*，ch. 1，§2（2d ed. 1981）.

S. Holm，*A simple sequentially rejective multiple test procedure*，6 Scand. J. Stat. 65（1979）.

M. Aickin and H. Gensler，*Adjusting for multiple testing when reporting research results：the Bonferroni vs. Holm methods*，86 Am. J. Pub. Health 726（1996）.

B. Levin，*On the Holm，Simes，and Hochberg multiple test procedures*，*id.* at 628.

6.2.1 加薪是否违反了五分之四原则

伊利诺伊贝尔公司曾有一套“加薪”体系，该体系规定，被雇用的有一定经验或学历的员工可以接受一定的加薪，使他们的薪金收入比刚进入公司时上升一个或几个等级。均等就业机会委员会（EEOC）认为对非技术教育加薪只对白人男性有益，因而对其他种族和性别存在歧视。参见 1.5.1 节 EEOC 关于这一问题的五分之四原则。根据一项 EEOC Q&A 的规则，在黑人、本土美国人、亚裔美国人、西班牙裔美国人、非西班牙白种人中对男性和女性进行对比；这里不对不同种族的男女进行性别比较。（例如白人男性和黑人女性之间）（EEOC，8F. E. P. 401：2306 *Q's&A's to Clarify and Provide a Common Interpretation of the Uniform Guidilines on Employer Selection Procedures*，Q&A No. 17（1979））。

EEOC 主管这一案件的人员分别检验了男女人数总量，发现其违反了规则，同时，把每个种族或性别与白人男性进行比较，同样发现其违背了规则，数据如表 6.2.1 所示。

表 6.2.1　　　　非技术性教育加薪

分类	员工数	加薪员工数
白人男性	143	20
黑人男性	38	6
西班牙裔男性	7	1
亚洲和其他裔男性	8	0
白人女性	103	5
黑人女性	59	4
西班牙裔女性	38	2
亚洲和其他裔女性	13	2
总和	409	40

问题

在这个对所有小组的调查中，EEOC 的调查人员通过两样本的 z 分数检验发现，白人女性和白人男性之间加薪比例的差别在 5%的水平下是显著的。如果你是伊利诺伊贝尔公司的律师，你会怎样反驳这种计算，你能提供其他计算方法来代替这一计算方法吗？

资料来源

K. F. Wollenberg，*The Four-Fifths Rule-of-Thumb：An EEO Problem For OTC Statisticians*（Unpubl. Memo presented at a Bell System Seminar on Statistics in EEO Litigation，Oakbrook，Illinois，October 10，1979).

6.2.2　假释中的歧视

内布拉斯加州劳教所中的本土美国人和墨西哥籍美国人根据 42. U. S. C1983（1981）起诉该州的五人假释委员会，说该委员会由于种族和人种原因而拒绝了他们的自由假释请求。1972 年和 1973 的数据如表 6.2.2 所示。

表 6.2.2　　不同种族和人种的假释

	白人	黑人	本土美国人	墨西哥籍美国人	总数
接受自由假释	358	148	24	5	535
由于自由假释而有资格释放	590	235	59	18	902

根据这些数据，联邦上诉法院第八巡回审判庭维持拒绝假释的原判。该法院了解到，本土美国人的期望（35）和实际观察的（24）自由假释人数之间的差仅为 11，墨西哥籍美国人的期望（11）和实际观察的（5）自由假释人数之间的差仅为 6。法院计算得知，在每种情况下，都不到 2 个标准差。通过计算接受自由假释人数（535），从劳教者中随机抽取到本土美国人数的概率（0.065），随机抽取到非本土美国人数的概率（0.935）（Id. at 1377，n. 19）三者乘积的平方根得出标准差，结果是 5.7。对墨西哥籍美国人进行同样的计算，得出的标准差是 3.2。由于每种情况下，偏离期望不到 2 个标准差，所以法院认为没有违背最高法院关于 Hazelood 和 Castaneda 的规定（Id. at 1377-1378）。而且统计量对于这个表面上证据确凿的案例还不是十分充足（2d. at 1379）。

问题

1. 用 χ^2 检验来检验种族或人种与假释之间没有关系的零假设。

2. 法院的计算有哪些概率模型支持?

3. 正如法院所做的，如果把本土美国人和其他所有的小组都进行比较，有没有更合适的模型，结果如何?

4. 在用 χ^2 检验对 2×2 列联表进行显著性检验中，运用两种不同的方法来调整多重比较。

资料来源

Inmates of the Nebraska Penal and Correctional Complex v. Greenholtz，567 F2d 1368（8th Cir 1977）.

6.2.3 晋升考试作弊案再思考

3.5.2 节中描述的关于警官晋升的考试，主要是针对受怀疑的警官。法庭认为匿名信不能作为证据。一名心理测验学者为被告辩护，他认为由于匿名信被排除了，而且无论如何都不能识别所有受怀疑警官，所以，答案匹配错误的概率必须在筛选的基础上计算，这意味着先前所做的鉴定都必须作废，而且必须对 12 570 名参加测试的警员组成的所有可能的对（大约 155 000 000 对）进行检验，以查明受怀疑的警官是否在匹配答案的数量上具有统计显著性（根据专家的方法，所有的匹配答案不论对错，都计算在内）。在最初 0.001 的水平上测量统计显著性，用邦弗朗尼方法对多重比较进行调整。由于这一调整，高出期望至少 7 个标准差才能显著。经过筛选，有 48 对受质疑对，但不包括一个受质疑的警员。

这名心理测验专家还指责有关专家在分析当中忽略了多重比较问题。他认为在有 4 组警官、两轮开庭（上午和下午）、两种分析方法（修改了的 Angoff 和特定项目）的情况下，应该进行 16 次比较。当调整完成，结果就失去了统计的显著性。

问题

1. 在这一案例中用筛选的方法进行调整合适吗？

2. 假设不需要筛选方法，确定统计显著性时，应做何调整，有多少次比较？

6.3 关联度的测度方法：ϕ^2 统计量和 τ_B 统计量

由于 χ^2 统计量的值依赖于样本容量的大小，所以它并不是检验表中单元格关联度很好的方法。如 5.2 节中所述，将一个 2×2 列联表中每个单元格的数据都乘以 2，表内单元格的关联度并不会改变，但是 χ^2 统计量的值却增加了。建立在 χ^2 检验的基础上能避免这一缺陷的测度

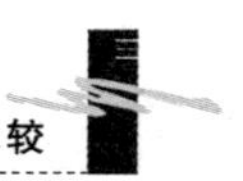

关联度的方法是 ϕ^2 统计量（也叫均方列联），由 χ^2 统计量（没有进行连续性修正）除以样本容量得到。然而，χ^2 统计量可以取任何值，而 ϕ^2 统计量只在 0～1 之间取值，当属性独立时，取 0，当在 2×2 列联表中两个诊断数据为正值，其余两个数据为 0（即完全相关时，其值趋向于 1）。遗憾的是，这一特征对高维表不适用。对于一般的 $r\times c$ 列联表，ϕ^2 统计量介于 0 和 $r-1$ 与 $c-1$ 中相对较小的那个值之间，上限只有在 $r=c$ 时才能取到（参见 H. Blalock，*Social Statistics* 212-21，228-29（1960））。权威人士 Harald Cramer 建议，应将 ϕ^2 统计量除以 $r-1$ 和 $c-1$ 中较小的一个来标准化（H. Cramer，*Mathematical Methods of Statistics* 282（1946））。

ϕ^2 统计量的正平方根就是著名的"ϕ 系数"。美国最高法院在 *Albemarle Paper Co. v. Moody*，422U. S. 405（1975）案中引用了十个工作组的不规则的 ϕ 系数，以此来支持他们的结论——由于"和工作行为的重要因素之间没有显著的关系……"，因此拒绝有关歧视性影响的一系列检验，该系数体现了一系列检验值和两个管理等级的平均值之间的关系（Id. at 431）。

在一个 2×2 列联表中，ϕ^2 统计量和 Pearson 相关系数的平方相等（见 1.4 节），这有助于对它的解释。在 Teal 数据中，ϕ^2 统计量的值是 0.046=14.12（没有对 χ^2 进行连续性修正）除以 307（样本容量）。因此 ϕ 系数为 $\sqrt{0.0460}=0.214$。相对于简单的算术计算出来的通过率（25.4%），这一关联度比较低，同样也低于通过率的相对风险 0.68（远远低于 80%）以及优势比 0.30。没有一种计算方法绝对准确，它们分别测量了数据的不同方面。

τ_B 统计量是另一种测量一个列联表中的两个方面的属性之间关联性的方法，是大量所谓的"错误减少"方法之一。它就是在知道列联表的一方面分类后对另一方面进行分类时的预期错误数量的减少率。例如，在 1.5.2 节 Bail 和 Bench Warrants，如果先前发放的法庭传票和目前发放的法庭传票完全相关，知道先前的数量会将分类错误减小到零，因为从中可知哪个被告将不会出庭。相反，如果先前的发放和目前没有任何关系，知道以前的数量将毫无作用，也不会降低分类错误。在更平常的一般案件中，计算如下。

首先，如果随机地把 293 名被告分成两个小组，一个小组有 146

名，目前没有出庭；另一个小组有 147 名，均出庭[①]，计算预期的错误数量。由于出庭的被告比例为 0.502（即 147/293），我们可以预测，错误划分 146 名被告（本应该划分到出庭小组却划分到了未出庭小组）的错误为 73.25。同样，比例为 0.498（即 146/293）时，147 名被告被划分到出庭小组的错误为 73.25（这些数字总是相等）。因此，随机划分产生了 146.5 个错误。

其次，如果知道被告曾经是否有过传票，计算预测的错误数量。根据这一逻辑，可以认为划分到未出庭小组且以前有传票的 54 个被告中，有 23/77 或 16.13 个被告将会被错误划分，因为他们将会出庭。同样，划分到出庭小组且以前有传票的被告当中，将会有 16.13 个被告被错误划分。对于曾经没有传票的被告，相应的错误数量各自为 52.81。因此，知道被告以前是否曾有过传票，可以将预期的错误数量减少到 137.88（即 16.13＋16.13＋52.81＋52.81）。

τ_B 统计量定义为在知道条件因素条件下预期分类错误数量的下降率。在上面的案例中，该值为 0.059 或 5.9％（即（146.50－137.88）/146.50）。在这种方法中，错误并未明显减少。

为了使 2×2 列联表的计算更为方便，τ_B 可以由下面的公式得到，参见 5.2 节的图解表。

$$\tau_B = 1 - N \cdot \frac{abcd}{m_1 m_2 n_1 n_2}(a^{-1} + b^{-1} + c^{-1} + d^{-1})$$

参见 Blalock（232-234），可以证明，这与 ϕ^2 统计量一致。对于更加一般的 $r \times c$ 列联表来说，如果每个单元格的比例用 p_{ij} 表示，则公式变为：

$$\tau_B = \sum_i \sum_j \frac{(p_{ij} - p_{i\cdot} p_{\cdot j})^2}{p_i} \bigg/ 1 - \sum_j p_{\cdot j}^2)$$

式中，$p_{i\cdot}$ 是第 i 行的边际比例（条件作用因素）；$p_{\cdot j}$ 是第 j 列的边际比例。

① 这些数字并不是反映法庭传票的发放率，而是回溯研究的抽样设计。对于 2×2 列联表来说，τ_B 统计量（就像优势比）回溯数据和预期数据得到的结果相同，但（不像优势比）对于高位列联表二者却不同。

补充读物

L. Goodman and W. Kruskal, *Measures of Association for Cross-Classifications* (1979).

6.3.1 预防性拘留

1984 年颁布的犯罪控制综合法案规定，法院有权拒绝“对他人以及社会安全构成威胁的被告”给予保释（18U. S. C § 3142（e），1999）。法官在拒绝给予保释时考虑的众多因素有“被告的历史和品性，包括他的性格、身体和精神状况、家庭关系、就业情况、财产收入、在某一社区的居住时间、社会关系、过去的行为、吸毒或酗酒史、犯罪史、在听法庭审判时的表现”以及“如果获释将对他人或社会构成的危害程度和性质”。

在纽约州对 1 500 名审判前获得保释的被告进行的一项调查表明，审判前再次被捕或没有出庭听审的被告与成功地获得保释或交保释金的被告的区别主要有四个方面：（1）之前 5 年之内因犯有重罪而被逮捕的次数；（2）在同一时期因轻微罪行而被捕入狱的次数；（3）从事目前工作多长时间；（4）受教育年限。根据这些因素，被告被分成低、中、高危险三个等级。结果如表 6.3.1 所示。

表 6.3.1　以风险水平表示的保释后没有出庭和/或再次被捕的被告人数

危险水平	被告的百分比（%）	没有出庭（A）	再次被捕（B）	A 或 B
低	61	7	12	18
中	20	11	16	28
高	19	16	28	37
总数	100	10	15	24

问题

1. 用上表中“A 或 B”列计算并解释这些数据的 τ_B 值。
2. 如果联邦宪法有预防性拘留的法规，你认为会产生怎样的结果?

资料来源

J. Monahan and L. Wulker, *Social Science in Law* 171-72 (1985), reprinting data from Center for Governmental Research, *Final Report: An Empirical and Policy Examination of the Future of Pretrial Release Services in New York State* (1983).

[注释]

在 *U. S. v. Salerno*. 481 U. S. 739 (1987) 案中，美国最高法院拥护宪法有关预防性拘留的法规。考虑到大多数人，首席法官 Rehnquist 认为：(1) 预防性拘留并没有违背实质的合法的程序，因为监禁不具有惩罚性质；(2) 并没有违宪地拒绝保释，因为保释法规没有禁止对保释的彻底拒绝。

目前的法规不是第一部有关预防性拘留的法律。1970 年颁布的哥伦比亚地区法律规定，任何一名被指控犯有对社会危害罪或暴力罪的被告都可以进行审判前拘留听证会，届时法官将决定该被告是否获得保释而不会对社会构成危险。如果不能保释，被告将会被拘留长达 60 天。在这一法律体制下，哈佛大学法学院的一组学生研究了在波士顿被逮捕的被告审判前犯的罪。根据 D. C 法案，427 名应该预防性拘留的被告当中，62 名 (14.5%) 被再次逮捕；其中，33 名 (7.7%) 因犯有“暴力”或“危险”罪而被逮捕，22 名 (5.2%) 因犯有类似的罪行而判刑。

为了确定法规中描述的因素可以在多大程度上预测这些罪行，研究人员收集了每个被告的 26 条个人资料，这些资料和法规中列举的一般标准相吻合。他们给每个被告构建了两个“危险水平”，第一个水平由综合每个因素的得分并且凭主观给每条个人资料赋以权重给出；第二个水平根据为了使总数的预测能力最大化而设计的权重对每个因素赋权给出。在每种情况下，得分越高，表明惯常犯罪的可能性越大（主要是指因在保释期间犯罪而判刑）。

两种水平下的结果均表明，不论在哪个得分点，有比惯常犯更多的非惯常犯将被拘留。在主观确定的水平上，在最高的得分点 (30)，样本被告中大约有 70 名 (16.4%) 将被拘留，其中 18 名是惯常犯，52 名是非惯常犯。

第二种方法使用线性判别分析，这是一种比较客观的方法，使用计算机给不同因素分配权数，使分数与惯常犯罪之间的关联度得到优化。这种方法与多元回归的最小二乘估计法相似。见 13.2 节。得分在 52.13～13.5 之间。然而，尽管有最优化的权重，最好的得分点包括的非惯常犯罪仍比惯常犯罪要多。在 35 的得分点上，总共有 63 名 (14.8%) 被告应该被拘留；其中只有 26 名是惯常犯罪。见注释，*Pre-*

ventive Detention: *An Empirical Analysis*, 6 Harv. Civ. Rights-Civ. Lib. L. Rev. 289 (1971)。

还有一种方法，利用与联邦假释相关的重要的真实的结果进行统计预测。（联邦假释和美国假释委员会在1986年被1984年的综合犯罪控制法案废止。）根据18U. S. C. 4206（d）（1982），罪犯如果有“合理的可能性”可能犯任何一项罪行，那么他绝对不能被释放。美国假释委员会采用了一种叫作显著因素评分的统计测量方法来评估这种可能性，该方法根据预测因素把有资格获得假释的被告分类。反复对各种这样的因素进行测试，最后选中了6个因素：先前的犯罪记录；先前的表现；犯现在罪刑时的年龄；对目前犯罪行为在3年内的表现；本次犯罪的缓刑、假释、监禁或逃跑记录；是否有吸毒的前科。对每组的得分，根据罪行的严重程度规定了明确的监禁时间（按八种分类来分组）。允许与规则有所背离，但必须说明原因。

显著因素评分法的准确性并不令人满意。1982年的一项研究表明，风险最高（显著因素评分最低）的一组的失败率只有49%，而风险最低（显著因素评分最高）的一组的失败率为12%。①

临床和统计上对未来暴力的预测已经应用在涉及资金处罚的判决中。在一个重要的案件中，美国精神病协会通知最高法院，“精神病学方面对长期内的危险性的预测具有不可靠性，这在精神病学界已经是公认的事实”，该协会最好的估计是，精神病学家所做的有关长期暴力行为的预测中，有2/3是错误的。最高法院接受了这一估计结果，但仍坚持精神病专家（他并没有对被告进行检查）关于被告会在以后犯暴力罪的建议并不能用在死刑判决中，因为经过综合检查，发现这项建议有缺陷（*Barefoot v. Estelle*. 463 u. s. 8801（1983））。

在 *State v. Davis*. 96. N. J. 611，477a. 2d 308（1984）一案中，一名被告在审判中为谋杀罪辩解完后，提供了统计资料来证明他的清白，这些基于人口统计数字的资料来自一名社会学家（他们互不相识）。该专家认为被告在57岁（被判30年刑后）以后再次犯罪的概率非常低，得出这一结论的原因在于该专家统计出，美国57岁的白人男性犯罪率非常低，而且罪犯都是属于一次谋杀者。基于这些理由，他认为“戴维先生再也不会犯任何严重的罪行”。

---

① 几个法庭建议严格遵守假释委员会的指导方针会违背宪法或法规关于个性化判决的要求。参见 *Geraghty v. United States Parol Comm'n*，579 F. 2d 238，259-263（3rd Cir. 1978），*rev'd on other grounds*，445 U. S. 388（1980）；*United States v. Cruz*，544 F. 2d 1162，1164（2d Cir. 1976）；*United States v. Norcome*，375F. Supp. 270，274 n. 3（D. C.），aff，d，497 F. 2d 686（D. C. Cir. 1974）。这些法庭拒绝的是将指导方针作为唯一的依靠；正如一法庭提出的那样，将指导方针作为“一个工具而不是规则”。*Page v. United States*，428 F. Supp. 1007，1009（S. D. Fla. 1977）。但其他法庭认为，个性化判决和遵守假释指导方针之间没有什么矛盾，因为每个被告都是被单独评价获得分数的。参见 *Daniels* v. *United States Parde Comm'n*，415 F. Supp. 990（W. D. Okla. 1976）。

审判法庭拒绝接受这一证据，但是经过上诉，新泽西最高法院驳回了原判，因为有调查显示，年龄在犯罪行为的预测中是一个非常重要的影响因素，并且精神病学家和心理学家经过临床预测认为，三个案件中，未来继续暴力犯罪的不会超过一个。法庭认为证据“满足关联性的普遍标准”，因此被当作一个减刑因素来接受。法庭还认为，证据的成立与否和评判用于犯罪案件审判的专家证词是否有效的标准应该没有严格的联系。

想进一步了解关于个人（临床的）和统计预测的法律方面，以及这种预测中内在固有的矛盾，见 B . Underwood，*Law and the Crystal Ball*：*Predicting Behavior with Statistical Inference and Individualized Judgment*，88 Yale L. J. 1408（1979）。

第7章 均值比较

7.1 学生氏 t 检验：假设检验和置信区间

我们已经知道，关于正态总体均值的假设检验可以通过标准化样本均值的方法来完成，也就是，样本均值减去由零假设指定的总体均值，再除以均值的标准误，即 $\sigma/\sqrt{n}$。由此而得的统计量叫做 z 统计量，也即 z 值，检验时还要用到标准正态分布的尾概率。在大样本中，当 σ 未知时，我们也用到 σ 的一个一致估计。例如，在双样本二项分布问题里，在零假设 $p_1=p_2$ 下，比例之差的标准误 $[p(1-p)(n_1^{-1}+n_2^{-1})]^{1/2}$ 未知，用 $[\hat{p}(1-\hat{p})(n_1^{-1}+n_2^{-1})]^{1/2}$ 来估计，这里，$\hat{p}$ 是合并比例，$\hat{p}=(n_1\hat{p}_1+n_2\hat{p}_2)/(n_1+n_2)$。这种情况下，按照中心极限定理，如果是大样本，可以用标准正态分布近似。

在正态总体中，当均值的标准误未知，样本容量太小需要调整，比如说小于 30，这时在检验统计量的抽样分布中，标准误的估计会产生额外的不可忽视的可变性。1908 年，在一篇以学生为笔名的题目为《一个均值的可能误差》的论文中，在爱尔兰共和国的首都都柏林的吉尼斯酿酒厂工作的威廉·锡利·高塞特（William Sealy Gosset，1876—1937），准确地推测到了统计量 $t=\frac{\overline{X}-\mu}{s/\sqrt{n}}$ 的抽样分布的数学形式，这里，$\overline{X}$ 是 n 个来自均值为 μ、方差为 σ^2 的正态总体观察值的样本均值，$s^2=(n-1)^{-1}\sum(X_i-\overline{X})$ 是 σ^2 的无偏估计。学生氏用蒙特卡洛方法一个早期的例子来检查他的工作，后来，Fisher 证明他是正确的。这个检验统计量和它的分布现在用学生氏命名，以示对他的敬意。

学生氏 t 分布通过自由度依赖于样本容量，一个样本容量为 n 的单样本，t 分布的自由度等于 $n-1$。因为在估计标准差时，一个参数即 μ 必须估计（用 $\overline{X}$ 来估计），这样就会失去一个自由度。更一般地，自由度就是总的样本容量减去在计算标准误中的平方和之前必须估计的均值（或回归参数）数目。对于较小的自由度，分布的相对频率函数看起来很像是钟形的正态曲线，只是尾部比正态曲线稍厚，这反映了由估计 σ 而产生的较大的不确定性。随着样本容量的增加，t 分布趋于正态分布：在技术上，正态分布是一个自由度为无穷大的 t 分布，尽管对于大于 30 的 n 来说，t 分布几乎与标准正态分布没有区别。学生氏 t 分布的百分位数参见附录 2 中的表 E。请注意变量值是如何超过自由度较小的正态分布变量值，它们是如何随着自由度的增加而趋于正态分布百分点的。

配对样本的假设检验

单样本 t 检验的一个重要的应用是，评估两个配对变量均值间差异的显著性（即配对 t 检验）。例如，在一个配对研究（或称伙伴研究）

中，按照一些可能易混的因素将女性雇员与男性雇员一对一配对。然后，观测第 i 对女雇员和男雇员的薪水之差 d_i，计算这些差的样本均值 $\bar{d}$ 和样本方差 s^2。零假设为配对雇员间薪水没有差异，在零假设下，检验统计量 $t=\bar{d}/(s/\sqrt{n})$ 服从自由度为 $n-1$ 的学生氏 t 分布。假定差服从正态分布，尽管适度的偏离正态性不会严重影响到这里的精确度。

如果数据具有严重非正态性，有许多方法可以提高精确度。如果是厚尾分布，有时可以使用一个正态化的变换（例如，对数函数，或者幂函数变换，像平方根、立方根或倒数等）。这些变换通过降低极端值的作用，使分布的尾部对称或变薄，来提高对正态分布的近似性。关于更一般的变换，请参见 13.9 节。如果变换后的数据仍然是非正态分布，这时就应该使用非参数方法予以处理。请参看第 12 章。

独立样本的假设检验

为了比较两个独立的样本，可以使用双样本 t 检验。假设两个相互独立的样本分别来自均值为 μ_1、方差为 σ^2 的正态总体和均值为 μ_2、方差也为 σ^2 的正态总体，这两个样本的容量分别为 n_1，n_2，那么检验统计量

$$t=\frac{(\bar{X}_1-\bar{X}_2)-(\mu_1-\mu_2)}{s_p\ (n_1^{-1}+n_2^{-1})^{1/2}}$$

服从自由度为 n_1+n_2-2 的学生氏 t 分布，其中，s_p^2 是共同方差 σ^2 的合并估计

$$s_p^2=\left[\sum_{\text{样本1}}(X_i-\bar{X}_1)^2+\sum_{\text{样本2}}(X_i-\bar{X}_2)^2\right]\Big/\ (n_1+n_2-2)$$

因而，为了检验零假设 H_0：$\mu_1=\mu_2$，我们用检验统计量：

$$t=\frac{\bar{X}_1-\bar{X}_2}{s_p\ (n_1^{-1}+n_2^{-1})^{1/2}}$$

且当 $|t|\geqslant t_{v,\alpha}$ = 自由度为 $v=n_1+n_2-2$ 的学生氏 t 分布的双尾 $100\alpha\%$ 临界值时，拒绝 H_0。

当两个总体等方差的假设不成立时，不知道方差比，需要的分布不能确定，这就是 Behrens-Fisher 难题。虽然没有简便的准确方法来解决，但是有一个简单的近似方法，这就是众所周知的 Satterthwaite 近似。它的检验统计量为：

$$t=\frac{(\overline{X}_1-\overline{X}_2)-(\mu_1-\mu_2)}{(s_1^2/n_1+s_2^2/n_2)^{1/2}}$$

式中，s_1^2和 s_2^2分别是两个总体的方差 σ_1^2 和 σ_2^2（它们不再假设为相等）的无偏估计。但这个统计量不像学生氏 t 统计量那样有精确的分布，它近似服从学生氏 t 分布，其自由度由下面的公式估计：

$$\frac{(s_1^2/n_1+s_2^2/n_2)^2}{(s_1^2/n_1)^2/(n_1-1)+(s_2^2/n_2)^2/(n_2-1)}$$

部分自由度的临界值可以通过附录 2 中表 E 的插补得到。

均值的置信区间

学生氏 t 分布也可以用来构造总体均值或均值差的置信区间。同正态理论置信区间类似（参见 5.3 节），给定样本容量 n，均值 μ 的 95%的双边置信区间为：

$$\overline{X}-t_{v,.05}s/\sqrt{n}\leqslant\mu\leqslant\overline{X}+t_{v,.05}s/\sqrt{n}$$

式中，$t_{v,.05}$是自由度为 $v=n-1$ 的学生氏 t 分布 5%的双尾临界值。对于均值差，95%的置信区间是：

$$\overline{X}_1-\overline{X}_2\pm t_{v,.05}s_p(n_1^{-1}+n_2^{-1})^{1/2}$$

式中，自由度是 $v=n_1+n_2-2$。注意，对正态理论的置信区间，这里只需做两个变化：用 s 或 s_p 代替标准差 σ，用 t 分布的临界值代替正态分布的临界值。

二项分布下用 t 检验吗

在单样本二项分布问题的检验中，学生氏 t 分布或与类似的分布是不需要的，因为在二项分布的情况下，一旦设定了关于均值 $\mu=np$ 的假设，方差 $\sigma^2=npq$ 也就完全确定了。因此，对 σ^2 一个独立的估计量来说，就没有必要再考虑另外的可变性。在双样本多项分布的情况下，比例之差的方差 $pq(n_1^{-1}+n_2^{-1})$ 是未知的，这里 p 是未知量 p_1 和 p_2，分别是来自两个总体的样本的比例，假定它们相等。既然我们用这个方差的估计量，为什么不用学生氏 t 分布呢？答案很明显，就是它假定了正态分布，而不是二项分布，因此它不会把我们引向任何小样本的准确方法。一个更微妙的原因是，当从边际数据估计出 pq 值时，双样本二项分布 z 值（参见 5.2 节）的方差不会增长，因此，没有理由再用 t 分布。[①] 如果在这个问题中用双样本 t 统计量，用上面所说的 s_p^2 来估计方差，这时，用 t 分布近似精确的 t 分布的效果不如用正态分布近似 z 值的精确分布的效果好。当然，在双样本二项分布问题中，对于真正的精确分布理论的计算，可以用超几何分布或双二项分布，而无须用近似分布。

相关系数的假设检验和置信区间

为了检验零假设：$\rho=0$，我们要用统计量：

$$t=r\cdot\left(\frac{n-2}{1-r^2}\right)^{1/2}$$

它服从自由度为 $n-2$ 的 t 分布（假定一个变量是另一个变量的线性函数，再加上一个服从正态分布的误差项），其中，r 是样本相关系数。在危险鸡蛋的案例（1.4.1 节）中，由于 $r=0.426$，$t=0.426\times[38/(1-0.426^2)]^{1/2}=2.903$，自由度为 38，所以高度显著（由于 $p<0.01$，且为双边分布）。

为了计算 ρ 的置信区间，必须把 r 转化成统计量 z，z 对于 ρ 的任意值近似服从正态分布。假设变量服从联合二元正态分布，依据 Fisher 理论，所需要的变换为：

$$z=\frac{1}{2}\ln\frac{1+r}{1-r}$$

其近似期望值为 $Ez=1/2\times\ln[(1+\rho)/(1-\rho)]$，方差为 $\mathrm{Var}(z)=1/(n-3)$，其中，n 为样本容量。由此推导出 Ez 的 95%置信区间：

$$z-\frac{1.96}{(n-3)^{1/2}}\leqslant Ez\leqslant z+\frac{1.96}{(n-3)^{1/2}}$$

为了得到 ρ 自身的置信限，可用下面的逆变换：

$$r=\frac{e^{2z}-1}{e^{2z}+1}$$

---

① 这是因为对于固定的边际比例 $\hat{p}$，z 是一个标准化的超几何分布变量，其均值为 0，$E[z\hat{p}]=0$，且为单位方差，$\mathrm{Var}(z/\hat{p})=1$。恒等式 $\mathrm{Var}(z)=E\,\mathrm{Var}(z/\hat{p})+\mathrm{Var}\,E[z\mid\hat{p}]$ 证明 $\mathrm{Var}(z)\ \hat{p}=1$ 也是无条件方差。

在危险鸡蛋案例中，$z=1/2\times\ln[(1+0.426)/(1-0.426)]=0.455$。置信区间为 $0.455\pm1.96/\sqrt{37}$，由此可得其置信区间的上限为 0.777，下限为 0.133，ρ 的置信区间为 $0.132\leqslant\rho\leqslant0.651$。

7.1.1 汽车尾气排放是否符合洁净空气法案

联邦洁净空气法案要求，当一种新型的燃料或燃料添加剂在美国出售以前，生产者必须证明其排放物能达到尾气的排放标准。为了评估排放水平的差异，美国环保署在众多检验中选择了配对检验，就是样本中的每辆汽车首先以标准燃料行驶，然后用新的燃料行驶，最后比较排放水平。美国环保署为均值差构造了一个置信度为 90%的置信区间；如果这个区间包括 0，那么这种新型燃料就符合标准（但是它必须同时也通过别的检验；详细描述请参见 5.4.3 节）。

表 7.1.1　　NO_X（氮氧化物）的排放数据表

标准燃料（B）	石油（P）	差（P－B）	符号
1.195	1.385	+0.190	+
1.185	1.230	+0.045	+
0.755	0.755	0.000	平
0.715	0.775	+0.060	+
1.805	2.024	+0.219	+
1.807	1.792	−0.015	−
2.207	2.387	+0.180	+
0.301	0.532	+0.231	+
0.687	0.875	+0.188	+
0.498	0.541	+0.043	+
1.843	2.186	+0.343	+
0.838	0.809	+0.029	−
0.720	0.900	+0.180	+
0.580	0.600	+0.020	+
0.630	0.720	+0.090	+
1.440	1.040	−0.400	−
均　值 1.075	1.159	0.084 1	
标准差 0.579 6	0.613 4	0.167 2	

表7.1.1中的数据显示了16辆汽车首先以标准燃料行驶，然后以石油（含有甲醇添加剂的汽油）行驶的氮氧化物排放情况。

问题

1. 请用t分布计算排放量均值差的置信度为90%的置信区间。请问石油数据能否通过检验?

2. 假定统计学家忽视数据以配对形式出现的事实，而把它们视为两个独立的样本，一个用标准燃料，另一个用石油。那么，石油数据能通过检验吗? 结论为什么会不一致? 在此案例中，这些数据满足为保证双样本t检验有效性所需的假设吗?

资料来源

Motor Vehicle Mfrs. Ass'n of U. S. v. E. P. A., 768F. 2d 385 (D. C. Cir. 1985); J. Gastwirth, *Statistical Reasoning in Law and Public Policy* 612 (1988).

7.1.2 预审陪审员的一切照实陈述

在加利福尼亚挑选陪审员，程序上要求辩护律师和法官参加质问。而在联邦程序（也在许多州使用）中，尽管辩护律师可以提问，但只有法官参加。联邦的方法大概较快捷一些，但能快多少呢? 1969年，一个在用加利福尼亚州的法官建立起的两种方法的检验中，加利福尼亚的一般程序实施了两个月的时间，联邦的程序则出现了在随后的两个月时期内指定相同法官案例。记录了挑选时间，数据摘录见表7.1.2。

表7.1.2　　给定时间法官的照实陈述测试表

	挑选陪审员的分钟数	
法官	州	联邦
A	290	120
B	80	60
C	96	177

续前表

	挑选陪审员的分钟数	
法官	州	联邦
D	132	105
E	195	103
F	115	109
G	35	65
H	135	29
I	47	45
J	80	80
K	75	40
L	72	33
M	130	110
N	73	40
O	75	45
P	25	74
Q	270	170
R	65	89

问题

1. 请用一个 t 检验评价挑选时间的差异的统计显著性，并建立其均值差的置信区间。

2. 以上数据是否显示出正态分布？

3. 为了提高数据的正态性，对数据做倒数变换后，重新进行检验。你得出什么结论？

资料来源

William H. Levit, *Report on Test of Federal and State Methods of Jury Selection* (Letter to Chief Justice Roger J. Traynor dated October 15, 1969).

7.1.3 选票上的位置有影响吗

纽约州的一项法律规定，在纽约市一种特定的初选中，政府任职者被列在选票的第一位。在此之前，选票上的位置由抽签决定。后来一个非任职者面向任职者对法律提出了挑战，他介绍了一项关于纽约市 224 次有两个候选人竞选的研究情况，当时在选票上的位置由抽签决定。该项研究表明：(1) 在任职者位居选票第一位的竞选中，他们平均赢得了选票总数的 64.3%；(2) 在任职者位居选票第二位的竞选中，他们平均赢得了选票总数的 59.3%；(3) 在候选人中没有任职者的竞选中，排在第一位的候选人赢得选票的平均百分比为 57.6%。该研究的 224 次竞选中，有 72 次没有任职者参与竞选。在有任职者参与的 152 次竞选中，他们在选票上位居第二的有 31 次。任职者位居选票第一位的竞选中，任职者获得选票百分比的样本方差为 148.19，任职者位居选票第二位的竞选中，任职者获得选票百分比的样本方差为 177.82。

问题

1. 对于位居选票第一位的候选人，这些数据能否显示出统计上的显著优势？
2. 除了选票位次，还有没有别的解释？

资料来源

In re Holtaman v. *Power*, 62 Misc. 2d 1020, 313 N. Y. S. 2d 904 (Sup. Ct.), *aff'd*, 34 A. D. 2d 779, 311 N. Y. S. 2d 37 (1st Dep't), *aff'd*, 27 N. Y. 2d 628, 313 N. Y. S. 2d 760 (1970).

7.1.4 学生氏 t 检验和 Castaneda 规则

在 *Moultrie v. Martin*, 690 F. 2d 1078 (4th Cir. 1982) 案中，一名黑人请求者于 1977 年被起诉并证明有罪，随后引起了人身保护权请求，意在攻击大陪审团的选举存在歧视。法庭假定黑人占由陪审委员组成的陪审员名单投票数的 38%。每一年，从名单中选择 12 人作为大陪审官，随机选出 6 名为下一年任职，这就组成了总数为 18 的主陪审官。下面的统计资料显示，在 Castaneda 标准下法庭没有发现存在歧视，尤其是对于小样本可以用学生氏 t 检验来调整。

法庭给出了下面关于 t 检验和 Castaneda 标准差规则之间的相互关系的讨论（忽略引用）。

Castaneda 最高法院的规则对于小样本来说，当然可以通过学生氏 t 分布来调整。学生氏 t 分布讲述的是当样本容量大致小于 30 时，为了达到相同的显著性水平必然增加标准差的个数。就像在 Castaneda 用到的二项分布一样，学生氏 t 分布呈现的是一个钟形曲线。当样本的容量较小时，学生氏 t 曲线中间部分比较扁平，而尾部比较肥厚。随着样本容量的增加，学生氏 t 曲线近似趋于二项分布。虽然可用精确的数学公式计算学生氏 t 分布，但在实际中，用标准书本中关于统计量的表来计算更容易一些。

用这些表格，法庭的 Castaneda 分析就很容易适合小样本。Castaneda 的 2～3 个标准差对应双尾二项分布 95%～99.9%的显著性水平，学生氏 t 分布表是根据显著性水平和自由度描述的，自由度等于样本容量减去 1。因此，这个表格显示了当样本容量为 15（也就是自由度为 14 时）时，对双尾 95%的显著性水平，需用 2.1 个标准差，而对双尾 99.9%的显著性水平，需用 3.8 个标准差。当样本容量为 5 时，分别用 2.8 和 7.2 个标准差。

当样本容量为 18 时（也就是陪审员的数量），Castaneda 的范围是 2.1～3.6 个标准差。

根据标准差，计算陪审员的实际人数和期望人数之差，1971—1977 各年的结果如下表 7.1.4 所示。

表 7.1.4

年份	黑人陪审员人数①	黑人陪审员所占百分比（%）	标准差的个数
1971	1	6	−3.4
1972	5	28	−0.9
1973	5	28	−0.9
1974	7	39	+0.1
1975	7	39	+0.1
1976	4	22	−1.4
1977	3	17	−1.8

①这项信息同样出现在法庭别的意见中。

问题

1. 当样本容量小于 30 时，法院推荐用 t 分布来近似二项分布。你同意这样做吗？

2. 如果样本容量为 5，法院发现 5%的显著性水平需要 2.8 个标准差。假定 $p=0.5$，那么在这样一个样本（也就是有 0 个黑人陪审员）中，几个标准差才是最极端的结果？计算这样的结果的精确二项概率。

3. 与正态分布相比，为什么在小样本情况下 t 分布的厚尾更合适？

4. 你怎样分析关于黑人陪审员的人数及百分比的数据？

7.2 方差分析的多重比较

可以应用方差分析的思想来比较多个均值。假定有 k 个数据样本，样本容量为 n_i，样本均值为 $\bar{Y}_i$，样本方差为 s_i^2（$i=1, 2, \cdots, k$）。我们希望检验多个总体的实际均值 μ_i 相等的假设，$H_0: \mu_1=\mu_2=\cdots=\mu_k$，备择假设为至少有两个均值不相等。除了总的显著性检验之外，我们还希望在均值间作多重比较分析，即比较每一对均值 $\bar{Y}_i$ 与 $\bar{Y}_j$。就像 6.2 节中一样，我们的任务也是减少犯一次或多次第Ⅰ类错误的概率，使其不超过给定的显著性水平 α。一个紧密相关的问题是同时给出区间估计，比如 μ_i 包含在区间 $\bar{Y}_i \pm l_j$ 内，或者差 $\mu_i-\mu_j$ 包含在区间 $\bar{Y}_i-\bar{Y}_j \pm l_{ij}$ 内。界限 l_i 和 l_{ij} 是这样确定的，这么多可能的区间，每一个都至少以概率 $1-\alpha$ 包含其各自对应的参数，也就是说，一个或多个区间不包含其参数的总的概率不超过 α。在最简单的所谓“一元配置”的情况下考虑每一个这样的推断性问题，其中在各组类别中（比如交叉或嵌套的类别）没有特定的结构识别。更复杂的设计通常会用在实验设计中，而在常遭到合理争议的观测设计中用得较少。

假定在第 i 个样本中的第 j 个观察值用 Y_{ij}（$j=1, 2, \cdots, n_i$）来表示，总均值用 $\bar{Y}$ 来表示，$\bar{Y}=\sum_i \sum_j Y_{ij}/N$，其中，$N=n_1+n_2+\cdots+n_k$ 为总的样本容量。方差分析表明，总平方和

$$SS_{tot}=\sum_{i=1}^{k}\sum_{j=1}^{n_i}(Y_{ij}-\overline{Y})^2$$

等于组间平方和与组内平方和两部分之和，组间方差和为：

$$SS_b=\sum_{i=1}^{k}(Y_i-\overline{Y})^2$$

组内方差和为：

$$SS_w=\sum_{i=1}^{k}\sum_{j=1}^{n_i}(Y_{ij}-\overline{Y}_i)^2=\sum_{i=1}^{k}(n_i-1)\ s_i^2$$

组间平方和 SS_b 是每一组的样本均值关于总体均值离差平方的加权和，它是不同组间样本均值差异程度的一种测度。组内平方和 SS_w 是每一组中数据的内在变异性的一种测度。假定每一组的方差为常数 σ^2，SS_w 期望值等于（$N-k$）σ^2。因此，σ^2 的无偏估计可由组内均方 $MS_w=SS_w/(N-k)$ 给出。

在等均值的零假设下，样本均值 $\overline{Y}_i$ 间的差异也仅反映了内在的变异性，而可以证明 SS_b 的期望值等于（$k-1$）σ^2，因此，组间均方 $MS_b=SS_b/(k-1)$ 是 σ^2 的又一个无偏估计，但仅是在 H_0 下。在备择假设下，SS_b 不仅反映了内在的变异性，而且反映了系统的组间差异，比 MS_w 大，可以证明，MS_b 的期望值为：

$$E(MS_b)=\sigma^2+\sum_i\frac{n_i(\mu_i-\bar{\mu})^2}{k-1}$$

式中，$\bar{\mu}=\sum_i n_i\mu_i/N$ 是真实组均值的样本加权平均。因此，衡量组间均值不等程度的指数可以由方差比率或 F 统计量

$$F=\frac{MS_b}{MS_w}=\frac{SS_b/(k-1)}{SS_w/(N-k)}$$

给出。假定数据服从正态分布，则 F 统计量在 H_0 下服从自由度为 $k-1$ 和 $N-k$ 的 F 分布。F 分布一般定义为两个相互独立的卡方随机变量分别除以各自对应的自由度后的商的分布。① 在任一方向（或两个方向）偏离 H_0 将引起 MS_b 趋于超过 MS_w，因此，在 F 值很大时零假设将被拒绝。F 统计量的百分点见附录 2 中的表 F。

---

① 自由度为 df_1 和 df_2 的 F 变量的均值为 $df_2/(df_2-1)$，方差为 $2df_2^2(df_1+df_2-2)/[df_1(df_2-2)^2(df_2-4)]$。

例如，假定要在一个完全互斥的、四个种族组间比较熟练度测试的分数。假定充分统计量（即概括了相关信息的统计量）如表 7.2.1 所示。

表 7.2.1

种族组	样本容量	组平均值	样本方差	标准差
黑人	50	75.2	225.0	15.0
西班牙人	35	70.3	289.0	17.0
亚洲人	20	78.8	324.0	18.0
其他	50	84.9	256.0	16.0
	$N=155$	$Y=77.68$		

以下方差分析表显示了平方和与总的显著性检验的细目分类结果，见表 7.2.2。

表 7.2.2

方差来源	平方和	自由度	均方	期望均方	$F=MSb/MS_w$
组间	4 845.27	3	1 615.09	$\sigma^2+\sum_i n_i(\mu_i-\bar{\mu})^2$	6.16
组内	39 551.00	151	261.93	σ^2	
总计	44 396.27	154			

由于在 0.005 的显著性水平下，自由度为 3 和 151 的 F 统计量的临界值小于自由度为 3 和 120 的 F 统计量的临界值，即 4.50（参见附录 2 中第三个 F 分布表），所以，均值间的差异在 0.005 的水平下是显著的。

那么在几个组中，哪一个显著不同呢？答案部分依赖于希望的比较次数。在上例中，如果其他组代表了无保护的大多数，只考虑少数种族组与其他组之间的三次比较，那么邦弗朗尼调整（参见 6.2 节）或许就需要用到：三次显著性水平 $\alpha/3$ 下双样本学生氏 t 检验中的任何一次显著都将被作为组间差异显著的证据。例如，如果 $\alpha=0.01$，那么比较黑人组与“其他”组的 t 统计量值为 3.13，$df=98$；比较西班牙人组同其他组的 t 统计量值为 4.04，$df=83$；比较亚洲人组同其他组的 t 统计量值为 1.39，$df=68$。查表 E，在 0.01/3 水平下自由度为 60 的 t 统计量的临界值大约为 3.09，对于较大的 df 值，t 的临界值略小。因此，在三次比较中，有两次在 0.01 的水平下显著，这就对原计划的三次比较做了修正。

Scheffe 方法

很多情况下，从数据出发，我们会做不曾预料的感兴趣的比较。这种可能出现的因果推断的数目会随着组数的增加而迅速增加。例如，我们可能想知道在少数种族组中是否存在显著的差异；或者想将三个少数种族组的均值同其他组进行比较；或者比较黑人组或西班牙人组这两个组的均值与亚洲人组和其他组的均值，等等。事实上，我们可能会对任何均值进行比较，也就是说，比较部分均值的任意加权平均同另外均值的任意加权平均，即使可能有无限个这样的比较。显然，邦弗朗尼方法不能用来对所有这些情况都做调整。

然而，令人惊讶的是，有一种调整的方法，即 Scheffe 方法，即使是对于大量比较甚至是任意因果比较，都可以用来做比较和区间估计。这种方法的主要特性是，由数据构建的所有（可能无限多）的置信区间都以概率 $1-\alpha$ 包含有它们对应的真实参数值。另外一个便利的特征是，在等均值的零假设下，总的 F 检验是显著的，用 Scheffe 方法将可以发现有一些比较是显著的（虽然可能不是一个简单的成对比较）。相反，如果总的 F 检验不显著，那么，所有比较都是不显著的。因此，Scheffe 方法使我们能够驾驭数据，随意检验感兴趣的比较。

Scheffe 方法具体如下。考虑任意一个形如 $\delta=\sum_i c_i\mu_i$ 的比较，其中，系数 c_1，c_2，…，c_k 的和为零。例如，比较 $\delta=\mu_i-\mu_j$，有系数 $c_i=1$，$c_j=-1$，其余的为零；在熟练度检验的例子中，比较 $\delta=(\mu_1+\mu_2)/2-(\mu_3+\mu_4)/2$ 的系数为 $c_1=c_2=1/2$ 和 $c_3=c_4=-1/2$。任意这样的比较都可以由相应的样本形式 $\hat{\delta}=\sum_i c_i\bar{Y}_i$ 来估计，其方差为 $\mathrm{Var}(\hat{\delta})=\sigma^2\cdot\sum_i c_i^2/n_i$，可以用 $MS_w\cdot\sum_i c_i^2/n_i$ 来估计。Scheffe 方法构造的置信区间为：

$$\hat{\delta}-D(MS_w\cdot\sum_i c_i^2/n_i)^{1/2}\leqslant\delta\leqslant\hat{\delta}+D(MS_w\cdot\sum_i c_i^2/n_i)^{1/2}$$

式中，乘子 D 是自由度为 $k-1$ 和 $N-k$ 的 F 分布的上 α 百分位数的 $k-1$ 倍的平方根，即 $D=[(k-1)F_{k-1,N-k;\alpha}]^{1/2}$。例如，在熟练度检验例子中，为了构造比较 $\delta=(\mu_1+\mu_2)/2-(\mu_3+\mu_4)/2$ 的 95% 的 Scheffe 置信区间，样本比较为：$\delta=(75.2+70.3)/2-(78.8+84.9)/2=$

72.75－81.85＝－9.10，其方差由

$$MS_w \cdot \sum_{0.25}/n_i = 261.93 \times 1/4 \times (50^{-1}+35^{-1}+20^{-1}+50^{-1}) = 7.76$$

估计，标准误为 $7.76^{1/2}=2.79$。乘子 $D=[3\times F_{3,151;.0.5}]^{1/2}=(3\times 2.66)^{1/2}=2.82$。那么置信区间即为：

$$-9.10-2.82\times 2.79 \leqslant \delta \leqslant -9.10+2.82\times 2.79$$

或者 $-17.0\leqslant\delta\leqslant-1.2$。既然此区间中不包括零，因此按照 Scheffe 标准，这个比较显著地不等于零。类似地，对于均值的 6 组可能的两两比较构造 Scheffe 置信区间，结果如表 7.2.3 所示。

7.2.3 同时水平：95%

比较	估计值	标准误	置信区间
黑人—西班牙人	4.9	3.57	[－5.2，15.01]
黑人—亚洲人	－3.6	4.28	[－15.7，8.51]
黑人—其他人种	－9.7	3.24	[－18.8，－0.61]
西班牙人—亚洲人	－8.5	4.54	[－21.3，4.3]
西班牙人—其他人种	－14.6	3.57	[－24.7，－4.51]
亚洲人—其他人种	－6.1	4.28	[－18.2，6.0]

因此，在黑人组和其他组之间、在西班牙人组和其他组之间，平均得分的差异是显著的。

需要注意的是，Scheffe 方法得到的关于两个均值之差的置信区间，比用邦弗朗尼调整后 $\alpha/6$ 显著性水平上学生氏 t 分布的临界值作为乘子得到的置信区间要宽一点，这是因为，用 Scheffe 方法，每组比较的置信度都是 95%。一般说来，如果计划比较的次数较少，邦弗朗尼方法更受欢迎，因为它构造置信区间窄一些。如果比较的次数很多或者对于那些暗含的后验来说，应该使用 Scheffe 方法。

对几个均值进行多重比较和联合区间估计，邦弗朗尼和 Scheffe 方法是最常用的调整方法，下面的参考文献中讨论了许多其他的方法。

补充读物

R. Miller，*Simultaneous Statistical Inference*（2d ed.，1981）.

H. Scheffé，*The Analysis of Variance*（1959）.

7.2.1 无足轻重的收债人

ABC讨债公司（不是真名）的业务是代收大量的消费者欠款。它从所收款项中抽取一定百分比作为费用。由于此公司向公众发行并出售债券，按照联邦证券法，它应该定期向公众报告其收入。当征收进展比较缓慢时，该公司就假定只收回款项实际金额的70%，记入会计账目，并且以此为基础报告收入。证券交易委员会发现了这种做法并提出质疑。为了证明这种做法是合理的，该公司的会计出示了依其申述的从连续三年征收款中抽取的三个随机样本。根据会计陈述，在每一年中，他通过征收款清单的页码来抽取样本，至少有3年先于检验的时间并随机地指向他所需要的数据。随后，公司的书记员带来了那些被选中的文件，会计计算得到了下面的数据。会计并没有记录他抽中了哪些文件，但他说他相信书记员带来了他抽中的文件。同时，他也声称没有丢失文件并且所有文件都有足够的数据使他决定征收款占账面价值的比例。会计说，对于每一项征收款，他计算出一个比例，然后计算这些比例的均值和标准差。

计算的结果是，三个样本的平均征收比例分别为：0.71，0.70，0.69；每个样本的标准差都是0.3；每个样本的样本容量都是40。

由于上述均值接近0.70，所以会计声称，公司使用0.70作为征收比例是合理的。

问题

三个样本的均值是否太接近而与其声称的在一个大总体中随机抽取样本有悖呢？为了回答这个问题，计算F统计量并且确定显著性水平，从F分布表中查出临界值。为了计算F统计量，先做如下计算。

1. 计算样本内（组内）平方和SS_w，计算组内均方MS_w。
2. 计算样本间（组间）平方和SS_b，计算组间均方MS_b。
3. 用以上结果，计算F统计量。
4. 零假设是什么？备择假设又是什么？给定备择假设，零假设的拒绝域在F分布的哪一尾部（左尾还是右尾)?

5. 什么是 F 统计量的 P 值？［提示：自由度为 a 和 b 的 F 统计量小于某一特定值的概率，与自由度为 b 和 a 的 F 统计量大于这一特定值倒数的概率相等，即 $P(F_{a,b}<f)=P(F_{b,a}>1/f)$。］

［注释］

ABC 公司的负责人随后被证明犯有财务欺骗罪，会计坦白也曾参与其中。

第8章 对独立层的数据合并

8.1 合并数据的 M-H 检验与 Fisher 检验

通常情况下，人们常常将不同来源的数据合并成较大的数据集，以期得到统计上的显著性，却往往造成不一致性更显著。相反，当人们想避免形成这种统计显著性时，会竭力将数据分割。在一家医学院女教员提出的性别歧视诉讼案中，原告提供的证据是综合几年的教员数据，而院方则基于各院系不同年份的数据（然而，如下所述，这些数据是合并的）。

有关分割数据的争论在于合并数据可能很有误导性。一项有名的研究表明，在加州大学伯克利分校的研究生入学申请者中，女性录取比例低于男性。然而，仔细分析各系数据，大多数系女性的录取比例要高于男性。出现这种反差的原因是，相对于那些男性申请人数占大多数的系，女性大多数都申请录取比例低的系。因此，系别就成了混淆性别与录取比例之间关系的变量。[①] 参见 Bickel，Hammel，and O'Connell *Sex Bias in Graduate Admissions*：*Data from Berkeley*，187 Science 398 (1975)。

赞成数据合并的人认为，当各层之间存在微小但持续的趋势时，分割数据会丧失显著性。如果黑人在陪审团的代表人数持续低于正常水平，那么尽管差异对任何一个陪审团来说都不明显，但综合起来，就会反映出一直以来的歧视，合并数据具有显著性。事实上，这种基于合并数据的检验，一旦通过，会很有说服力。

伯克利大学的数据说明，只是简单地对比男女学生的录取比例，可能得出完全错误的结论。如果这种简单对比所得不一致结论是适当的话，那么有人就会提出一个更微妙的问题——合并不同层的数据得出的结论是否会出现偏差？优势比无偏估计的充分条件是：(1) 在分层变量（在伯克利大学的例子中为系别）上每个组的录取比例（男女学生录取比例）恒定；(2) 在分层变量上，结果层（性别，那些录取与拒绝的）的曝光比例恒定。对于给定的常数或相对风险来说，这两个充分性条件的实质是：究竟是总的录取比例还是总的曝光比例对于所有分层变量恒定的问题。这两个条件都是充分非必要的，因为两者有相关联的特殊情形，但没有合并偏差。

有一种将汇总与分割数据综合起来的方法是：当存在偏差风险时，就把不同来源或层的数据先分割再合并。也就是说，先分割数据以降低误差提高有效性，然后寻找一个能很好地概括各部分数据的统计量。下

---

① 这是一个“辛普森悖论”的实例，在伯克利数据中，尽管在院系之间的申请录取比例之间的不一致上有实质性的不同，甚至有固定的不一致水平，“比较综合比率”仍然是令人误解的。例如，假设 A 系总的录取比例是 50%，男女录取比例也都是 50%，B 系总的录取比例是 10%，男女录取比例也都是 10%。如果有 80 个男生和 20 个女生申请 A 系，20 个男生和 80 个女生申请 B 系，那么，在 100 个男生中，将有 42 个被录取，而在 100 个女生中，只有 18 个将会被录取。因此，每个系的优势比分别为 1，但合并数据的优势比为 3.7。

面举几个例子。

● 在上面讨论的伯克利大学的案例中，先分别计算每个系男女学生的录取比例，然后综合这些数据进行统计显著性检验。

● 在一个关于升职的研究中，对比在录用一年后黑人雇员与白人雇员的升职情况。由于总体上这些人的资历、背景等大不相同，为了控制组内成分的差异，可以先将每个黑人雇员与一个白人雇员匹配，分别比较他们各自的升职情况，然后综合所有配对组的情况，估计升职的相对优势。

合并数据来做关于两组的假设检验的思想很简单。每层内我们关心的是在某组中特定结果的具体数据，即女学生录取人数或黑人升职的人数。结果和组的特定选择是任意的，而不同的选择却会有等价的分析。对于每一层，用零假设下的优势比乘以该层中元素个数即可得该层观察数字的期望值。累加各层观察值与期望值之差，为保证连续性，最后的绝对差要减去 0.5。在一种分析方法中，这个修正的差要除以总和的标准误（因为根据假设，各层间相互独立，差的和的标准误就是这些差的方差和的平方根）。在零假设下，上述结果近似服从标准正态分布。在等价的分析中，经修正后的差平方后除以总和的方差，所得统计量服从 χ^2 分布，自由度为 1。

二项检验

如果试验优势比可以以一个给定比率（即从大总体抽取相对少一部分）的二项结果表示，那么将观察值与期望值（做连续性修正）的差加总除以二项分布总方差的平方根，得到的检验统计量有近似的正态分布。

例如，在 *Cooper v. University of Texas at Dallas*, 482 F. Supp. 187 (N. D. Tex. 1979) 一案中，原告控告该大学在雇用教员时存在性别歧视，并提交了一份数据，将 1976—1977 年间教员雇用性别比例情况与 1975 年（雇用比例数据的来源）获得博士学位的博士学位申请者数据进行对比，以作为证据。数据见表 8.1。

表 8.1　　得克萨斯州立大学 1976—1977 年雇用教员情况

1	2	3	4	5	6	7	8
学科	申请者中获得博士学位的比例（女博士的比例）	总雇用人数	女性雇用人数	期望值（2×3）	差（4－5）	标准差的倍数	准确的显著性水平*
美术	0.383	48	14	18.38	－4.38	－1.30	0.123
人类发展	0.385	32	12	12.32	－0.32	－0.31	0.532
管理	0.043	26	0	1.12	－1.12	－1.08	0.319
自然科学	0.138	38	1	5.24	－4.24	－2.08	0.025
社会科学	0.209	34	6	7.11	－1.11	－0.47	0.415
总计		178	33	44.17	－11.17		

* 法庭认为，表中所给数字并不都是准确的。这里给出的是用二项分布计算的准确的显著性水平。

注意到各学科的女性教员人数均比男性少，但只有在自然科学学科，这种差异在 0.05 的显著性水平上是统计显著的。各学科二项方差之和为 30.131，标准误即前者的平方根为 5.489，女性教员实际人数与期望人数之差（连续性修正）除以标准误为 $(-11.17+0.5)/5.489=-1.94$ 。这种差异的显著性水平为 0.026（单尾）。

M-H 检验

当可以得到所有申请者的数据（即按性别区分的雇用和未雇用的人数）或是在考虑升职问题时，应该采用另一种不同的分析方法。零假设自然是每层各组内的雇用或升职在性别方面是完全随机的，那么期望值就是该组人数乘以每层的总的优势比。

各层的超几何分布的方差公式为 $m_1m_2n_1n_2/N^2(N-1)$ ，其中，m_1 是该层成功的结果数（例如总的升职人数）；m_2 是该层不成功的结果数(例如未升职的人数)；而 n_1 ，n_2 分别是各组的人数（例如男、女性人数）；N 是该层总人数，见 4.5 节。观察值与期望值的修正差除以标准误得到的统计量，在各组内对成功无系统影响的零假设下近似服从标准正态分布。这种方法称 M-H z 分数。将它平方后得到的统计量近似服从自由度为 1 的 χ^2 分布，这就是著名的 M-H（Mantel-Haenszel）χ^2 检验。M-H 检验在 *Hogan v. Pierce*，31 Fair Emp. Prac. Cas（BNA）115

(D. D. C. 1983) 一案中被法院采用。

作为 M-H 检验的一个简单例子，考虑上述关于升职的配对研究。每一对均为一个独立层，$n_1 = n_2 = 1$。如果某一对的两个雇员都升职或都不升职，那么在升职中无种族歧视的零假设下，这一对没有偏离期望值。这种一致的配对即为“条件一致”，因为它们的超几何方差为零（因为 m_1, m_2 之一必为零）。因此，它们对于在升职中存在种族歧视的结论不提供任何有用信息。对于不一致的配对，即其中一人升职而另一个没有升职，每一对中黑人升职的期望值为 1/2，观察值与期望值的差的超几何方差为 $1 \times 1 \times 1 \times 1/2^2 \times 1 = 1/4$。因此，如有 n 个不一致的配对，其中有 b 对只有黑人雇员升职，其余 $c = n - b$ 对只有白人雇员升职，那么经过连续性修正的 M-H χ^2 统计量为：

$$\chi^2 = \frac{(|b - n/2| - 1/2)^2}{n/4} = \frac{(|b - c| - 1)^2}{b + c}$$

在零假设下，它服从自由度为 1 的 χ^2 分布，这种形式的检验称为 McNemar 检验。注意对配对的 M-H 检验是如何特化成对不一致配对数的二项分析，比如说黑人雇员被提升的不一致配对数 $b \sim Bin(n, 1/2)$。[①] M-H 检验的一个明显优点是，它将配对研究设计推广为任何大数据层次的配对样品或分层设计中。

M-H 检验对于检测对零假设的向某一方向的一致偏离很有效，而这种一致的偏离在零假设下很快变得不可能，这种情况通常选择 M-H 检验。然而检测对零假设两个方向的偏离，这种检验功效不高，因为正负的偏离相互抵消，大大减小了累加偏差值。为找一个克服这种弊端的检验，就要使用如下不同的统计量：先对每层的观察值与期望值之差（没有修正）取平方，然后除以该层方差再求和。所得的和服从自由度为 k 的 χ^2 分布，其中 k 为层数。这种情况下，对期望值任一方向的偏离都会导致一个较大的统计量，尽管如果有许多层所含观察值都很少时，检验的功效也还是可以的。对于 M-H 过程，即使层数很多而且各层样本容量小（就像上述配对研究），只要偏离方向一致，那么检验功

---

① 若假定在比较黑人和白人雇员升职问题上有一个常数优势比 Ω，那么可以证明随机变量 b 服从二项分布 $B(n, p)$，其中 $P = \Omega/(\Omega + 1)$。给定 n，P 的最大条件似然估计为 $\hat{P} = b/n$，升职的优势比 $\hat{\Omega}$ 的最大似然估计为 $\hat{\Omega} = b/c$。P 的二项置信区间可以通过 $\Omega = P/(1-P)$ 转换为 Ω 的相应置信区间.

效就可能是足够的。[①]

Fisher 检验

在其他几种用于从独立来源合并数据的检验方法中，最常用的是 Fisher 方法，它可以方便地用于多种场合。Fisher 方法提供了一个统计量用来检验 k 个相互独立检验的零假设是否成立，备择假设是至少在某个检验中，它的零假设不正确。原则上，这个假设问题或者说统计检验问题没必要有联系，但在我们研究的问题中，假定这些问题的假设，检验统计量在每一个检验中形式均相同。

Fisher 方法基于达到的显著性水平。假设现有两个独立的层，每层都要做一个基于检验统计量 T 的单边假设检验，T 有较大负值时拒绝零假设。由于根据假设各统计量相互独立，人们可能简单地将各层的显著性水平 p_1, p_2 相乘以得到联合的显著性水平 $p_1 p_2$ ，因此，如果两层的检验统计量均有显著性水平 0.10，则联合的显著性水平为 0.01。然而，也有可能出现各层的显著水平均小于 0.10 的情况，尽管这貌似不真。我们感兴趣的统计量实际上是两个显著性水平的乘积像观测到的那么小的概率。本例中这个概率包括比如 $p_1 = 0.2, p_2 = 0.05$ 的情况，而不仅是 p_1, p_2 均小于 0.10 的情况。

Fisher 借助一个变换得到显著性概率乘积的零假设下的概率分布。它证明如果各层的零假设都正确，那么每个达到的显著性水平服从单位区间上的均匀分布[②]，将各显著性水平取自然对数后加总再乘以 -2，所得统计量服从自由度为检验个数 2 倍的 χ^2 分布。所需概率值有 χ^2 分布的上尾概率（显著性水平取对数加总的 -2 倍）确定。在上面的例子中，0.1 的对数值为 -2.3026，因此 Fisher 统计量为 $-2\times(-2.3026+(-2.3026)) = 9.2104$ ，而自由度为 4 的 χ^2 分布的上 5%临界值为 9.488，因此所得结果在该显著性水平下不是十分显著。但要注意到，合

---

① 注意，如果两个检验都被引导成具有或多或少显著性结果的意图，则邦弗朗尼修正表明，为了限制检验的第Ⅰ类错误，每一部分检验都应在 $\alpha/2$ 水平上进行。

② 通常，若随机变量 x 有累积分布函数 F，那么随机变量 $Y=F(x)$ 称为 X 的概率转换。若 F 是连续的，那么 Y 在从 0～1 的单位区间上服从均匀分布，因为事件 $[Y<p]$ 当且仅当 x 小于它的第 p 个分位数时发生，概率为 p。在这里若 X 是零假设下服从 F 分布的 T 统计量的随机结果，那么得到的显著性水平是 $Y=P\ [T\leqslant x]\ =F(x)$。

并数据达到的显著性水平几乎是每个层显著性水平的2倍。

对于 *Cooper v. University of Texas* 的数据，显著性水平取对数后的和为−8.43，乘以−2等于16.86。由于有5个系，我们考虑自由度为10的χ^2分布，其上5%临界值为18.31，这说明在0.05的显著性水平上不太显著（p值为0.077）。然而，教员雇用数据是离散的，而Fisher方法假设研究的数据有连续的P值。利用Lancaster方法进行修正，得到Fisher统计量的值为21.47，在水平0.05下显著（$p=0.018$）。前面通过累加观测值与期望值的差并除以二项分布变量和的标准差计算得到一个二项的P值（$p=0.026$）。可以看到，此处的结果略好于这个结果。[①]

上述方法同样适用于以下的常见情况，如针对同一问题有几种相互独立的研究，其中一部分或者所有研究的显著性水平很低。下面是关于有死刑宣判资格的陪审员对死刑的态度与作出的宣判结果之间关系的研究结果（见6.1.1节）。有6个不同的研究显示这些有死刑宣判资格的陪审员更倾向于作出死刑宣判，其z值的范围在1.07～2.73之间。z值（各自的双边P值）分别为1.90（0.057），2.05（0.040），1.40（0.162），1.07（0.285），2.58（0.010），2.73（0.006）。χ^2统计量值为$(-2\times\sum \ln p)=37.84$，自由度为12，高度显著。

Fisher方法虽然简单实用，但是在研究次数较多而显著性水平又不高时，该方法功效较低。例如，如果给定各层显著性水平为$1/e=0.37$，Fisher卡方值为$2k$，对于任何k值都等于它的自由度，那么显著性水平就不可能超过0.50。这种情况下，用M-H方法更合适。

一般参数的估计

至此，我们学习了将不同来源的数据合并来检验零假设。然而，在很多情形下，估计一般参数（假定存在）、给出该估计的置信区间更为

---

① 参见H. O. Lancaster，*The combination of probabilities arising from data in discrete distributions*，36，Biometrika 370（1949），我们很感激Joseph L. Gastwirth提出这个修正，Lancaster的修正实际上有些矫枉过正。准确的P值是0.024，高于Fisher检验中经过Lancaster修正的P值。在此例中，文中涉及的二项P值相当接近于真实水平。

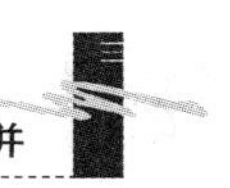

重要。这里介绍两种方法，第一种是普遍适用的，第二种适用于前面讨论的 M-H 检验。

第一种方法假设在每个独立的研究中已经有了一些感兴趣参数的无偏（或至少是一致的）点估计以及相应的标准误。假设在每个研究中参数的真值相同，那么这些点估计的任何加权平均有相同均值。为了使加权均值的方差达到最小，赋予每个研究的权重与各自点估计的方差即标准误的平方成反比。这种选取权重的方法得到的加权均值的方差大于方差倒数之和。这样一般参数的置信区间为加权均值 ±1.96s.e.。

例如，假设研究 1 对数优势比的估计值为 0.5，标准误为 0.3，研究 2 对数优势比的估计值为 0.7，标准误为 0.4，那么加权均值为：

$$(0.5\times 0.3^{-2}+0.7\times 0.4^{-2})/(0.3^{-2}+0.4^{-2})=0.572$$

标准误为：

$$1/(0.3^{-2}+0.4^{-2})^{1/2}=0.240$$

该加权均值的置信度为 95%的置信区间为：

$$0.572\pm 1.96\times 0.240=0.572\pm 0.47$$

M-H 方法同时提供了由每个“四格表”所代表的假定一般优势比的估计。为了给出估计量以及它的对数的标准误的公式，用下面的符号代表第 i $(i=1,2,\cdots,k)$ 个表的每格频数。令 $B_i=X_iZ_i/T_i$ 表示 i 表中主对角线上的频数的乘积除以总频数 T_i，$C_i=Y_iW_i/T_i$ 表示次对角线上的频数的乘积除以总频数，$B=\sum_i B_i$ 及 $C=\sum_i C_i$ 代表所有表格的相应乘积的和。那么，一般优势比的 M-H 估计为比率 $OR_{MH}=B/C$。该方法的一个优点是，因为涉及一些乘积的和，如果某个研究的表格中有一个零元素，那么在计算优势比时也会用到它；而这对于第一种方法是不可实现的（如果不任意地给 0 加一个数值），因为它假定每次研究都要产生一个对数优势比的有限点估计。

注意，上述估计量可看作每个表格的交乘比率 X_iZ_i/Y_iW_i 的加权平均，其中权重为 C_i/C。容易看到，如果表格个数 k 固定，而表的总频数 T_i 增大，则 M-H 估计量接近真实优势比的加权平均。假定上述表格都能计算出相应常规值，那么 OR_{MH} 就是一般优势比的一致估计。

在另一种渐近框架（大样本）下，M-H 估计量也是一致估计，即当每个表的总频数小而表格个数 k 较大时。例如，在一个“配对研究”中，可以按照诸如经验、资历等重要特征来对男女雇员进行配对，以避

免混淆偏差。每年年末，可以看到该员工是否升职。升职政策是否公正？每一对都是总频数 T_i 为 2 的 2×2 表格。女性员工升职对男性员工升职的优势比的 M-H 估计量为 $OR_{MH}=b/c$，其中，b 为女性职员升职而男性职员未升职的对数，c 为男性职员升职而女性职员未升职的对数。估计量 b/c 就是配对数据一般优势比的 McNemar 估计。由强大数定律，当 k 增大时，OR_{MH} 收敛于真实优势比。

第 11.2 节给出了 M-H 估计量的另一应用——生存分析中估计死亡率之比。

Robins，Greenland 和 Breslow 给出了大样本下 OR_{MH} 的对数的方差的计算公式，其中，OR_{MH} 是前面提到的两种近似方法中的方差的一致估计量。[①] 除以上符号外，令 $P_i=(X_i+Z_i)/T_i$ 表示第 i 个表格中总频数 T_i 中主对角线元素的比例，$Q_i=(Y_i+W_i)/T_i=1-P_i$ 表示总频数 T_i 中次对角线元素的比例，则"RGB"估计量如下：

$$\hat{\mathrm{Var}}[\log OR_{MH}]=$$
$$(1/2)\left\{\frac{\sum_{i=1}^{k}P_iB_i}{B^2}+\frac{\sum_{i=1}^{k}(P_iC_i+Q_iB_i)}{BC}+\frac{\sum_{i=1}^{k}Q_iC_i}{C^2}\right\}$$

估计方差的平方根为对数 M-H 对数优势比估计的标准误（*s.e.*），可用于确定置信区间。因此，大样本下该对数优势比的 95%的近似置信区间为 $\log OR_{MH}\pm 1.96s.e.$，而一般优势比的 95%的近似置信区间只要对该区间两端点取指数就可得到，即

$$\exp[\log OR_{MH}\pm 1.96s.e.]=OR_{MH}\times\text{或}\div\exp[1.96s.e.]$$

在前面配对研究的例子中，对数 OR_{MH} 的方差的 RGB 估计为：

$$(1/2)\{(b/2)/(b/2)^2+0+(c/2)/(c/2)^2\}=(1/b)+(1/c)$$

在 8.2 节讨论整合分析时，还要讨论这个问题。

补充读物

J. Fleiss，*Statistical Methods for Rates and Proportions*，ch. 10 (2d ed. 1981).

---

① J. Robins，S. Greenland，and N. E. Breslow，*A general estimator for the variance of the Mantel-Haenszel odds ratio*，124 Am. J. Epidemiology 719 (1986).

8.1.1 律师雇用中是否存在歧视

密西西比州司法部被指控对那些申请到该政府机关工作的黑人律师以及维护黑人权益的人士有歧视行为。1970—1982 年律师申请与雇用人数的数据如表 8.1.1 所示。该诉讼于 1975 年司法部长 Winter 在位时提起，1980 年 Summer 继任司法部长（名字绝非虚构）。

表 8.1.1　　1970—1983 年司法部长在位时律师申请与雇用人数

	1970	1971	1972	1973	1974	1975	1976
白人	7/12	5/20	11/17	10/21	6/18	2/15	3/16
黑人	—	—	—	0/2	0/7	0/7	2/5
	1977	1978	1979	1980	1981	1982	
白人	13/19	8/18	6/15	7/27	4/21	1/4	
黑人	1/4	0/1	1/4	3/12	1/5	3/13	

A/B：斜杠左边的数字（A）表示当年申请者中最终被雇用的人数，但他们不一定是申请当年被雇用的；斜杠右边的数字（B）表示当年申请人数。

问题

使用 M-H 的 z 分数方法分析数据的统计显著性。在此问题中，Fisher 精确检验以及合并数据的方法有效吗？合并数据是否是可接受的另一种方法呢？

资料来源

Mississippi Council on Human Relations v. Mississippi，J76 Civ. 118R（1983）（Magistrate's decision）（unpublished）.

8.1.2 解除雇佣关系中的年龄歧视

一位出版商被控告在解除自由撰稿人和美术设计员的雇佣关系时存在年龄歧视。自 1984 年 1 月 3 日到 1986 年 1 月 21 日共有 15 名自由撰稿人和美术设计员非自愿地被解雇。表 8.1.2a 和 8.1.2b 给出了上述二者被解雇时的年龄。由表可知，在 1984 年 7 月 27 日共有 14 名年龄介于 24～62 岁的自由撰稿人，以及 17 名介于 24～56 岁的美术设计员。解雇的自由撰稿人 36 岁。表 8.1.2c 显示了：(1) 被解雇的自由撰稿人或美术设计员的年龄之和；(2) 解雇总人数；(3) 解雇时所有自由撰稿人和美术设计员的平均年龄；(4) 平均年龄乘以解雇人数（零假设下解雇年龄的期望和）；(5) 每次有潜在解雇危险的人数；(6) 上述有潜在解雇危险者的年龄的方差；(7) 第 1 列的抽样方差（等于 6 列与 2 列之积，乘以有限总体修正系数，该系数等于第 5 列减去第 2 列再除以第 5 列减 1 的值）。

表 8.1.2a　　　雇佣关系非自愿解除的自由撰稿人年龄分日期数据

	1 月 3 日 1984	1 月 6 日	6 月 29 日	7 月 27 日	10 月 5 日	11 月 19 日	11 月 20 日	12 月 31 日	3 月 1 日 1985	3 月 29 日	6 月 7 日	12 月 11 日	1 月 21 日 1986
1				36	36	36	36	36	36	36	37	37	37
2	52	52	52	52	52	53	53						
3			36	36									
4					28	28	28	28	28	28	28		
5								41	41	41	41	41	42
6			30	30	30	30	30	30	30	30	30	31	31
7	49												
8												27	28
9	47	47	47										
10	34	34											
11												44	44
12			40	40	40	40	40	40	40	40	41	41	41
13	47	47	47	47	47	47	47	48	48				
14												36	36
15										36	36	36	37
16	62	62	6	62	62	63	63	63					
17	33	33	33	33	33	34	34	34	34	34	34	35	35
18								26	26	26			
19	29	29	30	30	30	30	30		30	30	30	31	31
20	28	28	28	28	28	28	28	29	29	29	29	30	30
21	42	42	43	43	43	43	43	43	43	44			

续前表

	1月3日1984	1月6日	6月29日	7月27日	10月5日	11月19日	11月20日	12月31日	3月1日1985	3月29日	6月7日	12月11日	1月21日1986
22	24	24											
23									26	27	27	27	27
24	35	35	35	35									
25	23	23	24	24	24	24	24	24	25	25	25	25	25
26	30	300	30	31	31	31	31	31	31	31	31		

* 雇佣关系非自愿解除。

表 8.1.2b　雇佣关系非自愿解除的美术设计员年龄分日期数据

	1月3日1984	1月6日	6月29日	7月27日	10月5日	11月19日	11月20日	12月31日	3月1日1985	3月29日	6月7日	12月11日	1月21日1986
1	47	47	47	47	47	48							
2	34	34	34	34	34	34	34	35	35	35	35	36*	
3								24	24	24	25	25	25
4	38	38	39	39	39	39	39	39	39	39	40	40	40
5	36	36											
6													52
7	55	55	55	55	55	55	55	56					
8	55	55	56	56	56	56	56	56					
9												24	24
10	34	34	35	35	35	35	35	35	35	36	36	36	36
11	30	30	30	31	31								
12												28	28
13	38	38	38	38	39	39	39	39					
14													33
15									34	35	35	35	35
16										37	37		
17			35	35	35	35	35	35	35	35	35	36	36
18						31	31	31	32	32	32		
19	27	27	28	28	28	28	28						
20									39	39	39	39	40
21	24	24	24	24									
22	35	35	35	35	36	36	36	36	36				

续前表

	1月3日1984	1月6日	6月29日	7月27日	10月5日	11月19日	11月20日	12月31日	3月1日1985	3月29日	6月7日	12月11日	1月21日1986
23	48	48	49	49	49	49	49	49	49	49	49	50	50
24	34	34	35	35	35								
25	52	52	53	53	53	53	53	53	53	53	54		
26												25	25
27	30	30	31	31	31	31	31	31	31	32			
28	47	47	48	48	48	48	48	48	48	48	48	49	49

* 雇佣关系非自愿解除。

表 8.1.2c　　合并自由撰稿人和美术设计员的数据

	(1) $S[j]$	(2) $M[j]$	(3) $u(j)$	(4) 2×3	(5) $N[j]$	(6) $\sigma^2[j]$	(7) $\text{Var } S[j]$
1	49	1	38.68	38.36	31	106.93	106.93
2	34	1	38.33	38.33	30	106.82	106.82
3	47	1	39.03	39.03	31	98.16	98.16
4	36	1	38.71	38.71	31	95.75	95.75
5	31	1	39.14	39.14	29	97.71	97.71
6	48	1	39.43	39.43	28	103.32	103.32
7	53	1	39.11	39.11	27	104.32	104.32
8	175	3	38.21	114.63	28	103.60	287.77
9	48	1	35.44	35.44	27	58.25	58.25
10	26	1	35.22	35.22	27	52.02	52.02
11	37	1	35.78	35.78	23	54.08	54.08
12	36	1	34.56	34.56	25	50.97	50.97
13	33	1	35.27	35.27	26	60.74	60.74
合计	653	15		563.4			1 276.84

问题

1. 每次解雇中，如何将单个被解雇的自由撰稿人或美术设计员的年龄与被解雇的所有自由撰稿人或美术设计员的平均年龄作比较？

2. 合并每次解雇的数据，这些数据是否在统计上显著地说明年龄大的雇员被解雇的风险更大？（在 11.2.1 节中我们将再次分析这些数据。）

8.2 整合分析

当各层数据在相似的观察条件、相似的研究思路以及用相似的测量技术收集时，合并这些数据是有效的且提供大量信息的过程。特别是在 8.1 节，我们假设每一层的数据在一定程度上都被同一个参数控制，这个参数正是统计推断的目标。例如，为检验各组成员与被雇用没有关系的零假设，M-H 过程假设各层有共同的优势比。另外一个例子，在对分别点估计作加权平均时，假定每个估计都是对一个共同参数的无偏或一致估计。各层间数据也假设在统计上是相互独立的。

应用这些技术可以解决一些更广泛的问题（尤其在有害的侵权行为案件方面）：选择、评论、总结、合并零散发表的关于某个科学问题的研究成果。Bendectin 是否为致畸胎物就是典型的案例，见 8.2.1 节。这种对于“研究结果的研究”称为整合分析。合并研究的统计方法就是前面讨论过的那些，整合分析的结果在可解释性、有效度以及可推广程度方面有差别。

用两项不同研究很难精确测定相同的参数。研究方法、对象总体、时间框架、风险因素、分析方法等的不同，将使得“共同”参数在每个研究中都不一样。[①] 而且，研究者是否希望每个研究中都必须有一个相同的参数并不是很清楚：对一项表明吸毒对于非孕妇女没有危害的研究的多次重复对孕妇是不成立的。

那么人们会问综合不同性质的研究结果，其目的是要检验或估计什么。答案是这些所选研究估计参数的一些错误特定的平均。无论是何种平均，都在很大程度上依赖于抽取研究的抽样方法，而这对整合分析而言是个严重的问题，因为很多情况下都没有一个科学的抽样方案。显然，如果只从发表的研究中进行抽取，选择偏差将会更大，因为包括了众所周知的偏差，即发表的多为显著的结果而非不显著的。这对整合分析而言是“文件柜问题”（file drawer problem）——如何评价被埋藏在

① 这一点与抽样变异性不同。即使在大样本中可忽略抽样变异性，但不同研究之间的系统差异依然存在。

研究者文件柜中不计其数的负面研究结果来达到一种相对可信的结论。最后，不可避免地，这些研究结果之间不相互独立。同一研究者对一个问题所作的连续几个研究通常有相同的系统偏差和错误：一个领域的公认权威将统领整个研究过程；更极端的情况是，研究对手可能刻意隐瞒一些能影响研究对象及结论的成果。

基于这些原因，如果遵从以下步骤，整合分析的结果将有最广泛的一般性。(1) 预先制定一个研究方案，说明包含哪些研究，不包含哪些研究，指明患者群、症状特点以及诊治范围的标准。(2) 进行彻底的文献搜索，包括努力搜寻一些未出版的研究成果。(3) 列出一个包括与不包括的研究清单，并说明排除这些研究的理由。(4) 对每个研究计算 P 值，作点估计以及区间估计。(5) 检验研究的同质性，即这些研究的差别是否与随机抽样误差一致，有没有一些系统因素或不可解释的异质性。如果部分研究有系统差异（例如整体与个例控制研究），那么要将两组分别进行分析。(6) 如果研究结果同质，那么对所有研究计算一个统计量以及该统计量的置信区间。(7) 计算该结果的统计功效曲线，与一系列备择假设下的结果作对比。(8) 计算结果的稳健性，即有多少可能存在的（假设未出版或用外语书写而未被搜索到）反面结果说明该结论并非显著有效的。(9) 作灵敏度分析，即去除其中一个或几个看似有更多设计缺陷的研究，看对结果有没有影响。

固定效应

假设有 k 个相互独立的研究，各自估计一个参数如相对风险(RR)，第 i 个研究估计 RR_i，$\log RR_i$的方差为 σ_i^2（假定已知），那么相对风险之和（SRR）的对数为 $\ln(RR_i)=b_i$的加权平均，其权重与 σ_i^2 成反比。用符号表示为：

$$b=\ln(SRR)=\sum_{i=1}^{k}\sigma_i^{-2}\ln(RR_i)/\sum_{i=1}^{k}\sigma_i^{-2}=\sum_{i=1}^{k}w_ib_i/\sum_{i=1}^{k}w_i$$

式中，权重 $w_i=\sigma_i^{-2}$。采用反对数运算，得到 SRR 的 95%的近似置信区间为 $(SRR)e^{\pm 1.96\sqrt{V[\ln(SRR)]}}$，$SRR$ 的自然对数的方差（V）由下式给出：

$$V[\ln(SRR)] = 1/\sum_{i=1}^{k} \sigma_i^{-2} = 1/\sum_{i=1}^{k} w_i$$

关于前面（6）提到的同质性，如果各研究同质，即它们测度的是同样的东西，差别只缘于抽样，则将第 i 个研究的自然对数与 SRR 的自然对数相减取平方再除以第 i 个研究的方差 σ_i^2，对这所有 k 个研究的这样的数求和，所得统计量服从自由度为 $k-1$ 的 χ^2 分布。用符号表示为：

$$\sum_{i=1}^{k} w_i (b_i - b)^2 = \sum_{i=1}^{k} [\ln(RR_i) - \ln(SRR)]^2/\sigma_i^2 \sim \chi_{k-1}^2$$

至于步骤（7）所提的功效问题，可以证明，在前面给出的关于 k 个研究的假设条件下，整合分析中用以拒绝零假设 $H_0: RR = 1 \leftrightarrow H_1: RR > 1$ 的势函数 θ_m 的一个近似表达式如下：

$$\theta_m \approx \Pr\{Z < \ln(\Psi)/\sqrt{V[\ln(SRR)]} - 1.96\}$$

式中，Z 是一个标准正态变量，Ψ 为备择假设下的相对风险，常假定为大于 1，给定 $\{\sigma_i\}$ 值集合下，将 θ_m 看成 Ψ 的函数可以做出功效曲线。[①]

随机效应

到现在为止，我们的讨论都假设各研究中的参数真值相同，或者在一个可识别的研究的子集中，参数为常值。该同质性假设可以用 χ^2 检验进行检验，但我们都知道，通常这个检验统计功效不高。因此，即使该同质性的 χ^2 检验未拒绝零假设，研究的优势比也可能存在实际变差，而这种样本优势比的变差超出了每个研究的抽样误差所能解释的范围。在其他情况下，异质性可能很明显，而且不能归因于已知的系统因素影响。这种情况尤其常见于端点难以确定或者研究在含有众多难以控制甚至难以测量的微小影响因素的条件下进行的情形。在各调查的每个问题在不同时间重复观察，而且在一定程度上变成他或她自己的研究时，也会出现这种情况。整合分析的统计方法可用于汇总各个研究来整体上解决问题，但生物多样性通常总是这种确定对象参

① 因为 Ψ 的值并不接近于 SRR，当 V 依赖于 Ψ 时需要重新计算。

数问题的异质性的主要来源。在这种情况下，（研究）兴趣就会转移，从把验证同质性的假设作为分析的初步步骤转移到具体说明一个包含异质性的统计模型，这个模型把异质性作为推论不确定的一个真实原因。随机效应模型可以解决此问题，随机效应整合分析明确允许真实参数在各研究之间存在差异，对所有这些研究的不管是真实还是假设的总体参数分布的一些关键特征作出推断。

随机效应整合分析方法最简单的情况类似于前面介绍的固定效应分析。最重要的区别在于，由于各研究间异质性的存在，随机效应模型（总体均值参数）的最终估计的标准误大于固定效应模型（假设的共同参数）的最终估计的标准误。

下面是随机效应模型的详细介绍。假定 β_i 代表第 $i(i=1,2,\cdots,k)$ 个研究的真实参数值，b_i 为该研究对 β_i 的估计值。例如，可以令 β_i 为第 i 个研究的对数相对风险的真值，令 $b_i=\ln(RR_i)$ 为该研究的对数相对风险的估计值。[①] 由中心极限定理，当单项研究的样本容量足够大时，样本估计 b_i 近似服从均值为 β_i 、方差为标准误的平方 σ_i^2 的正态分布，用符号表示为 $b_i \sim N(\beta_i,\sigma_i^2)$ 。固定效应模型假定所有 β_i 相等，而随机效应模型则假定 β_i 服从均值 β 、方差 τ^2 的分布 F。整合分析的目的在于估计 β（一个完全的无偏的研究集合的假设之所以对于整合分析相当重要正在于此——为了无偏地估计 β，β_i 应当是来自 F 的一个随机样本，或至少是无偏的）。注意到为获得 β 的大致估计，除假设均值 β 、方差 τ^2 存在外，没有假设 F 服从什么分布。[②]

各研究的估计可以看作是对 β 的估计，它们都是无偏的，因为 $E(b_i)=E\{E[b_i\mid\beta_i]\}=\beta$。给定第 i 个研究的方法后，其方差 σ_i^2 也就固定，b_i 作为 β 的估计，其方差为 $\sigma_i^2+\tau^2$ ，它同时反映了 b_i 作为 β_i 的估计的不确定性，也反映了 β_i 在总体均值 β 附近的变动。如果我们要用 b_i 的加权平均估计 β，则估计方差最小的权重与 $\sigma_i^2+\tau^2$ 成反比。因此可以将它作为概括性

① 为了从几个独立的四格表中整合优势比数据，M-H χ^2 检验和它对假设的共同优势比的估计是可接受的。参照 8.1 节，当每一个四格表有很大的空间时，这里给出的方法等同于 M-H 法。

② 技术上，我们只假定 $E[b_i\mid\beta_i,\sigma_i^2]=\beta_i$，$\mathrm{Var}[b_i\mid\beta_i,\sigma_i^2]=\sigma_i^2$，$E[\beta_i\mid\sigma_i^2]=\beta$，和 $\mathrm{Var}[\beta_i\mid\sigma_i^2]=\tau^2$。当做关于 β 的大样本估计时，需要假定在 b_i 给定 β_i，σ_i^2 的条件下服从正态分布。为此，我们通常假定分布 F 也近似服从正态分布，在这种情况下，β 的估计也服从正态分布。然而，F 的正态性假设常常受到质疑，也是分析者遭受攻击的一个原因。

统计量，表示为：

$$b^* = \sum_{i=1}^{k} w_i^* b_i / \sum_{i=1}^{k} w_i^* \text{，其中 } w_i^* = 1/(\sigma_i^2 + \tau^2)$$

估计方差为：

$$V(b^*) = \frac{1}{\sum_{i=1}^{k} w_i^*} = \frac{1}{\sum_{i=1}^{k} 1/(\sigma_i^2 + \tau^2)}$$

注意，上述公式与固定效应模型的公式相似。相对于固定效应模型中一些大样本研究支配着估计（因为它们的 σ_i^2 小，权重 $w_i = \sigma_i^{-2}$ 较大），在随机效应模型中，τ^2 在权重 w_i^* 的分母上，有降低这样大样本研究支配能力的趋势。关于这点有两个有趣的例子。如果完全不存在异质性，则 τ^2 等于 0，那么随机效应简化为固定效应的情形。另一极端情形，如果研究间方差 τ^2 相对于每个研究标准误平方 σ_i^2 较大，则权重 w_i^* 大致相等，即在有很大异质性的随机效应整合分析中，各研究权数大致相等。最后请注意，由于 τ^2 永远不会是 0，权重 w_i^* 小于相应的固定效应模型的权重 $w_i = \sigma_i^{-2}$，因此概括性估计 b^* 的方差 $1/\sum_i w_i^*$ 将大于固定效应模型的方差 $1/\sum_i w_i$ 。这就是引入研究间异质性而导致更多不确定性问题所付出的“代价”。

一般情况下，τ^2 都是未知的，需要由数据估计。τ^2 的一个无偏估计可由以下步骤得到。

(1) 就像固定效应模型中那样，计算同质性统计量 $Q = \sum_{i-1}^{k} w_i (b_i - b)^2$ 。

(2) 计算 $\bar{w} = (1/k) \sum_{i=1}^{k} w_i$ 及 $s_w^2 = \sum_{i=1}^{k} (w_i - \bar{w})^2 / (k-1)$ 。

(3) 如果 $Q \leqslant k-1$ ，则用 $\tilde{\tau}^2 = 0$ 估计 τ^2 ，否则，用 $\tilde{\tau}^2 = \frac{Q-(k-1)}{(k-1)\{\bar{w} - s_w^2/(k\bar{w})\}}$ 估计 τ^2 。

补充读物

The standard book on meta-analysis is L. V. Hedges & I. Olkin,

Statistical Methods for Meta-Analysis（1985）.

8.2.1 Bendectin 案的再研究

在 Bendectin 诉讼案中（见 5.4.2 节），被告 Merrell Dow 介绍了发表的关于 Bendectin 和先天畸形关系的群组研究结果的梗概。见表 8.2.1a 和 8.2.1b。

表 8.2.1a　　Bendectin 和先天畸形关系的群组研究

第一作者	年份	怀孕月数	畸形类型
Bunde	1963	头三个月	All diag. at birth
Brit. GP	1963	头三个月	All
Milkovich	1976	头 84 天	Severe
Newman	1977	头三个月	Postural excluded
Smithells	1978	2～12 周*	major
Heinonen	1979	1～4 个月.	Uniform, Major & minor**
Michaelis	1980	1～12 周	severe
Fleming	1981	1～13 周	Defined & other
Jick	1981	头三个月	Major
Jibson	1981	头三个月	Total

* 最不利原因（对于 Bendectin）分界点。

** 不含瘤。

表 8.2.1b　　关于 Bendectin 群组研究的发现

	暴露		未暴露		相对风险对数	log *RR* 的
第一作者	婴儿数	畸形数	婴儿数	畸形数	log *RR****	标准误
Bunde	2 218	11	2 218	21	−0.654	0.303
Brit. GP	70	1	606	21	−0.892	0.826
Milkovich	628	14**	9 577	343**	−0.478	0.223
Newman	1 192	6	6 741	70	−0.734	0.343
Smithells	1 622	27	652*	8	0.307	0.332
Heinonen	1 000	45	49 282	2 094	0.058	0.124
Michaelis	951	20	11 367	175	0.307	0.195
Fleming	620	8	22 357	445	−0.431	0.296
Jick	2 255	24	4 582	56	−0.139	0.202

续前表

第一作者	暴露		未暴露		相对风险对数 log *RR****	log *RR* 的标准误
	婴儿数	畸形数	婴儿数	畸形数		
Jibson	1 685	78	5 771	245	0.086	0.104
总计	12 241	234	113 153	3 478		

* 暴露超过 12 周的。

** 以给定比例计算的结果。

*** 相对风险。

问题

1. 用该研究中合并数据方法计算对数相对风险的估计值及其标准误。

2. 给出该估计的 95%置信区间。

3. 给出相对风险的点估计与区间估计。

4. 在双尾 0.05 显著性水平下，多大的相对风险值可以有 80%概率声称是统计显著的？

5. 单个研究(Q)的 ln(*RR*) 的加权方差为21.46。用真实 ln(*RR*) 的同质性的假设检验来解释这一点，你可以得到什么结论？

6. 计算 τ^2 的估计值，并解释你的结果（权重均值和方差分别为 26.795 和 844.828）。

第9章　抽样问题

9.1　随机抽样理论

随机抽样从总体中抽取样本，其目的是能够获得关于总体的性质或参数的有效统计推断。例如，抽取一个关于企业职工医疗索赔的随机样本进行审计，目的是估计在给定的时期里整个一批索赔中不恰当索赔所占的比例。其他依赖于抽样的统计推断包括：关于特定参数值的假设检验、预测未来事件以及依据偏好维数对总体选择和排序。

对于离散总体，要使抽样有效，在实际操作或理论上必须可以将总体中的个体列举出来，这叫抽样框，因此，抽取到任何可能样本的概率事先都知道。简单随机抽样保证了给定样本容量的每个可能样本有相同的可能被抽取。分层随机抽样是在抽样框中每个事先确定的子集或层中进行简单随机抽样。

对随机抽样存在普遍的误解，认为随机抽样是为了得到总体具有代表性的样本。“有代表性”这种说法没有明确的意义。如果抽样的唯一目的是在某种明确的意义上具有代表性，那么，系统且非随机地选择那些有代表性的个体或许比简单随机抽样要好。如上所述，统计学家选择随机样本的原因就是因为它能够做出概率上的描述，例如，“抽样总体中估计的不恰当索赔的比例是 0.10，而且以 99%的置信度保证这一比例至少是 0.05，这样，如果真实的比例（即总体的比例）稍小一点，被观察的样本中将会有小于 1%的比例和真实比例相同”。由于随机抽样过程中没有生成概率空间，就不可能，或者最多只是推测，对样本推断的可靠性进行量化描述。

虽然代表性不是随机抽样的主要目标，但在样本均值和总体参数很可能接近这个意义上，随机抽样的样本的确与总体“相似”。这是大数定律的结果：当样本容量足够大时，样本均值和比例以很大的概率近似于总体均值和比例（见 1.2 节）。然而，常出现一些不平衡的情况。随机抽样的一个重要优点是，它能有意识或无意识地减少偏差，从而影响抽样结果。注意，随机或无偏差指的是抽样程序而不是样本本身。“随机样本”是“随机抽取程序产生的样本”的简称。

随机样本的抽取可以通过：(1) 随机数表或者适当的“伪随机数生成程序”，后者在计算机和许多计算器上都可实现；(2) 有形随机抽取方法，例如转轮盘或抽彩票的方法；(3) 系统抽样，如从按一定方式排列的总体中每隔 $n-1$ 个项目抽取一个。在这些方法中，随机数表和生成程序是最可靠的随机抽取。有形随机抽取方法常常产生令人怀疑的结果。如果在样本属性上总体的排序是随机的，系统的抽样方法只能产生随机。潜在的周期性问题可能使系统抽样无效，例如，如果样本属性的频数随周循环，在每天的文件中每第 7 个项目抽样就会产生有偏差的结果。注意偶然样本和方便样本不是随机样本。有时用“概率样本”一词来区分随机样本和其他样本。

分层抽样和整群抽样

用分层随机抽样使控制特征恢复为抽样设计。根据总体中各层的容量来确定总样本容量中属于各层的相对比例，从而给各层“公平的份额”。这样，分层随机抽样使用恰当，既能够充分“代表”各层，又能够对层进行统计推断。然后，综合各层推断可以得到关于总体的一般结论。例如，常常用按年龄和性别分层的随机抽样估计死亡率。特定的死亡率可用人口的年龄/性别比估计平均死亡率，或者用年龄/性别比估计“标准”死亡率。

分层随机抽样还有一个很重要的性质，这个性质使得运用分层随机抽样很有必要。就所要测度的特征而言，同一层中的抽样单元比层间的抽样单元更具有同质性。这种情况下，对各层估计的加权平均比简单随机抽样估计的结果更精确。一个极端的例子能很好地说明这一点。假定有两个层，层 A 的某个特征发生的概率为 100%，而层 B 该特征发生的概率为 0%。即使从每个层中随机抽取一个小的随机样本，也能准确推断出总体特征发生的概率为 $p\%$，其中 p 为层 A 在总体所占的比例。另一方面，虽然简单随机样本可得到 p 的无偏估计，但由于样本中层 A 和层 B 的随机混合，会产生额外的变异性。

最优抽样方案——也就是以最小的抽样误差做出估计——各层样本容量与层的相对容量和层标准差之积成比例。然而，在抽样之前，层标准差往往是不知道的，这种情况下，我们常常依据层的容量按比例分配样本容量。这种样本量分配方式不如最优分配有效，除非各层标准差相等，这两种方式才是等价的。当层的容量已知并且按层的容量比例抽样，为了知道分层抽样能在多大程度上提高效率，样本均值（$\hat{\mu}$）的分层估计方差可以表示为：

$$Var\ (\hat{\mu}) = \sum{}_i p_i \sigma_i^2 / n$$

式中，p_i 表示第 i 层的容量占总体容量的比例；σ_i^2 表示第 i 层的总体方差；n 表示样本容量。如果层的容量未知，那么必须运用简单随机抽样，样本均值的方差表示为：

$$\mathrm{Var}(\overline{X}) = \left\{ \sum_i p_i \sigma_i^2 + \sum_i p_i\ (\mu_i - \mu)^2 \right\} / n = \sigma^2 / n$$

式中，σ^2 表示未考虑层的单个随机选择观察值 X 的边际方差；μ_i 表示第 i 个层的总体均值；其他项与上面的含义相同。注意，括号中的第一项（被 n 除）是分层样本的均值的方差。如果层被忽略，简单随机样本将增加样本均值的方差，即括号中的第二项（被 n 除）。从这个方程可清楚地看到，如果 X 在层间的变异很大，那么相对于第一项，第二项将很大，分层估计量（$\hat{\mu}$）的方差将比简单均值的方差小得多。

整群抽样用的是特殊单元的随机样本。这些单元可能很大，如城市，这时会继续从中随机抽取下一级单元；或者很小，如城市的街道，这时其中所有成员都要调查。整群抽样常为人口调查提供比较经济的策略。决定要抽取的群的种类如地段、街区或住户时，应考虑到抽取单元的成本与估计的方差。因此，我们可能选择在一定花费下使方差最小或者在一定方差下费用最小的那类单元。整群抽样的估计的方差比相同样本容量的简单随机抽样大，然而成本的节约使方差增加是值得的。

单阶段整群抽样的样本均值的方差是按简单随机抽样计算的方差乘以方差膨胀因子（VIF）。方差膨胀因子由两个量决定：一个是抽取的群的数量，另一个是相对于群间而言群内单元的同质性。后者常常可以通过群内相关系数（ICC）来测度，ICC 是同一个群中随机抽取的每对观察值之间的相关性。如果一个给定的群中的两个单元比分别从两个群中抽取的两个单元更相似，那么 ICC 是正值。这将减少每个抽取到单元的信息，并增加均值估计量的方差（ICC 可能是负值，当 ICC 是负值时，在费用和精度上，整群抽样比随机抽样更有效，尽管这种情况很少出现）。方差膨胀因子表达式为：

$$VIF = 1 + (\overline{m} - 1)\rho$$

式中，ρ 是 ICC；$\overline{m} = \sum m_i^2 / \sum m_i = \sum m_i(m_i / \sum m_i)$，是容量为 m_i 的群的加权平均数，权数与各个群的容量成比例。

当群的大小由调查设计者决定，ICC 是正值并且不因群的大小选择不同而差别太大时，VIF 公式表明，在给定总的样本容量的情况下，群较小而抽取较多的群要比群较大而抽取较少的群好。

因为整群抽样产生的观察值统计上不独立，所以，计算均值和比例估计量的标准误之前，需要特殊方法估计总体方差和 ICC。考虑到由整群抽样和多阶段抽样的设计效应，在一些复杂的调查中一般需要使用软件包，例如，SUDAAN（调查数据分析）。

在对大的自然总体抽样时，常用分层抽样和整群抽样。一个很好的例子是在 Zippo 制造公司和 Rogers 进口公司（216F. Supp. 670 (S. D. N. Y. 1963)）案中提到的，为了弄清楚 Zippo 打火机是否与 Rogers 打火机混淆而进行的调查。总体是美国大陆成年人（大于 18 岁）烟民（大概 1.15 亿人）。法官 Fienberg 描述了分层的整群抽样方法如下：

> 对全国烟民分别进行 3 次调查，每次调查的样本量大约为 500。样本是按照已定的程序以普查局的数据为基础抽取的，先抽取 53 个地区（城市地区与非城市地区），然后在每个地区抽取 100 个群（每个群有大约 150～250 个居民单位），最后在这些群中抽取约 500 个被调查者。到达这些群和群组每个被调查者的方式有详细描述。整个抽样程序的设计是为了得到全国所有成年烟民的有代表性的样本。对于避免（用“减少”或许更合适）抽样误差和其他误差的方法、处理的方法、对访员的指导和对于样本量基数 500 的近似容许限也都有详细描述。

比估计

从样本估计总体的某些子群的大小时，估计样本中子群在总体中所占比例更有效，这一比率乘以从其他渠道得到的关于整个总体的一个数值可以得到子群的估计，称为比估计。比估计的优点在于，如果在样本中子群的大小和总体是高度相关的，那么它们的比率随样本的不同变化将比独立时小。因此，比估计可以降低估计的抽样误差。

放回抽样与不放回抽样

从大小为 N 的有限总体中放回随机抽样，指的是容量为 n 的每个可能样本是等可能的，包括有些单元可能会被重复抽中两次或者更多次的样本。不放回抽样指只有 n 个单元都不同的样本被抽取。由于操作原因，抽样调查往往采用不放回抽样，尽管当总体抽样框很大时两种方法差别很小。然而对于容量较小的有限总体，不放回抽样得到的估计比放回抽样得到的类似估计更精确，因为随着样本容量增加，以致占总体容量一定比例时，样本均值就越不可能以给定的数值偏离总体均值。对样本均值的方差的影响量化为一个倍增的校正因子，这就是有限总体校正系数。这一系数是$(N-n)/(N-1)$，其中 N 表示总体容量，n 表示样本容量。因此，样本均值的方差等于$(\sigma^2/n)(N-n)/(N-1)$，当 N 很大时，近似等于$(\sigma^2/n)(1-f)$，其中，$f=n/N$ 表示抽样比。

非抽样变异性

实际运用中，抽样变异一般不是产生变异性的唯一原因。其他主要的原因有：（1）抽样框的缺陷包括目标总体的不完全或不准确列举；（2）抽样方法的缺陷导致每个样本被抽取的概率不相等；（3）数据收集上的缺陷（包括无回答、不明确的回答、记忆偏差）。

一个常见的概念上的错误是：样本的精度取决于样本容量占总体容量的程度，这样看来，只占总体一小部分的样本，并不能提供关于总体的可靠信息。正确的观点是，如果正确地抽取样本（对于大总体和具有差异性的总体是很困难的），那么样本的精度主要取决于总体的变异性，其次取决于样本容量，最重要的是取决于避免产生非抽样误差。例如，尽管一滴血只是身体所有血液中微小的一部分，但由于心脏是一个很好的随机化仪器，并且血液是相对同质的液体，所以一滴血是一个好样本。当很难或者根本不可能列出总体中所有单元时，从大总体中抽取小样本的有效性值得怀疑。因此，民意调查的抽样变异性很可能比正式计算的更大。例如“随机数字拨号”法是电话调查中一种普遍使用的方法。虽然抽取电话号码过程是随机的，但系统性差异确实存在于有电话和没有电话之间。许多系统误差或抽样偏差远比抽样变异性具有潜在的更严重的偏差。一些统计学家认为，非抽样变异性和抽样变异性应结合起来得到抽样估计量的置信区间，以此反映两方面的误差，但这并不是常用的方法。

抽样误差与非抽样误差的直接估计

复杂的多阶抽样设计常常不可能为抽样变异性提供计算公式。衡量这种变异性的一种方法是以不同方式划分样本，然后对每个子样本计算抽样的结果。结果的变异，即每个子样本和子样本的平均数之差均方的平方根，可直接用来估计变异性。这种方法的优点是可以衡量所有的变易性，包括抽样变异性和非抽样变异性。

抽样调查和普查

在很多情况下，一个组织和执行都很好的抽样调查会比普查更精确，原因是，在处理较少数量的项目或调查对象时，非抽样误差能够被最小化，并且非抽样误差常比抽样误差更重要。普查局计划在普查之后进行抽样调查来校正普查低估的某些少数民族，这一提议引起很多的诉讼。参见 9.2.1 节。

抽样调查的接受

抽样调查在开始时遭到拒绝，但目前，抽样调查在司法和管理过程中被广泛接受，行政管理在许多情况下都要求抽样调查。“复杂诉讼手册（Manual for Complex Litigation，Third），21.493（1995）”明确地赞同抽样调查的使用。关于法律案件的抽样调查参见 G. Glasser，*Recommended Standard on Disclosure of Procedures Used for Statistical Studies to collect Data Submitted on Disclosure in Evidence in Legal Cases*，39 The Record of the Association of the Bar of the City of New York 49 at 64（Jan. /Feb. 1984）。

补充读物

W. Cochran，*Sampling Techniques*（3rd. ed. , 1977）.
W. Deming，*Some Theory of Sampling*（1950）.

9.1.1 选择性服务草案抽取法

尼克松总统对于1970年草案抽取法的行政命令规定，根据随机抽取的生日来编排入伍人员的顺序。命令如下：

1969 年 12 月 1 日将于华盛顿通过抽样建立随机抽取序

列，并将其用于全国。随机抽样方法用 366 天来代表所有的登记者的生日（只用月和日表示），他们在 1970 年 1 月 1 日之前将是 19 岁而不是 26 岁。这种抽取方式将是无偏差的，开始于抽取的第一天，直到抽完所有 366 天。

在上面指定的那天，还要进行辅助抽样，以便按姓名字母确定生日相同的登记者的随机抽取序列。

如此得到的随机抽取序列决定了登记者的抽取顺序，他们在 1970 年 1 月 1 日之前将 19 岁而不是 26 岁，并且他们不是志愿者也不是不良青年。1970 年 1 月 1 日或之后才 19 岁的登记者应该以类似的方式建立新的随机抽取序列。

对于任意登记者的随机号码，只要他服从军事训练和随机选择的服务，这个号码就适用于他。

Random Selection for Military Service，Proc. No. 3945，34 Fed. Reg. 19017（1969），*reprinted in* 50 U. S. C. 455 app.（1970）.

这个序列是很重要的，因为负责挑选服务的官员宣称，那些在前面 1/3 的人都极有可能被应召，中间 1/3 也有可能被应召，下面 1/3 应召的可能性就不大了。

再看这项命令，366 个生日日期被标在纸条上，然后放入一个容器中（从 1 月份的 31 天开始，等等）。摇晃之后，再从容器中一个接一个地抽取纸条，与抽中生日日期相应的所有人以选择的顺序应征入伍。因此，9 月 14 日是第一个被抽中的日期，所有在 9 月 14 日出生的人都被首先选择，只有前 100 人将从所有的生日日期中被抽取。数据见表 9.1.1a。

表 9.1.1a　　以日和月表示的 1970 年随机抽取序列草案

	1月	2月	3月	4月	5月	6月	7月	8月	9月	10月	11月	12月
1	305	086	108	032	330	249	093	111	225	359	019	129
2	159	144	029	271	298	228	350	045	161	125	034	328
3	251	297	267	083	040	301	115	261	049	244	348	157
4	215	210	275	081	276	020	279	145	232	202	266	165
5	101	214	293	269	364	028	188	054	082	024	310	056
6	224	347	139	253	155	110	327	114	006	087	076	010
7	306	091	122	147	035	085	050	168	008	234	051	012
8	199	181	213	312	321	366	013	048	184	283	097	105
9	194	338	317	219	197	335	277	106	263	342	080	043

续前表

	1月	2月	3月	4月	5月	6月	7月	8月	9月	10月	11月	12月
10	325	216	323	218	065	206	284	021	071	220	282	041
11	329	150	136	014	037	134	248	324	158	237	046	039
12	221	068	300	346	133	272	015	142	242	072	066	314
13	318	152	259	124	295	069	042	307	175	138	126	163
14	238	004	354	231	178	356	331	198	001	294	127	026
15	017	089	169	273	130	180	322	102	113	171	131	320
16	121	212	166	148	055	274	120	044	207	254	107	096
17	235	189	033	260	112	073	098	154	255	288	143	304
18	140	292	332	090	278	341	190	141	246	005	146	128
19	058	025	200	336	075	104	227	311	177	241	203	240
20	280	302	239	345	183	360	187	344	063	192	185	135
21	186	363	334	062	250	060	027	291	204	243	156	070
22	337	290	265	316	326	247	153	339	160	117	009	053
23	118	057	256	252	319	109	172	116	119	201	182	162
24	059	236	258	002	031	358	023	036	195	196	230	095
25	052	179	343	351	361	137	067	286	149	176	132	084
26	092	365	170	340	357	022	303	245	018	007	309	173
27	355	205	268	074	296	064	289	352	233	264	047	078
28	077	299	223	262	308	222	088	167	257	094	281	123
29	349	285	362	191	226	353	270	061	151	229	099	016
30	164		217	208	103	209	287	333	315	038	174	003
31	211		030		313		193	011		079		100

在 1971 年草案抽取法中，用了两个容器：一个是写有 365 天日期的纸条（省略 2 月 29 日）；另一个是写有 1～365 数字的纸条。从第一个容器里抽取的日期，其选择号码是从第二个碗里抽取的。这样抽取的数据见表 9.1.1b。

表 9.1.1b　　以日和月表示的 1971 年随机抽取序列草案

	1月	2月	3月	4月	5月	6月	7月	8月	9月	10月	11月	12月
1	133	335	014	224	179	065	104	326	283	306	243	347
2	195	354	077	216	096	304	322	102	161	191	205	321
3	336	186	207	297	171	135	030	279	183	134	294	110
4	099	094	117	037	240	042	059	300	231	266	039	305
5	033	097	299	124	301	233	287	064	295	166	286	027

续前表

	1 月	2 月	3 月	4 月	5 月	6 月	7 月	8 月	9 月	10 月	11 月	12 月
6	285	016	296	312	268	153	164	251	021	078	245	198
7	159	025	141	142	029	169	365	263	265	131	072	162
8	116	127	079	267	105	007	106	049	108	045	119	323
9	053	187	278	223	357	352	001	125	313	302	176	114
10	101	046	150	165	146	076	158	359	130	160	063	204
11	144	227	317	178	293	355	174	230	288	084	123	073
12	152	262	024	089	210	051	257	320	314	070	255	019
13	330	013	241	143	353	342	349	058	238	092	272	151
14	071	260	012	202	040	363	156	103	247	115	011	348
15	075	201	157	182	344	276	273	270	291	310	362	087
16	136	334	258	031	175	229	284	329	139	034	197	041
17	054	345	220	264	212	289	341	343	200	290	006	315
18	185	337	319	138	180	214	090	109	333	340	280	208
19	188	331	189	062	155	163	316	083	228	074	252	249
20	211	020	170	118	242	043	120	069	261	196	098	218
21	129	213	246	008	225	113	356	050	068	005	035	181
22	132	271	269	256	199	307	282	250	088	036	253	194
23	048	351	281	292	222	044	172	010	206	339	193	219
24	177	226	203	244	022	236	360	274	237	149	081	002
25	057	325	298	328	026	327	003	364	107	017	023	361
26	140	086	121	137	148	308	047	091	093	184	052	080
27	173	066	254	235	122	055	085	232	338	318	168	239
28	346	234	095	082	009	215	190	248	309	028	324	128
29	277		147	111	061	154	004	032	303	259	100	145
30	112		056	358	209	217	015	167	018	332	067	192
31	060		038		350		221	275		311		126

问题

1. 图 9.1.1 是 1970 年抽取法的散点图，从图中看，这些数据呈现均匀分布吗？

2. 把序列号分成两个或更多个适当的子集，找出每个出生月份的标记，用卡方检验来检验 1970 年抽取法的随机性，使用相同的方法来检验 1971 年草案抽取法的随机性。

3. 在两次抽取法中，关于随机化机制你得出什么结论？

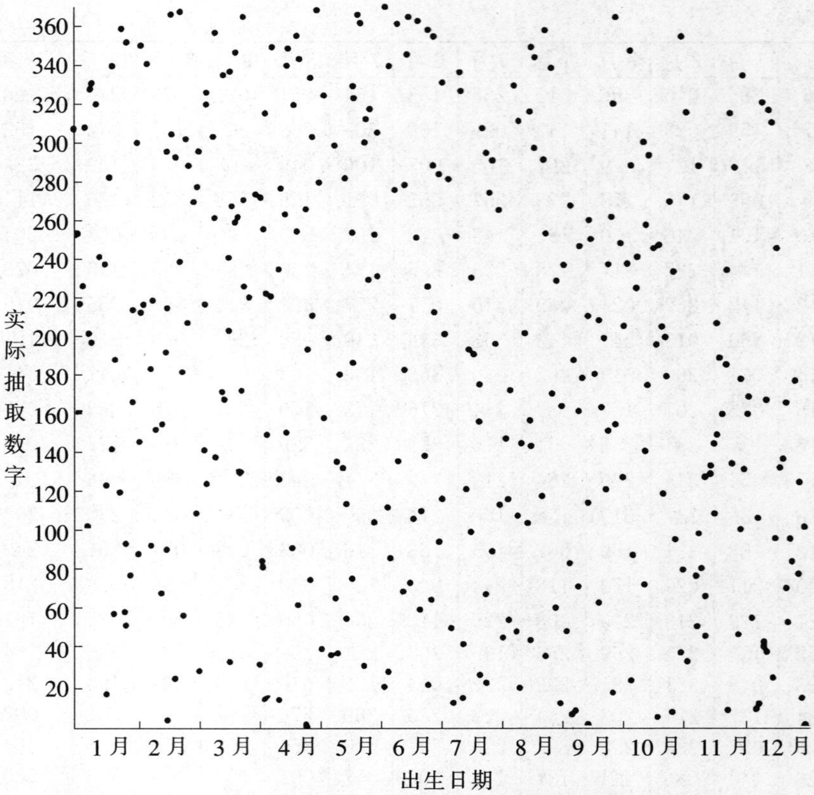

图 9.1.1　1970 草案——随机抽取序列与出生日期散点图

资料来源

S. E. Fienberg, *Randomization and Social Affairs: the 1970 Draft Lottery* 171 Science 255 (1971); see also, 172 Science 630 (1971); M. Rosenblatt and J. Filliben, *Randomization and the Draft Lottery*, 171 Science 306 (1971).

9.1.2　未投保车辆比重的抽样调查

当密歇根州要求机动车辆"无过失"保险时，这一做法在宪法基础上挑战了法规。一个挑战是法律强迫所有机动车主投保，包括“许多有驾驶权但没有钱投保的穷人”。有多少未投保的机动车主被法律强迫买保险成为审判的一个关键问题。为了解决这一问题，该州提出随机抽取登记的车辆以调查投保的情况。

在审判时，该州的计算机档案中登记了 4 569 317 个合法车牌号码，其中，有 63 652 个车牌被盗、丢失或未制造出来，这样只剩下 4 505 665个登记车牌。进行二阶抽样：首先进行系统抽样，在所有的档案中，以随机抽取的号码 577 开始，每 1 126 个号码中抽取一个，生成一个包含正好不到 4 000 辆车的样本。然后，从随机抽取的号码 9 开始，每 16 个号码中抽取一个，这样得到包含 249 辆车的子样本。这是在允许的时间内能调查的最大样本。调查表明，该州有 233 辆车仍在使用，其中 226 辆投了保。统计学家从这些数据中估计出 226/233，即 97%的车辆投了保。

问题

1. 计算该估计的 95%的置信区间。

2. 假定抽样方法正确，因样本太小（233）而不能代表机动车辆这一总体，这一说法合适吗？

3. 说统计学家低估了未投保车辆的真实比例，这一论断的根据是什么？

资料来源

Katz, *Presentation of a confidence interval estimate as evidence in a legal proceeding*, Dept. of Stat., Mich. St. U. (1974).

9.1.3　邮购订单抽样调查

位于科罗拉多州的一家邮购公司在加利福尼亚州和其他州出售文具和一些新奇物品。因为该公司在加利福尼亚州的“销售量很大”，所以加利福尼亚州要向其收取 1972—1976 年的销售税，而该邮购公司则说

有一部分商品是批发，这部分是免税的。

表 9.1.3a　订单的规模分布比例（按编号而非销售额）

	回答者（%）	无回答者（%）
低于 10 美元	44	49
10～29 美元	48	42
30～49 美元	6	6
50 美元及以上	2	3

表 9.1.3b　订单的寄送地址分布比例

	回答者（%）	无回答者（%）
旧金山	23	24
洛杉矶	27	25
其他	50	51

为了证明这一点，该公司对其邮购订单作了抽样调查。征得加利福尼亚州税章审查委员会的同意后，该公司将调查问卷寄给 1975 年加利福尼亚州每第 35 个邮购者，问卷中问到邮购是为了再销售还是自己使用。在样本的 5 121 个被访者中，有 2 966 个回答了问卷，这一回答率在邮寄调查中是常见的。回答者的订单总价值是 38 160 美元，其中为了再销售的订单总价值是 8 029 美元，这样再销售的订单价值占所有订单价值的 21%（即 8 029/38 160）。样本的邮购订单的总价值（回答者与未回答者相加）是66 016美元，这样，回答者为了再销售的订单价值占总价值的大约 12%（即 8 029/66 016）。这一时期该公司在加利福尼亚州的总邮购销售额为 701 万美元 。

问题

邮购公司提出批发业务占其总销售的 21%，这部分是不用交税的，而加州税章审查委员会认为是 12%。哪一个更合适？

资料来源

D. Freedman，A *Case Study of Nonresponse*：*Plaintiff v. Cali-*

fornia State Board of Equalization (unpublished ms.). For a similar survey that was not allowed by the court, see R. Clay Sprowls, *The Admissibility of Sample Data into a Court of Law: a Case History*, 4 UCLA L. Rev. 222 (1956-57).

[注释]

信息遗漏和无回答是统计抽样调查中特有的问题。当抽样方法适当且样本没有偏斜时，存在丢失数据和无回答的样本可以被法院接受。比较 Vuyanich 和国家公共银行的案例，505F. Supp. 224，255-58（N. D. Tex. 1980）（部分可疑的数据表明误差和省略不是随机分布的，而使结果有偏差；尽管存在这些疑问，数据库仍然被接受）、Rosado Wyman. 322F. Supp. 1173（E. D. N. Y. 1970）（由于时间的推移，随机样本中 5 344 个福利记录，只能找到 62.6%。由于平均工资和家庭规模接近总体特征，法庭接受了这个样本）和 *E. E. O. C v. Eagle Iron Works*. 424F. Supp. 240. 246-47（S. D. Ia. 1946）（样本数居中现在和以前雇员的 60%拒绝回答，其中所有无回答者都是以前的雇员），Bristol Meyres V. F. T. C. 185F. 2d 258（4th Cir. 1950）（调查的无回答率是 20%，且对未回答者没有进一步的研究）。参见 13.5 节。

当纳税者持有所要求的记录，法院一般不愿接受基于税收机构抽取的样本估计的应付税款。但当所要求的记录丢失了，法院则允许这样的估计。参见 Bright, Kadane and Nagin, *Statistical Sampling in Tax Audits*, 1988 Am. BarFoundation Res. J. 305; *Narmac, Inc. v. Tracy*, 614 N. E. 2d 1042 (Ohio 1993): *Wallach v. Tax Appeals Tribunal*, 614 N. Y. S. 2d 647 (3rd Dept't 1994)。当纳税人的记录不完整或当查看每一笔纳税记录会给税收部门带来过度的负担时，宾夕法尼亚州税收部门已由法律授权基于在合理的统计样本或检验来决定税收额。Act of June 30, 1995 (P. L. 139, NO. 21) 2915-A。

9.1.4 多米诺效应

Amistar 公司控告多米诺比萨公司，称被告以“多米诺”命名其比萨侵犯了多米诺糖的商标。双方都提供了调查证据来说明被告使用“多米诺”的名字是否给消费者造成混淆。

原告调查了美国东部 10 个城市（其中两个城市有多米诺比萨店）的 525 人，她们都是在家接受访问的，她们把自己定位为负责购买食品杂货的家庭主妇。向被访者出示多米诺比萨的盒子，结果 44.2%的被访者认为比萨公司还生产其他商品，其中72%（也就是31.6%的被访者）认为该公司还生产糖。

问题

关于这个调查的抽样框，你有什么看法？

资料来源

Amstar Corp. v. Domino's Pizza, Inc., 205 U. S. P. Q. 128 (N. D. Ga. 1979), *rev'd*, 615 F. 2d 252 (5th Cir. 1980).

[注释]

在商标侵权的案例中用抽样调查证实或反驳给消费者带来误解的论断，这种方法已经被广泛接受。Zippo 制造公司和 Roger 进口公司 216F. Supp. 670 (S. D. N. Y. 1963) 一案中就是通过抽样调查发现存在误解。该案例用到的分层的整群抽样，可参见本章开始部分。在美国反斗城玩具公司与 Canarsie Kiddie Shop 公司 (559F. Supp. 1189. 1205 (E. D. N. Y. 1983)) 一案中，Glasser 法官对可接受调查的要求作了详细描述。

> 调查证据的可信度决定于：(1) 适当地定义总体；(2) 从总体中抽取的具有代表性的样本；(3) 对被访者的提问表述清楚、确切且不带有诱导性；(4) 调查程序合理，访员能够胜任，且不清楚诉讼和调查的目的；(5) 收集的数据要精确报导；(6) 依照可接受统计原则对数据进行分析；(6) 保证整个过程的客观性。

你是否对 Glasser 法官的表述有异议？美国反斗城玩具公司的调查是在购物区（例如商场）随机拦截顾客进行的。这种抽取方法是否能满足上述标准？

为证明存在误解的调查经常被拒绝，可能比那些为证明存在一点误解和没有误解的调查更容易被拒绝。参见 *Alltel Corp. v. Actel Integrated Communications, Inc.*, 42 F. Supp. 2d 1265, 1269, 1273 (S. D. Ala. 1999)（为证明存在误解的调查被拒绝）；*Cumberland Packing Corp. v. Monsanto Company*, 32 F. Supp. 2d 561 (E. D. N. Y. 1999)（参见9.1.5节；同上）；*Levi Strauss & Co. v. Blue Bell Inc.*, 216 U. S. P. Q. 606, modified, 78 F. 2d 1352 (9th Cir. 1984)（被告的调查显示大量的衬衫购买者没有被误导，这比原告的调查结果即有20%的顾客被误导更有说服力）；但是参见 *Sterling Drug Inc. v. Bayer AG*, 14 F. 3d 733, 741 (2d Cir. 1994)（为证明存在误解的调查被接收）。

补充读物

Shari Seidman Diamond, *Reference Guide on Survey Research* in Federal Judicial Center, *Reference Manual on Scientific Evidence* 229 (2d ed. 2000).

9.1.5 NatraTaste 公司起诉 NutraSweet 公司案

NatraTaste 公司生产的是一种名叫阿斯巴甜代糖的甜味剂，该公司对生产其他阿斯巴甜代糖的制造商 NutraSweet 和 EQUAL 提起诉讼，因为其包装具有误导性，从而违反了 Lanham 法案。一个产品的包装给人整体形象包括大小、形状、颜色或颜色搭配、质地或图案等特征。原告认为 NatraSweet 的包装盒与它们的包装盒很像。为了保护厂商，商品的包装必须各不相同，以表明产于不同厂家。一个普通的商品包装代表一类商品而不是特指某个商品，这样普通的包装不受法律保护。法庭发现 NatraTaste 与 NutraSweet 的商品包装各有特色，随后看二者是否混淆。

正如法庭所说，原告的 NatraTaste 的包装是蓝色的长方形盒子，"NatraTaste"这个名字以较大的草书体出现在盒子的前面和后面。字母是绿白线相间的，在蓝色背景下很突出。还有一张图片，画的是一个咖啡杯，中间偏右有一个碟子，在碟子里面有张标有"NatraTaste"的纸袋的图片。另一个咖啡杯在左下方，碟子在左上方并且在背景中投下阴影。在中间偏右方有一个亮粉色的打破了的容器，写着对比性的广告词"以更甜的价格买到和 EQUAL……同样的甜味剂"。盒子的上面和侧面用同样的风格表现"NatraTaste"，但字体较小。原告介绍，在被告的阿斯巴甜代糖专利过期后不久，NatraTaste 在 1993 年的销售量第一。

被告 NutraSweet 的包装盒也是长方形的，但前面不宽，侧面的纸板也比 NatraTaste 的薄。尽管盒子是淡蓝色的，但和 NatraTaste 的包装盒差别很小。盒子前面上方是红白相间的 NutraSweet 旋转标志，在蓝色背景的衬托下很突出。标志下面的"NutraSweet"商标以大的黑色正楷印刷。盒子前面的下半部分主要是放在碟子上的咖啡杯图形。一袋 NutraSweet 放在碟子的左边斜靠着杯子，所以，NutraSweet 的旋转标

志和包装袋上的 NutraSweet 商标很显眼。盒子后面和前面相同，侧面也显著地标有 NutraSweet 标志和商标。被告在 20 世纪 80 年代 NutraSweet 作为食品和软饮料的原料进行介绍和宣传，在 1982 年和EQUAL 一起进入主要市场，1997 年被引进案件中涉及的市场。

原告声称可能引起混淆的相似之处包括：(1) 蓝色和“明显阴影和蓝色层次的阴影”；(2) 一杯黑咖啡（虽然 NutraSweet 的咖啡是深棕色的）；(3) 碟子上的纸袋；(4) 杯子和碟子放置的位置。原告没有声称名字的相似是混淆的原因。法庭评价说，“合适的调查不是说两个包装具有多少相似之处，而应该是这些相似性是否给人相同的总体印象，以致在一定的购买者中可能造成混淆”。

作为包装盒相似案件的一部分，原告介绍了关于是否给消费者带来混淆的研究。从过去 6 个月的甜味剂使用者或购买者中抽取被访者进行研究：首先在一个屋子里向被访者出示 NatraTaste 的包装盒，然后让他们进入另一个屋子，在这个屋子里的桌子上排列着 5 个其他甜味剂的包装盒（这些盒子的顺序是不断变化的），其中包括 NutraSweet，四个“对照”包装盒分别是 Sweet Servings，Equal，Sweet One，Sweet Thing。这四个包装盒中只有一个背景是蓝色的，并且这种蓝色是靛蓝。之后问这些被访者：“你认为这些甜味剂和你第一次看到的甜味剂是同一个厂家生产的吗?”那些回答很肯定的人还被要求区分这些包装盒并且给出原因。没有任何对于猜测的指示。

结果表明：120 个人被访者中，43%的人认为 NutraSweet 包装盒是，而认为其他 4 种包装盒是生产 NatraTaste 包装盒的厂家生产的人分别是 13%，18%，7%，8%。这 4 种作为对照的包装盒的平均比例是 12%，专家们用 43%减去它得到 31%作为将 NatraTaste 与 NutraSweet 的包装易混淆的消费者的比例。

在其他发现中，法庭认为蓝色表示阿斯巴甜代糖工业（粉色代表糖精），因为普遍，所以这一点并不作为保护 NatraTaste 包装的理由。

问题

1. 你对输入标准和研究的方法有什么异议?
2. 关于专家对调查结果的分析，你有什么看法?

资料来源

Cumberland Packing Corp. v. Monsanto Company，32 F Supp. 2d 561 (E. D. N. Y. 1999).

9.1.6　袋子里是否含有可卡因

在 *People v. Hill*，524 N. E. 2d 604 (I11. App. 1998) 一案中，被告被指控携带多于 30 克的包含可卡因的物质。他们被抓的时候带着大约 55 个装有白粉的塑料袋子。尽管还不太确定这些白粉是什么，但政府的检验员随机抽取两三个袋子进行检验后，发现每个袋子中都含有可卡因。那些袋子里的东西总重量为 21.93 克。随后对其他袋子里的东西进行颜色检验，检验员非常肯定地断定其中都含有可卡因。然而，因为颜色检验只是初步的检验，因此检验员认为不能合理地科学地确认这些被检验的物质是可卡因。

因为仅确切地证明了有 21.93 克物质包含可卡因，所以上诉法庭允许被告坚持维护自己拥有少于 30 克可卡因的说法。法庭认为，"如果所查封的怀疑是毒品的物质是分袋包装的，那么必须证明从每个袋子里抽取的样本进行检验，从而证明每个袋子中都含有违禁物品"。(Id. At 611) 在得出结论之前法庭参考了发生在两年前的案例：*People v. Kaludis*，497N. E. 2d 360 (i11. App. 1996)，这个案例中的问题是，随机抽样对被怀疑是安眠酮的 100 个药片的携带者定罪是否证据充分。这些药片大小、形状、硬度都相同，并且上面都错误地标有"Lemmon714"。检验员随机抽取了一些药片进行检验，发现含有安眠酮。上诉中，法庭认为，因为这些物质是同质的，所以随机抽样提供了充足的证据来证明所有的药片都含有违禁物质 (Id at 365-366)。

问题

1. 假定检验员随机抽取了 3 个袋子进行确定检验，用置信区间分析抽样数据是否为陪审团提供了充分的证据，证明至少一些其他未抽样

的袋子里有可卡因?

2. 用超几何分布证明含有违禁物质的袋数的置信度为95%的置信区间的下限是21袋。

3. 你是否认为Hill案与Kaludis案有一定的不同?

[注释]

为了给被告定罪必须估计毒品的总量，这已经成为毒品法实施的一个重要问题。随机抽样检验已经得到法庭的批准。参见Richard S. Frank等，从截获的多个容器中对毒品抽取具代表性的样本（36J. Forensic Sci. 350，(1991)（列出案例并基于从这些容器中抽取的样本的分析，讨论关于所截获毒品容器数量的置信区间下限的构造）。另一个例子参见3.5.1节。

9.1.7 ASCAP抽样方案

美国的作曲家、作家与出版商协会（ASCAP）是一个为由其成员所创作和发行的音乐作品颁发演出许可证的权力执行机构。ASCAP有17 000多名写作人员，2 000名发行人员，还有39 000名有执照的人员。最初他们按照“一揽子”执照从当地的电视台、电台和电视广播网获取报酬，即持有执照的人有权表演ASCAP的任何节目。然后将收入在ASCAP成员中分配，大约一半分给发行者，另一半分给作家。

分给每个成员的收入决定于他或她的作品播放的频率和每次演出的时间。对电视广播网播放的音乐进行了普查，但对当地电台和电视台播放的乐曲只进行抽样调查，而后者才是ASCAP的主要收入。抽样方案的总体特征由国家和ASCAP的诉讼中两边同意的反托拉斯修正法案的规定控制。修订于1950年的这个法案规定，要求ASCAP“收益在各成员中分配，收益是由于持有执照而带来的发行与表演的权利而获得的”（*U. S. v. ASCAP*，1950—1951 Trade Cas.（CCh），¶ 62 595 at p. 63 755（consent injunction filed March 14，1950)，在1960年又补充了较多详细的法案。*U. S. v. ASCAP*，1960 Trade Cas（CCH），¶ 69 612 at p. 76 468（consent injunction filed Jan. 7，1960))。

ASCAP 通过为未联网的电视和广播设计一个随机、分层和不成比例的样本，来贯彻修正法案。

首先，按媒体的种类（当地电视、当地广播、联网音乐、其他服务）对样本进行分层；然后按照主要的地理位置（新英格兰、大西洋中部等）进行分层；第三，按社区的种类（标准的大城市、其他大城市、非大城市、农村）进行分层；第四，按照 ASCAP 执照（按种类）的收费来衡量的电台的规模大小进行分层；并且为唯一的 FM 电台设立了单独一层。每个子类中随机抽取一个样本，将样本结果乘以统计乘子扩大到总体，并且乘以经济乘子来反映 ASCAP 的演出收入。

在 ASCAP 给每个成员的报告中，ASCAP 的专家对抽样方案作了以下描述。

随机性，什么是随机性，如何保证随机性？

(1) 科学的抽样过程使样本不同于它所代表的总体的概率很小。

(2) 由统计规则确定一年中的哪几天，一天中的什么时候，样本中包括哪几个电视台和电台。

(3) 每一次表演被抽到样本中的可能性是知道的。

抽样精度：

(1) 抽样精度是样本代表总体的程度。

(2) 抽样精度越小，对成员表演的过分代表或不充分代表就越严重。

(3) 一个作品演出的次数越多，抽样精度越大；反之，演出的次数越少，抽样精度越小。

(4) 对于演出次数较少的作品，为了提高抽样精度，需要增加花费来增加样本容量，这样分配给这些作品的收入就少。

问题

1. 在什么程度上以上的说法是正确的？
2. 为了支持样本精度的估计，法庭需要什么类型的数据？

9.1.8 人口现状调查

人口现状调查（CPS）是普查局每月进行一次的人口抽样调查。劳动统计局用这些数据计算失业率。CPS 每十年利用十年一次的普查得到的人口数重新设计一次，但是抽样方案的基本特征不变。

CPS 首先将美国分成 3 141 个县和独立的城市，然后将它们分组形成 2 007 个一级抽样单位（primary sampling units，PSUs)，每个 PSU 包括一个城市或一个县或一组相邻的县。然后将 PSUs 再进一步分组形成 754 个层，每个层在一个州。一些较大的 PSUs，如纽约、洛杉矶等在它们各自州内的城市地区被认为是唯一的，并独立形成一层。共有 428 个 PSUs 单独成为一层，其余 326 个层是由人口统计和经济特征相似的 PSUs 组成，如失业率、有 3 个或更多人组成的住户比例、各行业的就业人数以及各行业的平均月工资。

样本是分阶段抽取的。在第一阶段，从每层中抽取一个 PSU，单独构成一层的 PSUs 自动选入样本。由多个 PSUs 构成的层，用概率方法抽取 PSU，这可以保证在每一层中 PSU 被抽到样本中的概率与它的总体成比例。

在每个 PSU 中，借助普查区数据，按照地理位置和社会经济因素将住户分类，将每四个相邻住户组成一组。在抽样的第二阶段和最后阶段，在 PSU 中抽取每第 n 个组形成一个系统样本。被选中组中每个年满 16 岁或 16 岁以上的人都包含在样本中。1999 年 CPS 包含大约 50 000 个住户，大约2 000人（16 岁和 16 岁以上的非集体户公民）中选 1 个人。

由于抽样设计是以州为基础的，因此各州抽样比不同，取决于州人口的数量和国家与州的可靠性要求。各州抽样比从 100 户中取一户到 3 000户中取一户不等。样本 PSU 抽样比取决于抽取 PSU 的概率和各州的抽样比。样本 PUS 的抽取概率是 1/10，州抽样比是 1/3 000，那么在 PSU 中的抽样比 1/300 达到了每层中 3 000 取 1 的要求。

CPS 的一个很重要的应用是测算失业率。假设某个月的样本包含 100 000 人，其中 4 300 人失业。普查局将 4 300 乘以因子 2 000 来估计全国失业人口：4 300×2 000＝6 800 000。不管怎样，普查局不会赋予样本中的每一个人相同的权重，而是把样本分成若干组（按年龄、性别、种族、血统和所居住的州）分别对每个组进行加权。

例如，一个组包含 16～19 岁的男性白人（在这个例子中我们忽略所居住的州并用全国数据）。普查局用普查数据估计全国非集体户口公民中这些男性的总人口数，以确切知道人口的增长趋势。假设这个数字大约是 650 万，如果某个月的样本中有 4 400 人，其中 418 人失业，普查局就会给样本中的每个失业人赋予权数 650 万/4 000＝1 477，而不再是 2 000。因此，普查局估计非集体户人口中失业的 16～19 岁男性白人的总数为：1 477×418＝617 386。

赋予每个组的权重取决于样本的组成，分别对每个组估计再相加就得到总失业人口数。

假定失业率为 6%，并以此作为抽样误差的一致估计，普查局估计目前对每月全国失业估计的抽样设计保持 1.9%的变差系数（coefficient of variation，CV）。

问题

普查局进行 CPS 时使用了分层抽样、整群抽样和比估计。

1. 每种方法是怎样使用的？

2. 使用这些方法的目的是什么？

3. 与相同样本容量的简单随机抽样相比，每种方法对抽样误差有什么影响？

4. 在 PSUs 中进行系统抽样，影响抽样比的因素有哪些？

5. 给定 CV 值，求全国失业率的置信度为 90%的置信区间。

资料来源

Bureau of Labor Statistics，U. S. Dep't of Labor，*How the Government Measures Unemployment*，available online at 〈www. stats. bls. gov/cps—htgm〉；and *Technical notes to household survey data published in Employment and Earnings*，(“A” *tables*，*monthly*；“D” *tables*，*quarterly*)，available online at 〈www. stats. bls. gov/cpstn3. htm〉；D. Freedman，R. Pisani，and R. Purvis，*Statistics*，ch. 22 (3rd ed. 1998).

9.2 捕获再捕获

捕获再捕获（capture/recapture）是一种估计未知人口数的方法，它最初是用来估计湖里鱼的数目或野生动物数量的方法。我们以估计鱼的数目为例。这种方法是根据随机抽样的性质来预测的。首先从湖里随机捞出 m 条鱼作为样本，并给它们作标记，然后放回湖中。之后从湖里捕捞 n 条鱼作为样本，并数出其中有标记的鱼的数目。这个过程如下表所示。

	有标记的	没有标记的	总计
在第二次抽样中的样本	X		
不在第二次抽样中的样本			n
总计	m		T

我们观察到，$X=x$ 为第二次样本中有标记的鱼的数目，如果第二次捕鱼和第一次捕鱼并作标记相互独立，那么 X 的期望值为：

$$EX=\left(\frac{m}{T}\right)\left(\frac{n}{T}\right)T=\frac{mn}{T}$$

注意，$EX/n=m/T$，因此第二次样本中有标记的鱼的期望比例与第一次样本中鱼的数目占湖中鱼的总数的比例相同。用无偏估计 x 替代 EX 就得到 T 的估计量 $\hat{T}=mn/x$。[①] 我们强调，该估计假设了：（1）所有鱼被捕获到第一次样本的概率相同（也就是并非有些鱼比其他鱼更可能被捕获）；（2）第一次被捕获的事实并不影响第二次被捕获的概率（例如，鱼不会因曾被捕获而变得谨慎）。如果违背了这些假设中的任何一条，就会产生相关偏差：存在正相关性会低估总体数量（如果一些鱼比另外一些鱼更容易被捕获，会出现这种情况），存在负相关性会高估总体数量（如果曾被捕获并作有标记的鱼变得谨慎，会出现这种情况）。

---

① 这一估计量稍微有偏差，因为 $E\hat{T}>T$，为消除这一偏差，可使用稍加修改的估计量 $T=(m+1)(n+1)/(x+1)-1$。

9.2.1 对普查的调整

1980 年以来，美国普查署遭受了一个又一个诉讼，原因是低估了人口数，一些人群尤其是黑人和拉丁美洲人低估得更多。1990 年普查得到的人口数是 248 700 000。普查后的调查估计，有 1 900 万人被漏查，1 300 万人被错误列举，普查局估计这些数字在 2000 年的普查中仍会增长，花了数年时间来研究各种解决方法。现在普查局同意使用普查后抽样调查对普查进行调整，提出的调整方案可能会改变各州的人口比重，这足以改变几个议会席位的分配，也会影响联邦资金的分配，而且有可能影响州内区域的重新划分，这件事是带有政治性的，因为这些被低估的人群倾向于投民主党的票。

当纽约州和纽约市及其他地方首先提出调整要求时，普查局认为不可行而予以拒绝。在随后的诉讼中，最高法院认为没有必要调整低估了的少数人。① 但在胜诉之后，普查局改变了立场，宣布技术的发展和进行传统普查的难度越来越大，使调整不仅可行而且是值得的。最终，普查局对 2000 年的普查作了公开的调整计划。

在计划中，有两种抽样方案。第一个方案是对无回答者进行追踪调查，即调查先采用邮寄问卷的方式，然后对无回答住户随机抽样，进行入户追踪调查。抽样设计保证了回答者（包括从问卷得到的和入户调查得到的）覆盖调查区域内 90%的住户。对无回答者入户调查得到的信息用于推断其余 10%的住户的特征。

第二种方案是普查局将进行普查后调查（post enumeration survey, PES）以调整普查数字。PES 是整群抽样得到的由 60 000 个街区组成的样本，包含大概 750 000 住户单元、170 万人口。普查结束之后，调查该样本的人，将调查得来的名单与这些街区的普查结果进行对照。在 PES 查到但未在普查中查到的人，可能是在普查中错误地漏掉的，尽管需要追踪调查以确定这个人确实存在于 PES 中（例如，不是在普查日之后搬到该区的）；一个人在普查中存在但未在 PES 中的人，可能是因为错误地列举，尽管需要再次追踪调查（例如，一个人在普查日之后搬

① *Wisconsin v. City of New York*, 517 U. S. 1 (1996).

出这个街区)。对于低估人口的估计要用到捕获再捕获技术：普查是捕获过程，PES是再捕获过程。

进行PES并估计调整因子时，普查局按人口和地理因素对人口总体进行事后分层，其中一个事后分层可能是加利福尼亚州30～49岁的拉丁美裔男性居民。每个州有6个按种族划分的组，7个按年龄—性别划分的组，2个按财产保有权——租赁者与所有者——划分的组。在城市、郊区和乡村的组没有差别，普查局假定低估率在每一个事后分层中都是一致的，每层“粗略的”对偶系统估计量按下面公式计算（稍微简化后的)：

$$DSE=\frac{Census}{M/N_p}\cdot\left[1-\frac{EE}{N_e}\right]$$

在这个公式中，DSE 是总体的事后分层的对偶系统估计；$Census$ 是该层的普查人口数；M 是按样本匹配数加权得到的总体匹配数估计；N_p 是按事后分层样本人口数加权的人口数估计；EE 是按街区样本的调查误差值加权得到的错误调查值估计；N_e 表示按街区样本普查人口数加权得到的人口数估计。DSE 与普查人口数之比是事后分层的“粗略的”调整值。因为普查局用统计方法修匀该估计值以减少抽样误差，因此称为“粗略的”。事后分层得到的调整值结合普查数据得出各州和当地人口数。

没有像社会保障金和指纹之类的独特的标志，要将两个很大的数据集进行对比是一个很复杂并且很容易发生错误的过程。甚至在追踪调查后仍然有相当多的未匹配的人，不能判断错误是出现在普查中还是PES中，不知自己错误率的统计模型可以用来解决这些问题。甚至确定是否匹配也成问题，例如，在PES中，一个街区的一个人不能与在普查中的该街区匹配，可以搜查附近的街区寻找匹配，但要查寻整个数据集是不可能的，这里有个平衡需要处理：搜查的区域越小，错误遗漏的数目就越大；但扩大搜索区域就会产生操作上的问题。在普查日和PES之间搬家的人是匹配遇到的另一个难题，为了匹配在普查日之后搬离这一街区的人，就要从替代被访者，如邻居、房屋现在的居住者等等收集信息，这时错误的几率就比较大，考虑到各种各样的问题，匹配过程研究显示了与测量的作用比较，错误的数目相对比较大，也就不足为奇了。而且，正如所料，错误的未匹配系统地超过了错误的匹配，并使对总遗漏的估计偏大。

所提出的 *DSE* 是少数群体被不成比例地低估的原因吗？捕获再捕获估计检验可以比较经过调整的全国数据与从人口统计学分析获得的全国数据。人口统计学分析给出了所有按年龄、种族、性别划分的美国人口数据，这些数据是从独立于普查的管理记录中获得的，包括出生证明、死亡证明和医疗记录，一些数据见表 9.2.1；图 9.2.1 显示了 1991 年 7 月 15 日从调整案提出到普查这段时间，各州人口数量的变化。

表 9.2.1 从 PES 和人口统计学分析，通过种族和性别估计普查低估人口的净值。1991 年 7 月 15 日的数据中，“其他”是指非黑人，包括白人和亚洲人。

表 9.2.1

	普查后调查	人口统计学分析	差
黑人男性	804 000	1 338 000	－534 000
黑人女性	716 000	498 000	＋218 000
其他男性	2 205 000	2 142 000	＋63 000
其他女性	1 554 000	706 000	＋838 000

问题

1. 证明上面所给的 *DSE* 公式是根据捕获再捕获方法得到的。

2. 关于捕获再捕获假设的有效性，表 9.2.1 和图 9.2.1 暗示了什么？

3. 如果调整的数据不能显示在州与州内区域划分中可以建立更加精确的比例份额，那么是否应该作出调整来增加数字精确性和消除少数群体的系统误差？

4. 如果按种族划分的全国人口统计数据更可靠，那么简单地增加少数群体人数来修正全国总人口数合适吗？

资料来源

L. D. Brown.，et al.，*Statistical Controversies in Census 2000*，39 Jurimetrics 347（1999）.

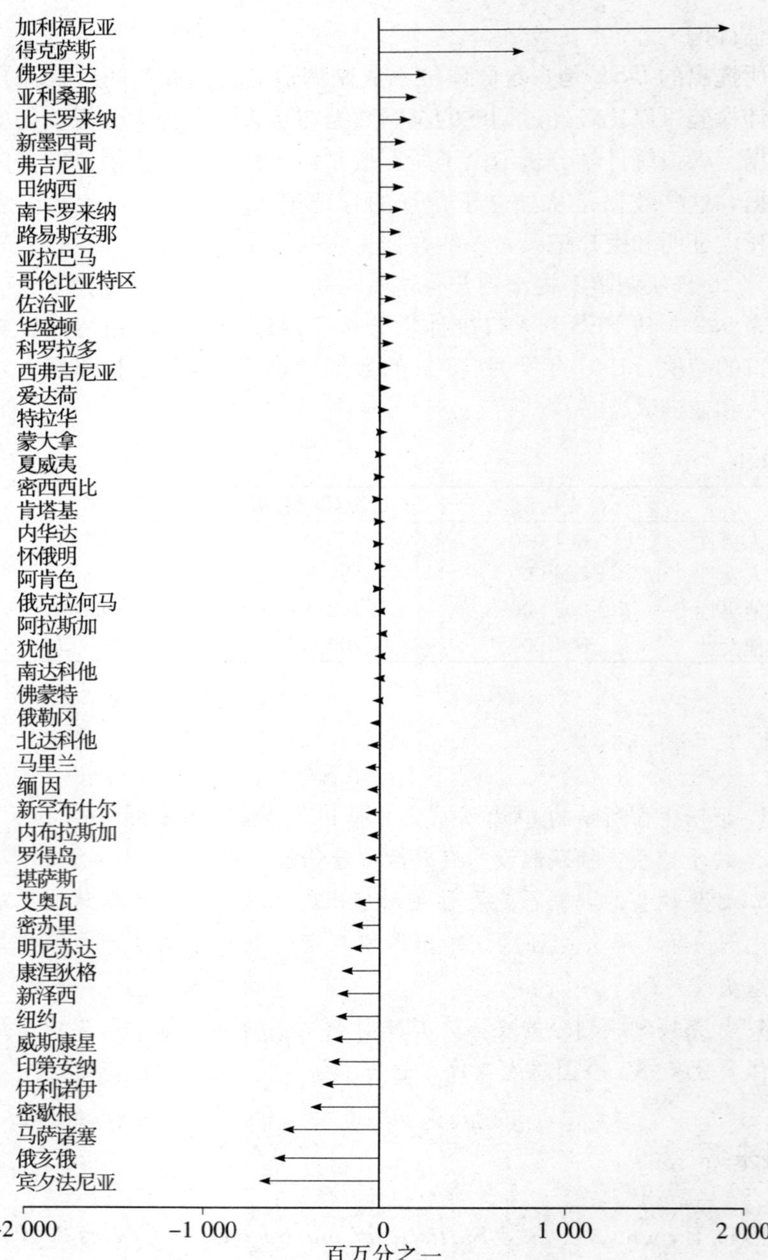

图 9.2.1 1991 年 7 月 15 日从调整案提出到普查这段时间各州人口数量的变化

[注释]

普查局的计划引发了国会新的运动和诉讼，这次是反对调整。这些案子到最高法院时，法院认为，如果是为了议会席位分配，普查议案不能使用抽样调查，为了其他目标则允许使用抽样调查。这轮诉讼留下了两个重要的待讨论的问题。一个是如果修订普查，在“真实调查”情况下调整是否受宪法限制；另一个问题是调整和不调整数字是否受宪法限制。

当时这些问题尚有争论，在普查局的建议下，2000 年普查后再解决，并不是调整数据。顾问委员在考虑问题后发现，对于一些人群，全国调整数据与人口统计学估计得到的数据显著不同，这表明调整方法还有未被发现的错误。布什总统的商务部长采用了这项建议，他已经被授权决定是否进行调整。

第10章 流行病统计学

10.1 导论

统计数据经常被用来建立或者度量在法律或者其他领域中基于联系的因果关系。建立或度量因果关系的黄金标准是随机双盲试验，下面是其主要特征。

首先，主体通过某种随机机制被分为可处理和可控的几组，例如一个随机数据表。这种特性具有重大的优势。随机抽取（1）不依赖调查者的个人偏好，这一偏好往往可能导致选择上的偏差；

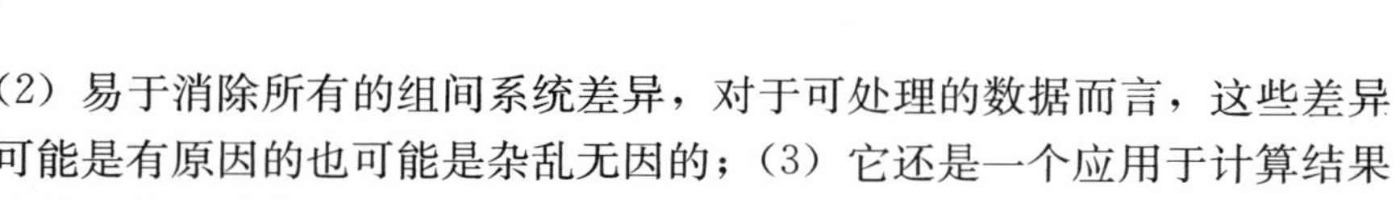

(2) 易于消除所有的组间系统差异，对于可处理的数据而言，这些差异可能是有原因的也可能是杂乱无因的；(3) 它还是一个应用于计算结果统计显著性的模型，因此它为计算结果统计显著性提供最坚固的基础。

第二，由于这一研究是双盲的，因此它更符合要求。即调查者和被调查者都不知道调查的内容。这项预防措施可以用来防止调查者行为有意或无意的偏好，例如对被调查者的反应和结果的评估；同时它还具有均匀地分布可处理和可控组间的安慰剂效果。

第三，为在预定期间的预先指定草案和预选结果而设计的分组是为了研究组间差异。预定对于防止来自结果偏差的机会主义中止是很重要的；同样，预先指定的草案保证了两组尽可能以相同的方式被对待，这样，结果中所产生的差异可以归因于可处理的影响；结果的预先选择防止了搜寻一些“有趣”的影响，这些影响一旦被发现，就很难被可靠判断，因为搜寻本身也是基于统计显著性而折中计算的。

最后，重要的研究试验还必须以不同方案和不同主体重复多次，以减少错误结论产生的概率。

黄金标准研究很少用在法律问题中。从道德和实践的角度来讲，在很多案例中，我们不可能依照随机试验重复某个场景或行为来提起一则诉讼。犹他州南部的一些居民控告联邦政府在内华达州一次大气原子试验中产生的辐射微尘导致他们的孩子患白血病死亡。起因问题在于比较暴露程度，但是，不能通过随机抽取类似爆炸中的孩子们来说明这个问题。因此，当法律质问类似问题的起因时，只能用很少的——有时非常少，低于黄金标准的双盲随机可控的案件来回答这一质问。

在黄金标准下，还有观察实验的研究方法。就如同它的名字一样，在这种研究中，我们不创造新的数据而是汇编和检查已经存在的数据。或许最主要的例子就是流行病统计学研究，它是从统计联系的仔细研究中发掘疾病起因的一种研究。在这种流行病统计学研究中，研究组和比较组的分配不是随机的，而是遵从自然生命规律的。暴露在辐射微尘下的孩子们将和一些生长在正常环境中的孩子们作比较，这些正常环境中的孩子们要么是出生和生长在试验开始之前，要么是试验停止以后。

暴露组和未暴露可控组通常通过计算相对风险（*RR*）和优势比（*OR*）来进行比较。相对风险是指暴露组的发病率与未暴露可控组的发

病率之比。优势比也是相同的，只是用优势来代替比率。可参照 1.5 节中相关测度方法的讨论。这些测度方法中的一个变量标准死亡（或发病）率（*SMR*），被描述为死亡（或病例）观测数目，该数据在研究组被分为两部分，一部分是研究组既定观测追踪时间的期望数目，另一部分是参照总体的发病率。*SMR* 的分母是死亡数（或案件数），如果与参照总体有相同比率，死亡数可从研究总体数中估算；通常，*SMR* 的分子从研究总体的样本数据中估算，同时分母可从参照总体的健康普查数据的比率估算。特定年龄段的比率是可得的，它们可以用来对研究组中的死亡或案件数做出更精确的期望估计。

流行病统计学研究有很强的说服力，但是在可能的混淆因素或其他偏差来源的影响下，其说服力也会被削弱。由于这些潜在弱点的显著，因果推论在流行病统计学中需要比其他统计内容更为详尽的检验，同样的问题可能会在未检验的背景资料中潜伏。因此，在流行病统计学中对因果问题的研究是很有用的，不仅在于它本身，更在于它使统计因果推论的一般问题更为清晰。本章将应用流行病统计学的例子对这一主题加以说明。

补充读物

Kenneth J. Rothman & Sander Greenland，*Modern Epidemiology* (2d ed. 1998).

10.2 特异危险度

特异危险度[①]这个概念被用来测度由于特定风险因素完全消失而导致某种既定疾病发生的潜在减少。这里有两个相关的概念：暴露于风险因素中的总体的特异危险度和整个总体（包括暴露的和非暴露的）的特异危险度。下面将依次讨论。

---

① 此术语有些用词不当，因为所计算的不是一个风险，而是归因于起因的一个风险的分数。有时术语“病因分数”被使用，这个术语更准确但不具有普遍性。为了引用的方便，我们采用了更普遍的术语。

暴露总体的特异危险度

在大多数特异危险度被计算的实验中，被研究的疾病在暴露总体中有较大的发病率和流行性。① 首先考虑被暴露而且最终患病的人群，他们从概念上被划分到一个“基准”亚群，包括那些有可能在任何场合，例如不需要暴露就可以感染上病菌的人群，另一个是“过度”亚群，他们的疾病来源于暴露。暴露于风险因素中的总体的特异危险度（AR_e）是“过度”亚群与全部暴露疾病群的比值。这个比值也是从整个群里随机选取的一个人将属于过度子群的概率，也就是，不暴露就不会被感染疾病的概率。80%感染肺癌的吸烟者如果不吸烟就可以避免感染肺癌，吸烟者中肺癌患者的比重可以表明肺癌是由于吸烟导致的。相同地，吸烟导致肺癌也占吸烟患癌症人数的 80%。简单的代数告诉我们，暴露于风险因素中的总体的特异危险度和率比（或相对风险）有关，可用下式表示：

$$AR_e = 1 - 1/RR \tag{1}$$

式中，RR 是特定的暴露群中患病率与未暴露群中患病率的比。AR_e 有时被认为是因果关系的概率。

举例说明这个公式。例如，暴露于石棉而患结肠癌的相对风险被估计为 1.55，$AR_e = 1 - 1/1.55 = 0.35$（近似），因此，如果未被暴露，则 35%的患结肠癌的石棉工人可以避免患癌症。同样的，随机抽取一个患结肠癌的石棉工人，他患结肠癌有 35%的可能性是由于石棉造成的。

这里有一些关于法律因果关系问题的推论，如果相对风险大于 2，那么一个随机暴露工人的疾病不是因为暴露而导致的可能性也很大。事

① 疾病发生率是一个速率，就像车速，但它的测量并不以每小时英里数计，而是以在相对较短的一个时间段内最新感染疾病人口的比例来计。例如，65～70 岁间的男性吸烟者中，心脏病发病率大约为每月 0.1%或每年 1.2%，假设心脏病发病率在全年内都是不变的。如果在不同时间发病率不同，那么单位时间间隔趋于零时，发病率接近瞬时发病率，极限概念与 11.1 节中讨论的危险概念相当，就与瞬时车速的相类似了，这样使计算更加精确些。

发病率的概念应区别于普遍性，它是指在给定时间内患病人数的比例，包括现在和以前发病率与疾病持续期。尽管发病率更适合于疾病预防，特异危险度仍可以依据发病或流行来计算。

实上，一些法院认为，如果没有证据从其他暴露致病案件中区分出某一特定起诉人的案件，那么除非来自暴露的相对风险大于2，否则该起诉人的起诉理由就不能被有利证据证明。[①] 如果有了特定的证据，基于相对风险计算的推论就应作相应的修改。例如，暴露群的相对风险可能大于2，但是相对于平均暴露度来说，原告的暴露度可能低于此。另一方面，如果相对风险小于2，但是另外有证据表明原因，这些因素结合起来，对于一个专家来说，已经足够推断出暴露因素很可能并不是起诉人致病因素。特定的证据甚至可能导致另一个不同的结论，即消除其他风险因素之后归因。[②] 然而，有效的不同结论不但要求一般致病证据，还需要其他风险因素不存在的肯定证据，这些致病风险因素建立在合理的已建立的病因学基础上。[③]

总体中的特异危险度

第二个概念是关于总体中的特异危险度系数 AR_p，它是去除暴露因素后一般总体的患病比率。所有肺癌患者中，20%的人可以通过戒烟来避免患癌症，这是总体中特异危险度的一种表述。AR_p 是相对风险和暴露流行的函数，这使它成为重要致病风险因素的一个恰当指示器。由于疾病与暴露很大程度的联系，即使 AR_e 很高，但如果总体暴露比例低，AR_p 也还是很低的。如果 AR_p 很高，由于暴露因素分布广泛，如果被调查疾病很稀有，那么因暴露而患病的绝对人数也还是很少。举例来说，在美国，吸烟对于肺癌的特异危险度远远大于吸烟对于心脏病的特异危险度。然而，由于心脏病的发病率远远高于肺癌的发病率，所以说，一项戒烟政策可以挽救的心脏病人要多于肺癌病人。

---

① 参看例子：*Daubert v. Merrell Dow Pharmaceuticals*，43 F. 3d 1311（9th Cir. 1995）（Bendectin and birth defects）；Hall Healthcare Corp.，1996 U. S. Dist. Lexis 18960 at p. 15（D. Ore. 1996）（硅树脂隆胸术与结缔体素疾病）。

② 参看 *Landrigan v. Celotex Corp*，127 N. J. 404，605 A. 2d 1079（1992）（暴露于石棉而又无其他相关因素的情况下，1.55 的结肠癌相关风险足以证明起诉人的病因证据）。

③ 在 *In re Joint Eastern and Southern District Asbestos Litig*.（*John Maiorana*）.758 F. Supp. 199（S. D. N. Y. 1991）（专家认为石棉/结肠癌案例是不充分的，因为对于死亡无其他风险因素的这一假设不能成立）。

图 10.2 描述的是，总体中有 20%的未暴露对象和 50%的暴露对象患病，10%的人口曾经暴露过。假设 20%被暴露过的对象在任何情况下都会感染疾病，过度风险为：0.50－0.20＝0.30，即被暴露患病的比例为 60%。这里 $RR=0.5/0.2=2.5$，$AR_e=1-1/2.5=0.6$。因为总体中仅 10%曾被暴露，过度的部分可归因于暴露因素仅占全部总体的 $0.30\times0.10=0.03$。在总体中所有患病的百分比是：$0.20\times0.90+0.50\times0.10=0.23$。因此，$AR_p$（过度病例所占总体病例的百分比）$=0.03/0.23=13\%$。

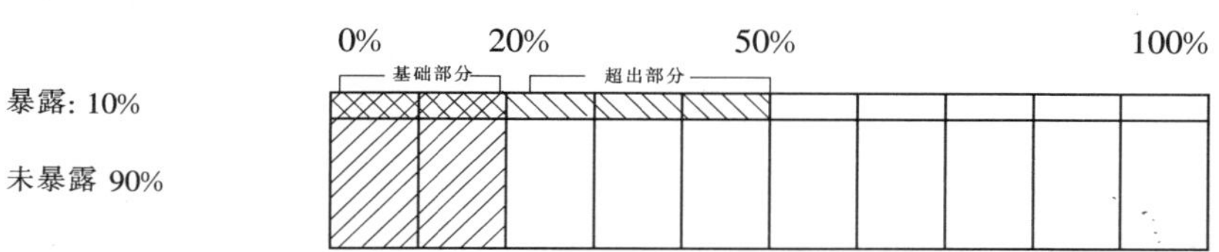

图 10.2 总体中的特异危险度

此外还有三种方法计算 AR_p。以总发病率作为分母，分子等于总发病率与未暴露发病率的差。总发病率反映了由于暴露导致的风险提升和暴露的流行度。因此，有

$$AR_p=\{P(d)-P_0(d)\}/P(d)=1-P_0(d)/P(d) \tag{2}$$

式中，$P_0(d)$是未暴露人群的患病风险（流行或发病）；$P(d)$是所有暴露和未暴露总体的患病总风险。

另外，同样地，AR_p 可以用下式计算：

$$AR_p=X/(1+X) \tag{3}$$

式中，$X=P(e)(RR-1)$；$P(e)$ 是暴露比例。

还有第三种使用公式：

$$AR_p=(1-1/RR)P(e\mid d) \tag{4}$$

式中，$1-1/RR$ 和 AR_e 是相等的，$P(e\mid d)$是患病者中暴露人数的比例，在一组可比的群组研究中，估计 $P(e\mid d)$的数据不易得到，所以式（4）不可用。而 $P(e)$ 是可估计的，所以式（2）或式（3）可以使用。可控的案例研究直接提供了 $P(e\mid d)$ 的估计，但却没有提供 RR 的值，所以如果要用式（4），RR 必须用优势比来估计（对于稀有疾病之估计可接收）。

如果数据都可得，则式（4）有一个优点。目前，所有上述公式

都太理想化，一定意义上是违反事实的，假设消除暴露并不能把暴露人群的发病率降至未暴露人群的发病率。这里可能还存在其他一些与暴露相关的混淆因素可导致疾病，即使暴露因素被消除，但其依然存在。吸烟者也许除了吸烟还有别的喜好，例如，喜欢久坐的生活方式使心脏病发病率升高。把这些因素考虑进去，人们要计算一个修正相关风险 RR_a，跟以前一样，其中分子是暴露者的发病率，分母是暴露单独被消除且那些人的其他特征保持不变时未暴露者的发病率。为了计算 AR_e 和 AR_p，在式（1），（4）必须分别替代 RR_a（这种替代在其他计算 AR_p 的公式中是无效的）。流行病统计学者的部分工作就是分辨出复杂的因素，以及考虑到这些复杂因素后进行估计修正 RR。

通常情况下，如果对于消除暴露的干预是部分成功的，或者在强制放弃暴露的情况下，暴露总体有替代其他风险因素的倾向，那么对于 RR 的修正就是合理的。如果戒烟，吸烟者可能转向更多地消费高热量食物以寻求安慰。如上所述，上个例子中潜在有益健康的计算，应当通过计算修正 RR 以考虑替代行为的风险。然而，为了确定一则诉讼中的确定起因，RR 不应由于替代行为而被调整，因为替代行为风险并不会对最初行为引起疾病的概率起作用。

10.2.1 原子武器试验

在 1951 年 1 月至 1958 年 10 月底间，至少有 97 次原子装置在位于犹他—内华达边界以西 160 公里的内华达沙漠试验中被引爆。至少 26 次试验产生的辐射微尘（威力相当于超过 500 吨爆炸物当量）被风向东吹至犹他州（参见图 10.2.1）。1961 年后，试验一直在地下进行，一些试验排出的辐射微尘进入大气层。

在犹他州东部和南部有 17 个县被美国政府辐射微尘地图标示为“高辐射微尘”县。这些县都是农区，大概占全国人口的 10%。

两项关于白血病导致儿童死亡的流行病统计学研究把研究对象分为高暴露和低暴露两个组。死亡被归入高暴露组，按年龄段分为 1951—1958 年间 1 岁以下，1951—1959 年间 1 岁，依此类推，1951—1972 年间 14 岁，这就是说，所有 1950 年底前和预先定义的高暴露组年龄上限之后各年，由于各种因素死亡的人群被归入低暴露组中。人-年的计算，

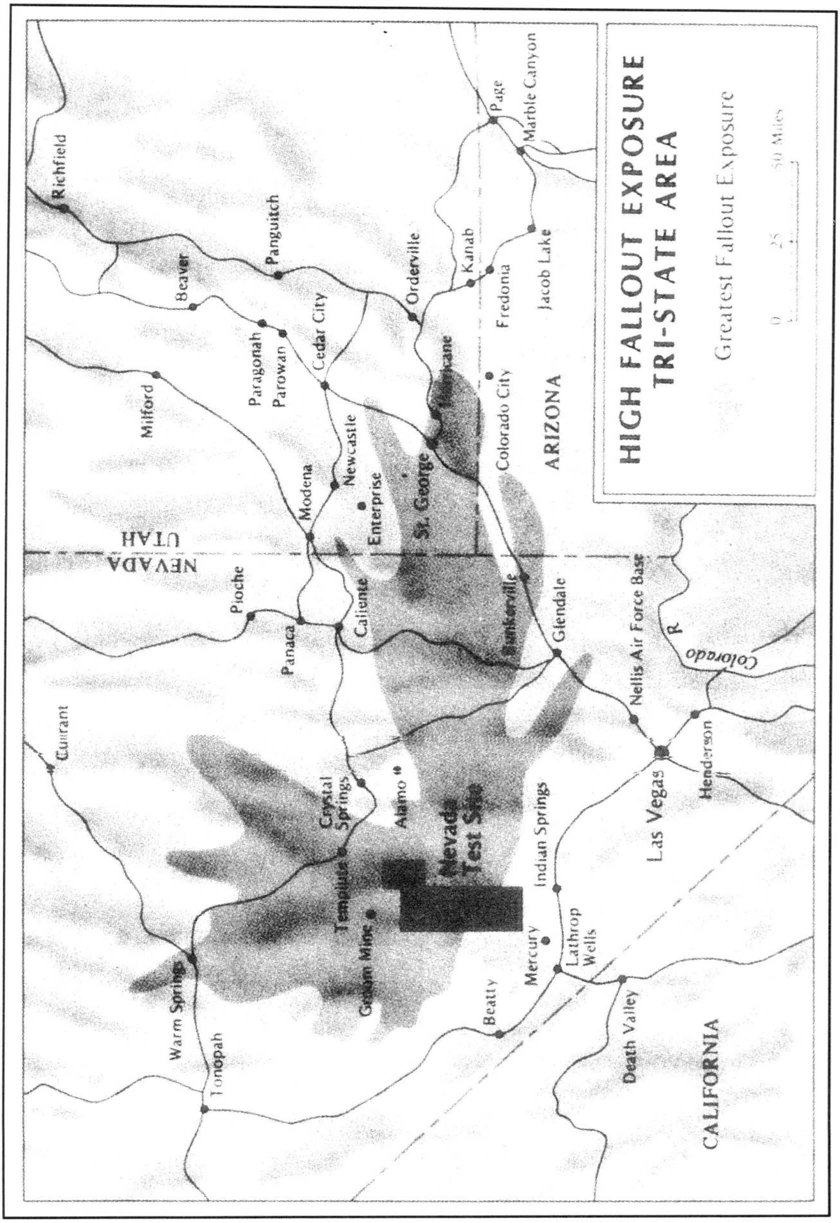

图 10.2.1 原子武器实验辐射微尘

即年死亡人数的计算，每组当年死亡的人都将被计归入该组年死亡人数。

两个不同的调查组使用了不同的数据，Lyon 等使用了 1944—1975 年间的数据，如表 10. 2. 1a 中所显示的数据。

表 10. 2. 1a　儿童白血病死亡分布。按三个年龄层次和暴露分类的人-年和特定年龄死亡率

群组：男性—犹他州南部

	低暴露Ⅰ (1944—1950)			高暴露 (1951—1958)			低暴露Ⅱ (1959—1975)		
年龄	例数	人-年	比率*	例数	人-年	比率*	例数	人-年	比率*
0～4	4	62 978	6. 35	6	92 914	6. 46	1	115 000	0. 87
5～9	1	55 958	1. 79	4	128 438	3. 10	2	74 588	2. 68
10～14	0	49 845	0. 00	6	151 435	3. 96	0	40 172	0. 00
0～14	5	168 781	2. 96	16	372 787	4. 29	3	229 760	1. 31

群组：女性—犹他州南部

	低暴露Ⅰ (1944—1950)			高暴露 (1951—1958)			低暴露Ⅱ (1959—1975)		
年龄	例数	人-年	比率*	例数	人-年	比率*	例数	人-年	比率*
0～4	0	59 214	0. 00	2	86 518	2. 31	4	109 675	3. 65
5～9	1	53 696	1. 86	6	121 302	4. 95	3	71 828	4. 18
10～14	1	48 486	2. 06	8	143 924	5. 56	0	39 645	0. 00
0～14	2	161 396	1. 24	16	351 744	4. 55	7	221 148	3. 17

* 特定年龄的白血病死亡率是按照每 10 万人中发生的病例件数计算的，并且这两个组计算采用的是各自的观察病例以及各自的人-年群组经验。

Land 等不同意 Lyon 等的研究，他没有使用这些较早（1944—1975 年间）的数据资料，而使用之后年份的数据，因为他觉得早些年的数据可信度不高。同时还添加了三个可控组（东俄勒冈州、艾奥瓦州和整个美国）。该研究使用了与 Lyon 的研究相同的高暴露和低暴露的分组形式。表 10. 2. 1b 给出了 Land 的白血病死亡数据资料摘要。

表 10.2.1b　犹他州南北部，俄勒冈州东部，艾奥瓦州的白血病死亡及人-年分布

暴露	犹他州南部		犹他州北部		俄勒冈州东部		艾奥瓦州	
	高	低	高	低	高	低	高	低
死亡	30	16	150	127	28	16	415	348
人-年（以千计）	691.3	590.1	3 768.8	4 237.0	910.7	770.4	11 958.1	10 288.8

问题

Peggy Orton 出生于 1946 年 1 月 12 日，1951 年原子爆炸实验开始时她只有 5 岁。她住在犹他州圣乔治。在 1959 年 11 月 11 日，她 13 岁时，被诊断为急性淋巴白血病。6 个月后即 1960 年 5 月 29 日死亡。Orton 的代理人根据联邦民事侵权行为索赔法（28U. S. C. 2671-80，1994）的规定对 Orton 的死亡起诉美国联邦政府。

在如下计算中，假设所有组的年龄分布是相同的；在实际研究中，死亡率都是以 1960 年美国白人为基数，采用直接调整法按照年龄调整的。①

1. 在表 10.2.1a 中，白血病死亡数在高暴露和低暴露组中有什么相似的风险?

2. 假设所有过度风险都来自暴露，那么由于暴露于（1）暴露总体和（2）一般总体中而产生的白血病的特异危险度是多少?

3. 作为 Orton 的财产代理人，怎样从上述计算和其他有利的证据事实中来证明 Orton 是死于暴露的?

4. 作为政府的代理人，你怎么来证明高暴露和儿童白血病并没有必然联系，而且就算有因果联系，也不能证明 Orton 的白血病由这一原因引起。

5. 并非孤注一掷的结果，康复在过度风险的案例中是否应该更多些，数量会随着——在没有暴露的任何情况下死于白血病的概率——而成比例减少。

① 在比较两个总体时，不同的年龄分布有时需要进行调整。在直接法调整中，特定年龄比率的加权平均，其中权数是在参照总体中每个年龄段人口的比重。

资料来源

Allen v. United States，588 F. Supp. 247（D. Utah 1984），rev'd，816 F. 2d 1417（10th Cir. 1987），*cert. denied*，108 S. Ct. 694（1988）（district court judgment for the plaintiffs reversed；the testing activity was a discretionary function for which recovery against the federal government was not sanctioned by the Federal Tory Claims Act).

［注释］

在 Allen 案件中，为了问题起因的冲突研究，对比 Joseph L. Lyon 等的实验 *Childhood leukemias associated with fallout from nuclear testing*. 300 New Eng. J. Med. 397（1979）（包括表明过度白血病的数据资料）与 Charles E. Land等的实验，*Childhood leukemia and fallout from the Nevada nudear tests*，223 Science 139（1984）（包括那些数据不足以证明这样一个过度的发现)。然而，Land 等随后做的一个试验，证实了 Lyon 等的发现。参照 S. G. Machado，C. D. Land，&F. W. Mckay，*Cancer mortality and radiation fallout in Southwest Vtah*，125 Am. J. Epidemiology 44（1987）。

1997 年，在经过很长的滞后期后，国家癌症学会的一项研究发现终于发布了，它们认为，在原子试验中散布的放射性碘可以不同程度地传播放射性物质，主要是通过牛奶，传播到美国试验地区以东的大部分人口。可参见 NCI 网站 www. nci. nih. gov。据估计，数以千计的甲状腺癌症都由此产生。

在 H. Ball，Justice Downwind（1986）中给出了“顺风”的故事，医学界关于疾病起因的争论，以及法律界关于赔偿的争论等。

10.3　流行病统计学的主要起因

流行病学是研究人类疾病的起因和分布的学科。它使用统计工具，但通常被视为一个独立的专业。它的范围包括但宽于传染性流行疾病和流行病研究。流行病学中通常使用三种研究方法，其中最可靠的是群组研究，它是选择两个或更多高度相似的不相互影响的组，用于研究组和控制组。研究组对象处于暴露状态而对照组没有暴露。这些组群按照预定时期将两组的健康或患病状况进行对比，通常根据暴露情况来计算疾病的相关风险。参见 10.2.1 节（原子武器试验）中新生组的研究的例子。如果持续期很长或疾病很稀有，那么群组研究很难进行。在这种情况下，一个备选的方法是案例——控制研究，其中，案例是患病者而对照组是未患病的人，但二者在与疾病和暴露度的相关因素方面有着高度的相似。然后比较案例与对照组中的前期暴露历史，其结果反映在优势比的计算中，稀少疾病的优势比几乎完全等于相关风险。对照组的精心选择和易混淆因素的测度对案例——对照研究非常重要。参见 10.3.1 节达康盾中案例——控制研究。第三种研究称为生态研究，通常是描述性的，观察风险因素的平均水平和某些总体或是抽样单元中的疾病之间的关系，1.4.1 节（危险的鸡蛋）是一则生态研究的例子。

流行病统计学研究可包括过去数据的观察，或者是某一特定时间代表性的数据的观察，或者两者兼有。

一般和特定原因

无论哪种研究，流行病学都按两个步骤进行。首先，确定暴露和疾病是否有关联；如果有，再确定是否有因果关系。司法的观点有时认为，流行病学的发现都是一般原因，即暴露至少引起暴露组人群的一些疾病。在一宗起因存在问题的案件中，问题是暴露是否引起了原告的疾病，这被称为特定起因。虽然流行病学的数据可能对答案很重要，但是特定起因并不是流行病学的专有领域。

负面的流行病学会证明其他证据吗？当研究显示暴露和疾病毫无关联时，这个问题便会出现，但是原告提出，让专家证明二者存在因果关系。有时提出的证据是基于实验室研究、动物试验、临床观察、显示低水平或微弱联系的单独的流行病学研究。当流行病学研究很强并呈负面的时候，这样的证据被视为值得怀疑，在很多案件中，法官不会允许原告接触陪审员。①

---

① 参看例子。cases cited in notes 3，5 at p. 285；see also *In re Agent Orange Liability Lit.*，597 F. Supp. 740，787-795（E. D. N. Y. 1984）and 611 F. Supp. 1223，1231-1234（1985），*aff'd in rel. part*，818 F. 2d 145，171-173（2d Cir. 1987）（代理橙剂以及各种疾病）。

偏差和混杂

流行病学不是探测因果联系的利器。案例——控制研究特别易于产生偏差，因为识别控制对象的困难性，控制对象在除疾病之外的所有方面与案例相匹配（但不是可能引起疾病的前期风险因素）。群组研究也许更好，因为它们提供了组成仅是暴露度存在不同的组的可能性（例如，在查出疾病前），但是即使在这些研究中发现联系，它的产生也可能是基于研究偏差、错误、混杂或偶然，而不是因果联系。这就意味着，在任何流行病学研究中，如果不查清那些可能削弱或损害结论的因素，积极的结果将不会被接受。其中一些描述如下。①

混杂——存在假想危险与疾病间的明显因果联系可能取决于与两者都相关的第三变量的作用。例如，一项研究表明，长期生活在机场周围的人的预期寿命明显减少，那里噪音大于 90 分贝。是噪音缩短了他们的生命吗？也许，但是这个研究值得怀疑，因为住在机场附近的廉价房里的人们比一般人更贫穷。最近有证据暗示，暴露在飞机的排放废气物中或许是另外一种因素。

选择偏差——在一定程度上案例与控制组是可以选择的，这就使它们明显不同于它们所代表的总体。假设一个阿拉斯加医院抱怨女工并发症的发病率冬季高于夏季，难道与饮食变化和光照减少也有关系？也许是这样。但是也有可能由于在交通不方便的冬季，妇女除了难产外都不想去医院；或许她们在家分娩。简言之，冬季出现在医院的妇女受制于自我选择，即在于分娩总体相关的偏差。“健康工作者”效应是选择偏差的一个例子。

反应偏差——当调查对象不准确地回答调查者的问题时，这种偏差就产生了。一项关于事前了解的关于 X 射线的作用表明，父辈在孩提时患白血病将会遗传给他的后代，这是有关联的。但是研究成果的价值却被打折扣，因为资料来源于妈妈的回忆，比起那些生长发育在正常环境中的孩子来说，如果孩子们患白血病，他们的妈妈也许更可能回

---

① 下面给出的一些假设例子是摘自 Max Mitchell Ⅲ，W. Thomas Boyce，& Allen J. Wilcox，*Biomedical Bestiary*：*Epidemiological Guide to Flaws and Fallacies in the Medical Literature*（1984）。

忆起照射过X射线。逃避回答的偏差是另一种反应偏差，在涉及敏感问题时，这一偏差尤为严重。

低于或高于相配的控制——低于相配的控制是选择控制失败时的结果。当这种情况发生时，案例和控制除暴露之外的不同就是所得结果不同的原因。为避免这些，控制必须与案例在除了暴露的其他方面都相匹配。在一个案例控制研究中，控制选择所需要的更为精确的表述是，研究结论的概率一定不是依赖于研究中的暴露。如果案例是在城市中选取而控制却是在农村进行，那么关于慢性支气管炎和空气污染之间关系的研究可能是低于相配的控制的。对于引起支气管炎的原因，在城市和农村生活之间存在太多的差异，这些差异可能使被观察到的相关性有更大把握是有理由的。如果案例是从有不利于怀孕结果的城市医院的女病人处获得，而控制却是从由于其他原因去医院门诊部的妇女处获得，那么关于怀孕结果与用药的研究可能是低于相配的控制的，服药的妇女可能很少光顾诊所，因此对于药物的暴露将会减少她们被选作控制对象的可能性。由于控制的用药量要低于案例中的用药量，即使事实并非如此，试验仍会受影响。

当控制的选择过度模仿案例时，就如当控制的选择是在给定标准下，这个标准的暴露程度要求和实际案例相同，过度匹配发生。如果这种情况发生，疾病和暴露之间的关联就被掩盖了。如果相配的控制是从与案例相同的调查中获得的，由于所调查的一个较小地区的空气质量是相同的，所以关于支气管炎和空气污染的研究可能是高于相配的控制的。由于支气管炎的暴露和非支气管炎的暴露对象是基本相同的，所以有的人可能会错误地认为空气污染是没有影响的。

群组效应——群组效应是指一种在特定年份出生的人们，在他们的一生中反映出的相对较高（或较低）的患某种疾病的风险的趋势。例如，对结核病抗体的典型性研究可能表明，这种病在老年人中的发病率较高，但这并不意味着老人有患此病的更大几率，而仅仅说明结核病的发病在早些年比现在更多些。如果是那样，一个结核病人的样本就可能会是关于老年人的一个不成比例的代表。

观察者的变化——在医学判断中，不同观察者在他们的主观评价中可能会存在显著的不同，这将产生失真的效果。对于一项仅有一个观察者的研究，这种可能偏差是不存在的。不可靠性（如缺乏再生能力）几乎总是会产生无效率和低精确度的结果。

霍桑效应——这个名字来源于一个故事，伊利诺伊州霍桑威斯丁豪斯工厂的官员们发现，仅仅与工人们商议生产条件就可以改进生产率。同样，简单地参与一项研究可能会改变研究结果，特别是当这项研究是关于态度或行为方面的。当调查对象对于调查者的意愿作出反应时，与此相关的是社会期望偏差。

查明——在与某些环境或风险因素相关的疾病发病率的报道中的变化，事实上与这种疾病分析的准确性或分类，或案件定义的变化是相同的，如当 CDC 改变定义标准后称之为 AIDS。

趋向均值的回归——趋向均值的回归是指个体在一次测量中偏离平均值过高或者过低，则在接下来的测量时会有向平均值靠近的一种趋势。依照某些标准，在测量中的明显改进就是对总体或部分作回归分析，参见 13.1 节中进一步的讨论。

生态学中的谬误——在生态学研究中，调查者试图从组中的行为或经验来研究风险因素和疾病之间的联系。生态学中的谬误即这种假设，它假设类似的联系都是应用在个体层面上的。在不同国家（1.4.1 节），鸡蛋的消耗量与局部缺血性心脏病之间的关系就是一个生态学关联的例子，但是把它应用于个体则可能是靠不住的，因为正如前面所指出的，众多因素而不仅是鸡蛋的消耗量产生了这一联系。

关联和起因

一项设计较好的研究一般不会产生偏差或混杂，但仍可能有潜在的缺陷。为将错误结论产生的可能性最小化，流行病统计学家已经开发了某种具有普遍意义的因果推断有效标准。这些被称为“Bradford-Hill”标准。[①] 描述如下：

关联强度——相关风险与暴露关联越多，归因于未识别的偏差或混杂的可能性就越小。但是，如果案件的数量过少以至于发生概率不能解释关联性，那么较大的相关风险可能会弱化起因的证据。为测量抽样的

① A. Bradford-Hill，*The environment and disease：association or causation?*，58 Proc. Roy. Soc. Med. 295-300 (1965).

不确定性，需要计算相关风险的点估计的置信区间。

一致性——所有相关流行病统计学研究的发现中，一致性越强，则某一特定研究中由于未识别偏差导致的一致性就越小。因此，所有相关研究都需要接受检验。充分相关是判断的一个标准。

剂量响应关系——如果风险随着暴露增加，相应的关联很有可能是有因果联系的。这是目前存在因果联系很明显的迹象，但如果不存在，则也不排除有因果关系的可能性。

生物似真性——必须有一个似真的生物机制来解释相关性。由于生物学的场景对于几乎所有相关性都可以进行假设，而且似真性通常都是主观的，所以这一标准有时也被认为是一种较弱的标准。

暂时性——起因必须先于结果。对于起因而言，这个必要条件一般都可以满足。然而，当暴露和疾病开始之间的时间与起因不一致时，一些暂时性的模式可能会影响起因推断的貌似真实性。

类推——同样的起因应该产生同样的效果。一种化学制品可能产生一种疾病这一常识告诉我们，相关的化学制品也会引起相同的疾病。这个与貌似真实的争论相关，在此提出同样的警告。

特性——如果风险集中在那些暴露人群的某个特定子群中，或集中在一个经过详细审查过的疾病类型的某个特定子群，则相关性就有更大的可能是起因。这是目前的一个很明显的迹象。

经验证据——人们的经验证据（即随机分配暴露或去除暴露）包含着最强有力的起因证据。然而，这样的数据通常无法获得。

10.3.1 达康盾

达康盾（Dalkon Shield）是一个椭圆形的塑料子宫内装置（IUD），比 1 角硬币稍大些，两侧各有一个鳍状突出物。这个装置是按照子宫的形状设计的；两侧突出物的添加是为了防止外物入侵，也为了让装置探测子宫正常运动时的底部状况。防护装置底部用绳打了一个环作为装置处于适当位置上的指示器，同时也可用来移动该防护装置。当 IUD 装置合适地放置在子宫内时，那个环可以伸出子宫颈进入阴道。因为此装置的移动需要比其他类似装置更大的外力，因此，那个环必须更结实，需要用两个底端打开的尼龙套包着的缝衣服用的多股线来做。

1970 年 6 月 12 日，A. R. Robins，Inc.（“Robins”）用 750 000 美元购买了这一防护装置，还另加了 10%的特许费。1971 年 1 月，Robins 开始双重战役——市场化和测试该装置。在此装置上市一年以后（售出 100 多万台套），Robins 开始接到高致孕率、急性盆腔炎性疾病（PID）、子宫穿孔、宫外孕等投诉。到 1974 年 6 月，280 万套此装置销往美国，相当于 6.5%的 18～44 岁女性都在使用此装置。到了 1974 年 6 月 28 日，在美国食品和药物监督管理委员会的要求下，Robins 自动暂停了该装置的国内销售，并于 1975 年 8 月 8 日宣称该装置将不再上市。这段时间关于此装置有广泛的负面宣传，也有研究表明，防护装置的多纤丝尾可以从阴道进入无菌子宫的细菌通过毛细作用被带入，从而使被感染的风险随着佩戴该装置老化时间的增加而增加。在 1980 年 9 月25 日，Robins 写了一封信，建议佩戴该装置而无症状的人取出该装置，因为长期使用可能会患盆腔炎性疾病。

妇女健康研究是一项多中心、案例控制的调查，调查内容是关于避孕方法的使用与在住院期间某种妇科紊乱之间的关系。数据来源于 1976 年 10 月至 1978 年 8 月间，美国 9 个城市的 16 所医院，调查对象是 18～44 岁的女性。案例包括接受放电治疗盆腔炎性疾病的女性，控制对象是接受放电治疗的没有妇科疾病的女性。被排除的是案例与控制组的那些有 PID 病史的人，以及可能会降低怀孕风险的条件，例如，缺乏性行为、不孕症或疾病等。最新的 IUD 款式是为案例和控制而设计的。总共确定了 1 996 个潜在案例和 7 162 个潜在控制，排除之后，622 个案例和 2 369 个控制可用于研究，数据如表 10.3.1 所示。

表 10.3.1　　患盆腔炎性疾病的女性和控制组采用的避孕方法调查

目前避孕方法	患盆腔炎性疾病的女性	控制组
口服避孕药	127	830
避孕屏障（子宫帽）/（避孕套）/（避孕海绵）	60	439
达康盾	35	15
其他子宫内装置	150	322
未采用任何避孕方法	250	763
总计	622	2 369

其他研究表明，一般情况下，IUD 的使用增加了 PID 的风险，而同时对避孕阻碍物有保护功能。

问题

原告是一个戴过 IUD 的妇女。该妇女在 1972 年换成达康盾，1974 年患上 PID 后去除该装置。该妇女现在以各种理由起诉 Robins。

1. 对以上资料进行怎样的分析才可以说明原告患 PID 是由达康盾引起的?

2. 流行病统计学专家是否应被允许来测试因果联系（1）普遍存在还是（2）仅对此特殊案件?

3. 是否有理由相信：在控制组中达康盾使用者的比例与在那个时期戴过达康盾的原告总体中的比例不同? 如果是这样，研究将会产生什么样的偏差?

4. 是否有理由相信：在案例组中达康盾使用者的比例与她们在原告佩戴达康盾期间的案例总体中的比例不同? 如果是这样，研究将会产生什么样的偏差?

资料来源

Lee, et al., *Type of intrauterine device and the risk of pelvic inflammatory disease*, 62 J. Obs. & Gyn. 1 (1983) (finding increased risk for the Dalkon Shield); compare Snowden, et al., *Pelvic infection: a comparison of the Dalkon Shield and three other intrauterine devices*, 258 British Med. J. 1570 (1984)(finding no increased risk for the Dalkon Shield).

[注释]

在 *Hawkinson v. A. H. Robins Co.*, 595 F. Supp. 1290(D. Colo. 1984)中给出大量的关于达康盾的陈述事实，Hawkinson 案件（12 名女性）只是 14 000 名使用过达康盾的女性投诉大潮中的一部分，问题的解决耗费了公司数以亿计的资金。在这些提出诉讼的案件中，Robins 赢了一半，通常都是由于那些法官努力和因果联系不存在。在许多案例中，流行病统计学的数据不会被直接引用，尽管这些数据可能会影响检验医生的观点。在真实恢复的大多数案例中，惩罚性赔偿远远超过补偿性赔偿。Robins 认为它因为同一行为多次重复受惩罚，同时寻求在一个法庭上解决所有的诉讼。案子在 1983 年 8 月败诉，公司按照《公司法》第十一章直接破产重组。

Robins 从此装置中获利 1 000 万美元。到 1985 年根据《公司法》第十一章提出破产保护时，Robins 和它的保险人 Aetna 财产保险公司，花费 53 000 万美元处理了9 500宗伤害案，还有 2 500 多宗案件未决，新案件又会以几乎每个月 400 宗的速度增加。参见 N. Y. Times，Dec. 13，1987，at F17，col. 1。

1985 年 9 月，在发生 200 宗案件之后，强生停售了有 20 年历史的 lippes loop。1986 年 1 月，在发生 775 宗案件之后，G. D. Searle 公司退出它的铜-7IUD，这是美国最后一个子宫装置的主要生产商，它的退出标志着此类产品的终结。参见 N. Y. Times，Feb. 1，1986，at A1，col. 5。

10.3.2 为怀孕女性准备的放射性“鸡尾酒”

故事开始于 50 多年前，1945 年秋天那个原子年代的开始。在广岛和长崎两次原子弹爆炸后，第二次世界大战刚结束。不巧的是，许多元素的放射性同位素——例如钠、磷和铁——在麻省理工学院及加利福尼亚大学的回旋加速器中产生，而且这些同位素已经应用于医学中，它对于疾病的潜在治疗效果在医学界掀起了相当大的波澜，同时也还有此类研究，这使得我们首次通过用放射性混合物的标注以及通过测量释放物来记录人体元素的新陈代谢轨迹变成了可能。铁是特别能引起人兴趣的物质，它的新陈代谢很复杂且不易理解。George Whipple 通过在狗身上使用铁 59（铁的一种放射性同位素）实验而获得了诺贝尔奖。Paul Hahn 是和 Whipple 一起工作的一个年轻的科学家。1944 年，Hahn 被带到田纳西州纳什维尔的范德比尔特医学院，作为一名放射生物学家，用放射性元素跟踪的办法继续从事放射性研究。

与此同时，但又是相互独立的，田纳西州和范德比尔特大学已经建立了一个研究南部营养物的项目，这一项目又被简称为 TVNP（Tennessee Vanderbilt Nutrition Project）。1945 年夏天，Hahn 建议 TVNP，通过在怀孕妇女身上使用放射同位素追踪器来研究铁的新陈代谢。另外一些研究人员还认为，铁通过胎盘可以传送营养物质——食用铁，从而有效阻止母亲在怀孕期间贫血。这项试验得到了田纳西健康委员会委员和范德比尔特医学院管理层的支持。

这些观点的被接受并未给当今医学实务带来更多的惊喜，20 世纪四五十年代，有关对人体放射性跟踪剂量方面的非治疗试验并不罕见，而且许多研究把孕妇当作研究对象。一般认为，高强度辐射会对健康带来风险，低强度辐射并无害。当时，用 X 射线确定胎儿位置很普遍(特别是当怀疑为双胞胎时)，直到 1957 年，第一份关于 X 射线对胎儿影响的研究才正式出版，该研究表明，子宫中胎儿高暴露于辐射与致癌有正相关性。

另一方面，TVNP 试验包括 800 多位曾去过产前诊所的白人妇女，这是目前此类人数最多的研究。那些妇女并未被告知她们喝的维他命鸡尾酒内含有放射性元素，而且无医疗作用。抛开当时的标准研究程序不论，仅因缺乏被调查者的书面同意，就引起了法律界专家的长期争论。作为一个逐渐发展完善的观念，在人类实验中，被调查者的书面同意直到后来才出现，但是得到病人的同意这一明智之举普遍被认可，能否做到则是另一回事。研究证明，得到同意需要更多的是机会主义而非原则性：当这些曾被认为无害的程序适用于医院的病人身上时，它们可以被看作医疗或医院协议的一部分，而且接受免费医疗的病人有时也适用这些程序。基于这样一种理由——因为他们接受了免费医疗，所以要以此回报医疗建设。

无论标准是什么样的，很显然，实验者都不相信他们的试验是邪恶的且不得不有所隐瞒的。范德比尔特在纳什维尔新闻报上发表了关于试验及其故事的文章。Hahn 等人写了一篇记录他们试验结果的科学论文，并在科学会议上提交了该论文。没有发生任何事情，没有发生任何有记载的暴乱。

但从另一方面来讲，这项试验变得独特起来。大约 20 年后，范德比尔特的一些试验人员产生了一个灵感，计划进行一个后续研究，我们称为 Hagstrom 研究。他们的目的就是看看低放射性在妇女或她们的孩子身上是否会产生负面影响。研究从 20 世纪 50 年代末开始，到这次为止，研究显示在子宫中受过 X 射线辐射的儿童癌症数量有所增长，相关风险与年龄有关，大约在 1.4～2.0 之间，5～7 岁尤甚，8 岁以后儿童中过度风险趋于 0。然而，在对广岛和长崎的子宫中胎儿（他们接受了更大量的辐射）的研究表明，儿童白血病并没有增长。科学告诉我们，二者之间可能有关联，但胎儿敏感程度却不可知。范德比尔特的此次后续试验是一个不可多得的机会，它通过应用一个较大的并被很好界定的研究组来开拓这一主题的相关知识。

研究结果如下。Hagstrom 对两个组进行了评估，其中一个指标组是 751 名服用过同位素的白人怀孕妇女，另一个控制组是 771 名白人怀孕妇女，她们去医院作检查时，在不知情的情况下服用了放射性铁。指标组中 679 名以及控制组中 705 名妇女参与了问卷调查。这些孕妇生的孩子在经过了平均 18.44 年后，指标组中有 634 个是健康的，而在控制组中有 655 个是健康的。对于母亲们来说，健康方面并未发现异常。然而对于孩子们来说，指标组中有 4 个孩子死于癌症，控制组中则无。他们所患的癌症症状也是不同的，一个是白血病，另一个是 sinovial 肉瘤，第三个是淋巴瘤，最后一个是肝癌。患白血病的孩子死于 5 岁，患肉瘤的孩子死于 11 岁。Hagstrom 未考虑患肝癌的孩子的案例，因为这个孩子是有家族病史的：他的两个兄弟在 20 岁时也死于肝癌。

子宫中接受的放射物的剂量是专家们讨论的焦点。在 Hagstrom 研究的同时，另外一个独立的研究是这样来估计暴露量的：对于 sinovial 肉瘤来说，胎儿的暴露量为 0.095rad①，而母亲的暴露量为 1.28rad；对于淋巴癌来说，两估计数值分别为 0.036rad 和 0.160rad；对于白血病来说，两估计数值分别为 1.78rad 和 14.2rad。前两种的数值都相当低，第三种则高些，指标组居中。这些估算是在事后很多年才做出的，所以可能有相当大的不确定性。与此的一个比较为：在 20 世纪 50 年代，胎儿 X 射线并不普及时，子宫暴露于胎儿 X 射线的平均值大约为 1rad。

暴露组的三例癌症（不包括肝癌）和控制组中无病例发生的这一发现，使 Hagstrom 等得出结论（经过谨慎的选择用词），即这一结果“表明有因果联系”。在全国范围内患癌症比率基础上，Hagstrom 等还计算出，指标组儿童患癌症占田纳西 14 岁以上白人的期望比率为 0.65（从 1950—1960 年的平均数中计算得出）。

Hagstrom 的研究在 1969 年发表，无甚反响。20 多年以后，到了 20 世纪 90 年代，因为无名的 tuskegee 试验的揭示，公众的注意力被更多地吸引到人类实验上来。在 tuskegee 实验中，患梅毒的黑人作为病人被招募来，但后来由于研究人员需要对该疾病的长期影响进行跟踪，

① 吸收射线的单位是每克组织吸收 100 尔格的辐射能量。通过比较，人类每年吸收的背景辐射大约在 0.3～0.4 雷得，其中大部分来自氡元素。

这些病人遂拒绝接受治疗。一项总统授权是授权于研究和报道此类试验，该授权报道被发布于1993年12月，它列出了一系列此类试验，范德比尔特研究被列为声名狼藉种类中的首位。Emma Craft 的孩子极其痛苦地死于sinovial肉瘤，他在国会上作证。之后很短的时间内，一系列代表妇女儿童利益反对田纳西州、范德比尔特等其他的共同诉讼陆续展开，一般病因和特殊病因都是起诉案中的主要问题。

问题

1. 指标组与（1）控制组，（2）14岁以上一般总体中，儿童患癌症的相对风险各是多少？

2. 用双尾检验和泊松分布，在统计上相关风险显著吗？

3. 假设估计泊松系数的对数 μ 近似服从方差为 $1/\mu$ 的正态分布，那么，在95%的置信区间上，问题1中（2）的相对风险是多少？它的相关系数是多少？

4. 对于暴露组中儿童癌症期望比率为0.65的数值，你是怎么看的？

5. 对于包括肝癌在内的所有的争论应支持哪些？反对哪些？

6. 为了推断起因，结论是否需要满足 Bradford-Hill 标准？

资料来源

P. F. Hahn, et al., *Iron metabolism in human pregnancy as studied with the radioactive isotope Fe 59*, 61 Am. J. Obs. & Gyn. 477 (1951); R. M. Hagstrom, et al., *Long term effects of radioactive iron administered during human pregnancy*, 90 Am. J. Epidemiology 1 (1969); N. C. Dyer & A. B. Brill, *Fetal radiation doses from maternally administered ^{59}Fe and ^{131}I*, in Sikov & Mahlum, eds., *Radiation Biology of the Fetal and Juvenile Mammal* 73 (U. S. Atomic Energy Commission 1969). The most important study of the effects of fetal x-rays was Brian MacMahon, *Prenatal x-ray exposure and childhood cancer*, 28 J. Nat'l Cancer Inst. 1173 (1962). The litigation was styled *Craft et al. v. Vanderbilt et al.*, No. 3-94-0090

（M. D. Tenn 1994）.

［注释］

流行病统计学对于证明子宫的暴露很可能并不引发儿童癌症这一结论是否充分，高水平的流行病统计学专家们的意见非常不统一。哈佛大学公共健康学院博士Richard Monson认为Hahn的研究是独一无二的，因为他是从内部放射性物质来研究胎儿暴露的，而且是以0.65个期望案例和4个观察案例（他把肝癌病例包括在内）为基础的，不考虑剂量的多少，他得出结论，那些疾病不是由暴露引起的。加利福尼亚大学公共健康学院博士Geoffrey Howe认为，对于胎儿来说，不论是内部还是外部的放射源，对其产生影响的仅仅是剂量的多少。他将Hahn的研究与很多其他关于胎儿放射物的研究相比较，那些研究主要是原子弹爆炸和胎儿X射线，以及辐射剂量与儿童癌症风险之间关系的起源等。从这一比较中，他得出结论，认为在Hahn的研究中，剂量的影响非常小，以至于它并不能对儿童癌症风险的增加产生影响。当范德比尔特同意支付给原告1 000万美元后，案件进行了庭前和解。法院从未对关于因果关系的科学证据的充分性作出规定。

10.3.3 父系放射线的辐射量和白血病

1983年，一个电视节目报道了住在Seascale的一群年轻的白血病患者。Seascale是英格兰西北部的一个小村庄，位于西坎布里亚郡的Sellafield核燃料回收处理厂以南3公里处。基于全国范围内发病比率，每5例这样的案件中，仅有0.5例可能被期望诊断出来。这一节目以及随后的报道在当时引起一片哗然，许多调查者开始行动。Martin Gardner教授随后的研究给出了一个解释（“Gardner假设”）：Sellafield核燃料回收处理厂的男性工人的父系放射线辐射量（preconception paternal irradiation，ppi）使他们的精子囊发生变化，使他们的后代体质变弱，更易患上白血病和（或）非霍奇金淋巴癌（non-Hodgkins lymphoma）。在此理论的影响下，两宗诉讼英国核燃料公司（核工厂老板）的案件发生了。

其中一宗诉讼中（也是在这里考虑的唯一一宗案件），原告是Dorothy Reay的母亲，Dorothy Reay 1961年出生于西坎布里亚郡的Whitehaven，被诊断为儿童白血病，在10个月大时夭折。Whitehaven是距Seascale15公里的一个小村庄。Dorothy Reay的父亲George Reay在妻子怀孕之前受雇于Sellafield。在法庭上，George的总ppi值为530mSv（milliSievert）是得到一致承认的，他在Dorothy的母亲怀孕前 6 个月的总 ppi 值剂量是 12mSv。Sievert 是测度一个人身上放射线的有效剂量单位。自然界的辐射线每年大约为 3～4mSv。

（在这个案件的审理过程中，另外一项研究被公布，这项研究发现，在 Egremont 北部的行政区，距 Sellafield 以北 7 公里处，白血病病例显著过量。在 1968—1985 年期间，被诊断出来的儿童白血病案例共有四例，但是在这些案例中，没有任何孩子的父亲 ppi 值有记录，尽管事实上，出生于 Egremont 北部的孩子相关的集体剂量的 ppi 值高于出生于 Seascale 的孩子相关的 ppi 值。Whitehaven 距离 Egremont 北部比 Seascale 更近些；参见图 10.3.3。）

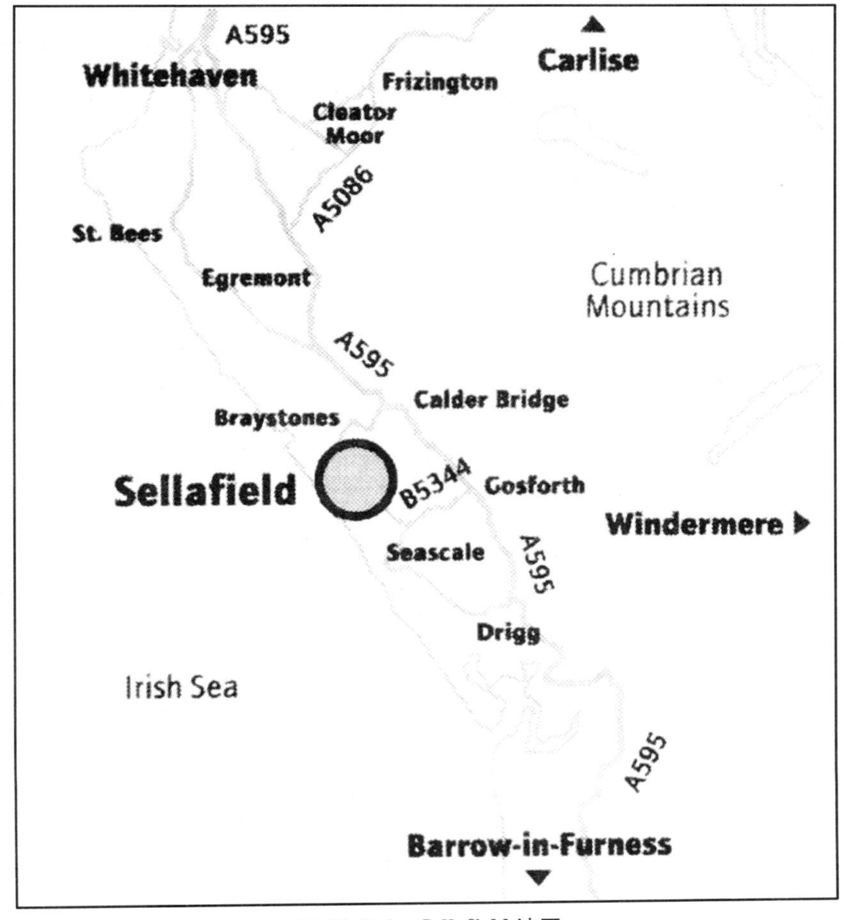

图 10.3.3　Sellafield 地区

在流行病统计学的研究中，调查对象是 46 名 1950—1985 年间出生于西坎布里亚郡健康地区（包括 5 名在 Seascale 地区的人）患白血病的年轻人（年龄在 25 岁以下）。Dorothy Reay 也是其中的一个案例。在资料开始收集以后，研究人员把调查范围限制在那些不仅出生在西坎布里亚郡，而且被诊断出患病也是在该行政区的案例。但是，一个出生在 Seascale 而在 Bristol（英国西部的港口），即他上大学的地方被确诊的年轻人也被包括在内。

每一个案例都配有两个控制组：区域组和本地组。对于区域控制组来说，研究人员通过西坎布里亚郡出生登记册从时间上向前或向后查找，直至找到在每个地区相同性别的最近四个合适的控制组。对于本地控制组来说，那些患者母亲的居住地都是与案例的发生地（民间教区）相配的，否则此程序就会与区域控制组重复。（因此，也可以说，本地控制组也可能是一个区域控制组。）举一个除外的例子，有 8 个在 Bristol 被诊断患病的潜在控制案例被排除在外，表面看起来是因为这些案例的医师记录不在西坎布里亚郡，而事实上，那些被排除在外的人中有 7 个人的父亲是在 Sellafield 工作的。

本地和区域控制组的案例数据资料如表 10.3.3 所示。

表 10.3.3　1950—1985 年间出生并在西坎布里亚郡被诊断患有白血病年龄小于 25 岁的年轻人（他们的父亲都职业性地暴露在电离辐射中）

父系放射线辐射量（单位：mSv）	西坎布里亚郡患白血病的儿童	本地控制组	区域控制组
受辐射总量			
0	38	236	253
1～99	4	37	30
≥100	4	3	5
之前 6 个月			
0	38	246	262
1～9	4	27	21
≥10	4	3	5

大约每 2 000 名英国儿童中就有 1 名患儿童白血病，据估计，5% 的此类案例与遗传基因有关。在 1950—1989 年期间，Sellafield 核工厂雇员的 9 260 个新生儿中，779 人出生于 Seascale，8 482 人出生于西坎

布里亚的其他地方，他们总集体剂量的 ppi 值分别为 38mSv 和 501.4mSv。西坎布里亚郡（不包括 Seascale）儿童白血病的数目并没有超出基于全国平均比率的期望值。

问题

1. 先思考，然后计算，你认为与这个问题起因最相关的优势比是多少？

2. 根据已有数据，对于 ppi 是引起在 Seascale（一般起因）地区或在 Dorothy Reay 的案例（特殊起因）中儿童白血病起因的发现，你是怎么看的，支持还是反对？

资料来源

Martin J. Gardner，et al.，*Results of case-control study of leukemia and lymphoma among young people near Sellafield nuclear plant in West Cumbria*，300 Brit. Med. J. 423（1990）；R. Doll，H. J. Evans & S. C. Darby，*Paternal exposure not to blame*，367 Nature 678（1994）.

[注释]

Bradford-Hill 标准（参见 10.3 节）的应用通过法院在 Sellafield 案件中的判决得以阐明。

关联强度 法院同意在 Seascale 有一组白血病创造了较高的相对风险的说法，但是由于种种原因，却否定找到相对风险点估计是因果联系证据的看法。

第一，仅有 5 例患白血病儿童的案例。如果某个案例被错误地包含在内，那么如此小的数量可能会增加偶然关联的概率，从而增加误差风险。

第二，从某种程度上来说，关于白血病过多的调查是由一个电视节目和先前研究提前确认的。双方都不认为那个过量完全是由于偶然，而是随着距离 Seascale 越近，关联程度可能会越大。

第三，在 Gardner 团队开始收集数据资料后，他们把调查范围限制在那些不仅出生在西坎布里亚郡而且被诊断出患病也是在该行政区的案例，才得出了这个结论。从数据方面的知识来看，这一转变可能会使之向结果的统计显著性（P 值）妥协。

第四，与研究规则相违背的是，一个出生在 Seascale 而在 Bristol 即他上大学的地方被确诊的年轻人也被包括在内。这一相背离是很重要的，因为 7/8 的潜在控制被排除在外（显而易见是因为他们的医院登记不在西坎布里亚郡之内），但他们的父亲却是在 Sellafield 工作的，这点可以成为暴露证据的候选。

第五，Gardner 研究检验了多重假设，这对于任何一个比较而言，可以减少结果的统计显著性。

一致性 法院检验了其他被原告方律师引用过的 ppi 研究，发现它们并不支持 ppi 假设。那些至少有些孩子在母亲怀孕前父亲接受了诊断辐射线，在一个研究中，对这些父亲的 ppi 假设进行了检验。但是法院否定了这一研究，因为在随后的出版物中，作者承认了在这项研究过程中可能会产生偏差。另外一项关于铀矿工人的孩子的研究也得出了白血病增多的结果，但是这个增多在统计意义上并不显著，而且其吸收辐射线的剂量与 Sellafield 的也无法相比较。Dounreay（另外一个核工厂）周围儿童白血病数量的增多，不能用 ppi 来解释，因为在 14 个相关案例中，仅有 3 个孩子的父亲在 Dounreay 附近工作，而且他们中没有人在妻子怀孕前吸收过较大剂量辐射线。对在上海的来自诊断 X 射线的 ppi 效果的研究发现，由于大多数关于 X 射线的信息是从母亲那里得到的，所以该研究是内在不可靠的。

另一方面，在很多关于原子弹爆炸幸存者的研究中，有 70 000 多位受辐射达到 45 年之久的父母们，他们 30 000 多个孩子却存活了下来，表明 ppi 并未发生作用。这些研究是非常重要的，因为它们是预期的群组研究，是最可信的，而且是由高水平的科学家们在国际监督下完成的。

剂量反应 法院注意到了在剂量和风险间正相关的唯一证据，即孩子和吸收 ppi 量达到 1 000mSv 以上的父亲之间的关联。法院还注意到，无论在什么情况下，这些案例的数量都太少了，以至于那些资料缺乏说明诸如此类关联存在的力度，尽管这些案件的数量在那个地区与剂量反应关系是一致的。

生物似真性 法院提出了两个问题：白血病是否存在遗传成分，如果存在，那么 ppi 是否能够解释 Seascale 地区白血病增多的现象。

法院还发现，在白血病上存在遗传成分，但非常少（大约仅占白血病的 5%）。而且，为了解释 Seascale 地区白血病增多的现象，不得不假设可遗传基因突变率远远超过了那些在 vitro 研究中昆虫（如果蝇）、老鼠以及人类的比率。

意识到这一点是很困难的，接着，原告又提出了一种协同理论的观点：放射线引起了突变，突变使后代倾向于患白血病，仅仅当突变在与 X-因素协同作用下被激活或产生时，白血病才会形成，如放射性病毒或环境背景放射性。

法院驳回了这一观点，并指出这一理论预示了一个较高的突变率，这将使之与引证的研究不一致。而且，关于为什么 X-因素不可以独自产生作用的原因还不清楚。在那样的关联下，协同理论并不能解释另外一组在 Egremont 北部（附近一个社区）的儿童所患的白血病，他们父亲的 ppi 值都是不容忽视的。同时，这一理论也不能解释在孩子中其他遗传性疾病没有增加的原因。为了使过度白血病能与其他遗传病正常的比率相和谐，既需要极度敏锐的白血病基因，又需要特定的白血病X-因素。所以，尽管原告方的专家提出了一些理论，但法院还是以理论具有投机性为由驳回了他们的观点。

Kinlen 教授提出了另外一个选择假设。他在对一个偏僻地区的炼油厂的研究基础上提出了 Sellafield 群组是由偶然因素引起的，由于大量工人涌入一个与外隔绝的小村庄，一些不知名的传染源对此是负有责任的。法院引用了世界著名流行病统计学家 Richard Doll 先生的文章，该文写道，与 ppi 的相关联是由偶然引起的，它是在西坎布里亚郡年轻人中的一个非典型性亚群中做出的选择。法院认为 Kinlen 假设与 Gardner 假设有着同样多的似真性。

类推 有五项研究的相对风险达到 1～5，甚至更高，这些研究中的孩子们的父亲要么是从事与发动机相联系的职业，要么是从事绘画或颜料相联系的职业。法院认为，鉴于大众对这些研究的批评，用这些作为适用类推的证据是没有力度的。

特性 双方都认为放射线对幼体具有“机枪”的效应。原告方的专家认为白血病的多样性与此相一致。被告方辩解道，如果白血病是由放射线引起的，那么人们一定会在后代身上看到一个遗传因素具有更广泛影响的疾病的增加。法院认为，原告让步，承认这项标准对他们没有帮助是正确的选择。

时间关联 ppi 先于白血病存在是一个不争的事实。

试验 不存在任何能够对这一案件中的问题起作用的人类试验的数据资料。

法院得出结论，认为原告不能够证明在 Seascale 发生儿童白血病增多是由 ppi 造成的。而且法院还认为，即使 ppi 被认定为造成 Seascale 的儿童白血病增多的原因，那么 Dorothy Reay 的白血病也不一定是 Seascale 增加的一部分。Reay 生活在 Whitehaven，这个地方更靠近 Egremont 北部而不是 Seascale，所以他的案例应该被认为是 Egremont 北部中的一部分，而其中并不存在 ppi 的证据。

随后一项癌症研究调查了 46 000 名父母曾在英国核设施工作过的儿童，结果发现，父亲吸收放射线的剂量大于 100mSv 的孩子们与那些在父亲被核工业雇用前母亲已经怀孕的孩子们相比，前者患白血病的比率是后者的 5.8 倍（95%的置信区间为 1.3～24.8）。然而，这一结果仅仅是基于三个暴露案例的，其中两个以前就已经被涉及 Reay 案例的西坎布里亚郡案例一控制研究所确认。没有明显迹象表明 ppi 剂量的增加与白血病之间的因果联系。Eve Roman, et al., *Cancer in Children of nuclear industry employees: repont on Children aged under* 25 *years from nuclear industry family study*, 318 Brit. Med. J. 1443（1999）。

10.3.4 猪流感疫苗和 Guillain-Barre 综合症

1976 年，在新泽西的 Fort Dix 发生了一系列士兵感染猪流感的案件，一个士兵因此而死。这一病菌的传染与导致1918年和1919年世界范围内2 000万人死亡的病菌相似。出于恐惧该病毒进一步扩散，为通过1976年国家猪流感免疫条例法案(42 U. S. C. 247(b)(1978))，联邦政府布置了大范围的防疫工作。这一法案在1976年10月1日开始生效，但是在同年12月18日即该法案开始生效11周后，宣布暂停实施。一部分原因是流行病尚未形成规模，另一部分原因是在采取免疫措施后Guillain-Barre综合症（GBS）零星发生的报道。GBS是一种罕见的神经紊乱现象，它是由于髓鞘损坏和丢失而导致其周围神经纤维被隔离。脱髓鞘神经纤维失去了正常方式下来自中心神经系统刺激的处理功能。GBS的典型症状是大约在两个月内出现刺痛、麻木、四肢乏力，紧接着就是神经末梢瘫痪，达到极大限度的神经麻痹，而患者在恢复他们四肢功能的更长的一段时间则为剧烈痛苦期。尽管GBS有时是由接种疫苗或传染引起的，但它并不是一个严格意义上的器官紊乱的疾病，因此很难被诊断。

保险公司拒绝支付因接种疫苗而造成的副作用事故补偿的同时，医药公司也拒绝了再生产没有保险补偿的疫苗。为了打破这个僵局，联邦政府根据联邦民事侵权索赔请求法（28 U. S. C. 1346(b)（1999)），承担了这一副作用的责任。接下来所有因接种疫苗而产生副作用的案例都开始向联邦政府报告，并由联邦政府履行赔偿程序。

Louis Manko在1976年10月20日接种了疫苗，他证实，10天后，他开始出现肌肉萎缩症状，1977年1月15日，大约在接种疫苗13周后，他被诊断出患有GBS。他对联邦政府提起诉讼。此问题的关键是病因，法院认为如果接种疫苗的人和未接种疫苗的人相比，他们患GBS数量的率比（*RR*）大于2，就可以认定病因是由于接种疫苗导致的说法成立。

双方专家一致认为，与Manko病例最相关的GBS的率比*RR*，是接种疫苗13周后新的GBS病例的观察值与期望数值之间的比率。Manko的专家计算了这些数据，通过观测那些在实验从开始到结束的每一个时段接种疫苗的对象，把它们作为一个分离的群组，然后计算出每个群组接种疫苗13周后患GBS的观察数和期望数。新GBS病例的观察数即在该群组接种疫苗的人中第13周后出现的新病例的数目。新GBS病例的期望数值（建立在零假设基础上，即接种疫苗对于GBS的病发并无影响）是通过各群组的规模大小乘以观察在第 13 周未接种疫苗总体中 GBS 病发率而得到的。各群组数量加总即得到总的观察数值和期望数值。由于这些数据仍然很少，Manko 方的专家把那些 *RR* 值平均，计算出了接种疫苗 11～16 周之间的数值。通过计算，发现 *RR* 值确实大于 2，其中有一个计算是：29/7.40＝3.92。

随着上述法案的暂停实施，在未接种疫苗人群中，GBS 发病率明显减少，双方专家将此归结于隐瞒病例。但是在接种疫苗人群中，GBS 发病率也有减少。Manko 方专家的立场认为，这也是由于隐瞒了与未接种疫苗发病率类似的病例。

政府方专家的立场认为，在报道中，接种疫苗人群 GBS 发病率的减少是由于接种疫苗停止。他们还认为，如果对于暴露人群中，每百万人一周中有 0.24 人存在潜在发病率的预先估计继续使用，那么相对风险为 1.66（即 29/17.5）。

图 10.3.4 中 A 组数据是在接种疫苗开始后逐周的 GBS 发病率。政府辩解道：未接种疫苗人群中，GBS 发病率用被截断的虚线可以反映出来，法案中止后，发病率即减少到暴露群每百万人一周 0.24 人的潜在比率。B 组中数据从接种疫苗开始那周，更详细地逐周描述了未接种疫苗人群的发病率。

在患严重 GBS 住院前一两周，Manko 出现了呼吸道和肠胃感染症状。先前感染对于 GBS 来说是一个风险因素：未接种疫苗人群患 GBS 的病例中，大约有 62％在之前那个月就患有某种疾病，而对于接种疫苗的患者，仅有 33％的人患病。在第一次病例减少时，考虑到这个因素，以上计算的 *RR* 乘以（33/62）。Manko 方的专家否认这样调整过的 *RR* 会因选择作用而被扭曲，因为在疾病发生后，接种疫苗治疗显示不当就立即被停止使用了。关注从接种疫苗后直到 GBS 发病一个月内发生的案例，他们认为，那些数据资料应该像 Manko 案例一样包含于最新发生的病例中。如果那样分类，调整量应为 0.85（即 53/62），53％的人接种过疫苗，最新病例在先前就患病，但是，如前所述，有 62％未接种疫苗而患 GBS 的人在之前一个月就已患病。在以上调整计算中，假设接种疫苗患病率比 *RR* 与未接种疫苗患病率比 *RR* 的比值为 1。这是因为患 GBS 的 *RR* 和先前患病的人患 GBS 的 *RR* 之间关系的公式为：

特定先前患病人群患 GBS 的 *RR*

=[(患 GBS 的 RR)×(曾患 GBS 人群先前患病的 RR)]/(患病的 RR)

其中，患 GBS 的 RR 或先前患病的 RR 都是针对接种疫苗与未接种疫苗的对象。

Manko 方的专家认为患病的 RR 是小于 1 的，因为在接种疫苗引发疾病后，人们就开始被建议不再使用这一疫苗，还有一个原因是，接种疫苗患 GBS 的人群可能不太愿意被报道患病。另一方面，如果人们倾向于患病但趋于接种疫苗而忽视禁忌建议的话，那么患病的 RR 可能大于 1。

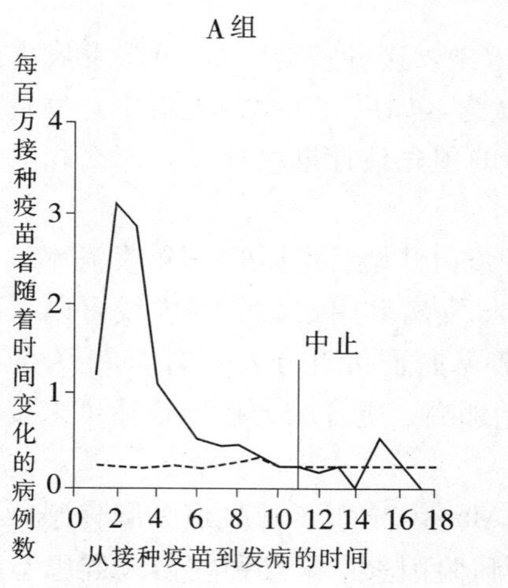

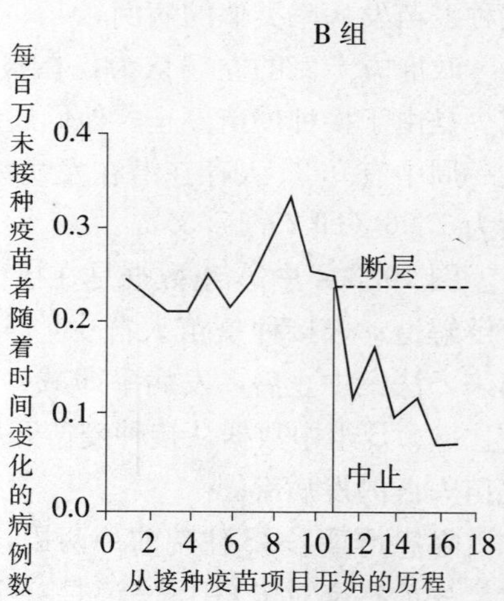

图 10.3.4 A 图显示了接种疫苗者在接种疫苗后随着时间 GBS 的发病率，B 图显示了没有接种疫苗者从接种疫苗项目开始的发病率

问题

1. 如果政府方的专家关于接种疫苗人群中 GBS 发病率减少的解释是正确的，那么请解释为什么 Manko 方的专家计算的 RR 是有偏的? Manko 方的专家与政府方的专家，哪一方的解释更合理?

2. 运用贝叶斯定理，推导先前患病人群患 GBS 的 RR 关系公式，对疾病定义是否存在问题?

3. 对于先前患病的人群进行的调整是否合理?

资料来源

Manko v. United States，636 F. Supp. 1419（W. D. Mo. 1986），*aff'd in part*，830 F. 2d 831（8th Cir. 1987）；D. A. Freedman and P. B. Stark, *The swine flu vaccine and Guillain-Barré syndrome*：*a case study in relative risk and specific causation*，23 Eval. Rev. 619（1999）.

[注释]

在因果联系问题上，地方法院认为，对于疫苗引发原告方患 GBS，存在两个相互独立理论：（1）原告肌肉萎缩的症状发生在接种疫苗后归入"潜伏 GBS"很短的时间内，并在 1977 年 1 月病情变得很严重；（2）即使原告的 GBS 直到 1977 年 1 月都没有发生，但在接种疫苗 13 周后，由于相对风险大于 2，所以这一因果联系也可被证实。法院支持并认可第一种理论成立而不接受第二种理论。

10.3.5 硅树脂隆胸

20 世纪 70 年代到 80 年代间，大约有 65 万～100 万名妇女接受过硅树脂隆胸术。有些妇女由于隆胸的灌输物泄漏而对她们的健康造成损害时提出了索赔，由此，法律上的争论便很快开始了。除了局部并发症外，那些妇女认为隆胸术还引发了关联组织疾病（CTD），例如类风湿性关节炎、狼疮以及硬皮病等。1991 年 12 月，加利福尼亚一个陪审团因 CTD 而判给一个妇女 734 万美元的补偿金。当时公开了很多关于这一疾病的审判裁决和因果联系。事过不久，可能是由于受到审判裁决和公众舆论的影响，联邦食品和药物管理委员会（FDA）要求销售隆胸产品的相关生产商提交附加安全数字的报告，这一措施极大地限制了该类产品在市场上的发展。直到 1994 年 6 月 16 日，即 FDA 取缔隆胸在市场上的发展两年后，第一份流行病统计学的可信观察研究才发表。同时，FDA 的行动是引起对生产商起诉大潮的主要因素。

亚巴拉马州北部地区的地方法院法官 Sam C. Pointer, Jr. 做出审判前，联邦判例的预审程序得以巩固。Pointer 法官以其指派专家的特权，选择了一个专家组查找硅树脂隆胸引发 CTD 的证据。该小组耗时两年，于 1998 年 12 月提交了报告，认为该隆胸术与 CTD 无关。报告的第 3 章，题目为“关于硅树脂隆胸与 CTD 的流行病统计学分析”（主要作者是 Barbara S. Hulka），没有提出新的研究成果，只是进行了可用流行病统计学研究中的元分析，元分析方法主要特点如下。

报告分析了隆胸与确诊的五种疾病之间的关系。这五种疾病分别为类风湿性关节炎、狼疮、硬皮病、干燥性综合症以及皮肌炎/多肌炎。还有一种诊断分类名为“确定的 CTD 组合”，即包括五种确定的诊断再加上作者称之为“确定的 CTD”的个案研究，尽管这一诊断不适合归入已确定的那些组中。后一种分类被设计允许在诊断中出现一些不确定性和变化。另外，该报告还用了一种叫做“其他类风湿的自身免疫”的分类把已定义疾病的诊断包括在内，如无差别的 CTD。

这项报告研究使用了任何所关注的隆胸的暴露，不仅是硅树脂隆胸术，因为在隆胸类型上的信息经常会丢失或者无法查证。当然，对硅树脂隆胸术也进行了独立分析。

专家组的资料来源于已出版论文的数据库以及未出版的论文摘要的数据库，还包括在未涉及的文摘中仅以摘要或文字形式发表的资料，不过仅限于在英语资料和关于人类主体的研究上。对于原告方律师团的看法也考虑在内。这一研究被引用了 756 次，但大多数都不是关于流行病统计学方面的研究。所有潜在相关文章都是由调查者独立进行综述的。标准包括如下：（1）一个内在比较组；（2）数据来源于调查者认可的做过隆胸手术妇女中患病和未患病的人数以及未做过隆胸手术妇女中患病和未患病的人数；（3）暴露变量是存在或缺失隆胸资料的表示；（4）患某种 CTD 疾病的疾病变量。对于每一项研究，调查者运用非中心对称的超几何分布的精确方法，计算了 *OR* 或 *RR* 值，*OR* 和 *RR* 两个值未经混淆因素调整。

为进行全面概括估计，假设所有研究都是同质的，即他们设定的重复试验是同 *OR* 和 *RR* 的。为验证这一假设，调查者用 χ^2 检验，并假设如果 P 值小于 0.1 则异质性可能存在。如果存在异质性，则进行分层研究，使每一层都满足同质性。主要可得到的分层变量（即对于所有研究的信息变量）为研究设计（群组或其他），疾病的医药记录验证（通过或未通过），收集疾病诊断资料的日期（1992 年前或 1992 年及以后)。如果通过分层仍不能满足同质性假设条件，调查者可以选择视觉观察个案研究以寻找外部暴露者。为在剩余的研究中满足同质性假设，研究不再针对单个或成对的案例。研究最终的设置代表了最大数量的具有同质性的研究和研究对象。

调查者还准备了效用估计的整合分析，反映了可能的混淆性因素，这一分析通过作者的个案研究进行了调整。主要的混淆变动因素有年龄(在控制组中通常比在案例组中年龄大)，还有长期的时段，因为随着日历上时间段的不同，做隆胸的频率和类型也不同。另外，在个案研究中，跟踪长度在做隆胸与未做隆胸妇女之间也是不同的。因为先前使用于未调整结果的精确方法不能再使用于调整后的结果，所以就采用大样本、整合分析结合的方法从个案研究结果中计算 *OR* 和 *RR*。

表 10.3.5a 给出了个案研究结果，它针对“确定的 CTD 组合”的类别，且针对未进行调整优势比的 16 项研究，还给出了其中 11 项对进行调整优势比的结果。表 10.3.5b 给出了表 10.3.5a 中经过调整优势比后推导出的统计量。

图 10.3.5 给出了确定的 CTD 组合和各个病情的幂运算。

问题

1. 参考表 10.3.5a 和 10.3.5b，运用 8.1 节中加权平均法，计算调整后的 *OR* 以及在 95%的置信区间估计。由此你可以得出什么结论?

2. 计算同质性统计量的 *P* 值。M-H 检验中，对同质性进行检验使用的 χ^2 统计量为 $\sum_i \omega_i\ (l_i-\bar{l})^2$，其中 l_i 和 $\bar{l}$ 分别是第 i 次研究优势比的对数和对所有研究的优势比的对数的加权平均，且 $\omega_i=1/\ [se(l_i)]^2$，是第 i 次研究在所有研究加权平均中所占比重。为了简化计算，可因变化而使用转化的公式，$\sum_i \omega_i\ (l_i-\bar{l})^2=\sum_i \omega_i l_i^2-\ (\sum \omega_i)\bar{l}^2$。从计算中可以得到什么结论?

3. 在研究中的未调整估计和调整估计中存在什么系统差异? 为什么会产生? 哪一组结果会更有效?

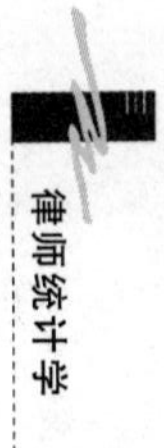

表 10.3.5a　明确的 CTD 概括研究(含类风湿性关节炎、全身性狼疮、硬皮病、干燥性综合症、皮肌炎/多肌炎以及那些作者认定的病例)

研究的第一作者	做隆胸[①] D[②]	做隆胸 $\bar{D}$	未做隆胸 D	未做隆胸 $\bar{D}$	粗略的 *OR*[③④] (95%置信区间)	ln(*OR*)	*SE*[ln(*OR*)]	条件 MLE[④] (95%的精确置信区间)	调整后的 *OR*[⑤] (95%的置信区间)	Dsn[⑥]	Dx[⑦]	Yr[⑧]
Burns	2	14	272	1 170	0.61 (0.14,2.72)	−0.487 0	0.758 9	0.61 (0.07,2.70)	0.95 (0.21,4.36)	0	1	1
Dugowson, 1992	1	12	299	1 444	0.40 (0.05,3.11)	−0.910 2	1.042 8	0.40 (0.01,2.74)	0.41 (0.05,3.13)	0	1	1
Edworthy	19	1 093	16	711	0.77 (0.39,1.51)	−0.258 2	0.342 7	0.77 (0.37,1.62)	1.00 (0.45,2.22)	1	1	0
Englert	4	4	527	249	0.47 (0.12,1,90)	−0.749 7	0.711 3	0.47 (0.09,2.56)	—	0	1	1
Friis	10	2 560	25	10 998	1.72 (0.82.3.58)	0.5 41 4	0.374 8	1.72 (0.74.3.71)	—	1	1	1
Gabriel	5	744	10	1 488	1.00 (0.34,2.94)	0.000 0	0.549 6	1.00 (0.27,3.22)	1.10 (0.37,3.23)	1	1	1
Goldman	6	144	709	3 370	0.20 (0.09,0.45)	−1.619 2	0.418 7	0.20 (0.07,0.44)	—	0	1	1
Hennekens	231	10 599	11 574	373 139	0.70 (0.62,0.80)	−0.352 9	0.067 2	0.702 6 (0.613 3,0.801 6)	1.24 (1.08,1.41)	0	0	0
Hochberg 1996b	11	31	826	2 476	1.06 (0.53,2.13)	0.061 7	0.353 2	1.06 (0.48,2.19)	1.07 (0.53,2.13)	0	1	1

续前表

研究的第一作者	做隆胸[1] D[2]	做隆胸[1] $\bar{D}$	未做隆胸 D	未做隆胸 $\bar{D}$	粗略的 OR[3][4]（95%置信区间）	ln(OR)	SE[ln(OR)]	条件 MLE[4]（95%的精确置信区间）	调整后的 OR[5]（95%的置信区间）	Dsn[6]	Dx[7]	Yr[8]
Lacey	2	13	187	1 030	0.85 (0.19,3.79)	−0.165 6	0.763 7	0.85 (0.09,3.79)	1.48 (0.34,6.39)	0	1	1
Nyren	16	7 426	11	3 341	0.65 (0.30.1.41)	−0.423 7	0.392 2	0.65 (0.28,1.56)	0.80 (0.50,1.40)	1	1	1
Park	1	316	1	215	0.68 (0.04,10.94)	−0.385 1	1.417 0	0.68 (0.01,53.65)	—	1	1	0
Sanchez-Guerrero	3	1 180	513	85 805	0.43 (0.14,1.32)	−0.855 1	0.579 8	0.43 (0.09,1.25)	0.60 (0.02,2.00)	1	1	1
Strom	1	0	132	100	—	—	—	(0.02,∞)	—	0	1	1
Teel	6	24	421	1 553	0.92 (0.37,2.27)	−0.081 0	0.459 7	0.92 (0.31,2.34)	0.90 (0.40,2.30)	0	1	1
Wolfe	3	4	634	1 130	1.34 (0.30,5.991)	0.290 2	0.765 4	1.34 (0.20,7.93)	1.35 (0.30,6.06)	0	1	1

① 包括所有的隆胸类型。
② 只包括那些信息可知的在隆胸后得病的病例。
③ 用 RBG 置信限进行 Mantel Henszel 估计。
④ 用精确的非中心超几何运算法则求得。
⑤ 作者提供。
⑥ 同质为 1，异质为 0。
⑦ 病历有效为 1，无效为 0。
⑧ 疾病诊断数据为 1992 年以前的数据至少占病例的 90%为 1，否则为 0。

表 10.3.5b　用调整后的优势比研究加权的最小二乘法的整合分析硅树脂隆胸

	研究	(1) 调整后的 ln（*OR*）	(2) Se（1）(a)	(3) 权重 (b)	(4) (3)×(1)	(5) (3)×(1)^2
1.	Burns	−0.051	0.774	1.670	−0.085	0.004
2.	Dugowson，1992	−0.892	1.055	0.898	−0.801	0.715
3.	Edworthy	0.000	0.407	6.033	0.000	0.000
6.	Gabriel	0.095	0.553	3.273	0.311	0.030
8.	Hennekens	0.215	0.068	216.152	46.473	9.992
9.	Hochberg，1996b	0.068	0.355	7.942	0.540	0.037
10.	Lacey	0.392	0.748	1 786	0.700	0.274
11.	Nvren	−0.223	0.263	14.495	−3.232	0.721
13.	Sanchez-Guerrero	−0.511	1.175	0.725	−0.370	0.189
15.	Teel	−0.105	0.446	5 022	−0.527	0.055
16.	Wolfe	0.300	0.767	1.701	0.510	0.153
	总计			259.697	43.518	12.170

a. Se｛调整后的 ln（*OR*）｝近似等于用调整后的 *OR* 计算的终点对数的 95%置信区间的一半除以 1.96。

b. 权重是（2）列倒数的平方。

4. 支持与反对排除 Hennekens 研究的依据分别是什么？
5. 解释图 10.3.5 中的幂曲线。

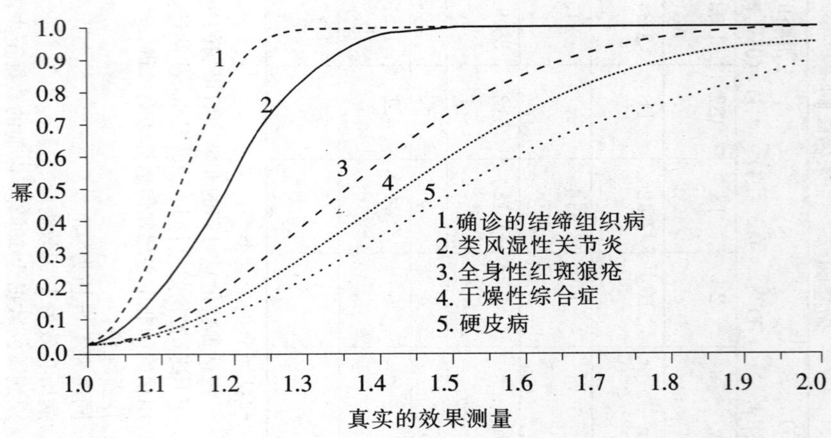

图 10.3.5　幂与潜在效果测量关系（含 Hennkens）

6. 在 *Daubert v. Merrell Dow Pharmaceuticals*, 509 U. S. 579 (1993) 中，假设“科学的证词或经认可的证据不仅相关而且可信”，最高法院认为审判法官必须对监管者有更多的警惕。尽管是流行病统计学的消极方面，基于在 vitro 或 vivo 研究中，以案例报告、医学研究为基础的观点而提出的硅树脂隆胸会引发 CTD 的专家证词，对于 Daubert 的许可是否应该充分可信？

资料来源

Betty A. Diamond, Barbara S. Hulka, Nancy I. Kerkvliet, and Peter Tugwell, *Silicone Breast Implants in Relation to Connective Tissue Diseases and Immunologic Dysfunction*: *A Report by a National Science Panel to The Honorable Sam C. Pointer Jr., Coordinating Judge for the Federal Breast Implant Multi-District Litigation* (November 17, 1998), available at 〈www. fic. gov/breimlit/mdl926. htm〉. See also, Esther C. Janowsky, Lawrence L. Kupper & Barbara S. Hulka, *Meta-Analyses of the relation between silicone breast implants and the risk of connective-tissue disease*, 342 New Eng. J. Med. 781 (2000).

[注释]

尽管学术界在各种研究中发表的结论都是相同的，但是诉讼和解决程序仍在继续。特别是，Dow Corning 被法院强制破产一案仍在继续进行，在破产前，法院同意了其付给 170 000 名接受了硅树脂隆胸的妇女 31 亿美元补偿的解决方案。其他三个生产商也接受了总计为 30 亿美元的集体诉讼赔偿金处罚。这是当时美国历史上民事侵权案件赔付最多的一次。

Marcia Angell，英格兰医学杂志主编，在 *Sciente on Trial*: *The Clash of Medical Evidence and Law in the Breast Implant Cases* (1996) 一书中对这些案件中法律系统的表现给以严厉的批评。一些法律学者反对此说法，辩解认为，即使隆胸没有引发 CTD，生产商出售被证明安全的产品（假定是适当的惩罚），但在没有充分研究证明其安全性之前出售该产品也是有过错的。Rebecca S. Dresser, Wendy E. Wagner & Paul C. Giannelli, *Breast Implants Revisited*: *Beyond Science on Trial*,

1997 Wisc. L. Rev. 705。如他们所述："如果一个设计较好的研究可以很快被实施，那么就没有 FDA 介入的必要，也不存在隆胸诉讼的基础"（Id. At 708）。你同意吗?

在第 6 个问题中，比较 *Vassallo v. Baxter Healthcare Corp.*，696 N. E. 2d 909（Mass. 1998）（即使没有流行病统计学支持的证词也是允许的）与 *In re Breast Implant Litigation*，11 F. Supp. 2d 1217（D. Colo. 1998）（证词被除外）。

第11章 生存分析

11.1 死亡密度函数、生存函数和危险率函数

在法律中，有许多情况需要估计出失效时间，例如，一个人能活多久或一件事能持续多久。失效的事件可能是任何事件——死亡，暴露于致癌物后请求赔偿，刷在外墙的劣质墙漆的剥落，或是任意一种关系的终止。如果在一些可比较的总体中，所有的或几乎所有的人都死亡了，那么幸存和死亡在不同年龄

上的概率可以直接从数据中估计，并且可以以生命表的形式表现出来。传统的生命表跟踪记录一组人员从出生到死亡每一年的情况，给出了每年的死亡人数和生存人数，直到群中的所有人员都死亡。如果没有完整的生存数据的可比较总体，那么估算问题就更加困难了。死亡人的平均寿命要比仍然活着的人的平均预期寿命短很多。对早期死亡（的概率）似然估计还是有可能的，但如果还要考虑总体中包含许多尚未死亡的，就必须假设死亡率具有一定的数学形式或是一个时间函数模型，并且可以从数据中估计出模型的参数，然后根据模型推算出未来的死亡率。

在生存分析中，与失效时间相关的 4 个函数，可看作随机变量 T 的函数，通常被定义为：

1. 死亡密度函数（the death-density function）$f(t)$，或无条件失效率，是个体在一个给定的时间区间内，死亡的概率除以该时间区间的长度。这个概率在区间内变化，取一个无限趋近于零的长度区间，该点处的值就是瞬间死亡率，即该失效时间的概率密度函数。因为死亡必然会在某个时间发生，因此，当时间从 0 一直取到无穷，死亡密度函数曲线下的总面积等于 1。

2. 生存函数（the survival function）$S(t)$，是指个体在一个给定的时间 t 或之后失效的概率，即 $S(t)=P[T\geqslant t]$。如果 $F(t)$表示 T 的累积分布函数，$F(t)=P[T\leqslant t]$，那么 $S(t)=1-F(t)+P[T=t]$。如能及时准确地测量出失效时间(在连续时间情形中)，那么$P[T=t]=0$，$S(t)$就可以简单表示为 1 减去失效时间的累积分布函数。生存函数是非递增的，通常随着时间递减，一般用乘积极限型（PL）估计并根据随访数据来估计生存函数，乘积极限型估计也被称为 Kaplan-Meier 估计，$\hat{S}(t)=\prod_t(1-d_j/n_j)$，其中 d_j 是指在第 j 个死亡时间 t_j 时刻上观测到的死亡人数；n_j 是在 t_j 时刻之前有死亡风险的人数；$\prod_t$ 表示在时间 t 之前的所有死亡时间上的乘积，即对所有的 j，有 $t_j<t$。因此，乘积极限估计值就等于到时间 t 的样本生存比例的乘积。在连续时间情形中，所观测时间上没有同秩的失效时间，于是 d_j 等于 1。有时，失效时间数据只用离散的单元进行测量或在固定区间取末端值，因此，数据的失效只是发生在每个时间区间末端。在这个离散区间的情形中，d_j 的值可能大于 1。$\hat{S}(t)$ 是十分有用的，因为即使失访现象发生，以至于无法观测到所有失效时间（“删失”的失效时间）的时候，$\hat{S}(t)$ 也能够

得到确定值。发生删失事件后，要从 n_j 即存在死亡风险的人数中减去缺失的数据。在这种情况下，应使用由那些失访所提供的生存信息，一直到删失时间。

3. 危险率函数（the hazard function）$\theta(t)$，也称“死力”，是用来测量特定区间内单位时间每个人的死亡率，例如，每 100 000 个人中每年死亡 5 人，或者每 100 000 人·年死亡 5 人。危险率函数通常是随着时间而变化的。例如，新生儿和老年人的死亡危险率函数要高于从儿童后期到中年。

在连续时间情形中，$\theta(t)$ 是一个瞬时变化率，被定义为假设在时间 t 之前还活着，从时间 t 时刻开始，在趋近于零的时间区间内，个体死亡的条件概率的极限值。从定义中可以看出，危险率函数等于在时间 t 点上的死亡密度函数除以在时间 t 点上的生存函数，即

$$\theta(t) = f(t)/S(t)$$

需要强调的是，在连续时间情形中，危险率函数是一个比率，即单位时间的比例，而非概率。特别地，危险率可能大于 1，无论何时的死亡率，只要持续足够长的时间，在每一单元时间结束前，总体都会被耗尽。例如，在一个有 12 000 个样本的总体中，一个月内有 2 000 个个体死亡，存在风险的人·年为：

$$1\ 2000\times\left(\frac{1}{12}\right)=1\ 000\text{（人· 年）}$$

因此，危险率为：2 个个体死亡（即每人·年 2 000/1 000）。在一小段长为 h 的区间内，数值 $\theta(t)\cdot h$ 近似等于在时间区间从 t 到 $t+h$ 的条件概率。因此，在上面的例子中，当 $h=1/12$ 时，有

$$\theta(t)\cdot h=2\times\frac{1}{12}=\frac{1}{6}$$

这就是第一个月内死亡的条件概率。

在离散时间的情形中，时间区间用 $j=1, 2, \cdots$表示，当给定 $j-1$区间的生存信息后，危险率函数与第 j 区间内的死亡条件概率函数略微有些不同。单位仍然是在单位区间内单位人的死亡数，但由于区间是固定不可分割的，单位区间内单位人的危险率永远不可能超过 1。在上面的例子中，时间区间固定为月，则给定时间区间的离散危险率函数为 1/6。

4. 在 t 时刻累积危险率函数(the cumulative hazard function)$H(t)$，是在 t 时刻，从 $0\sim t$ 对危险率函数的积分。在连续时间情况下，累积危险率函数等于生存函数的负自然对数；取逆情况时，生存函数等于 e 的负累积危险率函数的幂次方。用符号表示为：

$$H(t)=\int_0^t \theta(u)\mathrm{d}u=-\log S(t)$$

$$S(t)=\exp[-H(t)]$$

因此，可以用这种方法估计 $H(t)$，用乘积极限估计值取负自然对数算出的 $S(t)$ 估计值，即

$$\hat{H}(t)=-\log \hat{S}(t)$$

另外一种估计 $H(t)$ 的方法为，把从时间 $0\sim t$ 内的离散危险率估计值 d_j/n_j 进行加总。除非样本在很大的时间区间内的数据稀少的情况下，否则这两种方法的估计结果很一致。在离散时间情况下，$H(t)$ 被定义为危险率函数的累积和，其估计值为各离散危险率估计值之和。累积危险函数对用作图的方法来检验生存分布的特定参数形式是很有用的。例如，即将在下文中讨论的威布尔失效时间。

威布尔函数、指数函数和几何函数在前面叙述的函数的特殊参数形式中都有广泛的应用。

参数为 c 和 θ 的威布尔危险率函数是一种得到广泛应用的连续时间危险率函数，函数形式为：

$$\theta(t)=\theta_0\cdot c\cdot t^{c-1}$$

式中，θ_0 是当 $t=1$ 时的危险率的 $1/c$ 倍。如果 $0<c<1$，危险率随时间递减；如果 $c=1$，危险率不变（指数分布情况下）；如果 $c>1$，危险率随时间递增。威布尔分布用累积危险率定义可表示为：

$$H(t)=\int_0^t \theta_0\cdot c\cdot x^{c-1}\mathrm{d}x=\theta_0\cdot t^c$$

对上式两边取对数得

$$\log H(t)=\log\theta_0+c\cdot\log t$$

因此，如果在 log－log 图上，累积危险函数值能够随着时间的变化落在一条直线上，这种关系就可以用来估计威布尔危险率函数的参数，然后再去估计生存函数。在威布尔分布下，有

$$S(t)=\exp(-\theta_0\cdot t^c)$$

威布尔分布的中位生存时间为 $\{(\log 2)/\theta_0\}^{1/c}$，平均生存时间为

$\Gamma(1+1/c)\ \theta_0^{-1/c}$，其中 $\Gamma(x)$ 为伽马函数符合 $\Gamma(x+1)=x\Gamma(x)$：如果 $1/c$ 为整数，则 $\Gamma(1+1/c)=(1/c)!$。

在指数分布的情况下，累积危险率函数为 $\theta_0 \cdot t$，生存函数表示为：

$$S(t)=\exp(-\theta_0 t)$$

失效时间的均值为常数 θ_0 的倒数，而失效时间的标准差等于其均值。术语"half-life"在一个指数生存分布中，表示生存时间的中位数。half-life 给定值为 $(\log 2)/\theta_0$。原因请参照 4.8 节。

几何分布是离散形式的分布函数，与指数分布函数比较类似，因此它有许多性质都与指数分布一致。如指数分布一样，几何分布也具有不变的危险率 p，具有无记忆性质，也就是说，无论什么时候估计期望余命都是常数。在几何生存分布中的中位寿命（half-life）所指的内容，请参照 4.8 节。

补充读物

J. Kalbfleisch and R. Prentice, *The Statistical and Analysis of Failure Time Data* (1980).

J. Lawless, *Statistical Models and Methods for Lifetime Data* (1982).

11.1.1 评估慈善机构获得遗产

Humes v. United States, 276 U. S. 487 (1928)。Della R. Gates 死亡后，在遗嘱中，她把剩余的 11 738 072.30 美元遗产的一半留给了她在得克萨斯州的 15 岁的侄女。侄女一生中将以收入及部分本金的形式获得这笔遗产。如果侄女在 40 岁之前正常死亡，还没有给予她的遗产将会无条件捐赠给慈善机构。同时还有一份相同数额的遗产留给了侄女的哥哥，保险精算师计算出的遗产或有收益的现值为 482 034 美元，大约占总遗产的 4.090 9%。这部分钱以遗产税的形式已从总遗产中扣除。

慈善机构获得遗产的概率由死亡率的标准经验表以及两个相对稍微不知名的表算出，这两个表在先前的法律程序中没有应用过。Brandeis 大法官对这两个表的描述如下。

两个表都是基于 Lodge's Peerage 书中的数据得到。第一张表，出自苏格兰保险精算师业务指南一书第 1 卷中的 278～279 页的“李氏女性贵族表”，该表由 M. Mackensie Lee 编写。表中共涉及 4 440人，在观察期中死亡了 2 010 人。第二张表，可能是从一篇名为“任何年龄的男性结婚的概率都很大”的文章中得到，该篇文章来源于大不列颠保险精算师协会的定期刊物，第 27 卷，212～213 页，由 Thomas Bond Britain Sprague 撰写。表中描述了 1 522 名苏格兰贵族男士的结婚状况，主旨在于显示作为贵族或遗产的指定继承人结婚而无子女的概率，以及作为贵族或遗产的指定继承人没有结婚的概率。如果要把第二张表应用于女士，还需要对该表做一些必要的假设及调整（Id. St 493)。

1918 年的税收法案中指出“所有遗赠”给慈善机构的遗产都要从总遗产中扣除。那么被扣除的表示慈善的遗产的价值是否能够充分确定呢?

Commissioner v. Marisi. 156 F. 2d 920（2d Cir. 1946)。Marisi 于 1931 年与妻子离婚，并给妻子赡养费直到她去世或再嫁。Marisi 于 1940 年去世，要从他的遗产中扣除一部分作为赡养离婚妻子义务的遗产税。而他的妻子那时 49 岁且没有再婚。为了计算他妻子的预期再婚时间，税务法院不顾委员会委员们的反对，接受了美国意外事故保险精算师协会提供的保险统计表，保险统计表是关于核算美国享受劳工补贴的寡妇的再婚概率，而她们再婚后就不再发放补贴。于是据此扣除将会被允许。

委员们反对，认为不应当有扣除，因为从保险精算的角度来看，该统计表与此并不相关。委员们是正确的吗?

Commissioner v. Sternberger，348 U. S. 187（1954）。Sternberger 建立了财产信托管理，遗产以收入形式提供给他的妻子和女儿，如果在她女儿死时还没有继承人，就把剩下的钱捐给慈善机构。基于附加条件赠与慈善机构的保险精算的价值而被要求将捐给慈善机构的部分从总遗产中扣减。女儿结婚的概率值是以美国再婚表（同上面 Marisi 的案例）为基础计算出来的，同时还设计出一个特殊的表来计算他女儿有子嗣情况下的概率。假设女儿的孩子都比他们妈妈要活得长，在这种假设下，计算出的慈善机构遗产获得的现值为托管财产基金的 24.06%（大约有

200 万美元）。

委员们反对，因为从保险精算的角度来看，该统计表与此并不相关。委员们正确吗？

11.1.2 劣质墙漆的诉讼

Whittaker 指控 Sherwini-Williams 通过给 Crown 提供有缺陷的染料而违反其承诺和产品质量的规定，Crown 反过来又把这些染料以保质期 5 年的条件销售出去。当在质保期内损害了 Whittaker 的利益，他开始控告 Sherwini-Williams。假设诉讼时 5 年保质期才过了 2 年。法院要求举证在所有时期（过去和未来）失效所造成的破坏，而不只是截至案件审理时发生的失效。表 11.1.2 给出了按月计算的浅绿色的染料失效的累积危险率数据。对每个月的累积危险率画出的 log-log 图（取常对数），可以看出所有的点都近似落在一条直线上。直线的斜率（用最小二乘法计算）为 2.484，截距为－3.742。

表 11.1.2　　浅绿色的油漆失效数据表

时期（月）	累积风险率	$\log_{10}$时期	$\log_{10}$累积风险率
9	0.024 59	0.954 24	－1.609 24
9	0.049 19	0.954 24	－1.308 12
12	0.073 80	1.079 18	－1.131 94
12	0.098 41	1.079 18	－1.006 96
13	0.123 03	1.113 94	－0.909 99
14	0.147 65	1.146 13	－0.830 77
14	0.172 28	1.146 13	－0.763 77
15	0.196 92	1.176 09	－0.705 71
17	0.221 56	1.230 45	－0.654 51
19	0.246 21	1.278 75	－0.608 69
20	0.270 86	1.301 03	－0.567 26
22	0.295 52	1.342 42	－0.529 41

问题

1. 浅绿色染料的寿命是否符合指数分布？

2. 浅绿色染料的寿命至少持续 5 年的概率是多少？

11.1.3 "Lifing"存款账户

1983 年 12 月 14 日，Trustmark National Bank 收购了 Canton Exchange Bank，把一部分收购款打入了 Canton 的定期存款账户，然后打算以税收的形式分摊收回成本。如果存款者愿意继续使用他们的账户，则被视为无形资产，这部分成本只有当存款是有期时才能合理准确地估算出来然后再分摊。IRS 拒绝通过分摊的形式扣减，认为财产的寿命不应以这种方式进行估算。纳税者向税务法院提起诉讼，审理中对存款期限数据的估计采用了威布尔模型。如表 11.1.3 所示。

表 11.1.3　　以 1983 年为观察终止期：定期存款账户

年份	至 1983 年年底账户平均年限	账户平均年限的对数	1983 年初账户的数目	终止的账户数目	终止的概率	累积危险率的估计值	累积危险率的对数的估计值
1983	0.5	−0.693	409*	133	0.235	0.3 252	−1.123
1982	1.5	0.405	347	110	0.317	0.642 2	−0.443
1981	2.5	0.916	257	55	0.214	0.856 2	−0.155
1980	3.5	1.253	312	52	0.167	1.022 9	0.023
1979	4.5	1.504	310	29	0.094	1.116 4	0.110
1978	5.5	1.705	249	35	0.141	1.257 0	0.229
1977	6.5	1.872	197	28	0.142	1.399 1	0.336
1976	7.5	2.015	152	20	0.132	1.530 7	0.442
1975	8.5	2.140	129	17	0.132	1.662 5	0.508
1974	9.5	2.251	108	13	0.120	1.782 8	0.078
1973	10.5	2.351	89	7	0.079	1.861 5	0.621
1972	11.5	2.442	82	8	0.098	1.959 0	0.672
1971	12.5	2.526	65	4	0.062	2.020 6	0.703
1970	13.5	2.603	50	3	0.060	2.080 6	0.733
1969	14.5	2.674	21	2	0.095	2.175 8	0.777

* 1983 年开的账户。

问题

1. 根据表 11.1.3，终止的危险率是随着年份上升、下降还是不变？这种模式合理吗？

2. 用纵轴表示取对数的累积风险率 $H(t)$ 的估计值，横轴表示到 1983 年为止的平均存款期的对数，然后作图。从图中估计出威布尔分布的斜率参数 c 以及截距项参数 θ_0。这为威布尔分布的参数 c 和 θ_0 之估计提供了一种图表程序估计法。

3. 用上面的参数估计一下威布尔分布的中位数和平均数（在 $1/c$ 处取最相近的整数）。

4. 以折旧的方式扣除会被允许吗？

资料来源

Trustmark Corp v. Commissioner of Internal Revenue，Y. C. Memo 1994-184 (1994).

11.2 比例危险模型

威布尔模型和其他类似的模型都是旨在把死亡概率作为时间的函数来估计。这种模型可以用来比较两个或多个总体的危险率。但是，还有另外一种非参数的方法，叫做比例危险模型，它可以用来估计在一些条件下或经过处理的情况下暴露出的总体风险的增加情况。请参看 Cox *Regression Model and Life Tables*，34 J. Roy. Stst. Soc (Series B) 187 (1972)。在这个模型中，假设暴露总体的危险率函数是与未被暴露总体相联系的基准危险率的倍数或比例因子。比例因子，可以是暴露程度函数，通常假设形式为 $\exp(\beta X)$，其中 X 是暴露程度，β 是由数据估计出来的参数。暴露总体的危险率函数为：

$$\theta(t \mid X) = \theta_0(t) \exp(\beta X)$$

式中，$\theta(t \mid X)$ 表示暴露程度为 X 的总体的危险率；$\theta_0(t)$ 是未暴露

总体的基准危险率函数。在这个模型中，暴露总体每单位的增加伴随着基准值的 e^{β} 倍增加，如果 β 值很小，暴露总体危险率的增加就近似等于风险超过基准值的百分之 100β 这么大。

这个模型的显著特点是可以直接从数据中估计出系数 β 的值，而不需要关于基准危险率函数 $\theta_0(t)$ 的特定形式的任何假设。分析中的主要部分是求出条件概率，即一个人在给定的暴露程度 X_i（可能为 0）下，在特定时点死亡的概率，假设风险组的某个人在这个时点死亡；这个概率可以在每一个观测到的死亡时间上得到。（在时间 t 点的风险组包括所有在时间 t 以前活着的和处于风险中的人，包括暴露的和未暴露的。）这个条件概率是那些处在每一个死亡时点风险中的人的危险率函数 $\theta(t \mid X)$ 的一个比例。由于基准风险值 $\theta_0(t)$ 同时出现在分子和分母中，可以约去，所以条件概率化简为 $\exp(\beta X_i)$ 除以所有处于风险集合的人的各项风险率之和。条件概率的乘积称作偏似然函数。[①] 因子 β 可以通过最大似然法估计出来，也就是偏似然函数的最大值。

当 $\beta=0$ 时，暴露没有额外的风险。这种情况与暴露是不相关的，如果死亡放在那些处于风险的组中，一个人在任何暴露下死亡的条件概率就是 1 除以风险组中人数的总和。在危险暴露的情况下，高暴露率的人死亡的条件概率就会大，相应地 β 的估计值就会增加。

当假设检验 $\beta=0$，假设有足够的死亡人数，通常对观测到的死亡的暴露变量之和应用中心极限理论。即使暴露的变量不是正态分布，假设也成立。暴露下的死亡人数总和与其期望值之差再除以方差和的平方根，趋于均值为 0 方差为 1 的正态分布。这种统计方法叫做分数检验[②]，可以作为比例风险函数的有效替换。

估计 β 值，一般需要迭代计算。一个 β 值的极大似然估计的近似公式（实际上是迭代过程的第一步）为暴露的观测值与预测值之差的和再除以在零假设下的暴露方差之和。为了精确，一般要经过 3～4 次迭代计算。

如果暴露的变量为二元变量，当我们对具体内容进行检查时，要对

---

① 即使这些条件概率函数不是严格意义上的相互独立，也可以把它们乘起来，可以用偏似然理论来解释，其性质与标准似然理论相似。参考 5.6 节。

② 分数检验一般是以来自似然函数的对数的结果差异的统计量为基础的。在这种情况下，分数检验可看作由对数偏似然法得出的，得出 $\beta=0$ 下的估计值。

其进行简化。对于任何时间区间，四格表的构成为：行表示区间死亡数和生存数（表示那些仍然存活并处于开始就存在风险的区间），列相应地由暴露状况构成。假设全部研究期间被分成一系列相等的子区间，相应的四格表也就构建出来了。有些表用来表示该子区间内没有死亡现象：这里不含 β 的信息，可能被忽略了。剩下的信息表会显示一个或多个死亡事件的发生。就是说，第 i 个这样的表中，有 n_i 个人存在风险，有 m_i 个人暴露而 n_i-m_i 个人不暴露，有 d_i 个人死亡而 n_i-d_i 个人生存（如果子区间很短，d_i 在大多数信息表中就会等于 1）。上述情况可以概括如下：

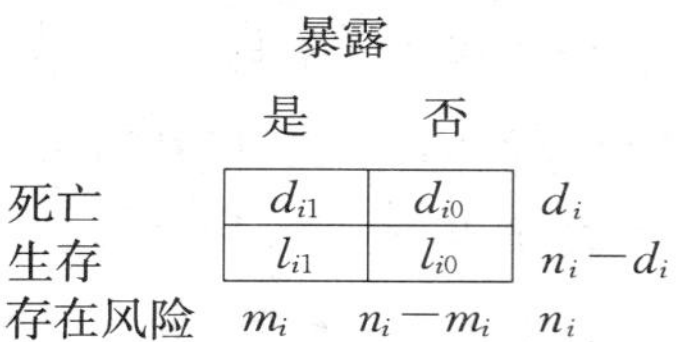

	暴露 是	暴露 否	
死亡	d_{i1}	d_{i0}	d_i
生存	l_{i1}	l_{i0}	n_i-d_i
存在风险	m_i	n_i-m_i	n_i

比例危险率模型表明，不管在有无暴露的情况下任何短的时间内死亡几率有多大，在暴露情况下的死亡概率都要大于常数项 e^β，也就是，在每一个表下都有一个常见的几率 $\Omega=e^\beta$。

为了检验 H_0：$\beta=0$ 这一假设，我们可以把上面四格表的状况用 Mantel-Haenszel 统计量表示（这个分数检验也可以成为对数-秩检验）：

$$z=\frac{\left(\sum_i d_{i1}\right)-\left(\sum_i d_i m_i/n_i\right)}{\left\{\sum_i d_i(n_i-d_i)m_i(n_i-m_i)/\left[n_i^2(n_i-1)\right]\right\}^{\frac{1}{2}}}$$

但是对这个统计量的证明不同于 8.1 节。在那里，四格表在统计上相互独立，而在这里并不相互独立：表 i 中的结果 d_{i1} 和 l_{i1} 会影响随后表格中的边际值，因此数值的条件分布就包含在这些表中。事实上，在当前的状况下，所有的表中对于两组边际值同时都会有概念性的问题，而在完全独立的情况下是不会产生的。这是因为，一旦知道了每一阶段暴露和未暴露的样本数（以及每组失访的数目），就会知道在每个表中有多少个死亡者和多少个生存者，不存在任何变化。

这两种情况也会因检验统计的数量是固定或随机不同而有所不同。在独立的情况下，当所有边际概率固定，所有表中各参照单元的总和是一个关键的随机变量，同时参照单元的期望值和方差之和固定不变。在生存分析的应用中，把在每个表中死亡人数 d_i 的边际数量看作固定仍然是合适的，因为这些依赖于我们对时间间隔的选择。在观测点之间的随访的缺失值的数目也应该被视为固定的。还可以进一步考虑在暴露和未暴露的初始数目为 m_1 和 n_1-m_1 下的情况，甚至在暴露和未暴露下死亡人数 $\sum_i d_{i1}$ 和 $\sum_i d_{i0}$ 下的情况。然而，边际 m_i 及 n_i-m_i，在第一阶段后任何风险阶段下的暴露数和未暴露数，都是随机的。因此，参照单元的总和 $\sum_i d_{i1}$ 被认为是固定的，而其他用符号 z 表示的项都是随机的。

在零假设条件下，可以比作从一个装有 m_1 个"暴露"的薯条和 n_1-m_1 个"未暴露"的薯条的容器内无放回随机抽取一系列的薯条。抽样计划采取遵循在第 i 阶段抽取 d_i 根薯条（相当于死亡数）。抽出单根薯条，即 $d_i=1$，可以看作这个计划的一个例子。每一次抽取后容器内薯条是随机的，这与每一阶段容器中"暴露"的和"未暴露"的薯条数相关。

因此，把 z 检验应用到两样本的生存比较的情况下是不同的，但在单样本情况下并非如此：它仍然可以表示成在零假设下 z 值的分子的期望值为 0，在大样本的情况下，z 近似服从于标准正态分布。可以用一个例子来证明，分子项的和，$(d_{i1}-d_i m_i/n_i)$，虽然不相互独立但也互不相关，因此可以直接把方差相加得到和的方差。z 分母中的随机变量就会变成分子实际零方差一个一致估计量，因此 z 就可以近似地看作单位方差。z 的渐进分布为正态分布，在某个随机过程中服从特殊极限法则，在"鞅"理论中有所研究。

在固定变量和随机变量的角色转变过程中，确实存在重要的差异，就是把半连续修正应用到生存比较中的分数检验是不适合的。在独立表中进行修正是有效的并且可以提高精度，与此不同的是，z 统计量中分子上的随机变量不再是整数，而是分数，是不均匀的空间值。因此，分数统计量的分布更接近于不经过连续修正的正态分布。

回到估计的问题上，在一般随机分布下可以用 Mantel-Haenszel 来简单地估计 $\Omega=e^{\beta}$。公式如下：

$$\Omega_{MH}=\sum_i \frac{d_{i1}l_{i0}}{n_i} \bigg/ \sum_i \frac{d_{i0}l_{i1}}{n_i}$$

式中，和表示信息表中所有的数据之和。在当前的应用中，如果假设每一个表中的 $d_i=1$，估计值则可以简化为：

$$\Omega_{MH}=\sum_{1}(1-f_i)/\sum_{0}f_i$$

式中，$f_i=m_i/n_i$，表示在第 i 个死亡现象发生时暴露在风险中的概率，分子在所有表中对应暴露条件下的死亡概率，而分母在所有表中对应未暴露条件下的死亡概率。Ω_{MH} 的对数就是 β 值的一致估计量，$\log\Omega_{MH}$ 的标准误差可以由 8.1 节中的 RGB 公式算出。

补充读物

N. Breslow & N. Day, *The Design and Analysis of Cohort studies*, 2 *Statistical Methods in Cancer Research*, ch. 4 (1987).

J. Kalbfleisch and R. Prentice, *The Statistical and Analysis of Failure Time Data*, ch. 4 (1980).

11.2.1 在应聘复试中的年龄歧视问题

问题

用比例危险率模型，计算 8.1.2 节中的数据，每年由于年龄而导致解聘风险增加的“一步迭代近似值”。

11.2.2 沃本市受污染的井

距波士顿 12 公里的马萨诸塞州的沃本市，大概居住了 37 000 个居民，是一个有着 130 年历史的老工业基地。该市是主要的化学和皮革产品生产中心，生产砷化合物的杀虫剂、纺织品、纸张、TNT 以及动物胶。

城市的饮水由归市政府所属的 8 口井供应，其中两口（指定为 G 和 H）相毗邻并且是沃本市东部地区唯一的饮用水水源。一次偶然的机会发现在 G 和 H 井附近有有毒废料，所以在 1979 年 5 月，有关部门对两口井进行了检查。检测结果表明井水中存在有毒化合物，这两口井随之被关闭，但是在1979年5月以前G和H井水中的有毒物质的种类和含量就不得而知了。该市的其他几口井都达到了州或联邦的饮用水标准。

与此同时，在G和H井附近发现了废弃的污染地，对其地下水进行检查的结果发现，在沃本市东部地区61处被污染。

这些事件导致在1980年和1981年间进行了一系列研究。回顾1969—1979年的死亡统计数据，可以看到，这一时期沃本市儿童患白血病的比率显著上升，12个诊断病例中只有5.3个是预期的发生病例（$O/E=2.3$，$p=0.008$）。研究指出，额外的白血病中，有6个是在该市的6个人口普查小册子其中之一上发现的（No.3334，图2.1.4）。一份由美国环保署和哈佛大学公共卫生学院共同进行的新的调查显示，从1964年（G和H井开始供水）到1983年，共有20例儿童被诊断出患有白血病。按照全国的平均发病率计算，这段期间内应有9.1个病例是预期发生的（$O/E=2.2$，$p=0.001$）。[①]

城市中的输水管道是相互连接的，因此当地居民喝到的水应该是市政8口井的混合水。混合的浓度随居民居住的位置和时间而不同。马萨诸塞州的环境质量与工程部门，根据一个月的用水情况，估计出沃本市内饮用水由G和H井完全提供、部分提供和不提供的区域。这些结果（在1983年8月获得）可以用来估计每个家庭每年的饮用水中由G和H井提供的百分比。研究记录了每个白血病儿童的暴露史，包括从出生开始的各年年暴露分数值的集合。每年的分数值是居民区喝到G和H井中水的比率。例如，1967年出生患白血病的小孩，生活在1区和B区的交界处，前4年的累积暴露率分别为：0.51，1.23，1.98和2.25。然而，这类详细信息并不是在大多数人群中都有效。为了确定暴露下的分布，研究人员从风险人群中抽取了一个样本进行调查。研究人员对这一过程是这样描述的：“每个案例中，我们确定所有被调查的儿童都出生在相同的年代和相同的地区，然后计算居住期间内的暴露值的平均值和方差。”

环保署/哈佛的研究中用了两个暴露的测量指标：（1）从出生直到 t

① 研究还发现，新生儿的出生缺陷率以及其他的健康问题也有所上升，这里不一一叙述。

岁的累积暴露率；（2）用一个二元变量来描述在 t 岁时是否服用过 G 和 H 井中的水。使用第一个测量指标的模型中，患病风险随累积暴露的增长而平稳地增长，而后者个体危险率函数随暴露呈跳跃式增长。

观测到的和预期的关于每个白血病死亡儿童的暴露分数如表 11.2.2 所示。

表 11.2.2　　20 个患白血病儿童服用 G 和 H 井水的观测值和期望值

案例	诊断年份	出生年份	观测时期	观测到的累积暴露	风险组样本容量	预测的累积暴露	方差	暴露组的风险比例
1	1966	1959	1959—1966	1.26	218	0.31	0.26	0.33
2	1969	1957	1957—1969	0.00	290	0.34	0.36	0.26
3	1969	1964	1969	0.75	265	0.17	0.10	0.25
4	1972	1965	1965—1972	4.30	182	0.90	2.03	0.36
5	1972	1968	1968—1972	2.76	183	0.58	0.88	0.32
6	1973	1970	1970—1973	0.94	170	0.20	0.20	0.19
7	1974	1965	1968—1974	0.00	213	0.56	1.04	0.29
8	1975	1964	1965—1975	0.00	239	0.99	2.78	0.38
9	1975	1975	1975	0.00	115	0.09	0.03	0.25
10	1976	1963	1963—1976	0.37	119	1.18	3.87	0.40
11	1976	1972	1972—1976	0.00	132	0.24	0.32	0.18
12	1978	1963	1963—1978	7.88	219	1.41	6.23	0.40
13	1979	1969	1969—1979	2.41	164	0.73	2.56	0.31
14	1980	1966	1966—1980	0.00	199	1.38	6.00	0.39
15	1981	1968	1968—1981	0.00	187	1.14	4.20	0.35
16	1982	1979	1979—1982	0.39	154	0.08	0.02	0.23
17	1983	1974	1974—77/80	0.00	84	0.25	0.45	0.23
18	1982	1981	1981—1983	0.00	0	0.00	0.00	0.00
19	1983	1980	1980—1982	0.00	0	0.00	0.00	0.00
20	1983	1980	1981—1983	0.00	0	0.00	0.00	0.00
合计				21.06		10.55	31.53	5.12
				分数检验统计量		1.87		2.08
				显著水平		$P=$ 0.03		$P=$ 0.02

问题

沃本市中，1964—1983 年被诊断出患白血病的 20 个儿童的家长起诉 W. R. Grace & Co. 公司，认为该公司污染了 G 和 H 井水而导致了该病的发生。哈佛大学的研究结果可以作为证据。

1. 第一个案例中诊断出白血病的风险集合的组成是什么?

2. 在零假设下，对患白血病儿童的暴露的期望以及暴露的方差的精确度是多少?

3. 在该研究中，把多少额外的患白血病的案例确定为由 G 和 H 井水所导致?

4. 根据 11.2 节给出的一步迭代近似解，计算一下暴露在 G 和 H 井水下的每个儿童每年患白血病的相对风险有多大?

5. 按照 11.2 节中的 Mantel-Haenszel 公式，估计所有暴露下和未暴露下的儿童患白血病的死亡优势比。

6. 数据中有对患白血病与 G 和 H 井的关联性的怀疑吗?

7. 据你的初步印象，数据能够充分解释原因吗?

资料来源

S. W. Lagakos，B. J. Wesson & Zelen，*An analysis of contaminated well water and health effects in Woburn*，*Massachusells*，81 J. Am. Stat. Assoc. 583 (1986)；*Anderson v. Cryovac*，Inc.，Civ. A. No. 82-1672-S (D. Mass. 1982).

[注释]

随后的研究发现，如果母亲在怀孕期间喝了 G 和 H 井中的水，生出来的孩子患白血病的可能性也急剧增加（*OR*=8.33；c. i. 0.73，94.67）。请参看马萨诸塞州公共健康部门、环境健康评价部门，沃本市儿童随访研究（1997 年 7 月），由马萨诸塞州公共健康部门网站提供（www. state. ma. us/dph/beha）。

由作家 Jonathan Harr 所著以沃本市诉讼案件为主要内容的 *A Civil Action* 一书（1995）非常畅销，还拍了一部同名电影，由影星 John Travolta 主演。

11.3 量化风险评估

在《职业安全与卫生法案》1970，29 U. S. C. §§651-78（1994）下，劳动部长代表政府部门发布了职业安全和健康标准，即“合理地、必然地或适当地提供安全和健康的工作及工作场所”（Id. §652（B））。依据该法案的授权，职业安全与卫生管理局（OSHA），劳动部的下属机构，发布工作场所管理标准，将工厂的有毒化学品暴露限制在一定的水平。职业安全与卫生管理局的限制经常受到法律的挑战。

第一个案例就是关于产业工会（Industrial Union Drpt）的风险评估（*AFL-CIO v. American Petroleum Inst*，448 U. S. 607，（1980））。在这个案例中，劳动部长指出新标准要降低空气中苯的含量，从平均每8小时10ppm降到1ppm。有事实表明，苯的密度即使低到10ppm也会导致白血病。一些专家认为，即使低于这个标准还是会存在风险，但是还没有风险变动的范围或量化的统计数据。职业安全与卫生管理局指出，虽然现实案例所支持的观点是致癌物质不存在安全线，但是工厂要承担提出安全标准存在的证据的责任。职业安全与卫生管理局驳回了工厂的证据，因为没有一个安全的暴露标准，也不可能计算减少暴露的建议所能带来的利益，工厂还是“必须选定一个能够最大限度保证处于暴露下工人安全的标准”（448 U. S. at 654（引自 OSHA））。

法院大多数人的看法并不支持 OSHA 的立场。在案件被驳回并进一步审理后，法院持的观点是“虽然代理部门（OSHA）没有责任去计算准确的危险概率，但是它有责任在确定员工的工作场所不安全之前找出当前显著的危险率”。一般认为千分之一的风险率是显著的。但是这不意味着“要求达到所有科学的肯定，而只是提供最好的证据……因此，只要能够得到一个著名的科学思想的支撑，代理部门（OSHA）就可以用一个保守的假设来解释关于致癌物质的数据，这样则只可能存在过度保护风险误差而非疏于保护”。OSHA 把这种委托管制解释为当限定暴露问题时，把它看作对风险进行的定量化评估。

多阶段外推模型

OSHA 通过对动物的研究来外推人类的定量化评价，动物暴露在所研究的化学剂量要远高于人在工作场所遭遇的化学剂量，动物死后被检查病因。从这个实验过程中，OSHA 要实现两个外推：动物到人身上以及高剂量到低剂量效果的转变；这里主要处理第二个外推。为了外推出从高剂量到低剂量的效果，OSHA 使用了“多阶段”模型，由 Armitage 和 Doll① 在 1950 年第一次提出，目前已经得到广泛使用。多阶段模型的假设有：（1）正常细胞转换为癌细胞的过程是固定不可逆的；（2）不同阶段的等待时间在统计上是独立的并且服从指数分布；（3）每阶段消耗的平均时间与使用的剂量呈反向关系，即在每一阶段特定因素下剂量越大时间越短。如果有 m 个阶段，在一个特定的时间段内来自各个方面的患癌症的全部风险率，$P_{\text{total}}(d)$，剂量为 d，近似等于下面的方程式：

$$P_{\text{total}}(d)=1-\exp\left[-(q_0+q_1d+q_2d^2+\cdots+q_md^m)\right]$$

式中，q_i 是由数据估计出来的参数，约束条件为不小于 0。在上面（1）～（3）的假设下，这个方程式能够方便地得出数学上非常近似值 $P_{\text{total}}(d)$ 的准确形式。

第一项 q_0，表示癌症的自然发病率或叫做基础发病率（不含致癌因素）；第二项 q_1，表示剂量—响应曲线（如果不含高次项，那么就是一条直线）的线性部分；剩下的 q_i 是非线性地反映。q_i 一般用最大似然法（mle）来估计（参考 5.6 节）。

这个模型有两个方面必须予以说明。第一，这个模型不允许阈值效应的应用：任何剂量不管它有多么小，都会增加风险。在美国，大多数研究者认为，对于致癌物来说，没有绝对安全的剂量。第二，模型与剂量—响应曲线在小剂量时是线性的假设是一致的，这个被广泛认可。如果用最大似然法估计出的 q_1 值大于 0，这一假设在这个模型下就是正确的。在这些例子中，因为 d 远远大于 d^2 且由于 d 的高次低剂量，线性

① 参考 Armitage and Doll，*Stochastic models for carcinogenesis*，Proceedings of the Fourth Berkeley Symposium of Mathematical Statistics and Probability 19（1961）。

项 q_1d 将会处于显著地位，所以这一模型在本质上是线性的。然而，患癌率在高剂量时上升速度很快（比线性模型所能预见的要快得多），在这些研究中，曲线的急速上升导致了一个小的线性项和比较大的非线性项的估计。在多阶段模型中，当 q_1 的最大似然估计非常小或为 0 时，线性的项并不显著，研究者运用特别的调整手段来实现低剂量线性假设。一种方法可以简单认为，在低剂量下，多阶段模型近似于一个去除了式子 d^2 和 d 的高阶的简单线性模型。另一种方法是运用一个 95%置信区间的上限值来代替最大似然法来估计 q_1。由于 q_1 的标准误差通常情况下很大，所以线性项变得真实而又显著。

无阈值和线性剂量—响应的假设在预测低剂量情况下比其他模型有更大的风险。在这种意义上说，它们都是“保守”的。对于大多数暴露来说，没有经验主义证据来支持或反对这些假设，并且目前没有任何可能的迹象，这一说法还是相当公允的。还有一点也很清楚，就是，不仅多阶段模型，其他所有下文要讨论的模型，都没有完全反映致癌过程的复杂性。特别是，线性假设认为细胞数量经历了第一次转换的风险后是不变的，而且按照这种模型，细胞的分裂、区别和死亡的正常程序都未被计算在内。

其他外推模型

其他用作低剂量外推模型的有一次撞击模型、多次撞击模型、威布尔模型、逻辑斯蒂模型以及概率模型。一次撞击模型、多次撞击模型以及威布尔模型的公式如下所示。$P_{excess}(d)$ 表示在暴露的剂量水平为 d 的情况下，患癌症的条件概率，就是假设动物在其他条件下不患癌症的概率。这也可用来解释为在特定时间期间内的零阶独立基础风险。代数学中表示多阶段模型中的 $P_{excess}(d)$ 与上面不含 q_0 项的式子相同。

假设服从强度参数为 k 的泊松分布，剂量为 d，撞击的平均数为 kd，然后

$$P_{excess}(d)=1-\sum_{i=0}^{m-1}e^{-kd}(kd)^i/i!$$

加和项表示低于 m 次撞击模型的概率值。对于一次撞击模型，假设单

细胞在一次撞击下转变为恶性的，即 $m=1$，上式就变为：

$$P_{\text{excess}}(d)=1-\exp(-kd)$$

在低剂量下，这个表达式就近似为：

$$P_{\text{excess}}(d)=kd$$

因此一次撞击模型在低剂量下可描述为线性模型。对于多次撞击模型，假设多于一次撞击就要求一个细胞的恶化，$m>1$，在低剂量下 $P_{\text{excess}}(d)$ 就近似为第一项的次数高于一次的多项式模型。在参数为 m 和 k 的威布尔模型中，有

$$P_{\text{excess}}(d)=1-\exp(-kd^m)$$

讨论逻辑斯蒂和概率模型下的情况，参照 14.7 节。逻辑斯蒂和概率模型都假设个体有一个患病阈值：如果剂量大于这一阈值就表示一定会导致生病；剂量小于这一阈值表示一定没有作用。在逻辑斯蒂回归模型中，阈值被假设个体服从逻辑斯蒂回归分布（类似于正态分布，不过比正态分布厚尾）；在概率模型中假设个体服从正态分布。多次撞击模型还允许个体的阈值模型解释，阈值分布为形状参数为 m 和尺度参数为 $1/k$ 的伽马分布。

然而调整者更趋向于选择多阶段模型，他们比较了用其他模型评估出的风险，从评估中得出结论即在一定范围内结果是一致的。在一种情况下，三个模型的一个因素在一定范围内具有一致性。这种情况并不经常出现。一般情况下，一次撞击模型估计的风险最大，多次撞击和概率模型估计的风险最小，威布尔和多阶段模型居中。各个模型估计的差异可能会很大。例如，对于黄曲霉毒素，事实上的安全剂量（定义为风险率为百万分之一的剂量）用多阶段模型估计出来是一次撞击模型的 30 倍，是威布尔模型的1 000倍，是多次撞击模型的40 000倍。

补充读物

Bernard D. Goldstein and Mary Sue Henifin，*Reference Guide on Toxicology* in Federal Judicial Center，*Reference Manual on Scientific Evidence* 181（2 nd ed. 2000）.

National Research Council，*Science and Judgment in Risk Assessment*（1994）. D. Krewski and J. Van Ryzin，*Dose response models for quantal toxicity data in Current Topics in Probability and Statistics* (North Holland, Amsterdam, 1981).

11.3.1 尿素甲醛泡沫绝缘材料

1982 年，在听取广泛的意见后，美国消费品安全委员会（CPSC）指出，尿素甲醛泡沫绝缘材料（UEFI）有刺激的效果并会增加患上癌症的过度风险，所以以后禁止在居民住所和学校范围内使用这种材料。在上诉中，各类请求者特别对委员会发现过度的致癌风险提出了质疑。根据产品管理法案的要求，法院的上诉是在审查“真实的证据”的标准下进行的，这就要求必须有一个整体的真实的证据来支持代理诉讼。

委员会拿出了几类数据来估计人类患癌症的风险：(1) 两组动物研究，结果显示，当甲醛达到一定的浓度时（例如，17～20ppm 中平均浓度为 14.3ppm，并非罕见），会导致老鼠染上癌症；(2) 在使用尿素甲醛泡沫绝缘材料的家庭中抽取 1 164 个样本；(3) 从模拟尿素甲醛泡沫绝缘材料墙壁上测量的实验数据。家庭和实验得到的数据都很类似，且都显示出气体的浓度为 0.12ppm。请求者对老鼠在暴露下的浓度（其最大值远远高于平均水平）提出了质疑，对计算出来暴露的浓度的家庭样本（不是随机抽取而是选择有抱怨的家庭）提出质疑，对模拟检验的有效性也提出了质疑（模拟是在没有暖气也没有空调的家庭中进行的）。另外，请求者对把外推法用于对暴露在高剂量下的老鼠的结论推出低剂量下的人的情况这种做法也提出了质疑。这里只对最后一点作详细说明。

在高剂量的研究中，老鼠被放在不同浓度的甲醛气体中，每天 6 小时，每周 5 天。24 个月后老鼠死亡，并检验得出其死于鼻癌。表 11.3.1 给出了结果，被控制的剂量研究转换成了连续相等剂量的研究。[①]

为了达到外推的目的，工厂工人一生中持续暴露下的浓度为 0.13ppm，使用甲醛绝缘材料的家庭用户为 0.004ppm。在 1979 年洛杉

① 一个连续相等剂量将会产生相同的总暴露（真实值将会与简单按比例分配得到的结果有细微的差异）。

矶周围空气中甲醛的浓度为 0.015ppm。

为估计在低剂量下患癌症的风险，代理人采用了多阶段模型；具体描述请参照 11.3 节。由于在高剂量下患癌症的数量会有一个明显的上升，所以 q_1 为 0。然而，委员会用低剂量线性假设来评估 q_1 在 95%的置信区间内的上限值，而不是用最大似然估计。由于置信区间很宽，所以线性公式的值是有效的。

为了回应反驳美国消费安全委员会不应该用 95%置信区间的上限来代替极大似然估计的这一异议，委员会作了如下解释：

> 用多阶段模型和其他模型做出的"最有可能"的估计也不会证明甲醛会与其他环境中对人体的致癌物质或潜在导致癌症的过程有关。甲醛和其他致癌物质与遗传物质的相互作用，使得看起来在人体内致癌过程中也相互发生作用。因此，比起其他模型预测出来的结果，真正的风险更有可能接近用 95%置信区间（CPSC 所使用的模型）预测出来的风险。如果甲醛与遗传物质不相互作用，预测的风险要低一些。然而，委员会认为这种情况是不可能的。

(CPSC，*Ban of Urea-Formaldehyde Foam Insulation*，47Fed. Reg. 14366，April 2，1982)

表 11.3.1　　化学工业研究所在老鼠身上做的关于甲醛的研究

平均暴露（ppm）	0	2.00	5.60	14.30
连续暴露（ppm）	0	0.34	0.94	2.40
处于风险中的老鼠的数目	216	218	214	199
患癌症的数目	0	0	2	103

问题

上诉法院拒绝用老鼠实验得出的证据是因为：(1) 像这样小的研究，它的边际误差自然会很大。例如，用多于或少于 20 个老鼠，进行癌症研究，预测出的结果会有很大变化；(2) 只有这一个独立的实验；(3) 控制的剂量只是一个平均值，"老鼠一般情况下所接触的剂量要高得多"。

1. 你同意上面拒绝采用老鼠实验证据的三个原因吗？

2. CPSC 认为用 95%置信区间上限值要比用最大似然估计出的结果更有效，这是否像美国石油组织的高级法庭所描述的那样，能够满足代理人所主张的科学依据？

资料来源

Gulf South Insulation v. U. S. Consumer Product Safety Commission，701 F. 2s 1137（5th Cir. 1983），S. Fienberg，ed.，*The Evolving Role of Statistical Assessments as Evidence in the Courts* 46（1989）.

11.3.2　环氧乙烷

1983 年，联邦职业安全组织与保健管理总署（OSHA）提出降低允许环氧乙烷（ethylene oxide，EtO）暴露的限制，空气中的浓度由平均 8 小时 50ppm 降到 1ppm。环氧乙烷是一种类似醚气味的无色气体，是用作加工乙烷—乙二醇的一种主要中间物质，是防冻剂的主要组成部分，以及生产聚酯纤维、瓶子和胶片的媒介物质。每年国内要生产 50 多亿磅的环氧乙烷。

为了定量评估环氧乙烷的风险，OSHA 主要用老鼠做了一个试验。在研究中，把老鼠放在一个空气中环氧乙烷浓度分别为 100，33，10ppm 的环境中，每天 6 个小时，每周 5 天，大约进行了 2 年。两个比较组在类似条件的情况下放在只有空气的环境中。最初，120 只老鼠按性别分组放置，在每 6 个月的区间会有一些动物检验试验的效果。结果显示在下面的表 11.3.2a 和表 11.3.2b 中。

表 11.3.2a　　暴露在环氧乙烷环境下的老鼠的病理反应

肿瘤类型	100ppm（a）	33ppm	10ppm	控制
腹膜瘤 间皮瘤 （雄性）	22/96（b） （22.9%） [<0.000 1]（c）	7/82 （8.5%） [0.021 3]	3/88 （3.4%） [0.398 3]	4/187 （2.1%）
单核 细胞 白血病	26/98 （26.5%） [0.119 2]	25/77 （32.5%） [0.020 2]	21/77 （27.3%）	38/193 （19.7%） [0.116 3]

续前表

肿瘤类型	100ppm (a)	33ppm	10ppm	控制
(雄性)				
单核	28/73	24/72	14/71	22/186
细胞	(38.4%)	(33.3%)	(19.7%)	(11.8%)
白血病	[<0.000 1*]	[<0.000 1*]	[0.079 1]	
(雌性)				

(a) 风险评价运用的剂量表示为：体重/天，单位 mg/kg。剂量计算为 d (mg/kg/day) = d (ppm)×s，其中 s 为尺度因子。对于雄鼠，S=0.193 032 4；对于雌鼠，S=0.129 898。对于人来说，S=0.129 898。几乎可以确定，尺度因子的衡量并不能精确地显示小数的数字。

(b) 表示在危险中患肿瘤动物的数目/有效动物的数目。有效动物的数目是指在风险中观察到第一例患肿瘤的动物时还存活的数目（因为在第一例患肿瘤的动物死亡被观测到前的不同时间区间内，都会有动物相继死去）。

(c) p 值是费歇尔准确检验（上尾概率值）与控制值之比。Bonferroni 相关系数用来估计在 0.05 水平下的显著性。

* 表示 P 值小于 $0.05/r$，其中 r 指被检验剂量的数字。

问题

1. OSHA 提出降低允许排放量从 50ppm 到 1ppm。用两阶段模型，并用雄鼠的数据来估算，证明每 10 000 名工人中，从 50ppm 到 1ppm 的患癌症率近似为从 643 到 12，如表 11.3.2b 所示。

表 11.3.2b　　　　每 10 000 名工人患癌症的风险 (a)

	二阶 (b)		一阶 (c)		一阶 (d)	
暴露水平 (ppm)	MLE (e)	UCL (f)	MLE	UCL	MLE	UCL
50	634	1 008	746	1 018	1 093	1 524
10	118	211	154	213	229	326
5	58	106	77	107	115	164
1	12	21	15	21	23	33
0.5	6	11	8	11	12	16
χ^2(g)	0.057 9(1)		0.236 0(2)		4.325 5(2)	
P(h)	0.81		0.89		0.12	

(a) 每 10 000 个工人的额外风险。$P[E]=(P(d)-P(0))/(1-P(0))$。这个被称为 Shep 差分指数。在初始暴露后 54 年的寿命里，每天暴露 8 个小时，每周 5 天，一年暴露 46 周，总计暴露 45 年。

(b) 含有 3 个参数的两阶段模型：参数 $q[0]=0.020\ 965$；$q[1]=$

0.008 905;$q[2]$=0.000 184。由于没有雌鼠的数据，参数由雄鼠的数据外推得出。

(c) 含有 2 个参数的一阶模型：$q[0]$ = 0.019 682；$q[1]$ = 0.011 943。参数由雄鼠的数据外推得出。

(d) 含有 2 个参数的一阶模型：参数 $q[0]$=0.14 700;$q[1]$=0.017 841。参数由雌鼠的数据外推得出。

(e) 过度风险的最大似然法估计。

(f) 过度风险的 95%置信区间的上限值。

(g) 单尾卡方检验值。括号中的值为自由度。

(h) 与 (g) 相关的 P 值。

2. OSHA 在数据适合一阶模型的情况下，用一阶模型来外推雌鼠的数据。请画出雌鼠数据的相应图表，观察它们与使用一阶模型是否一致。

3. 用威布尔模型、雌鼠的数据来估计过度风险，并计算出每10 000个工人中从 50ppm 到 1ppm 下的多出的患癌症的概率。在该模型中，最大似然估计的参数 k 和 m 分别近似等于 0.082 9 和 0.483 0。这里的外推结果和用雄鼠数据外推的结果一致吗？

4. 在这里，χ^2 检验的拟合优度是多少？χ^2 统计量的值在模型给出的低剂量下估计的风险的偏好程度如何？

资料来源

Occupational Safety and Health Administration，*Docket H*-200，*Occupational Exposure to Ethylene Oxide*，48 Fed. Reg. 17384（April 21，1983）；id.，*Preliminary Quantitative Risk Assessment for Ethylene Oxide*（Exhibit 6-18）；*Public Citizen Health Research Group v. Tyson*，796 F. 2s 1479（D. C Cir. 1986).

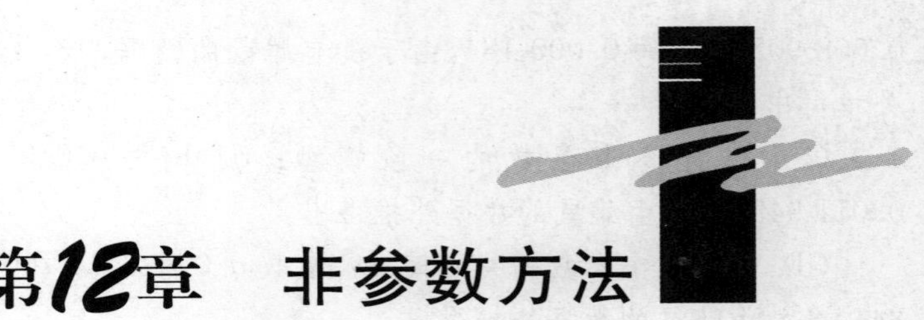

第12章　非参数方法

12.1　符号检验

非参数检验不考虑观测值的分布类型，而只考虑犯第Ⅰ类错误的概率。由于非参数检验只需要随机抽样的假设，并且通常只需要一些简单的计算，因此非参数检验应用十分广泛且非常有效。符号检验是这一类检验方法中最简单的一种。

由于不再假设分布对称，通常用总

体中位数代替均值作为假设。假设要检验的原假设 H_0 是连续型的但分布类型未知的总体，中位数 μ 等于 0，单侧检验的备择假设，假定中位数为负数，$\mu < 0$ 。[①] 例如，我们想要检验假设：一些产品寿命的中位数是否等于或超过广告商宣传的寿命 μ_0 。给定产品寿命的样本数据 $X_1, \cdots, X_n$ ，则检验的原假设为 $X-\mu_0$ 分布的中位数等于零，而备择假设为中位数小于零。另外一个例子是比较两个配对样本的分布：原假设为两个总体同分布，即两个配对样本中位数差值为零。未知分布形状和参数形式，但是假设中位数为零，则每一个观测值以 50%的概率为正或为负，我们就可以对原假设进行检验。因此，当样本容量为 n 时，出现正号的观测值数目 S 服从参数为 n ，$p=1/2$ 的二项分布。而备择假设中，S 服从概率 $p<1/2$ 的二项分布，因此这种计算正号的数目（或者说超过 μ_0 的数目）的方法将问题归结为一个简单的二项分布问题。附录 2 中的表 B 用来检验二项分布尾部概率的显著性，在大样本的情况下，将近似服从正态分布（参照 4.2 节）。因此在产品寿命例子中，对于一个样本容量 $n=10$ 的有偏样本，如 $\{1,1,1,1,1,1,1,1,1,11\}$ ，拒绝厂商声称的寿命中位数 $\mu_0=2$ 的显著水平是 $P=P[S\leqslant 1 \mid n=10,$ $p=1/2]=\left[\binom{10}{0}+\binom{10}{1}\right]\cdot(1/2)^{10}=0.011$ 。

比较两个分布，如 F_1 和 F_2 ，相互独立且样本量分别为 n_1 和 n_2 ，就要用到双样本的符号检验。检验的原假设为 $H_0: F_1=F_2$ ，首先找到样本量为 n_1+n_2 的混合样本的中位数，然后分别计算每一组的样本观测值大于中位数或者小于中位数的个数，结果用一张四格表表示，行向量为 (n_1, n_2) ，列向量为 (m_1, m_2) ，m_1 是混合样本中超过样本中位数的观测值个数，而 m_2 是等于或小于中位数的个数（如果 n_1+n_2 是偶数且没有打结数据，那么 $m_1=m_2=(n_1+n_2)/2$ ，但是当 n_1+n_2 是奇数或没有打结数据时，m_1 或 m_2 的值也许要小于 $(n_1+n_2)/2$ ）。在原假设下，四格表的单元服从 Fisher 精确分布，例如，组 1 中的超过混合样本中位数的观测值数目服从超几何分布，因此 H_0 可以用 4.5 节和 5.1 节中的方法来检验。显然，除中位数外，这些方法可以推广应用到分位数，或

① 如果是离散分布，总体的中位数可能就不止一个，可能会有几个。事实上，在这种情况下，中位数 μ 可以表示为：$P[X<\mu]\leqslant 1/2\leqslant P[X\leqslant\mu]$。

是至少可以分为高于或低于参考分位数两类。

非参数检验的应用会损失一些有效性：用参数检验和非参数检验对同一个假设进行检验，比较两者的势，一般情况下，如果参数检验是有效的，则它的效率要比非参数检验高。在偏离了分布假设的条件下，使用非参数检验的稳健性是很有效的。符号检验丢掉了观测值除了正号或负号的所有信息。如果数据服从具有单位方差的正态分布，可以假定原假设 $H_0: \mu_0 = 0$，z 值为 $z=\sqrt{n}\cdot\bar{X}$，在 $\alpha = 0.05$，$z < -1.645$ 时拒绝原假设。当原假设为假时，例如若真实参数的值 $\mu = -1$，则事件 $[z < -1.645]$ 等价于事件 $[\bar{X} < -1.645/\sqrt{n}]$ 的发生概率为 $P[\sqrt{n}(\bar{X}-\mu) < \sqrt{n}\{-1.645/\sqrt{n}-(-1)\}] = \Phi(\sqrt{n}-1.645)$，其中 Φ 表示累积的标准正态分布函数。当真实均值 $\mu = -1$ 时，拒绝原假设 H_0 的势是 $\Phi(\sqrt{n}-1.645)$。例如，当样本量 $n = 10$，势 $= \Phi(1.517) = 0.935$。符号检验中，如果正观测值的数目小于或等于 2，拒绝原假设且犯第 I 类错误的概率为 $P = P[S \leqslant 2 \mid n = 10, p = 1/2] = 0.0547$。如果 $\mu = -1$，观测值为正的概率就变为 $p = 0.16$，这样，符号检验的势为 $P[S \leqslant 2 \mid n = 10, p = 0.16] = 0.79$。为了达到 z 值相等的势，我们需要的样本量为 16，对应的效率（按照样本量的比率）为 62.5%。当然，如果数据是非正态分布的，那么 z 值给出的结果就不是很可靠。

例如，假设 X 的真实分布为 $X = (\log 2) - Y$，其中 Y 服从标准指数分布。X 的中位数为 0，方差为 1。此分布符合原假设，但是由于它是有偏分布，$\sqrt{n}\cdot\bar{X} < -1.645$ 的概率值显然要大于 0.05。以样本量 $n = 10$ 为例，第I类错误的概率已经大于 0.20，并随着样本量 n 的增加而变大。

还有一些非参数检验比符号检验更好地利用了这些数据，它们具有相当高的效率，能达到参数检验功效的 90%或者更高，因此损失的效率很小，对于未知分布的数据可以替换使用这些方法。下面我们将研究这些检验方法。

补充读物

E. Lehmann，Nonparametrics：*Statistical Methods Based on Ranks*，ch. 3 (1975).

12.1.1 管理考试

纽约市的教育委员会要求应聘学校系统内管理职位的教师参加各个岗位的资格考试。由于对黑人和西班牙人教师存在歧视，这些考试存在争议。有资格参加考试的教师大约只有 10%是黑人或西班牙人。数据表明，参加了过去 7 年大多数管理考试，包括在这之前 3 年的所有考试的 6 201 名报考者中，有 5 910 名是通过种族来划分的。5 910 名报考者中有 818 名是黑人或西班牙人，剩下的 5 092 名是白人。

在 50 类不同的考试中，有 32 类考试是黑人或西班牙人参加的，并且至少有一个人通过考试。在这 32 类考试中，白人组在 25 类考试中通过的比例要高于黑人和西班牙人，而黑人和西班牙人只在 7 类考试中通过的比例要高于白人。大多数的考试中，黑人和西班牙人参加测试的人数是非常小的（如 50 类考试中的 41 类，黑人和西班牙人加起来只有 83 人参加）。

问题

1. 从 32 类考试的数据中，是否能显示黑人教师和西班牙教师在统计意义上有显著的差异？
2. 针对上文的统计显著性检验，你有什么反对意见？

资料来源

Chance v. Board of Examiners，330 F. Supp. 203（S. D. N. Y. 1971），*aff'd*，458 F. 2d 1167（2d Cir. 1972).

12.2 威尔科克森符号秩检验

威尔科克森符号秩检验（Wilcoxon signed-rank test）最重要的应用是：通过比较治疗组和控制组的配对主体，从而判断治疗效果是否在统计上有显著性差异。虽然有两组样本，但在方法上还是使用单样本检验，因为研究主要关注两组配对观测值之间的差值。在原假设是没有治疗效果的条件下，差值中位数为零。如果治疗更加有效，与控制组相比，治疗组的观测值就会显著地上升（或下降），同时中位数差值也会相应地上升或下降。

应用检验需要：(1) 按数据绝对值（在这个例子中为差值）排序，得到从 1 排到样本量 n 的秩；(2) 把符号加到相应的秩上面；(3) 分别求出带正号的秩和带负号的秩的和。这就是威尔科克森符号秩检验统计量 (W)。在原假设下，每一个秩都以 50% 的概率为正（或为负），因此每一项任务的秩是“+”和“−”的概率为 $(1/2)^n$。估计任意特定值的 W 分布，需要计算 W 值等于或者非常大于观测值的任务数目。小样本的 W 统计量的分布可以在表中查出。例如，样本数 $n=20$，$W=52$，通过附录 2 中的表 H1 可以查出 $P[W\leqslant 52]$ 的概率为 0.025。如果是双侧检验，此数就会变成 2 倍（即 W 远高于期望值或是远低于期望值的概率值的 2 倍）。

在零假设条件下，符号秩统计值的均值为：

$$EW = n(n+1)/4$$

方差为：

$$\mathrm{Var}W = n(n+1)(2n+1)/24$$

在大样本中，标准化了的 W 值为 $z=(W-EW)/\sqrt{\mathrm{Var}W}$ 也可以用来检验显著性。在上面的例子中，我们可以计算出 W 的均值为：

$$EW = 20\times 21\div 4 = 105$$

$$\mathrm{Var}W = 20\times 21\times 41\div 24 = 717.5$$

然后使用 1/2 进行连续性修正，有

$$\begin{aligned}P[W\leqslant 52]&=P[W<52.5]\\&=P[(W-EW)/\sqrt{\mathrm{Var}W}<(52.5-105)/\sqrt{717.5}\\&=-1.96]\approx 0.025\end{aligned}$$

假设上面的例子在差值的绝对值中没有 0，如果存在 0，计算所有差值的秩后，剔除零值。如果有 d_0 个零差值，W 的期望值需要修正为 $EW=[n(n+1)-d_0(d_0+1)]/4$。有时在差值的绝对值中也会存在打结数据，当出现打结数据时，对每一组内的打结差值赋予平均秩次。出现打结数据时，W 的方差为：

$$\text{Var}W = [n(n+1)(2n+1) - d_0(d_0+1)(2d_0+1)]/24 - [\sum d_i(d_i^2-1)]/48$$

式中，求和是对打结数据组的求和；d_i 为第 i 组的打结数据数目。（当打结出现时，统计量不再是整数，因此一般不会使用 1/2 进行连续性修正。）通常对打结的修正都可以忽略不计，除非是样本量很小或是样本中含有许多打结数据（只有当被排序的观测值是离散的时，才会经常出现这种情况）。

补充读物

E. Lehmann，*Nonparametrics: Statistical Methods Based on Ranks*，§§3.2 and 4.2 (1975)．

12.2.1 陪审团再审的预期结果

问题

1. 根据 7.1.2 节中的数据，用威尔科克森符号秩统计量来检验中位数差值的统计显著性。

2. 与 7.1.2 节中使用的 t 检验相比，使用这种方法检验统计显著性有什么优点？

12.3 威尔科克森秩和检验

假设有 m 个治疗观测值和 n 个控制观测值，按从 1 到 $m+n=N$ 给出秩（秩次 1 代表最好的结果）。数据不存在打结的情况，且两个组在统计上是相互独立的。

一个合理测量治疗效果的方法就是求出 m 个治疗观测值的秩和(rank-sum) S。在 S 值与观测值的和相等的零假设下，可以通过计算可能秩次的分布除以可能的差值秩次的总数估计概率，而可能秩次的和小于或等于观测值之和（特别是 m 和 n 都很小时）。附录中的表 H2 给出

了 m 和 n 很小时，秩和统计量的临界值。在大样本的情况下，可以使用正态近似法，具体情况如下。

在没有治疗效果的零假设条件下，秩次的期望值为 $(N+1)/2$；m 个治疗对象秩和的期望值为 $ES=m(N+1)/2$。从 N 个秩中随机抽取的一个秩的方差为 $\sigma^2=(N^2-1)/12$。从 $m+n=N$ 个秩中无放回地随机抽取 m 个秩，则 m 个秩次和的方差为：

$$(m/12)\cdot(N^2-1)\cdot(N-m)/(N-1)$$

或

$$\text{Var}S=mn(N+1)/12$$

虽然秩次之间不相互独立，但当 m 和 n 充分大时，秩和都近似服从正态分布。

当出现打结数据时，则用打结数组中所有打结数据的平均秩次给每个打结观测值赋予相同的秩次。调整后秩次的均值仍为：

$$ES=(N+1)/2$$

而方差变换为：

$$\sigma^2=\{N^2-1-(1/N)\cdot\sum d_i(d_i^2-1)\}/12$$

式中，求和项表示所有打结数组的加总；d_i 表示第 i 组的打结数据的数目，而无放回地抽取 m 个秩，其调整后的秩和方差就变为：

$$\text{Var}S=(1/12)\cdot mn(N+1)-\{mn/[12N(N-1)]\}\cdot\sum_i d_i(d_i^2-1)$$

秩和统计量在统计意义上等价于曼-惠特尼（Mann-Whitney）U 统计量，曼-惠特尼 U 统计量被定义为两组数据的秩的和，这两个值可以相互推算，例如，来自治疗组的观测值的秩小于来自控制组的观测值的秩的数目。两个统计量之间的关系可以用下面的关系式表示：

$$U=mn+\frac{1}{2}m(m+1)-S$$

当两组样本是随机选取时，值 $U/(mn)$ 用来估计治疗效果要好于控制效果的概率。

补充读物

E. Lehmann，*Nonparametrics*：*Statistical Methods Based on*

Ranks，§§1.2，2.2（1975）.

12.3.1 职位晋升中的性别歧视

K&B，一家最初在新奥尔良的路易斯安那州的公司，现在在路易斯安那州、密西西比州和亚拉巴马州经营连锁药店。美国公平就业机会委员会（EEOC）和一个女药剂师联合对 K&B 公司向法院提起诉讼，控告该公司在从药剂师晋升为高级药剂师过程中对女雇员存在歧视现象。表 12.3.1 为一组雇员数据，给出了男女雇员从雇用到晋升为高级药剂师的时间。

原告的统计学家，使用威尔科克森秩和检验得出女性职位晋升时间的中位数要长于男性，而被告的统计学家，在原假设：两位女性晋升时间都要超过男性晋升时间的中位数的条件下，计算概率，并且得出这个差异不具有统计上的显著性的结论。

表 12.3.1　　从雇用到晋升的时间

单位：月

女	229，453
男	5，7，12，14，14，14，18，21，22，23，24，25，34，34，37，47，49，64，67，69，125，192，483

被告方专家对差异的结果解释是，他使用的是典型晋升时间，而原告方是用威尔科克森秩和检验，检验男女晋升分布形状的相似性，如果两个分布形状不相似，而分布不一定相同，就可以得出统计的显著性。

问题

1. 写出原告和被告专家计算的公式。
2. 你同意被告专家的说法吗？
3. 哪一方专家使用的检验方法更合适一些呢？

资料来源

Capaci v. Katz & Bestshoff, Inc.，525 F. supp. 317（E. D. La.

1981), *affirmed in part*, *reversed and remanded in part*, 711 F. 2d 647 (5th Cir. 1983); Gastwirth & Wang, *Nonparametric tests in small unbalanced in employment discrimination cases*, 15 Canadian J. Shat. 339 (1987).

12.3.2 从名单中筛选雇员

挑选雇员一般都是按照一定的次序从合格人员的名单中筛选。人员名单上的次序是按照应聘考试的个人成绩排定。波多黎各法律保障和教育基金（Puerto Rican Legal Defense & Education Fund）称这种测验对黑人和西班牙人有相反的效果。在 2 158 名测试者中，有 118 名黑人，44 名西班牙人；一共有 738 人通过了测验，其中有 27 名黑人，11 名西班牙人。表 12.3.2 显示了通过考试的黑人和西班牙人的考试得分和排名，表中不包括低于录取分数的应聘者。

表 12.3.2　　挑中的雇员：少数民族（黑人和西班牙人）名单

黑人		西班牙人	
编号	最终成绩	编号	最终成绩
058	91.753	162	90.051
237	88.223	273	87.372
315	86.371	369	85.479
325	86.138	432	84.293
349	85.799	473	83.372
350	85.769	493	80.323
371	85.459	529	82.083
375	82.878	605	79.780
484	83.081	631	79.277
486	82.965	692	77.263
527	82.137	710	76.114
551	81.550		
575	80.818		
584	80.452		
587	80.419		
615	79.598		
642	78.854		

续前表

黑人		西班牙人	
编号	最终成绩	编号	最终成绩
645	78.762		
654	78.419		
688	77.270		
693	77.148		
694	77.137		
713	75.935		
716	75.779		
725	74.887		
736	74.683		
731	74.168		

问题

1. 用威尔科克森秩和检验法来检验少数民族的平均得分是否显著低于非少数民族。表 12.3.2 中的名次之和为 19 785。

2. 对表中的截取数据用双样本 t 检验法进行检验是否也能有效回答这个问题?

3. 计算从名单中随机抽取的少数民族人员比非少数民族人员具有更低的秩（更高的分数）的概率。

12.3.3 联邦法官的审判

在一项联邦司法中心（Federal Judicial Center）关于联邦法官的判决实施的研究中，给 50 个联邦法官展示了案例描述并让他们做出判决。按判决的轻重对这 50 个判决进行排序（1 表示判决最重的，50 表示判决最轻的）。由 50 位法官给出的数据显示，13 个典型案例的判决平均秩代表了表 12.3.3 各种类型判决的范围。

表 12.3.3　　13 个典型案例中各个法官判决的秩

判决	平均秩	判决	平均秩
1	5.4	26	25.9
2	10.6	27	26.0
3	12.1	28	26.0

续前表

判决	平均秩	判决	平均秩
4	15.3	29	26.1
5	19.2	30	26.7
6	19.2	31	26.7
7	19.6	32	26.8
8	19.6	33	27.0
9	20.8	34	27.6
10	22.7	35	27.8
11	22.8	36	27.8
12	23.0	37	27.9
13	23.4	38	28.3
14	24.3	39	29.3
15	24.5	40	30.0
16	24.5	41	30.1
17	24.6	42	31.5
18	24.6	43	31.8
19	24.6	44	32.1
20	24.7	45	32.7
21	25.0	46	33.0
22	25.2	47	33.4
23	25.5	48	34.7
24	25.7	49	36.1
25	25.8	50	36.9

问题

这些数据能否支持这样的共识：一些法官的判决要比其他法官严厉？法官的判决的平均秩是否比随机分配的秩分散，也就是说，每个秩可能的排列组合几乎相等。使用 13 个案例的平均秩次检验这一命题，具体如下：

1. 在所有法官的判决都严格一致的零假设下，忽略判决中打结数据的方差调整，求出每位法官对 13 个独立案例审判的平均秩的均值和方差。

2. 可以证明，当样本量变大，在零假设下，$N-1$ 乘以均值的离差平方和除以均值的比率服从自由度为 $N-1$ 的 χ^2 分布（由于秩次具有固定的和，自由度将会减少 1 个单位）。用这个统计量来检验零假设。

你会得出什么样的结果？你如何描述偏离原假设的程度？（50 个平均秩次的离差平方和为 1 822.47。）

资料来源

Partridge & Eldridge, *The Second Circuit Sentencing Study: A Report to the Judges of the Second Circuit* (Federal Judicial Center, 1974) (Appendix C).

12.4 斯皮尔曼等级相关系数

测量两个变量 X 和 Y 的相关性，可以使用非参数的方法皮尔森积矩相关系数（Pearson's product-moment correlation coefficient）进行计算，它是根据数据的等级而不是真实数值计算的。当有离群值，或者当 Y 与 X 是非线性关系时，计算结果可能会出现失真，这时候应该使用非参数的方法。斯皮尔曼等级相关系数经常用于观测数据，并且特别适用于测量相关等级或有序定性等级数据形式的信息。举一个关于两组或多组等级研究的例子，每一组都是以喜好为顺序进行的排列。与上面提到的非参数方法一样，比起简单样本相关系数（来推断双变量正态情况下的真实相关关系），等级相关系数损失的功效很小，适用于范围更宽的问题，这些问题中由于不要求具体分布的假设，单独使用等级相关是有效的。计算过程如下：

有 N 对数据 (X_i, Y_i)，$i=1,\cdots,N$，用数据 X 相应地按 N 个 X 值排序得到的从 1 到 N 的等级分别代替每个 X 值；同样对数据 Y 也是用 Y 的等级来代替原变量值，然后计算这对等级的积差相关系数。

如果事先知道秩值 $(1,\cdots,N)$，相关系数的计算公式就可以相应地进行简化：用 d_i 表示第 i 对数据中的 X 等级与 Y 等级之间的差值，则斯皮尔曼等级相关系数为：

$$r_s = 1 - 6\sum d_i^2/(N^3 - N)$$

查阅 $z = r_s \cdot \sqrt{N-1}$ 的标准正态分布表可以得到 r_s，就可以检验相关系数的显著性，因为在大样本零假设为 X 与 Y 没有关系的条件下，r_s 服从均值为 0，标准差为 $1/\sqrt{N-1}$ 的渐进正态分布；N 较小时，可以直接从 r_s 的精确分布表中得出。

补充读物

E. Lehmann，Nonparametrics：*Statistical Methods Based on Ranks*，ch. 7 (1975).

12.4.1 草案抽取再回顾

问题

1. 计算 1970 年草案抽取（9.1.1 节）中斯皮尔曼等级相关系数。等级差（生日等级和序列等级之间）的平方和为 10 015 394，样本数 $N=366$。

2. 对 1971 年的草案抽取做同样的工作。等级差平方和为7 988 976，样本数 $N=365$。

第13章 回归模型

13.1 多元回归模型简介

多元回归是估计变量之间关系的一种统计学技术，这种技术已经成为计量经济学和社会科学的一种主要工具。多元回归通过这些途径已经运用到了法律领域，最主要的应用是在反性别歧视法案的诉讼中。但是这种技术也被应用于大量的其他法律环境中，比如反垄断定价、证券市场操作、死刑诉讼、处理保释时的保证金等等。现在计算机的应用使对数据建立模型变得更加容易，因此多元回归及其相关技术在涉及统计实证的案件中将得到更加广泛的应用，但同时也可能被滥用。

下面是几个介绍回归模型在法律中应用的例子。

● 在一个反性别歧视的诉讼案件中，原告称，在考虑到男人与女人的生产率因素上的差异后，男女工资水平仍然存在残差，这就构成了歧视。为了量化这种关系，原告得出一个回归方程，其中，工资水平是因变量，性别和生产率因素（例如受教育程度和工作经验）是解释变量。现在存在的争论是，如果不存在歧视，那么性别在此回归方程中就不是一个显著性的解释因素。如果它是解释因素，那么它的重要性就是对歧视程度的度量。回归方程中，性别解释变量的系数反映了男人和女人在生产率相等时对平均工资的影响。通常情况下，通过检验性别系数的统计显著性来检验是否存在性别歧视。

● 在定价的案例中，原告有权获得其所支付的价格和没有共谋时需要支付价格之间差额的 3 倍。为了估计“特殊原因”的价格，可以使用多元回归模型，其中价格是因变量，而诸如需求、供给和通货膨胀等被认为对价格有影响的因素作为解释变量。这个回归方程是根据无共谋的正常时期的数据估计得到的，而存在共谋时的“特殊原因”价格，则是通过在方程中加入这一时期解释变量预测出来的，得到在没有共谋的条件下的预期价格。利用回归模型估计的竞争价格（因变量的预期值）同共谋价格作比较，以决定赔偿金额。

● 管理机构需要测定其所管制的工业受利率的影响程度。管理者构造了以工业税收为因变量，管制利率和别的变量为解释变量的回归方程；在给定其他解释因素的条件下，他们用这个方程来评估各种不同的利率对税收的影响。

回归模型的种类有很多。在线性多元回归模型中，最常见的类型是，因变量等于解释变量的加权和再加上随机误差项，权重被称为回归系数。如果回归系数为很大的正值，表明所有其他的变量都固定不变时，解释变量较小的增加将会引起因变量较大的增加；如果回归系数为很大的负值，情况则恰好相反。相反地，若回归系数趋近于零，则表明所有其他的因素固定不变时，解释变量的变化与因变量的变化没有相关关系。我们有时关心的是特定的解释变量的系数大小，而有时则关心的是由回归方程确定的因变量的期望值。也就是说，回归方程可以被用来

解释（分析）或预测（综合）。

回归分析不需要响应变量和解释变量之间的关系是精确的或完全确定的，但是对于解释变量的任何不变值，都需要误差项的均值为零。因此因变量的均值与回归模型中解释变量的值相关。

我们已经解释了“模型加误差”的回归形式，在这种包含因果关系的模型中都具有刺激响应或者投入产出的性质。在模型加误差中，解释变量不需要是具有一定分布的随机变量，而可以是确定性的数值，比如通过设计而固定，利率设置的例子就属于这种类型。另外一种重要的观点是考虑两个或更多个随机变量的联合分布，并在给定其他变量值时求出一个变量的均值。由于因变量的平均值和其他的变量数值间存在系统关系，所以不需要因果关系假定。也就是说，变量 X 增加一个单位，不一定会引起 Y 相应的变化。回归模型表明，一般情况下，不同数据集会有不同的均值。对训练前和训练后给出的测试得分的分析就属于这种非因果关系的类型。第一次测试中 X 的得分不是产生第二次检验中 Y 的得分的原因（不考虑测试经验）。这里必须考虑一种重要的现象——趋中回归，这个将在下面进行详述。在模型加误差中，一开始就假定是回归模型，由此考虑联合分布时，可以由回归现象得出（有时候是令人惊讶的）回归模型。

趋中回归

趋中回归是由弗朗西斯·高尔顿（Francis Galton）在 19 世纪 80 年代末，研究父母和他们的后代，尤其是儿子身高的数据时发现的。高尔顿注意到，如果把父母亲按身高分组，然后绘制每一组子代的平均身高相对于父母的平均身高[①]的散点图，则这些平均值趋于落在一条直线上。这种线性回归关系就构成了高尔顿所说的回归模型，尽管还不能很准确地由父母的身高数据预测特定子代的身高。这条平均线表示可以由模型解释的子代身高的部分，而个体子代身高和特定组平均值之间的差

① 高尔顿用父母的平均身高概括表示父母身高的联合分布，并把它定义为父亲身高与 1.08 倍的母亲的身高之和的½。（按 1.08 的比例增高母亲的身高，使之平均值和可变性与父亲的对应相同。）高尔顿引以为豪的是，在消除了父亲和母亲身高间不同之后，男孩的身高已经不存在系统差异，在固定了身高的中亲值后，就足以把它概括了。

异称为误差，或者称为不能由模型解释的男孩身高的部分。

高尔顿称这种关系为一种回归，因为他随后注意到，对于任何父母身高确定的组，他们子代的平均身高有向均值靠拢的趋向。也就是说，身高高于所有父母身高均值 1 个标准差的父母组，他们的子代的平均身高要高于总平均身高，但要低于 1 个标准差，而是向所有男子代身高的总体均值回归（见图 13.1a）。回归的程度反映了相关的紧密度。一种极端的情况，如果父母平均身高能够非常准确地预测子代的身高，则高于父母平均身高的 d 个标准差的父母，他们的子代的平均身高也要高于平均身高的 d 个标准偏差，在这样的情况下，就不存在趋中回归。另一种极端的情况是，如果在父母与子代的身高间不存在相关关系，对于任何给定的父母平均身高，子代的平均身高将与所有孩子的总平均身高相同，即始终是趋中回归。在两种极端情况之间，如果父母的身高与他们子代的身高之间的相关系数为 r，则对于身高高于父母平均身高 d 个标准差的父母，其子代的身高将比所有子代的平均身高高出 rd 个标准差；或者说，它们以 $1-r$ 的因子趋中回归（在标准差的情况下）。

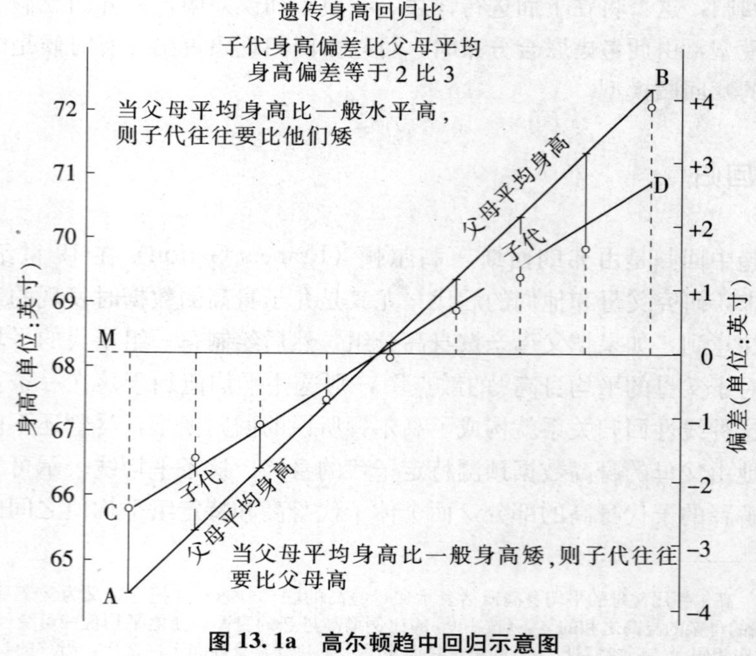

图 13.1a　高尔顿趋中回归示意图

此外，高尔顿发现父母平均身高和男孩身高的相关系数 $r=0.5$ 时，若父母身高高于或低于父母平均身高均值的 d 个标准差，一般地，其子代的身高要高于或低于所有子代平均身高的 $d/2$ 个标准差。以英寸为计量单位，则父母平均身高的标准差要小于$\sqrt{2}$ 倍的子代身高标准差，因为前者是两个变量值的平均，并且每一个都与后者具有相同的方差。[①] 因此，父母身高高于或低于平均值 h 英寸，他们子代的身高一般要高于或低于所有子代平均身高 $h/\sqrt{2}$ 英寸（$\frac{1}{2}h\cdot\sqrt{2}$）。因此，基于父母平均身高，子代身高的回归方程是：

$$Y=EY+(X-EX)/\sqrt{2}+e$$

式中，Y 表示子代的身高；EY 表示子代的平均身高；X 表示父母平均身高；EX 表示父母平均身高的均值；e 表示误差项。[②] 方程式等价于 $Y=a+bX+e$，其中 $a=EY-bEX$，$b=1/\sqrt{2}$。

在高尔顿的例子里，结果因素（男孩的身高）和解释因素（中亲值）在总体中都是随机变量。回归方程是一种不对称的关系，然而它描述了在给定解释因素的水平下结果变量的条件均值。这一不对称方法是回归分析的主要特征。例如，它表明有两个回归关系，即子代身高对父母平均身高的回归和父母平均身高对子代身高的回归。见图 13.1b。

前者的回归是给定父母身高下，所有子代的身高的均值；后者的回归则是给定子代身高下，父母平均身高的均值。我们会惊讶地发现这两种回归方程是不一样的。例如，就像已经看到的，高于平均身高 h 英寸的父母，他们的子代的平均身高要比所有子代的平均身高高出 $h/\sqrt{2}$ 英寸。但是高于平均身高 $h/\sqrt{2}$ 英寸的男孩，他们父母的平均身高不一定比所有父母的平均身高高出 h 英寸。（他们的平均身高比所有父母的平均身高高出 $h/4$ 英寸。）明显地，父母平均身高对子代身高的回归并不表示从子代到父母的因果联系，而只是由于遗传和环境因素作用而产生的从父母到后代的一种相关性。但是，父母平均身高对子代身高的回归

---

① 这里忽略了母亲和父亲的身高之间的相关性，其相关系数大约为 1/4。若考虑此相关性，则因子要略小，即 $\sqrt{1.6}=1.26$。

② 用较小的因数 1.26 得到回归系数为$\frac{1}{2}\times 1.26=0.63$，与高尔顿期望得到的数值 2/3 很接近。见图 13.1a。$1/\sqrt{2}=0.71$ 与高尔顿值相比略高。

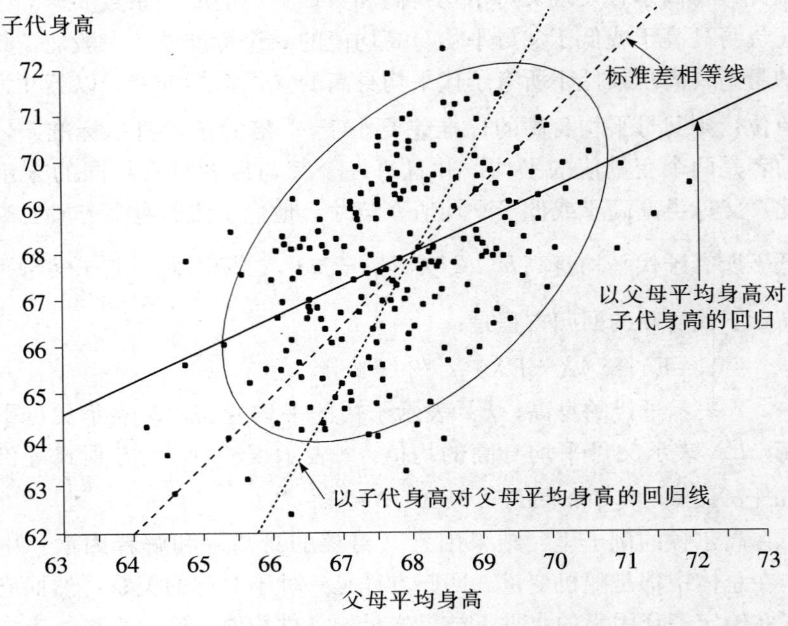

图 13.1b　子代身高和父母身高的两条回归线

仍然是可以应用的，例如基于儿子的身高来预测未曾谋面的父母的平均身高。

补充读物

D. Freedman，R. Pisani&R. Purves，*Statistics*，169-74（3d ed. 1998）.
S. Stigler，*The History of Statistics*，ch. 8（1986）.

13.1.1　领先计划

领先计划是为贫苦儿童提供的补偿教育。它们起到作用了吗？为了回答这个问题，调查者对享受补偿教育的贫苦儿童组（试验组）和从社区中随机选出的没有享受补偿教育的儿童组（控制组）进行比较。这两组都经过事前测试，并对试验组实施了补偿教育计划，然后对这两组都进行了事后测试，对这两组中事前测试分数相同的儿童，比较他们的事后测试分数。另外，把儿童按事后测试的得分和作为比较的事前测试得分进行配对，所得结果见表 13.1.1a 和表 13.1.1b（模拟数据）。在这些数据中，每一组的事前测试分数和事后测试分数的相关系数大约为 0.5；事前测试分数的均值为：试验组 50，控制组 70；事后测试两组的均值分别为 60 和 80；分数的标准差大约为 16.6。

国会关于领先计划的资助举行了听证会。反对者称这些数据资料表明补偿方案存在负面的影响，因为试验组儿童的事后测试分数往往要比事前测试分数相同的控制组儿童低。例如，事前测试分数为 55 的儿童组（人数最多的一组），试验组的事后测试分数均值为 62.93，而控制组则为 70.29（见表 13.1.1a）。

而另一方面，该计划的主管认为此方案是有益的。他指出，对于事后测试得分相同的儿童组来说（见表 13.1.1b），试验组的测试分数比控制组提高得更大。例如，对于最大的事后测试组之一（中间值为 60），试验组事前测试分数只有 49.52，而控制组的测试分数没有提高。

表 13.1.1a　　按事先测试分数分组的事后测试分数的均值

事前测试分数（中间值）	n	试验组事后测试均值	n	控制组事后测试均值
110	0	—	1	110.98
105	0	—	5	95.58
100	0	—	13	103.75
95	2	77.74	21	92.71
90	2	69.54	27	86.99
85	6	87.11	41	84.13
80	10	76.25	48	84.85
75	23	72.52	64	83.20
70	26	67.73	55	78.92
65	33	67.16	60	76.31
60	57	64.78	45	78.50
55	64	62.93	47	70.29
50	56	61.38	30	74.12
45	50	56.51	25	66.11
40	54	51.87	7	61.14
35	42	53.91	4	70.58
30	35	54.17	4	43.44

续前表

事前测试分数（中间值）	*n*	试验组事后测试均值	*n*	控制组事后测试均值
25	20	53.69	2	59.24
20	6	43.57	0	—
15	5	41.32	1	37.95
10	6	34.36	0	—
5	3	44.34	0	—

表 13.1.1b　　按事后测试分数分组的事前测试分数的均值

事后测试分数（中间值）	*n*	试验组事前测试均值	*n*	控制组事前测试均值
125	0	—	1	78.77
120	0	—	3	94.59
115	0	—	4	94.06
110	1	82.66	14	81.53
105	0	—	16	87.46
100	2	70.36	25	77.62
95	3	67.19	51	77.19
90	14	64.20	41	74.07
85	21	67.90	52	72.56
80	29	51.64	75	69.16
75	48	53.40	52	68.62
70	50	55.05	57	61.52
65	57	56.23	37	63.38
60	57	49.52	27	61.43
55	52	48.99	21	62.09
50	54	42.81	15	58.41
45	42	44.94	4	38.98
40	26	37.19	5	42.29
35	22	33.77	0	—
30	15	37.41	0	—
25	2	30.29	0	—
20	4	16.75	0	—
15	1	30.34	0	—

问题

1. 对于给定事前测试或事后测试分数的试验组和控制组，说明这些数据呈现趋中回归，并计算这种效果的大小。怎样解释这种回归现象？

2. 解释反对者和主管对趋中回归的争论的错误之处。

3. 比较所有试验组和控制组的事先测试分数与事后测试分数间的平均差异。这种差异表明此项计划的功效如何？

这一案例涉及较浅，在 14.5 节将做详细论述。

资料来源

Campbell and Erlebacher, *How regression artifacts in quasi-experimental evaluations look harmful*, in *Compensatory Education: A National Debate*, 3 *The Disadvantaged Child* (J. Helmuth 1970).

[注释]

在一项由美国小儿科协会发起的研究中，一位调查者给了 25 位中学生“心得安”，一种用于治疗心脏的药物，叫做 β-受体阻滞药。选中的这些学生对学习能力测试有严重的焦虑症，测试表明“他们在学习能力测试中没有表现出真实水平”。这些学生服用心得安一个小时后，再次参加学习能力测试时，他们的语言部分平均提高了 50 分，数学部分平均提高了 70 分。多项选择考试的每一部分的得分都在 200～800 分。没有服用心得安的学生重新参加考试后，语言部分只提高了 18 分，数学部分只提高了 20 分。1987 年 12 月 22 日《纽约时报》A27 版曾报道，“经初步研究，对于经常有严重焦虑症的学生来说，控制高血压的药物可以极大地提高他们的学习能力测试分数”。你是否赞同这种说法？

13.2 回归方程系数的估计和解释

通常，假定了回归模型，但是回归关系的数学形式、解释变量和它们之间的系数都是未知的。回归关系的形式（线性或者非线性）和解释变量的选择都需要丰富的经验，这些经验当然也因情况不同而不同。求解释变量的系数是一项统计技术，并且有一般的解决方法。我们首先来解释在线性回归模型中估计系数的统计技术，解释变量的选择将在13.5节论述，回归模型的形式选择将在13.9节、14.3节和14.7节阐述。

对于一个既定的方程来说，忽略误差项，每一组回归系数产生一组因变量的拟合值。因变量的实际值与拟合值之间的差值称为残差，见图13.2。当变量Y的实际值落在回归估计值之上时，残差为正；落在回归估计值之下时，残差为负。不能选取使残差的代数和最小的方程，因为正负残差抵消，有许多不同组的系数值都为零。而在大多数情况下，使残差的绝对值之和最小的方程是唯一的解决方法，但是绝对值操作起来比较困难，并且不具有下文讨论的其他优点。应用最广泛的是选取使残差平方和最小的系数值，这就是“普通最小二乘法”（OLS法）。

假定一个简单的线性回归模型，其形式为：

$$Y=a+bX+e$$

式中，对于任意X值，误差项e的均值都是0。假定样本有n对数据（X_i，Y_i），$i=1$，…，n，常数项a的最小二乘估计值为：$\hat{a}=\overline{Y}-\hat{b}\overline{X}$，式中，$\overline{X}$和$\overline{Y}$是$X$和$Y$对应的样本均值。$\hat{b}$是$b$的最小二乘估计值，其公式为：

$$\hat{b}=rs_Y/s_X$$

式中，s_X和s_Y是X和Y对应的样本标准差；r是X和Y之间的样本相关系数（参见1.4节）。

以标准化变量表示拟合模型，令$x=(X-\overline{X})/s_X$，$y=(Y-\overline{Y})/s_Y$，其样本均值为0，样本方差为1，则有

$$y=rx+e'$$

式中，e'为回归残差$Y-(\hat{a}+\hat{b}X)$除以s_Y。

因此，标准化下，估计的回归系数等于样本相关系数。以这种形式表示模型时，回归系数称为标准回归系数，也称为路径系数。一般地，标准回归系数等于普通最小二乘法中解释变量X的回归系数除以s_Y/s_X。

当解释变量有两个时，多元线性回归模型为：

$$Y=a+b_1X_1+b_2X_2+e$$

式中，对于所有固定值 X_1 和 X_2，误差项的均值都为零。标准化后，拟合模型为：

$$y=p_1x_1+p_2x_2+e'$$

标准化回归系数 p_1 和 p_2 满足联立线性方程组（即正规方程组）：

$$r_{1Y}=p_1+r_{12}\cdot p_2$$

$$r_{2Y}=r_{12}\cdot p_1+p_2$$

式中，r_{1Y}和 r_{2Y}是 Y 和 X_1 或 X_2 间的相关系数；r_{12}为 X_1 和 X_2 间的相关系数。这个方程组的解为：

$$p_1=(r_{1Y}-r_{12}\cdot r_{2Y})/(1-r_{12}^2)$$

$$p_2=(r_{2Y}-r_{12}\cdot r_{1Y})/(1-r_{12}^2)。$$

那么，原始系数的最小二乘法估计值为：

$$\hat{a}=\overline{Y}-\hat{b}_1\overline{X_1}-\hat{b}_2\overline{X_2}$$

$$\hat{b}_1=p_1\cdot s_Y/s_{X_1}$$

$$\hat{b}_2=p_2\cdot s_Y/s_{X_2}。$$

请注意，如果 X_1 和 X_2 不相关，即 $r_{12}=0$，则回归系数等于 Y 对任一变量单独回归得到的值。这就是说，在单变量的情况下，在模型中加入与第一个变量不相关的第二个变量，将不会改变第一个变量的估计系数。当有两个以上解释变量时，这一结论仍然成立，即在给定其他变量值，新加入的变量与一个现有的变量之间不相关，则不会改变现有变量的系数。

普通最小二乘法估计应该具有必要的条件。首先，利用回归方程拟合数据时，回归系数是无偏的，并且因变量的预测值和实际值间的样本相关性最大。第二，若误差项服从方差为常数的正态分布，则回归系数的最小二乘估计就是极大似然估计，也就是说，使给定数据的观察值概率最大。① 第三，数据越多，估计值就越精确，一致性就越高。第四，最小二乘估计是有效的线性估计，也就是说，它与重复抽样中别的线性估计相比变化较小；因此，对于一组给定数据，最小二乘法真实的相关

---

① 关于二项分布中的极大似然估计的讨论，参见 5.6 节。这里，似然函数是在解释因素和正态分布误差项已知下，基于因变量观测值求出，回归系数的最小二乘估计使似然函数值最大。

系数为最精确的线性无偏估计值。[①] 由于以上这些原因，最小二乘估计已经成为估计多元线性回归方程的标准方法。[②]

尽管最小二乘估计已经成为一种标准的方法，并且其数学基础完全合理，但使用它时仍然需要慎重。因为这种方法虽然使残差平方和最小，但是最大的残差对平方和的贡献却不均匀（例如，一个残差是另外一个残差的 2 倍，则它在和中的权重是另外一个残差的 4 倍）。这就是说，具有最大残差的数据点，尽管其数量很少，但是在系数的估计时有着重要的影响。这或许恰当，或许不很恰当。偏离均值 2 个或 3 个标准差的数据点，即离群值点，如果从公布误差，或者是不能用模型解释和不可重复的特定情况，得到的均值和回归估计就存在严重的扭曲。因此，检验数据的准确性并且检验它们对回归估计值的影响就变得重要起来。类似地，偏离数据主体的解释变量的值，即使没有较大的残差，但是对回归估计有很强的杠杆作用。检验这种情况下的回归模型的灵敏度的方法将在 14.9 节论述。回归诊断是检验残差较大或具有很强的杠杆作用的特殊数据点的影响，这些都会导致错误的回归（参见 R. Cook and S. Weisberg，*Residuals and Inference in Regression*（1982）for a discussion of regression diagnostics）。

13.2.1 西联汇款的股本成本

在 1970 年涉及西联汇款（Western Union）的利率制定过程中，联邦通信委员会试图测定到西联汇款的股本成本，以此来测定资本的总成本。尽管传统上认为，股本成本是由公司的普通股的市盈率（盈利/股价之比例）决定，但是西联汇款的一名专家却坚持认为，因为普通股的盈利非正常地压低，因此得出的市盈率很显然是荒谬的。这名专家提出，应通过调查其他工业组织的股本成本和调整风险差异来评估西联汇款的股本成本。风险通过收益差异指标进行调整，差异被定义为 1957—1960 年收益趋势的标准差（避免了把收益的简单增长看作差异

① 最小二乘估计是线性的估计，因为它事实上等于因变量观测值的加权之和。

② 但是，最小二乘估计也不是唯一的方法。关于加权最小二乘技术，参见 13.8 节。回归其他形式（参见 14.7 节）中，极大似然估计不同于最小二乘估计；当随机误差不服从正态分布时，通常会出现这种情况。

性），其中收益是按每股的平均收益（这样是为了消除每股收益绝对值的因素）分组。研究得出的股本成本和收益差异，见表 13.2.1。

表 13.2.1　　一些受管制的行业的股本成本和收益差异

公共事业行业	股本成本	账面收益率的差异	差异的对数
美国电话电报公司	9.9%	3.6%	1.28
电力业	10.4%	7.1%	1.96
自主电信业	10.4%	10.6%	2.36
天然气管道业	11.4%	11.9%	2.48
天然气运送业	12.2%	12.9%	2.56
公共自来水业	10.0%	17.1%	2.84
卡车运输业	16.5%	44.0%	3.78
航空业	18.9%	76.0%	4.33
西联汇款	?	27.0%	3.30

问题

1. 用账面收益率的差异对股本成本进行回归，估计西联汇款的股本成本。（差异的对数将在 13.9.1 节阐述。）

2. 你觉得这种方法的缺陷是什么？

资料来源

Michael O. Finkelstein，*Regression Models in Administrative Proceedings*，86.

Harv. L. R. ev. 1442，1445-1448（1973），reprinted in *Quantitative Methods in Law* 215-219.

13.2.2　北坡油田的关税问题

横贯阿拉斯加州的管道系统是一条普通的输送管道，它从阿拉斯加北坡油田的普拉德霍湾延伸至阿拉斯加南部中心海岸的瓦尔迪兹，大约有 800 英里。这条管道输送的是北坡油田的各种油井生产的原油混合物。费尔班克斯（ERCA）附近的一家炼油厂购买了这条管道上的原油，并将残余油重新输入这条输送系统中。不同的石油运输方式运输不同品质的石油，由于运输方式的多样性，瓦尔迪兹的承运人一般通过投标运输获准运输不同品质的石油。

由于在普拉德霍湾投标的石油与被 ERCA 重新输入的石油和瓦尔迪兹接收的石油之间存在品质差异，因此为了补偿承运人或向承运人征收费用，货运公司成立了一个所谓的质量认证。质量认证认为，石油的质量可由 API 度测量，API 度越大，石油的品质越好。货运公司对质量认证提议每度每桶 15 美分，ERCA 提出了反对的意见。由于 ERCA 接受的是 26～27 度的 API 石油，而重新输入的是 20 度的 API 石油，所以 ERCA 将成为质量认证的主要支付人，他推荐使用每度每桶 3.09～5.35美分。

ICA 的第 1（5）部分（49 U.S.C.1（5）），要求货运公司建立公平又合理的收费或关税。在联邦能源管制委员会的行政法官决定是否应该成立质量认证前举行了听证会，如果需要成立，那么合适的赔付比率应该是多少？听证会法官发现质量认证的概念是公平和合理的，因此就要决定合适的赔付数量。

由于北坡油田的原油没有标价（牌价），所以就调查了其他石油的价格。

承运人的律师调查了中东和一些国内原油的价格，“研究表明，这些原油的价格和它们的重量、硫磺或重量和硫磺二者的混合都存在着良好的相关性，但有一个例外，即国内原油的硫磺与价格存在着弱相关性……”。

表 13.2.2 显示了以普拉德霍湾原油为样本的每桶价格和 API 度。

表 13.2.2 **普拉德霍湾的原油**

API	美元/桶
27.0	12.02
28.5	12.04
30.8	12.32
31.3	12.27
31.9	12.49
34.5	12.70

续前表

API	美元/桶
34.0	12.80
34.7	13.00
37.0	13.00
41.1	13.17
41.0	13.19
38.8	13.22
39.3	13.27

问题

1. 画出上表中数据的散点图，并拟合出数据的线性回归模型（可以通过对图表的观察，也可以按 13.2 节介绍的方法）。

2. 对以上数据进行回归分析，你能得出什么结论?

3. 假如你是 ERCA 的律师，你的观点是什么?

资料来源

Trans Alaska Pipeline System，23 F. E. R. C. 12313，and subsequent proceedings（rebuttal testimony of Jack B. Moshman）.

13.2.3　投票权稀释案例中的生态回归

1965 年出台并在 1982 年进行了修订的《投票权法案》禁止任何旨在取消不同种族成员根据自己意愿选举代表的权利的行为（42 U. S. C. § 1973（1988））。在 *Thornburg v. Gingles* 判例中（478 U. S. 30 (1986)），最高法院认为对少数民族的投票力进行稀释立案，原告必须提供以下资料：（1）此少数民族在地理上是紧凑的（即存在一个地理区域，该少数民族占有绝大多数比重）；（2）此少数民族在政治上是团结的（即它基本上是作为一个政治团体为它所需要的候选人投票的）；（3）人口占多数的民族也必须是一个投票的集团（即他们的投票总和可以击败少数民族的候选人）。

洛杉矶郡政务指导委员会由5名在监管选区内在无党派选举中供职了4年的检察官组成。在1990年2月以前，没有西班牙人选举成为检察官，但是实际上，根据1980年的人口普查，西班牙人占到洛杉矶市总人口数的28%，占已达投票年龄公民数的15%。

在一个诉讼案件中，重新划分区域以产生一个由西班牙人占多数的行政区，原告提出一个由两个回归方程组成的生态回归模型，以此证明西班牙人和非西班牙人的集团投票性质。原告的模型中，第一个回归方程为：

$$Y_h=\alpha_h+\beta_h X_h+\varepsilon_h$$

式中，Y_h 表示西班牙人候选人预期的投票率，以选区中记名选民的百分比表示；α_h 表示投票给西班牙人候选人的非西班牙人记名选民的百分比；β_h 表示每1%的西班牙人记名选民对西班牙人候选人的总投票；X_h 表示西班牙人记名选民的百分比；ε_h 表示均值为0的随机误差项。注意，这个模型假定不存在调查区内的因素影响与 X_h 相关的投票结果。

上述模型旨在估计西班牙人和非西班牙人记名选民投票给西班牙人候选人的百分比。为了估计支持率（即在每一组选民中投票给西班牙人候选人的比例），必须先估计西班牙人和非西班牙人记名选民的投票比率。因此需要第二个回归方程式，即

$$Y_t=\alpha_t+\beta_t X_h+\varepsilon_t$$

式中，Y_t 是总的投票率，以记名选民的百分比表示；α_t 是非西班牙人投票给任意候选人的百分比；X_h 同上面一样，表示选区中西班牙人记名选民的百分比；ε_t 是随机误差项。

利用1982年洛杉矶市长预选的结果，调查者收集了大约6 500个选区中的每个选区的如下数据：（1）记名选民的总人数；（2）西班牙人记名选民人数（以西班牙姓为基础，经过适当的调整）；（3）投票给西班牙人主要候选人费利西亚诺（Feliciano）的票数；（4）总票数。

基于以上数据，通过普通最小二乘法估计得到两个回归模型：

$$Y_h=7.4\%+0.11X_h$$

$$Y_t=42.6\%-0.048\,X_h$$

图13.2.3给出了选票数据的散点图，每一点代表一个选区。横轴表示每个选区中西班牙人记名选民的百分比；纵轴表示费利西亚诺的得票率。为了使此图更明了，只做出每隔10个选区的散点图。斜线表示

由数据估计出的第一个方程。

在对原告的判决中，地区法院采纳了这个生态回归模型，认为“生态回归是根据收集到的所有个体的数据来推断人群行为的标准方法”，并且认为“虽然理论上生态回归可能高估两极化，但是被告的辩护律师亦无法证明是否真实存在偏差”。

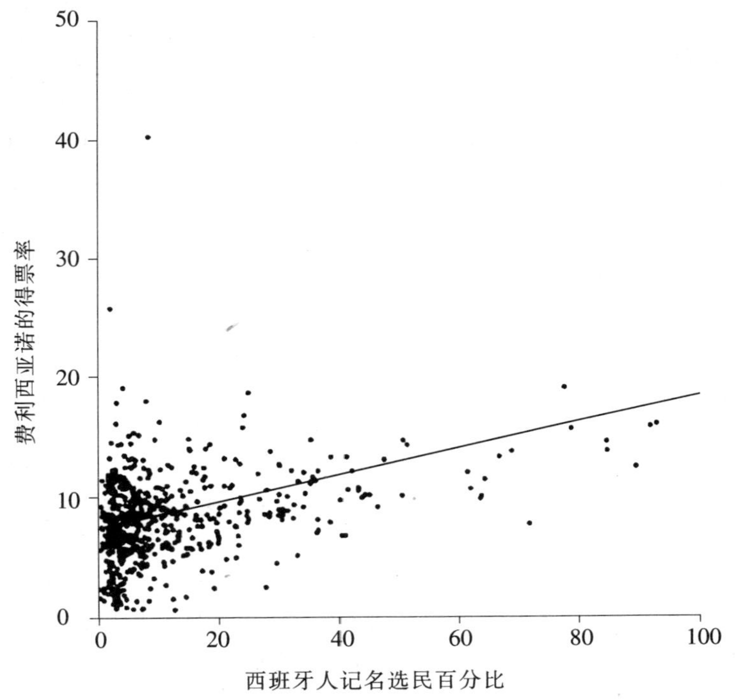

图 13.2.3　主要的西班牙候选人费利西亚诺在 1982 年洛杉矶州长初选中的得票率

注：分析单位是选区。回归线如图所示。

问题

根据生态回归模型：

1. 选区投票率的平均值是多少？费利西亚诺来自西班牙人和非西班牙人的得票率的差异有多大？

2. 西班牙人和非西班牙人选区的平均投票率为多少？

3. 使用这两个估计模型，费利西亚诺来自西班牙人和非西班牙人选取的平均支持率是多少?

4. 假定此生态回归模型正确，关于集团投票你能得出什么结论?

5. 对于此生态回归模型，你有何异议?

6. 为得到生态回归模型所需的投票信息，还有什么其他的方法?

资料来源

Garza v. County of Los Angeles，918 F. 2d 763 (9th Cir.)，cert. denied，111S. Ct. 681 (1991)。For an extensive discussion of the evidence and the issues，see Daniel L. Rubinfeld，ed. ，*Statistical and Demographic Issues Underlying Voting Rights Cases*，15 Evaluation Rev. 659 (1991) .

[注释]

原告解释说，生态回归模型表示，把各个选区平均起来，西班牙人候选人得到了非西班牙人记名选民 α_h%的支持率，和西班牙人记名选民 ($\alpha_h+\beta_h$)%的支持率。两者的差值——β_n 个百分点——是西班牙人和非西班牙人支持西班牙人候选人的平均差别，因此是对投票两极化程度的度量。

被告反击：原告对回归的解释依赖于他们的不变假设，因此，人们可以对此回归有不同的解释。他们认为，假设在一个选区内不存在集团投票现象——也就是说，西班牙人和非西班牙人记名选民投票给西班牙人候选人的比例相同。那么，记名选民中的西班牙人每增加一个百分点，两组选民对西班牙人候选人的支持率就平均增长 β_n 个百分点。一个选区中西班牙人记名选民的比例代表了它的经济和社会状况，这种状况影响着西班牙人和非西班牙人的选举决定。被告方的专家 David Freedman，称这个为近似模型，因为它假定了西班牙人和非西班牙人处在相同的社会和经济条件下，采用相同的方式进行投票。对于两个组而言，投票给西班牙候选人的记名选民的比例是 $\alpha_h+\beta_h X_h$，这里 α_h 和 β_h 可以通过回归模型估计出来。

尽管这个近似模型假定在不同选区中不存在极端投票现象，但是，如果选区是集中的，当这些地区中西班牙人记名选民的比例很高，而在此居住的西班牙人总量并没有这么高的比例时，就很可能出现集团投票现象。如果选区高度分散，则生态回归模型和近似模型对极端投票的估计存在的差异很小。但是，如果西班牙人在很多选区都是明显占少数时，比如洛杉矶市，生态回归模型对极端投票的估计值要比近似模型高。

13.3 回归方程的不确定性测度

回归模型必须考虑到外部来源的不确定性因素：回归均值周围的因变量观测值（由于随机误差项）呈分散趋势。用样本数据估计回归方程时，也会产生其他不确定性因素。

回归误差

为了阐明回归误差，再次引用高尔顿研究的父母和子代的数据。对于父母平均身高给定的父母，他们的子代的身高各不相同。子代身高围绕着他们身高的回归均值的散点分布可以通过回归模型中的误差项来反映。这个误差的方差不受观测值个数的影响，同时也不受父母亲身高的条件性因素影响，见图 13.3a，垂直方向上的散点：他们的父母平均身高大致相同。最后，回归均值周围的子代身高的分布近似为正态分布。误差项的方差通常记为 σ^2，它的平方根，也就是误差的标准差记为 σ。

由于这些特性对于回归模型来说相当典型，它们已经成为定义标准回归模型的四个假设。在解释因素给定下，回归模型需要满足以下假设：(1) 回归误差项均值为零；(2) 误差项之间在统计意义上相互独立；(3) 误差项的方差为常数；(4) 误差项服从正态分布。不满足这些假设中的一项或更多项的情况将在 13.8 节进行讨论。

通常情况下，我们不知道真实的回归关系或者真实的误差，必须通过样本的数据估计出来。数据特征显示了综合结果，但不能表现误差。当用样本数据来估计回归关系时，各种回归均值都是不确定的，预测值的内在不确定性由于回归系数的最小二乘法估计值具有抽样差异性而扩大了。例如，如果我们对给定身高的父母进行重复抽样，则他们子代的平均身高也会因样本的不同而发生变化。由此得出的用最小二乘法估计的回归方程也各有不同，并且子代升高的预测值也会随之变化。

因变量的真值和回归估计值间的差值被称为残差。残差表示对估计回归线的偏离程度，而误差则表示对真实的线的偏离程度。因为误差未知，它们的方差就只能通过残差来估计。在标准模型中，残差平方的和

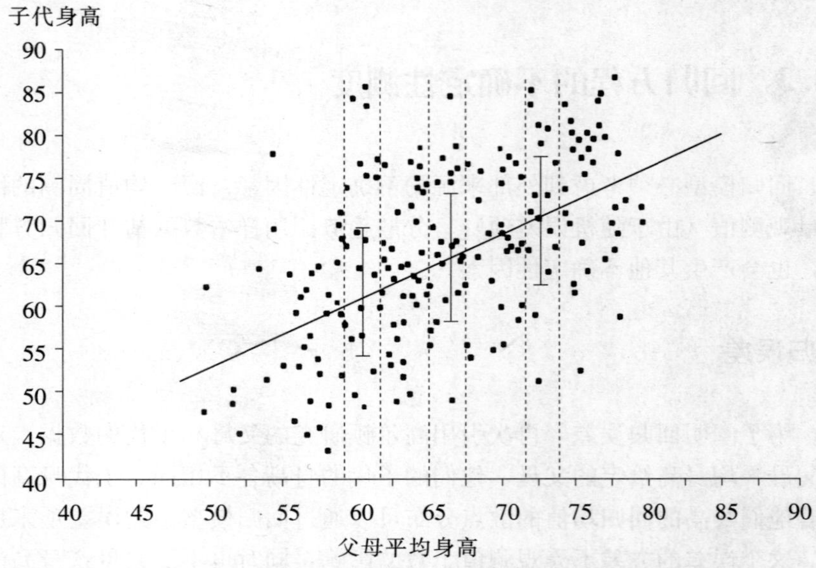

图 13.3a　解释不变的误差方差的模拟父母—子代数据

称为残差平方和。这是对模型中不能解释的差异性的基本测度——不能解释是因为它主要反映了因变量关于回归均值的随机变化。残差平方和除以调整后的样本容量，称为误差的自由度，用 df_e 来表示，它是 σ^2 误差方差的一个无偏估计量，称为残差均方。误差自由度等于样本量 n 减去方程中解释变量（包括常数项）的数目。① 残差均方的平方根，通常（且非常容易混淆）指回归标准误，它对于回归系数的显著性和置信度及因变量的预测区间的统计显著性的估算是至关重要的，见 13.4 节和 13.7 节。有一个很方便的计算公式，即

$$\{[(n-1)/(n-p)]\ s_y^2\ (1-R^2)\}^{1/2}$$

式中，s_y^2 是因变量的样本方差；R 是复相关系数（已经简单定义和讨论过）；p 是解释变量的个数，包括常数项。

模型中对可被解释的差异性的测度，也即回归平方和，等于因变量的回归估计值和它的样本均值之间的差值的平方和。差异性在某种程度上可以解释为回归模型中由于解释变量的变化而引起的回归均值的变

① 缩小自由度是为了构造一个无偏的估计量。它反映进入回归的每一个解释因素都能够使方程更接近这个有限数据的样本，因此同误差的方差相比，残差的方差缩小了。

化。回归平方和除以回归自由度（df_r）称为回归均方。回归自由度就是方程式中解释变量（包括常数项）的个数减去 1。

总平方和是因变量关于总体均值的偏差平方的简单代数和。总的自由度（df）为样本量减去 1。因变量的总体差异性可以分成两部分：由回归模型解释的差异性和由残差解释的差异性。特别地，总体平方和等于回归平方和加上残差平方和。随机变量的样本数据具有以下理论性质：对于任意两个随机变量 X 和 Y，有

$$\mathrm{Var}(Y)=E[\mathrm{Var}(Y\mid X)]+\mathrm{Var}[E(Y\mid X)]$$

即 Y 的总体方差是以下两部分之和：对于给定 X 值的条件下 Y 的条件方差的均值（残差均方），对于给定 X 值的条件下 Y 的条件均值的方差（回归均方）。

拟合度的测度

既然回归方程不能完美地拟合因变量的值，因此，测度方程的拟合程度就很重要。

回归模型对数据的拟合程度最初由回归标准误和复相关系数的平方来评价。标准误越小，常数项的拟合程度就越好，因此，标准误经常作为从候选方程中挑选回归模型的一个标准。这方面将在 13.5 节作更充分的论述。

复相关系数 R，是因变量的回归估计值和观察值之间的相关程度。复相关系数的平方 R^2 通常用于描述拟合度，它可以等同于回归平方和与总平方和的比率。因此，R^2 可以解释为回归方程能够解释因变量总体差异的部分。R^2 的取值在 0（不相关）和 1（完全拟合）之间。图 13.3b 描述了基于 R^2 的可以解释的和不可以解释的偏差。

既然回归方程是拟合数据的方程中最优的，R^2 作为对真实回归方程可以解释的可变部分的总体值的估计，是轻度上偏。因此，R^2 就需要向下调整，即减去 $(1-R^2)(p-1)/(n-p)$，这里 p 为预测值个数（包括常数项），n 为样本数。修正后的估计值称为调整后的 R^2。[①]

---

① 如果 R^2 近似于 1，或解释变量的数量与因变量的观测值数量相比很小，则影响很小。例如，如果在 30 个观测值和 6 个解释变量（包括常数项）的 $R^2=0.80$，则调整后的 R^2 为 0.76。

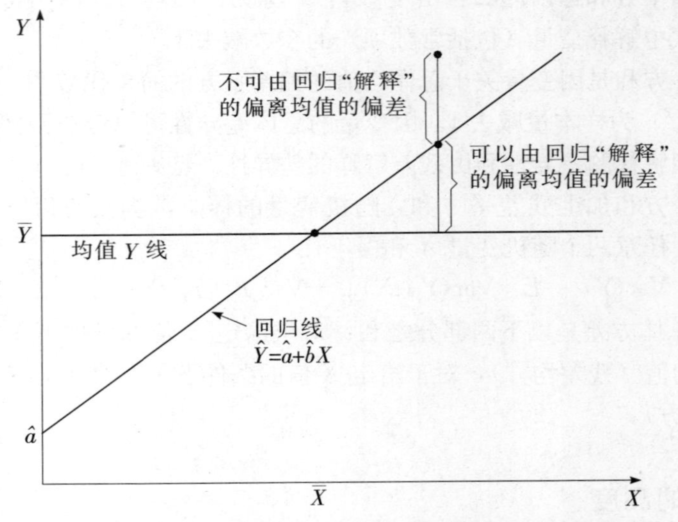

图 13.3b　可以解释的和不可解释的偏离均值的偏差

应该注意，R^2 是拟合优度的综合度量，其值接近 1 并不一定意味着模型就反映了变量间的因果形式，或者它的预测效果很好。在趋势性很强的时间序列数据中，最需要注意的是伪相关问题；在那些情况下，相关系数的平方很容易超过 0.90，因而看起来拟合很好。事实上，这些相关可能只反映了共同的变化趋势，而没有反映因果关系，这时，模型就不能预测变化趋势的转折点。14.1.3 节的销售数据就是这样的例子，在此，时间和季节指标不是引起销售增长的必然原因。

另外，R^2 也受解释变量范围的影响。X 的样本量大的回归模型的 R^2 值要比样本量少的相同的回归模型的 R^2 值大得多。X 的样本量少，相应的 Y 的总离异能够由 X 解释的部分较小，其中不能解释的部分或者误差的离异就较大，见图 14.1。

即使很高的相关系数反映了因果关系，但是也无法保证方程能反映出真实的形式。利用 R^2 准则，与真实的回归关系不一致的模型也可以很好地拟合数据。图 13.3c 中的每一个数据集的线性回归值和真实值之间具有相同的相关系数。但是，模型的差异很大，并且只有中间的模型中，线性模型能够很好地拟合数据。

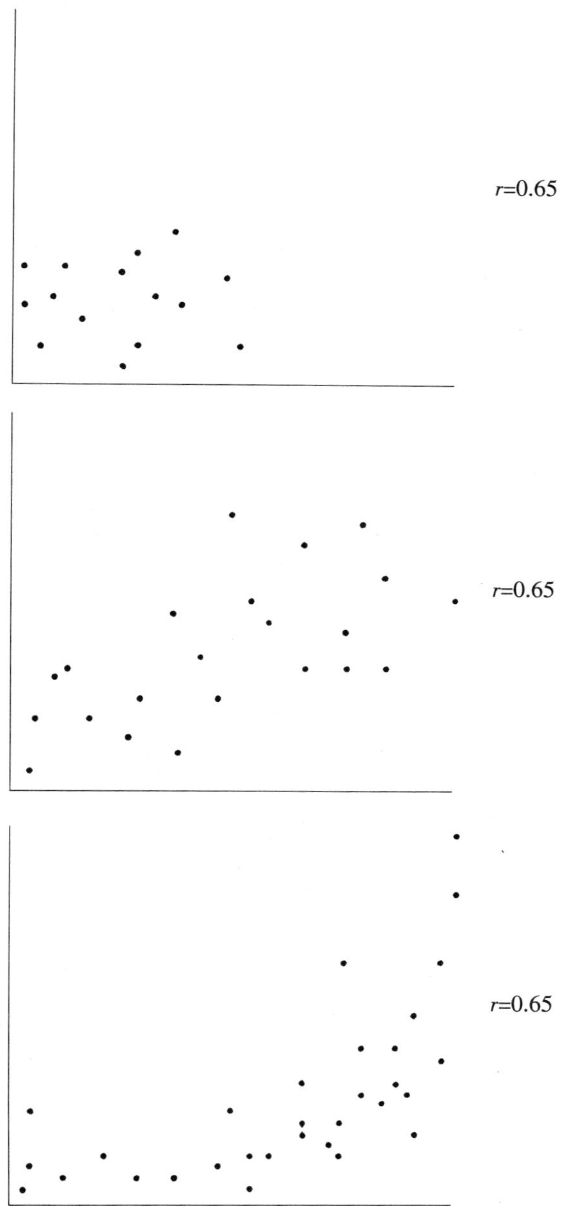

图 13.3c 具有相同相关系数的散点图

因此，需要具体分析估计方程的拟合优度，而不能仅依赖于综合测度。

13.3.1 学术界中的性别歧视

一项代表妇女利益的集体诉讼把休斯敦大学告上法庭，声称其在员工薪酬制度中存在歧视。法院发现原告的歧视统计证据不充足，因为它对男女的工资水平所做的比较并没有考虑所有相关的因素。

校方展示了两个多元回归的研究，法庭也考虑了原告的申诉，原告称这些研究提供了缺失的证据。

在第一项研究中，工资水平根据 8 个院系、经验和教育变量进行回归，得到的拟合优度为：$R^2=52.4\%$。第二个模型是同样的，但是加入了性别因素作为解释变量，拟合优度为：$R^2=52.3\%$。原告声称，她们的研究被证实是正确的，因为每年 694 美元（表明妇女的平均工资要比相同资质的男人少得多）的性别系数在统计上是显著的。但是法院反对这个观点，并且接受了校方专家的观点。

> 根据校方专家的观点，虽然第二个模型中的性别系数为 694 美元，但是多元回归分析并不能说明学校对妇女存有不公平的待遇，因为包含性别因素的模型与不包含性别因素的模型相比，仅解释了平均工资总离异的 0.8%多："系数本身并不能对两个模型的统计解释起到多大作用，而起作用的是解释了的离异比例。"原告并不能提供证据证明，性别在统计学意义上，是与其他自变量（例如院系、级别、经验、学位等）相互独立的；因此，对于校方给出的模型能够解释的离异，性别的增量贡献是很有限的，因为由性别引起的部分影响将会被错误地认为是由其他自变量引起的。[①] 更进一步说，原告没有提供证据说明性别变量的系数值是显著的，尽管事实上当性别变量被加入模型中时，性别只解释了总离异的 0.8%多。由于没有理由拒绝校方专家的观点，因此我们反对这项申诉。

① 例如，如果原告证明在晋升方面对妇女存在歧视，作为助理教授的经验这个自变量与性别相关，因为，妇女由于歧视，将比男助理教授更有经验。在这种情况下，由性别引起的平均工资的部分变化，就不会由性别因素解释了，因为它将由作为助理教授的经验这个变量来解释。由以上的讨论可知，原告没有证实存在晋升方面的歧视。

问题

1. 当性别被加入到模型中时，拟合优度 R^2 增加了 0.8%，是否表示对于同等资格的人，女性的工资水平就比男性的工资水平低了 0.8%呢？这种微小的增加对所谓的工资水平的降低意味着什么？

在阅读完 13.4 节后，回答以下问题：

2. 当性别作为解释变量加入模型，产生的 R^2 变化的统计显著性和性别系数的统计显著性有什么关系？

资料来源

Wilkins v. University of Houston，654 F. 2d 388，403-4 and n. 19 (5th Cir. 1981)，*reh. den.*，662 F. 2d 1156（1981），*vacated*，459 U. S. 809（1982），*on remand*，695 F. 2d 134（1983）.

13.4 回归系数的统计显著性

估计系数的标准误

每一个估计回归系数的差异性，都以称为系数标准误（不要与回归的标准误相混淆）来度量，这些就是最小二乘法估计量的标准差，而在解释变量固定下，它们被看作重复抽样中的随机变量。一个系数的标准误的大小由以下因素决定：(1) 回归的标准误；(2) 样本的容量；(3) 解释变量值的分布范围；(4) 在有多个解释变量时，它们之间线性相关的程度。在最简单的情形下，线性模型为：$Y=a+bX+e$，且有 $E[e \mid X]=0$，如果误差项的方差为：$\mathrm{Var}(e \mid X)=\sigma^2$，那么在估计的回归方程 $\hat{Y}=\hat{a}+\hat{b}X$ 中 $\hat{b}$ 的方差为：

$$\mathrm{Var}\hat{b}=\sigma^2/\sum \cdot (X_i-\overline{X})^2$$

对于样本容量为 n 的样本，$\hat{a}$ 的方差为：

$$\mathrm{Var}\hat{a}=\sigma^2[(1/n+\overline{X}^2)/\sum \cdot (X_i-\overline{X})^2]$$

这些数值可以用 $\hat{\sigma}^2$，回归标准误的平方（即残差均方）代替 σ^2 估计出来。$\hat{a}$ 或者 $\hat{b}$ 的标准误是相应的估计方差的平方根。

首先来考虑这样一个事实，$\hat{a}$ 和 $\hat{b}$ 的方差是根据随机误差项的方差和样本量估计得出的。如果误差方差为零，则无论样本量多大，每一个解释变量值给定的样本数据都与因变量值相同。随着误差项方差的增加，方程中的随机变量带来的影响就使得每个样本的因变量的差异更加明显。就像在 13.3 节提到的那样，会产生不同的最小二乘方程。

另一方面，误差项方差给定，则增加样本容量会减少由于抽样引起的估计值的变动。

至于解释变量的变动范围，可以再次考虑简单线性回归的情况，用 Y 对 X 做线性回归，最小二乘方程式根据由 Y 和 X 的均值确定的点估计得出。如果解释变量 X 的值聚集在均值附近，而 Y 值的分布较为分散，即使 Y 值发生很小的变化也会引起回归线的估计斜率（即系数 $\hat{b}$）发生较大的波动，就像跷跷板一样。但是如果 X 的值分布较分散，那么这条回归线就更加稳固。

在一些包括多个解释变量的较复杂的情形中，第四个因素——变量之间的线性相关程度——对标准误有重要的影响。假定在工资回归模型中，几乎所有高收入的员工都是经过特殊培训的男性，而几乎所有低收入的员工都是没有接受过培训的女性，那么性别和特殊培训就高度相关，具有这种相关性的数据被称为共线性；如果其中的一个因素是其他几个因素的近似线性函数，那么这些数据就具有多重共线性。这在多元回归方程中经常发生。

高度的多重共线性说明模型被过度细化了，即模型中的变量过多。多重共线性并不是使系数或因变量的回归估计产生偏差，它只是提高了系数的标准误，因此使显著性检验的有效性降低，系数估计的可靠性降低。

我们不难看出不可靠的原因。在此案例中，如果性别和特殊培训是完全相关的，就很难区分它们各自对工资的影响，因为它们总是同时变化。如果解释变量是高度但不是完全相关，对它们各自影响的评估就只依赖于那些解释变量不是一致变化的少数情况；变大的系数的标准误反映有效样本量很小。

一个简便（但不是十分简单）的多重共线性的检验方法是找出解释

变量具有高相关性（超过 0.9）的解释变量对（大部分多元回归计算程序都可以很容易地得到相关矩阵）。其他方法的标准误较大或者重要变量的相关系数的符号出现错误。如果构建模型时，增加或删除一个变量会引起另外一个变量估计系数的较大变化，或者，增加或删除一个数据点会引起估计的较大变化，此时我们都可以怀疑出现了多重共线性。简单的诊断多重共线性的方法，请参见 13.6 节中关于容忍度的定义部分。

当多重共线性影响到系数估计的精度时，仍然有可能估计出回归均值并以较小的标准误预测出因变量值，而单个系数由于多重共线性会有较大的标准误。这种状况好比是在地图上用斜率较大的（但非直角的）网格线定位一个点，虽然这个点的坐标并不是很确定，但是由于许多不同的坐标对都近似地指向了地图上相同的位置，因此可以很准确地在地图上找到这个点。

回归系数的显著性检验

系数的统计显著性通常由系数值除以其估计标准误所得的数值决定，由此得到的临界比率就是 t 统计量，在误差服从正态分布下，用误差项方差的估计值可以得出 t 统计量（参考 7.1 节）。显著性水平可以查表得到，并且它取决于随机误差项的自由度，自由度在 13.3 节被定义为观测值的数目减去解释变量的数目（包括常数项）。

上面介绍的 t 统计量是检验单个系数的显著性。它也可以检验系数群，或者检验所有系数的整体显著性。检验所有解释性变量（不包括常数项）的整体性，实际上是对 R^2 的统计显著性的检验。增加或删除解释变量群产生的影响可以通过 F 统计量进行评价。7.2 节讨论了 F 分布。这里，F 统计量是一个比率：(1) 在方程中增加或者减去解释变量引起的残差平方和的绝对变化量除以检验变量数目，即增加的变量的回归均方；除以 (2) 包含的因素的残差平方和除以随机误差的自由度，即误差均方。分子也可以表述为回归平方和的绝对变化量。F 统计量的另一种表示方法，通常也是最方便的，是比率：(1) 模型中增加或删除变量时 R^2 的变化量除以检验变量的数目，除以 (2) 较大模型中的 $1-R^2$ 除以较大模型的 df_e。用符号表示为：

$$F=\frac{R_1^2-R_0^2}{p}\bigg/\frac{1-R_1^2}{df_e}$$

式中，R_1^2 对应于较大的模型；R_0^2 对应于较小的模型；p 是两个模型变量相差的个数；df_e 是较大模型的误差自由度。

如果所有检验变量系数的真值都为零（即这些变量都不是解释变量），则分子和分母的抽样分布是独立卡方分布除以各自的自由度，并且这个比率服从 F 分布。如果增加变量使得残差的方差有大的减小（或者剔除变量使得残差的方差有大的增加），则 F 统计量的分子变大，并且拒绝应该在方程中保留这些变量的假设。对于单变量的检验来说，F 统计量变为这一变量系数的 t 统计量的平方，因此 t 检验和 F 检验是等价的。

对于单个解释变量或变量组而言，系数检验显著则认为拒绝系数为零的假设是合理的。如果在正确的回归模型中性别系数是显著的，则应该拒绝性别在工资水平中不起作用的断定。相反的情形就更容易解释。如果有独立的理由认为，性别是影响工资水平中的一个因素，并且估计系数符合原假设（例如，资料表明同等能力的女性工资比男性少），但并不是显著的，则我们可以得出以下结论，数据符合原假设，而男女性工资之间的差别是偶然的。但是也不能得出存在歧视的假设，因为不显著可能由于势不足引起（例如，是由于观测值的数目太少），而不是不存在歧视。另一方面，如果势很高或者如果估计系数符合歧视性的假设，例如同等能力的女性比男性挣得多，那么拒绝存在歧视的假设就更加合理。在已知的显著性水平没有达到临界水平下，判断这个系数就要取决于系数值的实质重要程度和测度偏离原假设的检验的有效程度。

回归系数的置信区间

回归系数真实值 b 的置信区间等于 $\hat{b}$，即 b 的最小二乘估计值加减临界值乘以 $\hat{b}$ 的标准误。临界值可以从自由度为 df_e 的 t 分布表中查得。例如，95%的置信区间为 $\hat{b}\pm 2.09se(\hat{b})$，其中，2.09 是自由度为 $df_e=20$、置信度为 95%的 t 分布的双侧临界值。回归均值的置信区间和预测值的预测区间将在 13.7 节讨论。

13.4.1 马斯尔·肖尔斯的种族歧视

田纳西州流域管理局（TVA）在亚拉巴马州的马斯尔·肖尔斯（Muscle Shoals）设有一个农业和化工发展（OACD）的办事处。这里的工作被分为若干个进度：进度A是为管理工作制定的；进度B是为办公制定的；进度D是为工程和科学研究人员制定的；进度E是为助手和技术员制定的；进度F是为保管人员制定的；进度G是为公共安全人员制定的。OACD要求具有英国标准（BS）的美国化学学会（ACS）批准课程的化学学位，最开始就可以是专业的化学师职位（进度D）。没有ACS认可的学位的个人是无论如何也不会被考虑进度D的职位，即使他们学校已经符合ACS鉴定的要求了，或候选人有真正相关的工作经验。没有ACS认可的学位的新人一般只能是进度E（助手）的职位，而后才可能晋升到进度D的工作。同样，也是从进度B晋升到进度A的。

原告提起起诉，宣称在晋升中对黑人存在歧视。原被告双方都用到了多元回归分析的方法。原告用了五个解释性因素（加上一个常数项）：技术学位，非技术学位（无学位是一个参考种类），在TVA的服务年限，年龄和种族；年工资水平作为因变量。数据资料来自进度A，B，D，E和F数据。进度E仅有7名黑人，进度D仅有14名黑人，进度B的黑人很少，而进度A则没有黑人。估计对黑人的种族歧视影响为1 685.9美元，标准误为643.15美元。

TVA的回归模型的不同之处在于它们按照专业领域划分学位：自然科学，工程科学（而不是化学工程学），R（任一领域的博士学位或化学工程学位）以及完成的最高学位。分别对进度D和E估计回归模型。变量的选择是TVA专家反复试验和逐步回归得到的结果（请参见13.5节内容）。

结论是：对于进度D来说，估计的对黑人的种族歧视影响是1 221.56美元，其标准误为871.82美元；对于进度E来说，估计的对黑人的种族歧视影响是2 254.28美元，其标准误为1 158.40美元。

问题

1. 计算每一个回归模型中种族系数的 t 统计量值，并求出 p 值（假定 df_e 非常大）。

2. 为什么被告的回归模型中的标准误要比原告的大？

3. 哪一个模型更可取呢？

4. 原告的模型中是否应该包含区分不同进度的指标变量？（13.5 部分。）如果是，什么因素对种族回归系数的标准误会产生影响呢？

5. 通过结合两个进度的证据，这两个进度使用 8.1 节中的一个模型来增大 TVA 模型的势。你可以得出什么结论？

资料来源

Eastland v. Tennessee Valley Authority, 704 F. 2d 613 (11th Cir. 1983).

13.5 回归方程中的解释变量的选取

变量的选取

理想的情况下，解释变量的选取仅由强有效并具有实际意义的理论决定，而不考虑回归估计值和实际数据之间的拟合程度。因此，劳动经济学家可能根据劳动市场理论选择某种经验和教育程度作为工资水平方程的解释变量。当然，如果雇主有规定的薪酬制度（例如加薪原则），这个制度就应该作为解释变量反映出来（除非它是不透明的）。但是实际中很少遇到这种理想状况，或者因为理论不够完备到能够指导做出选择，或者因为理论上非常完美的数据却往往得不到，因此必须使用替代数据。

从一组候选指标中选取一系列解释变量的方法有很多。一种应用非常广泛的方法是所谓的前进法。在这个方法中，第一个进入方程的变量是与因变量的简单相关系数最大的变量。如果它的回归系数是显著的，那么进入方程的第二个变量就是与因变量的偏相关系数最大的变量。（偏相关系数是指，对第一个变量作回归后，因变量的残差与第二个变量的残差间的相关性。）前进法中，用两个变量进行重新回归之后，如果第一个变量不再具有显著性，则剔除这个变量。这样，引入、再检验、剔除的方法一直做下去，直至找不到新的显著性变量并且包括所有仍然是显著性的变量为止。[①]

这些方法虽然被广泛地应用于实践中，但需要注意的是，模型中选择的变量可能不能反映出外部有效性。例如，引入一个变量使 R^2 增加很小，而且即使遗漏这个变量可能使剩余的回归系数有偏，这个变量也可能因为它的不显著性而被剔除掉。运用 bootstrap 方法进行模拟研究得出，用逐步回归选取的变量组很有可能因数据中随机性因素的影响而存在很大的区别，而且不太可能选到正确的解释变量组（即 bootstrap 试验中选择的变量组）（见 14.9 节）。逐步回归的最终选择也只能看作一个备选模型，这个模型的解释变量在某种程度上很少，但是对现有的这组变量数据的拟合很充分。

至少有一个法院已经拒绝了这个回归方程，部分是由于变量是用前进法选取的（*Eastland v. Tennessee Valley Authority*，*supra*）。

另一种方法是从所有可能的解释变量的子集中选择最优的。Mallows' C_p[②] 指标可以帮助我们从许多候选模型中选择最优模型，它的定义如下：假定存在一个包含变量最多的模型，它的残差均方是对误差方差的无偏估计量，即 s^2。我们希望选取一个较小的模型，解释变量个数包含常数项只有 p 个，并且模型对数据的拟合优度并没有实质的降低。C_p 指标被定义为较小模型的残差平方和 RSS_p 与 s^2 的比率，再减去 $(n-2p)$，即

$$C_p = (RSS_p / s^2) - (n-2p)$$

如果对数据的拟合充分，C_p 将接近等于 p；如果拟合不够，C_p 将大于 p。因此，不同模型的 C_p 对应 p 作散点图，那些 C_p 值落在直线$C_p=p$

---

① 这里的显著性仅指 F 统计量的值足够大。由于重复地从相同的数据中来选取模型，实际上犯第Ⅰ类错误的概率值比名义值要略大一些。

② Mallows，Some comments on Cp，15 Technometrics 661（1973）；N. Draper and H. Smith，Applied Regression Analysis，ch. 15（3rd ed. 1998）.

周围的模型比较理想。如果把误差方差和偏差平方结合起来看，C_p 乘以 σ^2 也可以估计适合的模型与真实但是未知的模型之间的总的偏差平方和。因此，最好的模型的 C_p 值最小，且没有偏离的 $C_p=p$ 线很远。画出每一个备选模型的 C_p 与 p 之间的散点图是很好的模型选取的方法。

这些方法的局限性——产生于利用相同的数据拟合模型并且评价其拟合优度——强调了模型外部一致性、外部理论和重复利用自变量数据的重要性。

指标或虚拟变量

在许多情况下，一个或多个解释变量没有自然值，而是被划分为一些类别，例如性别、种族、教师级别等。当然，每一个类别都会赋予不同的数值，但是给不同的类别赋予连续的整数，意味着类别之间的任何变动都会引起因变量相应的数值变动（变化的大小可以通过代码变量的系数来度量）。通常，这种对应不能准确地反映出研究现象。一个雇员读完中学与否和他读完大学与否对他的劳动生产率产生的影响是相当不同的。为了更加灵活地处理这种情况，通常建立一个指标或每一类别的虚拟变量（其中一个作为参考类别），假定一种类别的观察值为 1，其余的为 0，参考类别中的观察值用 0 指标变量来表示。根据这种赋值，与基准组相关的每一类别的差异效应分别由对应的指标变量的系数决定。在所给的案例中，单独的虚拟变量为“已完成高中教育但未完成大学教育”和“已完成了大学教育”两种。参考类别为“没有完成高中教育”。两类虚拟变量的系数可能存在差别，反映了它们对劳动生产率的不同贡献程度。

大致上讲，比较 k 个均值，我们定义 $k-1$ 个指标变量，X_1，…，X_{k-1}，并将模型写成：$E[Y\mid X_1, \cdots, X_{k-1}]=\mu+\hat{\beta}_1X_1+\cdots+\hat{\beta}_{k-1}X_{k-1}$。$\hat{\beta}_i$ 是第 i 个样本均值和 $\hat{\mu}$，即第 k 个样本均值之间的差值。回归分析因此就完全等同于比较多个均值的方差分析问题（请参考 7.2 节）。

模型误设的结果

经常出现这样的情况（尤其是在非标准问题中），不存在详细的理论来指导解释性因素的选择。那么，是否选取了正确的变量呢？如果不是该怎么办呢？正是由于缺乏明确的答案，因此建立模型就存在很大的挑战。需要考虑以下三种重要的情况：错误地遗漏变量、外部变量和感染变量的出现。

遗漏变量

遗漏重要的解释变量会引起回归模型误设，并且得出的回归系数的估计值通常是有偏的。一般来说，偏离的趋势是高估解释变量的系数值，因为它包括了属于遗漏变量的相关解释。例如，工资回归模型中包含性别变量，如果方程中遗漏了一个显著的生产率因素，而在考虑了方程中的变量后，这个变量是与性别变量正相关的，那么性别变量的系数就趋向于高估。

另一方面，如果对于方程的其他变量值给定的情况下，这两个变量是不相关的，则没有包含这个重要的解释变量并不会使感兴趣的那个变量的系数产生偏差。但是，除了这种特殊的情况外，遗漏重要的解释变量都会使已包含变量的系数产生偏差，并使方程的残差均方变大。

遗漏重要的解释变量对回归估计产生的影响也同样取决于遗漏变量和方程中其他解释变量相关性。存在两种情形。第一种情况是，如果遗漏变量是方程中其他变量的线性函数加上一个零均值的误差项，那么变量的遗漏不会使因变量的估计产生偏差。也就是说，由包含的解释变量的任意一组值得到的因变量的估计值，与在给定包含的变量下，如果能够估计遗漏变量的估计均值时的全模型得到的因变量的估计值相等。就像上面所讨论的那样，不管怎样，遗漏变量很可能使已包括的解释变量的系数值产生偏差，并且使方程的残差均方变大。第二种情况是，如果遗漏变量不是方程中其他变量的线性函数，则方程的因变量估计值和系数的估计值就都会产生偏差，方程的残差均方也会变大。

通常需要考虑遗漏变量是否与方程中已包括的变量存在线性关系；这些变量由于观察不到，所以经常被遗漏。在无穷范围内，指标变量可能与一个连续变量之间不存在本质上的线性关系，但在观察的范围内，指标变量就可能与这个变量存在线性关系。即使担心遗漏变量会产生偏

差，也不能因此就拒绝此模型。如果实际具有可行性，灵敏度分析显示模型误设产生的偏差也很小。

在纽约州和纽约市，要求人口调查局调整人口普查结果来修正少计的人口数的诉讼中提出偏差出现的可能性和遗漏变量的问题（请参看9.2.1节）。利用事后调查数据估计少计的人口数量，纽约方面提出了一个回归方程，其中，因变量是少计的人口数量（根据调查数据估计得到），解释变量是少数民族比重、犯罪率和常规列举比率（面访，而不是邮寄调查）。反对这种方法的人口调查局的专家声称，许多其他变量也可能与少计的人口数有关系（例如老年人的比重）。原告方的首席专家反驳道，遗漏变量不会使少计数的回归估计产生偏差。而一位人口调查局的专家答辩道，只有当遗漏变量与已包含的变量之间存在线性关系，估计才会是无偏的，而且一些似是而非的遗漏变量是不可能有那种形式的（例如，代表“中心城市”的虚拟变量）。法院并没有对此诉讼做出合理的解决。(*Cuomo v. Baldridge*，674 F. Supp. 1089，S. D. N. Y. 1987)。

假定方程中包含一个像中心城区这样的虚拟变量，而且（出于实际需要）这个虚拟变量与已包括的变量存在线性关系，如果回归估计值实际上是无偏的，那么它是否能够拒绝这个没有包括中心城市变量的模型呢?

外部变量

虽然包含不必要的因素违背了变量简约的要求，但是通常又不会产生让人误解的结论。如果这个因素与考虑了模型中其他变量后的因变量没有关系，那么它的系数的最小二乘估计值将在0附近，并且它既不会影响到回归估计值，也不会影响到其他回归系数值，尽管它会降低精度。(你知道为什么吗?）只有当它与其他解释变量确实存在多重共线性时，才会产生影响。

感染变量

遗漏一个似是而非的变量的主要原因是它有可能是感染变量。一个很好的例子是，在包括大学教师的工资回归模型中，大学教师的等级就是潜在的感染变量。如果这个大学在工资晋升中犯有歧视性行为，那么把大学教师的等级作为一个解释因素就能有效地消除由于晋升歧视而产生的工资歧视。另一方面，如果这个大学不存在工资歧视，等级变量的遗漏会使工资回归模型丧失一个重要解释变量，并且在不存在歧视的情况下，可能得出存在歧视的伪结论。在测度定价共谋的影响的价格方程中也存在同样的问题。这样的方程经常会包含产品成本将其作为一个因素。但是如果减少降低成本的激励，共谋本身也会产生成本，那么这个因素就是感染的。

一些法院曾经处理过此类问题，它们通过观察一些单独的案例来看是否表明出现了感染变量。在一个性别歧视的案例中，等级被作为工资回归模型中的一个解释变量，因为男性和女性的平均晋升时间不存在显著差异。[①] 我们试图采用一种中介的方法消除每一个感染变量的影响，方法可能有很多种。例如，在大学教师的等级的案例中，考虑到在报酬等级中可能存在对女性的歧视，因此原告将女性的等级以更高一级的等级编码，但是工资和所有其他变量仍然是实际值。对等级和其他因素做出调整的男女区分的结果，就可以认为是男女差距的一个上限值，这个差距在没有感染变量存在的情况下可以测度。

缺失数据

几乎所有大的数据集都存在缺失值的问题。在抽样调查中，数据可能由于对一个调查项无回答而缺失。在控制性试验中，由于不可预见的意外也可能出现数据缺失现象，例如实验仪器的故障。在多元回归研究中，变量数据缺失可能是因为变量对特定的主题不适用。在所有的情况下，数据可能只是丢失或错编。在多元回归中，应该怎样处理缺失数据呢？

答案很大程度上取决于引起数据无法观测的原理。最简单的是，由于随机抽样引起数据缺失，意味着被抽样单元无法观测的概率不依赖于这个单元观测到的数值大小。当数据缺失是由随机抽样引起时，通常我

① *Presseisen v. Swarthmore College*，442 F. Supp 593（E. D. 1977），aff'd，582 F. 2d 1275（3rd Cir. 1978）.

们可以继续对观测到的数据进行标准分析，因为这些数据是随机样本的一个子样本，这个子样本当然是一个随机样本。当这种假设错误时，把已观测到的数据当作一个随机样本来分析是不合适的，并且有可能引起严重的偏差。例如一些敏感领域的调查，如收入和性行为，与答案具有普遍意义相比，真实答案不具有普遍性，就很可能产生更多由于无回答引起的缺失值。在这些情况中，从已观测数据估计得到的平均收入或者正常的性行为频率很可能存在严重的低估。有时，随机抽样引起的缺失的假定，在层内或控制一些观测的协变量时可能是有效的。在收入调查的案例中，可以假设：在一个给定的年龄段中，对收入的无回答率是一个常数，但是这个概率可能随年龄而变化。在对年龄做了调整的回归分析中，由于是估计给定年龄的平均收入水平，所以观测到的数据是无偏的。但是，由于无回答的全概率对年龄不是固定不变的，因此收入的边缘分布是有偏的。①

几乎所有对缺失值的修正都是假定缺失数据是有效的，尽管大多数情况下，这只是一种特殊情况而不是我们可以检验假设的原则。最简单的情况是分析那些所有相关的且没有缺失值的变量，在回归中，这被称为逐个删除缺失值记录方法。因为不管变量组针对那条记录缺少一个或多个变量值，都要删除这条记录。当只有几个零星数值缺失时，这种方法才是合适的，因为样本容量并没有太大的减少，并且随机抽样引起数据缺失的假设仍然可以成立。但是，有时几乎所有的记录都有一个或两个缺失值，在这种情况下，删除记录的方法就失效了。另外一个方法是成双删除法，它用尽可能多的数据估计均值、方差和协方差。例如，两个变量之间的相关性可以通过这两个变量的观测数据集估计得出，但是这一相同的数据子集可能就不会用来估计不同对的变量间的相关性，因为它比逐个删除法使用了更多的数据，在有很多缺失值的情况下，这种方法会产生严重的偏差，因此要尽量避免使用这种方法。

另一类方法是“填补”缺失值，修正高估的精度和显著性水平。例如，在多元回归中，解释变量的缺失值可以用辅助回归模型来估计，这

① 从技术上来说，若要保证对观测到的数据的所有分析是无偏的，就需要一个更强的条件假定，即缺失值完全随机，因此必须假定观测数据相对于协变量无论是边缘上还是条件上都是一个随机样本。因此，随机缺失的定义，就使得一个被抽中的单元无法观测到的概率取决于单元能够观测到的特性，而不是不能观测到的特性。完全随机缺失就不依赖于任何关系。

一模型是通过现有的因素来预测缺失的要素，这些预测值可以代替观测值。

还有一个方法是试图建立作为已观测到的协变量的函数的缺失概率模型，然后基于观测到的那部分数据，用相应的概率的倒数作为权重来“修正”未观测到的那部分数据。

补充读物

N. Draper & H. Smith, *Applied Regression Analysis*, ch. 14 (dummy variables) (3d ed. , 1998).

R. Little & D. Rubin, *Statistical Analysis of Missing Data* (1987).

13.6 阅读多元回归的计算机输出内容

曾经在 Bazemore 案例（请参看 13.6.1 节）中展示的计算机输出表格由一个广泛应用的计算机程序得出，这个程序叫做社会科学统计软件包（SPSS^{X}）。[①] 下面对输出结果进行详细解释，其中大部分项目已经在 13.3 节和 13.4 节做出定义。

最先输出的是因变量和每一个解释变量的概括性统计量：样本均值、标准差、样本容量和相关系数矩阵，相关系数矩阵是每个变量与其他变量的简单相关系数。

在多元回归标题下，是因变量名和进入前进法当前步的变量名。变量名下面是复相关系数、复相关系数的平方值（R 平方值）、调整后的 R^2 和回归标准误（标准误）。

在方差分析标题下，是差异性的来源（回归或者残差，例如误差）、相应的自由度（DF）和对应的平方和与均方，在最右端是 F 统计量值，是对所有解释变量显著性的整体检验。

在方程中的变量标题下，是估计的模型，列出了各变量名、估计的

① 许多计算机程序都提供了多元回归的程序。其中最知名的是：SAS，SPSS，和 S-Plus。

回归系数（“B”为标题的列）、标准化系数（“Beta”为标题的列，见下文）、回归系数的标准误和每一个系数的 F 统计量值（t 统计量的平方值）。

Beta 是通过解释变量的标准差乘以 B 并除以因变量的标准差而得到的标准化的系数形式。与之类似，Beta（path）系数是当所有的变量被第一次标准化后而得到的 OLS 估计值，即中心化和用样本标准差标准化。因为一个解释变量的系数值的大小是受解释变量和因变量的标准差的相应大小影响的，这种转换使比较解释变量对不同单元的解释性贡献的大小成为可能（每一单位的解释变量标准差的变化产生的因变量单元的标准差的变化）。

回归模型的右边是“方程中不包括的变量”部分。这里的“Beta-In”指的是如果变量下一步进入方程就可以计算出来的 β 值。“Partial”指的是因变量和解释变量之间的偏相关系数。（注意偏相关系数的平方是由于加入新的变量而导致 $1-R^2$ 减少的部分。）容忍度是对一个变量与模型中其他变量的多重共线性的度量。它被定义为变量的方差不能被模型中其他变量解释的部分。如果一个容忍度接近于 0（假定，在实际操作中小于 0.01），就说明存在严重的多重共线性。一个变量的 F 值是检验能否进入方程的检验统计量。

概括表的最后输出部分，给出了复相关系数 R，R^2，模型中加入变量时相邻步骤的 R^2 变化量，最终模型中每一个解释变量与因变量之间的简单相关系数，以及它的回归系数和标准化回归系数。

13.6.1　一个农业推广服务站的工资歧视

北卡罗来纳州农业推广服务站的目的是传播“对农业和家庭经济有用的和实用的信息”。这些项目都是通过地方代理来开展，代理分为三个等级：全代理、副代理和助理代理。“虽然三个等级的代理实际上完成的是相同的工作，但是随着代理的晋升，其责任也随之增加并且人们对其工作水平就有了更高的期望”。

代理的工资都是由推广服务站和代理工作所在郡委员会共同决定的，联邦、州和郡政府都负责这部分工资。

1965 年 8 月 1 日前，推广服务站设有一个独立的黑人部门，完全由黑人职员组成，并且仅为黑人农场主、主妇和年轻人服务。白人部门不会雇用黑人，但是有时会为黑人提供服务。1965 年 8 月 1 日，为响应 1964 年公民权利法案，州政府合并了这两个部门。然而，工资中的不平等并没有立即消除。虽然郡与郡之间的贡献存在实质性的差异，但是贡献最小的郡并不是那些黑人最多的县。

在一起由黑人代理提起的诉讼中称存在工资歧视（由美国政府支付的），原告主要应用多元回归分析方法，其中工资是对四个独立的变量——种族、教育程度、任期和工作级别做出回归。这些变量由推广服务站的一位官员的革职证词为基础来选取，这名官员称以下四个变量决定了工资水平：教育程度、任期、工作级别和工作表现。下面是计算机输出表使用的变量的定义。

MS　=1（硕士学位）；0（其他）
PHD　=1（博士学位）；0（其他）
TENURE　=从 1975 年起的工作年限
CHM　=主席，1 或者 0
AGENT　=代理，1 或者 0
ASSOCIATION　=副代理，1 或者 0
ASSET　=助理代理，1 或者 0

案例中介绍的 OLS 回归分析的一步输出结果如表 13.6.1 所示。

表 13.6.1　多元回归计算机输出结果

变量	平均值	标准差	案例数目
工资	12 524.031 6	2 487.051 8	569
白种人	0.819 0	9.385 4	569
硕士学位	0.163 4	0.370 1	569
博士学位	0.0	0.0	569
工作年限	10.662 6	8.925 9	569
主席	0.163 4	0.370 1	569
代理	0.476 3	0.499 9	569
副代理	0.145 9	0.353 3	569
助理代理	0.214 4	0.410 8	569

相关系数

	工资	白种人	硕士	博士	工作年限	主席	代理	副代理	助理代理
工资	1								
白种人	0.175 11	1							
硕士	0.293 22	0.121 40	1						
博士	—	—	—	1					
工作年限	0.685 22	−0.051 57	0.124 38	—	1				
主席	0.676 09	0.190 23	0.190 23	—	0.421 23	1			
代理	0.170 86	−0.100 02	−0.021 83	—	0.356 48	−0.421 52	1		
副代理	0.275 90	0.039 11	−0.088 41	—	−0.304 83	−0.182 67	−0.394 09	1	
助理代理	0.579 77	−0.088 03	−0.068 79	—	−0.551 16	−0.230 92	−0.498 20	−0.215 90	1

很明显，变量已经经过了预选，因为案例的逐步回归的计算机输出结果只显示了模型最终选择的变量，而其他的变量已经被剔除了。没有经过变量预选的逐步法的过程也是类似的，但是每一步回归中的“未进入方程式的变量”表格中会有更多的变量，并且可能产生一个不同的最终模型。这一方法的结果通常应该包括选中的所有变量。

问题

1. 从推广服务站的观点来看，模型中可能遗漏哪些解释变量？这种遗漏是否合理？

2. 从黑人代理的观点来看，模型中可能包含了哪些不恰当的变量？包含这些变量是否合理？

3. 试解释最终模型中的种族系数。它在统计上是显著的吗？系数值是否受种族变量是最后加入模型的影响？

4. 模型中选取的变量中也包括白人主席、白人代理和白人副代理的交互变量。为什么要在模型中考虑这些变量？为什么这些没有包括这些变量？剔除这些变量，你能得出什么结论？如果包含这些变量，你将怎样用这个模型来测度种族间的工资差异呢？

资料来源

Bazemore v. Friday，478 U.S. 385（1986）.

MULTIPLE REGRESSION RESULTS

DEPENDENT VARIABLE SALARY SALARY 1975

VARIABLE (S) ENTERED ON STEP NUMBER 1.. TENURE TENURE 1975

MULTIPLE R	0. 68522
R SQUARE	0. 46953
ADJUSTED R SQUARE	0. 46859
STANDARD ERROR	1813. 00693

ANALYSIS OF VARIANCE	DF	SUM OF SQUARES	MEAN SQUARE	F
REGRESSION	1.	1649596681. 82313	1649596681. 82313	501. 85568
RESIDUAL	567.	1863725679. 60747	3286994. 14393	

VARIABLES IN THE EQUATION

VARIABLE	B	BETA	STD ERROR B	F
TENURE	190. 9256	0. 68522	8. 52265	501. 856
(CONSTANT)	10488. 27			

VARIABLES NOT IN THE EQUATION

VARIABLE	BETA IN	PARTIAL	TOLERANCE	F
WHITE	0. 21101	0. 28933	0. 99734	51. 710
MS	0. 21126	0. 28780	0. 98458	51. 116
PHD	---	---	---	---
CHM	0. 47104	0. 58655	0. 82256	296. 862
AGENT	−0. 08410	−0. 10788	0. 87292	6. 665
ASSOC	−0. 07389	−0. 09663	0. 90708	5. 334
ASST	−0. 29029	0. 33257	0. 69622	70. 384

VARIABLE (S) ENTERED ON STEP NUMBER 2.. CHM

INDICATOR VARIABLE I: CHAIRMAN 1975

MULTIPLE R	0. 80749
R SQUARE	0. 65203
ADJUSTED R SQUARE	0. 65080
STANDARD ERROR	1469. 67154

ANALYSIS OF VARIANCE	DF	SUM OF SQUARES	MEAN SQUARE	F
REGRESSION	2.	2290799475. 06036	1145899737. 53018	530. 29375
RESIDUAL	566.	1222622886. 37025	2159934. 42822	

VARIABLES IN THE EQUATION

VARIABLE	B	BETA	STD ERRSR B	F
TENURE	135. 6400	0. 48680	7. 61748	317. 069
CHM	3165. 370	0. 47104	183. 71606	296. 862
(CONSTANT)	10560. 40			

VARIABLES NST IN TEE EQUATION

VARIABLE	BETA IN	PARTIAL	TOLERANCE	F
WHITE	0. 11505	0. 18910	0. 94000	20. 952
MS	0. 14880	0. 25734	0. 96243	36. 8i9
PHD	---	---	0. 0	---

AGENT	0.41184	0.48148	0.47560	170.510
ASSOC	−0.04590	−0.07396	0.90350	3.107
ASST	−0.29114	−0.41181	0.69622	115.386

DEPENDENT VARIABLE SALARY SALARY 1975
VARIABLE (S) ENTERED ON STEP NUMBER 3.. AGENT
INDICATOR VARIABLE I: AGENT 1975

MULTIPLE R	0.85598
R SQUARE	0.73270
ADJUSTED R SQUARE	0.73128
STANDARD ERROR	1289.24145

ANALYSIS OF VARIANCE	DF	SUM OF SQUARES	MEAN SQUARE	F
REGRESSION	3.	2574221270.00844	858070423.33615	516.24328
RESIDUAL	565.	939111091.42217	1662143.52464	

VARIABLES IN THE EQUATION

VARIABLE	B	BETA	STD ERRSR B	F
TENURE	61.13800	0.21942	8.78688	48.414
CHM	5088.825	0.75726	218.33633	543.229
AGENT	2049.039	0.41184	156.91900	170.510
(CONSTANT)	10064.50			

VARIABLES NST IN TEE EQUATION

VARIABLE	BETA IN	PARTIAL	TOLERANCE	F
WHITE	0.08560	0.15966	0.92989	14.754
MS	0.013637	0.25839	0.0	40.348
PHD	---	---	0.0	---
ASSOC	0.13395	0.21426	0.68395	27.138
ASST	−0.15574	−0.21426	0.50591	27.138

VARIABLE (S) ENTERED ON STEP NUMBER 4.. MS
INDICATOR VARIABLE I: MS DEGREE 1975

MULTIPLE R	0.86634
R SQUARE	0.75055
ADJUSTED R SQUARE	0.74878
STANDARD ERROR	1246.56459

ANALYSIS OF VARIANCE	DF	SUM OF SQUARES	MEAN SQUARE	F
REGRESSION	4.	2636909630.52409	659227407.63102	424.23420
RESIDUAL	564.	876412730.90652	1553923.28175	

VARIABLES IN THE EQUATION

VARIABLE	B	BETA	STD ERROR B	F
TENURE	60.63075	0.21760	8.49619	50.926
CHM	4895.584	0.72851	213.28961	526.829
AGENT	2006.770	0.40334	151.87048	174.802
MS	916.4253	0.13637	144.27257	40.348
(CONSTANT)	9971.838			

VARIABLES NOT IN THE EQUATION

VARIABLE	BETA IN	PARTIAL	TOLERANCE	F
WHTTE	0.07345	0.14122	0.92199	11.456
PHD	---	---	0.0	---
ASSOC	0.13828	0.22889	0.68348	31.128
ASST	−0.16078	−0.22889	0.50556	31.128

DEPENDENT VARIABLE SALARY SALARY 1975
VARIABLE (S) ENTERED 0N STEP NUMBER 5.. ASSDC
INDICATOR VARIABLE I: ASSOCIATE AGENT 1975

MULTIPLE R	0.87385
R SQUARE	0.76362
ADJUSTED R SQUARE	0.76152
STANDARD ERROR	1214.54711

ANALYSIS OF VARIANCE	DF	SUM OF SQUARES	MEAN SQUARE	F
REGRESSION	5.	2682827168.60466	536565433.72093	363.74243
RESIDUAL	563.	830495192.82595	1475124.67642	

VARIABLES IN THE EQUATION

VARIABLE	B	BETA	STD ERRSR B	F
TENURE	54.29896	0.19487	8.35543	42.231
CHM	5391.334	0.80228	226.01101	569.027
AGENT	2473.263	0.49710	169.95906	211.764
MS	937.0254	0.13944	140.61547	44.405
ASSOC	973.4755	0.13828	174.48178	31.128
(CONSTANT)	9590.787			

VARIABLES NST IN TEE EQUATION

VARIABLE	BETA IN	PARTIAL	TOLERANCE	F
WHITE	0.06117	0.12009	0.91098	8.224
PHD	---	---	0.0	---
ASST	---	---	0.0	---

VARIABLE (S) ENTERED OM STEP NUMBER 6 WHITE
INDICATOR VARIABLE I: WHITE

MULTIPLE R	0.87580
R SQUARE	0.76702
ADJUSTED R SQUARE	0.76454
STANDARD ERROR	1206.82941

ANALYSIS OF VARIANCE	DF	SUM OF SQUARES	MEAN SQUARE	F
REGRESSION	6.	2694804647.82284	449134107.97047	308.37863
RESIDUAL	562.	818517713.60776	1456437.21283	

VARIABLES IN THE EQUATION

VARIABLE	B	BETA	STD ERRSR B	F
TENURE	59.06173	0.21197	8.46689	48.659
CHM	5221.188	0.77696	232.28020	505.259

AGENT	2404.438	0.48327	170.57593	198.697
MS	898.5532	0.13371	140.36453	40.980
ASSOC	918.8206	0.13052	174.41745	27.751
WHITE	394.7963	0.06117	137.66904	8.224
(CONSTANT)	9291.513			

VARIABLES NST IN TEE EQUATION

VARIABLE	BETA IN	PARTIAL	TOLERANCE	F
PHD	---	---	0.0	---
ASST	---	---	0.0	---

F-LEVEL OR TOLERANCE-LEVEL INSUFFICIENT FOR FURTHER COMPUTATION

SUMMARY TABLE

VARIABLE	MULTIPLE-R	R-SQUARE	KSQ CHANGE	SIMPLE R	B	BETA
TENTURE	0.68522	0.46953	0.46953	0.68522	59.06273	0.21197
CHM	0.80749	0.65203	0.18251	0.67609	5221.188	0.77696
AGENT	0.85598	0.73270	0.08067	0.17086	2404.438	0.48327
MS	0.86834	0.75055	0.01785	0.29822	898.5532	0.13371
ASSOC	0.87385	0.76862	0.01307	0.27590	918.8206	0.15052
WHITE	0.87580	0.76702	0.00341	0.17511	394.7963	0.06117
(CONSTANT)					9291.513	

[注释]

在此案例中，最高法院推翻了法院拒绝这个多元回归模型的上诉决议，并当模型中出现了“主要因素”时，提出一个有效的途径来解决遗漏变量的问题。

> 上诉法院在陈述上诉者的回归分析是“不能作为存在歧视的证据被接受”时犯了错误，因为它们没有包含“所有对工资水平有影响的可测变量”。上诉法院对待回归分析值的证据的观点很明显是站不住脚的。回归分析中的遗漏变量可能导致分析更加缺少说服力，很难说，不考虑其他缺陷，考虑了主要因素的分析“一定可以拒绝存在歧视的证据”。同上，缺少一些变量将影响分析的说服力，而不是它的接受程度。

Id., 178 U.S. at 400. In a footnote the Court added that “there may, of course, be some regressions so incomplete as to be inadmissible as irrelevant; but such was clearly not the case here.” Id. N. 15.

法院也在一个脚注中指出，仅由于遗漏了一些因素也不足以拒绝这个回归，并且提出，当事人质疑回归必须表明遗漏变量会消除掉这种不平等：

> 法庭上回答者称许多因素可以解释个人雇员的工资；他们没有试图从我们关注的统计学意义上或者别的角度，来论证当正确地考虑了这些因素后，黑人和白人的工资间没有显著的不平等。

Id., 178 U.S. AT 404, N. 14. The Court's prescription for rebuttal was applied by the Second Circuit in *Sobel v. Yeshiva University*, 839 F.2d. 18 (2d Cir. 1988); see

Section 14. 5. 1.

13. 6. 2 华盛顿州公立学校的财政问题

华盛顿公立学校是由该州基金和该州范围内行政区的选民特殊税资助的。该州宪法规定，“州政府的一个重要职责是为居住在其区域的所有儿童的教育提供充足的条件”。在 1978 年，华盛顿高级法院在一个由西雅图学校行政区和其他行政区提起的诉讼中坚持认为，这一条件需要通过立法来界定，并要资助提供基础教育项目（*Seattle School District v. State of Washington*，90 Wash. 2d 476，1978）。这个决定旨在提高州政府的资金投入和减少大约 2/3 的特定税。然而，1981 年，西雅图学校和其他原告共同向法院抱怨州政府在基础教育上投入太少。他们赞成在教育服务范围、员工薪水、师生比、设备和供给的预算有所提高。

学生产出——通过标准考试的分数来衡量——在越富裕的行政区就越高，这些行政区有特殊税并且对教育的投入较多。这是对教育投入多少的直接结果，还是由其他相关因素引起？

为了回答这个问题，与其他州的研究类似，州政府提出了一个教育生产函数来研究华盛顿的问题。通常的方法是用三组解释变量对绩效值（例如标准测试的分数）作回归，这三组解释变量是：背景变量（例如父母的受教育水平、职业水平以及家庭收入情况）；同龄人变量（例如少数民族学生的百分比、学校的社会等级构成、同学们的能力构成）；学校资源变量（例如班级规模、教师的研究生教育、教师经验、教师薪水以及在每一名学生上的花费）。

在华盛顿州的研究中，搜集了 88 个行政区，招生人数至少为 2 000 名学生的数据资料（占华盛顿州公立学校总招生人数的 83%）。

回归研究的结果如表 13. 6. 2 所示。

问题

1. 如果当前模型正确地度量了引起行政区间学生分数差异的变量，那么从这个案例的回归研究中你能得出什么相关的结论？

2. 模型中包含入学前测试分数作为解释变量，与同方程式中的其

他变量相比，其相对重要性是什么？

3. 模型中包含入学前测试分数变量，你认为有何不妥之处？

表 13.6.2　　1980 年四年级学生的语言课成绩的回归

	估计系数	t	变量均值	变量标准差
因变量				
四年级语言课	—	—	60.14	8.63
背景变量				
职业化指数（%）	0.458	3.08	20.91	6.67
收入中位数（千美元）	−0.141	−0.59	2.07	3.76
同龄人变量				
Ⅰ类学生入学率（%）*	−58.47	−4.02	0.09	0.06
西班牙学生入学率(大于5%为1)	−3.668	−1.73	0.17	0.38
四年级学生的对数值	−2.942	−2.34	5.67	0.53
入学前测试分数（1976 年地区同年级平均水平）	0.200	3.60	53.40	12.31
学校变量				
管理者与教师比率	17.93	0.42	0.09	0.01
学生与教师比率	0.689	0.42	28.35	3.63
合格学生比率	−0.403	−0.27	0.45	0.50
教师经验				
A 级（%）（小于 3 年）	−0.614	−1.30	69.03	16.61
B 级（%）（大于 6 年）	−0.0382	−0.58	14.64	12.71
常数	70.67	6.08	—	—
回归标准误	5.57			
R^2	0.64			

* 指 1965 年初级和中级教育法中的Ⅰ类学生，ZOU. S. C. §§2701（1982），该法案提供学区资金帮助，专门用于资助 1970 年人口普查中规定的贫困标准以下家庭中 5～17 岁的孩子。

资料来源

John Pincus & John E. Rolph，*How Much is Enough? Applying Regression Analysis to a School Finance Case*，in *Statistics and the Law* 257（M. DeGroot，S. Fienberg & J. Kadane，eds.，1986）.

[注释]

在美国教育办公厅关于打破区域界限的研究中，受教育机会的平等权（1966）是 1964 年公民权利法案规定的。卡尔曼和其他人一起测度学校因素和学生在多种类型的测试中的成绩之间的关系。他们发现：（1）虽然学校设备、课程和教师有很大的区别，并且不同学校学生也有很大的区别，但是每一类种族的学生的成绩差异中仍然有超过 70%的差异来自学生自身的差异；（2）比较不同学校一年级开学初和以后年级学生成绩的差异，学校的影响远远小于家庭背景不同所带来的影响；（3）学校对少数民族学生的成绩有重要的影响。

卡尔曼报告曾被引用来支持一定范围的学生、教师比率、较高的教师工资水平并不会影响教育的质量这一观点。*San Antonio School District v. Rodriguez*，411 U. S. at 46，n. 101（请参看 1. 4. 2 节）。而且当教育投入不起什么重要作用时，学生的社会构成就确实会起到作用。*Commonwealth of Virginia v. United States*，386 F. Supp. 1319，1326（D. C. 1974），aff'd，420 U. S. 901（1975）。并且，其他学生对成绩差异的解释力要强于少数民族学生，比学校设施对成绩差异的解释力也更强，甚至比学校教师的解释力要略强（Coleman Rept. at 9），"黑人学生的成绩随着综合学位的提高而提高。" *Johnson v. San Francisco Unified School District*，339 F. Supp. 1315，1331（N. D. Calif. 1971）。

自卡尔曼报告之后，教育支出和学生成绩之间的关系就引起广泛的研究和争论。关于随后的各执一词的研究分析请参看 Gary Burtless，ed.，*Does Money Matter? The Effect of School Resources on Student Achievement and Adult Success*（1996）。

1989 年，作为废止种族歧视案例的解决方案的一部分，在奥斯汀和得克萨斯州的 15 个服务于低收入少数民族儿童的学校，5 年的时间内，每所学校接受了 30 万美元的投入，高于普通学校的花费。在第 4 年年末，13 所学校的学生在全州统考中的成绩仍然很低，但是另外 2 所学校的学生成绩有了显著的提高。在这 2 所学校中，学生出勤率在这个城市中是最高的，并且学生的测试成绩也达到了这个城市学生的平均值，但是这些学校上学的学生的家庭，他们的家庭收入的中间水平仍然只有 1. 2 万美元。不同之处在于，这 2 所学校的校长做出了一系列的改革——包括缩小班级规模，改变教学方法，投资提高学生出勤率，以及增加家长参与，而在其他 13 所学校中，唯一的变化只是减小了班级规模。作者指出，在统计学研究中，这些投入的数据并不易取得，即使能够取得这些数据，它们之间的交互关系也不能应用于通常所用的简单的模型中。Richard J. Murnane and Frank Levy，*Evidence from fifteen schools in Austin*，*Texas*，in Gary Burtless，ed.，*Does Money Matter?* 93（1996）。

13.6.3 宾夕法尼亚州公共学校的财政问题

宾夕法尼亚州农村和小规模的学校组织（PARSS）对宾夕法尼亚州联邦提起诉讼，抨击地方学区财政系统。这个系统基本上（尽管不是全部）依赖于地方对住宅和非住宅财产征收的财产税。原告称，财产较少和个人收入较低的行政区处于不利地位，因为这在某种程度上违反了宾夕法尼亚州法律中的“教育”条款，该条款规定州政府对“维持和支持公共教育的完善和有效的系统”负有重要责任。

为了支持教育而征收的财产税数量在地区之间也有实质的差异。州和联邦对贫困地区的资助，一定程度上弱化了每一个学生身上平均花费的差异，在没有这样的帮助时这些差异是存在的。但是即使这样，差异仍然是存在的，这起诉讼提出：这些仍然存在的差异是否存在教育上的显著性？为回答这个问题，州政府委托统计学家 Dr. William Fairley 做关于标准化测试中学生表现的研究，Dr. Fairley 使用地区的数据，做了一个多元回归的研究，即以学生在标准化测试中的成绩对他选择的不同的行政区因素和两所学校的因素作回归。数据和一个模型的结果如表 13.6.3 所示。

宾夕法尼亚州共有 502 个学区。其中一些地区的数据缺失，因此回归模型是从现有的 496 个地区的数据估计所得。因变量和自变量是地区中位数。因变量是本地区中 1995 年 11 年级的 PSSA 测试的平均得分。

8 个自变量为：

父母收入＝1995 年本地区人均个人收入；

学士学位百分比＝本地区超过 18 岁或 1992—1993 年拥有学士学位的人所占百分比；

贫困百分比＝1994 年本地区低于贫困收入线的人口比例；

教育费＝1995 年学生的加权（权重反映了小学和初中教育的差异成本）平均实际教育花费；

89 分＝1989 年五年级学生阅读和数学成绩的中位数（假定大部分相同的学生在 1995 年作为 11 年级学生参加了测试）；

原告＝1 如果该地区是原告，0 如果该地区不是原告；

农村人口百分比＝1994 年生活在农村地区的行政区人口百分比；

规模（取对数）＝地区的规模（作为 1995 年每一位学生的加权值）。

表 13.6.3　　1995 年对 496 所宾夕法尼亚校区的 PSSA 测试模型

序列号	1	2	3	4	5
变量	系数	P 值	下四分位数	上四分位数	列：(4－3)×1
父母收入（美元）	0.001 4	0.139	9 319	14 89 0	7.799 4
学士学位百分比	5.086 2	0.000	8.3	16.72	42.825 8
贫困百分比	－1.047 4	0.000	12.62	79.1	－69.631 2
教育费	－0.021	0.000	$3 709	$4 598	－18 669
89 分	2.845	0.000	77.36	87.35	28.421 55
原告	1.355 4	0.839	0	1	1.355 4
农村百分比	0.248	0.007	8.4	100	22.716 8
规模（取对数）	0.092 8	0.984	7.46	8.32	0.079 808

表中，第 3 列和第 4 列是输入变量的下四分位数和上四分位数点，第 5 列是输入变量的四分位区间对因变量的影响。

问题

1. 模型的结果是否有利于被告？
2. 89 分变量对于模型的解释如何？

资料来源

William B. Fairley，*Spending and economic base in Pennsylvania school districts*，Report to the Pennsylvania Department of Education and Office of Attorney General（November 3，1995）in *Pennsylvania Association of Rural and Small Schools*（*PARSS*）*v. Ridge*，No. 11 M. D. 1991.

13.7 置信区间和预测区间

回归模型的一个重要的应用，就是估计一个给定 X 的回归均值，或预测在给定 X 时未来的观察值。我们在此讨论简单线性回归模型中的这两个应用。

回归均值的估计误差来源于两个方面：由样本均值 $\overline{Y}$ 估计总体均值产生的误差和由最小二乘估计值 $\hat{b}=rs_y/s_x$ 估计斜率系数产生的误差。可以证明，这两种来源的误差是互不相关的，因此对均值 $E[Y|X]$ 的估计值 $\hat{E}[Y|X]=\overline{Y}+\hat{b}(X-\overline{X})$ 的方差等于对 EY 的估计值 $\overline{Y}$ 的方差即 $\sigma^2/_n$，与对均值 $b(X-\overline{X})$ 的估计值 $\hat{b}(X-\overline{X})$ 的方差

$\sigma^2(X-\overline{X})^2/\sum(X_i-\overline{X})^2$ 之和。因此有

$$\mathrm{Var}\,\hat{E}[Y\mid X]=\sigma^2[1/n+(X-\overline{X})^2/\sum(X_i-\overline{X})^2]$$

误差的方差 σ^2 可以用残差均方代替。

如果误差服从正态分布，$E[Y|X]$ 的 95%的置信区间就是：

$$\hat{E}[Y\mid X]\pm t_{v,0.05}\,(\mathrm{Var}\,\hat{E}[Y\mid X]\text{ 的估计值})^{1/2}$$

式中，$t_{v,0.05}$ 是显著性水平为 5%，自由度为 $v=n-2=df_e$ 的 t 分布的双侧临界值。

$\hat{a}+\hat{b}X$ 也是在 X 点上 Y 的一个预测值；把它记为 $\hat{Y}(X)$ 来区别 $\hat{E}[Y|X]$。在所有 X 的线性函数预测值 $\hat{Y}$ 中，$\hat{Y}(X)$ 的均方误差 $E(Y-\hat{Y})^2$ 最小。预测值与估计值的不同在于，除了之前定义的由于回归均值的位置不确定性导致的抽样差异来源外，即使 $E[Y|X]$ 确切已知，对回归均值的任意观测值还存在内部方差 σ^2。因此，对于单个 X 未来观测值，预测值的均方误差就变为：

$$\mathrm{Var}\,\hat{Y}(X)=\sigma^2[1+1/n+(X-\overline{X})^2/\sum(X_i-\overline{X})^2]$$

为了预测 m 个 X 的未来观测值的均值，公式中的首项 1 可以用 $1/m$ 来代替。同上，预测值的均方误差可以通过用残差均方代替 σ^2 估计得到。基于 X 的未来值（或者未来值的均值）的 95%的预测区间，也可以像上面那样，通过用预测值合适的估计均方误差代替 $\hat{Y}(X)$ 的方差估计值得到。值得注意的是，增加样本的容量会减少回

归均值估计值的差异性，但是一个新的观察值的 95%的预测区间，通常有至少两个回归标准误一样宽，来解释因变量的内部差异性。[①]

回归均值的置信区间和预测区间之间的关系可以芝加哥交易所(1848 年成立，是世界最大的谷物交易所——译者注）小麦的现价和期货价格的例子来解释。当这些价格在 1963 年 5 月的最后 5 个交易日内猛增时，农业部控告一个公司进行了市场操纵。这家公司反驳道，之前的小麦价格是被人为压低的，而现在小麦价格的迅速上涨则是由正常的供给和需求因素决定的。农业部的工作人员提供了一个小麦现价对供给和需求因素所做的回归模型，该研究估计 5 月份的平均价格是 2.13 美元，并且回归均值的置信区间是 2.10～2.17 美元，因为 5 月份的实际平均价格为 2.136 美元，非常接近于回归均值并且在置信区间内，该研究成功地反驳了小麦价格被人为压低的说法。另外，在正常的供给和需求因素下，比较预测区间内每天与 5 天的小麦平均价格，可以检验最后几个交易日的价格的一致性。

请参看 Michael O. Finkelstein，*Regression Models in Administrative Proceedings*，86 Harv. L. Rev. 1442，1453 - 1455 (1973)，reprinted in *Quantitative Methods in Law* 211。

13.7.1 燃料成本预算

波多黎各海运局是一家承运公司，向联邦海洋委员会（FMC）申请增加税率。当局对 1981 年提高燃料价格的预测是总成本报价上最重要的一项条款，它超过了申请增加额的一半（这是 FMC 要求启动税收和成本预算的预测检验年；在今后很长一段时间都可能会实施这一新的税率标准）。这家承运公司的预算是基于 1980 年季度数据的最小二乘回归得到的一条直线。1980 年季度燃料价格每桶为：19.26 美元、20.60 美元、21.39 美元、28.03 美元。

---

① 无论是估计值还是预测值，X 离已经观察到的 X_i 的均值越远，估计的精度就越差。最准确的预测是对 X_i的均值附近的 X 值的预测。随着 X 偏离数据中心，外推远离数据本身更加危险，$E[Y \mid X]$ 的不确定性随之增加，这在图 13.7 反映得非常明显，图 13.7 显示了对应 X 值范围内，回归均值的 95%的置信区间，其形式为：$\hat{E}[Y \mid X] \pm t_{v,0.05}(\mathrm{Var}\hat{E}[Y \mid X]$ 估计值$)^{1/2}$的回归均值。

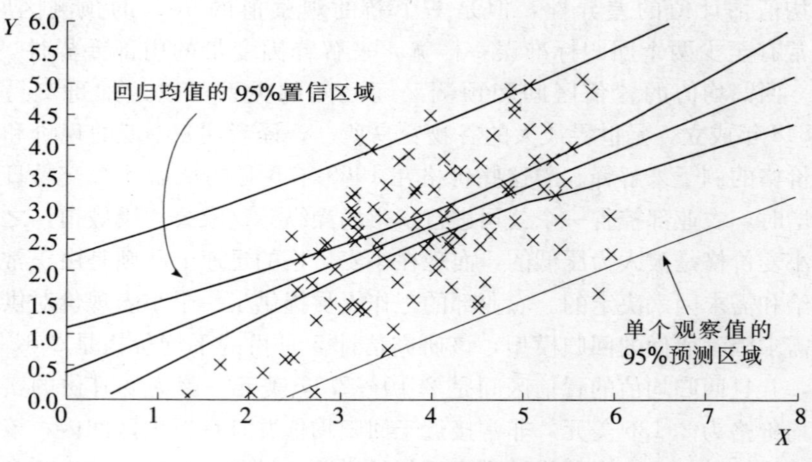

图 13.7　回归均值的置信和预测区域

问题

1. 应用最小二乘法预计的1981年的季度燃料成本是多少？

2. 假定这个回归模型是正确的，那么斜率系数是否显著？

3. 假定这个回归模型是正确的，那么回归估计值能否消除掉1981年燃料价格上涨的真实的平滑作用？

4. 是什么因素使你怀疑这个模型？

资料来源

Puerto Rico Maritime，*etc. v. Federal Maritime Com'n*，678 F. 2d 327，337-342 (D. C. Cir. 1982)．

13.7.2　解雇费纠纷

Able公司收购了Baker公司，双方达成了如下协议，即Able公司在收购后的规定时间段内为其需要解雇的Baker公司职员提供解雇费及其相关费用。这些解雇的费用与Baker公司人事制度下提供的费用应该是相等的。在收购之前的 Baker 公司的一份政策文件规定，解雇费用由以下三个因素决定：年龄、工作年限（享用退休金工作年限）和工资级别/职位级别。

Able 公司出售部分 Baker 公司的财产后，就解雇了 200 名雇员。他们平均得到了 14.73 周的解雇费。一位被解雇的职员称，每个工作年限只得到 4～6 周的解雇费用，因此他们提起了一个代表所有被解职雇员的共同起诉。解雇时，原告 45 岁，领有一份 20 级的工资，有 9 年的工作履历，但是只得到了 18 周的解雇费用。

为了决定是否需要提起共同起诉，Baker 公司询问统计专家来确定原告解雇费的周数是否按照收购前解雇费的程序进行的。针对这一要求，统计专家把解雇费的周数对级别、年龄和资历作了回归分析，结果见表 13.7.2。

表 13.7.2　　关于解雇费周数的回归模型

变量		估计值		t
常数		14.221		14.771
级别—12		0.526		5.227
年龄—40		0.372		2.886
资历—5		0.944		4.410
R^2				0.426
回归标准误（简称 MSE）				9.202
总体 F				24.010
模型 df				3
误差 df				97
样本容量				101
	周数	级别	年龄	资历
均值	15.859	15.000	40.286	4.949
标准差	11.964	9.302	7.852	4.734
相关系数				
解雇费周数	1.000	0.395	0.432	0.426
级别		1.000	0.102	−0.105
年龄			1.000	0.392
资历				1.000

因变量是解雇费的周数。

级别—12 减去 12 后的级别，更接近中心值。

年龄—40 减去 40 后的年龄，更接近中心值。

资历—5 减去 5 后的资历，更接近中心值。

问题

根据解释变量均值和原告的这些因素值来计算置信区间和预测区间，并回答下面的问题。

1. 原告的解雇与以前的模式是否一致？（信息点：根据原告的解释变量值，回归估计值的标准误是 $(0.0214 \cdot MSE)^{1/2}$）

2. 解雇的总体水平是否与之前的总体水平一致？

3. 回归结果对这一共同起诉问题有什么解释作用？

13.7.3 有争议的缺席选举人票数

1993 年，在宾夕法尼亚州费城第二街区举行的参议院选举中，有人认为在计算缺席选举人票数时存有欺骗行为。根据机器计票结果，民主党获得 19 127 张选票，共和党获得 19 691 张选票，后者的候选人因此在此次机器计票中胜出。但是计算缺席选举人票数后，民主党就获得了 1 396 张选票，而共和党仅获得 371 张选票；因此，民主党赢得了此次选举。共和党提起驳回选举结果的诉讼，原因是计算缺席选举人票数中存在欺骗行为。在以前宾夕法尼亚州的 21 次参议院选举中，每年的机器得票结果和缺席选举人票数结果的数据如表 13.7.3 所示。

表 13.7.3　宾夕法尼亚州的 21 次参议院的选举中机器得票数和缺席选举人票数结果

选举	机器得票数	机器得票数	机器得票数	缺席选举人票数	缺席选举人票数	缺席选举人票数
年/地区	民主党	共和党	差值 $(D-R)$	民主党	共和党	差值 $(D-R)$
82/2	47 767	21 340	26427	551	205	346
82/4	44 437	28 533	15 904	594	312	282
82/8	55 662	13 214	42 448	338	115	223

续前表

选举	机器得票数	机器得票数	机器得票数	缺席选举人票数	缺席选举人票数	缺席选举人票数
年/地区	民主党	共和党	差　值 (D—R)	民主党	共和党	差　值 (D—R)
84/1	58 327	38 883	19 444	1 357	764	593
84/3	78 270	6 473	71 797	716	144	572
84/5	54 812	55 829	—1 017	1 207	1 436	—229
84/7	77 136	13 730	63 406	929	258	671
86/2	39 034	23 363	15 671	609	316	293
86/4	52 817	16 541	36 276	666	306	360
86/8	48 315	11 605	36 710	477	171	306
88/1	56 362	34 514	21 848	1 101	700	401
88/3	69 801	3 939	65 862	448	70	378
88/5	43 527	562 721	—13 194	781	1 610	—829
88/7	68 702	12 602	56 100	644	250	394
90/2	27 543	26 843	700	660	509	151
90/4	39 193	27 664	11 529	482	831	—349
90/8	34 598	8 551	26 047	308	148	160
92/1	65 943	21 518	44 425	1 923	594	1 329
92/3	58 480	12 968	45 512	695	327	368
92/5	41 267	46 967	—5 700	841	1 275	—434
92/7	65 516	14 310	51 206	814	423	391

问题

1. 做出在 21 次选举中民主党和共和党的缺席选举人票数差值与两党的机器得票数差值的散点图。有没有什么趋势？画出 1993 年富有争议的这次选举结果的散点图。它是趋势的一部分吗？

2. 将民主党和共和党的缺席选举人票数的差值对机器得票数的差值作回归。给定 1993 年选举中机器得票数的差值，计算缺席选举人票数预测值的置信度为 95%的预测区间。1993 年选举中的真实缺席选举人票数差值是否落入此区间？由此你能得出什么结论？

3. 预测区间的计算值会受到数据的异方差性影响吗？

资料来源

Marks v. Stinson, 1994 U.S. Dist. Lexis 5273 (E.D. Pa. 1994) (Report of court-appointed expert O. Ashenfelter).

13.8 回归模型的假设

利用最小二乘计算的标准多元回归模型需要关于误差项的四个重要假设。如果不满足这四个假设，则最小二乘方程可能是有偏的或缺乏一致性，或抽样差异的通常计算结果会掩盖真实的差异并且得到错误的统计显著性和结果的可靠性。让我们来详细地考虑这些关键的假设及不满足这些假设的后果。

第一个假设：误差项具有零均值

第一个假设是，对每一组解释变量值来说，误差项的期望值为零。在这种情况下，回归估计值是无偏的；也就是说，如果对估计的模型进行重复取样，则所有估计系数的平均值将会是它的真值。当这一假设不成立时，估计是有偏的，而且如果随着样本的增加，偏差没有接近零，则估计值缺乏一致性。当误差项和解释变量之间存在相关性时，这一假设就不成立。发生这种情况的原因主要有：(1) 模型中遗漏了一些重要的解释变量，而这些变量和方程中的变量相关；(2) 如果方程是建立在时间序列数据的基础上，回归量中包含滞后因变量，误差项之间存在序列相关；(3) 这一方程属于方程组中的一个，其中的一个解释变量是由方程组决定的。在此，我们只讨论第一种情况，第二种情况在后面讲述，第三种情况将在14.6节讲述。

13.5节已经讨论了遗漏变量的偏差问题，这里将用一个简单的例子来解释这一点。假设一位雇主每年给员工发放不同数量的年终奖金，平均每年500美元。奖金关于工作年限的回归模型表示，工作年限的系数为500美元。进一步假设，经理除了工作年限的奖金以外，还得到了1 000

美元奖金。此时，工作年限每增加一年，年金的增长仍然为 500 美元，但模型是错误的，因为模型遗漏了经理职位这个重要的解释变量。

对一组员工来说，工作前期（没有任何人是经理）误差项的期望值为零，到了后期，误差项的期望值变为正值，并且模型预测值存在低估。如果用数据估计基于工作年限的奖金回归模型，则工作年数的系数将大于 500 元，因为最小二乘法向上调整了估计值，尽可能地解释由于工作年数的增加而增加的奖金和经理职位奖金。由于工作年限系数的真实值仍然是 500 美元，所以估计值是有偏的。正确的模型应该是工作年限变量的系数为 500 美元，经理职位变量（有经理用 1 表示，没有经理用 0 表示）的系数为 1 000 美元。由于遗漏必要的变量，使解释变量和误差项之间产生相关性，这种相关性会导致回归系数估计值有偏。

第二个假设：误差项是独立的

第二个假设，即误差项之间是独立的，这一假设对测量抽样误差的差异非常重要。独立性意味着知道一个观测量的误差对其他观测量的误差没有任何影响，例如，一个观测量的误差的分布并不受其他观测量的误差的影响。如果误差项之间不独立就说明存在相关性。如果数据是自然序列且序列中的误差项有相关性，则称为自相关或序列相关。

如果数据是自然排序的，就像时间序列一样，自相关的问题最可能发生，但决不仅限于这一种情况。只要回归模型对解释变量的相关估计值估计过高或过低，就会存在自相关问题。例如 13.5 节所讨论的 *Cuomo v. Baldridge* 一案中，原告建议根据事后调查的样本建立的回归模型对下属地区的人口普查中少计的人数进行估计。其中，因变量是少计的人数，自变量是少数民族的百分比、犯罪率和面访得到的百分比。一位替人口普查局出席的统计学家指出，由于不可避免地会遗漏解释变量，在回归方程中，社区类型误差项存在相关性，例如市中心，这里观测量不是自然序列。

第三个假设：误差项有常数方差

第三个假设是，不管解释变量的值是多少，对于回归值来说，误差

项都有常数方差。如果符合这一条件，则数据是同方差；如果不符合，则是异方差（源自希腊语 skedastikos，“分散能力”之意）。

异方差会产生两个结果，一个是回归系数的最小二乘估计不再是最有效的。如果一些观测量比另外一些具有更大的误差，相对于误差较小的观测量，这些具有较大误差的观测量缺乏可靠性，并且在估计中应该赋予更小的权重。最小二乘回归赋予每个观测量相同的权重，它没有考虑到异质性，因此，得到的估计值方差比其他方法要大。纠正这一缺陷的一个方法是加权最小二乘法，它和最小二乘法一样，通过使观测值与拟合值差值的平方和最小来估计系数，但是每个差值被赋予误差项方差的倒数为其权重。其他方法，包括转换将在 13.9 节中进行讨论。

异方差产生的另一个结果就是精度的通常测量方法不再可靠。当误差项的方差发生波动时，通常使用的精度计算方法实际上使用了基于构造的样本中的特殊数据得出的平均方差来计算。如果另一个数据样本把它的预测值集中在误差项的方差更大的范围内，则会高估第一个样本的精度。这一问题看上去很深奥，但是非常常见，尤其是按这种方法构造回归方程使方程所有变量（包括残差）都会增加。工资数据就经常出现这种情况，也是使用对数转换的原因。

面对安全和交易委员会，当纽约股票交易所试图维持其最小的佣金结构时，就出现了异方差问题。使用大量公司的成本和交易数据，交易所将全部费用对交易数量和交易数量平方进行回归。二次项（交易数量的平方）的系数是负值并且是显著的，表示随着交易的数量增加每笔交易的成本下降。股票交易所称，维持固定的最小的佣金结构是防止恶性竞争（大公司利用成本优势把小公司挤出交易市场）所必需的。

司法部门的答复指出，由于交易所把所有公司的成本作为因变量，总佣金作为自变量，方程的大小会随着公司规模的扩大而变大，因而增加了回归误差的大小。异方差性就会对二次项统计显著性产生怀疑，当每笔交易的平均成本（它使方程的大小不随公司规模的变化而变化）代替总成本作为因变量时，这一怀疑更加有理由。在这一变换的方程中，二次项的系数为正，并且不显著。因此，1975 年 5 月 1 日交易所废除了固定的佣金制度。

第四个假设：误差项服从正态分布

为了数学上的易处理性，通常假设数据服从正态分布，而实际上与正态分布都会有所偏离。虽然是假定的，但是在重复抽样中，解释变量的值给定的情况下，回归误差项呈正态分布的假设并没有想象的那么不可靠，关键是模型的正确性。如果模型中考虑了所有对因变量有重要影响的因素，剩下的就是影响较小的因素，它们综合反映在误差项中。中心极限定理认为，误差项渐进服从正态分布。另外，轻微地偏离正态分布并不影响估计值的统计显著性。但是，仍然有必要检验残差的非正态性。残差的偏斜度如果明显，通常则表明需要变换因变量。见 13.9 节。

检验模型

无论什么时候，估计值的可靠性都是非常重要的，因此有必要检验或者至少慎重地考虑我们所讨论的标准模型假设的正确性。由于假设关注这些误差，而这些误差是未知的，所以这些检验都是对残差的检验。

最小二乘法建立在残差有真实模型中误差项期望值的各项特征上。其中一个特征是正的和负的残差互相抵消，代数和总为零。因此，如果因变量只对一个解释变量做回归，估计回归线将会经过数据的均值点（$\bar{X}$，$\bar{Y}$），而因变量的观测值在回归估计值之上或之下。在真实模型中，所有不同数据样本误差项的和（期望值）通常是零，但是，由于存在抽样误差，用于方程估计的特殊样本误差项的总和不一定为零。因此，最小二乘方程的残差和也不一定等于用于估计方程的数据误差项之和。

第二个特征是残差和解释变量之间不存在相关性。（如果残差和解释变量之间存在相关性，则可以调整解释变量的系数来提高方程的拟合优度。）在真实模型中，误差项和解释变量之间不存在相关性。像以前一样，这只表示理论对数据的预期。由于抽样误差的存在，真实误差项和解释变量之间的相关性也可能存在于用来估计方程的数据中。另外，当残差和解释变量之间不存在相关性时，残差与解释变量的散点图中拟合最好的直线的斜率为零，这时，残差和解释变量之间存在绝对的非线

性关系。

第三个特征是，由于残差的总和为零，所以在任何数据样本中，各残差之间负相关（挑选一个正残差增加了下一个为负的可能性，因为在样本中正负残差必须互相抵消）。在真实模型中，无限的误差项的平均值必须为零，而在任何有限数据样本中，误差项之间互不相关。

不管模型如何，残差必须具有这些特征，但是即使残差都具有这些特征也并不能说明模型是正确的。实际上，残差的总和为零不表明模型是无偏的；残差和解释变量之间不存在相关也不表明模型是正确的。但是，可以利用残差来确定异常值、非线性、自相关及模型是否违背同方差和正态分布假设。下面将讨论这些问题。

残差图

分析残差的一般方法是，把计算机产生的残差图和其他值进行比较，以检查是否违背假设，并计算特定的统计量。残差通常以标准化值形式绘制，例如，根据均值和标准差的大小，得出的标准化值为零。通常横轴表示因变量的标准预测值或解释变量值，纵轴表示标准化残差值。残差图总共有四种形式。

第一种，纵轴是残差，横轴是不包括在回归方程中的解释变量，如时间，或者是回归方程中两个变量的乘积产生的新变量，或者是方程中某一变量的平方。调查者用这种图来检验残差是否与新变量存在某种趋势关系；如果是，则该变量应该作为一个解释变量包含在模型中。

第二种，纵轴是残差，横轴是回归方程中每一个解释变量。虽然最小二乘方程使残差和每一个解释变量之间是零线性相关，但是它们之间可能存在非线性关系，由于对某些解释变量使用了错误的函数关系，就会导致模型的误用。例如，如果 Y 和 X 之间真实的函数关系应该是 $Y=X^2+\varepsilon$，但是如果不知道这个关系，并简单地把 Y 对 X（而不是 X^2）回归，而 X 值是对称分布在 0 左右的，并且 X 和 X^2 不相关，所以回归线的斜率为零。残差和 X 之间的相关系数为零，但是 X 的一条抛物线（U 形）。检验残差图发现，方程中缺少了 X 的二次项。

第三种，纵轴是残差，横轴是因变量的预测值，通过这种图可以看出数据是不是同方差的。异方差的一个特征是随着因变量的预测值变大残差图向外散开或者变窄。如果误差项的方差是一个常量，散点图看起来应该像水平放置的橄榄球：点在图的中心最密集，两端最少。（原因是，为了避免残差过大阻碍残差平方和的最小化，回归趋向于与重要影响的两端解释变量值相对应的因变量值，而不是趋向于与不太重要的中间解释变量值相对应的因变量值。相应的残差方差也比中间的残差方差小。）

第四种，残差可以用来检查离群值，即很明显偏离其他数据区域的点。这些点可能会对回归方程产生很大的影响。解决离群值的问题不是简单地自动剔除它们，而是对它们进行逐一检查，如果数据有问题，就需要剔除。

图 13.8 所示的残差图表明存在轻度异方差。

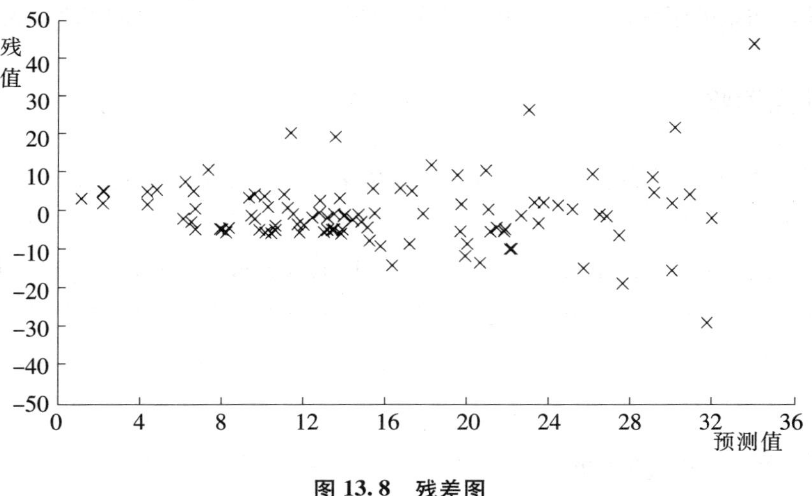

图 13.8　残差图

残差的检验

从残差图上很难直观判断模型是否违背一个或多个回归假设。统计检验提供了对残差客观评价的方法，其中最著名的是杜宾-沃森(Durbin-Watson) 的残差自相关检验法（DW 检验）。

DW 检验适用于自然序列数据，如时间序列。该检验假设：给定观测值的模型中其误差项等于前期误差项乘以一个 0～1 之间的系数再加上一个随机干扰项。当然，实际的自相关情况更加复杂，误差项不仅受前一期的误差项影响，还可能受前几期的误差项影响。有很多方法能够检验这一问题，但 DW 检验最简单、最常用，因为 DW 检验也不适用于更复杂的自相关结构。

DW 检验中用到的统计量是相邻两个残差之差的平方和除以残差的平方和。如果连续两个残差之间的相关系数为零，则这个统计量的值近似等于 2；随着自相关增强，该统计量的值接近于零。[①]

在误差项之间不存在自相关（即相关系数为 0）的原假设下，将计算的检验统计量值与表中的 DW 统计量临界值做比较，通常选取在 1%或 5%的显著性水平上的临界值。结果有三种情况：如果统计量值接近于 0，则拒绝误差项不相关的原假设；如果接近于 2，则不能拒绝原假设；如果处于中间范围，则不能确定是否存在自相关。见附录 2，表 D.

补充读物

N. Draper and H. Smith，*Applied Regression Analysis*，chs. 2 *and* 8 (3ded.，1998).

David G. Kleinbaum & Lawrence L. Kupper，et al.，*Applied Regression Analysis and Other Multivariable Methods*，115 ~ 117 (1998).

13.9　变量变换

变换是以等价但可能更加明显的形式来重新表述变量之间关系的基

① 假设在连续的观察中平均绝对误差值不变，连续误差项的差值平方和可以认为是所有的误差项的绝对值相同，那么唯一不同的是它们为正值还是负值（即大于或小于回归估计值）。在不相关的假设下，一半的差值会是零（当所有误差都处于估计值同一侧时），而另一半会是误差的 2 倍（当它们处于相反侧时）。这样一来，差值平方和是误差平方和的 4 倍，或是误差平方和的 2 倍。在不相关的假设下，差值平方和除以误差平方和，得出 DW 统计量的期望值为 2。另一方面，如果误差之间存在高度相关，正值误差会紧随正值误差发生，负值误差会紧随负值误差发生，所以差值平方和将会趋向于零。DW 统计量近似等于 1 减去连续两个误差项值的相关系数平方后的 2 倍。

本数学方法。我们主要讨论一对一的数据变换，经变换后，可以通过逆变换撤销变换，并重新获得原始数据，这样的变换既不会丢失任何信息也不会歪曲事实。下面讨论几种最常见的变换、变换的原因，以及模型中它们的系数的解释作用。

二次项形式

线性解释变量的加法模型，假设不管解释变量的初始值是多少，解释变量一个单位的变化对因变量的影响是相同的。然而在许多情况下，这一假设可能不成立。例如，在雇用回归模型中，新员工每年的工资增长额大于快要退休的员工。另一方面，每 1 美元销售利润随着销售数量的增加而增加，因为很多交易中的成本都是固定的。为考虑这类变化，回归模型除了简单的一次线性项以外还应该包括解释变量的平方项，例如，$a+bx+bx^2$。如果二次项的系数为负，表示随着解释变量每增加一个单位，因变量会减少；如果为正，则情况相反。因此，员工都希望工作年数变量的系数为正，工作年数的平方变量的系数为负。典型的二次项模型就是如此，但是在时间序列回归中，二次项可能出现相反的情况(参见 14.1 节)。

虽然解释变量可能呈现非线性函数关系，如果回归模型能够以通常的方式把这些项结合起来（乘以系数然后相加)，则模型仍然是线性回归模型，可以用最小二乘法估计；线性是指模型与参数的关系，而不是与解释变量的形式的关系。有时，幂次固定的多项式也不能充分表达解释因数和因变量之间的关系，例如 $y=a+bx^c$。这就需要非线性回归分析。通常情况下，最初是非线性的关系可以通过适当的转换变为线性关系（将在下面讨论)。这也适用于乘法模型，可以利用对数变换（将在下面讨论)，使之成为线性关系。例如，$y=x/(ax+b)$ 可以表示为 $1/y=a+b(1/x)$，$1/x$ 和 $1/y$ 就是线性关系。线性回归的统计量比非线性回归的统计量简单，所以如果可能的话，最好做线性转换。通过线性外推法可以预测未来值，然后再通过逆变换得到原来的值。

一般而言，当统计模型中应用变量变换时，模型的参数也随之发生变换。例如，如果因变量 Y 是很大正值，且其均值为 μ，通过开根号把

Y 变换成 $Y^{1/2}$，它的均值也会变成 $\mu^{1/2}$。原问题中对参数的统计假设也可以变换成新模型中等价的假设。由变换后的模型构建的置信区间经还原后比原始模型得到的置信区间更精确。通过变换可以帮助检验模型细微之处，如叠加影响：可以很容易看出两条线是否平行，但是不容易看出原始曲线之间的关系。

对数形式

最常见的一种变换是取正值数据的自然对数（用 log 表示，有时用 ln 表示）；然后用最小二乘法估计回归方程。对数形式的模型可能是：

$$\log Y = \log\alpha + \beta_1 \log X_1 + \cdots + \beta_k \log X_k + \text{误差项}$$

该模型等价于原始数据的乘法模型：

$$Y = \alpha X_1^{\beta_1} \cdots X_k^{\beta_k} \varepsilon$$

式中，ε ＝exp（误差），表示误差的反对数。

作为对数变换形式的一个例子，我们再次考虑收入和资历的问题。因为资历在低级别时会有快速提升，而在相对较高级别时提升较慢，除在模型中增加资历的平方项外，另一种方法是将模型表示为log 工资＝$\alpha+\beta$log（1＋资历）。（在取对数之前对资历加 1 可以使变换之前的 0 资历在变换后仍为 0 资历）。这一形式使在高级别的提升比使用平方项时更慢，并且避免了像负系数的二次项的预测工资时最终会出现负值的情况。

收入分布是另外一个例子。典型的收入分布在高收入范围里具有明显的偏斜度和严重的拖尾性的特征，如果不用分位数，一般是不可能概括出这类分布的，基于普通标准差分析之上的统计推断也很不准确。然而，如果工资的对数形式服从正态分布（“对数正态”分布），则可以用对数收入的均值和标准差来概括数据特征，还可以对转换后的模型进行标准差分析。比如说，假设想要计算个人收入 95％的预测区间，通过对数转换，所有收入的几何均值对应于对数收入的算术均值 μ。变换后，对数收入服从均值为 μ，方差为 σ^2 的正态分布，其置信度为 95％的预测区间为（$\mu-1.96\sigma$，$\mu+1.96\sigma$）。取反对数，置信度为 95％的收入的预测区间为（$e^{\mu-1.96\sigma}$，$e^{\mu+1.96\sigma}$）。注意，这个区间并不对称，反映了原始收入分布的不对称。

当通过数据转换能够使误差项近似正态分布时，假设误差项服从正态分布的线性模型可以用于非标准情况。因此，假定模型 $Y=\alpha e^{X}\varepsilon$ 中，误差项 ε 服从均值为 $\exp(\sigma^2/2)$ 的对数正态分布，经转换后成为标准线性回归形式 $\log y=\log\alpha+\beta X+e$，其中误差项 $e=\log\varepsilon$，服从均值为 0，方差为 σ^2 的正态分布 。

还有一种相似的变换形式叫对数差异变换（有时也叫折叠对数或“flog”），特别适用于变量（因变量或自变量）是百分比或比例的情况。如果 x 是严格介于 0～1 之间的小数，则变换形式为 $y=\log[x/(1-x)]$。当 x 较小时，x 的 flog 值近似等于 $\log x$，当 x 接近于 1 时，flog 值近似于 $-\log(1-x)$。这种转换在变量值接近于 0 和 1 的比例时尤为有效，因为它使变量的分布更加对称。逻辑回归中也可以使用这种转换方法（见 14.7 节）。

在有些模型中，两个比例之间的比较用差异比率 $\Omega=[P_1/(1-P_1)]/[P_2/(1-P_2)]$（见 1.5 节）表示。差异比率介于 0～∞之间；当 $P_1=P_2$ 时，值为 1，当 $P_1<P_2$ 时，值介于 0～1 之间；当 $P_1>P_2$ 时，值大于 1。当样本来自两个不同的总体且样本数较大时，可以用样本比例的差异比率 ω 估计总体差异比率 Ω。虽然 ω 的抽样分布明显不对称，但是 $\log\omega$ 的抽样分布近似对称，实际上近似于均值为 $\log\Omega$ 的正态分布。通过这种转换可以得出近似的置信区间，见 5.3 节。

在计量经济模型中经常会用对数或半对数模型的形式来估计反应弹性。例如销售价格对销售量的影响，参见 14.1.6 节的例子，如图 13.9 所示。

进行对数转换以后，系数的意义改变了。在原始模型中，解释变量 X_i 每一单位的变化会引起因变量平均 β_i 单位的变化，其中 β_i 是解释变量 X_i 的回归系数。在对数模型中，解释变量 1%的变化引起因变量 β_i%的变化。例如，解释变量 X_i 增加 1%即为 $1.01X_i$；在乘法模型中，Y 会随之变为 $1.01^{\beta_i}Y$。因此，Y 的相对变化量（用 ΔY 表示），$\Delta Y=[Y(1.01^{\beta_i})-Y]/Y=1.01^{\beta_i-1}$，因此，$\Delta Y+1=1.01^{\beta_i}$。两边取对数，得到 $\log(1+\Delta Y)=\beta_i\log(1.01)$。由于当 x 接近于 0 时，$\log(1+x)\approx x$，上面的等式变成 $\Delta Y=\beta_i(0.01)$。用百分比表示，$\Delta Y\%=\beta_i(0.01)100\%=\beta_i\%$。因此，在乘法模型（或等价的线性对数模型）中，当 β_i 很小时，解释变量 1%的变化，因变量随着发生 β_i%的变化。

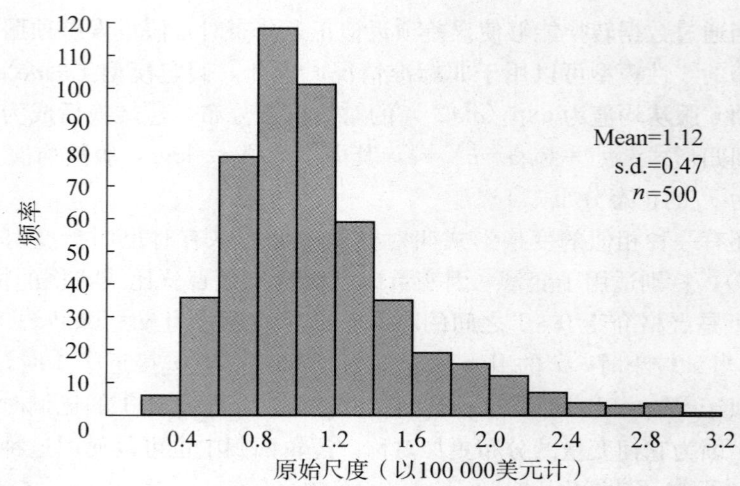

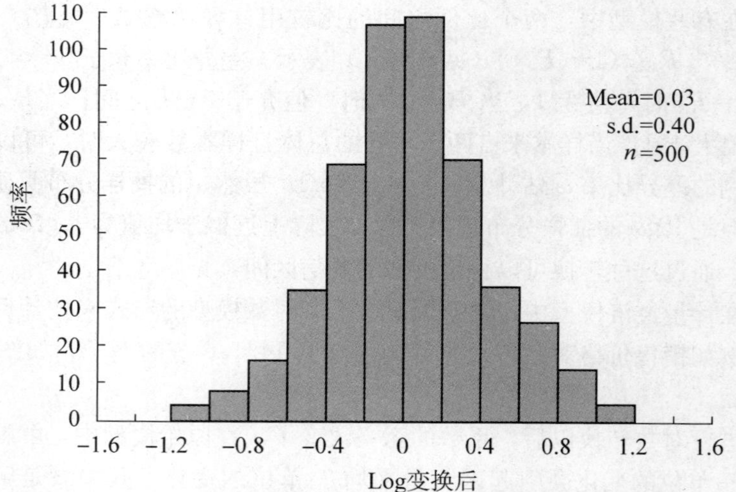

图 13.9　房产销售价格分布在对数转换后变得对称

半对数模型在有些情况下也很有用。一种形式是，因变量是对数形式，而感兴趣的解释变量并不是对数形式。当解释变量本身是百分数形式时，适合用这种形式。此时，当 β_i 较小，解释变量 1 个单位（例如 1 个百分点）的变化，会引起因变量（$e^{\beta_i}-1$）%或近似 β_i%个单位的变化。例如，$\beta_i=0.02$ 表明 X_i 每变化 1 个百分点，因变量变化（$e^{0.02}-1$）%≈2%。

当因变量是百分比时，反向变换可能更加合适：因变量仍然是原来的形式，解释变量变成对数形式。此时，解释变量每变化 1%，引起因变量变化 $0.01\beta_i$。

方差稳定变换

当误差项的方差是常数时（同方差），回归系数的标准最小二乘法估计是完全有效的。然而，很普遍的是，对于大的预测值或者大的解释变量，误差项具有更大的差异性。例如，计数（count）通常服从泊松分布，它的方差等于均值，如果回归模型中计数是因变量，则模型是异方差。虽然在这种情况下最小二乘估计是无偏的，但没有其他估计方法准确。解决这一问题的方法有两种。第一种，变换因变量使新模型的因变量方差为常数。在泊松分布中，开根号变换后的因变量 $y^{1/2}$ 就实现了这个目的。均值很大的泊松分布随机变量的平方根，其方差近似为1/4，且与均值相独立。因此，可以得出模型 $y^{1/2}=\alpha+\beta X+\varepsilon_1$，其中，误差项的方差为常数。使方差变为常数的变换叫做方差稳定变换。对于二项分布中的 p，方差稳定变换是 $y=\arcsin\sqrt{p}$，方差近似为 $1/4n$，和 p 相独立，其中 n 是样本容量。

第二种方法是重新表述模型中的变量，消除误差项方差中的参数关系。假设在 y 对 x 的线性回归模型中，残差检验表明残差的方差随 x 的增加而增加，则说明存在异方差性。在这种情况下，误差项的方差除以 x 将是常数。因此，将原始等式 $Y=\alpha+\beta X+\varepsilon$ 两边同时除以 X 得到新模型 $Y'=\beta+Ax'+\varepsilon'$，其中 $Y'=Y/X$，$X'=1/X$，并且随机项 ε'满足同方差的假设。如果假设的误差项（例如权重的设定）结构合适，这一方法与用加权最小二乘法估计回归系数的方法等价，在后一种方法中，权重和每个 x 相对应的随机项的方差成反比。残差分析对决定权重是否有效非常重要。加权最小二乘法在很多回归问题中都可以应用，包括逻辑分析和概率分析（见 14.7 节）。

关于自相关和对各种方程变换的诊断问题见 14.1 节。

补充读物

N. Draper & H. Smith, *Applied Regression Analysis*, ch. 13 (3d ed. 1998).

13.9.1 重论西联汇款的股本成本

问题

1. 分别用对数模型和原始模型计算股本成本数据与收益差异的 R^2（13.2.1 节）

2. 不同模型的 R^2 为什么不同？

3. 如果只考虑拟合优度，哪一个模型更适合估计西联汇款的股本成本？

13.9.2 共和国国家银行的性别和种族系数模型

黑人和女性对于共和国国家银行在雇用、提升和付酬薪方面存在歧视的行为提起了共同诉讼。为了证明付酬薪方面存在明显的歧视，原告建立了多元回归模型，其中薪水的对数为因变量。以下是原告选择的一组解释变量：

个人特点变量（用 D 表示）

—受教育程度（所取得的最高学历）

—年龄（用年表示）[以在普通劳务市场上的经验为根据]

—年龄的平方

—在银行工作的年限(用年数表示)[用共和国国家银行的雇用数据]

—在银行工作年限的平方

工作变量

—银行官员（银行官员用 1 表示，其他用 0 表示）

—其他免税人（其他免税类的员工用 1 表示，否则用 0 表示）

—Hay 点（根据工作内容排列工作的方法，可以用来计算它们的相对价值）

回归模型使用所有因素，并且每年单独计算。1978 年的结果如表 13.9.2a 所示。

为了反驳原告的回归模型，银行的劳动经济学家随机向员工发放了调查问卷，收集到数据并在此基础上建立多元回归模型。因变量是年终薪水的对数。1978 年白人女性和男性的结果如表 13.9.2b 所示。

表 13.9.2a 原告的 1978 年共和国国家银行薪水水平的多元回归模型

	员工数量	个人特点变量	工作变量	女性	黑人
回归（2）	2 012	D	不包括	−0.321 6**	−0.198 5**
回归（3）	1 806	D	包括	−0.070 5**	−0.094 8**

** 表示在 1%的显著性水平上单侧检验显著。

表 13.9.2b 原告对共和国国家银行 1978 年末薪水的多元回归模型

1978 年地位分层		
地位/变量	女性/男性	
控制	工资不平等	t
累计	（%）	
地位：专业		
性别（1=女性），未调整	−25.75	−5.03**
性别（1=女性），调整后累计		
在 RNB 的工作年限	−18.20	−3.42**
最高教育水平	−13.65	−2.71**
银行专业	−11.10	−2.12**
之前工作经验年限和性质	−6.63	−1.56
休闲时间	−6.00	−1.40
RNB 职业的投入①	−4.22	−0.75
职业激励	−2.53	−0.46
样本量 135		
女性人数 57		
地位：非专业		
性别（1=女性），未调整	−2.96	−0.89
性别（1=女性），调整后累计		
在 RNB 的工作年限	−2.08	−0.73
最高教育水平	−2.13	−0.75
银行专业	−1.69	−0.60
之前工作经验年限和性质	−1.57	−0.57
休闲时间	−1.87	−0.67

续前表

1978 年地位分层		
RNB 职业的投入	−1.26	−0.44
年均缺勤率	−0.69	−0.23
职业激励②	−0.00	−0.00
样本量 131		
女性人数 95		

**在 1%显著水平下单侧检验显著。

①培训和加班。

②银行的职业兴趣主观评价。

问题

1. 解释原告和被告的回归模型的结论。

2. 如果你是被告的律师，你对原告所建模型中用到的解释变量提出哪些反对意见？

3. 如果你是原告的律师，你对被告所建模型中用到的解释变量提出哪些反对意见？

资料来源

Vuyanich v. Republic Natl. Bank，505F. Supp. 224（N. D. Texas 1980），*vacated*，723F. 2d 1195（5th Cir. 1984），*reh. denied*，736F. 2d160，*cert. denied*，469 U. S. 1073（1984）。地区法院的意见写成了多元回归模型的专题论文，其中除了以上讨论的以外，还有许多其他案例。

第14章 复杂回归模型

14.1 时间序列

当因变量观测值是一组按时间顺序排列的值时，一些特殊的问题就随之而来。与前面所述模型最大的区别是，因变量的解释变量是它本身的前期值。使用滞后期因变量的理论基础是因为这些变量完全构成其自身的解释因素。滞后因变量和自变量也可以用来修正因变量随着解释变量的变动的“黏性”。例如，使用月度价格建立的价格方程中，成本

或需求因素的变动可能会在几个月后才影响价格，因此反映直接变化的回归估计值，可能会有几个月的价格特别高或特别低；误差项是自相关的。使用滞后因变量就可以修正这种情况。但是请注意，使用滞后期因变量可以使回归能够进行预测是由于前期值已知，这也会对方程中系数的解释产生影响。对前述的这个例子，具体可见 13.6.2 节和 13.6.3 节。

不论残差项是否自相关，只要它的期望为零，回归的估计就是无偏的。但是，当存在正自相关时，会高估精度，因为残差差异低估了真实误差的方差。

为了能够说明问题，假设在自相关情况下，真实的价格时序回归模型的期望值开始一直低于观测值，后期会一直高于观测值；或与此相反。在重复抽样中，高估和低估的情形会相抵，因此方程仍是无偏的。尽管误差是真实存在的，用 OLS 进行线性回归能够较好地拟合模型，使计算的残差小于误差。在图 14.1 中，我们看到用 OLS 回归线穿过实际值，既不是完全高于也不是完全低于实际值。如果没有意识到序列相关，就很可能得出一个错误的结论，认为这个回归模型非常精确。因为在其他样本中，很可能开始实际值低于回归值，而后实际值高于回归值，与前面的形式刚好相反。因此，这个预测不是精确的，新的数据会拟合出完全不同的方程。

当方程包括一个滞后因变量时，误差项中存在的序列相关将会导致有偏估计。在 t 时刻的误差当然与 t 时刻的因变量相关。如果误差项存在序列相关，则 t 时刻的误差和 $t-1$ 时刻的误差相关，而且，由于 $t-1$ 时刻的误差和 $t-1$ 时刻的因变量相关，所以 t 时刻的误差和 $t-1$ 时刻的因变量也相关。如果滞后因变量作为回归模型中的解释变量，那么误差项的均值将不再等于零，而且回归变量和误差项间的相关性使得系数的估计值有偏。

对序列相关的修正办法基于这样一种思想，如果利用差分方程来估计回归方程则可以消除相关性。差分方程是指利用因变量连续观测值之间的差分对自变量连续观测值之间的差分做回归。只经过一次差分的回归模型称为一阶差分方程。在广义差分方程中，因变量和解释变量的滞后值都乘以连续误差项间相关性的估计值，而这个估计是根据残差计算出来的。方程的系数通常用极大似然法进行估计。该方法又称为科克

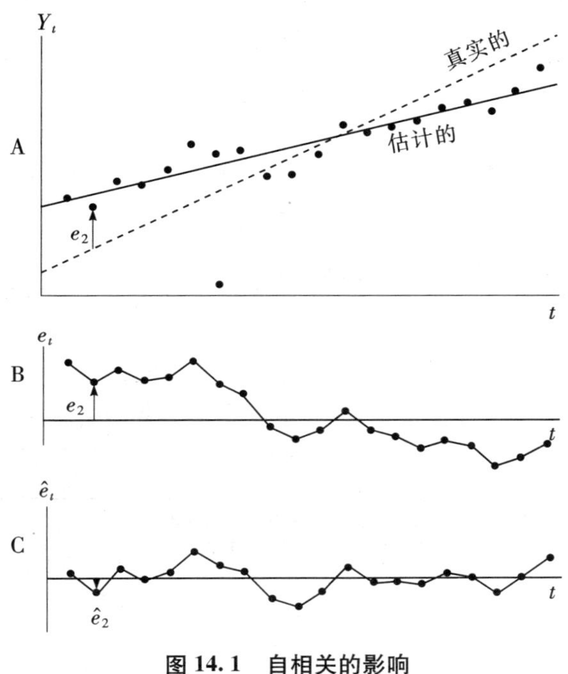

图 14.1　自相关的影响

伦-奥克特（Cochrane-Orcutt）法。

补充读物

N. Draper & H. Smith，*Applied Regression Analysis* 179—203 (3d ed. 1998).

14.1.1　波纹容器的定价

根据谢尔曼法案，在一个反托拉斯限定价格案中，赔偿额是根据原告购买者实际支付的价格与如果不存在被告共谋时应支付的价格之差来确定的，赔偿额是该差额的 3 倍。

为了估计在波纹容器和纸板容器的案件中的“若无”（but for）价格，利用共谋期间（1965—1975）的数据来估计波纹容器的月度平均价格和下列解释变量之间的回归关系：（1）以前月份的价格；（2）从以前月份起产品成本的变动；(3) 反映产量的指数；(4) 全部商品的批发价格指数。利用共谋期间得到的回归估计结果（反映共谋的影响）来估计共谋期之后（1976—1979）的价格。预计价格比实际价格平均高出7.8%。根据该预测，原告认为在共谋期间的超额收费至少为7.8%。

回归方程的详细情况在表14.1.1中给出，而在图14.1.1中给出了纸板容器的实际价格和预计价格的散点图。

表 14.1.1　　波纹纸板容器的价格

解释变量	系数	标准差	t 值
常数项	0.732 770	0.546 60	1.34
纸板容器滞后一个月的价格	0.733 244	0.050 45	14.53
前期产品成本的变动	0.453 225	0.107 00	4.24
产出水平（1974=100）	0.012 204	0.006 59	1.85
批发价格指数	0.245 491	0.047 26	5.20

因变量是纸板容器的价格指数（以1974年的价格为100）。

共有156个月（1963.1—1975.12），观测值 $n=156$。

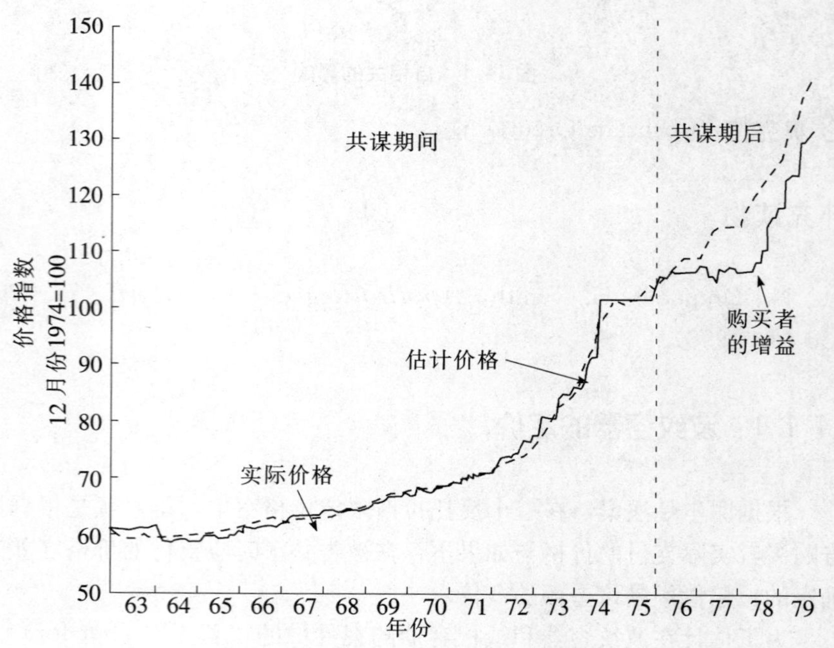

图 14.1.1　共谋期间和共谋期后波纹纸板容器的实际价格和预计价格

问题

作为被告方的专家，你将运用什么程序来检验回归方程的正确性?

资料来源

In re Cnrrugated Container Antitrust Litigation，756 F. 2d411（5 th Cir. 1985）

Michale O Finkelstein& Hans Levenbach，*Regression Estimates of Damages In Price-Fixing Cases*，Law & Contemp. Probs.，Autumn 1983 at 145，reprinted in *Statistics and the Law* 93—95（M. DeGroot，S. Fienberg，and J. Kadane，eds.，1986).

14. 1. 2　狗粮对咀嚼片

Alpo 宠物食品公司和 Ralston Purina 是生产狗粮的竞争对手。从 1985 年 12 月开始到 1986 年 11 月，Ralston 在其所作的广告中声称 Purina 狗粮和 Purina 咀嚼片有助于减轻 CHD（canine hip displasia）的痛苦。Alpo 认为它们的广告是虚假的，所以 Alpo 对由 Purina 造成的销售额和利润损失提起诉讼。关于赔偿额问题，双方都引用了多元回归模型。

在 Alpo 的一个模型中，因变量是 Alpo 公司在 19 个东海岸市场中所占的市场份额（Alpo 公司狗粮的绝大部分在东海岸市场销售）。将 1985 年 2 月 1 日至 1987 年 7 月 17 日这一期间划分为 33 个长为 28 天的时段。在这期间市场份额的变化范围为 16. 108 8%～24. 160 4%。自变量如下：

- 每 28 天 Alpo 公司狗粮全部广告费用。
- 每 28 天狗粮赠券的全部费用（测量用于消费者促销的费用)。
- 虚拟变量。Purina 狗粮和 Purina 咀嚼片进入市场开始，即从 1985 年 4 月起虚拟变量等于 1，在此之前等于 0。
- CHD。从 1985 年 12 月 6 日至 1986 年 10 月 10 日（和 Ralston Purina 播放关于 CHD 的广告期间一致）这一期间的每一个 28 天时期，

虚拟变量等于 1，其他时期虚拟变量等于 0。

● 虚拟变量。从 1986 年 8 月，即竞争品牌 Gaines Gravy Train 狗粮进入市场开始，虚拟变量等于 1，在此之前虚拟变量等于 0。

● Alpo 狗粮的价格除以 Purina 狗粮（不包含咀嚼片）的价格，Purina 狗粮的价格是根据东海岸市场的销售额得到的。

● 在每一个 28 天的期间，Purina 狗粮和咀嚼片花费在广告和促销上的全部费用。

Alpo 利用这些变量和 1985 年 2 月 1 日到 1987 年 7 月 17 日期间的 33 个 28 天的数据，估计出一个回归方程，方程中 CHD 的系数为 −1.471，t 值为 −2.238，p 值为 0.034 4。该方程的样本决定系数 R^2 等于 0.697，调整后的样本决定系数 R^2 为 0.612。

在 Ralston Purina 的一个模型中，因变量和 Alpo 模型中的相同，自变量也类似，但是 Ralston Purina 增加了以下自变量：

● 时间趋势变量（从 1985 年 2 月开始的月份数）用来解释未被其他解释变量解释的主要趋势。

● 虚拟变量。从 1986 年 3 月开始虚拟变量等于 1，表示 Purina 公司的狗粮和咀嚼片的第二代，在此之前虚拟变量等于 0。

● 6 个主要竞争对手在市场上所拥有的狗粮品牌的数量。

增加这些变量后，Purina 公司报告说 CHD 的系数为 1.832，标准差为 1.469。

Ralston Purina 公司认为 Alpo 公司的数据和模型都是有缺点的。因为：(1) Alpo 公司将所有提到 CHD 的广告都算作对 CHD 的广告，而不管它是否和此案有关。(2) 在 Alpo 公司的模型中，假设用于做广告的费用与广告所增加的销售额相同，而不考虑广告的水平。这与经济学中要素投入的报酬递减规律相矛盾。(3) 该模型中暗含这一个假设，如果 Ralston 公司不做 CHD 广告，它将不会做其他任何广告。

问题

1. 对两个模型中的 CHD 系数做出解释。

2. 什么因素有可能解释两个模型中 CHD 系数的差异？你将如何检验你的猜测？

3. 对于 Ralston Purina 公司对 Alpo 公司模型的批评，你将如何解决?

资料来源

Alpo Petfoods, *Inc. v. Ralston Purina Company*, 997F. 2d 949. 955 (D. C. Cir. 1993) (expert reports).

14.1.3　销售侵权产品所造成的损失

A 公司出售一种日常消费品并取得了该产品改进后的专利。从 1972 年开始，改进后的产品销售量一直比较稳定。

从 1981 年开始，B 公司开始出售一种被 A 公司认为是侵犯了它的专利权的竞争品。A 公司起诉 B 公司，声称如果不存在侵权销售，它的销售量会更高。B 公司回应说，根据之前 A 公司的销售量推算说明 A 公司的销售量并没有受到损失。表 14.1.3 给出了 A 公司销售量的数据，其中，“A 公司单位销售量”是由总收入除以 A 公司的单价得到的，单位为百万。在每一 12 个月的期间内，季节指标变量的取值为：将每年的 5 月～10 月间的观测值取值为+1，11 月至次年 4 月间取值为−1。

表 14.1.3　　销售量数据

年份	双月期	A 公司单位销售量	时间	季节指标变量
1978	1 月/2 月	1.560	1	−1
	3 月/4 月	1.821	2	−1
	5 月/6 月	1.901	3	1
	7 月/8 月	2.106	4	1
	9 月/10 月	1.965	5	1
	11 月/12 月	1.875	6	−1
1979	1 月/2 月	2.005	7	−1
	3 月/4 月	2.057	8	−1
	5 月/6 月	2.139	9	1
	7 月/8 月	2.485	10	1
	9 月/10 月	2.603	11	1
	11 月/12 月	2.144	12	−1

续前表

年份	双月期	A公司 单位销售量	时间	季节指标变量
1980	1月/2月	2.048	13	−1
	3月/4月	2.145	14	−1
	5月/6月	2.237	15	1
	7月/8月	2.440	16	1
	9月/10月	2.311	17	1
	11月/12月	2.284	18	−1
1981	1月/2月	2.150	19	−1
	3月/4月	2.400	20	−1
	5月/6月	2.947	21	1
	7月/8月	3.326	22	1
	9月/10月	2.789	23	1
	11月/12月	2.557	24	−1
1978—1980 均值:		2.118 1	9.5	0
1978—1980 标准差:		0.255 0	5.338 5	1.029 0
1978—1980 相关系数:				
A公司单位销售量		1.000 0	0.726 4	0.504 0
时间		0.726 4	1.000 0	0.096 4
季节指数		0.504 0	0.096 4	1.000 0

问题

1. 利用OLS估计侵权期前A公司单位销售量对时间和季节指标变量的线性回归方程的回归系数，然后根据侵权期前估计结果来推算A公司在1981年的销售量。

2. 该模型还应该包括其他解释变量吗?

3. 该模型是否能合理地测算A公司损失的销售量?

14.1.4 OTC市场操纵

1975年12月至1977年3月14日期间，Loeb Rhoades，Hornblower公司，一家大经纪公司，它的一位业务经理对场外交易（OTC）

的四种股票进行操纵。他在他所控制的户头间买进卖出这些股票。证券交易委员会（SEC）声称这些交易是以非实际价格进行的。这样做的目的是为了提高证券价格并维持该价格，吸纳市场上已卖出的证券份额。有时，他所进行的交易量能够占 OTC 市场中这些证券总交易量的很大部分。

当该业务经理的事情在 1977 年 3 月 14 日被揭露出来后，消费者认为他们的利益因这种操纵受损，所以对 Loeb Rhoades 提起诉讼。作为回应，经纪行对包含操纵证券的每一种证券进行回归研究，将证券的价格变化对整个 OTC 市场的价格变化进行回归。利用操纵发生 5 年前的数据估计该方程。然后将操纵期的实际价格和相应的估计价格进行对比。用差异的统计显著性来检验特殊事件，如发放红利的公告。

表 14.1.4a 给出了奥林匹克酿酒公司证券的回归方程。因变量是奥林匹克股票的收益。股票收益定义为计算时期内第一天与最后一天的收盘价之差，加上在这一时期内发放的全部红利，然后除以该时期第一天的收盘价。解释变量是将日市值作为权数加权的收益（DVWR），类似地，它是由 OTC 市场上全部股票加权得到的。另一个解释变量是计算收益的时期内的交易天数。方程估计时使用的是月度数据，因此，天数等于 30 或 31 天（除了 2 月）。

该业务经理在 1976 年 12 月和 1977 年 1 月间频繁进行交易。表 14.1.4b 给出了 1 月份最初几天和在他被揭发前 3 月份的最后几天内的日收益数据，其中日收益期间的界定和月度数据相似，都是连续的天数。

表 14.1.4a　　奥林匹克酿酒公司股票将日市值作为权数加权的收益

误差来源	自由度	平方和	均方	F 值	大于 F 的概率（prob>F）
模型	2	0.095 021	0.047 51	4.269	0.018 6
误差	59	0.656 682	0.011 130		
总和*	61	0.751 703			
均方误差开根号		0.105 500	决定系数 R^2	0.126 4	
因变量均值		0.0143 13	调整的决定系数 R^2	0.111 6	
变异系数		737.111 1			

续前表

变量	自由度	参数估计	标准差	H_0：参数＝0的 t 值	大于 t 值的概率
天数	1	0.000 438 3	0.000 649 1	0.675	0.502 2
DVWR	1	0.696 8	0.258 3	2.698	0.009 1

＊假定截距项等于0，所以这里不存在因为对截距估计而造成的总的自由度的减少，而且总平方和与模型的平方和并不是与均值偏差的平方。R^2 仍然是模型平方和与总平方和的比率，但不再等于自变量与因变量复相关系数的平方。在此处，这种假定是合理的，因为当两个自变量取零时因变量等于零，假设看起来是正确的。

因变量是奥林匹克股票的收益。

回归方程的标准差（未中心化）是0.111。

表14.1.4b　1977年1月和3月某些天奥林匹克公司股票和市场日收益数据

日期	价格	奥林匹克公司的收益	市场收益
1977年1月3日	46.00	0.000 00	－0.002 66
1977年1月4日	47.00	0.021 74	－0.009 98
1977年1月5日	47.50	0.010 64	－0.007 71
1977年1月6日	47.75	0.005 26	0.001 87
1977年1月7日	50.50	0.057 59	0.000 85
1977年3月9日	51.50	0.040 40	－0.006 97
1977年3月10日	48.50	－0.058 25	0.004 86
1977年3月11日	31.75	－0.345 36	0.000 74
1977年3月14日	28.375	－0.106 30	0.006 87

问题

1. 利用该回归方程，你是否发现每个时期的实际收益和估计收益间存在显著的差异？（假设确定回归估计的预测区间时，回归方程系数的估计不存在误差，同时也假设日收益之间相互独立。）

2. 模型符合如下形式：$Y=\beta_1\cdot \text{Days}+\beta_2\cdot \text{DVWR}+e$，其中 e 是当给定Days和DVWR时均值为零的误差项。这个模型是同方差吗？异方差的影响是什么？

3. 该模型的误差项是否存在序列相关？你将如何检验这种相关性？它会产生什么影响？

4. 这个模型是否对被告有利？关于本案你能得出什么相关的结论？

资料来源

Loeb Rhoades，*Hornblower&Co.*，Sec. Exch. Act Rel. No. 16823 (1980)（related SEC administrative proceeding）.

[注释]

在 *Leigh v. Engle*，669 F. Supp. 1390（N. D. Ⅲ. 1987）（Daniel Fischel 的证据）中，有一个类似的模型，大家对该模型没有强烈的质疑而接受了它。对于这个模型的讨论，参见 Franklin Easterbook 和 Daniel Fische，*Optimal Damages in Securities Cases*，52U. of Chi. L. Rev. 611（1985）；Daniel Fische，*Use of Modern Finance Theory in Securities Fraud Cases*，38 Bus. Law. 1（1982）；*Note*，*The Measure of Damages in Rule 10b-5 Cases Involving Actively Traded Securities*，26 Stan. L. Rev. 371（1974）。同样参见 *Basic Incorporated v. Levinson*，99L. ED. 2d 194（1988）。

14.1.5　市场欺诈赔偿额

Geriatric&Medical 联合公司（Geri-med）在宾夕法尼亚州和新泽西州开设了疗养院。它的股票在纳斯达克上市交易。1992 年，该公司的股票购买者对该公司提起了共同诉讼，声称该公司由于没有对一些对公司不利的情况进行披露而构成了“市场欺诈”。陪审团否定了绝大多数指控，但发现该公司没有披露国家大陪审团对该公司经营的两家疗养院中患者死亡情况的调查。陪审团发现未披露期为 1992 年 3 月 1 日到 1992 年 9 月 1 日，而这段时间是起诉书交给公司官员的时间。在集体诉讼期间，该公司股票价格从 3 月初的 4.00 美元左右下降到 8 月 31 日的 2.50 美元，事情在 9 月 1 日被披露后，股价下跌到 2 美元以下。损失最大的股票持有者是那些在“集体诉讼期间”买入股票而且一直持有到 9 月 1 日的，他们眼看着自己财产的价值下跌。为了确定赔偿额，Geri-med 的一个专家，Louis Guth，用统计方法估计如果在集体诉讼期间开始时，该公司就对其已经知道的调查进行披露，那么 Geri-med 的股票价格将会是多少。他通过比较集体诉讼期间每天的实际价格与“若无”价格，得出每天持有者多支付的金额。该金额在 3 月结束时大于 1

美元，到整个夏天的大多数时间里都在零美元附近波动。

Guth 利用的回归方程的形式为：

$$\ln(P_t/P_{t-1}) = a + b\ln(x_t) + e_t$$

式中，P_t 和 P_{t-1} 是 Geri-med 公司股票分别在交易日 t 和 $t-1$ 的收盘价；a 是常数项；x_t 是疗养院行业第 t 和 $t-1$ 天的股票收盘价价格指数的比率；e_t 是第 t 天的误差项。该回归方程是利用集体诉讼期间之前的控制期数据进行估计的。疗养院指数从 3 月初的 212 美元左右下降到 8 月末的 169 美元左右。

表 14. 1. 5 给出了概括统计量。

由于 a 很小且不显著，所以在后续计算中忽略。

表 14. 1. 5　　Geri-med 股票收盘价对疗养院股票指数的回归

观测值数			401
因变量的均值			0. 720951E-03
因变量的标准差			0. 073 265
残差平方和			2. 120 4
残差方差			0. 531 4E-02
回归标准差			0. 072 8
决定系数			0. 012 4
DW 统计量			2. 551 3
参数	估计值	标准差	t 值
a	－0. 418 8E-03	0. 367 6E-02	－0. 113 9
b	0. 530 49	0. 236 8	2. 240 6

在这类模型中，通常用后退法计算预期价格。在后退法中，使用的是在全面披露已经结束由于未披露而产生的扭曲影响之后的股票价格和价值指数。从诉讼期末而不是期初开始，是因为通常来讲当一个问题结束后会比它刚开始时更清楚。然后一天一天向后推，使用回归方程计算集体诉讼期间开始时的期望股票收益。如果每天的实际价格和期望价格的差值为正，那么该差值是在衡量当天购买股票的人应获赔偿额时应考虑的首要因素。如果股票是在集体诉讼期间出售，则计算赔偿额时应将获得的超额收益从多余收益的股票的支付中扣除。如果是在集体诉讼期结束后不久出售股票，假设出售的超额收益为零，在计算赔偿额时，需要调整实际价格和期望价格对与揭露无关的特殊事件的扭曲影响，如收益公告。

为解释后退法，我们以计算得到的 1992 年 4 月 2 日的期望收盘价为基础，来计算 4 月 1 日的期望收盘价。利用后退法对 4 月 2 日这一时点计算得到的期望价是 3.233 美元。4 月 2 日的疗养院指数是 193.796，4 月 1 日是 198.733，二者的比率是 193.796/198.733＝0.975 158。该比率的对数值是－0.025 16。由表 14.1.5 可知，对数指数变量的系数 b 值为 0.530 49，该系数值乘以对数比率值为 0.053 049×（－0.025 16）＝－0.025 2，这是指数每变动一个单位，收益的对数的变动值。取反对数，得到 exp［－0.025 2］＝0.986 7，它是 4 月 1 日的股价与 4 月 2 日股价的比率。4 月 1 日的期望价格等于 4 月 2 日的期望价格除以 4 月 1 日与 4 月 2 日的比率，即 3.233/0.986 7＝3.276。因为 4 月 1 日的实际收盘价格是 4.40 美元，所以根据这些计算，在当天购买股票并一直持有至该时期末的购买者每股多支付了 1.124 美元。

问题

1. 在 *In Re Control Data Corporation Securities Litigation*，933 E2d 616（8th cir. 1991）中有一个相似的市场欺诈案件，原告的专家，John Torkelson，并没有利用回归方程来估计集体诉讼期间的股票价值。相反，他假设股价指数每天以相同的百分比变动（这个案例是关于技术股的）。如果根据 4 月 2 日的价格，利用这种方法计算 4 月 1 日的价格，将得到什么结果？哪种方法更好？

2. 用 95%置信水平的预测区间上限估计期望股价，有何赞同或反对意见？它将对 4 月 1 日的赔偿额的计算产生什么影响？（为了确定预测区间，假设回归方程的系数估计是没有误差的，并且日收益是相互独立的。）

资料来源

Pearl v. Geriatric & Medical Centers，*Inc.*，1996U. S. Dist. LEXIS1559（E. D. Pa. 1996）（testimony of Dr. louis Guth）. See also references cited in Section14. 1. 4.

［注释］

如果需要对总赔偿额进行估计，无论是为了清偿还是起诉，都不仅需要衡量股价溢出，还需要知道在集体诉讼期间每天所购买的股票数目，如果股票是在集体诉讼期间被卖出的，那么还要确定这些股票是在哪一天被卖出的。由于这种数据是不可得的，故对该过程建立模型需要做一些假定，这使模型更加复杂。对这些模型的讨论见 Jon Koslow，*Estimating Aggregate Damages in Class-Action Litigation under Rule 10b－5 for Purposes of Settlement*，59 fordham L. Rev. 811，826-842 (1991)；Maricia Kramer Mayer，*Best-Fit Estimation of Damaged Volume in Shareholder Class Actions：The Multi-Sector，Multi-Trader Model of Investor Behavior* (National Economic Research Associate 1996)。

在证券起诉中，赔偿额的计算必须首先考虑根据国会 1995 年通过的《私人证券起诉改革法案》对该赔偿额设定的上限。见 15 USC. 78u-4 (e) (1997)。

14.1.6 降低资本收益税的影响

资本收益只有在变现时才会征税。在任何一年，变现的资本收益都只占资本收益的一小部分。(例如在 1947—1980 年间，年平均实现的资本净收益仅刚超过应计股票收益的 3%。) 如果税率足够高，纳税人就会延期变现资本收益或者通过将资产留给继承人来避税（在征收遗产税时，税基多少是根据资本的市值来决定的，这样就永远地避开了资本收益税）。资本收益集中在财产中，例如在 1984 年，纳税人的调整总收入 (AGI) 为 100 000 美元或更多（收益的 1%），占收益税的 54%，而其他收入 (AGI) 的收益税仅为 9%左右。

1986 年的《税收改革法案》废除了对资本收益的优惠税收待遇，有效地将获得这种收益的富人征收的最大税率从 20%提高到 28%。有一项旨在恢复优惠税率的运动，其理由是降低税率将会比提高税率得到更多的收益税。降低税率可能造成如下影响：(1) 变现以前的资产和 (2) 由于销售量的快速提高，变现资产将在较长时期内持续增加，更为重要的是，一直保留至死的财产将减少。我们无法肯定的是，如果其他因素保持不变，这些影响是否大到足够抵消税率减少的影响。为此，人们做了很多关于时间序列回归的研究。

进行时间序列研究的理论基础是资本收益变现将按比例增加至总收益。全部收益无法直接衡量，但它一般会随着总体经济和公司股本价值的增长而变动。一般来说，实际收益随着 GNP 和家庭持有的公司股票价值的增加而增加。参见图 14.1.6a 和图 14.1.6b。20 世纪 70 年代，变现资产的波动没有什么趋势，在经济萧条的年份下降（如 1970 和

1974，1975)，在经济扩张的年份上升（如 1971，1972 和 1976)。

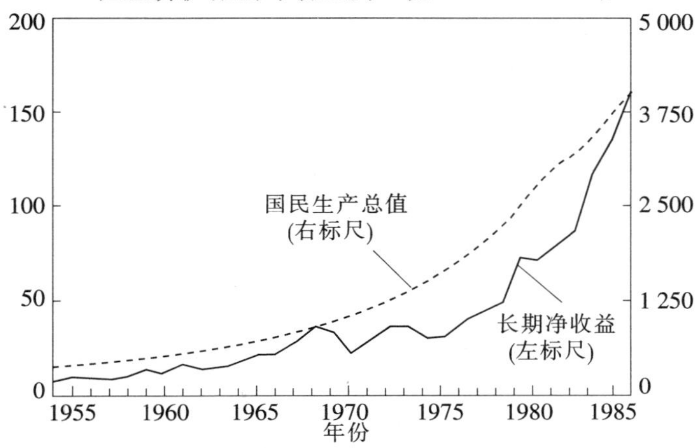

图 14.1.6a　1954—1985 年变现的长期净收益和国民生产总值（单位：10 亿美元）

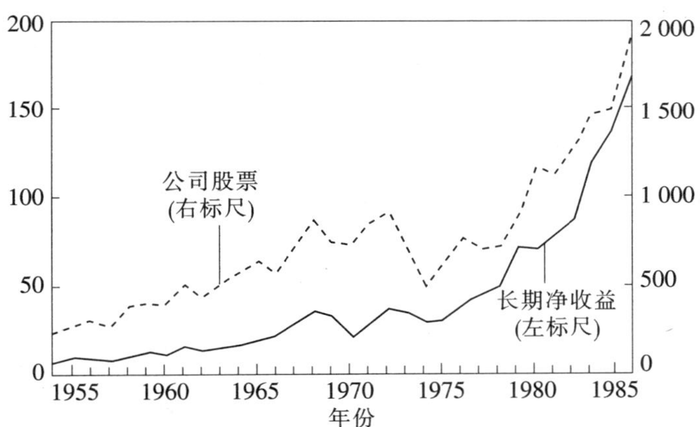

图 14.1.6b　1954—1985 年变现的长期净收益和住户持有的公司股票（单位：10 亿美元）

数据显示，税率的变化也会对资产的变现产生影响。1978 年的税收法案将长期收益的最大边际税率从 39.875%（对大多数纳税人）降至 28%；富有纳税人（AGI 排名位于前 1%的人）的加权平均边际税率从 1978 年的 35.1%左右降至 1979 年的 25.9%。① 税率的降低明显使

① 平均边际税率和最高税率不同，因为并不是所有富有纳税人都需要支付最高税率。平均边际税率是通过对在每个收入组中，具有平均资本收益和应税收入的纳税人，其资本收益最后增加一美元的边际税率加权平均计算得到的。即使资本收益的最高税率不变，收入群体的变化或者普通收入税率的变化都能够改变资本收益的平均边际税率。

1979 年的变现资产大幅增加了 45%，这些增加的变现资产主要集中在从降低税率中获利最大的高收入阶层。然而，这种增长是在股票市场上涨和 GNP 的高速增长的情况下发生的，因此部分增长也可能是由这些原因引起的。

1981 年的法案进一步将在 1981 年 6 月 20 号后变现的长期资本收益最高税率降至 20%。结果是使富有纳税人的加权平均边际税率从 1980 年的 26.1%降至 1981 年的 23.4%和 1982 年的 20%。然而，1981 年变现的资本收益仅比 1980 年增长了 5%。

这种微弱的反应或许可以归因于从 1981 年 7 月开始的 1981 年到 1982 年的经济萧条。1982 年全年变现资产总值仅增长了 10%左右，这或许反映了这样一个事实，直到该年年底经济周期还未到达最低点（虽然股票市场在 8 月份复苏）。1983 年，股票市场和变现资产都有了实质性的增长。

为了单独估计税率变化的影响，财政分析员和其他人使用了各种多元线性回归模型。表 14.1.6a 给出了部分数据，而表 14.1.6b 和表 14.1.6c 给出了多元回归分析的结果。

表 14.1.6a　　资本收益的变现资产的时间序列数据

年份	长期净收益	边际税率	NYSE 综合指数	实际 GNP	公司股本
1975	30.7	30.2	45.73	2 695.0	637.4
1976	39.2	33.8	54.46	2 826.7	752.0
1977	44.4	34.4	53.69	2 958.6	706.6
1978	48.9	35.1	53.70	3 115.2	703.2
1979	71.3	25.9	58.32	3 192.4	857.4
1980	70.8	26.1	68.10	3 187.1	1 163.9
1981	78.3	23.4	74.02	3 248.8	1 102.0
1982	87.1	20.0	68.93	3 166.0	1 241.7
1983	117.3	19.7	92.63	3 279.1	1 422.5
1984	135.9	19.4	92.46	3 501.4	1 438.3
1985	165.5	19.5	108.09	3 607.5	1 890.1

长期净收益：是对 AGI 前 1%的纳税人来说，长期净资本收益超出短期净资本损失的部分，单位为 10 亿美元。

边际税率：指对 AGI 前 1%的纳税人的长期净收益的平均边际税率。

NYSE 综合指数：是纽约证券交易所的一种股票价格指数。

实际 GNP：指消除通货膨胀影响后的美国国民生产总值。

公司股本：指住户持有的公司股票的价值，单位为 10 亿美元

在 1988 年总统选举期间，一些财政分析家，Draby，Gillingham 和

Greenless，称在早期财政的研究中，增加 1983—1985 年的数据，并重新选择一些变量进行分析后，认为税率的降低将使变现资产增长，从而导致税收持续增长。他们得到的方程就是表 14.1.6b 中的方程 1。另外一个分析家，城市协会（Urban Institute）的 Joseph Minarik 反驳了他们的结论，并计算得出了表 14.1.6b 中的方程 2。

国会预算办公室（CBO）也建立了一个对数形式的回归模型，用平均边际税率、GNP 的对数和公司股本（不变价）做自变量，用长期净变现资产的对数做因变量，其结果见表 14.1.6c。

问题

1. 表 14.1.6b 中的两个方程在估计变现资产的弹性时有什么差别？

2. 产生这种差别的原因是什么？[关键信息：在财政部最初的研究中，利用和方程 1 中变量基本相同的变量以及从 1954—1982 年的数据，得出和方程 2 相似的结果。当利用从 1954—1983 年的数据重新对财政部原始方程进行计算时，其结果与方程 1 相似。因此，似乎是由于在不包含纽约证券交易所股指（CVALUE）的模型中加入了 1983 年的数据而造成了这种差别。]

3. 哪个模型更可信？

4. 对表 14.1.6c 中国会预算办公室的半对数模型里的 MTR 长期净收益的弹性做出解释。

5. 半对数形式的模型比线性模型更可信吗？

6. 根据国会预算办公室模型估计出来的变现资产的弹性是否表明：平均边际税率从 20%下降到 15%将能够产生足以抵消税率减少的新的变现资产（假设两种比率都是单调的比率，也就是说，所有的变现资产都将以相同的税率征税）？

7. 有哪些间接的影响将使根据该模型得到的税收预测无效？

表 14.1.6b　资本收益变现的时间序列线性回归模型

	回归方程		回归方程	
	1		2	
变量	估计值	t	估计值	t
常数项	−1 186.4		−1 568.78	

续前表

	回归方程		回归方程	
	1		2	
变量	估计值	t	估计值	t
CRGNP	96.8	7.37	66.8	4.48
CIGNP	2.5	0.22	12.8	1.06
CSTK	36.2	6.03	35.2	3.65
CTX	−1 795.0	−4.13	−1 441.3	−3.75
CTX（−1）	50.9	0.11	818.1	1.84
CVALUE	未用	未用	4.5	3.29
R^2	0.845		0.875	
DW 统计量	1.917		1.411	
回归方程的标准误	没有报告		3.712	
样本期	1954—1985		1954—1985	

因变量是长期净收益的变化，与表 14.1.6a 中的定义相同（单位：百万美元）。

CRGNP 和 CIGNP 是指实际和名义 GNP 变化（单位：10 亿美元）。

CSTK 表示公司股本的变动，与表 14.1.6a 中的定义相同（单位：10 亿美元）。

CTX 和 CTX（−1）指边际税率的当期和滞后变化，与表 14.1.6a 中的定义相同。

CVALUE 指 NYSE 综合指数的变化，与表 14.1.6a 中的定义相同。

表 14.1.6c　　资本收益实现的半对数回归模型

变量	估计值	t 值
常数项	−10.900	4.93
Log-Price	0.901	3.13
Log-RCE	0.848	7.30
Log-RY	1.839	4.08
MTR	−0.032	5.81
R^2	0.984	
DW 统计量	1.796	
回归方程的标准误	0.118	
样本期间	1954—1985	

因变量是长期净收益的对数。

log-Price 是指 GNP 紧缩因子（deflator）的对数。

log-RCE 是指个人持有的公司股本（不变价）的对数乘以占 AGI 前 1%的纳税人所得的红利。

log-RY 是指 GNP（不变价）的对数乘以占 AGI 前 1%的纳税人所得的红利。

MTR 是指占 AGI 前 1%的纳税人的长期净收益的平均边际税率。

资料来源

Darby, Gillingham, and Greenlees, *The Direct Revenue Effects of Capital Gains Taxation*, Res. Paper No. 8801 (U. S. Dep't of Treasury 1988); Minarik, *The New Treasury Capital Gains Study: What is in the Black Box?* (The Urban Inst. 1988); Congressional Budget Office, *How Capital Gains Tax Rates Affect Revenues: The Historical Evidence* (March, 1988).

14.2 交互模型

加法线性模型：假设不考虑其他因素，那么任一解释变量的变动对因变量的影响是相同的。但是这种假设经常是不正确的。雇主对女性的歧视，在不同的劳动力水平上对绝对工资或相对工资的歧视很可能是不同的。在这个案例中，性别因素的系数描述了（复杂的）歧视的平均水平。更具有现实意义的工资模型必须包括一个或多个性别和其他解释变量组合起来的交互效应项或交叉乘积项。例如，为了检验工资的差异是否随着工作长度的增加而增加，模型中除了工作年数外，还应该包括一个交互效应项，即性别指标和工作年数的乘积。男性这个交叉积的值等于工作年数，女性等于零（假设男性性别指标取值为 1；女性取值为 0)。单独的工作年数变量系数反映女性每年的收益；交互效应项的系数反映男性每年多得到的收益。交互模型中反映歧视的形式与加入性别系数的模型不同——前者是每年的收益都不同，而后者刚好与之相反，每年的差额都是一样的。当引入交互效应项后，单独的性别系数不再只表示性别歧视，而是还有可能存在其他原因；对交互效应的解释比较复杂，但包括交互效应项能更准确地描述引起歧视的原因。在该例的交互模型中，单独的性别系数描述了性别对工作年数为零的雇员的影响；而交互效应项的系数则描述了工作年数每增加一年，这种影响是如何增加或减少的。

当解释变量如 X_1 的效果受另一个变量（或更多其他变量）如 X_2 的

值影响时，就应该引入交互效应项。变量 X_2 可以被看作对 X_1 的调节，而且，相应地，也可以将 X_1 看作对 X_2 的调节。例如，考虑最简单的交互模型：

$$Y = a + bX_1 + cX_2 + dX_1X_2 + \text{误差项}$$

假设 X_1 是取值为 1 和 0 的二分变量，X_2 是连续变量或二分变量。当 $X_1 = 0$ 时，对给定的 X_1，X_2，该模型 Y 的期望值为：

$$E[Y \mid X_1 = 0, X_2] = a + cX_2$$

由于 X_1X_2 等于 0，因此，回归系数 c 描述了对 $X_1 = 0$ 的参照组来说，X_2 每变化一单位时所产生的影响。（常数项反映了当 X_1，X_2 的取值都为零时 Y 的均值。）

当 $X_1 = 1$ 时，模型变为：

$$E[Y \mid X_1 = 1, X_2] = (a + b) + (c + d)X_2$$

此时，X_2 每变动一单位，Y 变动 $c+d$ 个单位；X_1 的出现使 X_2 的影响从 c 变为 $c+d$。交互效应项的系数 d 反映了当 X_1 的取值从 0 变为 1 时，X_2 的影响的变化。与此相应，对于 $X_2 = 0$ 的参考小组来说，X_1 的系数 b 反映了当 X_1 的取值从 0 变为 1 时，Y 的均值的差值。当 X_2 取值不等于零时，差值变为（$b + dX_2$），也可以看作当 X_2 不变时，$X_1 = 1$ 时的 Y 值减去 $X_1 = 0$ 时的 Y 值。

当 $d=0$ 时模型就变为加法模型，此时系数 b 和 c 可被看作分别对 X_1 和 X_2 的主效应。主效应是确定的，因为不管其他变量的取值如何变化，X_1（或 X_2）每变动一单位所产生的影响是相同的，即 Y 平均变动 b（或 c）个单位。当 d 不等于零时，b 和 c 都不再是主效应，因为此时这种解释只适用于参考小组（当 X_2 或 X_1 等于 0）。[①] 在该例中，人们的兴趣点通常从 b 或 c 转向 d。例如，在 13.5 节讨论的雇用歧视模型中，加法模型中的“性别系数” b 是我们所关注的，X_1 是性别指标（女性为 0，男性为 1），性别系数反映了利用模型中其他因素即工作年数 X_2 调整后的男性和女性之间的平均工资差异。因为在加法模型中，无论工作经验的水平如何，平均工资差异都是一个常数，所以这个系数就足以表示这种差异。在包括 X_1X_2 的交互模型中，现在“性别系数” b 只能衡量工作年数为零的雇员的货币损失，而 d 衡量每年雇主支付给男

---

① 一般来说，利用这种编码，X_1 或 $X_2=0$ 不可能实现，例如 X_2 为年龄。

性和女性的货币收益的差异。后一个系数与前一个系数比较而言，是更重要的反映歧视的指数。如果 d 值比较大，即使系数 b 非常接近于 0，也不能认为不存在歧视。

交互模型也可用来描述相关关系随着时间变化的变化。如果 X_2 表示从初始时刻开始计算的时间，交互效应项考虑了具有时间系数的 X_1 对 Y 的影响：

$$E[Y \mid X_1, X_2 = t] = (a + c\,t) + (b + dt)X_1$$

系数 a 和 b 描述了当 $t=0$ 时的基本关系。

有时分类变量会取除 0 和 1 外的其他值，此时系数的含义与我们上面所描述的有所不同。例如，假设 X_1 和 X_2 是两个取值为 +1 和 −1 的二分变量，在这种情况下，“主效应”系数 b 或 c 都不再仅仅描述均值间的差异。例如，当 $X_1=1$ 时，均值间的差异（对于 $X_2=1$ 和 −1）为 2（$c+d$）；当 $X_1=-1$ 时，均值间的差异（对于 $X_2=1$ 和 −1）为 2（$c-d$）。可以看出 c 等于均值差异的一半，d 等于均值差异的 1/4。

在进行方差分析时，上述系数非常容易解释，但是当取值为 0～1 时，对其相应系数的解释就比较困难。因此，在运用 0～1 值时一定要避免发生混淆。

如果在模型中交互效应项是一个明确的参数，那么为了检验由 OLS 估计得到的交互效应系数的显著性，常用 t 和 F 检验（参见 13.4 节）。要注意的是，若参数化的选择不恰当，则会引起很多麻烦。例如，与上例中的两个二分变量类似，当研究 4 个小组时，分别给 3 个小组赋予 X_1，X_2 和 X_3 三个 0～1 指标，而将第 4 个小组当作参照组，即定义第 4 小组变量为 $X_1 = X_2 = X_3 = 0$，在模型

$$Y = a + b_1X_1 + b_2X_2 + b_3X_3 + \cdots + \text{误差项}$$

中，系数 b_i 反映了第 i 组与参照组之间均值的差异（i=1，2，3）。而交互效应系数，也就是差异间的差异，可以表示为 $d = (\bar{Y}_1 - \bar{Y}_2) - (\bar{Y}_3 - \bar{Y}_4)$。其中，$\bar{Y}_1$ 是当 $X_1=1$ 和 $X_2 = X_3 = 0$ 时第 1 组观测值 Y 的均值，与此类似，可得 $\bar{Y}_2$ 和 $\bar{Y}_3$。$\bar{Y}_4$ 是当 $X_1 = X_2 = X_3 = 0$ 时的参照组观测值 Y 的均值。因此，$d = b_1 - (b_2 + b_3)$。如果研究关注交互效应系数，为了评价它的显著性，我们需要知道线性组合 $\hat{b}_1 - \hat{b}_2 - \hat{b}_3$ 的标准误。这里，标准误等于所有系数方差之和减去 2 倍 $\hat{b}_1$ 与 $\hat{b}_2$、$\hat{b}1$ 与 $\hat{b}_3$、$\hat{b}_2$ 与 $\hat{b}_3$ 间协方差之和后的平方根。在计算机输出结果中常会给出方差项，

除非特殊定义，协方差通常是未给出的，因此需要给出交互效应项。

上述讨论只考虑了一阶交互模型，即只包括变量的两两乘积的方程，有时也需要包含三个或更多变量乘积的高阶交互效应项的模型。高阶交互效应系数通常反映了低阶交互效应随着其他变量的变化会有什么影响。

要注意两个问题。第一，计算机软件有时会不顾指标变量给定的取值范围，如将 0～1 间取值变为 ±1 取值，甚至还会改变分类的顺序，从而改变了预期回归系数的符号。所以，在使用程序时若不注意这些问题，则可能会被输出结果严重误导。

第二是有关统计上的，通常交互效应的标准误要比相应的主效应大，这样就降低了假设检验的效率，且扩大了系数的估计区间。其原因不难从两个在 0～1 间取值的二分变量的案例中看出。简单起见，假设 4 个组的样本量都是 n，每一组数据均值不同但方差都是 σ^2 。在交互模型中，用 $\hat{d}=\bar{y}_{11}-\bar{y}_{10}-\bar{y}_{01}+\bar{y}_{00}$ 来估计交互效应系数，其中，$\bar{y}_{ij}$ 是对应于 $X_1=i$，$X_2=j$（i，$j=1$ 或 0）的样本均值。该系数的标准误是 $(4\sigma^2/n)^{1/2}=2\sigma/\sqrt{n}$ 。对比而言，X_1 的“主效应”系数是用 $\hat{b}=\bar{y}_{10}-\bar{y}_{00}$ 来估计的，与 $\hat{c}=\bar{y}_{01}-\bar{y}_{00}$ 相似，且其标准误是 $2\sigma/\sqrt{n}$ 。在 $d=0$ 的加法模型中，X_1 的主效应系数的估计如下：

$$\hat{b}=\left[\frac{1}{2}(\bar{y}_{10}+\bar{y}_{11})-\frac{1}{2}(\bar{y}_{01}+\bar{y}_{00})\right]=\frac{1}{2}(\bar{y}_{10}-\bar{y}_{00})+(\bar{y}_{11}+\bar{y}_{01})$$

式中，X_1 的主效应是对 X_2 的两种水平的平均，当没有交互效应时，这种估计是恰当的，因此，$\hat{b}$ 的标准误最小，为 $\frac{1}{2}(4\sigma^2/n)^{1/2}=\sigma/\sqrt{n}$ 。

补充读物

David G Kleinbaum, et al., *Applied Regression Analysis and Other Multivariable Methods* 188-93 (1998).

14.2.1 铀工厂附近的房价

原材料生产中心（the feed materials production center）位于距俄

亥俄州的辛辛那提西北部约 16 英里的乡村，占地面积约 1 000 英亩。该工厂的所有权属于美国联邦政府，由一个与美国能源部签订合同的私人承包商经营。工厂把铀的三氧化物粉末精炼成铀金属，并对铀金属进行加工以便在核反应中使用。同时，该厂还在其他地方生产钚。

1984 年 12 月 10 日，承包商（NLO 公司）宣称在过去三个月内，有约 400 磅铀的三氧化物粉末意外地被释放到大气中。在发表这次声明后的约六个星期后，居住在工厂附近的居民向联邦地区法院提起了一则集体诉讼，他们声称由于铀的释放，使他们的健康和财产都蒙受了大量的损失。

Rosen 模型

为了支持原告关于单式房屋价值损失索赔的起诉，Harvey Rosen 博士进行了多元回归分析，其中把房价作为因变量，以下因素作为解释变量：(1) 可以影响房屋销售价格的房屋自身特征的差异；(2) 可以影响销售价格的经济时期的差异；(3) 位置和时间变量用来反映在该事件发生前后与该工厂距离远近的影响。

模型中使用的数据是：1983—1986 年间，工厂附近的三个学区中单式家庭住宅的销售额数据。大概有 2 000 条交易记录，但在剔除不完整数据后，该分析中仅包括约 1 000 条销售记录。

在主回归模型中，Rosen 选取了如下指标变量：

Pre-1985 In：1985 年前出售位于工厂周边 5 英里内的住宅，则取值为 1，反之为 0；

Pre-1985 Out：1985 年前出售位于工厂周边 5 英里外的住宅，则取值为 1，反之为 0；

Post-1984 In ：1984 年后出售位于工厂周边 5 英里内的住宅，则取值为 1，反之为 0；

参照组是 Post-1984 Out 销售额，当上述三个指标取零时，记为 0。

回归方程中还包括用来修正房价差异的其他因素——如占地面积和房屋面积。我们所感兴趣的指标变量的系数在表 14.2.1a 中给出。

表 14.2.1a　　Rosen 模型结果

变量	估计值	t 值
Pre-1985 In	−1 621.11	−0.367
Pre-1985 Out	550.38	0.162
Post-1984 In	−6 094.45	−2.432

根据以上结果，Rosen 得出这样一个结论：方圆 5 英里以内的屋主的平均损失额约为 6 000 美元，且其差异在统计上是显著的。他将该数值乘以方圆 5 英里以内的房屋数 5 500，得到的赔偿额为 3 300 万美元。

关于 Rosen 模型的问题

1. 假设 Rosen 模型是正确的，如何解释系数−6 094?

2. 将这一数字作为赔偿额，你有什么反对意见?

3. 更适合用来确定赔偿额的交互效应系数值是什么？它在统计上是显著的吗？（为了计算显著性，你可以假定指标变量系数的估计值相互独立，而事实上它们是相关的。）

Gartside 模型

另一位原告方的专家 Peter Gartside，引用被告研究中的数据，利用对距离、1985 年前和 1984 年后进行重新赋值的指标变量来计算回归方程。他将距离（RC）分为 0～1 英里、1～2 英里和 2～4 英里。参照组为 4～6 英里，记其观测值为 0。将 1983 年作为参照组，1984—1986 年间的每一年都赋予一个单独的指标值（PC）。最后他的方程包含年份、距离以及由年份和距离指标乘积构成的交互效应项 PC·RC。在表 14.2.1b 中，给出了每组变量的显著性和估计值，然后在一个 4×4 表中给出 OLS 回归均值（以销售总额和差额形式给出，将 1984 年设为零点）。在表 14.2.1c 和表 14.2.1d 中给出了这些结果。

在 1984 年后，工厂附近的房价呈现出下降或轻微上升。而离工厂远一些的房价呈现明显的上升趋势。根据这一事实，Gartside 得出释放物导致工厂附近的房价下降的结论。

表 14.2.1b　Gartside 模型结果

变量	DF	SS	F 值	PR>F
PC	3	914.2	1.03	0.378 0
RC	3	5 581.3	6.30	0.000 3
PC • RC	9	3 664.9	1.37	0.197 2
变量	估计值	t	PR>t	
PC				
(1984)	−0.092 1	−0.04	0.963	
(1985)	2.124 5	0.93	0.351	
(1986)	8.987 8	4.20	0.000	
RC				
(0～1)	−4.568 2	−0.26	0.796	
(1～2)	0.866 2	0.26	0.796	
(2～4)	1.937 1	0.56	0.574	
PC • RC				
1984/0～1	11.047	0.57	0.573	
1984/1～2	2.470	0.49	0.625	
1984/2～4	12.414	2.50	0.013	
1985/0～1	2.701	0.14	0.887	
1985/1～2	−2.675	−0.52	0.605	
1985/2～4	3.510	0.80	0.425	
1986/0～1	−7.440	−0.41	0.681	
1986/1～2	−5.790	−1.28	0.202	
1986/2～4	−3.327	0.79	0.429	
截距	62.2			

表 14.2.1c　Gartside 回归模型的平均价格　单位：千美元

距离	83	84	85	86
0～1	57.7	68.6	62.5	59.1
1～2	63.1	65.5	62.5	66.2
2～4	64.2	76.5	69.8	76.4
4～6	62.2	62.1	64.4	71.1

表 14.2.1d　Gartside 回归模型——从 1984 年以来平均价格的变动

距离	83	84	85	86
0～1	−10.9	0	−6.1	−9.5
1～2	−2.4	0	−3.0	0.7
2～4	−12.3	0	−6.7	−0.1
4～6	0.1	0	2.3	9.0

关于 Gartside 模型的问题

1. 对 *PC*，*RC* 和 *PC* · *RC* 的系数做出解释，并描述 *PC* · *RC* 的系数与损失额间的关系。1983 年位于 4～6 英里远（就是参考类）的房价的回归估计值是 62.2，根据这一点，你能否看出表 14.2.1c 和 14.2.1d 是如何从表 14.1.1b 得来的？

2. 你对 Gartside 的结论有什么反对意见？

资料来源

In Re Fernald Litigation，Master File No. C-1-85-0149（SAS）（H. Rosen and J. Burke，*Preliminary Report on the Property Value Effects of the Feed Materials Production Center at Fernald*，*Ohio on single Family Residence Only*（*Novemeber* 30，1987）；P. Gartside，*Review of* "*Independent Analysis of Patterns of Real Estat Market Prices Around the Feed Materials Production Center*，*Fernald Ohio*.

［注释］

在一项类似的统计研究中发现，在 1979 年三哩岛事故发生后的 7 个月内，事故并未引起房屋价格的明显下降，也没有引起工厂周边 4 英里以内的房价增值率降低。Nelson，*Three Mile Island and Residential Property Values*：*Empirical Analysis and Policy Implications*，57 Land Economics 363（1981）。

14.3　就业歧视案中的备择模型

许多就业歧视案都用到这样一种回归分析模型，该模型以工资（或工资的对数）作为因变量，对生产率因素和各种受保护群体（通常是 40 岁及以上的女性）的指标变量进行回归。如果这些群体的系数在统计上是显著的，那么可认定该歧视案件初步证据确凿。需要说明的是，有些法院除了总体模型外，还要求给出歧视的特例。

当法院拒绝回归分析时，它通常会明确指出一个或多个缺点：(1) 某些解释变量是受歧视潜在影响的；(2) 遗漏了重要的有关工资的解释变量；(3) 错误地将不同组放在同一个回归方程中；(4) 包含歧视不违反法律时期的观测值；(5) 理论假设自变量决定了是否涨工资和晋升的这个假设是有风险的。

双方程模型

Campbell，Frinkelstein 和其他人认为，与用虚拟变量表示受保护群体的单方程不同，需要对两个或更多个独立方程中解释变量的系数进行比较。因此，判断是否存在性别歧视时，应该比较两个方程即针对男性的方程和针对女性的方程。例如，若在男性的方程中经验变量的系数比较大，则表明每增加一年工作经验支付给男性的工资比女性的多。双方程模型等同于包含性别指标和其他解释变量的交叉乘积项的单方程交互模型。交叉乘积项的 OLS 系数等于两个分离方程相应的 OLS 系数的差值。

由于下列原因，我们认为双方程方法更可取。如果拒绝不存在歧视的零假设，单方程模型能够首先确定歧视存在的形式；而双方程模型不是这样。利用双方程模型，调查者可以对不同解释变量的系数进行对比，并准确得出产生任一歧视的原因，从而满足法院的需求，即要识别这些特殊歧视行为。例如，在对女性的方程中，工作经历年数的系数明显较低，表明雇主在这方面存在歧视。最后，因为受到严重歧视的特殊群体（例如有经验的女性）能够被更准确地加以辨别，因此拖欠每个人的工资可以根据回归方程估计出来。(*Regression Analysis in Title V11 Cases: Minimum Standards, Comparable Worth, and Other Issues Where Law and Statistics Meet*, 36 Stan. L. Rev. 1299 (1984)；还可以参考 Michael O. Finkelstein，*The Judicial Reception of Multiple Regression Studies in Race and Sex Discrimination Cases*, 80 Colum, L. Rev. 737，739，n. 12 (1980)。)

双方程模型中暗含着效率的损失：为了弥补做多重比较时犯第Ⅰ类错误的概率的增加，在对解释变量几个系数进行比较时要求有较高的显著性水平。参见的 6.2 节和 7.2 节。相反，在不存在交互效应项，即对于男性和女性而言，每个解释变量的影响都相同的假设下，性别系数模型只检验单个系数的显著性。

Urn 模型

Levin 和 Robbins，关注男女平均工资未解释的差异的统计显著性，并提出一个不同的方法检验这一问题，他们的方法被称作“Urn 模型”，用所有雇员的工资对除了反映各组地位的指标变量外的解释变量进行回归，由此可得到一个性别/种族中立值作为每个雇员的预期工资。这个调整后的平均工资描述了雇员工资中可以由解释变量和它们的均值的离差来解释的那部分。在这种情况下，OLS 回归的作用仅是产生一个用来定义可以解释部分的修正方程。雇员实际工资和可解释部分工资的差别就是残差或工资未解释的部分。然后对男女之间平均残差的差异进行显著性检验。

在经典回归分析中，假设雇员的重复抽样能够产生具有随机变动的残差，通过这一假设将随机性引入模型。Levin 和 Robbins 反对这一观点，他们认为这个观点具有高度的人为性，因为它假设从雇员（潜在的或未来的）总体中随机抽样得到实际数据。经典假设同时做了这样一个强假设，即工资可表示为一个模型方程加上误差项，这些误差是独立的，且它们服从正态分布（见 13.8 节）。

Urn 模型方法没有对雇员抽样方式、随机抽样误差、模型加误差的工资、独立性或误差的正态分布做出任何假设。相反，Urn 模型将残差看作从一个缸里不放回随机抽取的炸薯条。把取出的薯条当作男性的残差，剩下的薯条就当作女性的残差。一旦给定修正方程，Urn 模型认为男女人数和他们的残差值都是固定的。这里关键假设的是：残差是可替换的，也就是说，男性和女性每项任务相对于工资的残差是大致相同的。这种随机化方法模拟了在性别/种族对工资没有影响这一零假设下可能出现的情况。

如果男性的残差均值减去女性的残差均值的差值很大，而在模拟试验中发生这种差异的概率非常小，比如说小于 0.05，那么认为这种差异在 5%的显著性水平下是显著的。如果在模拟试验中，残差的差异经常出现，那么 Urn 模型表明性别中立的随机过程能够产生观测偏差，据此可以认为差异是不显著的。实际上，因为有能够近似计算出尾部面积概率的简单公式，所以不需要真正进行模拟试验。参见 Bruce Levin and Herbert Robbins, *Urn Models for Regression Analysis, with Applications to Employment Discrimination Studies*, Law & Contemporary Problems, Autumn 1983 at 247。在 Sobel 诉犹太高等学校这一案例中，Urn 模型被地区法院采用（566F. Supp. 1166 1169—70，S. D. N. Y. 1983），但在上诉法院裁决时拒绝使用这一模型，它们认为该模型仅表明偶尔会引起偏差，而不是必然[①]（Id. 839F. 2d 18 35—36）。Urn 模型在美国劳动部对哈里斯信托银行行政法审判一案中被采用。它用来证明对女性和少数民族的不平等在统计上是显著的。参见 14. 4. 1 节。应该注意 Urn 模型只涉及零假设的检验，并且得不到由双方程方法得出的影响的详细估计。

Urn 模型中的检验统计量用 $\Delta\bar{r}$ 来表示，是男女间平均残差的差，解释性别间平均工资差异中未能解释的部分。（当工资变量使用对数形式时，$\Delta\bar{r}$ 近似等于两个群体几何平均工资比中不能用调整方法解释的部分。）该差值不能作为一个单方程模型中性别系数的估计值；平均工资差异中未被解释的部分是作为确定未解释差异的统计显著性的分值。事实上，平均残差的差异要比性别系数小得多，性别系数由性别（Z）和模型中其他预测值（x）之间复相关系数的平方（$R^2_{Z(X)}$）决定。平均残差的差异等于用 $1-R^2_{Z(X)}$ 对性别系数进行缩减。如果性别和其他解释变量不相关，则不存在缩减；如果它们高度相关，将几乎被完全缩减并且平均残差的差异接近于零。

进行缩减的原因是性别系数反映了在考虑了其他所有变量的影响后，性别和工资的相关关系。[②] 每一个系数的计算方式都是类似的，它的大小由它的因子与因变量的相关性、与其他解释变量的相关性，以及其他解释变量和因变量的相关性决定。[③]

---

① 上诉法院裁决的反对理由是错误的，因为没有一种关于显著性的统计检验比这种更有效，而且如果势足够大，还能够确认没有显著的差异是不存在歧视的证据。

② 理论上来说，性别系数描述了工资残差（工资对解释变量进行回归后）对性别残差（性别对解释变量进行回归后）的简单线性回归系数。

③ 从以下公式的形式中可以看出性别和其他一个解释变量间的关系：$\hat{b}_Z=(r_{YZ}-r_{YX}r_{ZX})/(1-r^2_{ZX}))(s_Y/s_Z)$ 其中 Y 代表工资，Z 是性别指标变量，X 是解释变量，r 是相关系数，s 是标准差，$\hat{b}$ 是性别系数。参见 13. 2 节。

Urn 模型的不同之处在于，计算生产率因素的系数时不考虑性别变量。从某种程度上说，性别是决定工资的一个因素，并且与生产率因素相关，它的影响与其他因素有关。因此，只有在不存在歧视的原假设下估计生产率，其系数才是无偏的。由于它是在原假设下起作用，因此当问到数据是否与没有歧视的解释一致时，Urn 模型优先考虑生产率因素。

为了计算 $\Delta\bar{r}$ 的显著性，利用统计量 $z=\Delta\bar{r}/s\left[n/(mw)\right]^{\frac{1}{2}}$ 来进行，其中 s^2 是残差的方差，等于 $\sum r_i^2/(n-1)$；m 是男性人数；w 是女性人数；n 等于 $m+w$。在大样本中，z 近似服从标准正态分布。通常 z 统计量小于用来检验性别系数显著性的统计量 t。[①] 当解释变量和性别不相关时，在零假设下两个统计量渐进相等。如果假设性别系数模型是有效的，那么 Urn 模型存在效率损失，但在备择假设下的大样本中这种损失是无关紧要的。

Urn 模型在分层分析中最有效，这里假设同质层中的残差可以替换是合理的。证据是利用和 Mantel-Haenszel 统计量相似的方法实现跨层的结合。实际上，对于分层的 Urn 模型的 z 值，在二分结果和不在层内进行回归调整时，就变为 Mantel-Haenszel z 值。

图 14.3 举例说明了上述回归分析的备择形式后所隐含的思想。

14.4 局部加权回归

利用所有雇员拟合的单工资回归方程或许不能准确地描述决定雇员工资的过程，因为它未能表现不同资格、经验、责任或生产率水平上报酬的不同形式。考虑到受这些因素影响的不同收益，进而通过增加交互效应项对该模型进行扩展，除了最简单的案例外，很难完成这项任务。相反，可以只利用那些落在一个给定雇员的解释变量邻域内的数据点，对局部数据建立模型，然后对每一雇员重复该过程。用这种方式将注意

---

① 以下表达式给出了二者间的关系：$z=\{t/\left[1+t^2/(n-p-1)\right]^{\frac{1}{2}}\}(1-R^2_{Z(X)})^{\frac{1}{2}}\left[(n-1)/(n-p-1)\right]^{\frac{1}{2}}$，其中 p 是调整后的方程中解释变量的个数，包含常数项。

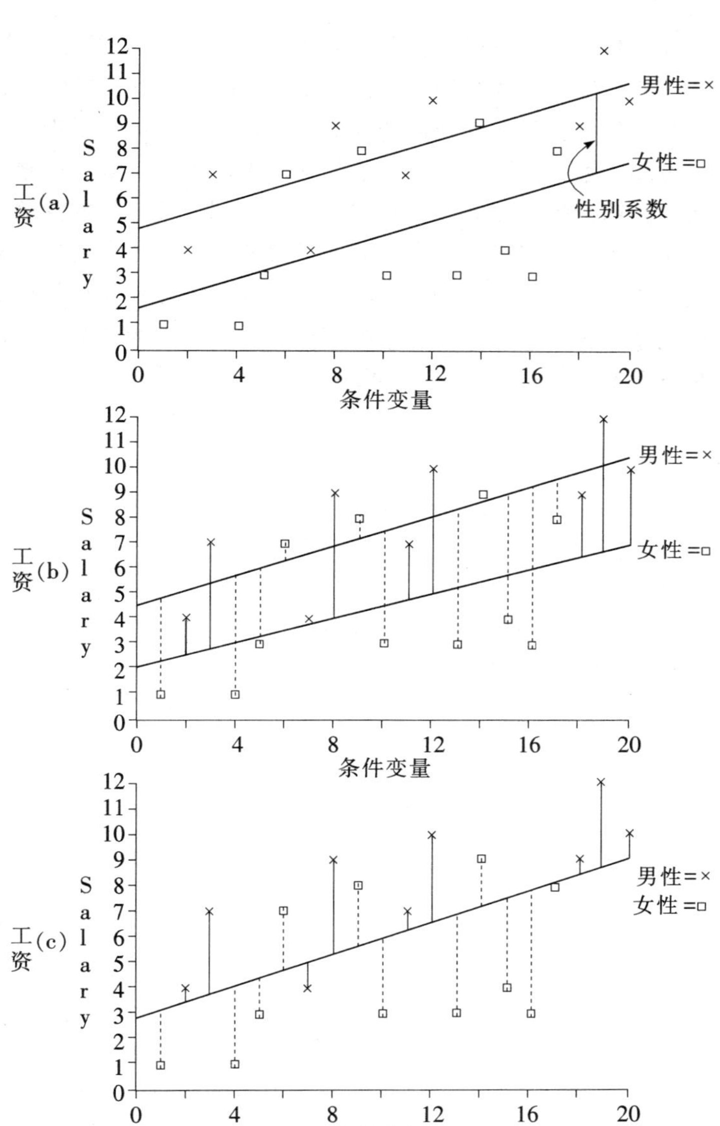

图 14.3　就业歧视案中回归分析的备择形式

(a) 性别系数模型——该模型假定女性的货币损失是固定的。

(b) 双方程模型——根据女性方程所得到的男性工资的预测值比真实值低；根据男性方程所得到的女性工资的预测值比真实值高。

(c) Urn 模型——男性残差倾向于正而女性残差倾向于负。

力集中在局部数据上，可以确保与给定雇员各方面有很多差异的雇员，不会对适合于给定雇员的模型产生任何影响。因此，这个方法被称作局部加权回归，根据其他条件相似的雇员解释每一个雇员的工资。

这种方法需要一个距离函数，该函数用来定义一组解释变量值与参照雇员值的距离远近；还需要一个用来确定局部领域范围的阈值。在邻域内，权数可以用来强调离雇员参照点最近的那些点的重要性，从而降低位于邻域边缘的数据的影响。这种巧妙的处理需要一个加权函数。局部加权回归是一种对散点修匀算法的概括方法。应用的细节和精确性在 W. Cleveland 的 *Robust Locally Weighted Regression and Smoothing Scatterplots*（74J. Am. Stat. assoc. 829，1979）一文中给出。

作为一个准则，即使在全模型中包括局部拟合中没用到的高阶交互效应项，局部加权回归拟合值的残差平方和也比全模型的残差平方和小。这样就抵消了由于一组单一的回归系数对全模型的简明概述所造成的损失。局部加权模型尤其适用于 Urn 模型分析方法，因为 Urn 模型中需要的就是雇员工资中未解释的部分（可以当作根据局部拟合得出的残差），并且它不需要任何回归系数。

14.4.1 哈里斯银行的 Urn 模型

美国劳工部的联邦合同执行计划办公室，控告哈里斯银行对黑人和女性在原始工资和晋升上存在歧视。原被告双方都进行了多元回归研究。为了避免产生被告方专家所说的“异质性工作偏差”，雇员被分为很多组，比如在 1973—1977 年间雇用的专业雇员。在对该群进行回归研究时，因变量是原始工资的对数，解释变量包括年龄和年龄的平方、关于先决的专业工作和优先在财务工作的指标、工作年数和工作年数的平方、反映高等教育的一系列指标变量、工作外的时间和商务培训。

原告方的专家还准备用两个 Urn 模型对 53 个少数民族和 256 个白人雇员这两个群体进行研究。为调整工资对数，第一项研究在 OLS 回归全模型中包括以上因素。白人和少数民族间平均残差的差异是 0.107 0，标准差是 0.217 1。第二项研究根据每个雇员的最邻近的将近 100 个雇员的数据，得到局部加权回归模型。在该模型中，平均残差之差是 0.051 9，标准差是 0.140 4。

问题

1. 解释全模型和局部加权回归的结果。

2. 这些差异在统计上显著吗？统计显著性意味着什么？

3. 全模型和局部加权回归的结果间的差异是否会使人对全模型的正确性产生怀疑？

4. 如果被告采用了 Urn 模型且该模型在统计上不显著，原告可能会有什么反驳？

资料来源

U. S. Dep't of Labor v. Harris Trust and Savings Bank，No. 78-OFCCP-2（Dec. 22，1986）（ALJ Decision）.

14.5 雇佣回归模型中的无法识别偏差

多元回归模型中无法识别偏差的问题已经成为反歧视共同诉讼行为中司法和众多学术争论的焦点。产生无法识别问题的原因是雇员的实际生产率数据不能直接观察到，所以，在回归分析中，为了调整生产率的差异，必须用生产率的替代值，通常包括受教育程度、工作经验和其他因素。然而，由于使用的替代值与生产率不完全相关，就可能产生误差。

为了解决这个问题，我们要使用与此偏差问题更密切相关的替代值。如果在男女分析中是等价的，那么这个替代值就可能是无偏的。但是，这个含糊的表述中包含着两种完全相反的假设。第一种假设是：男性和女性的劳动生产率是相等的，则平均替代值相等。这个假设也可以表述为："对生产率替代值回归时，对男性和女性使用相同的生产率函数。"这个模型最简单的实例就是：不同性别的替代值等于生产率加上均值为 0 的不相关随机误差项。第二种假设刚好相反：具有相同替代值的男女劳动力的平均生产率是相同的，也就是说，生产率对替代值进行

回归时，男性和女性的替代值方程是相同的。这一假设最简单的实例就是：不同性别的生产率等于替代值加上均值为 0 的不相关随机误差。注意，每种假设都与不同性别平均替代值和平均生产率的差异一致。

因为这里有两种回归关系（见 13.1 节），如果替代值不能完全代替生产率，替代值对生产率的回归与生产率对替代值的回归就不同。事实上，如果男性的平均替代值与女性的不同，一种假设的真实性通常暗含了另一种的错误性。例如，如果男性和女性的生产率相等因而平均替代值相等这一假设为真（第一种假设），那么，男性和女性替代值相等因而他们的平均生产率相等这一假设就不为真（第二种假设）；更确切地说，假设男性的平均替代值高于女性，那么，与男性有相等替代值的女性的平均生产率就会低于男性。这就意味着，一个公平的、只根据生产率支付工资的雇主，在替代值相同的情况下，支付给男性的工资比女性的多，但是，在使用替代值代替实际生产率的多元工资回归方程中，这种差异被错误地归因于性别歧视。这就是我们所说的未识别偏差。

图 14.5 说明的是第一种假设情况，可以帮助我们理解在生产率对替代值的回归中，存在看似反常的性别差异的原因。假定替代值是评分值，如果两组评分值对生产率的回归相同（见图中 AB 线，代表 E［评分值|生产率］=生产率），那么，生产率对评分值的回归将可以分为两条回归直线——男性回归直线（CD 线）和女性回归直线（EF 线）。这种分别回归反映的是对均值回归的影响，可以更清楚地看到评分值位于男性和女性分值均值之间（M'线）。由于评分值与生产率之间不完全相关，所以，分值为 M' 的男性的平均生产率，朝着由回归线 AB 给定的值向上对男性总体平均生产率进行回归；分值为 M' 的女性的平均生产率朝着由回归线 AB 给定的值向下对女性总体平均生产率进行回归。①

但是，在第二种假设条件下不会产生未识别偏差。原因在于，现在替代值相等的男性和女性的平均生产率相同，并且没有性别歧视的雇主应该给他们相同的工资。以替代值为基础的回归结果也就不会显示出性

① 如果条件替代值高于或低于男性和女性的平均值，效果是相同的。如果高于，条件替代值表示男性比女性有更少的标准差位于均值之上。结果，在替代值水平下的男性平均生产率对男性总体平均生产率的回归值低于女性平均生产率对女性总体平均生产率的回归值。

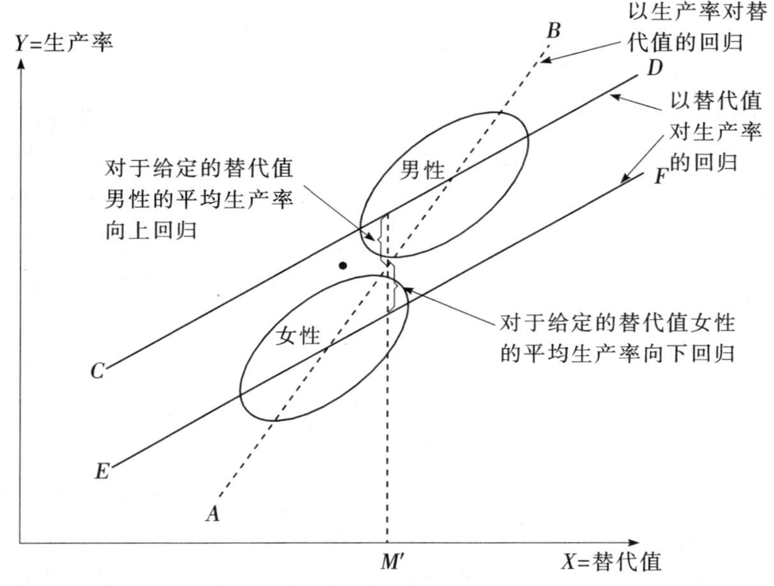

图 14.5　未识别偏差产生过程

别的影响，也就是说，性别系数是无偏的。① 事实上，男性的平均替代值要高于与其生产率相等的女性的替代值，尽管有些费解，但是它与生产能力相同的雇员是否应当得到相同的平均工资并不相关。

因此，一个回归方程中是否存在未识别偏差取决于生产率与其替代值之间的关系。对于两种假设中哪一种假设能够成立（如果存在任意一个）则是一个实证问题，不能仅依靠数据来回答。然而，替代值的性质能够保证它在所分析问题的特定信息缺失的情况下是一个合理的替代数据。如果替代值测度的是导致生产率不同的原因——例如受教育年限或者工作经验，则在信息缺失的情况下，假定替代值加上随机误差等于生产率就是合理的，因为在因果模型中它是保持一致的，也即不存在未识别偏差。由于这些因果变量而拒绝第二种假设的雇主，必须找到一些证据证明模型遗漏了与性别和生产率有关的因素（模型中其他变量不变），这将违背第二种假设。

① 如果雇主确实给男性雇员的报酬高于相同生产率的女性雇员的一定数额，那么，预期性别系数将等于这一数额。

然而，如果因果关系的方向改变了，替代值能够映射生产率或者生产率的结果，则信息缺失的情况下，第一种假设似乎就是合理的，因为假定生产率加上随机误差等于替代值与因果关系的方向是一致的，在这种情况下，如果男性的平均替代值高于女性，用这个替代值进行回归就会产生未识别偏差。评分值就是映射替代值的一个例子，这里对于没有性别歧视的雇主来说第一种假设似乎是合适的。原告由于一些特殊的反射替代值而反对第一种假设，必须提供证据证明替代值是感染的或者有偏的。被告反对包括这些替代值的模型的回归结果，称模型中的性别系数之所以在统计上显著是由于未识别造成的。①

上述情况说明，法官的分析回归模型依赖于替代值的类型。在每一个案例中的问题是，平均而言，具有相同替代值的男性和女性，其生产率是否相同？我们定义在以下两种情况下，答案可能是否定的：(1) 均值不同的两组中包含平滑无偏的替代值；(2) 考虑到被包含的变量之后，存在与性别有关的、被遗漏的可识别因素。

将未识别偏差的范围扩展到替代值与生产率之间不可观察的相关性(对于分析者而言)。对于一个没有性别歧视的雇主，即他只根据生产率支付工资，那么，在给定解释变量水平下，男女工资回归估计中的差异，等于未修正的男女平均工资差异乘以1，减去替代值与实际生产率之间的复相关系数的平方。②

因此，替代值与实际生产率之间的相关性程度是重要的和不可观测的，但是，还是有一些可以作为指导的东西。

大量的研究发现，在用来预测绩效的检验分值与实际的学术绩效之间的相关性通常小于0.6。参见实例 *ATP Guide for High School and Colleges* 28-29 (1989)。如果在职业背景方面的相关性没那么好，工资差异（至少等于未修正差异的64%）可能是由于未识别造成的。尤其

① 因果替代值与映射替代值之间的线并不总像这个例子中所描述的那样清晰。例如，学术机构排名中，虽然基本上是一个映射替代值，但仍然存在因果关系的影响。它应当被看作映射替代值。

② 参见 Herbert Robbins & Bruce Levin, *A Note on the 'Underadjustment Phenomenon,'* 1 Statistics and Probability Letters 137-139 (1983)。如果回归中既包括映射替代值又包括因果替代值，并且雇主没有性别歧视，则在给定解释变量水平下，男女工资回归估计中的差异，等于只用因果替代值估计的男女工资差异乘以1，减去映射替代值与实际生产率之间的偏复相关系数平方（给定因果替代值）。

是那些低水平的工作，有效的技能检验或者细致的结构化的和客观的评估得分之间可能存在较高的相关性，在这种情况下，多个映射替代值或替代值较高，估计值本身就是生产率的组成要素。当这些问题的关键数据缺失时，通常不假定相关性超过 70%。因此，有人可能会说，未识别偏差的下限至少是未修正的工资差异（或者是用因果因素修正后仍然存在的差异）的 50%。

另一个需要考虑的因素是男性或女性各自的替代值与工资之间相关程度。这种相关程度为生产率与替代值之间的相关性设定了一个较低的界限，因为工资分配的误差将相关性降低到生产率与替代值的相关程度以下。然而，给出相关性的下限可以得出工资差异的上限，它可以看作由未识别偏差引起。如果工资残差的差异超过那一数值，雇主就不能公正地主张：这种差异仅仅是由于未识别造成的。[①]

正如上述分析所显示的，不是每个案例中都存在未识别偏差的问题。事实上，对抗过程的动态结果可以限制偏差的范围。原告倾向于从回归研究中排除映射替代值，因为它们已经被潜在地污染了。被告雇主则更喜欢用映射替代值，但是一般不情愿提供回归结果，除非性别系数在统计上是不显著的。因此，使用映射替代值同时性别系数是显著的回归模型很少，至少在第一轮是这样的。模型中的这一问题通常出现在第二轮，原告可能会用映射替代值去反驳雇主认为第一轮的模型中遗漏了一些必要变量的观点，或者被告雇主可能会引入一个变量，以此证明一些检验或衡量生产率的方法明显地缩小了不同性别之间的差距，尽管它们之间不完全接近并仍然是显著的。

在这种案例中，未识别使我们不能仅从性别系数的统计显著性角度看出是否存在歧视，所以法院必须考虑映射替代值与生产率相关性多大。当有理由认为生产率和映射替代值之间的相关性很高，且男性的替代值得分高于女性时，潜在的偏差是应该引起注意的一个原因，但它不是拒绝回归结果的唯一依据。当认为替代值不能准确反映生产率时，应该减小显著的性别系数的权重。本节给出的用来反映偏差程度的公式可以作为评估这些回归结果的起点。

---

① 这里假定不存在替代值对工资的直接影响，只通过生产率产生间接影响。如果存在直接影响——例如以评分值为基础支付工资，生产率与替代值之间的相关性就会小于工资与替代值之间的相关性。

14.5.1 医学院中的未识别偏差

原告方的专家在 *Sobel v. yeshiva University*, 839 F. 2d 18 (2d Cir. 1988) 中提出了关于偏差的问题。在这里，犹太高等学校的 Albert Einstein 医学院被指控在工资和晋升方面对女医学硕士存在歧视。男性和女性的平均工资差异在没有用生产率差异进行修正时大约是 3 500 美元。但是，男性有更高的职称，并且有更丰富的经验、教育、学院的任期。

原告方的专家最初提出了一个多元回归模型，其中因变量是工资，解释变量是教育、工作经验、学院的任期和年数等指标。在受到被告方专家的批评后，原告对他们的模型进行了修正。用这个模型分别对每一年的工资进行估计，并增加了如在纽约州取得行医执照、论文发表速度和详细的分科类别这些变量。每一年的性别系数都是负的，1978 年最大的负值为－3 145（$t=-2.18$）。由于性别指标变量记男性的取值为 0，女性取值为 1，该系数表明女性教职员的年均收入比同等资历的男性少 3 145 美元。

被告也声称职称、取得职称的时间、行政责任的分派和侧重研究或临床的分派（临床部门的工资比研究部门高很多）都是应该包括在模型中的变量。被告认为职称尤其要用来对其他解释变量无法反映的生产率方面做出解释。原告提出质疑，认为职称不是生产率的原因而是生产率的结果，并且职称的等级已经被学院的行为所扭曲，尽管如此，他们还是提出了一个修正的回归模型，在该模型中增加了被告所用的解释变量。得到的性别系数为－2.204（$t=1.96$），又一次表明女性年均收入比同等资历的男性少 3 145 美元，增加最后一组变量使得 R^2 从 0.729 7 增加到 0.817 3。

地区法院做出对被告有利的判决，认为不同回归的工资差异很可能是由未识别偏差造成的。

事实非常清楚，特定类型的生产率，如获得并管理一笔大的研究资金、临床技术、私人业务和附属业务创造的收入以及临床工作的严重压力，这些因素都明显地对报酬有直接影响，并且应该看作造成生产率差异的重要因素。此外，有必要多考虑一些可测性弱但对在研究、教学和临床方面绩效质量有重要影响的因素，尽管这些因素不易量化，但不能

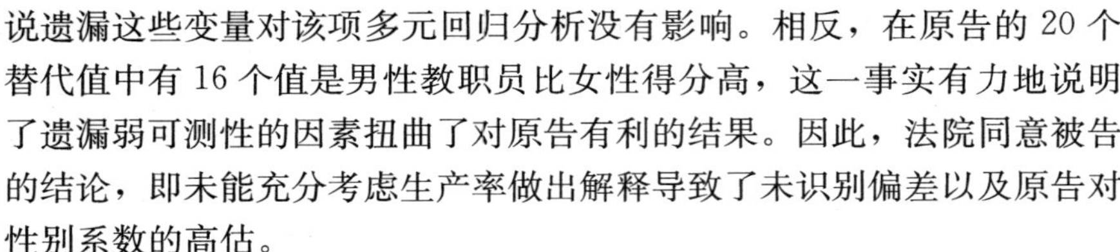

说遗漏这些变量对该项多元回归分析没有影响。相反，在原告的 20 个替代值中有 16 个值是男性教职员比女性得分高，这一事实有力地说明了遗漏弱可测性的因素扭曲了对原告有利的结果。因此，法院同意被告的结论，即未能充分考虑生产率做出解释导致了未识别偏差以及原告对性别系数的高估。

上诉法院撤销了原判，要求回归中应该包括教职工的职称且驳回未识别的辩护。对于后一点，上诉法院给出原因如下：

> Yeshiva 的专家说 Sobel 的回归包含一个未识别偏差的理由仅是因为男性在所包含的变量上的得分较高。Yeshiva 称仅因为男性的得分高，变量不完全就可以证明生产率回归的未识别，这一论断没有说服力。男性很可能在完全反映生产率的变量上的得分更高，而这更明确地说明了存在性别差异。但与此相同，变量不完全也可能具有相反的作用，即如果替代值更为精确的话，女性的得分可能更高。根据现有文献，还无法判断由于变量不完全，哪个性别处于劣势地位。
>
> 换句话说，能够确定的就是原告回归方程中的替代值不能完美地衡量生产率。至此，在原告衡量生产率的范围内，AECOM 的男教职员所拥有的这些属性在很大程度上与生产率（如经验）相关。我们不知道的是，能准确衡量生产率的变量是否能表明男性有同样的优势（因此它能对原始性别差异做出解释的比例与不完美的替代值相同），还是优势更少（因此，对性别差异的解释少），或是更多优势。总而言之，尽管男性在替代值上的得分高，仅仅凭借这一不完美的事实而没有更多理由不足以说明原告的模型是未识别的。

问题

1. 上一节区分了两种不同环境在这两种环境中，对于男性和女性而言，生产率对替代值的回归是不同的。地区法院采用的是哪种情况？地区法院是否对另一种情况进行了处理？

2. 上诉法院得出的“尽管男性在替代值上的得分高，仅凭借这一不完美的事实而没有更多理由是不足以说明原告的模型是未识别的”结论是否正确？假设它是正确的，它是否能证明上诉法院拒绝被告关于

“原告回归中的性别系数不能反映是否存在歧视的可靠指标”的辩解是合理的？

3. 在原告修正的回归模型中性别系数为－2 204 完全是由未识别引起的吗？

14.6 方程组

前面已经提到，当一个回归方程是一个方程组的一部分，回归变量是由方程组决定的时，回归变量和误差项间具有相关性，也就是说，回归变量自身作为方程组中一个方程的因变量（参见 13.8 节）。由方程组本身来决定的解释变量称作内生变量，那些由方程组外的因素决定的变量称为外生变量。以下例子可以说明这些概念。

假设建立了一个谋杀“供给”函数（见 14.6.1 节）。在该函数中，谋杀发生率是下列因素的加权和：（1）对那些被判处死刑的人执行死刑的风险；（2）一个外生变量（例如除了谋杀之外的犯罪指标）；（3）误差项。除了假定的死刑风险和谋杀发生率间存在负相关外，可能还存在一种互反关系：谋杀发生率的急剧增长将会引起公众要求增加执行更多的死刑。这种互反关系单独用一个函数表示，在该函数中，执行比例是谋杀发生率（内生解释变量）和外生解释变量（可能和谋杀方程中的变量不同）的加权和。

反馈关系的互反性使我们不得不放弃采用 OLS 方法确定谋杀发生率的方程。由于存在反馈，执行风险与误差项间存在相关性。例如，如果在某一给定时期内误差为正（即谋杀发生率高于由方程得到的预测均值），高的谋杀发生率反过来将会产生一个更高的执行比率（忽略滞后因素，这一点在这里是很重要的），因此，正的误差将和更高的执行风险相关。这种因果相关性意味着用 OLS 估计谋杀发生率方程将是有偏且不一致的，因为误差项的相关部分将会对执行风险产生错误影响。

在此再给出一个关于互反关系的例子。在一个瓦楞纸板集装箱的反托拉斯案件中，原告使用的回归方程中，将制造商出售集装箱时的价格对各种因素进行回归，包括用来制造集装箱的硬纸板木板价格（参见 14.1.1 节）。原告认为，如果瓦楞集装箱的价格明显下降，木板的价格也会随之下降。这种互反关系使集装箱的价格和误差项间具有相关关系，这样就使得价格方程的 OLS 估计有偏。

这些例子的关键点在于整个模型包括不止一个方程。计量经济学常将具有相同因变量的单独的供给和需求方程称为结构方程。价格在两个方程中都是内生解释变量，但其他的解释变量是不同的。估计价格系数的正确方法是利用特殊方法对两个方程进行求解（将在下面进行讨论）。

在许多情况下，计量经济学家不对单独的结构方程进行估计，而是将其转化为简化形式方程，它把供给和需求因素放在一个方程中。尽管不存在互反关系时，这种做法本身不会遭到反对，但人们或许更愿意分别估计供给和需求方程。结构方程揭示了简化形式所隐藏的关系，简化形式实质上是一个黑箱；分别对它们进行估计可能会得到荒谬的结论（例如需求随着价格增加而上升），这说明在该模型中存在缺陷。

人们研究出大量的方法来解决包含互反关系的方程组的估计问题。其中应用最广泛的方法可能是二阶最小二乘法。在第一阶段，包含互反关系的解释变量是通过一个单独的方程估计出来的，方程中的这个解释变量是因变量，而供需方程中的其他外生解释变量是回归变量。因为所有的外生解释变量与误差项都不相关，所以，无论是内生解释变量的线性组合还是回归值都与最初的供需方程中的误差项不相关。实质上是先清除了内生变量与误差项的相关性。在第二阶段，用内生变量的回归值（第一阶段得到的）而不是它的初始值，使用最小二乘法估计得到单独的供应和需求方程。供应和需求方程中的参数估计结果是一致的（尽管是有偏的）。对于不止一个内生变量的情况，每一个内生变量都必须通过一个单独的方程进行估计。

二阶最小二乘法是有限信息估计技术的一个例子，因为它一次只估计一个方程，因此并不要求估计系统中所有方程的所有变量。还存在更复杂的完全信息估计技术，它要同时估计所有的方程，这要求系统中所有的变量都必须有观察值，完全信息估计技术包括诸如三阶最小二乘法和极大似然法，这些方法的优势在于它们比二阶最小二乘法更有效。

补充读物

R. Wonnacott&T. Wonnacott， Econometrics， chs. 7-9 （ 2d ed.

1979).

H. Theil, *Principles of Econometrics*, ch. 9 (1971).

14.6.1 死刑：能警戒谋杀吗

20 世纪 60 年代，对死刑的抨击认为死刑是“残酷且不正常的”，它违背了美国《宪法修正案》的第 8 条和第 14 条。抨击的焦点主要集中在死刑是否能潜在地阻止谋杀这个问题上。副总检察长认为死刑可以阻止谋杀，他引用一项由芝加哥大学 Isaac Ehrlich 主持的，当时还未公布的研究。Ehrlich 利用回归分析和历史数据得出了试验结论，即每执行一次死刑能阻止 7～8 起谋杀案的发生。这个引人注意的惊人的发现和以前关于此问题的研究间有很大矛盾。

Ehrlich 的数据来源于美国 1933—1969 年间全部犯罪统计资料。该模型通过一系列的联立回归方程共同地对谋杀发生率和逮捕、定罪和死刑的条件概率进行估计，主要的方程是一个谋杀供给量函数，在这个函数里，用谋杀发生率（每千件案件中谋杀和非过失杀人的数量）对内生和外生变量的乘积进行回归。内生变量有被捕的概率、被捕后定罪的概率和定罪后执行死刑的概率，被捕的概率由被捕人数和谋杀数的比率估计出来。执行的风险有几种定义方式，主要依据 Ehrlich 的定义，它有一个最大负系数和最大的 t 值。定义 t 年和第 $t+1$ 年执行死刑的估计值，这个估计值是将前 5 年执行死刑的加权平均值（假设可以由一个人通过冷静地计算出谋杀风险来做出估计）除以第 t 年被定罪的人数。

外生变量是：（1）劳动力中平民的比例；（2）失业率；（3）在 14～24岁这个年龄组内的居民比例；（4）人均长期收入；（5）序时时间；（6）1 000 人中平民人数；（7）所有政府部门（除去国防部门）人均实际支出，以百万美元为单位；（8）人均警察机关（实际）支出，滞后一年的金额。

模型以乘积形式给出：

$$Q/N = CX_1^{a_1} X_2^{a_2} X_3^{a_3} e^v$$

式中，Q/N 是谋杀和非过失杀人的比例；C 是常数项；X_1 是判罪后执行死刑的风险；X_2 是其他内生变量向量，每个变量都有自己的系数；

X_3 是外生变量向量，每个变量都有自己的系数；v 是误差项，因为在谋杀发生率和执行率间存在互反关系，所以假设它与紧邻的前期值之间是相关的。该方程用三阶最小二乘法来估计。

谋杀发生率和执行风险的简单相关系数是 0.096。但当我们利用自然对数修正的一阶差分线性方程对模型进行估计时，执行死刑风险的弹性是 −0.065，95%置信度下的置信区间的上限和下限分别是 −0.01 和 −0.10。

根据 Ehrlich 的数据，执行死刑的年平均数是 75 件，谋杀和非过失杀人的年均数是 8 965 件。

Ehrlich 承认他的结果受到最近几年资料的严重影响。根据 FBI 的报告，全国杀人犯罪率在 20 世纪 60 年代中后期急速上升。1962—1969 年间杀人犯罪率大约增长了 60%，仅次于 1933 年。与此同时，执行死刑数量却在下降。在 1930—1960 年间，每 5 年执行死刑的平均数量分别是 155 件、178 件、129 件、83 件和 61 件。1961—1964 年执行死刑平均数量是 36 件，1965 年 7 件，1966 年 1 件，1967 年 2 件，之后年份为 0（在一段时间内）。

问题

1. Ehrlich 是如何计算出每一次执行死刑能够拯救 7～8 个生命的?

2. 表 14.6.1 是对子时期估计得到的 Ehrlich 模型，它说明了 Ehrlich 的结果如何?

3. 利用对数变换估计该模型的效果如何?

4. 除了警戒作用外，还有哪些因素能够对在 Ehrlich 模型中的谋杀发生率对执行死刑风险的偏弹性做出解释?

表 14.6.1　　对杀人犯罪率的执行死刑风险的估计影响

有效期的截止日期	对数模型		自然值模型	
	t 值	估计值	t 值	估计值
1969	−0.065	(−3.45)	0.000 85	(0.43)
1968	−0.069	(−4.09)	0.000 85	(0.41)
1967	−0.068	(−4.55)	0.000 39	(0.18)
1966	−0.056	(−3.40)	0.000 46	(0.22)
1965	−0.037	(−1.53)	0.000 87	(0.52)

续前表

有效期的截止日期	对数模型		自然值模型	
	t 值	估计值	t 值	估计值
1964	—0.013	(—0.40)	0.001 23	(0.78)
1963	0.048	(1.00)	0.001 89	(1.10)
1962	0.021	(0.35)	0.001 20	(0.80)
1961	0.050	(1.02)	0.002 16	(2.00)
1960	0.067	(1.36)	0.002 35	(2.17)

资料来源：Bowers & Pierce，The Illusion of Deterrence in Isaac Ehrlich's Research on Capital Punishment，85 Yale LJ187（1975）中的表 4 和表 5。

资料来源

Ehrlich's original study and the studies of his critics，together with other literature on the subject，are cited in *Gregg v. Georgia*，428 U. S. 153，184 n. 31（1976).

[注释]

在由 Thorsten Sellin 所做的经典工作中，比较六个废除死刑和保留死刑的州的杀人犯罪率，发现死刑并没有警戒作用。T. Sellin，*The Death Penalty*（1959)。副总检察长在 *Gregg* 中对 Sellin 的工作提出批评，因为他仅仅以有法律授权的死刑，而不是以实际执行的死刑为依据。Peter Passell 所做的后续工作，利用了 Ehrlich 的谋杀供给方程模型，但是使用的是截面数据（以州为基础)。执行死刑风险的系数在统计上不显著。Passell，*The Deterrent Effect of the Death Penalty*：*A Statistical Test*，28 Stan. L. Rev. 61（1975）. Bowers 和 Pierce 在 20 世纪 60 年代所做的报告中，声称在执行死刑数下降的州，其杀人犯罪率（低于全国平均值）的增长速度高于执行死刑数上升的州。Bowers & Pierce，supra. 85 Yale L. J. at 203，n. 42（Table Ⅷ)。

14.7 Logit 和 probit 回归

很多情况下，在分析中我们所关心的结果只是一个事件属于某一类或其他类。当结果只有两种类型时，我们最关心的参数是结果属于其中一类（例如“正”响应）的概率。这个概率表示为解释变量的函数。例如，美国假释委员会（现已取消）利用多元回归，根据犯罪类型、前科和监禁期间的表现来估计若罪犯被释放他会违反假释法的概率。在此项研究中，因变量的期望值是一个概率，而且估计的精度取决于不同类型罪犯的违法比率。违反假释法的预测概率高的罪犯将不能获得假释，或者在假释期内需对其进行严密监控。

这里应避免采用普通线性模型，因为它们允许预测结果概率取 0～1 范围以外的值。此外，由于它们的方差依赖于解释变量值，误差不满足同方差这一假设，所以普通最小二乘模型失效。[①]

这种情况下的标准方法是将结果优势用对数单位或 logit 来表示，也就是正响应优势的对数，即正响应概率与负响应概率的比率的对数。这看起来比较难懂，但事实上，logit 回归（常被称作“logistic 回归”）具有很多优点。

第一，比较两个概率时，最有用的统计量通常就是概率的比率，或者优势的比率，而不是概率差或优势的差（参见 1.5 节）。当回归方程中的结果参数是优势的对数时，用来表示组特征的指标变量的系数（在前面例子中，是性别和种族系数）恰好等于两组优势的对数的差值。这个差值是两组优势的比率的对数。因此，这个系数称作优势比率对数(l. o. r.)，它的反对数称作优势比或优势乘数。例如，在一个包含通过或未通过检验的 logistic 回归中，因为−0.693 的反对数是 0.5，一个保护组的系数为−0.693，意味着保护组成员通过的优势是优待组成员通过的优势的一半。如果系数是 β，那么优势变化的百分比等于 $e^{\beta}-1$；对于较小的 β，就近似等于 β。例如，当 $\beta=0.06$ 时，变化的百分比是 6.18%。线性模型中的解释变量的系数表示当该变量改变一个单位时(其他变量保持不变）因变量的平均算术变动，而 logit 模型中的系数是优势的（近似）百分比变化。

第二，优势的对数是合适的，因为它可以不受限制地为正值也可以为负值，而概率和优势必须是正值。如果一个正响应的概率小于 0.5，则优势小于 1 且对数值为负；若概率大于 0.5，则优势大于 1 且对数值

① 回归估计二分变量的正（或负）响应的概率，并且当概率接近于 0 或 1 时该估计的方差最小，当概率接近于 0.5 时方差最大。

为正。在任一方向都没有对对数范围做出约束，因此，该回归不会产生因变量的概率值的“不可能”的结果。如果 L 表示一个优势对数，$L=\log[p/(1-p)]$，从而 $p=1/(1+e^{-L})$，p 值介于 0～1 之间。

第三，除非潜在的概率等于 0.5，否则样本比例的抽样分布是偏斜的，在离 0 或 1 较远的一侧有个长尾，该例可能就是这样。优势的抽样分布也是偏斜的，因为如果概率小于 0.5，那么优势被限定在 0～1 之间；如果概率大于 0.5，优势的变化范围是 1～∞。优势对数的抽样分布是近似对称的，且接近正态分布，所以标准正态分布理论对其也是适用的。

第四，在很多数据集中，从概率到优势对数的转换比其他形式更能产生一个和解释变量呈线性关系的方程。在流行病学中，疾病发生率模型常用优势对数形式表示。

第五，logit 模型对分类问题是十分有用的。在分类问题中，必须根据观测到的解释因素将主体分配到两组（或更多组）中的一个组中，如上述的假释委员会案例。可以认为，在所有可能的分类方法中，使得错误分类的概率最小的原则是分组规则，即根据给定解释因素后 A 组成员的优势对数是否超过了一定的临界值，将主体分到 A 组还是 B 组。利用贝叶斯法则可以将优势对数表示成解释变量的线性函数，作为控制这些因素的分布类。

但是除了 logistic 回归模型的用途外，当结果变量是一个潜在（而且可能是无法观测的）连续变量 T 的二分变量时，则 logit 和 logit 似然模型的起源完全不同。假设如果 T 小于给定的分离点值 c，则观测的二分结果 Y 取值为 1；反之，取值为 0。例如，T 可能代表测验分数，$Y=1$意味着分数低于 c。进一步假设 T 服从正态分布，其总体均值与解释变量（X）是线性关系，然而 $Y=1$ 的概率和 X 不是线性关系。[①] 一种重新得到线性关系的方法是，将条件概率转换成相应于正态曲线上该概率发生的点的标准正态变量的值（z 分数）。因此，如果在分离点一

① 原因在于正态累积分布的非线性特征。如果 T 是近似正态分布且与解释变量线性相关，那么 T 的条件分布（条件，即给定解释变量的值）的均值随着解释变量的增加而线性增加。实际上，当解释变量每增加一单位时，因变量的钟形分布比二分点向上移动一级。但是因变量增长一级并不能使 T 位于分离点以上的概率呈现固定增长。当钟形曲线进一步向分离点右侧移动时，每移动一单位，概率的变化是减少的；当分离点位于分布的尾部时，概率的变化是微不足道的。

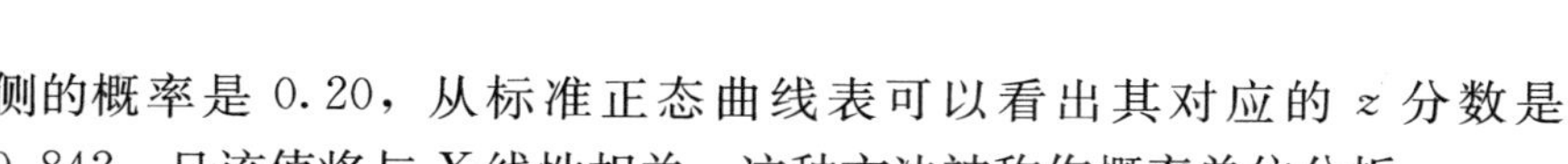

侧的概率是 0.20，从标准正态曲线表可以看出其对应的 z 分数是 0.842，且该值将与 X 线性相关。这种方法被称作概率单位分析。

另一个例子来自生物鉴定问题。这里，用 T 来描述对一种药品的假定容许量，且 $Y=1$ 表示如果容许量 T 低于药物剂量 c，将出现药物中毒反应。此时服从正态分布的 T 的均值和方差是固定的，但药物剂量 c 可以根据试验者来选择。与 $Y=1$ 时的概率对应的正态变量 z 值是这一时刻服用的剂量（$X=c$）的线性函数。

如果已知潜变量 T 服从 logistic 分布（除了尾部比正态分布肥大外，其余都与正态分布相似），并且这个变量和自变量 X 之间存在线性关系，那么 T 将位于断点一侧的优势对数是自变量①的线性函数。因为标准 logistic 分布的累积分布函数是 $F(t)=1/(1+e^{-t})$，对指数求解，得到 $t=\ln[F(t)/(1-F(t))]$。因此，$P[Y=1]=P[T<c]=F(t)$，其中 $t=\frac{c-\mu}{\sigma}$ 是 X 的线性函数，所以 $\ln(P[Y=1]/P[Y=0])$ 是 X 的线性函数，常写成这种形式：$\log\frac{P[Y=1\mid X]}{P[Y=0\mid X]}=\alpha+\beta X$。

正如上面提到的，由于方程不是线性的，所以普通最小二乘法不能用来对 logistic 回归进行估计。然而，至少有两种其他的方法可以对该方程进行估计：极大似然法和加权最小二乘法。我们更愿意采用极大似然法，该方法计算得到使观测数据的似然函数达到最大的系数集（参见 5.6 节）。即使解释变量的每个向量只有一个单一的二分结果，一般也能计算出极大似然估计值。比较而言，加权最小二乘法要求将数据分类，从而对概率做出估计。在大样本情况下，两种方法所得结果十分接近，但在小样本情况下却并非经常如此。

在用来估计 logistic 多元回归模型的现代计算机软件中，程序可能会在还未收敛至一系列系数值时就停止了，这并不意味着不能或不应该利用此项技术。当样本较小时，程序可能会停止，因为无论其他因素出现与否，解释变量都和数据中的一个特定结果相关。在这种情况下，和该因素相关的优势乘数的对数是无穷大的，并且在程序重复进行一定次数后停止。基于同样的原因，优势乘数的对数非常大，表示的是程序停

① 在 logistic 回归中，“logistic”一词既指“logits”，又指被二分的 logistic 随机变量。

止运行时接近无穷的点，但这并不意味着值很大就是错误的。一种处理方法是，承认在不考虑其他因素的情况下，无论它什么时候出现，该因素都是确定的或近似确定的；并且重新对不包含该因素的数据进行分析。这样做，程序能够在考虑其他非确定因素的影响时进行到最后。

在 logistic 回归中，由于估计和推断理论只在大样本时有效，所以除在进行检验时用 t 分布替代正态分布外，解释变量回归系数的标准误和在普通最小二乘回归中的含义是相同的。通常在利用极大似然法估计系数的同时也计算出标准误。对于一个简单的四格表，优势比率的对数的标准误是表格单元频数的倒数和的平方根。

优势（或概率）回归估计的正确性常用根据估计得到的分组的正确性来衡量。常用的方法是，根据模型来预测最有可能发生的结果（假设每种类型的错误划分的损失是相同的），然后根据虚假的正误差和虚假的负误差（参见 3.4 节）的比率来计算模型的精度。14.9.1 节给出了具体过程。

根据解释变量每个向量的重复观测值，举例来说，当列联表中的变量是离散变量时，用作为对数似然比率的卡方统计量进行拟合优度检验（参见 5.6 节）。用观测频率的和（表中全部单元格的因变量的所有分类）的 2 倍乘以观测频率与估计的期望频率的比率的对数。当每一类的样本量足够大（大于 5）时，该统计量可以检验 logit 模型的拟合优度。如果某一单元的样本量小于 5，仍然可以采用两个对数似然比率统计量的差值，来检验包括在某一模型但不包括在别的模型中的特定变量的显著性。

Logistic 回归模型已经在雇佣歧视案件中得到应用，在该案件中问题是二分的，如雇佣或晋升。参见 *Coser v. Moore*，587F. Supp. 572，E. D. N. Y. 1983（双方都利用该模型来检验在纽约州立大学，女性教职员与相同条件的男性教职员相比是否被分配在职位更低的工作岗位上），*Craik* v. *Minnesota State University Bd.*，731 F. 2d 465（8th Cir. 1984）（被告圣赫勒拿岛州立大学同样采用了 logistic 回归）。

14.7.1 抵押贷款歧视

美国司法部对位于佐治亚州亚特兰大的 Decatur 联邦储蓄贷款部门，在进行房屋抵押贷款过程中是否存在对黑人的歧视进行调查。调查者发现尽管银行已经制定了指导方针，但是承保人对申请的主观评价仍然存在很大区别，而且是否给予贷款的决定除了受金融因素影响外，还会受到个人和主观标准的影响。

一项对申请文件的统计研究表明，在剔除具有特殊情况的个案后，在过去两年间，白人共申请了 896 起普通的固定利率抵押，其中有 86.9%的申请被接受；黑人共有 97 起同样的申请，其中 55.7%被接受。为了调整黑人和白人在符合银行承保原则上可能的能力差异，调查者采用了多元 logistic 回归分析，因变量是被接受的优势的对数，解释变量分为五类：(1) 存在风险的金额，用各种不同形式的房屋贷款与估值比率来衡量；(2) 借款人的偿还能力，例如，用借款人的收入和债务之比来衡量；(3) 借款人的偿还意愿，用过去的信用记录来衡量；(4) 严重信贷问题，如破产或丧失抵押品赎回权；(5) 其他。在"其他"这一类，调查者设置了一个虚拟变量，如果借款人或联合借款人是黑人，虚拟变量取值为 1，反之为 0。该模型正确地预测了 96%的决策。

问题

在这个模型中，黑人的系数是－0.803 2，在零假设下离期望值 2.52 个标准差。

1. 解释黑人和白人被接受的概率项的系数。
2. 在零假设下该系数的期望值是多少？它的近似 p 值是多大？

资料来源

Bernard Siskin & Leonard Cupingood, *Use of Statistical Models to Provide Statistical Evidence of Discrimination in the Treatment of Mortgage Loan Applicants: A Study of One Lending Institution in Mortgage Lending, Racial Discrimination, and Federal Policy*, ch. 16 at 451 (Urban Institute Press, John Goering and Ron Wienk, eds., 1996) The seminal work of this type was a market-wide study by the Federal Reserve Bank of Boston; see Alicia H. Munnell, et al., *Mortgage Lending in Boston: Interpreting HMDA Data*,

86Am. Econ. Rev. 25 (1996).

14.7.2 佐治亚州的死刑

在 *McCleskey v. Zant* (481U. S. 279, 1987) 一案中上诉人是一个由于谋杀白人警察而被判处死刑的黑人，他声称佐治亚州死刑是违反宪法的，因为它存在种族歧视。上诉人用 David Baldus 教授的一项研究来证明他的观点。这项研究评估了在佐治亚州，种族对那些证明有罪的杀人犯执行死刑的决议的影响。Baldus 做了两项独立研究，在其中较小的一项“诉讼程序改革研究”中，包括“1973 年 3 月 28 日至 1978 年 6 月 30 日间在佐治亚州被逮捕的 594 名被告，他们有的是在审判后被证明犯有谋杀罪并被判处死刑或终身监禁，有的则是在被宣判犯有谋杀罪后被判处死刑”①。

收集资料的工程非常浩大。每一案件的资料中包括被告、被害人、罪行、加重或减轻罪行的事实、证据以及凶手和被害人的种族等信息。每个案件中一共要收集 250 多个变量的信息。在一些案件中，需要通过查阅佐治亚州假释委员会的记录、佐治亚州最高法院的观点、查阅人口统计局的记录和采访参加审判的律师来收集资料。

在表 14.7.2a 中列出了从“诉讼程序改革研究”的“中间范围”(根据加重罪行的事实) 得到的包含 100 个案件的样本中 8 个解释变量。案件按照判处死刑的预测概率大小排序，该概率是由表 14.7.2b 中给出的多元 logistic 回归模型得到的，而这个模型又是根据表 14.7.2c 中的数据估计出来的。

问题

1. 筛选数据并编制两个四格表，每个表都是对位于第一行的白人受害者，在第二行的“其他”受害者的宣判结果进行分类。左列应该是判处死刑，右列是其他判决。第一个表适用于那些被害人是陌生人的案

---

① 本节所给出的资料来源于 Baldus 的诉讼程序改革研究。大部分分析和法庭的结论在另一项研究——控告和判决研究——中给出。除了在后一项研究中使用了包括更多变量的综合模型外，两项研究中所用方法基本相同。

件，第二个表适用于那些被害人不是陌生人的案件。

2. 计算每个表中判决和被害人种族的优势比率和对数优势比率。

3. 通过对两个优势比率的对数的加权平均来估计共同优势对数。其中的权数与单个优势比率的对数的方差成反比。取反对数得到共同优势比的估计。你将得出什么结论？

4. 参照表 14.7.2a 和表 14.7.2b，拟合模型为：

$$\log \frac{P[\text{死刑} \mid X]}{P[\text{其他} \mid X]} = \beta_0 + \beta_1 X_1 + \cdots + \beta_k X_k$$

表 14.7.2b 中给出了极大似然估计的系数。在上面的方程中，每个系数都是对相应变量的主效应。利用这个方程，你将如何描述被害人的种族和被告的种族的主效应？如何描述被害人的种族和被告的种族对基本类型（即 BD＝WV＝0）的交互影响效应？

表 14.7.2a　　100 个有效死刑案件中的变量

死刑	1＝死刑 0＝无期徒刑
BD	1＝被告是黑人 0＝被告是白人
WV	1＝一个或多个白人被害人 0＝没有白人被害人
AC	加重罪行的案件数量
FV	1＝女性被害人 0＝男性被害人
VS	1＝被害人是陌生人 1＝被害人不是陌生人
2V	1＝两个或更多被害人 0＝一个被害人
MS	1＝多种信息 0＝没有多种信息
YV	1＝被害人是 12 岁及以下 0＝被害人大于 12 岁

表 14.7.2b　　根据诉讼程序改革研究数据所得的 logistic 回归结果

变量	系数	MLE（极大似然估计）	标准误
常数项	β_0	−3.567 5	1.124 3
BD	β_1	−0.530 8	0.543 9
WV	β_2	1.556 3	0.616 1

续前表

变量	系数	MLE（极大似然估计）	标准误
AC	β_3	0.373 0	0.196 3
FV	β_4	0.370 7	0.540 5
VS	β_5	1.791 1	0.538 6
2V	β_6	0.199 9	0.745 0
MS	β_7	1.442 9	0.793 8
YV	β_8	0.123 2	0.952 6

表 14.7.2c　　从中间范围得到的 100 个有效的死刑案件

#	死刑	预测值	BC	WV	#AC	FV	VS	2V	MS	YV
1	0	0.033 7	1	0	1	1	0	0	0	0
2	0	0.033 8	1	0	2	0	0	0	0	0
3	0	0.040 1	1	0	2	0	0	1	0	1
4	1	0.058 4	1	0	3	0	0	1	0	0
5	0	0.066 5	1	0	2	1	0	1	0	1
6	0	0.068 7	1	0	4	0	0	0	0	0
7	0	0.076 9	1	0	3	1	0	1	0	0
8	0	0.115 5	1	0	4	1	0	0	1	0
9	0	0.128 8	1	0	1	1	0	0	0	0
10	1	0.134 4	1	0	5	1	0	0	0	0
11	0	0.142 3	1	1	2	0	0	0	0	0
12	0	0.162 7	0	1	1	0	0	1	0	0
13	0	0.173 5	1	0	2	0	0	1	0	0
14	1	0.173 5	1	0	2	0	0	0	1	0
15	0	0.177 0	1	0	3	0	1	0	0	0
16	0	0.219 7	0	1	1	1	0	0	0	0
17	0	0.220 1	0	1	2	0	0	0	0	0
18	0	0.220 1	0	1	2	0	1	0	0	0
19	0	0.233 6	1	0	3	0	1	0	0	0
20	0	0.238 0	1	0	3	0	0	0	1	0
21	0	0.255 8	1	0	4	0	0	0	1	0
22	1	0.290 2	0	1	1	1	0	1	0	0
23	0	0.290 2	1	1	3	1	0	0	0	0
24	0	0.306 3	0	1	2	1	0	0	0	0
25	0	0.306 8	0	1	2	1	0	0	0	0

续前表

#	死刑	预测值	BC	WV	#AC	FV	VS	2V	MS	YV
26	1	0.306 8	1	0	3	1	1	0	0	0
27	0	0.316 7	1	0	4	0	1	0	0	0
28	0	0.333 5	1	0	4	0	1	0	0	0
29	0	0.336 9	0	1	3	0	0	0	0	1
30	0	0.336 9	0	1	3	0	0	1	0	0
31	1	0.373 0	1	1	5	0	0	0	0	0
32	1	0.373 0	1	1	5	0	0	0	0	0
33	1	0.373 0	0	1	4	0	0	0	0	0
34	0	0.373 0	0	1	4	0	0	0	0	0
35	0	0.373 0	0	1	4	0	0	0	0	0
36	1	0.373 0	0	1	4	0	0	0	0	0
37	0	0.373 0	1	1	4	0	0	0	0	0
38	0	0.390 6	1	0	4	1	1	0	0	0
39	1	0.391 2	1	0	5	0	1	0	0	0
40	0	0.391 2	1	1	5	0	1	0	0	0
41	0	0.420 8	0	1	4	0	0	1	0	0
42	0	0.420 8	0	1	4	0	0	1	0	0
43	0	0.424 5	1	0	6	0	0	0	0	0
44	0	0.429 4	0	1	4	0	1	0	0	0
45	1	0.451 1	0	1	4	0	0	1	0	1
46	1	0.462 9	0	1	4	1	0	0	0	0
47	0	0.463 5	0	1	5	0	0	0	0	0
48	1	0.463 5	0	1	5	0	0	0	0	0
49	0	0.482 1	1	0	5	1	1	0	0	0
50	0	0.482 7	1	0	6	0	1	0	0	0
51	0	0.493 6	0	1	4	1	0	0	0	1
52	0	0.505 0	1	1	3	0	0	0	1	0
53	0	0.517 2	1	1	7	0	0	0	0	0
54	0	0.517 2	1	1	7	0	0	0	0	0
55	1	0.522 1	0	0	5	0	1	0	0	0
56	1	0.556 4	0	1	6	0	0	0	0	0
57	0	0.590 4	1	1	2	1	1	0	0	0
58	0	0.591 0	1	1	3	0	1	0	0	0
59	1	0.591 0	1	1	3	0	1	0	0	0
60	1	0.591 0	1	1	3	0	1	0	0	0

续前表

#	死刑	预测值	BC	WV	#AC	FV	VS	2V	MS	YV
61	0	0.628 5	0	1	2	0	1	0	0	0
62	1	0.634 3	0	1	3	0	0	0	1	0
63	1	0.634 3	0	1	3	0	0	0	1	0
64	0	0.638 3	1	1	3	0	1	1	0	0
65	0	0.645 1	0	1	6	1	0	0	0	0
66	1	0.676 7	1	1	3	1	1	0	0	0
67	1	0.677 2	1	1	4	0	1	0	0	0
68	0	0.677 2	1	1	4	0	1	0	0	0
69	1	0.677 2	1	1	4	0	1	0	0	0
70	1	0.677 2	1	1	4	0	1	0	0	0
71	1	0.677 2	1	1	4	0	1	0	0	0
72	0	0.678 8	0	1	2	1	0	1	1	0
73	1	0.710 2	0	1	2	1	0	0	0	0
74	1	0.710 2	0	1	2	1	1	0	0	0
75	0	0.710 2	0	1	2	1	1	0	0	0
76	1	0.710 7	0	1	3	0	1	0	0	0
77	1	0.710 7	0	1	3	0	1	0	0	0
78	1	0.715 2	0	1	3	1	0	0	1	0
79	1	0.750 0	0	1	3	0	1	1	0	0
80	1	0.752 4	1	1	4	1	1	0	0	0
81	1	0.752 9	1	1	5	0	1	0	0	0
82	0	0.752 9	1	1	5	0	1	0	0	0
83	1	0.752 9	1	1	5	0	1	0	0	0
84	1	0.752 9	1	1	5	0	1	0	0	0
85	1	0.775 1	1	1	5	0	1	0	0	1
86	1	0.775 1	1	1	5	0	1	0	0	1
87	1	0.780 7	0	1	3	1	1	0	0	0
88	1	0.780 7	0	1	3	1	1	0	0	0
89	1	0.781 1	0	1	4	0	1	0	0	0
90	1	0.781 1	0	1	4	0	1	0	0	0
91	0	0.781 1	0	1	4	0	1	0	0	0
92	1	0.781 1	0	1	4	0	1	0	0	0
93	1	0.784 9	0	1	4	1	0	0	1	0
94	1	0.784 9	0	1	4	1	0	0	1	0
95	1	0.815 3	1	1	5	1	1	0	0	0

续前表

#	死刑	预测值	BC	WV	#AC	FV	VS	2V	MS	YV
96	1	0.859 2	1	1	2	1	1	0	1	0
97	1	0.859 5	1	1	3	0	1	0	0	0
98	0	0.863 5	0	1	5	0	1	1	0	0
99	1	0.882 7	0	1	6	0	1	0	0	0
100	1	0.901 8	0	1	6	0	1	1	0	0

5. 比较有白人被害人的案件和没有白人被害人的案件，计算判处死刑和其他的优势比。这一结论和第 3 题的答案相比如何？

6. 证明判处死刑的概率是：$P[\text{死刑} \mid X] = e^L/(1+e^L)$，其中 $L = \beta_0 + \beta_1 X_1 + \cdots + \beta_k X_k$。

7. 假设 McCleskey 射杀了一个素不相识的白人男警察，并且在该案件中有三处加重罪行的量刑因素。利用第 6 题的结果，计算他被判处死刑的预测概率。假设 McCleskey 杀害的不是白人，其他因素和上面一样，计算他被判处死刑的预测概率。这些数据是否能说明如果 McCleskey 杀害的不是白人，他就不会被判处死刑？

8. 当被判处死刑的估计概率大于 0.5 时，就可以认为应该判处死刑。利用这一原则，计算在表 14.7.2c 中做出正确预测的比例。

[注释]

Baldus 方法

在 Baldus 的数据中，杀害白人的黑人被判死刑的比例比其他任何种族的被告和被害人的组合被判死刑的比例高得多。但是，他认为这些案件中通常被害人是陌生人而且有更多加重罪行的因素。为了分离出种族因素，Baldus 首先开始研究案件特征对宣判死刑比例的影响的未调整的评估方法。例如，他将在行凶者和被害人互不相识的案件中判处死刑的比例（74/499=0.16）与在双方彼此认识的案件中判处死刑的比例（54/203 5=0.03）进行对比。为了评估这些差异的影响，他使用了 4 个测度值：（1）两组案件的处死率之差；（2）两组案件的处死率的比率；（3）分组指标变量的 OLS 回归系数；（4）优势比乘数（当具有相关特征时，罪犯被判处死刑的优势将增加或下降多少）。

在对和判处死刑相关的背景因素进行调整（每次调整一个因素）的同时，Baldus 观察种族特征，以检验种族特征的明显效应是否能够归因于非种族因素。例如，他检验了被告是黑人且被害人是白人是否是判刑的重要因素，以及对陌生人且同时是重罪的谋杀是否就意味着判处死刑的概率更高。

Baldus 采用交叉表和多元线性回归这两种方法来控制背景特征。运用交叉表时，在背景因素水平不同的两个表中对死刑和感兴趣的种族特征间的关联进行对比，若在两个表中都具有这种关联，则可证明感兴趣的种族特征的影响不能由背景因素来解释。在上面给出的例子中，用黑人被告/白人被害人的案件对其他案件构建两个 2×2 交叉表，一个表中是重罪案件，另一个则不是。多元回归模型中，在回归方程中增加一个反映背景因素的变量，可以看出种族特征的系数发生了变化。如果该系数变得不显著，那么这种变化说明，明显的种族影响仅是背景因素影响的外在表现而已。

然后 Baldus 将他的分析进行扩展，一次同时对多个背景因素进行修正。由于交叉表中每个单元中的数目太少，所以，对更多特征因素来说，交叉表失效，而多元回归则不然。Baldus 对多组不同的背景因素进行多元回归，其中最大的模型包括 230 多个非种族背景变量。在最大的模型中，他发现表示被害人种族的变量以及被告种族的变量的显著回归系数都是 0.06。

除了加权最小二乘法外，Baldus 还采用了 logistic 回归模型。他这样描述结果："由 logistic 系数估计出的所有被害人的种族的差异是 1.31（死刑优势乘数是 3.7）。"

地区法院的观点

佐治亚州北部地区的联邦地区法院否认 Baldus 研究的有效性，并举出其中三个缺陷（*McCleskey v. Zant*，580 F. Supp. 338（N. D. Ga. 1984））。

1. "数据库存在严重缺点。"该法院对数据不能反映案件的细微差异、一些资料的不可得性、资料的错误编码以及编码习惯——即未知数据记做 U，然后重新编码以表示该因素的缺失（对于 39 个特征因素，超过 10%的案件被标记为 U）——运用中的错误提出批评。

2. "原告方的专家利用的模型都不具有足够的预测价值，不足以支持存在歧视的推论。"法院否定了 Baldus 想用来对判决作出解释但变量少于 230 个的模型；它发现在 230 个变量的模型的 R^2（约为 0.48）太小。而且他的结论是在这样的假设下得到的，即假设在追溯时调查者也能得到信息。

3. "多重共线性的存在降低了存在种族差异的旁证的效力。"法院发现白人被害人的案件比黑人被害人的案件严重，并认为由于多重共线性，被害人的种族或许是对其他未能解释的加重罪行的一种替代。

4. 由于在寻找相关性时没有考虑因果关系，故 Baldus 使用的逐步回归法是无效的。

5. 这个研究并不能证明种族都是任一案例中的因素。

Baldus 又从 Fulton 郡（谋杀发生的地方）选取了 32 个案件，将它们分为三组：比 McCleskey 更严重的，和它严重程度相同的，没有它严重的。Baldus 总结说，分别分析这些案件表明该地区存在歧视。地区法院分析了一些“和 McCleskey 一样严重”的案件，并发现差异对死刑没有影响，这是符合法律的。

上诉法院的观点

上诉法院第十一巡回审判庭选择不对 Baldus 研究的无效性进行处理。在假设它有效的前提下，发现它的结果不足以证明推翻这个系统。

法院注意到，简单的未调整的数据表明在被害人是白人的案件中有 11%判处死刑，而在被害人是黑人的案件中有 1%判处死刑。在对许多解释因素（230 个变量的模型）进行调整后，法院认为这种差异是，被害人种族的影响系数是 0.06，这说明，平均来说，白人被害人案件中的罪犯被判死刑的可能性比黑人被害人案件中罪犯被判死刑的可能性高 6%。法院还引用了 Baldus 的表，在该表的中间严重程度的案件中，法院认为，“白人被害人案件中的犯罪比同等严重的黑人被害人案件中的犯罪被判处死刑的可能性高 20%”（*McCleskey v. Kemp*，753 F. 2d 8771 896，11 th Cir. 1985）。那么法院对 6%的解释正确吗?

法院发现“6%的最低线”不足以否定这样的假定：该法案是符合宪法的，也不能证明种族因素对结果的作用足以认为整个系统是专断的、反复无常的，或者它们在任何案件中都起作用。至于数字 20%，法院对以下方面持反对意见：不能只根据中间范围的案件就得出质疑；Baldus 没有对他的定义做出合理解释；单独的统计资料并不能说明 McCleske 的判决是由被害人的种族所决定的。

然而另一种不同观点认为 Baldus 的研究是有效的。法官 Johson 发现地方法院在认定该研究无效时犯了许多明显的错误，他提出了如下几点。

1. 数据库的缺陷是不重要的。编码技术的改进措施常会导致许多错误匹配（两种研究中的编码不一致），并且改进后的数字不足以使结果无效。缺失值的数量较小而且数据不需要尽善尽美。

2. 不必担心多重共线性。因为它既降低了感兴趣的系数的统计显著性又扭曲了系数间的相互关系。在每个案例中，法官 Johnson 称，多重共线性都不会提高受害者种族的系数（前一种情况降低了统计显著性，后一种情况降低了受害者种族的系数）。[①]

3. 模型并不是越大越好，必须平衡去掉一个重要变量的风险和多重共线性的风险。一个简约的模型或许比一个无所不包的模型好。

4. 近似等于 0.48 的 R^2 并不算太低。给定模型的解释功效必须结合使用背景来看。因为死刑的随机效应可能比较大，所以模型也许是充分的。地区法院关于 R^2 小于 0.5 的模型“不能预测一半案件的结果”这一观点是不正确的。

最高法院的观点

最高法院部分认可了上诉法院的意见。Powell 法官撰写意见书的主要部分，他重复了对地区法院的一些批评，但假定模型是有效的。然而，在针对谋杀犯的法律中，必须坚持刑事程序的原则和顾及社会利益，所以 McCleskey 必须提供非常清楚的证据，证明决策者在判决案件时有歧视的目的。在这点上，统计模型并不足以为其提供证据。持异议者指出，McCleskey 案件是属于中间严重程度范围的，而对于这一范围，统计资料表明，在每 34 个杀害白人且被判处死刑的被告中，如果他们的被害人是黑人，将有 20 个不会被判死刑。如此看来，如果 McCleske 的被害人是黑人，那么 McCleskey 将不会被判处死刑。因此，对他的判决依赖于种族因素，而这是违反宪法第 8 和第 14 条修正案的。

在从法院退休后，Powell 法官对一个采访者说，他当法官时最后悔的就是在 McCleskey 案中投了赞成票。

① 我们注意到，多重共线性总是使系数趋向于零这一说法是不正确的，严重的多重共线性会引起反映舍入误差和小误差的不可推测的扰动。

［注释］

对 McCleskey 研究的描述可见：David C. Baldus，George G. Woodworth & Charles A. Pulaski 的 *Equal Justice and the Death Penalty*：*A Legal and Empirical Analysis*（1990）。随后，由 Baldus 教授主持了关于在新泽西和费城被告的种族和被害人的种族影响的研究。新泽西的案例，见 David C. Baldus 的 *Death Penalty Proportionality Review Project Final Report to the New Jersey Supreme Court*，表 18 和 18A（1991）（发现了 19%的被告种族差异和至少 14%的被害人种族差异）。费城的案例，见 David C. Baldus 和其他学者的 *Racial Discrimination and the Death Penalty in the* Post-Furman *Era*：*An Empirical and Legal Overview*，*with Recent Finding from Philadelphia*，83 Cornell L. Rev. 1638（1998）（发现有很强的被告种族和被害人种族差异，但结果对所用数据和模型敏感）。

14.7.3　阻止青少年吸烟

在关于将提高香烟税作为阻止青少年吸烟的途径的争论中，财政部声称，研究表明，香烟价格每提高 10%将使青少年吸烟的人数下降 7%。具体来说，将香烟的价格提高大约 1 美元（大约提高 50%）就能使青少年吸烟的人数减少 30%多。这个估计是根据截面数据研究得到的。在该研究中，将青少年中吸烟的人数对学生和家长控制因子（包括州香烟税）进行回归。康奈尔大学政策分析与管理系的一个研究组反驳了这一结论。在研究中，他们利用了在 1988 年读 8 年级、1992 年读 12 年级的约 10 000 名学生的资料。首先，他们观察在 1988—1992 年所有学生的截面数据，且将青少年中吸烟率对学生和家长控制因子（州香烟税）进行回归，从而建立一个学生在 8 年级和 12 年级吸烟的概率的模型。结果在表 14.7.3 中给出。然后他们把在 8 年级已经吸烟的学生剔除，建立了一个新吸烟者的模型。在这个模型中，他们将在 12 年级学生的吸烟率对和上面基本相同的控制因子——州香烟税的水平与在 1988—1992 年间该种税率的增加——进行回归。这一模型的结果同样在表 14.7.3 中给出。

问题

1. 根据两个截面模型和新吸烟者模型，利用系数计算当由于税收增加而使香烟价格上涨10%（约0.2美元）时，估计需求降低的百分比。

2. 怎么解释截面模型和新吸烟者模型间的差异？

3. 这些模型告诉我们额外增加1美元税收的可能影响是什么？

表 14.7.3　　青少年吸烟率回归中的税收系数

税收回归变量	1988年截面系数（t比率）	1992年截面系数（t比率）	1988—1992年新吸烟者模型系数（t比率）
1988年香烟税（分/包）	−0.005 9 (−2.35)	−0.003 1 (−2.57)	−0.001 5 (−0.83)
最大值	38	48	38
最小值	2	2.5	2
均值	18.7	26.27	18.71
1988—1992年增加的香烟税	n/a	n/a	−0.000 42 (−0.22)
（分/包）			
最大值			25
最小值			0
均值			7.56
样本量	12 866	12 036	11 271
整体吸烟率	5.5%	24.4%	21.7%

资料来源

Philip DeCicca，Donald Kenkel &Alan Mathios，*Putting Out the Fires：Will Higher Taxes Reduce Youth Smoking？*（Department of Policy Analysis &Management，Cornell University 1998；unpublished ms.）

14.8　泊松回归

泊松回归与logistic回归关系密切。因变量Y是一个服从泊松分布的计数，取值0，1，2，…。参见4.7节。当给定解释变量值$X_1,\cdots,X_k$时，我们将分布的均值表示为$\mu(X_1,\cdots,X_k)$，$\mu(\bar{X})$或$E[Y\mid\bar{X}]$，随着解释变量水平的变化而变化。由于均值为正，很自然地可以将均值的对数

表示为解释变量的线性函数，即

$$\ln\{\mu \mid \bar{X}\} = \beta_0 + \beta_1 X_1 + \cdots + \beta_k X_k$$

在这个模型中，$\exp[\beta_j]$ 表示当其他变量固定时，解释变量 X_j 每增加 1 个单位时泊松计数期望值成倍增量。通常进行对数变换（参见 13.9 节），如果 β 不太大，当 X_j 增加 1 单位时，μ 近似增加的百分比就是 $100 \times \beta_j$ 。

一般地，回归系数用极大似然法进行估计，标准计算机软件包输出标准差的同时给出这些估计。加权最小二乘法是另外一种方法。应该避免使用普通最小二乘法，因为泊松分布的方差和均值相等；当回归均值变化时，方差也发生变化，这与普通最小二乘估计中关于同方差的基本假定相矛盾。

在泊松模型中，计数观测值与期望值的离差平方和除以期望值，服从自由度为 $n-k-1$ 的卡方分布。其中，n 是因变量观测值的个数，k 是回归方程中除了常数项以外的解释变量的个数。因此，卡方统计量可以用来检验模型的拟合优度。

尽管在理论上，泊松随机变量的方差等于它的均值，但是通常发现在数据集中，尤其是当对给定解释变量有重复的观测值时，实际离差大于均值。这是由未解释的异质性造成的结果——除了可以用解释变量 $\overline{X}$ 解释的因素外，还有不能确定因素影响 μ ，异质性导致数据离群值。也就是说，当给定 $\overline{X}$ 时 Y 的条件分布不再只是均值为 $\mu(\overline{X})$ 的纯泊松随机变量的分布，而是一个均值 $\mu(\overline{X})$ 和方差 $\mathrm{Var}(Y \mid \overline{X}) > \mu(\overline{X})$ 的混合泊松分布。

通常情况下，离群值对由模型得出的预测均值没有影响，但是影响回归系数的显著性和预测计数的精度。在这里，观察计算机输出结果中给出的显著性水平时要特别谨慎。在有离群值的情况下，常使用的简单修正方法是，用在泊松假设下得到的标准差乘以离群值因子，也等于卡方拟合优度统计量与其自由度的比率的平方根。

泊松回归常用于生存分析，在生存分析中，计数是失效数或死亡数，解释变量是病因。

14.8.1 “挑战者”号灾难

1986 年 1 月 26 日，“挑战者”号宇宙飞船在执行 51-L 飞行任务时失事。在发射后一分钟内，飞船爆炸，七名宇航员全部遇难。负责调查此次灾难的总统特派委员会得出结论说，爆炸是由右侧的固体火箭助推器的两个低层部件间的 O 形密封圈的失效所致。O 形圈是用来涉及阻止在火箭助推器的燃料燃烧时热气从连接处泄漏的。调查表明泄漏气体进入外挂燃料箱，引起爆炸。发生泄漏是因为 O 形圈不能随着连接处 U 形钩和燃料箱之间的距离的变化进行调整，而在发射时连接处开始工作后，这个距离就会发生变化。

尽管还可能受到其他因素的影响，但使 O 形圈失去弹性的首要原因是发射时周围环境气温过低。例如，委员会注意到，在华氏 75 度时，O 形圈被挤压后恢复原状的速度比在 30 度时的速度快 5 倍。在委员会公众听证会上一次具有戏剧性的展示中，物理学教授 Richard Feynman 把 O 形圈的一部分浸入到冰水中，然后用钳子夹挤压它，据此来表明它失去弹性。在挑战者发射那天，周围气温是华氏 36 度（比最近一次最冷的发射约低 15 度），而固体火箭助推器远离太阳的那侧要比外界气温高 28 度或低 5 度（即使是朝向太阳的那侧也只有 50 度）。引用一些早期发射的数据，委员会得出："如果进行仔细的分析就能发现 O 形圈的损坏与低温之间的相关性。但国家航空和宇宙航行局与 Mrton Thiokl 公司（O 形圈的制造商）都没有做这样的分析。因此，他们没能对在比他们以前面对的环境更差时执行 51－L 太空计划所具有的风险进行准确估计。"

正如表 14.8.1 所示，发射时周围的最低温度是华氏 53 度。为了推算在一些较低温度，比如 36 度时 O 形圈损坏的风险，利用泊松回归模型对这些数据进行拟合。在这个模型中，损坏的 O 形圈的数目是泊松计数，其均值随着温度变化而变化。因此估计模型时，很自然地采用对数变换。在任意给定的温度下，O 形圈损坏的平均数是由一个常数项加上斜率系数乘以周围环境温度构成的线性函数。在计算中，将温度变量表示为华氏温度减去 36 度。（减去 36 度是为了将温度值进行中心化处理；这种处理不影响模型结果。）方程是 $\ln \mu(T) = a + b(T - 36)$。

极大似然估计的结果是：截距是 2.898 3，估计的标准误是 1.131 7；斜率系数是－0.123 9，估计的标准误是 0.040 7。

表 14.8.1　“挑战者”号 51-L 次任务前的 24 次飞行发射时按周围温度（A 行）记录的损坏的 O 形圈的数量（B 行）

A	53	57	58	63	66	67	67	67	68	69	70	70
B	3	1	1	1	0	0	0	0	0	0	1	1
A	70	70	72	73	75	75	76	76	78	79	80	81
B	0	0	0	0	2	0	0	0	0	0	0	0

问题

1. 在同一张图上画出观察值和模型预测值的散点图，X 轴是将温度减去 36 度，Y 轴是损坏的 O 形圈的数量。

2. 与 53 度时的温度（之前遇到的最低温度）相比，在 36 度时模型估计的平均损坏的 O 形圈的数量是多少？

3. 当温度每减少 1 度时，模型估计的损坏的 O 形圈的数量大致会增长百分之几？

4. 当解释变量温度在 36 度时，计算因变量估计值 95%的置信区间。这个置信区间的范围是否影响了你对这个温度（与 53 度相比）的增长量？

5. 这些数据与泊松模型是一致的吗？这些数据的卡方统计量值是 32.3。

6. 在这些数据中，离群值的离散程度是多少？产生离群值的原因是什么？使用什么方法进行修正？

资料来源

The Presidential Commission on the Space Shuttle Challenger Accident Report，June 6，1986，at 148；*cf. Boisjoly v. Morton Thiokol*，*Inc*.，706 F. Supp. 795（D. Utah 1988）.

14.9　刀切法、交叉验证法、自助法

理论上，回归系数的标准误反映了抽样变化。但是，实际上发现这

些变化并不是很难，在重复样本中，这些样本之间的变化超过了理论的预期。

灵敏度的一个重要来源没有反映在标准误中。当我们选择了一个回归模型，根据相同的样本数据（结构性样本）进行估计时，如果这一模型的方程再用于其他数据，模型的拟合优度就会退化。如果我们用逐步回归法或者其他数据挖掘方法来构造回归方程，拟合优度退化程度最大。在 Logistic 回归中，构造的样本中明显分类错误率和独立样本的真实误差率之间的离差称为过度乐观。

人们已经开发了计算机方法用于直接估计回归系数的稳定性和过度乐观的程度。数据足够多时，可以通过将数据分组或重新计算每一组的回归模型来估计，以此来确定系数在新样本中怎样变化。对于过度乐观，类似的方法是将数据分成结构和验证样本，根据结构样本进行回归，而根据验证样本来检验模型的正确性。但是很多情况下，并没有足够的数据来运行上述方法，统计学家就设计了其他方法，如刀切法、自助法和交叉验证法来重复以上回归过程，检验系数的稳定性和回归分类的正确性。

在刀切法（根据它的多功能性来命名）中，对回归方程进行多次计算，每一次都从数据库中删除一个不同的案例。计算机程序通过调整增加一点和删除另一点得到的估计系数有效地实现了这一过程。在这些重复过程，系数的变化构成直接估计标准差基础。① 这种方法比经典的方法稳健性更好，因为无须对模型的正确性做出任何假设即可估计出标准误。系数的置信区间是使用 t 分布和基于刀切法的估计标准误得出，这一点同经典的方法是一致的。直接估计变异性是进行理论计算结果检验的有效方法，尤其是对于那些系数显著的案例。

重新抽样法也可以用于估计过度乐观的程度，一般通过模型拟合已被删除的数据点来预测结果。与结构样本相比，这些预测结果的平均正确性比真实误差率更准确，这种方法叫做交叉验证法。

---

① 计算如下：令 b 表示全部数据得到的系数，$b_{(i)}$ 表示删除第 i 个（$i=1$，2，…，n）观测值后得到的系数，每次删一个。定义第 i 个伪值 $b_i^* = nb-(n-1)b_{(i)}$，这样刀切法估计 b 的标准误就是 n 个伪值的标准误：$\left[\frac{1}{n-1}\sum(b_i^* - b^*)^2\right]^{\frac{1}{2}}$，其中 $b^* = \frac{1}{n}\sum b_i^*$ 是系数的刀切法估计值。刀切法估计量最初是用来将有偏估计量 b 转换成无偏估计量 b^* 的。

另一种重复回归方程的方法叫做自助法。它的中心思想是通过将现有的数据点作为总体，从中抽取与可能抽中的真实样本容量相等的数据点模拟样本，而不是通过删除数据点来重复抽样。因为每一个数据点被选中后，就会在总体中替换掉这些点，所以可能发生变异。因此，如果有 30 个数据点，自助法的再抽样就由 30 种替换选择组成。大多数这样的样本都包括一些数据点的多次重复选择和一些数据点的遗漏。可能不同的再抽样的数量大于刀切法的数量。对于 30 个数据点来说，刀切法的再抽样的数量就是 30；而不同的自助法的再抽样的数量却是 30^{30}。但是，在一般情况下，几百个自助法的样本结果更接近更大的样本量。

在多元线性回归中，有两种方法可以做出选择。如果回归模型都是正确的，对于每组给定的解释变量的值而言，因变量的值就通过回归估计加上一个从残差的总体中随机选择的残差来计算。选中的残差在总体中被替换掉，然后对解释变量的下一组值重复这一过程。通过这种方法，就产生一系列的因变量模拟值以及根据这些新值计算出新的回归方程。通过这些重复回归，回归系数的变异性就可以估计出来。

只有当线性回归模型正确的时候这一方法才是有效的。更加稳健的方法无须依靠模型的正确性，它将每一个观测值向量作为一个独立的数据点，并随机选择（有放回的）与样本容量相等的观测值。如果样本中包含 30 个数据点，那么从总体中抽取样本量为 30 的重复样本。像过去一样，重复回归取决于数据。在 Logistic 回归中，对于一个给定的预测方程的过度乐观程度，可以通过使用自助法样本中方程的平均误差率进行估计。

补充读物

Bradley Efron &Robert J. Tibshirani，*An Introduction to the Bootstrap* (1993).

14.9.1　佐治亚州死刑的再解读

表 14.9.1a 给出了根据表 14.7.2c 中的结构样本计算出的回归进而得到死刑的预测概率。将该方程用于保留的案例（检验样本）得到的结

果见表 14.9.1b。

表 14.9.1a　　判处死刑和判处死刑的预测概率——结构样本

#	死刑	预测值	BD	WV	#AC	FV	VS	2V	MS	YV
1	0	0.006 6	1	0	1	1	0	0	0	0
2	0	0.010 5	1	0	4	0	0	0	0	0
3	0	0.020 4	1	0	1	1	0	0	1	0
4	0	0.021 1	1	0	3	0	0	0	1	0
5	0	0.032 4	1	0	4	0	0	0	1	0
6	0	0.050 4	1	0	2	1	0	1	0	1
7	0	0.050 5	1	1	2	0	0	0	0	0
8	0	0.063 4	1	0	3	0	1	0	0	0
9	0	0.080 6	0	1	2	0	0	0	0	0
10	0	0.095 1	1	0	4	0	1	0	0	0
11	0	0.132 5	0	1	4	0	0	1	0	0
12	1	0.136 2	1	0	3	1	1	0	0	0
13	0	0.140 4	1	0	5	0	1	0	0	0
14	0	0.147 7	0	0	4	0	1	0	0	0
15	0	0.161 5	1	1	3	1	0	0	0	0
16	1	0.166 3	1	1	5	0	0	0	0	0
17	0	0.169 7	0	1	2	1	0	0	0	0
18	0	0.174 7	0	1	4	0	0	0	0	0
19	1	0.174 7	0	1	4	0	0	0	0	0
20	0	0.206 5	1	1	3	0	0	0	1	0
21	0	0.236 6	1	1	6	0	0	0	0	0
22	0	0.247 5	0	1	5	0	0	0	0	0
23	1	0.247 5	0	1	5	0	0	0	0	0
24	0	0.275 7	1	0	5	1	1	0	0	0
25	0	0.317 1	0	1	2	1	0	1	1	0
26	0	0.325 0	1	1	7	0	0	0	0	0
27	0	0.449 3	1	1	3	0	1	0	0	0
28	0	0.464 0	0	1	2	0	1	0	0	0
29	1	0.492 5	0	1	3	0	1	1	0	0
30	0	0.493 7	0	1	3	0	0	0	0	1
31	1	0.522 2	0	1	4	0	0	1	0	1
32	0	0.543 6	0	1	6	1	0	0	0	0
33	0	0.559 0	1	1	4	0	1	0	0	0
34	1	0.559 0	1	1	4	0	1	0	0	0

续前表

#	死刑	预测值	BD	WV	#AC	FV	VS	2V	MS	YV
35	1	0.559 0	1	1	4	0	1	0	0	0
36	1	0.573 6	0	1	3	0	1	0	0	0
37	1	0.608 4	0	1	4	1	0	0	1	0
38	0	0.663 2	1	1	5	0	1	0	0	0
39	1	0.663 2	1	1	5	0	1	0	0	0
40	1	0.668 6	0	1	2	1	1	0	0	0
41	0	0.668 6	0	1	2	1	1	0	0	0
42	1	0.676 4	0	1	4	0	1	0	0	0
43	1	0.676 4	0	1	4	0	1	0	0	0
44	0	0.676 4	0	1	4	0	1	0	0	0
45	0	0.700 8	0	1	5	0	1	1	0	0
46	1	0.758 2	0	1	3	1	1	0	0	0
47	1	0.784 5	0	1	6	0	1	1	0	0
48	1	0.794 0	1	1	2	1	1	0	1	0
49	1	0.821 1	1	1	5	1	1	0	0	0
50	1	0.933 7	1	1	5	0	1	0	0	1

表 14.9.1b　判处死刑和判处死刑的预测概率——检验样本

#	死刑	预测值	BD	WV	#AC	FV	VS	2V	MS	YV
1	0	0.004 4	1	0	2	0	0	0	0	0
2	1	0.004 9	1	0	3	0	0	1	0	0
3	0	0.017 6	1	0	4	1	0	1	0	0
4	0	0.022 3	1	0	2	0	0	1	0	1
5	1	0.037 1	1	0	5	1	0	0	0	0
6	0	0.041 7	1	0	2	0	1	0	0	0
7	1	0.041 7	1	0	2	0	1	0	0	0
8	0	0.053 4	0	1	1	0	0	0	0	0
9	0	0.063 4	1	0	3	0	1	0	0	0
10	0	0.080 6	0	1	2	0	0	0	0	0
11	1	0.086 7	0	1	1	1	0	1	0	0
12	0	0.089 5	0	1	3	0	0	1	0	0
13	0	0.095 1	1	0	4	0	1	0	0	0
14	0	0.102 6	1	0	3	1	0	0	0	1
15	0	0.116 2	0	1	1	1	0	0	0	0
16	1	0.132 5	0	1	4	0	0	1	0	0

续前表

#	死刑	预测值	BD	WV	#AC	FV	VS	2V	MS	YV
17	1	0.140 4	1	0	5	0	1	0	0	0
18	1	0.166 3	1	1	5	0	0	0	0	0
19	0	0.169 7	0	1	2	1	0	0	0	0
20	1	0.174 7	0	1	4	0	0	0	0	0
21	0	0.174 7	0	1	4	0	0	0	0	0
22	0	0.174 7	0	1	4	0	0	0	0	0
23	0	0.196 8	1	0	4	1	1	0	0	0
24	0	0.202 4	1	0	6	0	1	0	0	0
25	1	0.212 2	0	0	5	0	1	0	0	0
26	1	0.300 3	0	1	3	0	0	0	0	0
27	1	0.300 3	0	1	3	0	0	0	1	0
28	0	0.325 0	1	1	7	0	0	0	1	0
29	1	0.330 4	0	1	4	1	0	0	0	0
30	1	0.338 2	0	1	6	0	0	0	0	0
31	0	0.370 5	1	1	3	0	1	1	0	0
32	1	0.449 3	1	1	3	0	1	0	0	0
33	1	0.449 3	1	1	3	0	1	0	0	0
34	1	0.500 1	0	1	3	1	0	0	1	0
35	0	0.550 3	1	1	2	1	1	0	0	0
36	1	0.559 0	1	1	4	0	1	0	0	0
37	1	0.559 0	1	1	4	0	1	0	0	0
38	1	0.573 6	0	1	3	0	1	0	0	0
39	1	0.608 4	0	1	4	1	0	0	1	0
40	1	0.655 3	1	1	3	1	1	0	0	0
41	1	0.663 2	1	1	5	0	1	0	0	0
42	1	0.663 2	1	1	5	0	1	0	0	0
43	1	0.668 6	0	1	2	1	1	0	0	0
44	1	0.676 4	0	1	4	0	1	0	0	0
45	1	0.719 8	1	1	3	0	1	0	1	0
46	1	0.747 1	1	1	4	1	1	0	0	0
47	1	0.758 2	0	1	3	1	1	0	0	0
48	0	0.779 3	0	1	4	1	0	0	0	1
49	1	0.834 6	0	1	6	0	1	0	0	0
50	1	0.933 7	1	1	5	0	1	0	0	1

问题

1. 当判处死刑的估计概率大于 0.5 时，就可以预测判处死刑。根据这一原则，计算在检验样本和结构样本中正确预测的比例。数据是否显示出了过度乐观？

2. 通过所计算的正的预测值（即实际被处以死刑的人占预测被处死的人的比例）和负预测值（即实际没有被处以死刑的人占预测没有被处死的人的比例），重新解读你的计算结果。

附录1　案例的计算和注释

在附录中，我们提供大部分需要计算的问题的统计结果的计算过程。这些并不是唯一的正确解答，一个统计问题经常有很多适合的分析方法。我们提出的方法是为了说明正文中讨论的问题。附录中还有一些关于统计问题的注释，有的注释会涉及更深的层面。多数时候，我们将法律问题的讨论留给读者。

第1章 描述统计

1.2.1 停车计时收费表回收款盗窃案

1. 按照Brink公司1980年4月之前的合同，10个月收入总额的均值为1 707 000美元；与之相对比的CDC公司下一年的数字是1 800 000美元。市政府指责每月100 000美元的差距是由于盗窃造成的。

根据不可靠的假设计算，当雇员被捕后追回4 500美元，这表示平均每次回收的盗窃额。由于在之前10个月中大约回收200次，那么该时期的盗窃额总共是900 000美元（200×4 500），接近根据时间序列分析所得的数字。

2-3. Brink公司认为差异是由于一种潜在趋势引起的，他指的是1-A区的数据，那里并没有盗窃发生。1-A区在Brink时期最后的10个月内的平均月收入是7 099美元，而在CDC时期的平均收入是7 328美元，相差的229美元相当于增加了3.2%，而1 707 000美元增加3.2%就是1 762 000美元，这与1 800 000美元仅相差每月38 000美元，或者说10个月相差380 000美元。在审判中，Brink引证了1-A区的证据，但是没有强调对比。它的主要辩护词是说各种因素混在一起导致整体趋势，该趋势使市民的估计有偏。陪审团作出对市民有利的判决，给予1 000 000美元的实际损失赔偿和惩罚性赔偿。

1.2.2 铁路财产征税案

1. 当涉及“在同一个司法审判评估的其他商业和工业财产”中的价值评估时，法规术语建议使用总评估价值和总市场价值的比率，它将是一个加权平均数。一般来说，“平均”一词对在均值和中位数之间选择并没什么指导作用。但是，习惯上将平均认为是均值，同时加权平均仅表示加权均值。铁路发言人建议在提供法规时不使用均值，这让报告更加含糊。

2. 因为中位数使绝对离差和最小，因此它可能会使对铁路的歧视最小。

3. 总体评估是用平均评估比例乘以财产数量得到的；因此，使用均值不会使收入发生改变。

4. 对所有财产而言，中位数是一种折中的度量方法。它对所有财产一视同仁，被认为是对铁路公司最公平的测度方法。

5. 评估与销售之比的加权平均是一种加权调和均值，因为它是每一层内的评估与销售之比倒数的加权平均的倒数，权数是每一层的评估与总体评估的比值。

1.2.4 水力发电导致鱼类死亡

样本算术均值等于样本中所有观测值的和除以样本容量 n。根据这个定义可以明显看出，如果给定样本均值，样本观测值的和可以通过均值乘以 n 得到。因此，可以通过将样本值乘以样本大小与总体大小的比值的倒数来得到总体值。总之，每天死掉的鱼的算术均值乘以一年的天数就是鱼的年死亡数。但是，第一步不能使用几何均值，因为几何均值是 n 个观测值乘积的 n 次方根；将其再乘以 n 不能得出样本观测值的总和。因此，每天死掉的鱼的几何均值乘以一年的天数不能算出鱼的年死亡数。还要注意，如果样本中的某一天没有鱼死掉，几何均值将会是零，很明显会低估。所以用几何均值是不合适的。

1.2.5 莴苣价格变化影响消费者价格指数

1. 使用固定美元份额的算术均值指数（R_A）计算新旧莴苣价格的比率，用代数式表示为：

$$R_A = \sum S_{0,i}(P_{t,i}/P_{0,i})$$

式中，$S_{0,i}$ 是基期第 i 个产品美元份额；$P_{t,i}$ 是 t 时刻第 i 个产品的价格；$P_{0,i}$ 是基期第 i 个产品的价格；和式是对所有被平均的产品求和。因此新旧莴苣的算术平均比率是 $(1/2)\times(1/1)+(1/2)\times(1.5/1)=1.25$，表明莴苣价格上涨 25%。这种上涨暗含的数量是：1.25 磅的冰山莴苣和 0.833 3 磅的长叶莴苣（这种数量保证在莴苣消费额上涨 25%时，每种莴苣的支出相等)。由于长叶莴苣数量的减少量小于冰山莴苣数量的增加量，根据同等满意度假设可知每单位长叶莴苣对消费者的满意度贡献大于冰山莴苣。

2. 使用几何均值指数可将新旧价格的比率表示为：

$$R_G = \prod (P_{t,i}/P_{0,i})^{S_{0,I}}$$

式中，Π表示每项相对价格变化的乘积。新旧莴苣价格的几何均值比率是 $(1/1)^{1/2} \times (1.5/1)^{1/2} = 1.225$，平均增加 22.5%。这个增加量所暗含的数量是：冰山莴苣 1.225 磅，长叶莴苣 0.816 磅。此外，尽管与用算术均值计算相比两者的差变小了，但消费者对每单位长叶莴苣的满意度仍大于冰山莴苣。

3. 当莴苣的价格从 1.5 美元下降到 1 美元时，算术均值比率是 $(1/2)\times(1/1)+(1/2)\times(1/1.5)=0.8333$，比 1.25 的倒数 0.8 要大。几何均值比率是 $(1/1)^{1/2}\times(1/1.5)^{1/2}=0.816$，是 1.225 的倒数。几何均值比率比算术均值比率更好，因为它匹配了价格倒数的变动和指数倒数的改变。

1.2.6 超级安眠药功效失真案

1. Baker 公司的专家使用的是以基线潜伏期为权数的入睡时间的平均减少百分数，它的加权平均值比 FTC 的简单或未加权的平均值更大，因为在数据上，越大的减少百分数对应越长的基线潜伏期，如果对所有基线来说，入睡时间下降的平均百分比保持不变，那么无论是加权平均还是非加权平均都是它的无偏估计，我们的选择取决于哪个更准确。

2. 如果下降的百分比的变动性对所有的基线潜伏期都是一样的，那么未加权的样本均值（FTC 估算）将是比较好的估计，因为它的抽样方差最小。但是，像图 1.2.6 显示的那样，如果下降的百分比的变动随着基线潜伏期的延长而减小，那么加权均值（Baker 估计）将是更准确的估计，因为它给予越长基线潜伏期的权重越大。回归方法（参见 13 章）可用来把下降百分比看成基线潜伏期的函数进行研究。

Able 公司排除基线期的数据的做法显然不能被接受，因为第二周的潜伏期均值就算跟第一周潜伏期均值完全一样，看起来还是比较短。Baker 公司的进入标准以及使用全部数据更加合理，定义目标失眠人群为那些有至少 4/7 的夜晚需要 30 分钟以上潜伏期才能入睡的人。通过一种回归现象（参见 13.1 节）的效应，即使不需要睡眠帮助，这样的门槛也使得入睡时间明显减少。药物效应、安慰剂效应和回归效应之和就是总效应。

1.3.1 得克萨斯州选区重划计划

1. a. 极差是 7 379，用百分比，极差从＋5.0％到－4.1％，或 9.9 个百分点。

b. 平均绝对离差是 1 148（平均绝对百分比离差＝1.54％）。

c. 运用公式：

$$S=\left\{\left(\frac{n}{n-1}\right)\left[\left(\frac{1}{n}\sum x_i^2\right)-\left(\frac{1}{n}\sum x_i\right)^2\right]\right\}^{1/2}$$

得选区大小的标准差是 1 454.92（当使用准确均值 74 644.78 时），或 1 443.51（当使用 74 645 时）。这个公式对于均值中显著性最低的数字敏感。计算 S 的更好的方法是根据均方离差公式计算：

$$S=\left\{\left(\frac{n}{n-1}\right)\left[\frac{1}{n}\sum(x_i-\bar{x})^2\right]\right\}^{1/2}$$

这个公式不受不稳定性的影响。百分比离差的标准差是 1.95％。我们给出上面这个公式，是因为它是根据样本估算标准差的常用方法；在此例中，也可以将这组数据看作一个总体，此时，因子 $n/(n-1)$ 应该删除。

d. 四分位数间距为 75 191－73 740＝1 451。以百分比表示：0.7－(－1.2) ＝ 1.9。

e. Banzhaf 关于投票权的度量方法（参见 2.1.2 节 ，加权表决制）建议利用总体的平方根来度量投票权。通过开平方对数据做变换，极差变为 280.97－267.51＝13.46。平均根 273.2 的偏差的百分比极差是从＋2.84％到－2.08％，或者 4.92 个百分点。

2. 度量标准的选择首先取决于由这个标准是否是受差异最大的地区或者平均差异水平的影响最大。前者是指极差，后者指其他度量方法之一。无论如何，似乎没有理由用平方差即方差或者标准差作为度量标准。

1.3.2 痛苦抚慰金的判定

1. 将这些数据作为一个总体进行处理（以千美元为单位），方差是 913 241−558 562＝354 679，标准差是 $\sqrt{345\ 679}=595.55$，均值是 747.37。这样一来，在法庭的 2 倍标准差的规则下，最大的赔偿额是 747.37＋2×595.55＝1 938.47。或许，将这些数据作为从一个大的“标准”赔偿额总体中抽取的样本更准确。在这种情况下，方差的估计是 $354\ 679\times\frac{27}{26}=368\ 320.5$，标准差是 $\sqrt{368\ 320.5}=606.89$，在法庭规则下允许的最大赔偿额是 747.37＋2×606.89＝1 961.15。

2. 法庭利用根据一系列标准化案件而得的双倍标准差区间去设立赔偿金的可容许变差，是假设在每个案件中，除了抽样变异外，伤痛和折磨都是相同的、可允许的且和 Geressy 案中的伤痛是相似的。这看起来不大可能，举例来说，如果把它应用到那个已赔偿 37 000 美元的案件中，2 000 000 美元的赔偿金就过多了。事实上，如果不同的伤痛程度包含在这一系列案件中，那么就应该把 Geressy 案看成位于这个连续区中的，然后建立一个适合那种程度的赔偿区间，根据标准案件计算出来的双倍标准差就不再合适，因为那将既反映特定程度上的方差又反映不同程度间的方差，后者与特定案件的赔偿金是否合理是不相干的。

这是线性回归的例子，参见 13.3 节。

1.3.3 古老的圣体容器检验

1. 公差是 7 632 喱。若 $\sigma=0.427\ 08$，那么实际重量和标准重量间的 n=8 935 个差值的总和的标准差是 $\sigma\cdot\sqrt{n}=40.4$ 喱。因此，用标准差单位的公差所表示的离差是：7 632/40.4＝188.9 标准差。根据切比雪夫不等式可知，n 个差值的绝对和大于 188.9 标准差的概率小于 $1/188.9^2=2.8\times10^{-5}$，这个概率非常小。

2. 公差增长太快，因为它以因子 n 倍而不是 $\sqrt{n}$ 倍地增加。$3\sigma\sqrt{n}$ 的公差本来应当足够保护造币厂的管理者，而不需要给他更多可允许的误差；在这个例子中，它应当是 $3\times0.427\ 08\times\sqrt{8\ 935}=121.1$ 喱。

Newton 是否在意公差公式中的错误是一些猜想的主题。参看资料来源中的 Stigler，supra。

如果放到圣体容器中的每个硬币在统计上不是独立的，比如，由于它们来自同一个硬币厂，平方根定律可能就不合适。这样的依赖关系将降低有效的样本量。

1.4.1 危险的鸡蛋

1. 鸡蛋消费量（EC）均值和缺血性心脏疾病（IHD）均值的皮尔逊相关系数是 0.426。

2. 类似这样的生态研究所能提供的证明价值是非常有限的。这个全国均值的相关性研究很少提到社会中每个人之间的相关性的强度。这个生态谬论是由不严格的假设所导致的，即将所观察到的相关性应用于个人层面。实际上，在一个特定社会中，EC 和 IHD 在个人之间没有相关性在理论上是可能的，而 EC 和 IHD 的社会均值水平会随着一个混杂因素而共同变化，这个因素本身也会因不同社会而不同。比如，高蛋白饮食的社会中红肉的消费可能就是这样的混杂因素，即与 EC 和 IHD 都相关的因素。

鸡蛋生产商的顾问可以这样反驳，由于这个生态谬论，统计上的比较应当被限制在与美国相似的国家中，至少在鸡蛋消费方面相似。但如果真的这么做，IHD 和鸡蛋消费的相关性实质上就消失了。

3. 数据中的错误将减弱相关性。

1.4.2 得州公立学校筹资案

1. 得州每个学生的州和地方税收与自 1960 年这五个分组（未加权的）的家庭收入中位数的相关系数是 0.875。在加权的基础上，把每个地区看成是独立的，但在每个组中使用其中位数，这样得州的相关系数是 0.634。（将地区分组去除了数据中的一些变异性，从而增强了相关性。）使用第一个数字，你会说每个学生税收中的变异的 $0.875^2=76.6\%$ 可由家庭收入中位数的变异所解释；使用加权相关系数，该值则是 $0.634\ 2^2=40.2\%$。

由于数据中心存在逆关系使得总的相关性减弱。这个逆关系不是很重要，因为这三个地区收入数据的中位数非常接近总的中位数。

2. 这种可能的反对意见——只涉及几个极端的地区——不成立，因为 Berke 教授没有说明他的 10%的地区样本是怎样选取的。

1.5.1 具有差异性的熟练度测试案

1. 计算如下：

	通过率	失败率
黑人：	448/770=0.582	322/770=0.418
白人：	240/341=0.704	101/341=0.296
比例之差：		
黑人对白人：	0.582−0.704=−0.122	0.418−0.296=0.122
白人对黑人：	0.704−0.582=0.122	0.296−0.418=−0.122
比例之比（相对风险）：		
黑人对白人：	0.582/0.704=0.827	0.418/0.296=1.412
白人对黑人：	0.704/0.582=1.210	0.296/0.418=0.708
优势比：		
黑人对白人：	$\frac{0.582/0.418}{0.704/0.296}=0.585$	$\frac{0.418/0.582}{0.296/0.704}=1.708$
白人对黑人：	$\frac{0.704/0.296}{0.582/0.418}=1.708$	$\frac{0.296/0.704}{0.418/0.582}=0.585$

2. 根据五分之四法则，这些数据没有表明存在不利的影响，因为相对风险是 0.827，已经超过了 0.80。但是，根据其他反映这一规则的政策，或许可以说存在不利影响，因为一个黑人通过的优势比只是一个白人通过优势的 0.585。

如果这个测试是最少质量测试之一（比如缺少被捕记录），那么主要的注意力应放在失败率上。从这个角度看，不利影响会更强，因为白人的失败率只有黑人失败率的 0.708。注意，黑人失败对白人失败的优势比（0.585）和白人通过对黑人通过的优势比是相同的。如果在 EEOC 的法则中使用优势比而不是相对风险，将避免使用通过率和失败率时结果可能不一致的问题。

1.5.2 保释和法庭传票

1. 之前发放的法庭传票在那些现在发放的传票中的比例（54/146）和在那些不是现在发放的传票中的比例（23/147）不依赖于现在发放的样本量。但是，这些比率并不是我们最感兴趣的。

2. 我们感兴趣的统计量是现在发放的法庭传票在之前发放的传票中的比例（54/77）和在不是这之前发放的传票中的比例（96/216）。但是这些比例取决于现在发放的传票的样本量，这是个由研究设计决定的特征。

3. 因为这项研究是回溯性的，要用之前的发放量作为预测值来表示数值，必须使用优势比，即

$$\frac{54/92}{23/124}=\frac{54/23}{92/124}=\frac{54\times124}{23\times92}=3.16$$

这表明，若之前已发放过传票，现在发放传票的优势比是若以前未发放过传票，而现在发放传票的优势比的 3 倍。

4. 若之前传票的发放自动导致了拒绝保释，那么不能从这些数据中推断能减少多少不出席法庭审判的现象。因为计算这个数字（称为可归因风险，参见 10.2 节）需要两个信息，即之前发放的比例和假设之前发放了或没有发放传票，那么现在发放的传票的相对风险。但根据已给数据并不能得到这些信息。

1.5.3 喝不醉的啤酒

按性别分 DWI 被捕的相对风险是 2/0.18＝11.11。利用 10.2 节的式（3），归因于男性的可归因风险是：

$$\frac{x}{1+x}=\frac{5.06}{1+5.06}=0.835$$

式中，$x=$ 男性的比重 $(0.5)\times($相对风险$-1)=(0.5)\times(11.11-1)=5.06$。因此，即使只牵涉到相对较少男性，男性的高被捕率占了所有被捕的 80%还多。

2. 法官 Brenman 的陈述是混淆的，但似乎提出了一个超越大相对

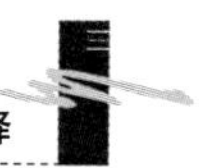

风险的问题。他的结论假定低逮捕率反映了喝 3.2%啤酒的青少年中酒后驾车问题的程度。那样，即使面对的是大相对风险，由于所涉及的人少将使一条性别歧视法令在社会必要性方面更少被接受。一个问题是这些数据在评估问题的程度时不能让人满意。一方面，被捕的人数明显低估了酒后驾车问题的程度。而另一方面，所有因酒精饮料的逮捕明显夸大了喝 3.2%啤酒的问题。没有理由认为这些偏差会相抵而平衡。另外，由于这项研究是在法令通过后进行的，所以，还不清楚它对评估这种情况的直接影响，这种情况导致并证明法令通过的正当性。

第 2 章　计数问题

2.1.1　DNA 鉴定

1. 位点上可能有 20 种可区分的纯合基因型和（20×19）/2＝190 种异合基因型（成对染色体间不可区分）。因此，在一个位点上有 210 种可区分的纯合基因型和异合基因型的成对等位基因。

2. 在四个位点上有 $210^4 = 1.94\times10^9$ 种可能的纯合基因型和异合基因型（位点上基因型的染色体间不可区分）。

2.1.2　加权投票

1. 8 个小城镇监督人有 182 种投票方式可以使大城镇监督人拥有决定性票，如下表第三列所示。

是	否	#组合数
4	4	70
5	3	56
3	5	56
		182

2. 有 42 种方法能够使一个小城镇的监管人的投票是具有决定性的，如下表所示。

是	否	#组合数
大城镇（3）+2	5	21
5	大城镇（3）+2	21
		42

3. 决定性投票的总数是：182+8×42=518。大城镇的决定性投票数的比例是 182/518=35.1%。由于它的人口只占总人口的 3/11 或 27.3%，如果投票权的定义被接受，就可以说它的代表人数超出了比例。相应地，小城镇所代表的人数比例就不足了。每个小城镇有 42/518 或 8.1%的投票权，而它的人口占总人数的 1/11 或 9.1%。

4. 如果将这个理论应用在投票者层次上，大城镇的监管人就不应当有 3 倍的投票权，而是 $\sqrt{3}$ 的投票权。因为一个投票者打破选择代表选举平局的概率的减少不和投票者人数的增加成比例，而是和人数的平方根成比例。这个结果可以用不同的方法得到，其中之一就是可以用 Stirling 公式对二项系数 $\binom{2N}{N}$ 的近似值（参见 2.1 节）。

2.1.3 竞标被操纵了吗

9 个低价投标在占用序列 2，2，1，1，1，1，1 中的分布有 9！/（2！2！1！1！1！1！1！）=90 720种方式。在 7 个公司中分布于占用序列的所有方式的总数是 $\binom{7}{2}=21$ 。因此，不考虑序列而获得所观察占用数的方式共有 21×90 720=1 905 120 种。在 7 个公司中分布这 9 个低价投标的方式共有 7^9=40 353 607 种。因此，假设可能产生的结果的概率相等，观察到这组实际占用数集的概率是1 905 120/40 353 607=0.047。

由于这些公司宣称它们是相似且独立行动的，等概模型似乎是合适的。在该模型下，观察到的分布实际上并不是最有可能的。（比如占用序列 3，2，2，1，1，0，0 的概率就是 0.236。）在所有的占用序列中，2，2，1，1，1，1，1 极差（最大值减去最小值）最小，极差是另一个可以表明存在公司间勾结分配的统计量。

2.1.4 一个白血病群

我们寻找一个有6个单位，样本量是12的均匀多项分布，最大的单位频数是6或更多的概率。为了大量计算这种类型多项分布概率，计算机算法通常是必不可少的，所以在现在的情形下，穷举出最大频数是6或更多的所有情形是可行的，共有29个这样的占用数集（必须计算多项式的概率），准确的答案是0.047 544。在操纵竞标问题中（见2.1.3节）分布太均匀，而在这个问题中则太密集。关键是在所有单位等概假设下，任何一种极端的情形都是不可能的。

应用邦弗朗尼不等式也可能具有极好的准确性，参见3.1节。

2.1.5 市场集中度的测算

1. N个顾客分布于i个公司（其中第i个公司有a_i个顾客）的所有方法数为多项式系数：

$$N!/\prod a_i!$$

2. 令$1/n_i=a_i/N$，得到$a_i=N/n_i$，代入多项式系数中，则有

$$N!/\prod(N/n_i)!$$

3. 在阶乘中使用Stirling近似值的原始形式，有

$$\frac{N^N e^{-N}}{\prod\ (N/n_i)^{N/n_i}e^{-N/n_i}}$$

由于$\sum 1/n_i=1$，可得$\prod e^{-N/n_i}=e^{-N}$和$\prod N^{N/n_i}=N^N$，这样就可以从分子和分母消去$e^{(-N)}$和N^N并且开N次方根，得到$\prod n_i^{1/n_i}$作为集中度的熵测量值。

4. 在这个例子中，熵指数的值是按如下方法得到的，20%的公司的n_i的值是5，2%的公司的n_i值是50，1%的公司的n_i值是100。当有10个小公司时，熵测量值是$5^{(0.20\times4)}\times50^{(0.02\times10)}=7.92$个同等的公司；当有20个小公司时，熵测量值是$5^{(0.20\times4)}\times100^{(0.01\times20)}=9.10$个同等的公司。因此，通过熵测量值，小公司的数量和竞争相关了。使用HHI，

有 10 个小公司时，HHI 是 $20^2\times4+2^2\times10=1\ 640$ 或 $10\ 000/1\ 640=6.10$ 个同等的公司；类似地，当有 20 个小公司时，HHI 是 $10\ 000/1\ 620=6.17$。使用 HHI，小公司的数量造成较小的差异。

这两个指数构成了关于在多项式模型中顾客服从均匀分布的这一零假设的两个经典检验的基础。熵测量值产生了似然比统计量（参见 5.6 节），而 HHI 产生了皮尔逊卡方统计量（参见 6.1 节）。

2.2.1 追踪法定信托基金

1. 根据 D. Andre 的反射原理，要找出起始于 10 美元，达到或越过纵坐标 0，并结束于 10 的路线的数量，我们数一下在 −10 美元结束的路线数。它等于 $\binom{100}{40}$。在 10 结束的所有路线数是 $\binom{100}{50}$。因此，一条路线将达到或越过纵坐标 0 且在 10 结束的概率是 $\binom{100}{40}\Big/\binom{100}{50}=\frac{50!^2}{40!\times60!}=0.136$。

2. 信托中期望最大损失是 $0.627\times\sqrt{100}=6.27$ 美元。

3. 没有发生 10 美元损失的概率是 $1-0.136=0.864$。这个数字的 10 次幂是 0.232，这是 10 天里任一时刻都未发生 10 美元损失的概率。因此，10 天里某一刻发生 10 美元损失的概率是 $1-0.232=0.768$。

在这里应用概率论不应当被解释为对法律规章的推荐，这个规章暗示把例外归入波动理论，但如果不这样，看上去又没什么好借鉴的。

第 3 章 概率论基础

3.1.1 黄色轿车内种族不同的夫妻抢劫案

1-2. 辨认特征几乎肯定不是独立的。但是，如果用条件概率来解释，即 $P[e\mid f]=1/10$；$P[d\mid ef]=1/3$；$P[c\mid def]=1/10$ 等等，那么这些特征联合发生的概率等于它们的乘积。

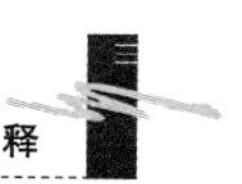

3. 法院附录里的计算假定从较大的总体中抽选那些可能在案发现场的夫妇使用的是放回抽样。这种假定将使在抽样过程中抽中一次C夫妇的情况下再抽中一次C夫妇的概率为0.41，即使他们是总体中唯一具有这种特征的夫妇。所以假定使用无放回抽样的分析方法会更合适。

4. 原告设想，C夫妻在总体中的频率本质上是柯林斯夫妇无罪的概率。其实不是这样，而是若柯林斯夫妇清白则有罪夫妇是C夫妇的概率。这种条件颠倒有时被称为原告谬论。这两个概率只有当本案其他证据表明柯林斯夫妇有罪的概率是50%才是相等的。参见3.3节和3.3.2节。

5. 法院附录里最后一句话的最后一个从句假定柯林斯夫妇有罪的概率是C夫妇数量分之一。这被称为被告谬论，因为它假定这个案子里除了统计数据外没有其他任何证据，而这通常不是事实并且在这里也不是事实。参见上面提到的那两节内容。

3.1.2 DNA鉴定中的独立性假设

1. 包含等位基因9的纯合基因型的加权平均频率是$\left(\frac{130}{916}\right)^2\times\frac{916}{2\ 844}+\cdots+\left(\frac{52}{508}\right)^2\times\frac{508}{2\ 844}=0.015\ 37$。含有等位基因9，10的异合基因型的加权平均频率是$\left[\frac{130}{916}\times\frac{78}{918}\times2\right]\times\frac{916}{2\ 844}+\cdots+\left[\frac{52}{508}\times\frac{43}{508}\times2\right]\times\frac{508}{2\ 844}=0.022\ 47$。

2. 利用总种群数据计算，包含等位基因9的纯合基因的频率是$\left(\frac{350}{2\ 844}\right)^2=0.015\ 15$。含有等位基因9，10的异合基因型的计算结果是$\frac{350}{2\ 844}\times\frac{261}{2\ 844}\times2=0.022\ 59$。

3. 在纯合和异合两种情形下计算的加权平均数一致性相当好，这表明了HW的正确性。

4. 在总种群中HW的充分条件是子种群中等位基因的比率是相同的（或者，如果这个比率不是相差太大，HW近似成立）。

5. 对一个包含等位基因9的纯合基因型，加拿大人和非加拿大人的加权平均数是 0.378 2。基于总种群计算，该值是 0.25。HW 不成立，因为两个子种群中等位基因 9 的比率相差太大。

3.1.4 泄密的毛发

1. 将 861 根毛发两两配对，总对数是 $\binom{816}{2}=370\ 230$。其中，大约一个人 9 根毛发或每人的毛发可以配成 $\binom{9}{2}=36$，产生了总数是 3 600 的每人自身的配对数。在总共 366 630 个人之间的配对中，有 9 对是不能辨别的，比率是 9/366 630＝1/40 737；余下的推导在正文引用的高德特后续研究中。

高德特后续研究假定某一对的可辨别性的概率与其他对的可辨别性的概率相互独立。虽然这种独立性是不可能的，但这个假设不成立并没有太大关系，因为一对或多对匹配的概率小于或等于 9× (1/40 737) (邦弗朗尼不等式)，或 1/4 526——这个结果接近于正文中给出的1/4 500。这项研究的主要问题是具有盲目性和所坚持比较的数字不值得相信。

报道的概率不是头发来自另一个人的概率，而是头发是另一个人的情况下不能被分辨的概率。

3.2.1 德雷福斯案

1. 专家计算出在特定的单词中出现 4 次巧合的概率。

2. 更加相关的一项计算是在任意 13 个单词中至少有 4 次巧合的概率。假设字母在一个单词中和在其他单词中的巧合是互相独立的，那么这个概率是 0.252 7。

3.2.2 搜索DNA 数据库

1-2. 乘以数据库的大小是一种对多重比较运用邦弗朗尼修正的方法。假设没有人在数据库中留下假的DNA，且每个人DNA 的匹配概率一样，那么，一个或者多个匹配的近似概率由邦弗朗尼修正给出。这个概率看起来和鉴定问题相关性不大。

3. 在纤维匹配案件中，问题是是否有任何纤维匹配。但在这个案件中，问题是某个人的 DNA 是否碰巧匹配，而不是有没有人的 DNA 可以匹配。

4. 是特定的证据导致了 DNA 测试，还是后来发现的证据都不会影响统计证据的力度。因为在前一种情况下对多重比较没有任何修正，后一种情况也一样。在很大的数据库中，由于进行多次试验，有些匹配将是可能性的，如果匹配是碰巧发生的，那么这种匹配不能作为一个特定的证据来证明有罪，且可能作为免罪的证据。这就意味着有罪的先验概率不会大于嫌疑犯数量分之一，而有罪的后验概率会特别小。

5. 因为匹配的检验效应不是取决于什么原因导致了测试，所以，我们认为不用进行委员会推荐的修正方法。邦弗朗尼修正的应用可以看作频率论者在没有明确的贝叶斯公式时试图给出的一个与贝叶斯分析一致的结果。

3.3.1 凶猛的巴士

4. 是 B 公司的车的先验优势是 0.20/0.80＝1/4。证词中是 B 公司的车的似然比是 0.70/0.30＝7/3。给定先验优势和证据的情况下，是 B 公司的车的后验优势是（1/4）×（7/3）＝0.583。是 B 公司的车的后验概率是 0.583/(1＋0.583)＝0.368。

3.3.2 父子关系的贝叶斯证据

1. 专家的计算是错误的，但这种算术错误没什么危害。给定先验优势为 1 且一个基因型的比率是 1%，后验优势是 1×1/0.01＝100，将它变换成父子关系的后验概率是 100/101＝0.991。由于专家用了她自己的先验概率，这个先验概率可能是不相关的，所以她的计算不应该被承认。

上诉法庭认为专家用 50-50%的先验优势是不合适的，但指出应该向陪审员出示基于先验概率范围的说明性计算，就像问题 3 建议的那样。

3.4.1 机场甄别机制

被告争论说，在那些被认为是“高度危险”或者“+”的人中，只有 $P[W\mid +]=\frac{P[+\mid W]\cdot P[W]}{P[+\mid W]P[W]+P[+\mid \overline{W}]P[\overline{W}]}$ 的比例的人实际上带有非金属武器。在这个例子中 $P[W]=0.000\ 04$，$P[+\mid W]$=敏感性=0.9 且 $P[+\mid \overline{W}]=1-$特异性=0.000 5。因此，$P[W\mid +]=\frac{0.9\ (0.000\ 04)}{0.9\ (0.000\ 04)+0.000\ 5\ (0.999\ 96)}=0.067$，或 6.7%的“高度危险”的人带有武器。这个比例不管是对可能原因还是合理怀疑都太低了。

假设注释中的每个人在重复检验中的检验结果是独立的，那么，敏感性降为 $P[+\mid D]=P[+_1\mid D]\cdot P[+_2\mid D,+_1]=0.95\times 0.98=0.931\ 0$。特异性增加为 $P[+\mid \overline{D}]=P[+_1\mid \overline{D}]\cdot P[+_2\mid \overline{D},+_1]=0.05\times 0.02=0.001$。那么，$PPV=(0.001\times 0.931)/(0.001\times 0.931+0.001\times 0.999)=0.482\ 4$，作为显著反对行动的基础还是太低。为达到足够的 PPV，特异性可能应该更大。

3.4.2 测谎仪证据

1. 利用国防部的数据计算，测试的 PPV 不大于 22/176=12.5%。

2. 需要计算的统计量是 NPV 或 $1-NPV$。后者是指给定证明无罪的测谎检验下有罪的概率。

3. 得到 $PPV>1-PPV$ 这一结论看来是合理的。因为有罪的概率在有证明有罪的测谎证据时要比在有证明无罪的测谎证据时大。因此，在给定证明无罪的测试时有罪概率小于 12.5%。虽然在用作有罪证明时不太有说服力，当用来证明无罪时，这种测试看来十分准确。因为

$$\frac{NPV}{1-NPV}=P[\text{无罪}\mid\text{证明无罪的测验}]/P[\text{有罪}\mid\text{证明无罪的测验}]$$

$$=\frac{P[\text{证明无罪的测验}\mid\text{无罪}]P[\text{无罪}]}{P[\text{证明无罪的测验}\mid\text{有罪}]P[\text{有罪}]}$$

$$=\frac{\text{特异性}}{1-\text{敏感性}}\times\text{无罪的先验优势}$$

如果测试的敏感度高，或者有罪的先验优势低，那么 NPV 就高。

4. 检验的错误比例对于在个别案例中作为证据的检验好像比较小可以接受，但在甄别时却比较高不能接受，这就是统计的观点。甄别范例比单个案例更准确，至少不会差。因为 7 616－176＝7 440 个人在国防部的甄别检验中呈阴性，如果 $1-NPV$ 事实上高达 12.5%，那么，有罪但没有检验出来的人数是 0.125×7 440＝930。一项让太多有问题的人通过的甄别检验显然是不能让人接受的。国防部应用甄别检验的事实是显著证据，接受它，至少将它作为证明无罪的证据是有充分可靠性的。

3.5.2 在多选题测试中作弊

假设是由于巧合，在有 4 个错误答案的 2 人组中有 3 个错误答案匹配的似然是 37/10 000。假设是抄袭，专家给出 4 个错误答案中有 3 个错误答案匹配的似然为 1。因此，似然比为 1/(37/10 000) ＝270.27。也就是说，在抄袭假设下观察到这些数据的可能性是在巧合假设下的 270 多倍。

第 4 章 一些概率分布

4.2.1 陪审团选择中是否存在歧视

1. 从 60 个人中随机选取，没有黑人的概率是 $(0.95)^{60}=0.046$。在通常的通标准 5%下（使用单边检验，见 4.4 节），该结果在统计上是显著的，但刚好显著。

2. 法庭计算了刚好 7 个黑人的概率。更为重要的是少于等于 7 个黑人的概率。

3. 在表 B 中，对于 $n=25$，$p=0.25$，3 个或 3 个以上黑人的概率是 0.967 9，2 个或 2 个以下的概率是 1－0.967 9＝0.032 1。

4.2.3 犯罪案件中意见不一的小陪审团

1. 选一个或多个少数民族陪审员的概率，按照二项模式以及附录 2 中表 B，是 0.931；2 个或 2 个以上是 0.725；3 个或 3 个以上是 0.442；4 个或 4 个以上是 0.205。所以，在 12 人陪审团中出现一个或多个少数民族陪审员的概率是 0.931，在 9∶3 的陪审团中出现一个或多个以上少数民族陪审员的概率是 0.205。

2. 应用 Kalven 和 Zeisel 在首轮投有罪票的比例，1 828/2 700＝0.677，9 个或 9 个以上投有罪选票二项概率是 0.423，5 个一致的投有罪选票的概率是 0.142。因此起诉人在首轮投票中得到至少 9 票投有罪票比得到 5 个一致票更有可能。

3. Kalven 和 Zeisel 的数据与二项模型不一致，因为被首轮投票编排的案例的期望值与真实值不相符，就像下面显示的那样。

	首轮有罪投票				
	0	1～5	6	7～11	12
案例观察值	26	41	10	10.5	43
案例期望值	0	12.7	22.7	187.5	2.09

见 6.1 节，一个关于拟合优度的正式检验。从已有的数据和模型将得出远大于 1 个的结论。这意味着更多的在有罪选票中的分歧的来源是案例本身，这将影响所有的陪审员，而不仅是个别的陪审员中的分歧。

4.2.4 对于联邦陪审员名单的代表要求

1. 当选一个黑人的概率 $p=0.038$（功能轮）时，在 100 人的陪审团中有 0 或 1 名黑人的概率是 $\binom{100}{1}(0.038)^{1}(0.962)^{99}+(0.962)^{100}=0.103$。当 $p=0.0634$，在代表中黑人的比率及这么少的黑人概率为 0.011。通过这个概率检验，看来功能轮中的陪审员没有完全的代表性。对于西班牙人，功能轮和代表轮人员的概率分别是 0.485 和 0.035。

2. 对于绝对人数：为了具有代表性应该平均有 6.34－3.8＝2.54

个黑人和 5.07−1.72=3.35 个西班牙人加入由功能轮选出的陪审团中。这些数字可能会被认为太小而不具有代表性。

3. 概率检验的一个问题是少数派的假设的概率与大小为 1 的概率相比十分任意。而绝对数字检验的问题是：当百分比小的时候，绝对数字就会小，即使不充分代表的比例比较大。

4.3.1 亚历山大：精选陪审员

1. 结果基本正确。计算如下：假设 $n=400$，$p=1\ 015/7\ 374$，由附录 2 的表 A1 或者 A2：

$$P[X\leqslant 27]=$$

$$P\left[z<\frac{27.5-400\times(1\ 015/7\ 374)}{\sqrt{400\times(1\ 015/7\ 374)\times(6\ 359/7\ 374)}}=-4.00\right]<0.000\ 03$$

2. 在有资格人选中黑人最大的比例 p^*，与满足以下等式：$\frac{27.5-400p^*}{\sqrt{400p^*q^*}}=-1.645$ 的数据一致，求解得 $p*=0.092\ 6$。(参见 5.3 节，这是比例的 95%置信上限)。为了计算合格率的比率，定义 Q 为合格，B 为黑人，W 为白人，则

$$\frac{P[Q\mid W]}{P[Q\mid B]}=\frac{P[W\mid Q]P[Q]/P[W]}{P[B\mid Q]P[Q]/P[B]}=\frac{P[W\mid Q]/P[B\mid Q]}{P[W]/P[B]}$$

在合格者中，W 对 B 的优势至少是 0.907 4/0.092 6=9.800，然而在起初的人群中，优势为 6 359/1 015=6.265。所以合格率的比率至少是 9.8/6.265=1.564，即白人的合格率至少是黑人的 1.5 倍。

4.4.1 教师雇用中是否存在歧视

1. 假设 $n=405$，$p=0.154$，则

$$P[X\leqslant 15]=P\left[Z<\frac{15.5-405\times 0.154}{\sqrt{405\times 0.154\times 0.846}}=-6.45\right]\approx 0$$

假设 $p=0.057$，

$$P[X\leqslant 15]=P\left[Z<\frac{15.5-405\times 0.057}{\sqrt{405\times 0.057\times 0.943}}=-1.626\right]\approx 0.052$$

精确的结果是 0.045 6。

2. 法官 Steven 的秘书用了一个单尾检验；Castaneda 案的 2 或者 3 倍标准差的规则表明使用双侧检验的一般社会科学实践。

4.5.1 会计师是否疏忽了

1. $\binom{983}{100}\times\binom{17}{0}\Big/\binom{1\,000}{100}=\dfrac{983\times 982\times\cdots\times 884}{1\,000\times 999\times\cdots\times 901}=0.164$

因为这个计算比较烦琐，通常用正态近似计算取而代之。

2. 如果样本增加 1 倍，那么一张假发票也没有抽中的概率是

$$P[X=0]=P[X<0.5]$$

$$=P\left[Z<\frac{0.5-17\times 0.2}{\sqrt{\dfrac{200\times 800\times 17\times 983}{1\,000^2\times 999}}}=-1.77\right]\approx 0.04$$

3. 会计师应该（经常应该这样）采取分层抽样，大额发票应该单独作为一层，并且抽样比要大。

4.5.2 受挑战的竞选

1. 令 a 和 b 分别代表候选人 A 和 B 的得票数。令 m 代表无效选票数。假设未知数 X 代表无效的选票中支持候选人 A 的票数，那么在剔除无效选票后，如果 $a-X\leqslant b-(m-X)$，或者 $X\geqslant(a-b+m)/2$，结果将会发生改变。事实上，无效选票中的 59 张是支持获胜方，那么选举的结果将和剔除所有无效选票有关。

2. $E(x)=101\times 1\,422/2\,827=50.8$

3. 利用超几何分布的正态近似，$X\geqslant 59$ 的概率是

$$P\left[Z\geqslant\frac{58.5-101\times 1\,422/2\,827}{\sqrt{\dfrac{101\times 2\,726\times 1\,422\times 1\,405}{2\,872^2\times 2\,826}}}=1.559\right]=0.06$$

当双方选票接近时（$a\approx b$），逆转概率近似等于正态分布的尾部在

$$z=(a-b-1)\cdot\sqrt{\frac{1}{m}-\frac{1}{a+b}}$$

之上的面积（减去 1 是进行连续性修正）。

与随机错误不同，由于职责所在，控制选票机的人有更多的机会来

弄虚作假。

4.5.3 2000 年竞选：谁赢得了佛罗里达州

1. 从第（7）列来看，戈尔的期望总净票数为－811.9。这样，布什将胜出。

2. 从第（8）列来看，戈尔期望总净票数的标准误为 9 802.2 的平方根即 99.01。z 值为－8.20，所以 P 值非常显著，我们拒绝戈尔将在佛罗里达州胜出的零假设。

3. 仅仅考虑迈阿密-戴德选区，从第（6）列可以看出戈尔在这次选举中期望净票数为 145.0，标准误等于 2 271.2 的平方根即 47.66。把戈尔在迈阿密-戴德选区真实的净票数用变量 X 来表示，当且仅当 X 的值大于等于 195 时，逆转才会发生，从第（4）列来看对布什较为有利。这个事件的概率近似等于（连续性修正）$P[z>1.059\,6]=0.145$。

4.6.1 法国士兵的身高是否具有正态性

1. 卡方统计量是 446.51，它在 6～8 自由度上的 P 值非常小，$P\approx 0.000\,0$。所以必须拒绝认为数据具有正态分布的零假设。

2. 偏离正态性的原因很多，最重要的是身高低于 1.57 米的人数太多。Quetelet 假设：因为参军身高的最低标准是 1.57 米，如果有太多的人低于这个高度就表示有些人用欺骗的手段来逃避服兵役。

3. 如果前两行被合并，卡方统计量下降到 66.8，仍然高度显著。同样，必须拒绝数据成正态分布的零假设。

4.6.2 蝶式跨期白银交易

1. 专家的说法是有缺点的：正确的说法应该是，如果数据是正态分布的，那么只有 0.01 的概率观测到 D 那么大或更大。

2. 专家的说法也是有缺点的：如果数据因为正的峰度不是正态分布，那么分布比正态分布有更厚的尾部，这样盈利的几率增加。

3. 因为 4 周价格变化是每天价格变化的和，如果每天的价格变化是独立的，根据中心极限定理，它们的和趋于正态分布。即使每天的价格变化负自相关，中心极限定理隐含着和的正态性，所以对于正态分布独立性并不是必要的。

4. 如果每天的价格变化独立，那么 8 周的价格标准差将是 4 周价格标准差的 $\sqrt{2}$ 倍；4 周价格标准差是 1 周价格标准差的 2 倍。数据没有显示这样的增长。

5. 为了在委托代理后打破平衡，价格的变化至少为 126 美元。对于2-2合约维持 4 周，那么将会有 126/32.68＝3.86 倍的标准差。根据切夫比雪夫不等式，变化至少那么大的概率不会大于 $1/3.86^2=0.067$。这样，打破平衡最多也只是个小概率。

6. 专家的持有期统计量不能够反映保证在 4 周，举例说，这么短的时间内有纯利润。

7. 除了概率模型，给定持有期，专家可能简单地核对一下数据来估计纯利润的多少。切比夫雪夫不等式表明那些利润也微乎其微。

4.7.1 空气中的硫

给定一个均值为 1 的泊松随机变量，一年中 2 天或 2 天以上排放量超标的概率是 $P[X\geqslant 2]=1-P[X=0$ 或 $1]=1-[e^{-1}+e^{-1}]=0.264$。这里假设了一个均值为 1 的简单泊松分布。因为均值每天都会改变，排放量的分布是混合泊松分布，比简单泊松分布的方差大。在正态分布的情况下，方差的增大（均值固定不变）暗示着尾部事件概率的增加，如 $X\geqslant 2$。在泊松分布的情况下，当 μ 较小时（像这个案例中，$\mu=1$），像预期的那样，方差的增加会增加左尾事件的概率，即 $X\leqslant 1$，但是可能减小右尾事件的概率，即 $X\geqslant 2$。在这样的情况下，一年中 2 天或 2 天以上排放量超标的概率会比计算的要小，至少不会有通过类比正态分布得到的值那么大。

4.7.2 接种疫苗

考虑到功能损害的风险性，假设原告接受的功能损害的案例数的期

望值为 $\mu = 300\ 533 \times \frac{1}{310\ 000} = 0.969$。如果这样，4 个或 4 个以上案例的概率是 $1 - e^{-\mu}\sum_{x=0}^{3}\mu^x/x! = 1 - e^{-0.969}(1 + 0.969 + 0.096^2/2! + 0.969^3/3!) = 0.017$。那么在 0.05 的水平上，零假设 $\mu = 0.969$ 能够被拒绝。

4.7.3 宗教是危险的吗

5 年中每 4 000 个驾驶者的期望死亡人数为 $5 \times 4\ 000 \times 13.2/100\ 000 = 2.64$，那么死亡 10 人高出期望人数 $(10 - 2.64)/\sqrt{2.64} = 4.5$ 倍标准差。这样正态近似行不通了，但是切比夫雪夫不等式给出了一个尾部面积概率的上限。

精确的尾部面积概率由以下式子确定。

$$1 - \sum_{i=0}^{9} e^{-\mu}(\mu^i/i!)$$

为了计算方便，可以表示成如下的嵌套形式：

$$1 - e^{-\mu} \cdot \left(1 + \mu\left(1 + \frac{\mu}{2}\left(1 + \frac{\mu}{3}\left(1 + \cdots + \frac{\mu}{8}\left(1 + \frac{\mu}{9}\right)\cdots\right)\right)\right)\right)$$

当 $\mu = 2.64$ 时，尾部面积概率为 0.000 422。注意到仅死亡 10 人的概率就是 0.000 3，所以第一项主导着该和。宗教团体自杀或事故的死亡率比一般的人群高，但是这个差异也许更多的是因为参加宗教团体的人的性格而不是因为主教的布道。

4.7.4 对事故率低的司机的激励

现在考虑在两个时期事故总数为 n 的一组司机。任何司机增加了事故的总数（即在第一时期没有事故的司机在第二时期的事故数），（1）n 起事故（如果司机在第一时期没有事故），（2）0（对于那些在第一时期有多次事故的司机）。和的预期是所有司机的事故全都出现在第二时期的概率的 n 倍。因为根据假设事故在任何一个时期发生的概率是一样的，所有的事故全都出现在第二时期的概率是 $(1/2)^n$。所以，期望是 $n(1/2)^n$。

另一方面，假设一个司机共 n 起事故，那么这个司机在第一时期发生一起事故的概率可由二项式 $\binom{n}{1}(1/2)^1(1/2)^{n-1}=n(1/2)^n$ 表示。因为这就和（0，n）分布一样，适合任何 n，所以得出结论，在第一时期有事故的司机在第二时期发生事故的概率跟那些在第一时期没有事故的司机在第二时期中发生事故的概率一样。

Robbin 表达式 $E(\mu \mid X=i)$ 提供了一种方法可以估计在第一时期有事故的司机在第二时期中的事故数。假设 $i=0$，$P[X=1]=1\,231/7\,842$，$P[X=0]=6\,305/7\,842$，那么在第一时期有事故的司机在第二时期中的发生事故数的期望是 6 305×（1 231/7 842）/（6 305/7 842）=1 231，即在第一时期有 1 次事故的司机数。

用 $m(j)$ 表示在第一时期有 j 次事故的司机数，预测值为 $m(1)$。可以证明，95%的预测区间为：

$$m(1)\pm 1.96\,(2[m(1)+m(2)])^{1/2}$$

在例子中，预测区间是 1 231±109。（最基本的问题是没有区分那些发生 2 起事故的司机跟发生 2 起以上事故的司机；用 306 代替 $m(2)$ 使预测区间的宽度有点保守。）因为没有事故的司机总人数是 1 420，这是它表现不如从前的很显著的证据。这些数据也支持假设：有 1 次以上事故的司机表现比从前好。

4.7.5 心脏病的流行

1. 假设 $n=34$ 个病人中的每一个死亡是关于护士 i 在场和缺席的二元试验，p_i 为护士 i 上夜班的概率，它等于该护士的夜班比例。计算每个护士的 z 值，$z_i=(X_i-34p_i)/(34p_iq_i)^{1/2}$。32 号护士的 z_i 是 4.12，60 号护士的 z_i 是 2.10，其余的都小于 1.1。根据邦弗朗尼不等式，8 个 z_i 中最大的大于等于 4.12 的概率是 $P[\max z_i\geqslant 4.12]=P$[至少一个 $z_i\geqslant 4.12$]$\leqslant\sum_i P[z_i\geqslant 4.12]$。这里和是所有 z_i（$i=1$，…，8）的和。因为每项大约是 0.000 02，$P[\max z_i\geqslant 4.12]\leqslant 8\times 0.000\,002=0.000\,16$，即使素质最差的护士事先没被查出，一个大于 4.12 的 z 值出现的概率非常低。如果有其他原因可以查出 32 号护士，那么邦弗朗尼不等式就没必要了。

2. 32 号护士上班与不上班的死亡相对风险是（27 死/201 活）/（7 死/253 活）＝（0.134 3 死/活）/（0.027 7 死/活）＝4.85。

4.8.1 液化天然气的海上运输

1. 指数模型是很好的选择，因为可以证明，事故的风险不随时间变化。

2. 对于失败时间的死亡密度函数是 $\theta e^{-\theta t}$ 。它在第一年最大。

3. 因为 10 年以上不发生事故的概率是 $e^{-10\theta}$ ，所以，前 10 年失败的概率是 $1-e^{-10\theta}$ 。如果 $\theta=1/7\,000$，前面的式子大约等于 $10/7\,000=0.001\,4$。

4. 不会。第一次事故的时间的标准差是 7 000。

4.8.2 网络接入合同

1. 直觉估计离散风险率是 $\hat{p}=n/S$，即终止数 n 除以从开始计算接入的总年数 S。这个可以表现为极大似然估计。

如 1962 年的数据，一个合同的平均寿命估计是 $1\,767/88=20^{+}$ 年，相应的年离散风险率 $\hat{p}=0.05$。

2. 这个模型最终被发现并不合适，因为随着时间的增加终止的风险在下降。在这种情况下 Weibull 模型就应运而生。见 11.1 节。

4.8.3 Branion 案

1. 略。

2. 他们是相互独立的，除非 Branion 打算在特定的时间报警。不管怎样，联合概率（驾驶用时少于 6 分钟以及绞死用时少于 15 分钟）低估了总用时少于 21 分钟（或者 27 分钟）的概率，因为联合事件的发生只是在 21 分钟（或者 27 分钟）内发生两件事的一种特例。

3. 如果驾驶和绞死的总用时的分布是偏斜的，右侧尾部可能比左侧尾部更厚，即更长的时间更有可能。这将有利于 Branion 案例。指数分布可能不适合作为驾驶和绞死的用时分布的模型，因为其间任何耽误的时间都关系到完成任务的总用时。

4. 应用切比雪夫不等式：27 分钟与均值 9＋22.5＝31.5 分钟相差 4.5 分钟。在假设的情况下，和的标准差 $(1^2+2.5^2)^{1/2}=(7.25)^{1/2}$，所以偏差为 $\frac{4.5}{\sqrt{7.25}}$ 个标准差。根据切比雪夫不等式，这样的标准差发生的概率不会大于 $1\Big/\left(\frac{4.5}{\sqrt{7.25}}\right)^2=\frac{7.25}{20.25}=0.358$。

第 5 章　两个比例的统计推断

5.1.1　护理考试

运用超几何分布，我们可以得到

$$P=\binom{9}{4}\times\binom{26}{26}\Big/\binom{35}{30}=0.000\,388$$

这是一个很显著的结果。

5.2.1　可疑的专家

数据可以汇总如下：

	不能说明的	可以说明的	总计
赞成	74	146	220
反对	8	123	131
总计	82	269	351

计算公式：

$$\chi^2=\frac{N\cdot(|ad-bc|-N/2)^2}{m_1\cdot m_2\cdot n_1\cdot n_2}$$

得到结果为 33.24，是显著的。数据不支持专家们的立场。

5.2.2 商品贸易的再分配

		盈利	亏损	总计
账户	F	607	165	772
	G	98	15	113
总计		705	180	885

修正的 z 分数等于－1.871。这些数据的单侧 P 值约为 0.03。这一数据与经纪人的辩解不一致。

5.2.3 警察考试

数据如下表所示：

	通过	未通过	总计
西班牙	3	23	26
其他	14	50	64
总计	17	73	90

$$z=\frac{|(3.5/26)-(13.5/64)|}{\sqrt{(17/90)\times(73/90)\times(26^{-1}+64^{-1})}}=0.84, p\approx 0.20$$

结果不显著（单尾）。

5.2.4 银行里的晋升

等级 4 的合计数据如下表所示：

	黑人	白人	合计
晋升	39	34	73
未晋升	85	41	126
合计	124	75	199

1. 该模型要求超几何分布，在这里对其运用正态近似，如下：

$$P\left[z \leqslant \frac{39.5-73\times(124/199)}{\left(\frac{73\times126\times124\times75}{(199)^2\times198}\right)^{1/2}}=\frac{-5.9874}{3.3030}=-1.813\right]\approx0.035$$

在 5%水平下的单尾检验结果显著。如果球还放回坛中，将使用单样本二项模型：

$$P\left[z \leqslant \frac{39.5-73\times(124/199)}{\left(\frac{73\times124\times75}{(199)^2}\right)^{1/2}}=\frac{-5.9874}{4.1405}=-1.446\right]\approx0.074$$

2. 如果有两个坛子，必须利用两样本二项模型：

$$P\left[z \leqslant \frac{39.5/124-33.5/75}{\left(\frac{73\times126}{(199)^2}\times\left[\frac{1}{124}+\frac{1}{75}\right]\right)^{1/2}}=\frac{-0.1281}{0.0705}=-1.817\right]\approx0.035$$

该结果更符合超几何模型。

3. 法院所引用的统计文章说明这一事实：样本量至少为 30 时，t 分布近似于正态分布，此时可以用正态分布替代。但在此毫无关联。不管法院怎么说，超几何模型都是一个更好的模型。首先，为了使放回抽样是合理的，放回的必须和晋升的职员种族相同且平均晋升概率相同。这些条件都不可能为真。其次，在大样本条件下，超几何模型实质上等价于两样本二项模型，所以它是一个合适的替代选择。

4. 专家利用单尾检验是合理的，但不是由于题中给出的理由，而是在评估第Ⅰ类错误时只考虑了对黑人的歧视，因为法院只对这样的事件采取措施。

5. 对于对不同年份和等级的合计数的反对非常激烈。对各年的合计数假设无论每年的新雇员组还是在一年内决定不晋升的和即使对相同的雇员在其他年的情况是独立的。这些假设都不可能为真，所以，有效的样本量小于合计数所显示的数量（并且显著性也小于）。对等级的合计数也是危险的（但可能危险性小），因为如果两个等级中晋升比例不同，那么结果将是错误的。参见 8.1 节。

5.3.2 罕见的名字 Crosset

根据单边 95%置信区间上限得到一个合理的上边界。假设发现的 Crosset 的数量符合二项模型，$X\sim\text{Bin}(n, P)$，其中 $n=129\ 000\ 000$

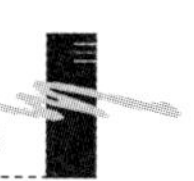

时观测到 $X=0$。解方程 0.05＝下尾面积概率＝$(1-P)^n$。得到 $P_u=1-0.05^{1/n}=23\times10^{-9}$。由于 P 值小而 n 大，一个可选择的做法是用泊松分布来对二项分布近似。如果 $X\sim$ 均值 μ 的泊松分布，且观测到 $X=0$，μ的 95％置信区间上限是方程 $e^{-\mu}=0.05$ 的解，或 $\mu_u=-\ln 0.05\approx3$，然后根据 $\mu_u=n\cdot P_u$ 或 $P_u=3/129\,000\,000=23\times10^{-9}$ 得出 P 的置信界限。

5.3.3 窃用通告

1. 争论集中在约 600 条不能排除抄袭嫌疑的信息中，穆迪抄袭金融债券兑现通告的比例。将这 600 条通告看作坛子里的球，其中一些是抄袭的，剩下则不是。一个误差的存在等同于从坛子中随机抽取一个球，并且能检查它是否是抄袭状态的。因此，每一个误差可以被看作抄袭状态的独立二项实验，用来估计最小的 p，即一个随机的球处于抄袭状态的概率。在给定置信水平下，它和这些抽取到的球中处于抄袭状态的数量一致。

只观察 1981 年的数据，有 8 处错误，且都被抄袭。利用一个 99％单边置信区间，得到 $P_L^8=0.01$ 或 $P_L=0.56$。因此，抄袭通告的最小比例，即与发现 8 个错误且 8 个都是抄袭相一致，约为 56％。

当并不是所有通告都为被抄袭时，需要解关于累积二项的方程来求 p。这可以通过反复实验或 F 分布表得到。将两年的数据合并，共有 18 处错误，抄袭了 15 处。假定 $P_L=0.54$，有

$$\sum_{i=15}^{18}\binom{18}{i}(0.54)^i(0.46)^{18-i}=0.01$$

证实了这一假定。

可按如下方法使用 F 分布表。假定 n 次实验，有 c 个是抄袭的。如果用 $F_{a,b;\alpha}$ 表示自由度为 $a=2(n-c+1)$，$b=2c$ 的 F 分布的上尾截尾概率为 α 的临界值，那么 $P_L=b/(b+a\cdot F_{a,b;\alpha})$ 是当上尾概率等于 α 时，累积二项分布表达式的解。在该例中，$n=18$，$c=15$，且 $F_{8,30;0.01}=3.17$；上述表达式是 $P_L=0.54$。

将精确解和近似 99％置信区间（±2.326 个标准误）进行比较在计算上是有意义的。对于两年的数据集，$P_L=0.63$，高出 9 个百分点。

利用更精确的 Fleiss 近似，得 $P_L \approx 0.53$。

2. 穆迪公司的律师可以指出金融模型假设是否犯错误与通告是否是抄袭的是独立的。他可以利用这点反驳，说穆迪更倾向于抄袭晦涩的通告，且这些通告中都更可能包含错误。

5.3.4 商品交易报告

要求：寻找一个 n，使

$$1.96 \times (0.05 \times 0.95/n)^{1/2} \leqslant 0.02$$

对 n 求解，得

$$n \geqslant \frac{1.96^2 \times 0.05 \times 0.95}{0.02^2} = 456.2$$

因此，需要的样本容量为 457。

5.3.5 因不诚实的行为被解雇

由于在外面有不诚实行为而被解雇的雇员中黑人比例的近似 95% 置信区间为：$(6/18) \pm 1.96 \times \sqrt{6 \times 12/18^3}$ 或 (0.116，0.551)。雇员中黑人的比例低于 95% 置信下限。

在标准误差公式中已经考虑了小样本容量的问题，因此它不是拒绝统计观点的合理依据。如果样本不是随机的，那么拒绝小样本统计量是有效的，当然这种拒绝也适于大样本。有时“小”样本意味着一个方便、较差、有偏的样本；如果是这样，就可以提出拒绝。有时数据中的变异并不表现为样本变异，这在小样本中是很难衡量的。然而，仅依据样本容量就拒绝统计显著性是无效的。

5.3.6 晋升测试数据的置信区间

黑人与白人通过率的比率是 0.681。相对风险的对数的近似 95% 置信限是 $\log(p_1/p_2) \pm 1.96 \times \sqrt{[q_1/(n_1 p_1)] + [q_2/(n_2 p_2)]} = -0.384 \pm 0.267 = (-0.652, -0.117)$。取反对数得到 $R.R.$ 的置信区间是：

$0.521 < R.R. < 0.890$

5.3.7 血管外科手术中的并发症

95%双边置信区间是（0.021，0.167）。

5.3.8 菲律宾国内的折磨、失踪和草率处决

1. 这里不能保证基于 $n=137$ 的 95%置信区间的一半不会超过±5%，因为置信区间的宽度依赖于样本的结果。例如，如果样本比例是 69/137=0.504，近似 95%置信区间将是其±0.084，因此，超过了 5 个百分点的范围。要想有所保证，样本容量须为 400。在给定样本容量为 137 时，当且仅当样本比例大于等于 0.92 或小于等于 0.08 时能满足±5%的目标，而这种情况在专家的 $P=0.90$ 的假设下只有一半的可能会发生。

2. 对于草率处决，平均赔偿额均值的 95%置信区间是 $128\ 515 \pm \frac{1.96 \times 34\ 134}{\sqrt{50}} = 128\ 515 \pm 9\ 464$ 或（119 051，137 979）。原告没有理由抱怨利用样本平均赔偿额来计算该类的总赔偿额的说法看起来是合理的。因为假定在 50 个观测值的基础上样本均值的分布近似正态，所以样本均值大于或小于总体均值的可能性是一样的。（然而，要注意这和说总体均值大于或小于样本均值的可能性一样是不同的，而这种说法正是争论所假定的。）在任何情况下，如果样本量太小会使置信区间变得非常宽，原告可以由于结果太不确定而正当地拒绝。在这里，平均草率处决的赔偿额的变异系数是 4 829/128 515≈3.8%，看起来是可以接受的。

3. 假定个人赔偿额间的变异很大，对一个类中的所有原告使用均值作为该类总体赔偿额的变差看上去是有很多质疑的。如果在该案例中考虑到对于给定任意数量的伤痛者和受折磨者，且在管理上进行大量的索赔的不可能性，那么该做法将是公正的。

5.4.1　对强奸的死刑判决

在表 5.4.1e 中，私自闯入的黑人的比例 p 为 0.419，白人为 0.15。假定这些是总体值，在两方向上检测出 0.269 的差异的检验功效是标准正态变量超过 $\frac{1.96\times[0.3137\times0.6863\times(31^{-1}+20^{-1})]^{1/2}-0.269}{[(0.419\times0.581/31+0.15)\times(0.85/20)]^{1/2}}=-0.07$ 的概率，略大于 1/2。给定这样一个差异，只有 50%的机会是统计显著的。

相应地，对表 5.4.1f 计算，得到在私自闯入的情况下死刑的概率是 0.375，允许进入的情况下，死刑的概率为 0.229，差异是 0.146。检测出具有某一绝对值的差异的功效所对应的概率是标准正态变量超过 0.838 的概率，即 20%。

Wolfgang 博士缺乏显著性的结论意味着对缺乏功效的忽略。

5.4.2　Bendectin 是一种导致畸形胎的制剂吗

1. 这是单样本二项问题。令 X 表示在样本量为 n 的曝光女性中任意种类缺陷的数量。为检验零假设：$p=p_0=0.03$，其中 p 表示真实畸形率，当 $X>np_0+1.645\times\sqrt{np_0q_0}$ 时，拒绝零假设。在备择假设 $p=p_1=0.036$ 下，拒绝的概率（即功效）根据下式得出：

$$P[X>np_0+1.645\times\sqrt{np_0q_0}]$$

$$=P\left[\frac{X-np_1}{\sqrt{np_1q_1}}>\frac{\sqrt{n}(p_0-p_1)}{\sqrt{p_1q_1}}+1.645\times\frac{\sqrt{p_0q_0}}{\sqrt{p_1q_1}}\right]$$

$$\sim\Phi\left(\sqrt{n}\cdot\frac{p_1-p_0}{\sqrt{p_1q_1}}-1.645\times\frac{\sqrt{p_0q_0}}{\sqrt{p_1q_1}}\right)$$

式中，Φ 是标准正态累计分布函数，$n=1\ 000$ 时，功效近似为 $\Phi(-0.488)=0.31$。

2. 为使功效至少为 90%，正态累积分布函数至少等于上侧 10%分位值，$z_{0.10}=1.282$。可以通过解

$$\sqrt{n}\cdot\frac{p_1-p_0}{\sqrt{p_1q_1}}-1.645\cdot\sqrt{\frac{p_0q_0}{p_1q_1}}\geqslant1.282$$

得到需要的 n 为：

$$n \geqslant \left(\frac{1.282 \times \sqrt{p_1 q_1} + 1.645 \times \sqrt{p_0 q_0}}{p_1 - p_0}\right)^2$$

在该题中，$n \geqslant 7\ 495$。

3. $p_0 = 0.001$ 且 $p_1 = 0.002$，那么 $n \geqslant 11\ 940$。当 p_0 接近于 0 且 $p_1 = 2p_0$时，需要的样本容量近似为：

$$\frac{(z_\alpha + \sqrt{2} \times z_\beta)^2}{p_0}$$

式中，z_α 是原假设 H_0 检验的临界值（该例中为 1.645）；z_β 是对应于第Ⅱ类错误的上侧百分位值（该例中为 1.282）。

5.4.3　汽车排放与清新空气法案

1. 令 $n=16$，X 表示 n 辆汽车的样本中不符合排放标准的汽车数。假设 $X \sim \text{Bin}(n, P)$，其中 P 是同样不合格的总体比例。利用附录 2 中的表 B，找到当 $n=16$，$P=0.25$ 时，拒绝域 $X \geqslant 2$ 的功效是0.936 5，因此，满足 EPA 规则中 90%功效的要求。在该检验下，Petrocoal 没通过。

2. 该过程的第Ⅰ类错误失控。利用表，如果总体比例是 P，即一个可能允许的比例，那么仍将有约 50%的可能检验失败。EPA 规则对最大允许比例 P 和该比例第Ⅰ类错误率没什么要说的。

3. 为了使第Ⅰ类错误率介于 0.05～0.10 之间，如果不符合排放标准的总体比例是 $P=0.05$，且在 $P=0.25$ 时满足 90%的功效要求，根据表 B 寻找 n 的较大值。对于一个 $n=20$ 的样本且拒绝域为$X \geqslant 3$，在 $P=0.05$ 时检验的第Ⅰ类错误率是 0.075 5，在 $P=0.25$ 时功效为0.908 7。对于一个 $n=25$ 的样本且拒绝域为 $X \geqslant 4$，在 $P=0.05$ 时检验的第Ⅰ类错误率将会限制在 0.034 1，在 $P=0.25$ 时功效为 0.903 8。

5.5.1　港务局的职位晋升

1. 白人的通过率是 455/508＝89.57%，黑人的通过率是 50/64＝78.13%；黑人通过率和白人通过率的优势比是 78.13/89.57＝0.872 3，超过了 80%。在五分之四法则下，并不存在不一致行为。

通过取对数得到优势比的 P 值，ln(0.872 3) =−0.136 7。对数优势比的标准差是 $\left[\frac{1-0.8957}{0.8957\times 508}+\frac{1-0.7813}{0.7813\times 64}\right]^{1/2}=0.0678$，则 $z=(-0.1367)/0.0678=-2.02$。在 5%水平下，该优势比在统计上显著，且满足最高法院的 Castaneda 标准。

2. 如果有另外两名黑人通过测试，黑人通过率将上升至 52/64=0.812 5。优势比为 0.907 1 且 ln(0.907 1) =−0.097 5。对数优势比的标准差变为 0.061 9 且 $z=(-0.0975)/0.0619=-1.58$，统计上不显著。因此，上诉法院关于显著性的结论是正确的，但由于显著性的计算考虑了抽样误差，若改变样本来模拟这一误差然后确定其他随机条件则是不正确的。这并不意味着改变一个或两个假设是增加不一致程度的有效途径。正如在 5.6 节讨论的那样，似然比是衡量证据效力的好的指标，即用备择假设（$P_1=455/508$，$P_2=50/64$）下的极大似然估计值除以零假设（$P_1=P_2=505/574$）下的极大似然估计值。因此，似然比是：

$$\frac{\left(\frac{455}{508}\right)^{455}\left(\frac{53}{508}\right)^{53}\left(\frac{50}{64}\right)^{50}\left(\frac{14}{64}\right)^{14}}{\left(\frac{505}{572}\right)^{505}\left(\frac{67}{572}\right)^{67}}=21.05$$

是拒绝零假设支持备择假设的有力证据。如果有另外两个黑人通过测试，似然比将为：

$$\frac{\left(\frac{455}{508}\right)^{455}\left(\frac{53}{508}\right)^{53}\left(\frac{52}{64}\right)^{52}\left(\frac{12}{64}\right)^{12}}{\left(\frac{505}{572}\right)^{505}\left(\frac{65}{572}\right)^{65}}=5.52$$

因此，数据改变后拒绝零假设的证据效力降低了 3.8 倍。改变后的数据在存在显著影响的假设下的可能性仍是零假设下的 5.5 倍，但应被看作较弱的证据。

3. 黑人对白人通过率的优势比是 (5/63)÷(70/501) =56.80%，ln(0.568 0) =−0.565 6。z 分数是−1.28，统计上不显著。上诉法院声称：在技术上是正确的，但当样本量很小时，缺乏显著性和存在差异的证据是不相关的。在小样本中缺乏显著性，并不能像在大样本中那样可作为支持零假设的证据，只意味着样本数据与零假设和备择假设相一致；没有足够的信息在它们之间进行选择。当原告断言数据是存在差异的充分证据时是相关的。法院的其他观点是：统计显著性是无关的，因为差异并不是偶然引起的，即法院决定不接受零假设，而在第Ⅱ类错误发生的条件下接受存在差异影响的备择假设。这看起来是正确的，因为在笔试中只有42.2%的黑人得了76分，这样才可能被列入晋升名单，而有78.1%的白人做到这一点。法院的观点与大多数观点相比是敏锐的，因为它分析了差异的原因可能是由偶然引起的。

5.6.1 再论窃用通告

备择假设的极大似然估计是 $(0.50)^{15}(0.50)^{3}$，零假设下的是 $(0.04)^{15}(0.96)^{3}$。两者的优势比是 4×10^{15}。证据不支持穆迪公司的主张。

5.6.2 微波会致癌吗

1. 极大似然估计是 $\hat{p}_1=18/100=0.18$ 且 $\hat{p}_2=5/100=0.05$。根据不变性质，p_1/p_2 的极大似然估计是 $\hat{p}_1/\hat{p}_2=3.6$。

2. 在 H_1：$p_1\neq p_2$ 下，极大似然估计是：

$$L_1=(18/100)^{18}(82/100)^{82}(5/100)^{5}(95/100)^{95}$$

在 H_0：$p_1=p_2$ 下，极大似然估计是：

$$L_0=(23/200)^{23}(177/200)^{177}$$

似然比是：

$$L_1/L_0=79.66\text{，拒绝 } H_0$$

在 H_1 下，极大似然估计是在 H_0 下极大似然估计的近80倍。

为了评估这么大的似然比是否显著，我们计算对数似然比统计量：

$$G^2(H_0:H_1)=2\times\log(L_1/L_0)=8.76$$

根据5.6节的公式：

$$\begin{aligned}G^2&=2\times[18\log(18/11.5)+5\times\log(5/11.5)\\&\quad+82\times\log(82/88.5)+95\times\log(95/88.5)]\\&=8.76\end{aligned}$$

这超出了自由度为1的 χ^2 的1%的上临界值。

3. 学生在对多重比较问题研究时要小心：甚至在1%水平的零假设下，考虑155种测试，可以期望有一种或几种结果显著。由于案例中癌症比例等于或低于对照组的期望值，且缺乏任何生物学机制，该案例中的统计上人为证据被增强。

5.6.3 不述理由而要求陪审员回避制度

1. 不失一般性，假设原告首先指明他所拒绝的那7个，被告在不知道原告选择的情况下，随即指明他所拒绝的那11个。令X和Y分别代表对原告和被告来说能清楚判断的陪审员，则有一个被共同拒绝的超几何概率为：

$$\binom{7-X}{1}\binom{32-7-Y}{11-Y-1}\Big/\binom{32-X-Y}{11-Y}$$

2. (1) 如果所有的陪审员都能清楚地判断，则为原告和被告的拒绝数分别减少一个（X=6，Y=10），此时有一个被共同拒绝的概率为：

$$\binom{7-6}{1}\binom{32-7-10}{11-10-1}\Big/\binom{32-6-10}{11-10}=1/16=0.063$$

(2) 如果陪审员都不能十分清楚地判断，则有一个被共同拒绝的概率为：

$$\binom{7}{1}\binom{32-7}{11-1}\Big/\binom{32}{11}=0.177$$

(3) 如果有3名陪审员支持原告，5名陪审员支持被告，则有一个被共同拒绝的概率为$\binom{7-3}{1}\binom{32-7-5}{11-5-1}\Big/\binom{32-3-5}{11-5}=0.461$，这是极大似然估计。如果$X=4$，$Y=5$，会得到相同的结果。

第6章　多重比例的比较

6.1.1 死刑陪审员

在零假设下，死亡资格和Witherspoon排除死亡资格陪审员的判决分布没有区别。单元格中的概率最好由边缘的合并数据来估计。对于商议前的数据，见下表。(括号里是单元格的期望值)。

	死亡资格	排除死亡资格	总数
一级谋杀	20 (18.81)	1 (2.19)	21
二级谋杀	55 (55.54)	7 (6.46)	62
过失杀人	126 (120.04)	8 (13.96)	134
无罪	57 (63.60)	14 (7.40)	71
总数	258	30	288

对于这些数值，$\chi^2 = \sum$ (期望值－观测值)^2 / 期望值 ＝10.184，自由度是 3，该结果显著 (p＝0.017)。(如果使用精确单元格期望值，不四舍五入，答案是 10.192。)

过失杀人和无罪两类构成 χ^2 数值的大部分，Witherspoon 排除死亡资格提供了比预期更多的无罪判决和比预期更少的过失杀人判决。因此，省略了 Witherspoon 排除死亡资格就会增加判决的概率，但不是一级谋杀判决。

对于商议前的判决，χ^2＝9.478，自由度为 3，该结果也是显著的 (p＝0.024)。

6.1.2 Spock 案中陪审员的女性比例问题

1. 观测的和期望的男女小组陪审员的数量如下表所示，假设选择女陪审员的概率 p＝86/597＝0.144 为常数。

	观测人数		期望人数	
	女	男	女	男
	8	42	7.203	42.797
	9	41	7.203	42.797
	7	43	7.203	42.797
	3	50	7.635	42.365
	9	41	7.203	42.797
	19	110	18.583	110.417
	11	59	10.084	59.916

续前表

	观测人数		期望人数	
	女	男	女	男
	9	91	14.405	85.595
	11	34	6.482	38.518
总数	86	511	86	511

$$\chi^2 = \sum_{1}^{9} (\text{期望值} - \text{观测值})^2 / \text{期望值} = 10.60$$

自由度为 8（该结果不显著）。不能拒绝具有常数 p 的二项式抽样的零假设。由于 χ^2 的值也不是太小（超过了它的期望值 8），所以没有理由推断出它是具有太小变异的非二项式抽样分布，就像由配额产生的那样。一个太小二项式变量很小的例子参见 6.1.3 节。

为了说明 post-hoc 估计，请注意第 4、第 8、第 9 个陪审员对 χ^2 的贡献为 9.335，其余 6 位陪审员的贡献仅为 1.266。如果有某些推理的理由对陪审员以这种方式进行划分，就有理由拒绝具有固定比例的零假设。然而，在目前的情况下，这是一个 post-hoc 比较，通过对合并表计算 χ^2 进行适当的调整。

		女	男	总数
陪审员 4，8	低	12	141	153
陪审员 1～3，5～7	中等	63	336	399
陪审员 9	高	11	34	45
总数		86	511	597

但是，评价显著性仍然与自由度为 8 时的 χ^2 临界值有关。这种评价允许对原始的 9×2 列联表进行任意重组。对于重组的 3×2 列联表，$\chi^2 = 9.642$，不显著。

2. 在陪审团总人数为 597 人时，假设每个陪审团女性的期望比例为 0.144，则标准差是 0.014。p 值的 95%的置信区间是 $0.116 \leqslant p \leqslant 0.172$。这一结论与 Spock 的观点一致，因为对于其他审判来说，29%的平均水平远远高于这一置信区间的上限（在二项式模型中，估计值 29%的方差可以忽略）。

另一方面，Spock 案陪审团中女性比例（9/100）和其他 8 个陪审团中女性比例（77/497）的差刚好显著：$z=(9.5/100-76.5/497)/[(86/597)\times(511/597)\times(100^{-1}+497^{-1})]^{1/2}=-1.53$（$p=0.063$）。因此，统计证据不足以说明 Spock 审判中陪审员的选择中存在对女性的排斥。

这个案例奇怪的一点是，由于审判法官在选择陪审团的过程中并没有显著的作用（这项工作由陪审员名单中的人来进行），因此，Spock 审判和其他审判之间不应该有明显的区别。

6.1.3 大陪审团再思考

用 6.1 节的公式计算，可以得出

$$\sum 12\times(p_i-0.1574)^2/(0.1574\times0.8426)=0.56$$

自由度为 8，这远远低于自由度为 8 时卡方统计量的下限。计算得出 $p=0.000205$。这一结果表明，必须拒绝在二项审判中黑人陪审员以常数 p 挑选出来的零假设，因为黑人陪审员人数的方差太小，以致和二项式模型不一致。因此，必须拒绝随机选择的假设，尽管接受路易斯安那州的观点，认为陪审团中黑人的比例反映所有有资格的和穷人人数的比例。由于通常的卡方检验涉及卡方分布的右尾，且比例的非齐性使其和期望值的偏差太大，所以这个检验是不符合惯例的。

由于单元格的期望频数很小，所以卡方近似的准确性受到质疑。在多重超几何模型中，给定 2×9 列联表的（12，…，12）和（17，91）的边际值，可以计算出精确的 $P(\chi^2\leqslant0.56)$：

$$P=9\times\binom{12}{2}^8\times\binom{12}{1}\bigg/\binom{108}{17}=0.00141$$

2. 用二项分布 $n=12$，$p=17/108=0.1574$：

结果的二项分布概率		期望值	观测值
0 或 1	=0.415 1	3.736	1
2	=0.295 0	2.655	8
3 或更大	=0.289 9	2.609	0

$\chi^2=15.37$，在自由度为 2 时高度显著（$p<0.0005$）。由于 p 是由未分类数据估计得到的，所以实际的自由度在 1～2 之间。参见 6.1.4 节的

答案。因为卡方统计量的观测值大于自由度为 2 时的临界值，因此没有必要更加精确。尽管单元格的期望频数小于 5，精确计算表明 $P(\chi^2 \geqslant 15.37) < 0.001$，这与自由度为 2 时的卡方检验一致。

6.1.4 Howland 遗嘱之争

在二项式分布下，计算期望单元格频数时，$p=5\ 325/25\ 830$，此时，14 种分类结果（0，1，2，3，…，30）的 χ^2 值是 141.54。将检验统计量与自由度为 13 的卡方临界值进行比较，因为拟合不好拒绝用二项式模型。正如以下将要讨论的，大部分的不一致来自尾部。然而，有两个细节必须首先考虑，一个不太重要，另一个比较重要。

由于每个下拨一致性的概率是数据估计所得，使自由度变成 12，比原来少 1。但是由于比例是由原始数据的平均数估计所得（和分组频数的基于多项似然的估计相反），正确的统计量临界值介于自由度为 12 和 13 时的卡方值之间。参见 Cherneff and Lehmann，*The use of maxcmum likelihood estimates in chi-squared tests for goodness of fit*，25Ann. Math. Stat. 579（1954）。在这种情况下，差别自然并不重要。

由于 861 对不是独立数据点，所以卡方分析的有效性应受到质疑。除了因为各对签名之间可能存在依赖关系以外（不清楚这些签名在何时，如何签的），各配对比较之间可能存在相关性，因为同一个签名可能组成多对，而一些签名可能比另外一些有更多（或更少）的一致性。

例如，考虑观测到 13 或更多的下拨多达 20 次一致的可能性。Peirce 二项式模型中，14 或更多次一致的概率为（为简单起见，令 $p=1/5$）：

$$P=[X \geqslant 13]=\sum_{i=13}^{30}\binom{30}{i}\times\left(\frac{1}{5}\right)^{i}\times\left(\frac{4}{5}\right)^{30-i}=0.003\ 111$$

使用连续修正的正态近似的同学会发现

$$\begin{aligned}P[X \geqslant 13] &= P[X>12.5]\\ &= P\left[z>\frac{12.5-30\times(1/5)}{[30\times(1/5)(4/5)^{\frac{1}{2}}]}\approx 2.967\right]\\ &\approx \Phi(-3)\approx 0.001\end{aligned}$$

861 对中，出现的期望值为 $861\times 0.003\ 111=2.68$。观测值与期望值的偏差为 20－2.68＝17.32。这一偏差的正确标准误是多少？如果N＝861 对中所有一致的数字之间都互相独立，偏差的方差将会是二项式的方差 861×0.003 11×(1－0.003 11) ＝2.67，则偏差 17.32 将会比 10 个标准误多（能够解释卡方统计值的绝大部分）。由于各配对之间互相重叠，并且各对签名一致的可能性不同，所以，方差可能比二项式理论给出的要大。参见 *Nonparametrics：Statistical Methods Based on Ranks*，App. Sec. 5 at 362（1975）（U-statistic）。因此，Peirce 的二项式假设没有充分说明一致的可能性很大的签名对的频率。

这推翻了 Peirce 30 次一致的可能性非常小的结论了吗？不。在非参数分析中，可以把签名配对的集合看作有限总体，每对都等可能地是有争议签名是真实性的假设下的配对。在这一概率范围内，观测到 30 次一致的可能性只有一次；这一事件的概率是所有经检验的签名配对数分之一。例如，如果把 Howland 遗嘱中发现的配对包括在其他受检验的 861 对之中，则概率是 1/862。如果假设没有其他配对和可能受检验的 $\binom{44}{2}=946$ 对之间存在一致性，则概率为 1/946≈0.001。等可能配对结果的假设受到各签名完成时间间隔长短的影响。

与跟踪假设比较一致的检验可能会限制对包括遗嘱上真实签名在内的 43 对签名注意力，其中已经完成追踪假设。

6.1.5 Imanishi-Kari 数据造假案

可疑数据的卡方值是 30.94；自由度为 9－1＝8，p 值为 0.000 1。对照组的卡方值是 12.17，P 值为 0.14。

6.2.1 加薪是否违反了五分之四原则

数据如下

	＋	－	总数
WM	20	123	143
BM	6	32	38
HM	1	6	7

AOM	0	8	8
WF	5	98	103
BF	4	55	59
HF	2	36	38
AOF	2	11	13
总数	40	369	409

$$\chi^2 = \sum n_i(p_i - \bar{p})^2 / (\bar{p}\,\bar{q}) = 10.226$$

自由度为 7，不显著（$P>0.10$）。这一问题的另一种检验方法是把每一组和 WM 组进行比较，在大于等于名义显著性水平 $\alpha/7=0.05/7=0.007$ 时显著，拒绝任何 z 得分统计量。由于没有连续性修正的最大的 z 得分为 2.33（WM 对 WF），该统计量只有在单尾 0.01 水平才显著，因此不能拒绝原假设，这和卡方检验一致。另一方面，如果 EEOC 仅仅发现种族内部、性别之间或同一性别内部、不同种族之间的不同影响，则只能和白人男性进行四次比较，差在 5%的显著性水平上具有统计显著性。

6.2.2 假释中的歧视

1. 运用 6.1 节对卡方统计量的计算公式，卡方统计量的值为 17.67，自由度为 3，在 0.001 的显著性水平下具有显著性。这一检验用来检验随意假释与种族或人种之间没有关系的零假设是合适的。

2. 法庭本应该采用超几何分布和相应的卡方统计量或由超几何分布方差计算的 z 值，但却采用了二项式分布模型。

3. 法庭用了四重表方法，但增加了有限总体校正因子，对于本土美国人对白人有

$$z = \frac{|24.5 - 34.73|}{\left[\dfrac{382 \times 267 \times 590 \times 59}{(649)^2 \times 648}\right]^{\frac{1}{2}}} = \frac{10.23}{3.607} = 2.84$$

这相当于 $\chi^2=8.04$。作为对演绎的假设即本土美国人得到的假释不成比例地少的检验，可以将 8.04 与自由度为 1 的一般卡方分布表的临界值比较，$P<0.005$。类似地，对于墨西哥籍美国人，z 得分为 2.56，$\chi^2=6.54$，$P\approx0.01$。

4. 从某种意义上来说，选择本土美国人还是墨西哥籍美国人可以看作由数据决定。当进行多重比较时，为了对 post-hoc 选择进行调整，同时，也为了达到给定的总的犯第Ⅰ类错误的水平，应该运用 6.1 节描述的方法。在目前的案件中，通过把每个值和显示在原始 2×4列联表中，自由度为 3 的卡方分布的右临界值进行对比，可以评价每个 2×2 列联表卡方统计量的显著性。自由度为 3、显著性水平为 5%的临界值是 8.0，在双侧检验下，将导致墨西哥籍美国人不显著。

只考虑以下感兴趣的 3 组比较可能更合适：本土美国人、墨西哥籍美国人、黑人分别和白人比较。用邦弗朗尼的方法，假设有 3 组比较，则获得的显著性水平是当自由度为 1，本土美国人和墨西哥籍美国人的 P 值分别为 0.005 和 0.001 时显著性水平的 3 倍。在显著性水平为 5%时，两者都是显著的。

6.3.1 预防性拘留

计算 τ_b 值需要联合概率 p_{ij} 和没有联系时的期望概率。计算方法如下：

	A 或 B	两者都不	总数
低	0.109 8	0.500 2	0.61
中	0.056 0	0.144 0	0.20
高	0.070 3	0.119 7	0.19
总数	0.236 1	0.763 9	1.00

没有联系时的期望概率表，$p_{i\cdot} \cdot p_{\cdot j}$ 是

	A 或 B	两者都不	总数
低	0.114 0	0.466 0	0.61
中	0.047 2	0.152 8	0.2
高	0.044 9	0.145 1	0.19
总数	0.236 1	0.763 9	1.00

由以上数据可得 τ_B 是 0.03。因此，由于知道风险组而减少的分类错误为 3%。

第 7 章　均值比较

7.1.1　汽车尾气排放是否符合洁净空气法案

1. 90%的（双侧）置信区间为：

$$0.0841 \pm 1.753 \times 0.1672/\sqrt{16}$$

或（0.011，0.157）。Petrolcoal 没通过这一检验。

2. 双样本 t 统计量中 $t=0.0841/[0.5967\times(2/16)^{1/2}]=0.399$。Petrolcoal 将会通过这一检验。结果的不同主要是由于当忽略配对时，差异的标准误被过大估计。

3. 双样本 t 检验需要每个样本来自正态分布的总体；两个总体的方差相等；每个选择的样本之间和其他样本之间互相独立。

假设第 i 辆汽车用基本燃料时的预期排放量为 θ_i，也是重复测验第 i 辆汽车用基本燃料长期行驶时的平均值。可以过于简单地假设 θ_i，是每辆汽车用不同的燃料时的排放量，同时假设变量之间具有统计独立性，以上所有的假设均被满足，t 检验有效，这样，唯一的变化因素就是测量误差。然而，从汽车-汽车之间的差异的数据可以明显地看出，使 θ_i 为常数的假设站不住脚。如果汽车-汽车之间的差异和测量误差有关，并且假设样本选自两个给定均数的正态总体，那么，这两个组将不再独立：如果用基本燃料时的排放量低于平均值，那么这辆汽车用 Petrolcoal 时的排放量也将低于平均值。因此，双样本 t 检验将不再是有效的配对，t 检验将保持有效性，因为只有成对差异进入检验统计量。

7.1.2　预审陪审员的一切照实陈述

解决此问题的最好方法是认为对每次审判联邦的程序和州的程序的次数自然配对，且观察配对差异的分布。差异均值（州减联邦）是 27.556，估计标准误差是 60.232，学生氏 t 检验值为：

$$t = 27.556/(60.232/\sqrt{18}) = 1.94$$

因为 $t_{17,0.05} = 2.11, t_{17,0.10} = 1.74$，在 5%水平下，双侧检验不显

著，在10%水平下显著。

相互转换数据产生的差异均值为－0.002 6，标准偏差为0.014 4，因此得出 $t=|-0.0026|/(0.0114/\sqrt{18})=0.968$，这一值相对于不转换的数据计算而来的 t 值较为不显著。造成这一不显著的原因是相互转换强调较短非面板时序差异与较长时序数据相一致。这些数据判别已经在州程序方法中将非面板时序数据减短，与进一步用联邦程序方法缩减时序不一致。转换数据的非显著结果说明，结果对于A法官来讲，局外人敏感在原来的判断尺度上，并且指出问题在于对原始数据进行 t 值检验需要正态性的假设。如这样的经常性等待时序数据为相对于正态分布而言，有较厚尾部的指数分布。查看12.21节对这些数据进行非参数检验。

7.1.3 选票上的位置有影响吗

百分位点差异均值为64.3－59.3＝5.0。单一投票的合并方差的估计值为：

$$s_p^2=\frac{148.19\times(121-1)+177.82\times(31-1)}{152-2}=154.116$$

超过选举均值的差异的方差估计如下：

$$s^2_{\bar{X}_1-\bar{X}_2}=154.116\times(121^{-1}+31^{-1})=6.245$$

均值差异的标准误差是上式的正平方根，为2.50。

因此，差异基本上是2个标准差。若投票百分率分布是非正态时，依赖于大样本和稳健的 t 统计量来进行近似分析。事实上，以150的自由度，t 分布与正态分布基本上是等价的。在大约双侧5%置信水平下，该值差异在统计上显著。应该注意的是，在第二个位置上出现的职位是很不常见的，因此假设：位置由多数投票决定不成立（观察比率在50%中大于7个标准差）在第二个位置上出现的候选人将得到较少比例的选票，因其在政治上的威信相对较低。

7.1.4 学生氏 t 检验和Castaneda规则

1. 法庭在二项分布上错误，t 分布是没有必要的，因为若 p 值是在小于零假设条件下给定的，没必要估计标准偏差 $\sqrt{npq}$ 。

2. 样本量 5 说明法庭建议的谬误性，最极端的结果（没有黑人）是仅为 2.24 个标准差相对于 2.5 的均值。此结果准确的二项式概率值为$(1/2)^5=0.03$，该结果在 5%水平下显著。

3. 方差的独立估计需要在标准检验统计量上加可变性。

4. 若黑人投票轮比率是常数，合并的数据满足简单的二项分布检验条件。数据显示 $z=-2.82$，$p<0.0025$，显著性减缓，若该比率各年不同，每年必须看作单独的且可以用 8.1 节的方法来整合证据。

7.2.1 无足轻重的收债人

1. $SS_w = \sum_{1}^{3}(39)(0.3)^2 = 3\times39\times0.09 = 10.53$

$$MS_w = SS_w/(N-3) = \frac{10.53}{120-3} = 0.09$$

2. $$SS_b = \sum_{1}^{3} n_i(\bar{Y}_i-\bar{\bar{Y}})^2$$
$$= 40\times(0.71-0.70)^2 + 40\times(0.70-0.70)^2 + 40\times(0.69-0.70)^2 = 0.008$$
$$MS_b = SS_b/(k-1) = 0.008/2 = 0.004$$

3. F 统计量为 $F=\frac{MS_b}{MS_w}=\frac{0.004}{0.09}=0.044$，自由度为(2,117)

4. 零假设为样本为随机的选择，备择假设为为了在每一样本中得到的被操纵的程序的结果接近于 0.70。给定备择假设，F 分布的左尾检验方法被采用，用于检验均值是否过于接近 0.70。

5. P 值为 $P[F_{2,117}\leqslant0.044]$。不需要特殊的 F 表来评估，因为存在关系式如下：$P[F_{2,117}\leqslant0.044]=P\left[F_{117,2}\geqslant\frac{1}{0.044}=22.5\right]<0.05$（由 F 表，见附录 2）。因为 P 值小于 0.05，我们拒绝零假设：即样本在总体中随机在 70%平均回收率上选择。然而，使用 F 分布整合假定前提是单独发货单的回收的百分比是呈正态分布的。这一假定并不像回收百分比那样仅分布于 0～100%之间且呈 U 形分布，反映实际的发货单是否搜集上来了。如果分布是 J 形的，表明大部分发货单被收回，模拟的结果表明以上计算是保守的，比如，接近于 0.70 的概率比显示的要小得多。

第 8 章 对独立层的数据合并

8.1.1 律师雇用中是否存在歧视

Strata 1970—1972 年的数据不能认为是非有效的提供情报的数据。M-H 的 z 分数方法分析的组成元素包括如下（将白人雇用律师作为证人方）。

白人雇用者观察值（1973—1982）	60
期望值	55.197
白人额外值（或低于黑人值）	4.8
超几何分布方差和	7.270 6

连续修正的 z 得分值为 $z_c=(4.8-0.5)/\sqrt{7.2706})=1.59$，该值正好小于 0.05 置信水平下单尾检验显著值。注意，若使用 M-H 统计量平方形式，那么 P 值符合在卡方分布下的上尾分布，因为在 z 得分值正负偏差分布与上尾，所以是一个双侧检验。

在实际情况下，来自其他位置的数据同样被合并，结果显著，地方官员接受 M-H 统计量。

Fisher 的准确检验方法对每一年的值都适合，而且符合超几何分布，该分布实际上是在我们使用的 M-H 检验的基础上得到的。Fisher 方法的证据合并运用连续分布，但是在此处并不是很适合，是由小样本且 P 值结果的各个组件原因造成的。合并数据分析应该被拒绝，因为多年的结果比率（雇用）的方差和暴露比率（种族、阶层）(形成变量)。

8.1.2 解除雇佣关系中的年龄歧视

1. 在 10/15 的情况下，解除雇佣关系的年龄超出了雇用者的平均年龄。超出无歧视假定下期望值的总年数为 89.67。

2. 依照 M-H 检验的逻辑，对于每一个解除协议，我们得出一个年龄的期望值，该值为平均年龄（或者乘以当多于 1 时的解约数量），然后能够由观测值和期望值年龄的差异得出解雇事件的总和。这一总和除以在每一个样本试验（不包含那些在解雇风险下的替代）解雇者年龄合并方差和的平方根。当仅有 1 个人被解雇时，这一方差就是那些在风险下的年龄方差。当多于 1 个人被解雇后，它就是解雇次数的年龄方差乘以那些在风险下年龄者的方差再乘以有限总体修正。

结果是一个标准正态偏差：

$$z=\frac{653-563.4}{\sqrt{1\ 276.84}}=2.51$$

该值在 1%水平下，单侧检验显著（ $p=0.006$ ）。

8.2.1 Bendectin 案的再研究

1. 以权重 $w_i=1/(\mathrm{s.e.}\log RR)^2$ ，对数相对风险估计值 $\hat{\theta}=\sum w_i\theta_i/\sum w_i=-10.025/269.75=-0.037\ 2$ ，其中 $s.e.$ 的 $\hat{\theta}=1/\sqrt{269.75}=0.060\ 9$ 。

2. 95%置信区间为：$-0.037\ 2\pm1.96\times0.060\ 9=(-0.157, 0.082)$。

3. 指数化后相对风险的点估计为 0.96，区间估计值为（0.85, 1.09)。

4. 假定在每一次研究中都潜在真正的普通对数相对风险。为了找到第 2 题的答案即估计的置信区间以排除 0 值，必须估计出超过 1.96 的标准误差。为了使该事件的发生概率达到 80%，必须使

$$\frac{\hat{\theta}-\theta}{s.e.\hat{\theta}}>\frac{1.96s.e.\hat{\theta}-\theta}{s.e.\hat{\theta}}$$

因为上式的左侧大致为呈标准正态分布变量，当右侧少于-0.84时，拒绝零假设的概率将超过 80%。这一结果说明 $\theta>2.8\times0.060\ 9=0.17$ 近似于 1.2 与 RR 相符合。幂值能够充分发现由原告的专家安置的相关风险（一个单尾检验将产生更大的幂值），这一结果说明显著性的缺失并不是由于幂值的缺失，而是由于研究结果在方向上的不连贯性。

5. 在同质性假设检验观点下，Q 服从自由度为 9 的卡方分布。因为 $Q=21.46$ 具备单侧 0.011 的概率值，我们拒绝同质性假设检验并且得出结论，针对不同的研究真实的 $\ln(RR)$ 值不同。

6. $\tilde{\tau}^2=0.058$；$\tilde{\tau}=0.241$。$\tilde{\tau}$ 是真实的 ln(*RR*) 在假设总体中的标准偏差的估计值。用权重正好来调整这一因子，真实的 ln(*RR*) 的总体均值估计为−0.136。逆对数是 0.873，*s.e.* 为 0.108 8。

第9章 抽样问题

9.1.1 选择性服务草案抽取法

2. 将一系列数字按≤183或者≥184分为两部分，则产生 2×12 的表格如下表所示。

	1月	2月	3月	4月	5月	6月	7月	8月	9月	10月	11月	12月	
≥184	19	17	21	19	17	16	17	12	13	18	9	5	183
≤183	12	12	10	11	14	14	14	19	17	13	21	26	183
	31	29	31	30	31	30	31	31	30	31	30	31	366

这种卡方统计量适合于检验多阶边际固定的超几何模型中的随机分类，在自由度为 11 时，χ^2 的值是 31.913 9（$p\sim0.001$）。从一年的开始到结束，高端序列数有明显的减少趋势。较靠后的月份将有较低的序列数，因为按年代顺序排列的序列中的片断都位于上部，并且打乱也是不恰当的（通常是这样的）。

从 1971 年抽取法得出的结果比较均匀如下表所示。

	1月	2月	3月	4月	5月	6月	7月	8月	9月	10月	11月	12月	
≥184	9	18	16	14	15	16	14	17	19	14	14	16	182
≤183	22	10	15	16	16	14	17	14	11	17	16	15	183
	31	28	31	30	31	30	31	31	30	31	30	31	365

对于这些数字，自由度为 11 时，$\chi^2=11.236$（$p>0.4$）。

9.1.2 未投保车辆比重的抽样调查

1. 用 5.3 节中的 Fleiss 公式得出 95%的置信区间为（93.7%，

98.7%）。

2. 样本不是很小；理论上置信区间反映的是在给定的样本大小下的不确定性。

3. 未投保的机动车的真实比率可能比置信区间反映的要大，因为丢失的机动车可能有较低的投保率。如果假定大小为249的样本中，所有丢失机动车都没有投保，那么置信区间为（86.3%，93.9%）。

9.1.3 邮购订单抽样调查

邮购调查的住户争论说调查的回答是所有消费者要再销售还是个人使用问题的“再现”，因为在回答的和没有回答的订货量和邮购地址有着相同的分布。一般来说，这种共变性适合于调整这种随机样本没有得到回答。如果样本是随机抽得的，公司的地址应该是准确的。如果样本不是随机抽得的，那么准确的百分比的基准不明确，但是没有回答的公司地址被归入个人使用的分类的看法是极端的。尽管在随机事件回答与不回答数目排序的分布中的同质性卡方检验值是22.15，在自由度为3时（$p<0.0001$），邮购调查的住户争论说这与同质性假设有显著差别。邮购地址表中的卡方值为2.67，自由度为2，这个结果不显著，得出的结果显示与公司的地址一致。

9.1.5 NatraTaste 公司起诉 NutraSweet 公司案

进入的标准受到了法院的批评，因为接受调查的人包括既是用户又是买者的被调查者和只是用户但不是买者的调查者。例如那些在饭店或在家使用产品，但没有购买产品的人。

研究被批评是因为：（1）NutraSweet 没有和其他产品一同展示给接受调查的人，就像他们在商店那样；（2）问题是主要的；（3）没有防止猜测的指示。

2. 专家的分析是有缺陷的，因为控制组并没有在名字和颜色的相似性上得到控制，这些不是服装交易保护的因素。法院分析这些给定的受调查者选择 NatraTaste 的原因和影响他们选择的重要的因素。

9.1.6 袋子里是否含有可卡因

1. 令 p 为 55 个袋子中含可卡因的比例，随机抽取 3 个袋子发现所有的袋子里都含有可卡因的概率，估算 p 值为 0.05（这是单边 95%置信区间的下限）。从 $p^3=0.05$；$p=(0.05)^{1/3}=0.368$ 得到 55 个袋子中最少有 $0.368\times55=20$ 个袋子里含有可卡因。使用单边置信区间是因为没有比数据所显示的更大的 p（$p=1$）。

2. 采用更为准确的超几何分布，如果 21 个袋子里有可卡因，在随机抽取的所有 3 个袋子里发现可卡因的概率是：

$$\frac{\binom{21}{3}\binom{34}{0}}{\binom{55}{3}}=\frac{1\ 330}{26\ 235}\approx 0.05$$

9.1.7 ASCAP 抽样方案

1. ASCAP 的公司的专家的观点：

随机性

a. 不是很坏，机会标准应该是“可知的”，以反映随机抽样的目的。

b. 在某种程度上不是由“统计的规律决定”，也就是说在其他时间、次数可能不会被选中。如果根据统计规律，在重复的样本中像均值这样的特征是不同的，这种描述是正确的。

c. 在理论上是正确的。

抽样的精确度

a. 错误。因为抽样的精确度决定于结果，结果因样本的不同而不同。

b. 不是很确切。抽样的精确度越低，对演出成员的数目的绝对值或平方值估计可能越容易低估或高估。

c. 在计算通常的技术分布的假设中，例如 Poisson 或二项式，这种陈述在相对意义上是正确的，但在绝对意义上是错误的。对于许多表演的组合，随着表演数量的增多，方差增大，但相对于均值，表演数量越少，方差也就越小。

d. 正确，这在许多表演中都适用。

2. 样本的准确性估计：

在像这样复杂的抽样计划中，法院应该使用一些复制划分样本的技术，如 jackknife 或者 bootstrap 方法，用这些方法来提高估计的精确性，参见 14.9 节。

9.1.8 人口现状调查

1-3. 分层抽样用于创造相似的 PSU 分层，目的是通过产生较多的同种类样本单元减少抽样误差。整群抽样用于将邻近的 4 个住户单元组成整群来进行系统抽样。这样效率将增加，但是和相同大小的随机样本相比也增加了样本的误差。比估计用于估计样本中每一子群的失业人数，它的使用降低了样本误差。

4. 一个因子是样本量。在小 PSU 中的抽样比应该比在大的抽样比大，因为这是样本的最初大小，并不是总体的比例，这决定了抽样误差。在人数少的州中的 PSU 应该取较高的抽样比例。

5. 由于 CV＝标准差/均值（sd/mean）。假设均值＝6％，标准差＝0.06×0.019＝0.001 14，这样 95％的置信区间（c.i.）大概是 6.0±0.2。

9.2.1 对普查的调整

1. 将括号中的错误列举的规定先放在一边（在鱼的案例中没有规定），DSE 公式和在第一次抽样（普查）中样本的数量乘以第二次抽样本的数量（N_p 为普查后调查的估计总体）除以在第二次抽样中有标记的鱼的数量（M 为相匹配的加权数）。

2. DSE 对黑人男性调整过少，对黑人女性调整过多。这意味着在普查中很难查到的人在普查后调查仍然很难查到。（你知道为什么吗?）黑人女性调整过多的原因还不太清楚。

3. 原告在第一轮诉讼中争论这些调整应该为这个原因进行（被迫调整）。第二轮中同意进行调整，但是最高法院一致反对。（*Wisconsin*

v. City of New York，517 U. S. 1，(1996)。)

4. 一些统计学家提出了一些弥补措施，见 L. D. Brown 的文章。

第 10 章 流行病统计学

10.2.1 原子武器试验

表 10.2.1a 中男女结合和控制组结合的相对风险为 4.42/2.18＝2.03。令 p_1 表示暴露人群发病率，p_0 表示未暴露的发病率。在暴露人群中，如果 p_0 是由于其他原因患病的案例，那么 $p_1 - p_0$ 就是已经由于暴露引起的发病率，$(p_1 - p_0)/p_1 = 1 - 1/RR$ 就表示由于暴露引起的发病比例。因此，Orton 的白血病由于暴露引发的概率为 1－1/2.03＝0.507，或有细微的差别。另一方面，在较早的年份，相对风险降低到 2 以下（Lyon 的研究中南犹他州为 1.99，Land 的研究中南犹他州为 1.60，北犹他州为 1.33），这些数据资料并不能表明问题的起因就是暴露。另外，至少东俄勒冈州最近的资料也表明，风险的提高（1.48）预示着关键因素是事件而非附带结果。

10.3.1 达康盾

因为研究是回顾性的，所以使用优势比。达康盾使用的组对每组分别的优势比如下：

O. C.　(35/15) / (127/830) ＝15.2

障碍　(35/15) / (60/439) ＝17.1

其他 IUDs　(35/15) / (150/322) ＝5.0

无方法　(35/15) / (250/763) ＝7.1

这些数据支持这样一种假设，使用达康盾患盆腔炎性疾病的风险高于使用其他方法或未使用任何方法的风险。

由于该研究是在广大公众对达康盾存在消极态度之后进行的，所以控制组中达康盾使用者的比例要小于起诉人使用达康盾时一般总体的比例。Robins 估算在 18～44 岁使用达康盾妇女组中的比例为 6.5%，而在控制组中仅有 15/236 9=0.63%。这样的变化可能会导致过高估计达康盾的风险。在该研究进行的同时仍使用达康盾的妇女可能对于她们自己的健康不太关注，因此她们感染盆腔炎性疾病的可能性要远大于那些起诉人使用达康盾时的那些妇女。这样的变化同样可能会导致高估达康盾的作用。另一方面，因达康盾而患盆腔炎性疾病的妇女在研究征募阶段之前就已经患病，因此使用达康盾而患盆腔炎性疾病的比率低于起诉人使用达康盾时的比率。这样的变化可能会导致低估达康盾的风险。

10.3.2 为怀孕女性准备的放射性“鸡尾酒”

1. （1）因为控制组没有儿童患癌症死亡，因此 $RR=\infty$。

（2）使用总体数据，包括肝癌时，SMR=4/0.65=6.15。不包括肝癌则 SMR=4.62。

2. 因为暴露组和控制组大小相同，所以在零假设条件下，暴露组中患癌症死亡率约为 1/2；暴露组 4 病例的死亡概率为 $1/2^4=1/16=0.0625$，两组中任意一组有 4 病例的死亡的概率为 $2\times0.0625=0.125$。在 3 个病例的情况下，两组中任意一组有 3 病例的死亡的概率为 0.25。在这些病例中，数据都不显著。比较暴露组与来自一般总体数据的期望值，把 X 看作儿童患癌症死亡数量，为一个服从均值为 0.65 的泊松分布的随机变量。那么，当包括肝癌时，则

$$P[X\geqslant4]=1-P[X\leqslant3]=1-e^{-0.65}\{1+0.65+0.65^2/2+0.65^3/(3\times2)\}=0.0044$$

上式为右尾 P 值。$X=4$ 的点概率为 0.003 9。因为左尾估计的唯一值为 $X=0$，它的点概率为 $e^{-0.65}=0.522$，所以对左尾运用点概率方法不存在其他的 P 值（参看 4.4 节）。因此，双尾检验是显著的。当不包括肝癌在内时，双尾检验仍是显著的。

3. 患癌症死亡数在 95%的置信区间上的对数估计为 $\ln4\pm1.96\times\left(\frac{1}{4}\right)^{\frac{1}{2}}=(0.4063,\ 2.3663)$。指数化后，得到死亡人数的上下置信限 (1.50，10.66)，分别为死亡数除以 0.65 得到（2.3，16.4）为 SMR 的极值。置信区间的大小表明证明性的强弱。如果不包括肝癌，则近似的区间为（0.968，9.302），这一区间包括 1。但确切的计算结果

(1.258，13.549）范围更大些，向右移动，但结果不包括 1。

4. 原告方律师认为 0.65 是左偏的，因为随访是 18.44 年的平均值，但儿童患癌症死亡的计算仅包括 14 岁儿童。被告方律师反驳认为，在包括了最新的癌症死亡的计算中将会引入成人患癌症的有偏因素。被告方的一个律师重新计算了 20 岁人群的死亡期望数值，发现暴露组的期望死亡数为 0.9。在此基础上可计算 $P[X \geqslant 4]=0.013$，$P[X \geqslant 3]=0.063$。

5. 原告方律师认为肝癌死亡应计算在内，因为总体包括遗传导致的癌症，他们还认为放射性“促进”了肝癌的病发，引起了早年死亡。被告方律师反驳认为，在计算期望数值时把肝癌包括在内，并且考虑遗传癌症是不合理的。他们以这一理论为纯猜测性的而驳回。

10.3.3 父系放射线的辐射量和白血病

如果人类精子只能存活几天的话，那么早先 6 个月的数据资料可能是最相关的。在那个表中，为了计算优势比，我们应明确使用何种分组方法。理论上认为，只有最高暴露组具有任何显著作用，但最理性的方法是比较大于等于 10 和 0 剂量组，并且使用当地控制组作为最相关的病例。结果如下表所示。

父系放射线辐射量	白血病孩子	当地控制组	总计
0	38	246	284
≥10	4	3	7
总计	42	249	291

在这个表中，$OR=(246\times4)/(3\times38)=8.63$，精确的 P 值（单边）为 0.009 6。但是，如果这个是在此之后的多次比较中的一个，那么在计算显著性时，有必要对多重比较进行调整。例如，如果这个表仅仅是 9 个可能的 2×2 子表中的一个，不是从 3×3 的原始表中加总得来的，邦弗朗尼调整 P 值为 $0.0096\times9=0.086$，结果不显著。在多重比较强调原始分析的先验规定时，显著性可能被丢失。

10.3.4 猪流感疫苗和 Guillain-Barre 综合症

1. 如果政府方的律师是正确的，那么在种牛痘过后的一段时间里，

GBS病例的减少是由于在时间和范围上疫苗的减少使风险在13周内，即使并非完全，也是在很大程度上消失了；而减少并不像原告方律师陈述的那样，是由于种牛痘人群报道量的减少。由于原告方律师使用了在暂停期间未种牛痘人群中患GBS的总体比率，它是左偏的，因此相对风险就是右偏的。如果医学和媒体给予疫苗的GBS风险多些关注，那么很可能被低估的报道在未种牛痘人群中比种牛痘人群更多些。

2. 用G表示GBS，V表示种牛痘，I表示患病。然后对种牛痘人群应用贝叶斯理论，可以得到

$$P[G \mid I,V]=\frac{P[IG \mid V]}{P[I \mid V]}=\frac{P[I \mid G,V]P[G \mid V]}{P[I \mid V]}$$

由于这个也包括了未种牛痘人群，因此这两个比率在文中得到了相对风险方程。

3. 尽管33/62在文中可能是相对风险方程的分子$RR[I \mid G]$的一个合理调整，但在方程分母中的$RR[I]$也可以得到同样的效果。这两个的效果相同，所以相互抵消了。这就凸显了数据中的一个困难：种牛痘患病者的无条件相对风险与未种牛痘的患病者的比值未被估计，这一缺陷使GBS作为患病风险因素的任何调整都存在问题。

10.3.5 硅树脂隆胸

1. 加权平均调整$\ln(OR)$ =43.518/259.697=0.167 6；指数化后，OR=1.18。

加权平均值的标准误差为$1/(\text{权重和})^{1/2}$或$1/259.697^{1/2}$。在95%置信区间估计值为$\ln(OR)=0.167\,6\pm1.96\ (0.062\,1)=[0.046,\ 0.289]$；指数化后，极限为[1.05，1.34]。

2. 通过表10.3.5b以及以前得到的结果，在自由度为$k-1$（此处$k=10$）的卡方非显著性检验中（$P=0.899$），$12.17-259.697\times0.167\,6^2=4.88$。可以发现在这些研究中，存在两种不同的零假设，第一种是所有研究中的对数优势比都为零；第二种为所有研究的对数优势比都相等，但不一定为零。同质性检验在这里使用的是第二种零假设。

基于上述不同的分析，专家小组得出结论：在硅树脂隆胸与CTD之间不存在“一致的和显著的”相关关系。

第11章 生存分析

11.1.2 劣质墙漆的诉讼

由于斜率系数并不是唯一的，指数模型必须被更具有普遍适用性的威布尔模型所替代。从拟合方程式 $\log_{10}H(t)=\log_{10}\theta_0+c\cdot\log_{10}t=-3.742+2.484\log_{10}t$，而 $\theta_0=10^{-3.742}=0.0001811$。然后，估算的威布尔生存函数为 $S(t)=\exp(-\theta_0\times t^c)=\exp(-0.0001811\times t^{2.484})$。浅绿色染料最少持续5年（$t=60$ 个月）的概率是0.008 8。

在这一问题中所显示的数据是可疑的，因为9个月的危险率是0.024 6，说明最初大约有40个房屋（1/40=0.025）。但是，在这个案例中，因为随着风险集合中失效次数的减少，危险率应该上升，但实际上没有上升。风险的相对常量应该服从正常的指数分布，但是这些数据中不相等间隔的失效事件表明了一个非指数分布的特征，也使我们用更具普遍性的威布尔分布来拟合。

11.1.3 “Lifing”存款账户

1. 危险率（1－剩余比例）随着年龄的增加而减少。这建议考虑使用 $c<1$ 的威布尔分布。

2. 累积危险率的对数通过 d_j/n_j 的总和计算出斜率系数 $c\approx1/2$ 而且截距 $\ln\theta_0=-1/2$，或者 $\theta_0\approx e^{-1/2}$

3. 基于这些参数的中位数（$1/c$ 处于2附近）为 $\{(\log2)/e^{-1/2}\}^2=1.3$，平均数是 $\approx\Gamma(1+2)/(e^{-1/2})^2=2!\times e\approx5.4$。

11.2.1 在应聘复试中的年龄歧视问题

在最简单的比例危险率模型中，假定风险对于一个在时间 t 年龄为 $X(t)$ 岁被雇用者，他在 t 时刻大于随机参考年龄 $\theta_0(t)e^{bX(t)}$，$\theta_0(t)$ 是风险年龄者在 t 时刻的随机参考年龄。运用闭合形式（一阶）逼近相对风

险比例常数，参见11.2节，通过表8.1.2c，得到

$$\tilde{\beta}=\frac{653-563.4}{1\ 276.84}=0.070$$

由上可知，年龄每增加一岁，被解聘的风险就增加7%。

11.2.2 沃本市受污染的井

1. 第一案例中的风险集合是所有在同一年出生目前还存活，且在第一例儿童患者前未患有白血病的沃本市儿童。此分析用出生年来划分层次更加简化，相对于没有涉及出生年（将在随后的形式中以同样的年龄置于第一个案例中诊断）而建立风险的所有孩子。

2. 在零假设前提下，对患白血病儿童的暴露的期望是在风险集合中的在此次诊断中被诊出病症的儿童平均累积暴露和。对于第一案例期望值是0.31累积暴露儿童-年，33%的儿童具有暴露患病的可能。

有限总体方差是在每一诊断设置的风险集合中暴露的得分的方差。对于二元暴露变量，该值为诊断中判定患有和未患有的比例之积，由表11.2.2得到值为3.493。

3. 该案例的额外患病数目是9－5.12＝3.88，在连续的变化分析中，该值为21.06－10.55＝10.61暴露的儿童-年，并不能判定该案例为“G”和“H”井导致。

4. 运用11.2节给出的一阶近似解，对数比例危险率常数为：

$$\tilde{\beta}=\frac{21.06-10.55}{31.53}=0.333$$

该值产生了一个估计相对风险值 $e^{\tilde{\beta}}=1.40$ ，即每位儿童-年的累积暴露值。

5. 运用Mantel-Haenszel公式估计的所有暴露下和没有暴露下的儿童患白血病的优势比给定下式：

$$\begin{aligned}\Omega_{\mathrm{MH}}&=\frac{\text{同一时期没有暴露的比例之和占在暴露下的死亡风险}}{\text{同一时期暴露的比例之和占在没有暴露下的死亡风险}}\\&=\frac{(1-0.33)+(1-0.25)+(1-0.36)+(1-0.32)+\cdots}{0.26+0.29+0.38+0.25+\cdots}\\&=\frac{6.21}{2.33}\end{aligned}$$

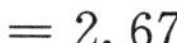

$= 2.67$

6. 额外白血病患者的案例在井关闭后在儿童中继续增长，对暴露者运用二分法显示出了极大的相关风险性，相对于推测值更精确连贯。

11.3.2 环氧乙烷

1. 针对雄鼠的数据运用二阶模型来外推估计，采用在给定表 11.3.2a（S=0.129 898）脚注中给出的人类缩放因子数据和在给定表 11.3.2b（q［1］=0.008 905，q［2］=0.000 184）脚注中的系数计算，每 10 000 名工人在 50ppm 暴露下的患癌症余命风险近似为 643，如下：

$$\begin{aligned} p_{额外值}(d) &= 1 - \exp[-0.008\,905 \times 50 \times 0.129\,898 \\ &\quad + 0.000\,184 \times (50 \times 0.129\,898)^2] \\ &= 0.063\,5 \end{aligned}$$

或者说每 10 000 名工人中有 635 名患者。q［0］项并不会出现，因为它在下式中抵消了：

$$\{P(d) - P(0)\}/\{1 - P(0)\} \text{ 对 } P[E]$$

当 ppm=1 时，一个类似的计算说明患癌症额外余命风险为 12。这种下降明显在由最高法院依据的美国石油组织 1/1 000 的标准下显著。

2. 尽管卡方检验的 P 值（P=0.12）说明了非显著的死亡线性模型，数据图显示关系并不是线性的，因其曲线在平直的较高的剂量上。

3. 用威布尔模型、雌鼠的数据来外推估计余命风险，在 50ppm 的暴露下，估计为：

$$\begin{aligned} P_{额外值}(d) &= 1 - \exp[-0.082\,9 \times (50 \times 0.129\,898)^{0.483\,0}] \\ &= 0.185\,1 \end{aligned}$$

即在 10 000 名工人中有 1 851 名额外癌症患者。类似的估计在 1ppm 的暴露下额外患症余命风险为 305。在上述两个模型中，雌鼠与雄鼠患病存在较大的比率（将近 3∶1 在 50ppm 下，超过 25∶1 在 1ppm 下）。并不是对观测值的重复，而是外推舍弃了一些疑问值。（这一显著差异比率并不是由于应用于雄鼠数据的二阶模型和应用于雌鼠数据的威布尔模型间差异，而是因为 OSHA 计算的针对雄鼠数据的威布尔模型得出本质上与二阶模型一样的结论。)

4. 卡方检验衡量的是用观察癌症患者在高剂量下模型的拟合度。一个针对观察数据好的拟合是必要的条件，但是决不能确定在低剂量下外推估计的风险将是有效的。

第 12 章　非参数方法

12.1.1　管理考试

1. 用连续修正的渐进正态分布估计二项分布的概率，我们发现 $P[X \leqslant 7 \mid n = 32, p = 1/2] = P[X < 7.5] = P[z < (7.5-16)/\sqrt{32 \times 1/2 \times 1/2} = -3.0] \approx 0.001\,3$ 。

这些黑人和西班牙人通过率远高于白人的结论的不足时检验是显著的。

2. 黑人和西班牙人的考试通过人数超过了合格总人数的 10%(818/5 910=13.8%)，这表明，相对于白人，他们很少人会自我淘汰，并且可能更加不能作为一组来考虑。

12.2.1　陪审团再审的预期结果

1. 联邦的方法比国家的方法得出的陪审次数更多，相应的秩和是 $W=14+8.5+13+6=41.5$，分别对应法官 C，G，P，R，这里，使用中间秩的 8.5 来表示法官 G 和 O 的打结差值。在附录 2 的表 H1 中，当 $n=18$ 时，$P[W \leqslant 41.5]$ 的值高于 0.025（或 0.05，双侧检验）。使用表 H1 时，忽略 J 法官和每组都有两个打结值的两组打结的秩（$d_1 = d_2 = 2$）的零差值（$d_0 = 1$）。用文中给出的零值和打结值调整均值和方差公式，我们发现 $EW = (18 \times 19 - 2)/4 = 85$，方差 $\mathrm{Var}(W) = [(18 \times 19 \times 37 - 1 \times 2 \times 3)/24] - (2 \times 3 + 2 \times 3)/48 = 527 - 0.25 = 526.75$。然后可得 $P[W \leqslant 41.5] \approx P[z \leqslant (41.5-85)/\sqrt{526.75} = -1.90] \approx 0.03$ 。陪审次数的差值的显著性与 7.1.2 节得到的结论是一

样的。

2. 在这里用到了非参数检验并没有假设它符合正态分布，并且不考虑离群值的影响。

12.3.1 职位晋升中的性别歧视

1. 女性的 Wilcoxon 秩和值是 23+24=47。从 25 个秩中随机抽取，抽取其中 2 个秩的方法有 $\binom{25}{2}=300$ 种。当然，在这些选择中，仅 4 种可以使秩和 ⩾47：它们是 23+24，23+25，24+25 和 22+25。因此准确的显著性水平是 $4/300\approx 0.0133$。

被告的计算公式也是组合的。如果不考虑等待晋升的时间之间的关系，在男性的 23 次晋升时间中，可以插入每个女性的晋升时间，就有 24 种可能，因此 24 种情况就有 $\binom{24}{2}+24=300$ 种方式。在所有这些中，有 $\binom{12}{2}+12=78$ 种结果，是女性的晋升等待时间超过了男性晋升等待时间的中位数，概率是 78/300=0.26。

2. Planliff 的检验，使用了秩，但是不依赖于假设的分布。

3. 被告的检验的势很低，是由于零假设从未被拒绝。

被告的方法类似于符号检验，但是比 Wilcoxon 检验更有效，基于所有的 25 个分类或者是 ⩽ 组合中位数（13 个），或者 > 中位数（12 个），计算变量的超几何概率。把女性的两次晋升看作零假设下无放回随机样本。超过中位数的概率是 $\binom{12}{2}\times\binom{13}{0}/\binom{25}{2}=0.22$，同样，势太低。

12.3.2 从名单中筛选雇员

1. 少数民族的秩和是 $S=19\ 785$。通过检验的人数 $N=738$，少数民族人数 $m=38$，则在零假设下 S 的期望值为 $38\times 1/2\times(738+1)=$

14 041，方差为 $38\times700\times739/12=1\ 638\ 116.67$。上尾面积的概率大约为 $P[S\geqslant19\ 785]=P[S>19\ 784.5]=P\left[z>\frac{19\ 784.5-14\ 041}{\sqrt{1\ 638\ 116.67}}=4.487\right]\approx4\times10^{-6}$。

少数民族分值很低，所以是显著的。

2. 由于少数民族的样本量很小，并且离群值使分值分布偏斜而不再是显著的正态分布，因此 t 检验将不再有效。

3. 运用 Mann-Whitney U 统计量和 Wilcoxon 秩和统计量的相关关系，得到 $U=38\times700+\frac{1}{2}\times38\times39-19\ 785=7\ 556$，因此概率是 $7\ 556/(38\times700)=0.28$。在零假设下，它应该是 0.50。

如果少数民族组的得分比大民族组的得分，其偏离均值的标准误差更小，即便他们有相同的均值，通过检验的大民族组的平均秩也会更低。得到以上结论，必须假定这两组的标准差具有可比性。因此仔细的分析也包括对非少数民族通过数据的分析。

12.3.3 联邦法官的审判

1. 对于 50 个判决公平的法官而言，在一次案件中，一个法官的秩的期望值是 25.5，方差是 $(50^2-1)/12$，对于 13 个独立的案件而言，平均的期望值是 25.5，方差是 $(50^2-1)/(12\times13)=16.02$。

2. 离差均方是 1 822.47/50=36.45（分母是 50 而不是 49，因为秩的均值是 25.5，并且不是由数据估计而得）。与问题 1 一样，零假设下期望值为 16.02，因此离差均方要比期望值大 2.275 倍，这是显著性的不同，由 χ^2 值显示 $(50-1)\times2.275=111.5$，可由表 C 知显著性很高。数据显示，各审判官的平均判决结果有显著差异。

12.4.1 草案抽取再回顾

1. 1970 年草案抽取的 Spearman 秩相关系数为 −0.226，证明越到年底序列值越小，z 值为 $z=-0.226\times\sqrt{366-1}=-4.3$，与 0 有显著差异。

2. 1971 年草案抽取的秩相关系数为 0.014 2，$z=0.27$，不显著。

第 13 章 回归模型

13.1.1 领先计划

数据是零处理效应模拟。假定的效应完全取决于对均值的回归。

1. 由于相关系数为 1/2，在给定事前测试分数下，事后测试的分数的平均值向事后测试分数的总平均值一半回归。

例如，实验组事前测试得分为 55，事后测试平均得分为 62.93，近似是总体均值（60）和 65 分的中间值。而后者完全可以通过事前测试得分在均值之上 55—50 分的 5 分区间预测出来。对于控制组，事后测试的平均得分是 70.29，差不多又是平均值（80）和 15 点落后值的中间值。而 15 点落后值又可以基于先验得分预测出来（55—70）。

2. 以上显示了趋中回归效应会使那些事前测试分数相同的两组，不管它们有没有接受相同的处理，事后测试的分数也会有差异。最重要的是，由于存在事前测试分数均值的不平等，事后测试分数均值会朝相反的方向移动，但是这与真实的“处理效果”没有关系。

指导者的观点也同样是错误的，它是基于回归现象，即将事前测试分数对事后测试分数进行回归。

同学们应该警惕实验设计中的严重缺陷，即混淆处理和事前测试分数之间的关系，因为回归分析仅部分地对其进行了调整，参见 14.5 节。

3. 既然平均差等于平均值间的差异，那么对于处理组和控制组的事后测试分数减去事前测试分数的差异仅是 20，就说明不存在处理效应。

13.2.1 西联汇款的股本成本

1. 回归方程是：股本成本＝9.46＋0.13×（变异率）＋残差。西联汇款的预期股本成本是 13.0％。

13.2.2 北坡油田的关税问题

1. 平均价格是每桶 12.73 美元；API 度的均值为 34.61。最小二乘估计方程式为：

$$\hat{Y}=12.73+0.095\times(X-34.61)=9.442+0.095X$$

2. 每 1 度 API 的估计收益率为 9.5%。在本案例中，相关系数为 0.96。

3. ERCA 的律师可以提出这样的质疑，即这种关系是否能使数值范围之下的 API 度数值的回归计算站得住脚。

13.2.3 投票权稀释案例中的生态回归

应用这两个回归方程，起诉人对费利西亚诺的得票结果和支持率做出如下估计：

1. 费利西亚诺获得的西班牙人的平均得票率（即登记选民投票给费利西亚诺的比率）为 18.4%，获得非西班牙人的平均得票率为 7.4%。

2. 在选举中，来自非西班牙人的平均投票率为 42.6%，来自西班牙人的平均投票率为 37.8%。

3. 非西班牙人对费利西亚诺的支持率（即此地区中非西班牙人投票给费利西亚诺的比率）为 7.4/42.6 ≈17%；西班牙人的支持率为 18.4/37.8≈ 49%。

4. 西班牙人和非西班牙人的集团投票是显著的。

5. 这个模型依赖于常数假设，即服从随机误差，所有地区投票给西班牙候选人的西班牙人的比例是相同的。这可能不太现实，因为集团投票在西班牙贫困地区比在较富裕的混合区更为明显。在近似模型中，假定所有选区的西班牙人和非西班牙人对西班牙候选人的投票率是相同的，这就处于另一个极端而不可能是完全正确的，因为种族划分很明显会影响到投票。

6. 回归模型的替代模型可能会结束投票，它常用来对选票结果做早期预测。

13.3.1 学术界中的性别歧视

相对于男性来说，R^2 增加 0.8 个百分点与女性工资中的下降百分比没有直接关系。当性别系数作为一个解释性因素加入方程时，R^2 的变化与性别系数的显著性更加相关，但是像 t 统计量一样，它仅是描述与标准误相关的系数值的大小，而不是系数本身的重要性。

13.4 节的特例中，当在回归模型中加入一个变量（性别系数）时，F 统计量＝（R^2 的变化量）/（$1-R_1^2$）$/df_e$，这里，R_1^2 表示较大模型中的值（0.532），df_e 表示模型中误差项的自由度。也可以表示为 $F=t^2=\hat{\beta}^2/se(\hat{\beta})^2$，这里 $\hat{\beta}$ 是性别系数。因此，性别系数与 R^2 变化的相关关系可以表示为：

$$\hat{\beta}^2=[se(\hat{\beta})]^2\times df_e/(1-R_1^2)\times(R^2\text{ 的变化量})$$

当变化为 0.008 时，可能会是小了一点，要描述工资的下降程度，必须乘上一个很大的因子。

13.4.1 马斯尔·肖尔斯的种族歧视

原告方回归模型中的种族系数的 t 统计量值为：$t=1\ 685.90/643.15=2.62$（$p=0.004\ 4$，单侧）。被告方的回归模型中，t 统计量值为：

进度 D：$t=1\ 221.56/871.82=1.40$（$p=0.081$，单侧）

进度 E：$t=2\ 254.28/1\ 158.40=1.95$（$p=0.026$，单侧）

由于每一个回归模型的样本容量较小，所以被告方模型的标准误较大。被告方的模型由于避免了不同进度可能产生混淆的影响，因而比较完美一些。原告方应该使用指标变量或者使用独立的回归方程并综合它们的结果来弥补势的损失。

在任何进度都不存在歧视的原假设下，Feisher 检验结果为：$-2\times(\ln 0.091+\ln 0.026)=12.093$，它服从自由度为 4 的卡方分布，因此在 0.025 的水平下是显著的。用权重 $w_1=1/(871.82)^2$ 和 $w_2=1/(1\ 158.40)^2$，则两个系数的加权平均值为：$(w_1\times 1\ 221.56+w_2\times 2\ 254.28)/(w_1+w_2)=1\ 594.99$ 美元。标准误是 w_1 和 w_2 之和

的平方根的倒数，等于 696.58，因此 z 值为 2.29（$p=0.011$，单侧）。

13.6.1　一个农业推广服务站的工资歧视

1. 推广服务站反驳以下观点：（1）回归没有筛选出存在第七类前职位歧视效应（1972 年由于政府行为而停止）；（2）县与县之间的差异没有反映出来；（3）工作的绩效没有反映出来。最高法院对这些反对理由做出了驳斥，并指出：（1）先前法案的歧视不可能永远不变；（2）回归不需要考虑所有的因素，在任何情况下的研究都显示出黑人雇员在县中并没有不呈比例分布，他们仅占推广服务站人员工资的一小部分；（3）推广服务站做的包括绩效变量的回归分析表明 1975 年的工资差异很大。

2. 黑人代理可能会反对包含工作职称的回归模型，这个解释变量可能包含歧视因素。

3. 最后一个模型中白人的系数为 394.80，这说明了白人比同等能力（在模型中通过解释性因素来测度）的黑人平均工资要高 395 美元。这个系数是显著的：$F=8.224$；$p\approx0.002$。因为每次进入一个变量都会重新计算方程，所以事实上，在模型中选取的变量给定后，种族变量最后才进入模型并不会影响系数值。

4. 包括有白人主席、白人代理和白人副代理的原因是为了了解不同等级水平下歧视不同程度的可能性。逐步回归模型不包括这些因素，因为这些数值太小不能通过显著性检验。如果包含这些因素，白人的系数将仅应用到副代理，即参考类别，对于它来说，没有包括单独的变量。交互项系数将因此给出其他白人的影响和助理白人的影响之间的差别。在 14.2 节详细论述了交互项问题。

13.6.2　华盛顿州公立学校的财政问题

滞后变量（前验分数）的引入从根本上改变了回归模型的解释，而不仅是对自 1976 年以来语言分数的绝对预测。因为学校变量或许会影响不同地区间语言分数的绝对水平，除非这些变量也在 4 年期间改变，财政支出的影响将被此方程低估。

13.7.1 燃料成本预算

燃料成本的最小二乘预测值为：$\hat{Y}$（X）＝15.545＋2.71X，其中X＝1，2，3，4，为1980年的季度数据。1981年，X＝5，6，7，8，预算依次为：29.10，31.80，34.52，37.22。因为样本容量小，斜率系数没有通过显著性水平为10%的双尾检验，其标准误差 $\hat{\sigma}/\sqrt{(X_i-2.5)^2}=0.952$（$t=2.845$，$t_{2;0.10}=2.920$）。1981年第一个季度的置信水平为95%的预测区间为 $29.10\pm4.303\,[1+1/4+(5-2.5)^2/5]^{1/2}=[22.3,\ 35.9]$，而1981年最后一个季度的预测区间则为 $37.22\pm4.303\,[1+1/4+(8-2.5)^2/5]^{1/2}=[25.6,\ 48.8]$。

13.7.2 解雇费纠纷

在解释变量的均值处，服务周数均值的回归估计值是样本均值15.859，其置信区间为 $15.859\pm2.0\times(\text{均方误差}/n)^{1/2}=15.859\pm1.831$，即从14.0～17.7。在此均值处，观测值的预测值也是样本均值，95%的预测区间是此值加或减 $2\times9.202\times(1+1/101)^{1/2}=18.495$，即从－2.6～34.4。

1. 在给定原告的解释变量值下，预测值是 $24.07=14.221+0.526\times(20-12)+0.372\times(45-40)+0.944\times(9-5)$。原告的均值回归估计值的95%的预测区间是24.07加或减 $2.0\times9.202\times(0.021\,4)^{1/2}=24.07\pm2.7$，即从21.4～26.8。预测区间是 $24.07\pm2.0\times9.202\times(1+0.021\,4)^{1/2}=24.07\pm18.6$，即从5.5～42.7。

2. 在解释变量的均值处，解雇周数真实值和预测值的差值的标准误是均方误差的平方根乘以 $(1/200+1/101)^{1/2}=9.202\times0.122=1.123$，而差值是14.73－15.859＝－1.13，或者是－1倍的标准误，故在真实值与预测值均值之间不存在显著性差异。

13.7.3 有争议的缺席选举人票数

2. 回归方程的斜率 $b=0.699\,2\times442.84/24\,372.3=0.012\,7$。截距

等于 256.06－(0.012 7×30 066.7)＝－125.90。因为民主党和共和党缺席选举人票数之差等于－564，所以预测值为－125.90＋0.012 7×(－564) ＝－133.1。

计算 95％的预测区间。首先计算回归方程的标准误差；然后，通过用回归方程的标准误来计算回归预测在值为－564 处的标准误；第三步，加或减标准误的一定倍数，这个倍数从自由度为 $n-2$ 的 t 分布表中得到。在此案例中，回归的标准误为 324.8。预测的标准误为 344.75。相应的 t 值（$t_{19;0.05}=2.093$）。最后，95％的预测区间为－133.1±(2.093×344.75)，即（－855，588）。由于实际差值为 1 396－371＝1 025，因此，大大超出了 95％的预测区间。

3. 数据的散点图并不能显示出它们明显地存在异方差。然而，由于民主党和共和党机器投票的缺席选举人票数的数据更加分散，选举有争议是因为预测区间的宽度可能被低估了。

13.9.1 重论西联汇款的股本成本

未转换数据的 R^2 是 0.922。当所得收入差异用对数形式转化时，R^2＝0.808。对数值的预测值为 14.35％，在没有转换时则为 13％。

由于解释变量范围缩小，所以对数模型中 R^2 也减小。当将收入差异转变成对数形式时，数据图显示出股本成本和所得收益差异之间的关系几乎是线性的。因此，虽然对数模型的 R^2 较小，但是它的拟合度更好。

13.9.2 共和国国家银行的性别和种族系数模型

Vuyanich 地区的法院坚持认为，在原告的回归中，年龄对于银行中女性的一般工作经验来说是一个不准确或者有偏的代表变量，但是对于黑人男职工则不是这样。法院得出这个结论主要是以银行的数据为基础的，它显示出平常男性的劳动力不相适应，缺少大约 4 个月的学校教育，因而平常女性的劳动力不相适应，缺少大约 30 个月的学校教育。原告确实没有弥补这个缺陷，通过用 Hay 点或者工作级别和实际的普通工作经验来建立一个控制工作水平的回归模型。

地区法院拒绝银行的回归模型是因为没有变量可以解释“个人的工

作绩效（例如在一个原始形式中会使用 Hay 点)”。原告可能会反对：银行模型中的一些解释变量可能被感染了（例如，职业动机)，通过将雇员分为两组并单独计算各自的回归模型，银行降低了模型的势。

第 14 章　复杂回归模型

14. 1. 1　波纹容器的定价

方程中将滞后价格作为解释变量，意味着方程趋向于拟合期结束后平滑趋势。波纹容器案件被告方的专家 Franklin Fisher 认为，若提前结束拟合期会导致共谋价格低于竞争期的竞争价格。他也检验了使用其他数据的模型，这些数据由竞争时期的数据估计得出，然后利用它来后推从 1963 年起共谋期的竞争价格。结果，得出的共谋期间竞争价格的估计值远高于实际共谋价格。这个荒谬的结论表明，解释变量不能很好地预测价格变动。

14. 1. 3　销售侵权产品所造成的损失

A 公司单位销售额对时间和季节指标的 OLS 回归估计如下表所示。

	系数	标准误	t
时间	0. 033	0. 006 6	4. 96
季节指标	0. 109	0. 034	3. 18
常数	1. 808	0. 071	25. 40

$R^2=0.718$，$F(2,5)=19.08$，均方误差$=0.020\,8$。

根据这个方程，1981 年 A 公司单位销售额的预测值是：2. 326，2. 359，2. 610，2. 643，2. 676 和 2. 491；1981 年全年为 15. 105，而当年的真实总额为 16. 17。

14. 1. 4　OTC 市场操纵

95%置信区间是将回归估计加上或减去 1. 96 倍的标准误，即

±1.96×0.105 5=0.206 8。

	实际奥林匹克收益	回归预测值	差值
1977年1月3日	0.000 00	−0.001 42	0.001 42
1977年1月4日	0.021 74	−0.006 52	0.028 26
1977年1月5日	0.010 64	−0.004 93	0.015 57
1977年1月6日	0.005 26	0.001 74	0.003 52
1977年1月7日	0.057 59	0.001 03	0.056 56
⋮			
1977年3月9日	0.040 40	−0.004 42	0.044 82
1977年3月10日	−0.058 25	0.003 82	−0.062 07
1977年3月11日	−0.345 36	0.000 95	−0.346 31
1977年3月14日	−0.106 30	0.005 23	−0.111 53

1. 仅在3月11日这天，实际值超出了置信区间。

2. 在该模型中，奥林匹克股票的收益随着DVWR收益的增加而增加；因为方程的估计值随着DVWR的增加而增大，误差也增加，使方程具有异方差性。除了估计系数时会损失效率外（由于假设系数估计不存在误差，所以在此没有影响），当DVWR较大时，结果是高估了奥林匹克股票价格的预测值的精确性。因此，在该范围内模型的实际效力要比它表现出的效力更低。然而，由于计算所得的置信区间范围很大，事实上，在一些情况下它的范围可能更大，这样它的重要性就很小了。

3. 如果某特殊因素对奥林匹克股票价格的影响的时期超过1个月，模型的误差项将存在序列相关，这个缺点似乎不是非常重要。如果怀疑存在序列相关，可以通过DW统计量来检验连续的残差间是否存在相关性。若存在序列相关会使估计的95%置信区间看起来比真实区间更精确，这在本例中没有实际意义。

4. 置信区间范围太大，所以模型可以识别出最大的不正常的股票价格变动。例如，1977年1月7日，奥林匹克股票的真实收益(0.057 59)比回归估计出的收益（0.001 03）高出5.6个百分点，但它仍位于估计的95%置信区间内。此外，该模型不能识别出任何其他不正常的操纵，这种操纵根据其他相关市场情况来维持奥林匹克股票价格。

14.1.5 市场欺诈赔偿额

1. 在 Torkelson 方法中，他假设回归模型中 $R^2=1$，这个假设与案件实际情况相差太远，是不合理的。这种回归方法看起来更加保守。对一次后推，差异并不大。从 4 月 2 日的 3.233 开始（注意，这是利用回归模型计算所得的结果；在 Torkelson 所用方法中，其起始点可能是不同的），4 月 1 日的价格将等于 3.233÷193.796/198.733=3.315，而回归模型计算所得的价格是 3.276。然而，如果计算期很大，这两种方法间的累积差异将变大。

2. 假设回归估计没有误差，一次后推的 95%置信区间等于回归估计值±1.96 倍的回归标准误。由于每天的估计都是建立在前面估计的基础之上的，对于给定日期的标准误等于在这之前估计的方差之和的平方根，所以从这种意义上说误差是可加的。因此，4 月 1 日回归估计（从 9 月 1 日到 4 月 1 日共 153 次后推的结果）的标准误是 $[(0.0728)^2\times153]^{1/2}=0.9005$ 。所以，4 月 1 日的 95%预测区间为 3.276±1.96×0.900 5，即从 1.51～5.04。回归系数的估计误差将使该区间更宽。但即使它稳定，若利用区间上限来判断，在该日购买股票的人也得不到赔偿。注意，在越接近 9 月 1 日购买股票的人获得赔偿的机会越大，这是因为他们购买天数的回归估计值的预测区间比较窄。这样看起来有失公平，也就是在这些天购买股票的人所获赔偿应该与在集体起诉前期购买股票的人相同。最后，假定必须用这种存在缺陷的方法，它也不适合解决有利于被告的测度方法中的不确定性，因此是一个错误的方法。

14.1.6 降低资本收益税的影响

方程 1 和方程 2 在估计变现资产弹性时的区别是，在方程 2 中，滞后项（CTX(−1)）的值更大，意味着在税率下降后的第 2 年，变现资产将明显降低（818），而在方程 1 中没有明显的下降。产生这种差别的原因在于，方程 1 中不包含 NYSE 综合指数，该指数在 1983 年股票市场大幅波动时，要解释增加的变现资产需要两个变化量：(1) 由于边际税率在 1982—1983 年轻微下降而引起的 CTX 系数较大的负增长；（2）滞后系数 CTX(−1) 的大幅下降抵消了对资产变现的负效应。而这种负效应原本是由 1981—1982 年间边际税率的下降所引起的。

在 CBO 的半对数模型（表 14.1.6c）中，对 MTR 系数的解释是：税率每降低 1 个百分点，资产变现将增加 3.2 个百分点。根据这个模型，税率从 20%下降到 15%将使资产变现增加 16 个百分点（3.2×5)。但是，税率降低 25%不只是抵消资产变现的增加，还会最终使总收益下降 13%。

14.2.1 铀工厂附近的房价

Rosen 模型

1. 系数−6 094 意味着在 1984 年以后，位于 5 英里以内的房屋比位于 5 英里以外的同样房屋的平均售价少 6 049 美元。

2. 反对将这一数字作为赔偿额的理由是：它没有衡量声明前后 5 英里以内房屋损益的变动情况。损益变动可以表示为［（Post-1984In）−(Post-1984Out)］−［(Pre-1985In)−(Pre-1985Out)］，即

$$(-6\ 094)-[(-1\ 621)-(550)]=-3\ 923$$

3. 对交互项系数的解释是：在 1983—1986 年间，位于 5 英里以内的房屋损益增加了 3 923 美元。

假设各部分系数相互独立，交互项系数的标准误是各部分方差之和的平方根：

$$\left[\left(\frac{6\ 094}{2.432}\right)^2+\left(\frac{1\ 621}{0.367}\right)^2+\left(\frac{550}{0.162}\right)^2\right]^{1/2}=6\ 109$$

因此，$t=\dfrac{-3\ 973}{6\ 109}=-0.65$，它是不显著的。可以忽略估计系数间的协方差。

Gartside 模型

1. 每年的 PC 系数表示位于 4～6 英里（基准距离类）的平均房价对基准年（1983 年）的变化程度。类似地，特定距离段的 RC 系数表示与 1983 年相比，位于基准距离段（4～6 英里）之外的平均房价的变化

程度。交互项系数表示差异间的差异。例如，在 1983 年，与位于 4～6 英里的房屋相比，位于 0～1 英里的房屋损益为 4 568 美元。所以，1986/0—1的系数—7440 意味着在 1983—1986 年间损益额增加了7 440 美元。这可以看作对损益额的一种相对估计。如果交互系数等于 0，则意味着在发表声明之后，位于 5 英里内的房屋的损益额没有变化，因此对损益额的估计没有偏差。

表 14.2.1d 中的数据可由 1983 年位于 4～6 英里内的价值 62.6，加入主效应，以对年份和距离分别进行调整，然后再加入交互项以调整二者共同影响。

2. 反对 Gartside 结论的一个理由是：无论作为一组还是单独（只有一个无关的特例）来看，交互项系数都不显著（PC×RC 的 F 值为 1.37，P～0.2）。此外，还存在数据是否服从正态分布以及一些售房高价对系数是否有影响的问题。

14.4.1 哈里斯银行的 Urn 模型

1. 在对数全模型中，$\Delta\bar{r} = 0.107$ ，调整因子对黑人与白人几何平均工资比率的解释达不到 10%，在局部加权回归中该数值约为 5%。

2. 对 Urn 全模型，$z = 0.1070/\{0.2171 \times [309/(53 \times 256)]^{1/2}\} = 3.27$。对局部加权回归模型，$z = 0.0519/\{0.1404 \times [309/(53 \times 256)]^{1/2}\} = 2.45$ ，它们都是显著的。

3. 由于局部加权回归中的 z 分数比全模型中的小，相对而言，局部加权回归能更多地对平均工资的差异做出解释。这表明（但不能最终证明）全模型的 z 值更大可能是因为模型选择错误而不是由于存在歧视。

4. 原告会认为方程是有偏的，因为生产率因素加大了工资差异。生产率因素可以解释部分的工资差异，这种差异与种族和生产率都有关，但却只被归因于种族因素。

14.5.1 医学院中的未识别偏差

1. 地区法院假设，对于男性和女性而言，生产率对替代值的回归方程是不同的。因为对于所包含的因素而言，男性的值比女性更高，所以，对于遗漏的因素而言，男性的值比女性也有可能更高。上诉法院拒绝了这种外推法。地区法院没有考虑使用男性比女性得分更高的映射替代值所产生的影响。

2. 上诉法院的观点是正确的，但它的理由和 AECOM 的专家的观点无关，很显然，AECOM 的专家的观点没能被理解。如果模型是正确的，完美替代值能否对不同性别间的工资差异做出充分解释，取决于雇主是否存在歧视。如果 AECOM 不存在歧视且替代值是完美的，那么性别系数就不是显著的，如果 AECOM 存在歧视且替代值是完美的，那么性别系数就是显著的。但 AECOM 的专家没有说 AECOM 是否存在歧视，也没说原告的回归是否低估或高估了歧视程度。他们的观点是，即使 AECOM 不存在歧视，工资对替代值的回归仍表明性别系数是显著的，这是因为替代值不完美且男性在替代值上的得分高。统计学家只对回归中统计显著的性别系数是否存在歧视的可靠证据做出判断。他们认为它不是可靠证据，因为在 Sobel 中，即使对不存在歧视的雇主，性别系数也可以显著。根据此项观察，法院对于如果替代值是完美的——也就是说 AECOM 实际上存在歧视——将会发生什么的推测是不相关的。

3. 在不包含映射替代值（除了发表率）的回归模型中，性别系数是－3 145；在包含所有映射替代值的方程中，系数为－2 204。在 14.5 节讨论的 Robbins 和 Levin 公式中，如果用未识别偏差来解释全部性别系数－2 204，在考虑通常的替代值后，映射替代值对生产率差异的解释程度要大于 30%：

$$(-3\ 145)\times(1-R^2)=-2\ 204 \quad R^2=0.30$$

这看上去是很真实的可能性，因为工资和替代值（包括对级别的重要的映射替代值）间偏复相关的平方为（0.817 3－0.729 7）÷（1－0.729 7）＝0.324，即 32.4%。（见 13.6 节的脚注。）

14.6.1 死刑：能警戒谋杀吗

1. Ehrlich 模型是对数形式，执行风险每提高 1%，谋杀率相应下降 0.065%。平均来说，第 $t+1$ 年增加 1 次执行死刑的期望值等于提高执行 1/75＝1.333％的死刑，根据模型，也等同于谋杀案件将下降 1.333×(－0.065％)＝－0.086 7％。由于在 Ehrlic 所有数据中，平均谋杀案件为 8 965 件，根据 Ehrlich 计算可以拯救的人数为 0.000 867×8 965＝7.770，即每次执行可以阻止 7～8 件谋杀。Ehrlich 声称，每次执行可以拯救 7～8 人是对他的模型结果的错误表达，因为这种效果只能通过提高过去 5 年的平均执行数来得到。

2. 当去除 1964 年以后的数据后，由于执行风险的系数取值为正(尽管是不显著的)，因此执行死刑的警戒作用逐渐消失。这使人们对该模型产生疑问，因为警戒作用不应依赖所选择的时期。

3. 进行对数变换是为了强调变量的变化程度很小；在这种时候，对数的变化会比自然数形式的变化更大。因为在 20 世纪 60 年代中期和晚期执行风险下降到非常低，对数变换突出了这种下降。且因为随着执行风险的降低谋杀率迅速增加，对数模型可以对谋杀率负弹性做出解释，而在自然数模型中不会出现这种情况。

4. 前面的答案表明，Ehrlich 的结论依赖于这样一种假设，即 20 世纪 60 年代晚期，谋杀的迅速增加和执行的下降具有因果关系。但是，这两种趋势可能没有关系：谋杀率的上升可能主要或完全是由于该时期引起暴力犯罪普遍上升的因素的影响，而和执行风险的下降没有显著关系。

14.7.2 佐治亚州的死刑

1. 两个表如下所示：

	受害者是陌生人			受害者不是陌生人		
	死刑	其他	合计	死刑	其他	合计
受害者是白人	28	9	37	15	22	37
受害者不是白人	4	10	14	2	10	12
合计	32	19	51	17	32	49

2. 优势比是：7.78 和 3.41；

对数优势比是：2.05 和 1.23。

3. 用来平均两个对数优势比的权数是：

$$w_1 = 1/(28^{-1} + 9^{-1} + 4^{-1} + 10^{-1}) = 2.013$$

$$w_2 = 1/(15^{-1} + 22^{-1} + 2^{-1} + 10^{-1}) = 1.404$$

加权平均值$=(2.05 \cdot w_1 + 1.23 \cdot w_2)/(w_1 + w_2) = 1.713$。指数化，得到相应优势比为 $e^{1.71} = 5.53$。加权平均对数优势比的方差是权数之和的倒数，即 1/（2.013+1.404）=0.293。对数优势比显著不等于 0，即优势比显著不等于 1。

4. 在受害者为白人的案件中，被告被判处死刑的优势约为受害者不是白人时的优势的 $e^{1.5563} = 4.74$ 倍。在被告为黑人的案件中，判处死刑的优势比被告不是黑人时仅高 $e^{-0.5308} = 0.588$ 倍（然而，这种差异在统计上是不显著的)。在受害者是白人、被告是黑人的案件中，公共效应是 $e^{1.5663-0.5308} = 2.79$，说明黑人杀害白人被判处死刑的优势几乎为参照类型（被告不是黑人、受害人不是白人）的 3 倍。注意，这是一个加法模型，所以在 BD 和 WV 间没有共同影响。也就是说，当其他因素固定时，WV 的影响是相同的。

5. 如上所述，比较受害者是白人和受害者不是白人，死刑和其他刑罚的优势比是 $e^{1.5563} = 4.74$。这比在第 3 题中计算得到的加权平均优势比 5.53 小，说明在第 3 题中得到的优势比除了受被害者是否是陌生人影响外，还受其他因素的影响。

6. e^L 是判处死刑的优势比。一般地，优势比等于 $P/(1-P)$，对 P 求解，得

$$P = \text{几率比}/(1+\text{几率比}) = e^L/(1+e^L)$$

7. McClesky 案件中被判处死刑的对数优势是：

$$\begin{aligned} \text{log-odds} &= (-3.5675) + (-0.5308 \times 1) + (1.5563 \times 1) \\ &\quad + (0.3730 \times 3) + (0.3707 \times 0) + (1.7911 \times 1) \\ &\quad + (0.1999 \times 0) + (1.4429 \times 0) + (0.1232 \times 0) \\ &= 0.3681 \end{aligned}$$

相应地，被判处死刑的概率是 $e^{0.3681}/(1+e^{0.3681}) = 0.59$。如果受害人不是白人，对数优势将是 0.3681−1.5563=−1.1882，相应地，被判处死刑的概率为 $e^{-1.1882}/(1+e^{-1.1882}) = 0.23$。由于被判处死刑的相对风险是 0.59/0.23=2.57≥2，看起来好像如果 McClesky 杀害的不是白人，他就不会被判处死刑。

8. 关于判处死刑的预测有 35 个是正确的，关于未被判处死刑的预测有 37 个是正确的。做出正确预测的比例是（35+37）/100=72%。详细计算参见 14.9.1 节。

14.7.3 阻止青少年吸烟

1. 假设对应于 1988 年香烟税均值 $\overline{X}$，整体吸烟率是 p_0，probit (p_0) =常数项+ $\beta\overline{X}$。而 probit (p_1) = 常数项+$\beta(\overline{X}+20)$，其中 p_1 是当税收比 $\overline{X}$ 高 20 分时吸烟率的估计值。二者相减得 probit (p_1) = probit (p_0) +$\beta \cdot 20$，等价于 $z(p_1)=z(p_0)+20\beta$，其中 $z(p)$ 是标准正态分布尾部截点概率为 p 时所对应的值。对于 1988 年的截面模型，$z(p_0)$ = z (0.055) = −1.598，所以 $z(p_1)$ = −1.598 + 20 (−0.005 9) = −1.716，正态分布截点概率 p_1 =0.043。变动的估计值是 1.2 个百分点 (0.055−0.043)，或者是下降 21.8 个百分点 (1.2/5.5) (1988 年的截面模型)。对于 1992 年的截面模型，1988 年税收增加 20 分时，基线吸烟率从 24.4%下降了 7.4%。对于反对模型，当税收增加 20 分时，吸烟率的变动估计值从 24.4% (对应于税收增加 7.56%) 变为 21.49%，下降 0.946%。这种变动在统计上是不显著的。

2. 在截面模型中对税收增加的弹性反映了这样一个事实：在强烈反对吸烟的州香烟税可能会比较高，因此税收的估计效应也能影响青少年是否会吸烟的决定。

3. 在没有任何保证下，无法估计出香烟税增加 1 美元的效应。因为税收的变动不会趋向于增长的最大值，即 25%。

14.8.1 "挑战者"号灾难

2. 在 36 度，损坏的 O 形圈数量的期望值约为 18.1；在 53 度，期望值是 2.2。

3. 当气温每下降 1 度时，损坏的 O 形圈的数量的期望值约增加 12.4%，或者更精确地说，是 exp (0.124) −1=13.2%。

4. 在 36 度时，通过对截距项 $a=\ln\mu(36^{\circ})$ 指数化，得到损坏的 O 形圈数量的期望值的 95%置信区间为：exp (2.898 3±1.96×1.131 7)，即 2.0～167。

5. 自由度为 22 时，比较期望值和观测数量得出 Pearson 卡方值是 32.262；$P>0.05$；不能拒绝泊松分布。

6. 这些数据的过度离散因子是 $(32.262/22)^{1/2}=1.21$。然而，在 36 度时，损坏的 O 形圈数量期望值的 95%的置信区间是 exp（2.898 3 ±1.96×1.131 7×1.21），即从 1.2～266。不确定性主要是由温度降至华氏 36 度所引起的。显然，温度不是引起 O 形圈损坏的唯一因素。

14.9.1 佐治亚州死刑的再解读

1. 对于结构样本，50%的分类原则下，结果如下：

		预测的判决		
		D	$\overline{D}$	
实际的判决	D	14	5	19
	$\overline{D}$	6	25	31
		20	30	50

正确预测执行死刑的灵敏度是 14/19＝0.74，正确预测未执行死刑的概率是 25/31＝0.81。在检验样本中，结果为：

		预测的判决		
		D	$\overline{D}$	
实际的判决	D	15	15	30
	$\overline{D}$	2	18	20
		17	33	50

此时，正确预测执行死刑的灵敏度仅为 0.5（即 15/30），而正确预测未执行死刑的概率则上升至 0.9（即 18/20）。正确预测的比例从结构样本中的 78%下降到检验样本中的 66%。

2. 在结构样本中，PPV 等于 0.7（即 14/20），NPV 等于 0.83（即 25/30）。在检验样本中，PPV 等于 0.88（即 15/17），而 NPV 等于 0.55（即 18/33）。

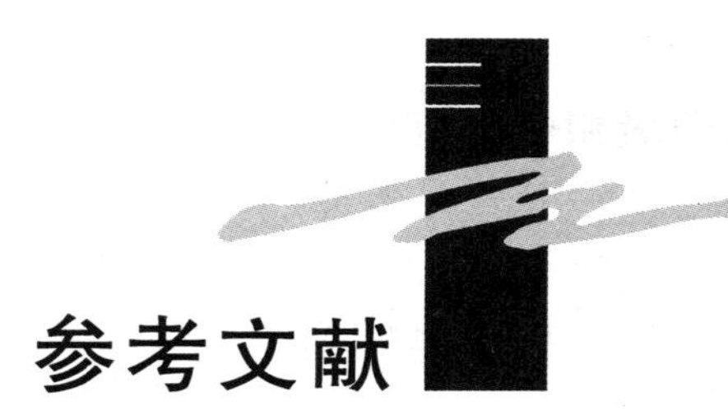

参考文献

以下所列书目涉及学科主题较多且数学难易程度不一。针对每一种类型的问题，我们在每个主题下都列出了应该查阅的、包含了专家关于这方面观点的、权威的、标准的著作。应该首先告诫律师的是，本书除了初级统计学教材外，许多都是相当专业的、只面向专家的著作。阅读时应该听取专家的建议。我们还经不住诱惑，包括了一些特殊主题的或历史兴趣的专业书籍。毋庸置疑，这个书目是不完整的，对于某些主题而言，只是对大量著作的简介。

初级和中级统计教材

Cochran, William G., and George W. Snedecor *Statistical Methods*, 7th ed., Iowa State University Press, 1980.

Fisher, Ronald A., *Statistical Methods for Research Workers*, Oliver & Boyd, 1925 (14th ed., revised and enlarged, Hafner, 1973).

Freedman, David, Robert Pisani, and Roger Purves, *Statistics*, 3d ed., W. W. Norton, 1998.

Freund, John E., *Modern Elementary Statistics*, 7th ed., Prentice Hall, 1988.

Hodges, J. L., Jr. and Erich L. Lehmann, *Basic Concepts of Probability and Statistics*, 2d ed., Holden-Day, 1970.

Hoel, Paul G., *Elementary Statistics*, 4th ed., John Wiley, 1976.

Mendenhall, William, *Introduction to Probability and Statistics*, 6th ed., Duxbury Press, 1983.

Mosteller, Frederick, Robert E. K. Rourke, and George B. Thomas, Jr., *Probability with Statistical Applications*, 2d ed., Addison-Wesley, 1970.

Rice, John A., *Mathematical Statistics and Data Analysis*, 2d ed., Duxbury Press, 1995.

Wonnacott, Ronald J., and Thomas H. Wonnacott, *Introductory Statistics*, 4th ed., John Wiley, 1985.

高级统计教材

Cramér, Harald, *Mathematical Methods of Statistics*, Princeton University Press, 1946.

Hays, William L., *Statistics*, 3d ed., Holt, Rhinehart & Winston, 1981.

Hoel, Paul G., *Introduction to Mathematical Statistics*, 5th ed., John Wiley, 1984.

Hogg, Robert V. and Allen T. Craig, *Introduction to Mathematical Statistics*, 5th ed., MacMillan, 1994.

Lehmann, Erich L., *Testing Statistical Hypotheses: And Theory of Point Estimation*, 2d ed., John Wiley, 1986.

Mendenhall, William, Richard L. Scheaffer, and Dennis Wackerly, *Mathematical*

Statistics with Applications, 3d ed., Duxbury Press, 1986.

Neter, John and William Wasserman, *Applied Linear Statistical Models*, 2d ed., Richard D. Irwin, 1985.

Rao, C. Radhakrishna, *Linear Statistical Inference and Its Applications*, 2d ed., John Wiley, 1973.

Wilks, Samuel S., *Mathematical Statistics*, John Wiley, 1962.

Winer, B. J., *Statistical Principles in Experimental Design*, 2d ed., McGraw-Hill, 1971.

贝叶斯方法

Box, George E. P., and George C. Tiao, *Bayesian Inference in Statistical Analysis*, Addison-Wesley, 1973.

DeGroot, Morris H., *Optimal Statistical Decisions*, McGraw-Hill, 1970.

Good, Irving J., *The Estimation of Probabilities: An Essay on Modern Bayesian Methods*, MIT Press, 1965.

Lindley, Dennis V., *Introduction to Probability and Statistics from a Bayesian Viewpoint*, Part 1: Probability, Part 2: Inference, Cambridge University Press, 1980.

Mosteller, Frederick, and David L. Wallace, *Applied Bayesian and Classical Inference: The Case of the Federalist Papers*, 2d ed., Springer-Verlag, 1984.

Savage, I. Richard, *Statistics = Uncertainty and Behavior*, Houghton-Mifflin, 1968.

生物统计学和流行病统计学

Armitage, Peter, *Sequential Medical Trials*, 2d ed., Oxford University Press, 1975.

Blalock, H. M., Jr., ed., *Causal Models in the Social Sciences*, 2d ed., Aldine de Gruyter, 1971.

Breslow, Norman E., and N. E. Day, *Statistical Methods in Cancer Research*, Oxford University Press, Vol. 1, Design and Analysis of Case Control Studies, 1980, Vol. 2, The Design and Analysis of Cohort Studies, 1988.

Cox, David R., and David O. Oakes, *Analysis of Survival Data*, Rutledge Chap-

man and Hall, 1984.

Fleiss, Joseph L., *Statistical Methods for Rates and Proportions*, 2d ed., John Wiley, 1981.

Fleiss, Joseph L., *Design and Analysis of Clinical Experiments*, John Wiley, 1986.

Friedman, Lawrence M., Curt D. Furberg, and David L. DeMets, *Fundamentals of Clinical Trials*, 3d ed., Mosby-Year Book, 1996.

Gross, Alan J., and Virginia Clark, *Survival Distributions: Reliability Applications in the Biomedical Sciences*, John Wiley, 1975.

Kalbfleisch, John D., and Ross L. Prentice, *The Statistical Analysis of Failure Time Data*, John Wiley, 1980.

Kelsey, Jennifer L., Douglas Thompson, and Alfred S. Evans, *Methods in Observational Epidemiology*, Oxford University Press, 1986.

Lawless, Jerald F., *Statistical Models and Methods for Lifetime Data*, John Wiley, 1982.

McMahon, Brian and Thomas F. Pugh, *Epidemiology—Principles and Methods*, Little & Brown, 1970.

Miller, Rupert G., Jr., Gail Gong, and Alvaro Mufioz, *Survival Analysis*, John Wiley, 1981.

Rosner, Bernard, *Fundamentals of Biostatistics*, 4th ed., Duxbury Press, 1995.

Rothman, Kenneth J. and Sander Greenland, *Modem Epidemiology*, 2d ed., Lippincott-Raven Publishers, 1998.

Schlesselman, James J., and Paul D. Stolley, *Case-Control Studies: Design, Conduct, Analysis*, Oxford University Press, 1982.

Susser, Mervyn, *Causal Thinking in the Health Sciences: Concepts and Strategies of Epidemiology*, Oxford University Press, 1973.

计量经济学和时间序列

Anderson, Theodore W., *The Statistical Analysis of Time Series*, John Wiley, 1971.

Box, George E. P., and Gwilym M. Jenkins, *Time Series Analysis: Forecasting and Control*. rev. ed., Holden-Day, 1976.

Cox, David R., and P. A. W. Lewis, *The Statistical Theory of Series of Events*, Rutledge Chapman and Hall, 1966.

Hannan, E. J., *Time Series Analysis*, Rutledge Chapman and Hall, 1967.

Johnston, J., *Econometric Methods*, McGraw-Hill, 1963.

Theil, Henri, *Principles of Econometrics*, John Wiley, 1971.

Wonnacott, Ronald J., and Thomas H. Wonnacott, *Econometrics*, 2d ed., John Wiley, 1979.

百科全书

Kendall, Maurice G., and William R. Buckland, *A Dictionary of Statistical Terms*, 4th ed., John Wiley, 1986.

Kotz, Samuel, Norman L. Johnson, and Campbell B. Read, *Encyclopedia of Statistical Sciences*, Vols. 1-9 plus Supplement, John Wiley, 1982-1989.

Kruskal, William H., and Judith M. Tanur, eds., *International Encyclopedia of Statistics*, The Free Press, Vols. 1 and 2, 1978.

探索数据分析

Mosteller, Frederick, Stephen E. Fienberg, and Robert E. K. Rourke, *Beginning Statistics with Data Analysis*, Addison-Wesley, 1983.

Mosteller, Frederick, and John W. Tukey, *Data Analysis and Regression: A Second Course in Statistics*, Addison-Wesley, 1977.

Tukey, John W., *Exploratory Data Analysis*, Addison-Wesley, 1977.

统计理论和原理

Cox, David R., and Dennis V. Hinkley, *Theoretical Statistics*, Rutledge Chapman and Hall, 1974.

Fisher, Ronald A., *Statistical Methods and Scientific Inference*, Oliver & Boyd, 1956 (3d ed., revised and enlarged, Hafner, 1973).

Fraser, D. A. S., *The Structure of Inference*, John Wiley, 1968.

Good, Irving J., *Probability and the Weighing of Evidence*, Hafner, 1950.

Kendall, Maurice G., and Allen Stuart, *The Advanced Theory of Statistics*, 4th ed., Vol. I, Distribution Theory, 1977; Vol. II, Inference and Relationship, 1979; Vol. III, Design and Analysis, and Time Series, Hafner, 1983.

Kolmogorov, A. N., *Foundations of the Theory of Probability*, 2d ed., Chelsea, 1956.

Savage, Leonard Jimmie, *The Foundations of Statistics*, Dover, 1972.

统计学历史研究

Adams, William J., *The Life and Times of the Central Limit Theorem*, Kaedmon, 1974.

Hacking, Ian, *The Emergence of Probability: A Philosophical Study of Early Ideas About Probability, Induction, and Statistical Inference*, Cambridge University Press, 1984.

Porter, Theodore M., *The Rise of Statistical Thinking 1820-1900*, Princeton University Press, 1986.

Stigler, Stephen M., *The History of Statistics*, Belknap Press of Harvard University Press, 1986.

Todhunter, I., *A History of the Mathematical Theory of Probability*, Macmillan, 1865 (reprinted, Chelsea, 1965).

法律和公共政策

Baldus, David, and J. Cole, *Statistical Proof of Discrimination*, Shepards McGraw-Hill, 1980.

Barnes, David W. and John M. Conley, *Statistical Evidence in Litigation, Methodology, Procedure, and Practice*, Little, Brown, 1986.

DeGroot, Morris H., Stephen E. Fienberg, and Joseph B. Kadane, *Statistics and the Law*, John Wiley, 1987.

Fairley, William B., and Frederick Mosteller, eds., *Statistics and Public Policy*, Addison-Wesley, 1977.

Fienberg, Stephen E., ed., *The Evolving Role of Statistical Assessments as Evidence in the Courts*, Springer-Verlag, 1989.

Finkelstein, Michael O., *Quantitative Methods in Law: Studies in the Application of Mathematical Probability and Statistics to Legal Problems*, The Free Press, 1978.

Gastwirth, Joseph L., *Statistical Reasoning in Law and Public Policy*, Vol. 1,

Statistical Concepts and Issues of Fairness; Vol. 2, Tort Law, Evidence, and Health, Academic Press, 1988.

Gastwirth, Joseph L., *Statistical Science in the Courtroom*. Springer-Verlag New York, 2000.

Monahan, John, and Laurens Walker, *Social Science in Law: Cases and Materials*, The Foundation Press, 1985.

Reference Manual on Scientific Evidence, 2d ed. Federal Judicial Center, 2000.

Zeisel, Hans and David Kaye, *Prove it with Figures: Empirical methods in law and litigation*, Springer-Verlag New York, 1997.

多元回归

Belsley, D. A., E. Kuh, and Roy E. Welsch, *Regression Diagnos-tics: Identifying Influential Data and Sources of Collinearity*, John Wiley, 1980.

Chatterjee, Samprit, and Bertram Price, *Regression Analysis by Example*, John Wiley, 1977.

Cook, Robert and Sanford Weisberg, *Residuals and Inference in Regression*, Rutledge Chapman and Hall, 1982.

Draper, Norman R., and Harry Smith, *Applied Regression Analysis*, 2d ed., John Wiley, 1981.

Hosmer, David W. and Stanley Lemeshow, *Applied Logistic Regression*, 2d ed., John Wiley, 2000.

Kleinbaum, David G., Lawrence L. Kupper, and Keith E. Muller, *Applied Regression Analysis and Other Multivariable Methods*, 2d ed., Duxbury Press, 1978.

多变量统计学

Anderson, T. W., *An Introduction to Multivariate Statistical Analysis*, 2d ed., John Wiley, 1984.

Bishop, Yvonne M. M., Stephen E. Feinberg, and Paul W. Holland, *Discrete Multivariate Analysis*, MIT Press, 1974.

Bock, R. Darrell, *Multivariate Statistical Methods in Behavioral Research*, 2d ed., Scientific Software, 1975.

Dempster, Arthur P., *Elements of Continuous Multivariate Analysis*, Addison-

Wesley, 1969.

Morrison, Donald F., *Multivariate Statistical Methods*, 2d ed., McGraw-Hill, 1976.

非参数方法

Gibbons, Jean D., *Nonparametric Methods for Quantitative Analysis*, 2d ed., American Sciences Press, 1985.

Kendall, Maurice G., *Rank Correlation Methods*, 4th ed., Griffin, 1970.

Lehmann, Erich L., *Nonparametrics: Statistical Methods Based on Ranks*, Holden-Day, 1975.

Mosteller, Frederick, and Robert E. K. Rourke, *Sturdy Statistics: Nonparametric and Order Statistics*, Addison-Wesley, 1973.

概率

Bartlett, M. S., *An Introduction to Stochastic Processes*, 3d ed., Cambridge University Press, 1981.

Breiman, Leo, *Probability and Stochastic Processes: With a View Toward Applications*, 2d ed., Scientific Press, 1986.

Cramér, Harald, *The Elements of Probability Theory and Some of Its Applications*, 2d ed., Krieger, 1973.

Feller, William, *An Introduction to Probability Theory and Its Applications*, John Wiley, Vol. 1, 3d ed., 1968; Vol. 2, 2d ed., 1971.

Jeffreys, Harold, *Theory of Probability*, 3d ed., Oxford University Press, 1983.

Keynes, John Maynard, *A Treatise on Probability*, Macmillan, 1921 (reprinted, American Mathematical Society Press, 1975).

Loève, M., *Probability Theory*, Vol. 1, 4th ed., 1976; Vol. 2, 1978. Springer-Verlag.

Ross, Sheldon M., *Stochastic Processes*, John Wiley, 1983.

Uspensky, J. V., *Introduction to Mathematical Probability*, McGraw-Hill, 1937.

Von Mises, Richard, *Probability, Statistics and Truth*, Allen & Unwin, 1928 (2d ed., 1961).

抽样检验法

Cochran, William G., *Sampling techniques*, 3d ed., John Wiley, 1977.

Deming, W. Edwards, *Sample Design in Business Research*, John Wiley, 1960.

Deming, W. Edwards, *Some Theory of Sampling*, John Wiley, 1950.

Roberts, Donald M., *Statistical Auditing*, Amer. Inst. of Certified Public Accountants, 1978.

Yates, Frank, *Sampling Methods for Censuses and Surveys*, 4th ed., Oxford University Press, 1987.

其他特定方法教材

Blalock, Hubert M., Jr., *Social Statistics*, 2d ed., McGraw-Hill, 1979.

Cohen, Jacob, *Statistical Power Analysis*, 2d ed., L. Erlbaum Assocs., 1988.

Cox, David R., *Analysis of Binary Data*, Rutledge Chapman and Hall, 1970.

Efron, Bradley and Rob Tibshirani, *An Introduction to the Bootstrap*, Chapman & Hall, 1994.

Gelman, Andrew, John B. Carlin, Hal S. Stem, and Donald Rubin, *Bayesian Data Analysis*, CRC Press, 1995.

Goodman, Leo A., and William H. Kruskal, *Measures of Association for Cross Classifications*, Springer-Verlag, 1979.

Johnson, Norman L. and Samuel Kotz, *Distributions in Statistics*, Vol. 1, Discrete Distributions, 1971; Vol. 2, Continuous Univariate Distributions, 1971; Vol. 3, Continuous Multivariate Distributions, 1972, John Wiley.

Li, Ching Chun, *Path Analysis—A Primer*, The Boxwood Press, 1975.

Miller, Rupert G., Jr., *Simultaneous Statistical Inference*, 2d ed., Springer-Verlag, 1981.

Scheffé, Henry, *The Analysis of Variance*, John Wiley, 1959.

Wald, Abraham, *Sequential Analysis*, Dover, 1947.

表格

Abramowitz, Milton, and Irene A. Stegun, *Handbook of Mathematical Functions with Formulas, Graphs, and Mathematical Tables*, 10th ed., U. S. Govt. Printing Office, 1972.

Beyer, William H., ed., *Handbook of Tables for Probability and Statistics*, 2d ed., Chemical Rubber Co. Press, 1968.

Lieberman, Gerald L., and Donald B. Owen, *Tables of the Hypergeometric Probability Distribution*, Stanford University Press, 1961.

Institute of Mathematical Statistics, ed., *Selected Tables in Mathematical Statistics*, Vols. 1-6, American Mathematical Society Press, 1973.

Translation from the English language edition:
Statistics for Lawyers by Michael Finkelstein and Bruce Levin

图书在版编目（CIP）数据

律师统计学/芬克尔斯坦，莱文著；钟卫译，袁卫校．2 版
北京：中国人民大学出版社，2008
（统计学经典译丛）
ISBN 978-7-300-09446-5

Ⅰ．律…
Ⅱ．①芬…　②莱…　③钟…　④袁…
Ⅲ．统计学-应用-诉讼法
Ⅳ．D915

中国版本图书馆 CIP 数据核字（2008）第 094934 号

统计学经典译丛
律师统计学（第 2 版）
迈克尔・O・芬克尔斯坦　著
布鲁斯・莱文　著
钟卫　译
袁卫　校

出版发行	中国人民大学出版社		
社　　址	北京中关村大街 31 号	**邮政编码**	100080
电　　话	010－62511242（总编室）		010－62511398（质管部）
	010－82501766（邮购部）		010－62514148（门市部）
	010－62515195（发行公司）		010－62515275（盗版举报）
网　　址	http://www.crup.com.cn		
	http://www.ttrnet.com(人大教研网)		
经　　销	新华书店		
印　　刷	河北三河市新世纪印务有限公司		
规　　格	155 mm×235 mm　16 开本	**版　　次**	2008 年 7 月第 1 版
印　　张	39.25 插页 1	**印　　次**	2008 年 7 月第 1 次印刷
字　　数	619 000	**定　　价**	75.00 元

出教材学术精品　育人文社科英才

中国人民大学出版社读者信息反馈表

尊敬的读者：

感谢您购买和使用中国人民大学出版社的＿＿＿＿＿＿＿＿＿＿一书，我们希望通过这张小小的反馈卡来获得您更多的建议和意见，以改进我们的工作，加强我们双方的沟通和联系。我们期待着能为更多的读者提供更多的好书。

请您填妥下表后，寄回或传真回复我们，对您的支持我们不胜感激！

1. 您是从何种途径得知本书的：
   ❑书店　❑网上　❑报刊　❑朋友推荐
2. 您为什么决定购买本书：
   ❑工作需要　❑学习参考　❑对本书主题感兴趣
   ❑随便翻翻
3. 您对本书内容的评价是：
   ❑很好　❑好　❑一般　❑差　❑很差
4. 您在阅读本书的过程中有没有发现明显的专业及编校错误，如果有，它们是：＿＿＿＿＿＿＿＿＿＿＿＿＿＿＿＿
   ＿＿＿＿＿＿＿＿＿＿＿＿＿＿＿＿＿＿＿＿＿＿＿＿
   ＿＿＿＿＿＿＿＿＿＿＿＿＿＿＿＿＿＿＿＿＿＿＿＿
5. 您对哪些专业的图书信息比较感兴趣：＿＿＿＿＿＿＿＿
   ＿＿＿＿＿＿＿＿＿＿＿＿＿＿＿＿＿＿＿＿＿＿＿＿
6. 如果方便，请提供您的个人信息，以便于我们和您联系（您的个人资料我们将严格保密）：
   您供职的单位：＿＿＿＿＿＿＿＿＿＿＿＿＿＿＿＿
   您教授的课程（教师填写）：＿＿＿＿＿＿＿＿＿＿
   您的通信地址：＿＿＿＿＿＿＿＿＿＿＿＿＿＿＿＿
   您的电子邮箱：＿＿＿＿＿＿＿＿＿＿＿＿＿＿＿＿

请联系我们：
电话：62515732　62514162
传真：62514775
E-mail：rdcbsjg@crup. com. cn　rdjg@rdjg. com. cn
通讯地址：北京市海淀区中关村大街甲 59 号文化大厦 15 层　100872
中国人民大学出版社工商管理出版分社